破解引力

广义相对论的诞生之路

沈贤勇◎著

化学工业出版社
·北京·

内容简介

本书分为五篇对广义相对论进行了介绍，第 1 篇主要讨论等效原理、空间观和时间观的历史渊源、形成过程和对经典力学的早期批判；第 2 篇包括经典力学的危机在电磁学发展过程中的暴露情况，为了解决危机而诞生狭义相对论的过程；第 3 篇介绍了在推广狭义相对论过程中，爱因斯坦的思想认识是如何一步步向前推进的，以及对牛顿引力进行修正的早期探索；第 4 篇详细介绍了爱因斯坦在 1912—1915 年对引力场方程进行艰难探索的详细过程；第 5 篇以地球为例子对广义相对论本身进行展示说明。本书作为广义相对论的入门书籍，完全避开了直接采用黎曼几何去介绍广义相对论给读者造成的数学障碍，而是只采用最基础的微积分和线性代数运算来展示相关物理和思想，并辅以大量图片，降低了读者理解的门槛。同时，本书尽量沿着物理学家的真实探索路径和历史发展顺序来阐述相关理论的来龙去脉，侧重于展示相关物理概念和物理思想的萌芽、演化和最终形成过程，从而让读者掌握广义相对论所包含的丰富物理内容和物理思想。

本书适合对广义相对论感兴趣的读者阅读，可作为高中生、本科生、研究生学习广义相对论的入门书籍，也可供相关领域或科学史科研工作者、教师参考。

图书在版编目（CIP）数据

破解引力：广义相对论的诞生之路/沈贤勇著. —北京：化学工业出版社，2022.4（2024.7重印）
ISBN 978-7-122-40791-7

Ⅰ.①破… Ⅱ.①沈… Ⅲ.①广义相对论 Ⅳ.①O412.1

中国版本图书馆 CIP 数据核字（2022）第 025071 号

责任编辑：王清颢　　文字编辑：孙月蓉　陈小滔
责任校对：王　静　　装帧设计：王晓宇

出版发行：化学工业出版社（北京市东城区青年湖南街 13 号　邮政编码 100011）
印　　装：北京盛通数码印刷有限公司
787mm×1092mm　1/16　印张 26　字数 659 千字　2024 年 7 月北京第 1 版第 4 次印刷

购书咨询：010-64518888　　售后服务：010-64518899
网　　址：http://www.cip.com.cn
凡购买本书，如有缺损质量问题，本社销售中心负责调换。

定　　价：128.00 元

前言

2018年笔者制作了一套科普现代宇宙学的视频，上线后收到大量感谢评论并得到大量认可，这让笔者萌生将广义相对论也制作成类似视频的计划。在2019年筹备过程中，慢慢感觉完全可以将所写内容整理成书，于是开始本书的写作。

由于广义相对论将时空与黎曼几何等同起来了，这导致介绍广义相对论的书籍越来越数学化，黎曼几何中数学对象的地位越来越突出，而广义相对论所包含的大量丰富的物理内容和物理思想被掩盖和弱化了。并且这种局面很早之前就已形成。第一本系统介绍广义相对论的书籍是泡利在1921年出版的《相对论的理论》，这本书几乎奠定了后来的写作方式和风格，即：先单独采用几章来全面介绍黎曼几何，然后在此基础上直接采用黎曼几何去展示说明广义相对论。而爱因斯坦在探索过程中使用过的大量丰富的物理内容和思想被过滤掉了。之后的大部分书籍都延续甚至加强了这种写作方式，比如托尔曼在1934年出版的《相对论、热力学与宇宙学》、朗道在1939年出版的《场论》、伯格曼在1942年出版的《相对论引论》、福克在1964年出版的《空间、时间和引力的理论》、MTW[❶] 在1973年出版的大部头经典著作《引力》等，最巅峰莫过于R. M. Wald在1983年出版的《广义相对论》，该书采用了更加抽象的数学语言来表述黎曼几何。这种写作方式的优势在于：它能够让广义相对论在数学形式上以最简洁的方式展现出来，让理论形式和计算过程得到极大简化。但其弊端是：初学者在学完这些书籍之后，大脑中留下的印象就只是一大堆与黎曼几何相关的数学概念，而很难看清楚广义相对论所包含的丰富物理内容及思想。比如大名鼎鼎的温伯格在《引力与宇宙学》序言中就明确地表达了这种不满，并试图扭转这一局面。瓦尼安和鲁菲尼在1976年出版的《引力与时空》也尝试了从不同角度来推导出广义相对论。但总体来讲，近几十年来的大部分书籍仍然是在泡利所开启的这种写作方式上不断提升和完善，比如常用的S. M. Carroll的《时空与几何》、T. 帕德马纳班的《引力：基础与前沿》等。所以对于初学者而言，要想理解广义相对论所包含的丰富物理内容及思想，黎曼几何似乎成为了他们先要逾越的“障碍”。

在这样的背景下，对于初学者而言，一本尽可能采用最简单的数学语言而又保留广义相对论丰富物理内容和物理思想的书籍就成为一种强烈需求。这正是本书写作的初衷。本书避开了直接采用黎曼几何去介绍广义相对论造成的数学障碍，而是只采用最基础的微积分和线性代数运算来展示相关物理内容和思想。这不可避免地让本书的写作方式和风格与之前大为不同。

---

❶ 米斯纳（Misner）、索恩（Thorne）和惠勒（Wheeler）三人名字的开头字母合称MTW。

首先内容结构安排如下。第 1～7 章主要包括：等效原理和牛顿时空观的历史渊源和形成过程，引力思想的形成过程，以及牛顿对引力的构造过程、马赫和庞加莱对牛顿力学的批判。这部分内容几乎不采用数学公式，完全侧重于展现物理内容和物理思想的形成发展过程和内在逻辑结构。第 8～12 章主要包括：牛顿力学在电磁学中暴露的危机、洛伦兹对危机的解决方案、爱因斯坦对危机的解决方案、狭义相对论对牛顿力学的重建。这部分内容只包含初级的微积分和矢量运算的数学公式，而同样侧重于展现背后的物理内容和物理思想。第 13～20 章主要展示：在推广狭义相对论过程中，爱因斯坦在科研探索上所取得的每一个关键突破、遇到的困难障碍以及解决思路和方法，以及如何使得思想认识一步步向前推进，从而进入到修正牛顿引力的探索阶段的。这部分内容也只包含初级的微积分和线性代数的运算，侧重于展示爱因斯坦的探索过程和广义相对论相关物理内容的萌芽过程。第 20～25 章主要展示爱因斯坦对新引力理论进行艰难探索的详细过程。这部分内容完全基于爱因斯坦在这段时期所发表论文来书写，以最大限度呈现当时科研探索的历史过程。该部分内容也只需初级的微积分和线性代数知识基础就能阅读。第 26～28 章主要以地球为例子对广义相对论的理论成果进行展示说明，比如时空弯曲如何导致苹果自由下落、水星进动和光线弯曲的计算、时空弯曲的曲率计算等。这部分内容才正式包含黎曼几何相关的数学计算。

这样的结构安排也让本书具有以下几个特色。①不追求数学语言的严谨性和完整性，而侧重于展示相关物理概念和物理思想的萌芽、演化和成熟过程。如从历史渊源、物理学演变过程、哲学思想等角度对等效原理进行阐述；从亚里士多德、笛卡儿、牛顿、马赫、庞加莱、再到爱因斯坦的历史顺序来阐述时空观的演变过程；阐述牛顿力学的危机在电磁学中是如何暴露出来的；阐述牛顿引力的缺陷在推广狭义相对论过程中是如何暴露出来的；阐述爱因斯坦试图解决牛顿引力缺陷的各种探索尝试和思想转变过程；如惯性、惯性力、重性、重力、动量、动能、势能、能量、牛顿三大定律、电磁场、时间、空间、时空、同一时刻、洛伦兹变换、钟变慢、长度收缩、质能公式、坐标值与测量值、可变光速理论、度规场、能动张量、能量守恒定律、相互作用、等效原理、广义相对性原理等概念的演变过程，以及狭义相对论、地球引力场和一般引力场对牛顿力学的重建过程。②侧重于从物理图像的角度对广义相对论进行阐述。如直接采用钟表的刻度值推导出洛伦兹变换关系，直接采用狭义对论＋等效原理推导出地球引力场中的时间流逝会变慢、空间长度会变长，以及引力场中的电磁场方程；如尝试采用空间的坐标长度与真实长度、时间的真实长度与坐标长度、同一段时间流逝与同一段时间间隔等简单概念对空间和时间广义相对性的理解方式进行梳理，从而更便于读者理解时空的弯曲，然后对时空弯曲导致苹果自由下落和行星运动的理解方式进行了梳理，进而对“弯曲时空告诉粒子如何运动”这句话的理解方式进行了澄清，使读者容易理解时空弯曲与引力之间的对应关系。③通过原始文献的解读来尽量还原科研探索的真实摸索过程。比如通过对笛卡儿、伽利略、惠更斯、牛顿等人著作的解读来展示牛顿力学的创建过程；通过对马赫和庞加莱著作的解读来展示牛顿力学所存在的问题；通过对麦克斯韦等人著作的解读来展示电磁学的创建过程；通过对洛伦兹论文的解读来展示洛伦兹变换的诞生过程；特别通过对爱因斯坦的论文、演讲和书信的解读来展示广义相对论的创建过程，并将整个过程总结为“一座桥梁加七个转折点”。④尽可能采用最简单的数学公式来展示说明物理内容，并且也尽最大可能保留数学推导的中间计算过程，从而避免数学计算对阅读造成的困难，进而让初学者能够轻松入门。当然，这种处理方式就不得不牺牲数学的严谨性和完整性，还好这种牺牲一点也不影响对广义相对论的理解。而且有了这个入门基础之后，一大堆追求数学严谨性的优秀书籍正在前面等着读者。采用这种弱化数学而突出物理的处理方式的另外一个原因是现在国内的物理课堂基本演变成了数学应用题的习题课，而忽略了物理这个根本，所以想为改变这一局面尽微薄之力。⑤可以将本书作为一本历史书来阅读。本书内容是按照如下历史顺序进行阐述的：物理学在古希腊的诞生、主要力学概念在中世纪的演变、主要物理概念在现代科学革命期间的演变以及牛顿力学的诞生过程、电磁学的诞生过程以及电磁学暴露出牛顿力学缺陷的过程、解决牛顿力学缺陷从而诞生狭义相对论的过程、推广狭义相对论以及暴露牛顿引力缺陷的过程，最后是爱因斯坦如何艰难尝试解决牛顿引力缺陷从而诞生广义相对论的过程。通过这样完整历史过程的阐述让读者更加全面地理解广义相对论中各种概念和问题的来龙去脉，从而避免理解的片面性。这些内容都是尽最大可能以原始文献作为参考材料来书写的，尽管这耗费了巨大的精力。

近两年的写作过程让我体会到写作真是一件无比耗费精力且艰难的工作，再加上本书采用了与之前同类书籍不同的写作方式，许多论证过程、阐述方式和数学推导过程都无相关资料可参考。所以，即使在仔细修改多遍书稿之后，书中不妥和疏漏之处仍在所难免，在此先恳请读者包容和谅解。

沈贤勇

2021 年 7 月 25 日于杭州

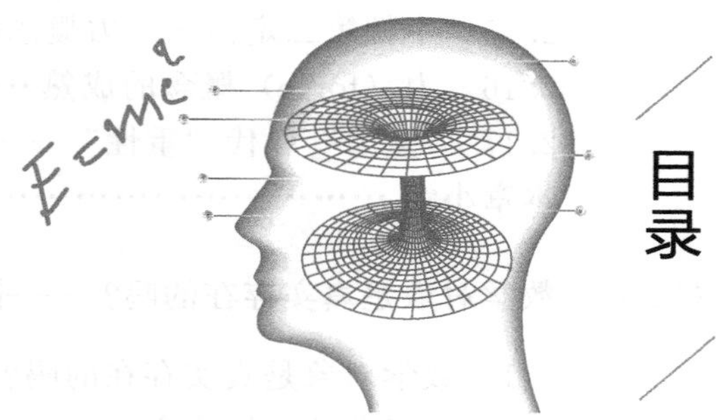

目录

第1篇 等效原理

第2篇

经典力学的危机以及狭义相对论的诞生

第4篇

爱因斯坦探索新引力理论的过程

第5篇

新引力理论的新特征

附 录

第1篇

等效原理

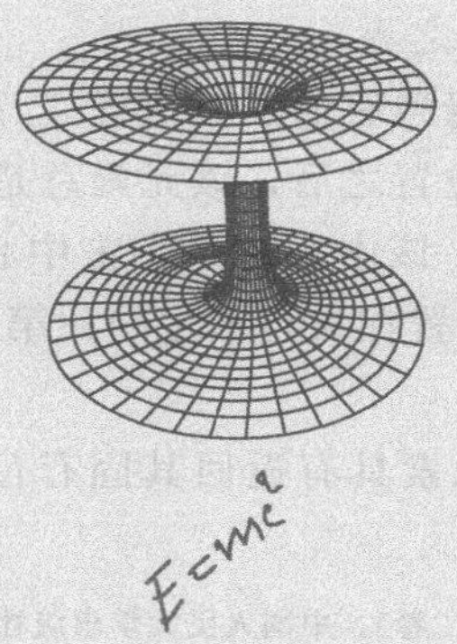

第1章 什么是合乎自然的运动？——重性与惯性

1.1 自然

2300 多年前，一本汇集了当时最高智慧的哲学著作在古希腊诞生了。这本著作详细论述了大量有关 φυσικ 的问题。古希腊文 φυσικ 指的是：事物因其本性而发生变化或保持不变的最初根源。比如，水挥发成气体的根源就是 φυσικ，石头从山顶滚下来的根源也是 φυσικ。但是，木头变成桌子的根源就不是 φυσικ，石头从山脚被搬到山顶的根源就不是 φυσικ。因为这些现象都是需要外部的干预才能产生的，而不是由于事物的本性就能自发产生的。这个重要的根源 φυσικ 在古希腊文中的意思是“自然”。这就是自然最初的含义❶。这本著作由此被称为《论自然》（φυσικη）或《自然哲学》，它的作者就是亚里士多德。后来，人们根据 φυσικη 的古希腊文读音，把它音译成了 physics。由此以来，这本著作就有了一个新的名字——《物理学》。

对于物体的运动而言，亚里士多德根据是否合乎自然将其分为两大类：合乎自然的运动和反自然的运动。合乎自然的运动就是仅仅依靠物体自身就能维持下去的运动（用今天大家熟悉的语言来说，它就是一种自然而然的运动）；而反自然的运动则是在外部干扰下才能维持的运动。也就是说合乎自然的运动是不需要外部推动者就能维持的运动，或者说推动者就是物体自身；而反自然的运动则需要外部推动者才能维持下去。

那么，哪些运动是属于合乎自然的运动呢？为此，亚里士多德将整个世界简化成了一个秩序井然的宇宙（cosmos）。在《论自然》和《论天》中，亚里士多德详细描述了这个宇宙的构造，如图 1-1 所示：

① 整个宇宙分为月亮之上和月亮之下的世界。月亮之上被称为天界，月亮之下被称为地界。

② 地界的物体由土、水、气、火四种元素构造；天界的天体只由第五种元素——以太构造。每一种元素都不能逾越天地之界。

③ 每一种元素都有属于其自身独有的固有位置。

④ 当一种元素离开它的固有位置之后，该元素总是具有返回到固有位置的倾向。

⑤ 土的固有位置在地球中心，该中心也是宇宙中心；水的固有位置在地球表面；火的固有位置在月亮之下；气的固有位置在火与水之间；第五种元素——以太的固有位置在月亮之上。

在这个秩序井然的宇宙中，元素具有返回其固有位置的倾向就是亚里士多德所说的自

---

❶ 苗力田主编，《亚里士多德全集：第二卷》，中国人民大学出版社，1991：30-34。

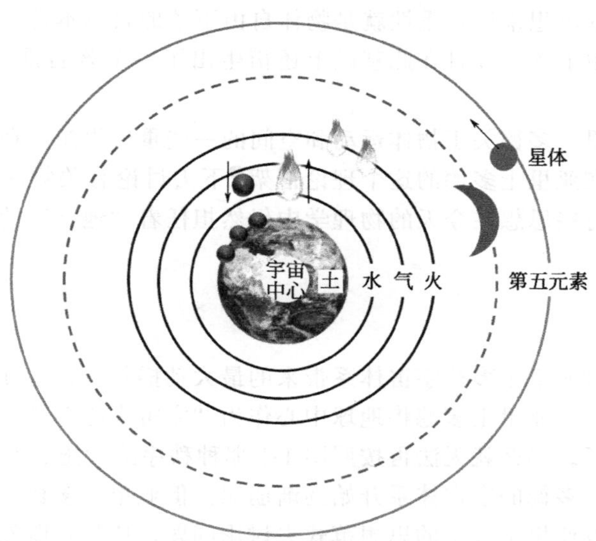

图 1-1　亚里士多德的秩序井然的宇宙

然。当一种元素不在它固有位置上时，它就会由于这个自然而产生回到其固有位置的运动。所以，这种运动就是合乎这个自然的运动，即是合乎自然的运动。比如当一块石头处于半空中，那么石头就会自动往下掉，回到其土的固有位置；当一堆火在地面上燃烧，那么火就会自动往上升，回到其火的固有位置；天体只能一直处于第五元素的固有位置上，既不能上升也不能下降，那么天体自发的运动只能是圆周运动。但如果把一块石头向天空抛出去，那么石头就在背离其土的固有位置而进行运动，也就是在背离其自然，所以这种运动就是反自然的运动。可以很清晰地看到：在这个秩序井然的宇宙中，所有运动已经被亚里士多德成功地划分为两大类了。当然，苹果的自由下落运动和行星的运动都是属于合乎自然的运动。

另外，在这个秩序井然的宇宙中，不同位置的空间的地位是不同的，因为它们属于不同元素的固有位置。比如空间在上下方向上不具有平等性。不仅如此，地界的空间和天界的空间也是完全不相同的，因为天界的空间是另外一种不同元素的固有位置。所以亚里士多德的宇宙蕴含着一个重要的思想：空间和元素（即物体）是密切相关的，它们是不能够各自独立存在的。空间的位置属于物体的一种属性；反过来，没有物质的空间（即真空）是无法存在的。第 3 章将会谈到，这种思想直到后来才被笛卡儿彻底否定了。

1.2　重性

由于空间在天界与地界之间，在上下方向之间是有区别的，亚里士多德将物体自身具有返回其固有位置的倾向细分为了三种❶。

① 物体自身具有返回土的固有位置的倾向被称为重性❷。它就是导致物体自由下落运动的自然。

② 物体自身具有返回火的固有位置的倾向称为轻性。

③ 第 5 元素既不下落也不上升，那么由第五元素构造的天体既没有重性也没有轻性。

---

❶ 苗力田主编，《亚里士多德全集：第二卷》，中国人民大学出版社，1991：267-270。

❷ 当然，重性也就是物体自身具有返回宇宙中心的倾向。因为宇宙中心和土的固有位置在同一个方向上。

按照亚里士多德的思想来说，重性就是物体自由下落的自然本性。或者说，是物体的重性在维持着物体的自由下落。并且在此基础上还衍生出了一个著名推论：物体下落得越快，重性就越大。

以上这些就是亚里士多德关于物体运动和空间的一些重要思想。在此之后近两千年的历史长河中，人们都是在亚里士多德的这个理论框架[1]下去讨论有关物体运动的问题。在后面我们将会谈到，其中有些思想在今天的物理学中仍然担任着“地基”的作用。

1.3 惯性

哥白尼的日心说对亚里士多德宇宙体系带来的最大动摇就是：地球不再是宇宙中心，太阳才是宇宙中心。那么，亚里士多德将地球中心作为“宇宙中心”来给各种元素安排固有位置的根基也就不存在了。那么就无法再按照图1-1那种秩序给“土、水、气、火、以太”安排固有位置了。亚里士多德的宇宙体系开始逐渐崩塌。但亚里士多德的核心思想却保留下来了，人们仍然还在沿着亚里士多德的思想范式去讨论问题，比如：既然亚里士多德所说的那些固有位置已不存在，那么新的固有位置在哪里呢？保守派认为：应该将每个恒星和行星的中心都视为宇宙中心。这样一来，各元素“固有位置”的排列方案又可以在每个天体上得到恢复。

这些保守派的方案在当时占据了主流。但另外一个重要人物却提出了具有突破性的想法：应该把空间的每一个位置都视为固有位置。也就是说固有位置在空间中处处都存在，而不是只处于某一个特殊位置。提出这个突破性想法的重要人物就是布鲁诺。按照亚里士多德的核心思想，当一个物体离开其固有位置之后，该物体自身具有返回其固有位置的倾向。可是，如果每个位置都是固有位置，那么物体自身应该返回哪一个固有位置呢？为了修复这个逻辑矛盾，另外一个著名人物提出的解决方案是：当一个物体静止时，它就处在某个固有位置上了，那么物体自身具有返回该固有位置的倾向就是物体待在这个固有位置的倾向，即保持静止不动的倾向。这个著名人物在1618年出版的《哥白尼天文学概要》第1卷中把物体自身具有待在某个固有位置上的倾向称为：inertia 。它的原意是懒惰，后来它被称为“惯性”，而这个著名人物就是开普勒。所以，惯性最原始的意思是指：物体自身具有待在某个固有位置上的倾向。很明显，这种思想是从亚里士多德那里继承下来的。

按照亚里士多德的思想来说：惯性就是物体自身倾向于保持静止不动的自然本性。所以到了开普勒这里，对运动的分类已经发生了质的转变。现在静止才是合乎自然的运动，而位置发生改变的运动却是反自然的运动，是需要外部推动者才能维持的运动。并且静止是绝对的，静止具有优先地位，就像在亚里士多德的宇宙体系中，石头返回土的固有位置的运动是绝对的，具有优先地位一样。

在亚里士多德的宇宙体系中，静止和运动是属于两个不同范畴的概念。静止指的是石头回归到其固有位置后的状态，而运动指的是离开了固有位置的石头返回其固有位置的过程。另外，由于土的固有位置是绝对的，所以静止和运动都是绝对的。即使到了开普勒的时代，这种观念仍然主导着大家的思想。但是，另外一个重要人物为了证明地球的自转运动而提出了另外一个大胆的想法：在一艘匀速水平运动的完全封闭的船舱里面，坐在船舱里面的人也可以认为船是静止的。这个重要人物就是伽利略。不过伽利略并没有在思想上进一步革新而

---

[1] 即库恩所谓的“范式”。

得出结论：静止不是绝对的，而是相对的。认识思想上的这个革新要由下一个重要人物来完成，他就是笛卡儿。

现代哲学之父笛卡儿的野心是：完全抛弃亚里士多德的整个宇宙体系，重新单独建立一套关于世界运行的理论体系。在笛卡儿的新世界中，宇宙中心、固有位置、土水气火在空间中的等级排列都不存在了，以此为根基衍生的静止和运动概念也就不存在了。所以静止和运动的概论需要重建，那么如何重建呢？在《论世界》[1] 以及《哲学原理》[2] 中，笛卡儿选择“那些最简单和最容易的概念”作为根基，重新建立了一套描述世界运行的新体系[3]。整个理论体系大厦的根基和支柱如下[4]：

① 整个大厦的根基：

第一，宇宙主要由两部分构成——无尽的空间和物质的运动。

第二，运动和静止的地位是相同的。运动和静止都是一种状态，没有谁的优先级高。并且运动和静止是相对的。

② 整个大厦的支柱——世界的运行满足三条定律。

第一定律：空间和运动一旦被创造出来就会永恒持续下去。

第二定律：物质的运动总是倾向于匀速直线运动。

第三定律：当一个物体碰撞到另外一个物体时，前者损失的运动和后者得到的运动同样多[5]。

前面谈到，开普勒将物体自身倾向于保持静止不动的自然本性称为惯性。现在，运动和静止在笛卡儿的新世界中是相对的，即一个静止物体在另外一个匀速直线运动观测者看来却是在匀速直线运动的。这样一来，物体自身倾向于保持匀速直线运动的性质也称之为惯性。

按照亚里士多德的思想来说，惯性就是物体自身倾向于保持匀速直线运动的自然本性。后来的牛顿直接继承了笛卡儿的思想，在 1687 年的《自然哲学之数学原理》中，牛顿直接将笛卡儿的第二定律作为他整个力学体系的第一定律，今天称之为惯性定律。

1.4　重性与惯性

可以看出来：重性和惯性的思想根源都来自于亚里士多德的思想体系，即都来自于固有位置这个核心思想，都是物体的自然本性。

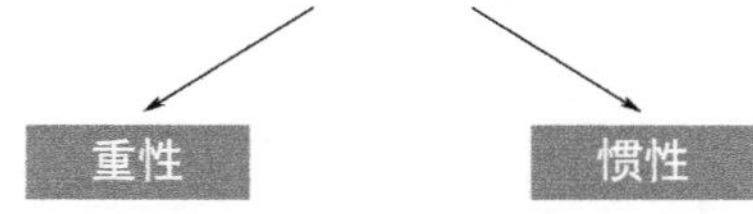

亚里士多德根据重性——这个自然本性将运动分为两类：物体的自由下落和行星的运动都是合乎自然的运动，而匀速直线运动不是合乎自然的运动。笛卡儿根据惯性——这个自然本性将运动分为两类：只有静止和匀速直线运动才是合乎自然的运动，而物体的自由下落和行星的运动都不是合乎自然的运动。

---

[1] Descartes，The World and Other Writings，Cambridge University Press，1998。

[2] 笛卡儿著，《哲学原理》，商务印书馆，1958。

[3] 今天，这套思想体系仍然广泛影响着物理学看待世界的方式。

[4] 柯瓦雷著，《伽利略研究》，北京大学出版社，2008：369-399。

[5] 这就是能量守恒思想的前身。

笛卡儿在思想上的这个 180°转变让后来的牛顿力学得到了极大简化。但也正是这个 180°转变掩盖了重性最根本的性质，让后来的人们认为重性和惯性是两种截然不同的属性。这种掩盖持续了两百多年，直到爱因斯坦才揭露了背后的真相，将它们重新统一。本书第 2～7 章就来详细讨论一下重性和惯性是如何分离的，然后又是如何重新统一的历史演化过程。

首先，“匀速直线运动是一种惯性运动”就不是一个简简单单能得到的结论，它是思想认识经历长达一千多年的不断转变，冲破了大量思想束缚之后才形成的一个结论。第 2 章就先来讨论这个思想转变的演化过程。

第2章 重力与惯性力

2.1 亚里士多德宇宙体系的两个重要“基因”

第 1 章谈到，在亚里士多德宇宙体系中，重性，即物体自身具有返回土的固有位置的倾向，维持着物体的自由下落运动，这是一种合乎自然的运动；而一块石头离开它的土的固有位置，向上飞出去，那么这种运动就是反自然的运动，它需要外部推动者才能维持。不过不久之后，亚里士多德的这两个结论就开始受到了挑战。第一个重要问题是：物体自由下落的速度在前期阶段实际上是越来越快的，那么物体的重性在下落过程中发生改变了吗？第二个重要问题是：物体被向上抛出之后，维持物体继续向上飞出去做反自然运动的推动者到底是谁？

这两个问题之后困扰了人们近两千年的时间。在这漫长的历史长河中，关于这两个问题的研究方式都是在亚里士多德的一个重要思想指导下开展的[❶]，这个重要思想是，任何物体的运动都需要有推动者来维持，而推动者分为两种：外部的推动者和物体自身内部的推动者。无数学者在此指导思想下对这两个问题提出了大量修补方案。而这两个问题就像两个基因一样，在这些修补方案的不断的迭代升级完善中，发生了变异。到了中世纪后期，这些修补方案进化出了两种主流理论，分别是所谓的 virtus impressa 理论和布里丹的 impetus 理论。这两个理论实际上就是关于物体运动的动力学理论的早期形式，它们之后继续进化就诞生了今天大家都熟悉的牛顿力学。同时，这个进化过程还引发了思想的另外一个重要转变，那就是：这个进化过程扭转了人们对重性的理解方式，即扭转了人们对物体为什么会自由下落的理解。具体来说就是：在扭转之前，大家认为石头之所以会自由下落，是来源于石头自身内在的一种固有属性（比如是物体自身具有返回土的固有位置的倾向）；而在扭转之后，大家认为石头之所以会自由下落，是由于石头之外的物质对它的推拉作用导致的（比如是地球的吸引作用，或者以太介质的推动作用）。维持石头自由下落的推动者从石头自身内部的推动者转变成了石头之外的外部推动者。下面就来详细讨论一下这个进化过程。

2.2 对重性概念的早期修补方案——双重性理论

根据亚里士多德的宇宙体系，重性是物体自身具有返回土的固有位置的倾向，对于同一种材料的物体，它的重性越大，该物体就下落得越快。但物体在自由下落过程的早期阶段实际上是越来越快的，这就意味着物体在这个下落过程中，重性也在变得越来越大。为了继续

---

❶ 即在亚里士多德开创的范式下展开研究的。

维护亚里士多德的逻辑体系使其不出现矛盾，在中世纪，亚里士多德著作的注解者们将重性划分成了两部分：其中一部分来源于物体自身固有的本性，这部分重性被称为“自然重性（still weight）”，自然重性是物体下落的原因；另外一部分来源于物体的运动或其它原因，这部分重性被称为“偶有重性（accidental weight）”，这种重性让物体下落速度变得越来越大[1]。偶有重性在当时还被取了一个拉丁名字，叫作“gravitas”[2]。后面将会谈到，它正是英文单词 gravity 的前身。

这样一来，物体的加速下落过程可以被解释为：在下落的第一个瞬间，自然重性导致物体下落，让物体获得一个下落速度，而这个下落速度让物体获得一种偶有重性。在第二个瞬间，物体同时具有了自然重性和偶有重性，使得物体的总重性变大了，从而让物体获得了一个更大的速度。因为根据亚里士多德的理论，重性越大，下落速度就越快。而更大的速度又让物体在第三个瞬间获得更多偶有重性。这个过程反复持续下去，那么物体的速度就会越来越快，物体总的重性也会随之持续增加。这套修补方案被称为双重性理论。在后面我们将会谈到，物体重量的确有多个来源。它们实际上主要有三个来源，第一个来源于物体自身，第二个来源于物体的下落速度[3]，第三个来源于地球的引力场[4]。

2.3 历史发展的曲折性——真相被掩盖

在长达一千多年的时间里，人们之所以认为物体在自由下落早期阶段的加速下落与亚里士多德的重性存在矛盾，是因为亚里士多德最开始的错误结论，即亚里士多德错误地认为匀速下落过程就是物体最自然的下落过程。在充满介质的空间中自由下落的后期阶段，物体的确是匀速下落的，并且越重的物体的确下落得越快，所以亚里士多德的理论和日常生活中大多数现象是相一致的。问题只是它出现在物体自由下落的早期阶段。

但如果在最开始，大家就已经能认识到加速下落过程才是一个物体最自然的自由下落过程，那么物体的加速下落现象与亚里士多德的重性之间就不存在矛盾了。因为根据亚里士多德的宇宙体系，重性就是导致物体自由下落运动的自然，如果物体自由下落过程本身就是一个加速下落的过程，那么物体由于重性所产生的加速下落运动本身就是最合乎自然的运动，是一种不需要进一步解释的运动。

所以，如果中世纪的人们就已经知道，在真空中，不管是下落的早期阶段还是后期阶段，所有物体都是以相同方式加速下落的，也许他们就不会觉得物体的加速下落与亚里士多德的重性之间存在冲突了。但中世纪的人们无法做到这一点，因为在亚里士多德宇宙体系中，真空是不允许存在的。在上一章谈到过，亚里士多德的宇宙在空间位置上存在严格的等级秩序，而真空却要求每个空间位置的地位是等同的，所以真空的存在会从根基上摧毁亚里士多德的宇宙体系。由于亚里士多德宇宙体系的这个根本约束（即无法接受真空的存在），在长达一千多年的时间里，人们都一直在试图解释物体的自由下落过程为什么会存在加速，而没有意识到真相竟然就是：自由加速下落运动本身就是最合乎自然的运动，匀速下落过程

---

[1] J. E. Brown，The Science of Weight，Science in the Middle Ages edited by D. C. Lindberg，The University of Chicago Press，1976。

[2] 拉丁文，古罗马的四种德性：gravitas，virtus，pietas，diginitas。

[3] 这是狭义相对论导致的。

[4] 这是广义相对论导致的。

才是需要解释的运动，才是一个反自然的运动。

不久之后，有一个人第一次拥有了揭露这个真相的历史机遇，这个人就是伽利略。伽利略最先采用严格的逻辑推理推导出了一个无比重要的结论，那就是：所有物体在真空中都是以相同的加速度自由下落的。伽利略在《关于两门新科学的对话》中第一天的对话里详细地表述了这个逻辑推导过程。不过遗憾的是，伽利略并没有由此结论就意识到：物体的加速下落与亚里士多德的重性并不存在矛盾，从而进一步揭露真相，即物体的加速下落才是重性产生的最合乎自然的运动。伽利略之所以未能完成这次重要的思想突破和跨越，是因为到了伽利略的时代，另外一种思想已经进化出来了。那个时代的人们从出生开始就已经被这种思想占据了，这种思想就是：物体的加速下落不是物体自身内在属性（比如重性）所导致的，而是由于物体自身之外的原因（比如来自地球的吸引，或者以太物质的推动）所导致的。就这样，物体自由下落与重性之间关系的真相被再次掩盖了。

这种新思想就是在修补 2.1 节提到的第二个重要问题的过程中进化出来的。

2.4 “基因”的突变——惯性思想的“胚胎”：virtus 或者 impetus

2.4.1 在中世纪之前的进化

一块石头被抛出之后，石头已经离开了手，石头为什么还会继续向上飞出去呢？继续推动石头向上运动的推动者是什么？亚里士多德的答案是：空气。亚里士多德认为手推动石头的过程中也推动了空气，当石头离开手之后，这些被推动了的空气会继续推动石头向上运动一段距离。

这个答案早在古希腊时期就受到了喜帕恰斯等人的质疑，亚里士多德著作后来的注解者们也不断对这个答案提出疑问。质疑的理由主要是：在运动过程中，空气介质对运动的功能主要是阻碍作用，而不是推动作用。这样一来，亚里士多德著作的注解者们就需要尝试提出自己的修改答案，第一个影响深远的答案来自于亚历山大城的注解者——菲洛波诺（John Philoponus，约 490—570）。

既然空气不再是推动者，那么继续推动石头向上运动的这个神秘推动者到底是什么呢？菲洛波诺也不知道是什么，但他认为这个神秘推动者一定存在（如果你脑海里只有亚里士多德的宇宙体系，这个想法就是最自然合理的想法）。这个神秘推动者在日常生活中从来没有见过，菲洛波诺给这类神秘推动者取了一个名字，叫“ενεργεια（古希腊文，用今天的词来理解，可能 power 这个英文词与它比较接近）”。为了能够解释推动石头继续向上运动的过程，菲洛波诺要求这个神秘推动者满足一些性质[1]：

① 初始推动者即手，在最开始推动石头的过程中，将这个神秘推动者注入该石头，让它成了石头的一部分。

② 当石头离开手之后，是 ενεργεια 继续推动着石头向上运动。

③ 在随后的过程中，ενεργεια 自己就会不断地衰减，最后消失。这就是石头向上运动过程会不断变慢，并在最高点停止的原因。

菲洛波诺这个修补方案的突破性在于：即使没有外部推动者，反自然运动也是可以存在

---

[1] S. Sambursky, Philoponus' Interpretation of Aristotle's Theory of Light, Osiris, 1958, 13: 114-126。

的。只不过推动者从外部推动者变为物体自身内部的推动者 ενεργεια。物质自身内部的推动者也可以让物体产生反自然的运动，这个思想影响极其深远。这相当于是一次基因突变，这个突变的“基因”继续进化就形成惯性思想的“胚胎”。在菲洛波诺之后，亚里士多德著作的其他注解者们的确也是沿着这个思路不断完善升级这个修补方案的。

2.4.2 在阿拉伯帝国时期的进化

当欧洲进入中世纪之后，亚里士多德的著作开始几乎不再被欧洲人阅读和关注。但在这个时期，随着阿拉伯世界的兴起，亚里士多德的著作以及相关注解被传播到了阿拉伯世界，被阿拉伯人阅读和关注，也产生了大量关于亚里士多德著作的注解。阿拉伯人继承了菲洛波诺的思想❶，不过他们给物体自身内部的这个神秘推动者取了一个新名字，叫“mayl”（用今天的词来理解，它与‘倾向’的意思比较接近）。不过，有不少阿拉伯注解者还是对菲洛波诺的修补方案做了改进，其中具有代表性的人物就是阿维森纳（Avicenna，也被称为 Ibn-Sina，980—1037）。阿维森纳对菲洛波诺修补方案的第三点做了改进，那就是：mayl——这个物体自身内部的推动者——在没有外界阻碍和干扰的情况下，自己是不会慢慢衰减的，而是会永远保存在物体之中❷。

所以，在阿拉伯时期的修补方案中，石头离开手之后能继续向上飞行的推动者就是 mayl。只不过有两个版本的 mayl。一个版本认为，mayl 会自动慢慢衰减消失；另外一个改进版本认为，如果没有外界阻碍和干扰的消耗，mayl 将不会衰减消失，而是会一直保持不变。此改进版本表明这个变异的“基因”在继续进化，向惯性思想又前进了一步。

2.4.3 在中世纪后期的进化

在“阿拉伯百年翻译运动”❸ 之后，大量有关亚里士多德的文献从阿拉伯文翻译成了拉丁文，然后它们传播回了欧洲，欧洲人开始阅读和注解亚里士多德的相关文献。在巴黎大学，学者们在阅读了阿拉伯人的这些修补方案之后，对这些方案重新进行了整理和表述，也形成了两个版本。一个版本是由代表人物玛齐亚（Francis of Marchia，1290—1344）提出的 virtus impressa 理论❹；另外一个版本是由代表人物布里丹（Jean Buridan，1300—1358）提出的 impetus 理论❺。

2.4.4 惯性思想的“胚胎”——物体自身内部的推动者：virtus 或者 impetus

在当时的巴黎大学，学术语言已经是拉丁文，注解者们给继续推动石头向上运动的这个

---

❶ 是继承还是原创，本书没有对此进行考证，请读者注意。

❷ A. Sayili，Ibn-Sina and Buridan on the Motion of the Projectile，Annals of the New York Academy of Sciences，500(1)：477-482。爱德华·杨·戴克斯特豪斯，《世界图像的机械化》，商务印书馆，2018：262-266。

❸ 指将古希腊的著作从阿拉伯文翻译回拉丁文。关于这段时期的文献可以参见：爱德华·格兰特著，《近代科学在中世纪的基础》，湖南科技出版社，2010：26-44。戴维·林德伯格著，《西方科学的起源》，商务印书馆，2019：296-300。

❹ Zanin. Fabio，Francis of Marchia，Virtus Derelicta，and Modifications of the Basic Principles of Aristotelian Physics. Vivarium：An International Journal for the Philosophy and Intellectual Life of the Middle Ages and Renaissance，2006：81-95。

❺ Julian. B. Barbour，the discovery of dynamics，Oxford University Press，2001；M. Clagett，The Science of Mechanics in the Middle Ages，Oxford University Press，1961。

神秘推动者取了一个拉丁名字，叫“virtus”[1]。这个 virtus 是初始推动者通过“impress”的方式给予运动物体石头的。如果采用今天的词来理解，impress 与“注入”的意思比较接近。所以这个修补方案后来被称为 virtus impressa 理论，它由玛齐亚完整表述为：

① 初始推动者即手，在最开始推动石头的过程中，将 virtus 这个神秘推动者注入到石头中，让它成了石头的一种特性。

② 当石头离开手之后，这些 virtus 继续推动着物体向上运动。

③ 在随后的过程中，virtus 自己就会不断地衰减，最后消失。这就是石头向上运动过程会不断变慢，并在最高点停止的原因。

④ 另外，天体的圆周运动也是由 virtus 推动的。而上帝——作为最初推动者——将 virtus 这个神秘推动者注入到天体中。

为了帮助大家理解这个 virtus impressa 理论方案，注解者们通常会提到一个形象的类比：手推动石头的过程就像把一块铁放进火的过程一样，手向石头注入 virtus 的过程就像火向铁传递了热的过程一样；当石头脱离手之后，这些 virtus 仍然会保留在石头上，就像当这块铁离开火之后，这些热仍然会保留在铁块上一样；石头上的这些 virtus 会自动衰减消失，就正如铁的热度也会自动消失一样。对铁靠近火变烫的一种解释是：铁靠近火时，火向铁传递一种被称为“热”的物质，简称“热质”。所以 virtus 有时也被翻译为“动质”。

慢慢地，virtus impressa 理论的这套修补方案成为大学里的主要讲授内容。不过人们发现除了上抛物体的问题之外，还有很多其它运动也会出现类似的问题。为了让该修补方案也能解释其它运动问题，就需要对它进行一些“技术上”的改进。随后不久，巴黎大学的另外一名学者布里丹（实际上是巴黎大学的校长）做了大量改进。改进之后的这个神秘推动者被称为“impetus”，所以这个版本的改进方案也被称为布里丹的 impetus 理论：

① 初始推动者即手，在最开始推动石头的过程中，将 impetus 这个神秘推动者注入到石头中，让它成了石头的一种特性。

② 当石头离开手之后，这些 impetus 继续推动着石头向上运动。

③ 在石头上升过程中，impetus 自己不会自发地衰减消失，而是被空气的阻挡和重性(gravitas) 所破坏才会逐渐衰减消失，从而导致物体上升过程越来越慢。

这个改进带来了两个巨大的思想转变。第一个思想转变是：在对 impetus 破坏消耗过程中，空气的阻挡产生的破坏效果和重性带来的破坏效果是相似的。也就是说在破坏效果上，空气和重性是相同的。对于石头来说，空气的阻挡是外界原因，那么由于这种相同性，重性也可以被视为外界原因了。所以这个思想转变的重大影响就在于：这个结论使得后来的人调整了对重性的认识角度，即重性开始被视为来自于物体之外，被视为是一种外部原因，而不再是来自于物体自身。后面还会回过头来讨论这个思想转变，因为它是重力思想的起源。第二思想转变是：这个神秘推动者 impetus 不是自动消耗殆尽的，而是被外界破坏才会消失的。那么这就意味着：如果没有外界的破坏，它将一直保持在石头上。这个思想转变的重大影响就在于：此思想继续进化就成了惯性运动的思想。

比如行星的运动。在最初，上帝向行星注入了一些 impetus。由于没有空气的阻挡和重性的破坏（根据亚里士多德的宇宙体系，行星既无重性也无轻性），那么这些 impetus 将一直保留在行星上，从而推动行星进行永恒的运动。

---

[1] 古罗马的四种德性：virtus，gravitas，pietas，diginitas。

通过对不同材料、不同尺寸和不同重量物体被抛出去后的现象进行归纳，布里丹提出：impetus 的多少与物体速度大小成正比，与物体的多少成正比（物体的多少主要根据物体的材质、体积、重量来判断）。这个改进带来了另外一种重要转变，那就是布里丹开始将 impetus 这个神秘推动者数量化了。这使得 impetus 开始朝被量化的方向进化。

布里丹的改进方案所带来的这些思想转变对之后的进化过程影响深远。因为后来在第一个思想转变的基础上进化出了重力；在第二个思想转变的基础上进化出了惯性。这两个进化过程的详细说明如下。

2.5 另一个“基因”的突变——重力思想的“胚胎”：virtus of gravitas

为了解决自由下落物体在早期阶段加速下落的问题，布里丹的学生奥雷斯姆（Nicole Oresme 1320—1382）和阿尔伯特（Albert of Saxony，1316—1390），对“impetus”理论做了进一步的补充完善。他们主要采用“impetus”理论取代“偶有重性”的理论。也就是说完善之后的“impetus”理论认为物体加速下落的原因是：

① 石头在自由下落时，石头的重性（gravitas）也会向石头不断注入 impetus，从而使得石头所具有的 impetus 在下落过程中越来越大。就像手推动石头的过程中，手会向石头不断注入 impetus 一样。

② 这样一来，物体的下落过程是由两种原因导致的。第一个原因就是前面提到过的自然重性（still weight），但它不能导致加速；第二原因就是 impetus，它在下落过程中变得越来越多，即这个神秘推动者 impetus 越来越强，从而导致石头的下落速度越来越大。

所以，这个改进版本已经开始明确采用这样一种思想：重性让物体自由下落速度加快的过程与空气阻碍让物体运动变慢的过程是属于同一种类型的物理现象。这个思想的出现也像一次基因突变一样，让人们对重性的理解进入了另外一条路径，具体来说就是：它让之后的人们越来越习惯于采用“空气阻挡物体运动”的理解方式去理解“重性与物体加速下落运动之间的关系”。而亚里士多德所采用的那种“物体自身回到固有位置的倾向”的理解方式开始被遗忘了。这是从之前的“重性”思想转变为之后的“重力”观点的一次“基因突变”。

相比之前双重性理论对物体加速下落的解释方案，布里丹他们的这套解释方案在后来更受欢迎，成了大学的主要讲授内容。比如到了伽利略在比萨大学读大学时，这些已经是他老师博纳米科主要讲授的内容了[1]。不仅如此，“virtus impressa”理论后来也借鉴了这种思想，对“virtus impressa”理论也做了相应的改进，即采用 virtus of gravitas 取代偶有重性所起的作用。也就是说完善之后的“virtus impressa”理论认为物体加速下落的原因是：

① 石头在自由下落时，石头的重性（gravitas）也会向石头不断注入 virtus，从而使得石头所具有的 virtus 在下落过程中越来越大。

② 但这些 virtus 被称为“virtus of gravitas”，而不是被称为“virtus impressed”。因为在当时的人看来，重性（gravitas）仍然是属于石头自身固有的性质，不是外部推动者，而是内部推动者。而 impress 这个词，只有在石头自身之外的推动者对其产生推动作用时才能

[1] 柯瓦雷著，《伽利略研究》，北京大学出版社，2008：16-46。

使用。所以当时的人们对这两者还是做了一定区别的[1]。

③ 这样一来，物体的下落过程是由两种原因导致的。第一个原因就是自然重性（still weight），但它不能导致加速；第二原因就是 virtus of gravitas，它在下落过程中变得越来越多，即这个神秘推动者越来越强，导致了石头的速度越来越大。

任何思想，从它的最初产生到被大家所接受都需要一个漫长的过程。对重性的理解也是这样。尽管布里丹以及后来的追随者们已经开始采用“空气阻挡物体运动”的理解方式去理解“重性如何导致物体加速下落”的现象，但他们仍然还是清晰地知道：“空气阻挡物体运动”与“重性导致物体加速下落”在本质上是完全不同的两种现象（按照亚里士多德的思想来说，前者是反自然的运动，后者是合乎自然的运动）。也就是说：尽管可以采用同一种理解方式去理解这两个现象，但它们本质上却是不同的。为了表明这种区分和本质不同，他们把注入的 virtus 区分为 virtus impressed 和 virtus of gravitas。前者是手推动石头时向石头注入（impress）的 virtus，是空气阻挡物体时向物体注入（impress）的 virtus；后者是重性（gravitas）向石头注入的 virtus。

就这样，思想开始慢慢地发生转变。随着 virtus impressed 理论的流行和普及，导致石头自由下落的加速原因已经慢慢地从重性（gravitas）转变为 virtus of gravitas。后面将会详细说明，virtus of gravitas 就是“重力”概念的前身，而 virtus impressed 就是“外力”概念的前身。

就这样，亚里士多德宇宙体系中的两个基本问题进化出了两个重要思想的“胚胎”——惯性思想的“胚胎”（即 virtus 或者 impetus）和重力思想的“胚胎”（即 virtus of gravitas）。虽然这是两个独立的概念，但在随后的进化过程中，它们却“相互成全了对方”。具体来说就是：惯性思想的成熟帮助重力思想变得更加容易被接受；而重力思想的成熟成了惯性思想成立的前提条件。为什么是这样的呢？详细而具体的说明如下。

2.6 惯性思想诞生的三大障碍

前面已经讨论过，virtus impressa 理论和 impetus 理论的出现已经孕育了惯性思想的胚胎。因为布里丹的 impetus 理论已经蕴含一个结论：如果没有空气的阻挡和重性（gravitas）的破坏，impetus 将一直保留在物体上，并且保持不变。那么这些 impetus 将会推动物体永无止境地运动下去。

布里丹正是用这个结论解释了天界的行星的永恒运动。但对于地界的一般物体，布里丹并不认为该结论也成立。因为在亚里士多德的宇宙体系里，没有空气阻挡的真空和没有重性的物体都是不存在的；而且亚里士多德的宇宙是有限的，如果地界的物体永无止境地运动下去，该物体就会从地界运动到天界，最后甚至还会超出天界，这在亚里士多德的宇宙体系里也是无法接受的过程。实际上，这种永无止境的运动在地界无法存在的根源在于亚里士多德的宇宙体系，具体来说就是：

① 所有物体都有属于它的固有位置，回到它固有位置的倾向就是重性或轻性。那么，由于不存在没有固有位置的物体，所以地界上不存在没有重性或轻性的物体。

② 真空意味着空间处处都是均匀同质的，也就是说没有特殊位置，没有上下之分，这

[1] 在后来的牛顿力学中，这些区别已经变得很小了。

和固有位置的思想是相冲突的。因为各种元素的固有位置都是一些固定的位置，是一些特殊位置，比如土与火的固有位置，一个在下，一个在上。所以空间是有上下之分的。亚里士多德正是通过否认真空的存在，从而避免空间的这种上下之分与真空处处均匀之间的矛盾冲突。另外，物体自由下落会穿过某种介质，比如水、空气等，物体的运动会受到这些介质的阻碍。亚里士多德认为：介质越稀薄，物体下落速度就越快，即下落速度与介质的密度成反比。真空意味着介质是无限稀薄的，这就会推导出物体在真空中下落速度是无限大的结论。亚里士多德也是通过否认真空的存在，从而避免了这种结论的出现。

③ 亚里士多德的宇宙被分为月亮之下和月亮之上的世界，它们被称为地界和天界。它们是彼此独立的，天界是永恒不变的，地界是变幻莫测的。地界上物体无法运动到天界上，天界上的星体也无法掉入地界。另外，亚里士多德还认为“无限”只在思维推理中存在，在真实世界中是不存在的，宇宙是有限的。

所以在亚里士多德的宇宙体系中：地界上不存在没有重性或轻性的物体；不存在真空；地界与天界之间存在无法逾越的边界。这三个障碍在很长一段时期内，让大家认为“由 impetus 或 virtus 推动物体永无止境地运动”在地界是无法存在的。

由于亚里士多德的宇宙体系在逻辑上是一个比较完整的体系，并且通过不断修复之后也是一个自洽性很高的体系，具有顽强的生命力。因此中世纪的学者们很难完全突破这些障碍，从而推论出惯性定律。并且这些障碍是根生在亚里士多德的宇宙体系中的，要摧毁这些障碍，就意味着需要摧毁亚里士多德的整个理论体系。

第一个从根基上开始动摇亚里士多德宇宙体系的事件就是哥白尼（1473—1543）的发现，那就是：宇宙的中心不再是地球中心，并且地球中心也不是静止的。亚里士多德的宇宙体系从根基上开始动摇到完全瓦解，再到新宇宙体系的重新建立经历了长达近两百年的时间。这是一个漫长而艰难的巨大转变过程，也是人类的整个世界观从根本上进行大转变的过程。

2.7 哥白尼日心说——第一个思想障碍的消失，也是重力思想的萌芽

当地球中心不再是宇宙中心之后，以地球中心来给各种元素安排“固有位置”的根基就不存在了，世界被月亮划分为天界和地界的根基也就不存在了，充满严格等级的空间秩序也被破坏了。面对这些致命性的难题，亚里士多德的宇宙体系这次无法通过打补丁的方式完成自愈。但是对于早期的开拓者而言，他们仍然只能在亚里士多德的理论框架下思考问题❶。也就是说：既然亚里士多德所说的那些固有位置不存在了，那么新的固有位置在哪里呢？布鲁诺（1548—1600）在1584年出版的《论无限、宇宙和诸世界》中提出：尽管不再存在宇宙中心，但固有位置仍然是存在的，应该把空间的每一个位置都视为固有位置，并且这些固有位置之间不再有等级之分，也就是不再存在像亚里士多德的土水气火那样充满等级秩序的位置❷。

这样一来，空间就不再存在上下之分。并且由于要求每个固有位置的地位是平等对称

❶ 采用科恩的观点来说就是：新范式还没形成，他们仍然只能在旧范式中讨论问题。

❷ 布鲁诺著，《论无限、宇宙和诸世界》，人民出版社，2010。

的，因此布鲁诺还认为宇宙只能在无限的情况下才能满足这些要求。在第 1 章谈到过，后来的开普勒（1571—1630）继承了布鲁诺的一些观点。虽然开普勒反对布鲁诺认为宇宙是无限的观点，但开普勒继承了布鲁诺有关固有位置的新观点。并且在亚里士多德思想的影响下，开普勒发明了惯性（inertia）的这个术语，即惯性最原始的意思就是指：物体自身具有待在某个固有位置上的倾向。

另外，在亚里士多德的宇宙体系中，重性就是物体自身具有返回土的固有位置的倾向，而正是这个倾向导致了物体自由下落。但现在地球中心不再是宇宙中心了，土的固有位置不存在了，进而亚里士多德的这个重性也就无法成立了。重性的概念也开始瓦解和失效。可是如果没有重性，导致物体自由下落的原因又是什么呢。非常巧合的是，一种新思想在这段时期之前就已经进化出来了，它就是前面刚刚谈到过的，virtus impressa 理论在解释物体加速下落时出现过的思想认识。这种思想认识将重性（gravitas）视为石头自身之外的推动者，即认为导致物体加速下落的推动者就是 virtus of gravitas。这种思想认识在刚开始萌芽的时候是模糊的。但伴随着亚里士多德宇宙体系的瓦解，以及从中衍生出的重性概念的瓦解和失效，virtus of gravitas 的思想有机会开始从模糊变得清晰，即大家越来越容易接受这样的观点：物体的自由下落不再是由于物体内部自身重性导致的，而是由 virtus of gravitas 所推动的。

让 virtus of gravitas 的思想变得让人更加容易接受的下一个转折点是吉尔伯特提出的类比观点。吉尔伯特（1544—1603）在著作《论磁》中把地球视为一块大磁石。这个观点对后人产生了深远影响。比如开普勒接受了这个观点，认为物体的自由下落就是类似磁石之间的吸引所产生的。伽利略也分享过这个观点。之后的伽桑狄（1592—1655）在此基础上进一步说明物体的自由下落就是来自于地球的吸引❶。就这样，一种新的思想开始变得成熟，那就是：物体的自由下落不再被视为物体自身的一种内在属性（即重性），而是由外部（比如地球）干扰所导致。这些外部干扰通过向物体注入 virtus of gravitas 来推动物体加速下落。

这样一来，既然重性不再是物体自身固有的性质，那么“不具有重性的物体也可以存在”的观点在思想上的障碍就被扫除了，从而为惯性定律的诞生扫除了第一个思想障碍。也就是说：正是 virtus of gravitas（即重力的前身）的概念取代了重性的概念之后，一个没有重性的物体成了可以被接受的对象。而当该物体还没有受到空气阻碍时，它在 virtus 或 impetus 的推动之下就能够永恒地运动下去，这种运动在后来被称为惯性运动。所以在这个思想的转变过程中，我们可以清晰地看到：重性思想的瓦解和重力思想的萌芽为惯性思想的诞生扫除了一个障碍。

2.8　伽利略的贡献：运动是一种自身就可以独立存在的对象

伽利略（1564—1642）并没有接受布鲁诺和开普勒关于“亚里士多德的严格等级的空间秩序已经不存在”的观点，而仍然认为亚里士多德的天界与地界之分是存在的。关于地界上物体的运动理论，伽利略采用了布里丹的 impetus 理论。根据前面对 impetus 理论的讨论：

❶ 柯瓦雷著，《伽利略研究》，北京大学出版社，2008：359-362。柯瓦雷著，《牛顿研究》，商务印书馆，2016：257-262。

如果没有空气的阻挡和重性（gravitas）的破坏，impetus 将会推动物体永无止境地运动下去。伽利略在《关于两门新科学的对话》中提出：只要小球一直在水平地面上运动，它就不会受到重性（gravitas）的破坏，因为水平面上不存在高度差。如果还没有空气的阻挡，那么 impetus 将一直保留在小球上，从而推动小球在水平地面上永恒运动下去，成为绕地球的匀速圆周运动[❶]，如图 2-1 所示。

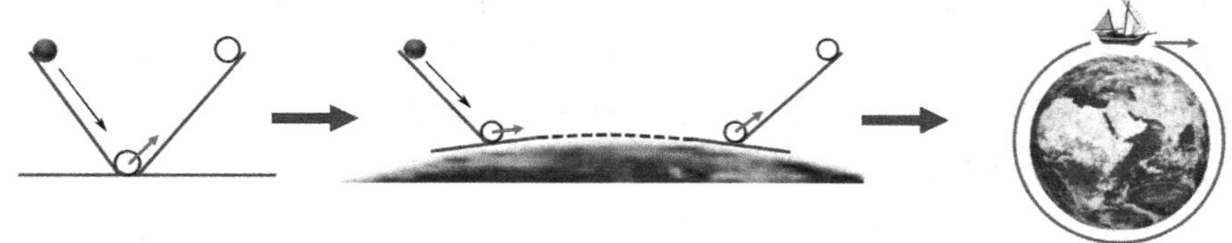

图 2-1　伽利略利用 impetus 理论推导出的永恒运动

伽利略的这个推论具有重要意义，因为是他第一个提出：即使是地界上的物体，在没有外部推动者存在的情况下，也可以永恒运动下去。不仅如此，伽利略还带来了另外一个新的思想转变。这个思想转变来源于伽利略对 impetus 理论的不满。因为根据 impetus 理论，impetus 就是小球继续运动的内部推动者，但是伽利略这样论证：如果 impetus 是运动的推动者，那么 impetus 将被逐渐消耗掉，就像我们推动一个箱子，会慢慢感觉到累一样。现在 impetus 始终保持不变，说明它在推动过程中没有发挥任何作用。也就是说 impetus 并不是物体维持继续运动的原因，而是运动自身就能够维持物体继续运动。伽利略进而推论出一个无比重要的认识，那就是：物体一旦运动起来，在没有外界的破坏下，运动自身就能永恒地维持下去，并不需要任何推动者。在人类对运动的认识过程中，这是一次重要的思想转变，即：第一次将运动视为一种自身就可以独立存在的对象，运动不再是其它对象导致的结果或附属物，运动的地位被空前提高。而在此之前，运动只是物体回到固有位置所产生的一个过程而已，如果不存在固有位置，也就不会存在运动。

但是，由于伽利略并没有接受布鲁诺关于"宇宙是无限的"的观点，而是仍然坚守亚里士多德的充满等级秩序的世界，因此伽利略认为绕地球的永恒的圆周运动是存在的，但永恒的直线运动是不存在的，因为那样就会突破地界，运动到天界上去，甚至超出宇宙的边界。在《两大世界体系的对话》中，伽利略指出：

"我同意亚里士多德的那些结论，世界必然是秩序井然的。……。（此世界中）完整的运动不可能是直线运动，而只能是圆周运动。……。因为直线运动是无限的，在无限中没有终点，正如亚里士多德所说，自然不会做它做不到的事，物体也不会朝它达不到的位置运动。"

"物体永远做直线运动是不可能的，因为无论是向上还是向下运动，它都会受到圆周和宇宙中心的影响。"[❷]

伽利略之所以没有能够突破思想障碍而接受永恒的直线运动是存在的，并不是由于伽利略思想的保守，而是因为此问题涉及一个深层次的哲学问题。这个深刻而重要的哲学问题就是：直线是不是真实存在的客体。所以这个问题已经需要从哲学的高度来深刻讨论了，这需要一次在哲学思想层面上的革命才行。历史将这个任务交给了现代哲学之父——笛卡儿。

哥白尼将宇宙中心从地球改为太阳带来的转变已经足够巨大，大到已经动摇了亚里士多

❶　伽利略著，《关于两门新科学的对话》，北京大学出版社，2016：168-172。

❷　伽利略著，《两大世界体系的对话》，北京大学出版社，2006：10-12，96。

德宇宙体系的根基，但笛卡儿即将带来的转变更是翻天覆地。这个转变彻底摧毁了亚里士多德的宇宙体系，因为笛卡儿将从哲学和认识方法论的高度上开启一场思想革命。一直到今天为止，我们之中的绝大多数人都还在这个巨变之后的思想指导下去思考问题，却浑然不觉。正是因为有了笛卡儿带来的这次思想突破，正在阅读这本书的你才会觉得"直线运动可以存在"是一个多么理所当然的结论。

2.9 笛卡儿理性主义带来的转折——物理学的分界点

笛卡儿（1596—1650）在青年时代就对亚里士多德的这些理论产生了厌倦，认为它们无法带来确定可靠的知识，只能带来思想上的混乱和自相矛盾。笛卡儿认为能带来可靠知识的理论只有代数和几何。在 1630 年左右，笛卡儿在思想上完成了一次深刻的转变，即所谓的"第一沉思"。通过沉思去思考什么样的方法才是能获取可靠知识的方法，笛卡儿思索出的答案是：只能靠理性。笛卡儿认为只有像欧几里得几何那样，从那些最简单和最容易的概念作为出发点，然后依靠理性严格推导出来的知识才是可靠的[1]。所以笛卡儿主张：先怀疑一切从其它方式（比如感官、经验、启示、信仰、书本、权威）获取的知识，通过理性找到最终不可怀疑的结论[2]，把它作为第一原理，然后以此为根基，再通过理性严格推导出其它知识来。在《谈谈在科学中正确运用理性和追求真理的方法》以及之后的《第一沉思集》中，笛卡儿对这种新的认识方法论进行了阐述[3]。这种新思想后来被称为理性主义（也称唯理论）。它扭转了欧洲当时的整个哲学思想，其影响之深远以至于笛卡儿的思想被认为开启了西方的现代哲学，笛卡儿也被称为现代哲学之父。

下面举一个例子来展示这次思想转变所带来影响的深刻性。假设你现在面对一堆各种不同材料的细棒。有的粗一些，有的细一些；有的是白色，有的是黑色；有的是木头做的，有的是泥土做的；有的重一些，有的轻一些。亚里士多德理论体系的研究对象必须是这些具体的细棒，认为只有研究这些具体实在的物质对象才算是物理学。这样一来，在亚里士多德的物理学中，无限长或无限细的细棒是不存在的，因为客观世界中没有一根具体实在的细棒是这样的。现在笛卡儿用他沉思之后的方法来认识这堆细棒。笛卡儿认为：通过理性，从这些细棒中能够得出的最简单和最容易的概念就是几何直线段，所以应该采用几何上的直线段来代替这些细棒；另外，在数字上，也应该采用尽可能简单的数字来说明它们，笛卡儿只选取了一个数字，那就是细棒所包含物质的多少。"几何直线段"和"包含物质多少的数字"就是笛卡儿所谓的"最终不可怀疑的结论"，它们被当作推理的基础。当然这些结论只能通过理性才能把握到，而不是通过感官或其它途径所能把握到的，这也是笛卡儿这套方法被称为理性主义的原因。

物理学的研究对象，在笛卡儿这里，从具体实在的物理对象转变为了高度抽象、只能被理性所能把握到的数学对象。对亚里士多德的物理学来说，这是一场完全颠覆性的转变，而且这也是亚里士多德一直坚决反对的。因为亚里士多德认为物理对象和几何对象是完全不同的，物理对象必须是能被我们感知的、具体实在的对象，而几何对象并不是具体实在的，它

[1] 笛卡儿著，《谈谈在科学中正确运用理性和追求真理的方法》，商务印书馆，2000：16-18。

[2] 笛卡儿怀疑到最后认为只有一件事是不可怀疑的了，那就是"我正在思考"这件事。这个结论成为今天大家都熟悉一句名言："我思故我在。"

[3] 笛卡儿著，《第一哲学沉思集》，台海出版社，2016：53-72，89-104。

只存在于我们的理性之中。在后文将会介绍，这种反对意见是有道理的，笛卡儿的理性和数学化过于偏激。

这场思想转变完全摧毁了亚里士多德的宇宙体系。在旧体系大厦的废墟上，笛卡儿根据他这种新的认识方法，重新建立了一套描述世界运行的新体系大厦。一直到今天，我们仍然住在笛卡儿的这座大厦里面。在笛卡儿的这套新世界体系中，在通过理性去把握得出最简单和最容易的概念的指导思想下，笛卡儿认为与物体相关的概念只剩下长、宽、高，以及物质的多少。另外，笛卡儿认为运动才是最简单和最容易的概念，所以笛卡儿把运动的地位提高到了第一位的高度。以这两点为根基，在《论世界》和《哲学原理》中，笛卡儿详细描述了这个新世界的构造：

① 整个大厦的根基：

第一，宇宙的构成主要是两部分——物质的广延或延展（即无尽的空间）和物质的运动。

第二，运动和静止的地位是相同的。运动和静止都是一种状态，没有谁的优先级高。并且运动和静止是相对的。

② 整个大厦的支柱：世界的运行满足三条定律。

第一定律：空间和运动一旦被创造出来就会永恒持续下去，并且运动总的多少保持不变。

第二定律：物质的运动总是倾向于匀速直线运动。

第三定律：当一个物体碰撞到另外一个物体时，前者损失的运动和后者得到的运动同样多。

③ 整个大厦的新面貌：运动的地位被提高到第一位的高度。

和亚里士多德的宇宙相比，笛卡儿的世界焕然一新。在这个新世界中，宇宙中心、固有位置、物质分为土水气火的等级、空间位置的等级排列都不存在了。这样一来，从固有位置推导出的绝对静止的观念也就不存在了；从固有位置基础上衍生出的重性的观念也被去掉了；由于没有了以太的固有位置，天体的匀速圆周运动也不再是合乎自然的运动，而是一种需要外部推动者的运动。

在这个新世界中，“一根细棒是无限长的”的观点也不再有什么思想上的障碍了，它是可以存在的，因为我们可以通过理性来把握它。那么，“一个物体沿无限长直线运动”也是可以存在的了。这些观点都是我们今天认为理所当然的结论，但它们都是在经过笛卡儿哲学思想所带来的这次巨大转变之后才慢慢被接受的。正是笛卡儿的理性主义在思想上扫除了一种巨大障碍——认为不能用数学对象去代替物理对象的思想障碍之后，整个物理世界从此开始被全面数学化。物理学进入了另外一个完全不同的时代，一个具体实在的物理世界被各种数学对象代替了的时代，世界开始被高度简化和抽象化。今天回过头来看，笛卡儿的理性主义影响是深远的，整个物理学史只划分为两个大时期，即笛卡儿之前的物理学时期和笛卡儿之后的物理学时期。

2.10 惯性思想的正式诞生——所有思想障碍的扫除

在笛卡儿带来这次思想巨变之后，前面提到的那些认为“物体一旦运动起来，它就会沿直线永恒运动下去”是荒谬而不可能存在的三大思想障碍被全部扫除了。因为在笛卡儿的这个新世界中，空间位置是没有等级秩序的，因而空间是没有地界与天界之分的，所以“从地界无法运动到天界”的思想障碍被扫除了；同样由于空间位置已经没有等级秩序，也就是说空间的每个位置的地位是等同的，即空间是均匀的，所以之前阻碍“真空可以存在”的理由和思想障碍也被扫除了；另外更重要的是，根据笛卡儿的理性主义，“永恒的直线运动”也成为一种可以被物理学所接受的存在。而在亚里士多德的物理学中，“永恒的直线运动”是无法出现的一种运动，因为就像伽利略所说的那样：“自然不会做它做不到的事，物体也不会朝它达不到的位置运动。”就这样，惯性定律诞生的道路已经被铺平了。

正是由于笛卡儿的理性主义带来的这次思想革命，从笛卡儿的时代开始，人们已经慢慢开始接受这样一个结论：一个物体一旦运动起来，它就会一直沿直线永恒运动下去，除非受到外界的破坏。比如和笛卡儿同时代的伽桑狄（1592—1655），这位伽利略的追随者，对伽利略的结论进行了改进和突破之后[1]，已经提出：对于没有重性的物体，一旦运动起来，它将沿直线一下运动下去[2]。至于笛卡儿本人的结论，他新世界的两大定律对此已经表述得非常清晰和明确了，即“运动一旦被创造出来，它就会永恒持续下去；运动总是倾向于匀速直线运动。”所以笛卡儿的结论已经包含一个重要的思想，那就是：物体总是具有回归到匀速直线运动的倾向，这是物体自身的一种内在属性。

那么导致物体总是具有这种倾向的原因什么呢？它也是由一个神秘的推动者导致的吗？笛卡儿没有回答这个问题。惠更斯（1629—1695）和牛顿（1642—1727）对此却分别给出了自己的答案。对此后面将会详细讨论。

2.11 笛卡儿理性主义的另一个影响——重力思想逐渐清晰：vis of gravitas

在笛卡儿的这个世界体系中，运动本身第一次被视为一个最基本的对象。它是一个可以独立存在的对象。运动不再是其它对象的附属物或衍生品，即运动成为第一性的了[3]。而在亚里士多德的宇宙体系中，固有位置才是最基本的对象，物体静止在固有位置才是最基本的状态，而运动只不过是物体试图重新回到它的固有位置的一个过程而已，即重新回到静止这个最基本状态的一个过程而已。所以如果没有固有位置，就不会有运动，运动只不过是固有位置带来的附属物或衍生品。静止和运动是属于两个不同范畴的概念，所以像“静止和运动是否是相对的”这样的句子在亚里士多德宇宙体系中连问题都算不上。

由于在亚里士多德宇宙体系中，运动只不过是物体试图重新回到它固有位置的一个过程而已，那么问“这个过程有多少”是没有意义的。所以在长达一千多年的历史长河中，学者们都只会问出“物体运动的快慢有多少”，而不会问出“物体运动本身有多少”这样的问题。就像我们今天不会问“一棵树生长本身有多少”，而只会问“一棵树生长得有多快”。

但是，现在笛卡儿认为运动才是第一位的存在。他将运动本身视为了一个独立对象，那么我们就可以很自然地问出：一个物体的运动有多少？即一个物体运动的量等于多少？笛卡儿自己给出的答案是：

---

[1] 第 4 章有讨论说明伽桑狄此结论的形成过程。

[2] 而伽利略的结论是：物体只能在水平地面上永恒运动下去，成为绕地球的匀速圆周运动。

[3] 后文将会详细谈到，运动其实是整个物理学最基本的对象。比如在第 12、17、21 章中，牛顿力学的重建过程是先重建运动的度量，然后再有质量的度量。第 22 章还会谈到物质所包含的全部运动是什么样的。而爱因斯坦引力场方程的右边就是代表物质运动的量。

运动的量 = 物质的量×速度的大小

它就是我们今天所熟悉的动量概念。正是在笛卡儿将运动视为一个可以独立存在的对象之后，这个动量概念才开始出现。不过在笛卡儿之前，类似的思想已经开始萌芽，比如前面提到过伽利略的推论。

在第 2.8 节谈到过，伽利略已经意识到将 impetus 视为物体持续运动的推动者是不合理的。为此，伽利略最先将 impetus 拆分为两部分：一个部分叫 impeto（意大利文，它就是今天的冲量概念的前身），它承担起推动者的责任，即手向上推动石头的过程就是手向石头注入 impeto 的过程；另外一部分叫 memento（意大利文，它就是今天动量概念的前身）[1]，它承担维持物体继续运动的责任，即石头继续向上运动的维持者是 memento。

同样，中世纪的另外一套动力学理论——virtus impressa 理论之后也被做了类似的拆分，即 virtus 也被拆分为两部分：一个部分叫 vis（拉丁文，它也是今天的冲量概念的前身），它承担起推动者的责任，即手向上推动石头的过程就是手向石头注入 vis 的过程，这些注入的 vis 被称为 vis impressed（它后来演变成外力的概念）；另外一部分就是 quantitas motus（拉丁文，即笛卡儿所谓的“运动的量”）[2]，它承担维持物体继续运动的责任，即石头继续向上运动的维持者是 quantitas motus。所以正是在运动被视为一个可以独立存在的对象之后，让 virtus 的含义进行这种分离成了一种必需。

前面已经谈到过，有一种思想在中世纪已经开始萌芽，即开始采用 virtus of gravitas 取代重性去解释石头的加速下落。随着 virtus 被拆分成 vis，那么导致石头加速下落的原因 virtus of gravitas 也被拆分成了 vis of gravitas（它后来演变成重力的概念）。

在对 virtus 进行这种拆分之后，分离出来的对象 vis 作为推动者的角色就更加清晰了。这样一来，vis of gravitas 作为石头加速下落的推动者的角色也就更加清晰了，即 vis of gravitas 越来越靠近重力的概念了。

2.12 惯性力思想的诞生——惠更斯的答案：vis centrifuga

在笛卡儿的新世界中，物体总是具有回归到匀速直线运动的倾向。但导致物体总是具有这种倾向的原因什么呢？它也是由一个神秘的推动者导致的吗？笛卡儿没有回答这个问题。惠更斯通过研究圆周运动（具体研究的是钟摆）给出的答案是：这个神秘的推动者就是 vis centrifuga。而牛顿通过研究小球的碰撞给出的答案是：这个神秘的推动者就是 vis inertia 。

惠更斯的解决方案展现了他高超的数学技巧和深邃的洞察能力，这种洞察能力的价值要在 200 多年后才会展现出来（即爱因斯坦的等效原理）。惠更斯非凡的洞察力在于他意识到了：圆周运动中物体沿直线飞出的倾向与物体自由下落的倾向之间的相似性，如图 2-2 所示。

早在惠更斯之前，伽利略在《关于两门新科学的对话》中就已经得出结论：物体自由下

---

[1] 参见《关于两门新科学的对话》的英文版本 Dialogues Concerning Two New Sciences，The Macmillan Company，1914：165-172。在写作《关于两门新科学的对话》时，为了获取更多读者，伽利略采用了意大利文，而不是当时的学术语言——拉丁文。

[2] 参见《自然哲学之数学原理》的拉丁文版本 Philosophiae Naturalis Principia Mathematica。

落的距离与时间的平方成正比[1]。惠更斯通过严格计算证明了[2]：小球（实心球）离开它起始位置（即空心球位置）的距离也与时间的平方正成比，如图 2-3 左边所示。

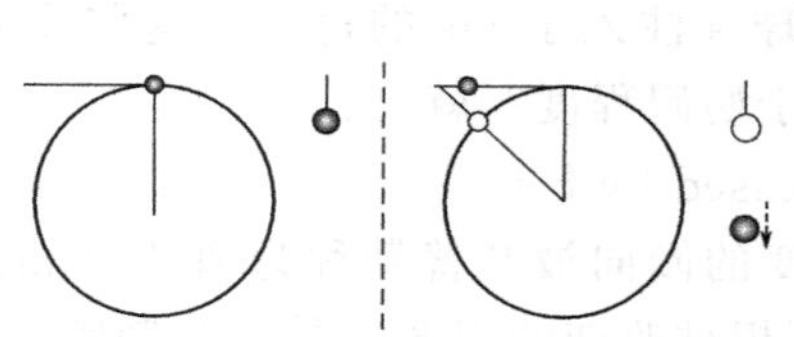

图 2-2　小球具有沿直线飞出的倾向，物体具有自由下落的倾向

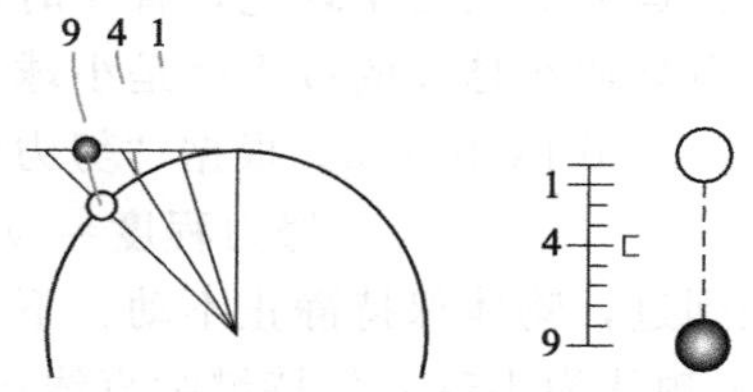

图 2-3　圆周运动与自由落体之间的相似性

所以，如果一个观测者站在绳子端点（即空心球位置），那么他看到小球（实心球）的运动过程与一个小球的自由下落过程是没有区别的。也就是说：只从运动效果来讲，这两种运动之间是无法区分的。小球具有自由下落的倾向来源于物体的重性，那么圆周运动中小球沿直线飞出的倾向又来源于哪里呢？这个倾向是否也来源于某种类似于重性的性质呢[3]。

不过到了惠更斯的时代，亚里士多德的宇宙体系已经瓦解，物体具有重性的思想也开始瓦解。正如前面谈到过，这个时期的大家已经开始采用 vis of gravitas 取代重性去解释小球加速下落的原因了。所以惠更斯认为：小球沿直线飞出的倾向也是由一个类似于 vis of gravitas 的对象产生的。惠更斯给这个对象取了一个新名字：vis centrifuga（它就是离心力概念的前身）。

这就是惠更斯极具天才的想法，其中充满了丰富的物理思想。这个过程向我们展示了早期的物理学家是如何去探索发现大自然背后秘密的。惠更斯应该是第一个明确洞察到重性和惯性之间相似性的人。惠更斯根据这种类似性还严格推导出 vis centrifuga 的大小与小球速度的平方成正比、与圆周运动的半径成反比。这个结论就是后来的离心力计算公式。如果惠更斯当时仍然采用亚里士多德的重性思想去理解物体的自由下落现象，而不是采用 vis of gravitas 的观点，那么他应该会成为第一个发现重性和惯性是属于同一种性质的人。

2.13　惯性力思想的诞生——牛顿的答案：vis inertia

为什么物体总是倾向于匀速直线运动？对于这个问题，牛顿是通过两小球的碰撞来进行研究的。在笛卡儿的世界体系中，物体之间的相互作用主要是碰撞。所以在笛卡儿之后，碰撞问题成了当时的科研热点，牛顿也对此进行了研究。青年时期的牛顿在他那本笔记本 *wastebook* 中记录了相关研究成果。

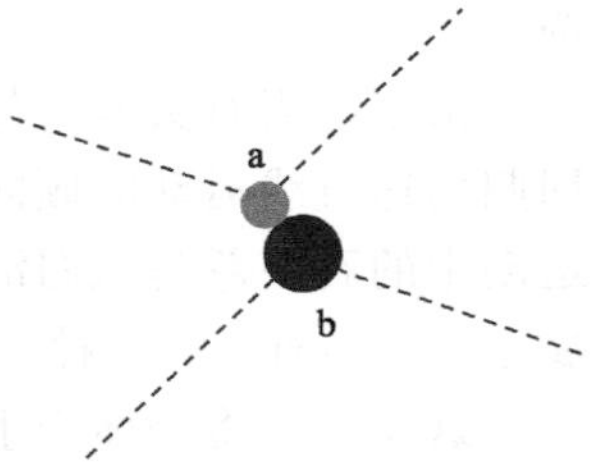

牛顿笔记的大意是：如图 2-4 所示，小球 b 能妨碍小球 a 继续直线运动的原因就是小球 b 具有保持继续直线运动的努力。那么

图 2-4　两个发生碰撞的小球

[1] 伽利略著，《关于两门新科学的对话》，北京大学出版社，2016：139-140。

[2] 沈贤勇，惠更斯对离心力公式的证明过程，《大学物理》，2020，39（2）。原文见惠更斯 1659 年写出的 De vi centrifuga。

[3] 当然，今天大家知道这个性质就是惯性。因此惠更斯的这个类比表明他已经在使用“惯性等于重性”了。

很显然，小球 b 保持继续直线运动的努力程度取决于小球 b 试图妨碍小球 a 的程度[1]。也就是说努力程度等于妨碍程度。

关于物体运动的动力学理论，青年时期的牛顿仍然在使用 virtus impressa 理论。根据该理论，小球 b 妨碍小球 a 的过程就是小球 b 向小球 a 注入了 vis 的过程，这些注入的 vis 记为：vis impressed by b to a。根据“努力程度等于妨碍程度”就有：

努力程度＝ vis impressed by b to a

前面谈到过，物体保持静止不动、不想被改变的倾向被开普勒称为惯性（inertia，懒惰的意思）。牛顿认为小球 b 保持继续直线运动、不想被改变的根源就是开普勒所谓的 inertia。所以牛顿将小球 b 保持继续直线运动的努力程度记为：vis inertia of b。那么“努力程度等于妨碍程度”就变为：

vis inertia of b＝vis impressed by b to a

这个研究让牛顿取得了丰硕的成果。首先这个等式后来发展成为著名的牛顿第三定律。其次，牛顿首次将“物质总是倾向于匀速直线运动”中这个“倾向”给量化了。即采用 vis inertia 来描述小球 b 在偏离匀速直线运动后试图回到匀速直线运动倾向的大小。

大约 20 年之后，当牛顿写作他的伟大著作《自然哲学之数学原理》时，vis inertia 成为了他著作的第三个定义[2]，它就是惯性力概念的前身。也正是由于牛顿这个定义，“物质总是倾向于匀速直线运动”后来被称为惯性定律。所以，惯性力就是指当物体偏离匀速直线运动后，该物体试图回到匀速直线运动倾向的大小。所以惠更斯的 vis centrifuga 很明显就是一种特殊的 vis inertia。

2.14 思想的汇集——vis impressed、vis of gravitas、vis inertia、vis centrifuga

经过了长达一千多年的不断进化，各种新思想形成和演化，到了牛顿的青年时代（即 17 世纪 60 年代），物体的运动与推动者之间的关系已经演变为以下三种不同类型：

第一，在手抛出石头的过程中，手对石头的推动作用采用 vis impressed 来描述。所有类似过程都可以采用 vis impressed 来描述。

第二，在石头自由下落过程中，石头总是试图加速下落的倾向采用 vis of gravitas 来描述。

第三，当石头偏离匀速直线运动（静止属于匀速直线运动的一种）之后，石头总是试图回归匀速直线运动的倾向采用 vis inertia 来描述。圆周运动中的石头就属于这种情况。圆周运动中的石头总是试图沿直线飞出的倾向采用 vis centrifuga 来描述，所以 vis centrifuga 是属于 vis inertia 的一种。

这相当于将物体产生运动的原因分为三大类。在后来《自然哲学之数学原理》开篇的第 3～第 8 个定义中，牛顿对这三大类的原因进行了单独解释和表述[3]。这表明在牛顿的时代，大家非常清楚这三大类原因是有本质不同的，它们各自包含独特而丰富的物理思想，不能混为一谈，所以必须对它们进行区分。但牛顿在《自然哲学之数学原理》中随即提出的第二定

---

[1] Julian. B. Barbour，the Discovery of Dynamics，Oxford University Press，2001：503-514。

[2] 第一个是质量的定义，第二个是动量的定义。

[3] 不过牛顿把 vis centrifuga 替换成了 vis centripetal，它就是向心力概念的前身。

律改变了这个局面，使得后来的人们不太能看清楚这三种类型的运动产生的根源之间的差别了。第 6 章将会谈到，到了 19 世纪下半叶，随着实证主义的兴起，这三大类原因几乎被视为同一种了。

2.15 牛顿第二定律——力概念的诞生，物理属性开始被屏蔽

采用今天的物理术语来说，vis impressed、vis of gravitas、vis inertia、vis centrifuga（或 vis centripetal）分别表示外力、重力、惯性力、离心力（或向心力）在一段作用时间内积累的冲量。但在牛顿的时代，它们还没有被称之为力，因为那时力（force）的概念还没有清晰形成。从冲量概念到力（force）概念的转变还需要克服很多思想障碍，以及接受很多新思想之后才能得以完成，这同样需要很长一段时间。这个转变过程之所以能够产生主要是由于牛顿第二定律的提出。

大约在 1666 年的时候，牛顿在研究匀速圆周运动问题的过程中，就已经得到了牛顿第二定律。在笛卡儿的世界体系中，物体之间只存在碰撞作用，所以牛顿也将匀速圆周运动问题转化为一系列碰撞的问题[1]，如图 2-5 所示，以此得到了向心力的计算公式。

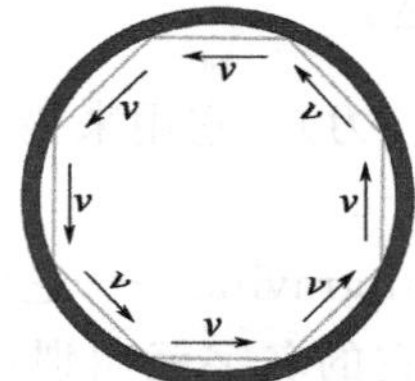

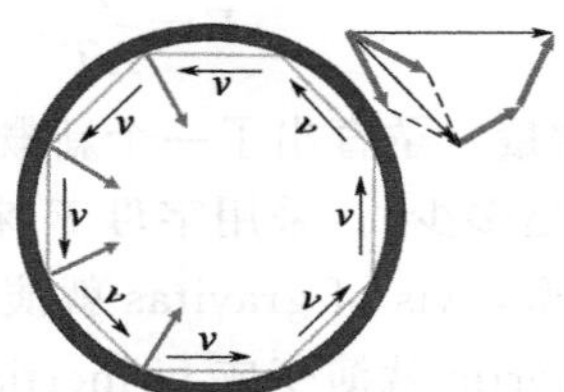

图 2-5 牛顿推导向心力公式所采用碰撞方案

由于每次碰撞都是完全相同的，所以在每次碰撞过程中，球壳向小球注入的 vis impressed 是等量的，同时小球的 quantitas motus 的增加量也就是等量的。因为前面讨论过，vis impressed 和 quantitas motus 是从同一个对象 virtus 分拆出来的，所以这让牛顿得到了一个无比重要的结论：

vis impressed＝quantitas motus 的增加量

大约 20 年之后，当牛顿写作他的伟大著作《自然哲学之数学原理》时，这个结论就成为了他著作的第二个定律，即今天大名鼎鼎的牛顿第二定律。

其中 vis impressed 就是描述推动作用有多少的量，它后来被称为冲量，采用 I 来表示；quantitas motus 就是描述运动有多少的量，它被称为动量，采用 p 来表示。根据前面笛卡儿的结论，运动的量 $p=Mv$。其中 M 就是描述物质有多少的量，它被牛顿称为质量。采用这些数学符号，这个结论就表述为：

$$I=\Delta p,\ p=Mv$$

但必须要注意的是：这个结论只是在碰撞运动类型（即上面提到的第一种运动类型）中总结出来的。可是 20 年之后的牛顿，在经过了思想挣扎之后，在他那本伟大著作《自然哲

[1] Julian. B. Barbour，the Discovery of Dynamics，Oxford University Press，2001：515-527。理查德·韦斯特福尔著，《近代科学的建构》，商务印书馆，2020：172-175。

学之数学原理》中还是将这个结论推广到了第二种和第三种运动类型。

不幸的是，就是这个推广对后世产生了无比深刻的影响。直到今天，它仍然影响着我们对这个世界的看法。下面就来详细讨论为什么会这样。

在碰撞过程中，球壳——作为一个明确的外部推动者——对小球产生了推动作用，冲量 I 就是对这个推动作用有多少的度量。如果将这个结论推广到第二种和第三种运动类型，那么这实际上就是在承认：在石头加速下落过程中，也存在一个外部推动者在推动石头加速下落；在小球圆周运动中，也存在一个外部推动者将小球拉回直线运动。所以，由于牛顿的这个推广，在第二种和第三种运动类型中就需要一个推动者存在，但它们本来是不需要所谓推动者的。

但更严峻的问题是：这两个外部推动者在哪里呢，它们是怎么样进行推动作用的呢？这些都是牛顿之后遭受攻击的地方。为了摆脱这个困境，一个新的概念孕育而生了，它就是“力”。因为力可以替代这两个神秘外部推动者的存在，从而让这个严峻的问题得到缓解。

力之所以能够进行这样的替代，是由于即使我们不知道这两个神秘外部推动者到底是怎么样推动的，但在数学上却仍然可以描述它们所产生的推动作用的大小。因为这可以通过它们在相同时间内产生 vis 的多少来衡量，也就是通过推动作用的多少——冲量 I 的多少来衡量。

$$F=\frac{I}{\Delta T},\ I=F\Delta T$$

就这样，从 vis（冲量）孕育出了一个新概念 vi（力）。它用来描述外部推动者所产生的推动作用的大小（而不是多少），采用字母 F 来表示。

对于第二种运动类型，vis of gravitas 就演变成 vi gravitas——它的名字就叫重力；对于第三种运动类型，vis inertia 就演变成 vi inertia——它的名字就叫惯性力。而对于第一种运动类型，vis impressed 也演变成 vi impressed——它的名字就叫外力。

对于刚才提到的那个严峻问题，现在可以这样来回答了：石头加速下落过程中的外部推动者就是重力；小球圆周运动中，将小球拉回直线运动的外部推动者就是惯性力。

但必须注意的是：这个回答并没有彻底解决那个严峻问题（彻底解决需要等到广义相对论的出现），即我们仍然不知道在第二种和第三种运动类型中，推动者到底是谁，以及推动者作用机制是什么。或者采用力的术语来说就是：我们不知道背后的施力者到底是谁，以及它是如何施力的。力的概念只是回避这个问题的一个数学工具而已。力 F 中没有包含与推动者有关的任何物理属性。或者说，力 F 把与推动者有关的物理属性封装到一个“黑盒”里面了。物理属性开始被屏蔽，世界开始被数学化，开始变成一个数学世界了。这就是牛顿推广他的第二定律所带来的深远而巨大的影响。

2.16 力(force)概念的成熟

前面刚刚谈到，由于力（vi）的概念只是一个数学工具。牛顿之后的物理学家，将笛卡儿的思想以及牛顿的理论在数学上发展到了极致，让物理学彻底数学化了。其中第一个重要贡献者就是数学家欧拉（后来还包括达朗贝尔、伯努利、拉格朗日、拉普拉斯等人）。欧拉将牛顿第二定律在数学上非常明确地改写为：

$$F=\frac{\mathrm{d}p}{\mathrm{d}T},\ I=\int_{T_0}^{T_1}F\mathrm{d}T$$

到了这个时候，时间 T 已经被当作一个参数变量在使用。力的概念已经变得完全成熟，它就是今天大家所理解的那个力（force）。而在此之前，力的概念一直处于混乱状态，这是因为直到牛顿写作《自然哲学之数学原理》的时候，时间 T 还没有被视为一个参数变量。

在牛顿的时代，一段非常短的时间（比如 0.1s 的时间长度）还是很难被测量出来的。如果一段时间（比如 0.1s）小到连最精确的仪器都无法测量出来，那么用冲量 I 去除以这段时间，即 $I/\Delta T$ 在物理上就失去成立的基础。所以牛顿在《自然哲学之数学原理》中提到的力概念是很混乱的，他有时候采用 vis（实际上是冲量 I）来表示力，有时候又采用 vi（它才是我们所熟悉的那个对象 F）来表示力。

到了欧拉的年代，时间 T 已经被视为一个参数变量。那么在数学上，无论多么短的时间段 ΔT 都被认为是可以成立的，甚至连一瞬间的时间段 $\mathrm{d}T$ 也被认为是可以成立的（这又是一个物理被数学化所带来的结果）。这样一来，力和冲量之间的这种混乱就得到了清晰的分离，即分离为：

$$F=\frac{\mathrm{d}p}{\mathrm{d}T},\ I=\int_{T_0}^{T_1}F\mathrm{d}T$$

分离出来这个力（force，用字母 F 表示）就是大家今天所熟悉的那个概念。从此开始，力的这个清晰定义（它实际上只是一个数学对象）被大家所接受。经过一二百年的教育之后，19 世纪的物理学家甚至认为力（force）才是第一性的存在，而其它概念（比如冲量）反而成了它的衍生物。

2.17 “重力”取代“重性”——真相被掩盖

力的概念被大家接受导致了一个影响深远的思想转变。因为 Δp 只是与物体的运动量相关，所以从牛顿第二定律 $F=\Delta p/\Delta T$ 可以看出：力的概念只是从如何造成物体运动改变的角度去刻画相互作用[1]。那么只利用这个力的概念，我们是无法区别不同相互作用的不同产生机制的。假如同一个物体分别在几种不同外部作用（比如电磁作用、空气阻碍、重性的影响）下，动量 p 发生了相同的改变值。那么仅仅从动量的这个改变值，我们是无法判断：物体运动这个改变到底是由哪种相互作用产生的。也就是说：力的概念过滤掉了这些不同相互作用的差异性，只保留了它们的一个共性，即只保留了它们都能导致物体运动发生改变这个共有性质。所以，力只是从运动效果改变的角度对相互作用进行了刻画，而过滤掉了相互作用产生机制的所有信息。比如，当我们说出重力和弹簧力的时候，它们没有包含这两个相互作用是如何产生的任何信息。所以，力的概念让我们在思想上出现了一个巨大转变，即我们开始片面地理解相互作用了。

力的概念越是深入人心，这种对相互作用理解的片面性思想就越顽固。比如，在思想转变之前，对于物体自由下落的原因，人们总是在寻求各种解释方案（比如亚里士多德的“固有位置”、笛卡儿的“旋涡模型”等）。但在思想转变之后，物体自由下落的原因是：物体受到重力的作用；重力的大小为 $F=Mg$。然后大家就不再继续追问背后的原因了。再比如，在思想转变之前，圆周运动的物体为什么总是倾向于直线运动的原因。人们也在寻求各种解释方案。但在思想转变之后，物体倾向于直线运动的原因是：物体受到了离心力的作用；离

---

[1] 牛顿在《自然哲学之数学原理》中也意识到这个问题，所以牛顿把它称为“运动的力”。参见牛顿，《自然哲学之数学原理》，北京出版社，2006：3。

心力的大小为 $F=Mv^2/R$。然后大家也不再去继续追问背后的原因了。

力的概念让我们误以为已经对这些运动现象背后的原因做出了解释。但实际上我们没有给出真正的答案，并且大多数人对此还浑然不觉。因为力只不过是从相互作用所导致的运动效果的角度对相互作用的一种数学描述而已，它并没有解释这些相互作用产生的具体机制。当我们说出"一个物体由于重力的原因开始自由下落"这些话时，我们其实并没有说出物体自由下落的原因，我们只不过是用数学公式对这个现象进行了描述而已，而不是在解释其背后的原因。

对于这个致命问题，牛顿是非常清楚的，他完全清楚这种数学化会导致的这种片面性。这也是让牛顿最纠结的一个问题，牛顿在《自然哲学之数学原理》的多处地方对此发出过警告。比如他特别强调要严格区分外力、惯性力、向心力（牛顿将重力视为向心力）之间的差异。牛顿这样写道：

"……，在此我只给出这些力的数学表述，而不涉及其物体根源和地位。……

对于吸引作用、排斥作用或趋于中心倾向的向心作用等这些相互作用，我使用"吸引力、排斥力、向心力"这些词时不对它们做区分，因为我对这些相互作用只是从数学上加以考虑，而不是从它们的物理产生机制上加以考虑，……，所以当我在后面提到吸引力、排斥力、向心力这些词时，不要以为我是在物理产生机制上去谈论它们，……"[1]

牛顿十分清晰地知道：他的这些结论，特别是力的概念只是在数学上对相互作用的描述而已，并没有涉及这些相互作用背后的任何物理实现机制。为此牛顿特意将书名从《自然哲学》改为《自然哲学之数学原理》。

尽管牛顿警告人们要注意区分外力、惯性力、向心力（牛顿将重力视为向心力，磁铁产生的吸引力也视为向心力）之间的区别，但牛顿自己却说："我们以后只从数学上加以考虑，不从物理上加以区分[2]"。正是这种做法慢慢地产生了一种偏见，即误认为这三种力是没有区别的。因为在数学上，这三种力确实是没有任何区别的，是完全相同的，都是由公式 $F=Ma$ 来计算的[3]。但是在物理上，它们产生的根源却有本质的区别，并且这些区别非常重要，因为它们已经涉及物理的深层本质。

正是牛顿这个"只从数学上加以考虑"的思想使得后来的人常常忽视了：相同的数学公式背后所蕴藏的不同物理本质（比如桌面上一个小球圆周运动的数学公式与行星圆周运动的数学公式是完全一样的，但是这两种运动现象所蕴藏的物理本质却是完全不同的。前者与惯性相关，后者与重性相关），从而使得人们忽略了惯性力、重力、外力之间的重要区别和深刻内涵。这是笛卡儿的数学化带来的一个不可避免的副作用。因为数学对象是高度抽象出来的对象，这个抽象过程就是忽略掉其它属性的过程，所以要使物体对象能够被数学化，就需要过滤掉其中大量差异性的物理属性。这是数学化不得不做出的牺牲，但正是这种忽略和牺牲掩盖了石头自由下落运动背后的真相。

在思想的这次巨大转变之后，重性的思想几乎彻底消失了，重力取代了重性并占据了人们主导思想；另外，就在惯性思想刚刚诞生的时候，惯性力（比如离心力）的概念就产生了，离心力也占据了主导思想。从此开始，物理学进入了力（force）的时代。大家脑海中几乎只有重力和惯性力的概念了。大家慢慢地忘却了重性和惯性的思想，以及它们都是起源于亚里士多德的"固有位置"。这种忘却导致大家看不到重性和惯性实际上是同一种性质，

---

[1][2] 牛顿著，《自然哲学之数学原理》，北京大学出版社，2006：3-4.

[3] 马赫 1883 年在《力学及其发展的批评历史的概论》中将力定义为质量乘以加速度，详细介绍在第 6 章。

真相就这样随着牛顿力学的成功被掩盖了。在后面我们将看到：是爱因斯坦重新将重力的思想恢复为重性的思想，将惯性力的思想恢复为惯性的思想。

本章小结

从以上发展过程中可以看到：重性和惯性的思想起源于同一个祖先。它们一直在发挥作用，一直都是存在的。但牛顿力学的成功，特别是力概念的成功反而掩盖这个真相。当爱因斯坦重新发现重性和惯性实际上是同一回事的时候，这反倒成了一件出乎意料的结论。

在笛卡儿的理性主义思想带来的巨变之后，物理世界开始了全面的数学化。这种数学化大大推进了物理学的发展，但正如当初的反对者所指出的那样：数学对象与物体对象有本质的不同，采用数学对象来代替物理对象会丢失大量与物理相关的信息，这会导致很严重的片面性。力的概念所带来的片面性就是其中一个例子。不过，这种数学化所导致的更严重的片面性来自于对空间的理解。在笛卡儿的数学化之后，空间只剩下一个欧几里得几何对象，空间其它大量和物理相关的信息全部被屏蔽掉了。下一章就来详细谈论下空间的几何化过程，以及当时的反对意见。

第3章 数学对象是真实存在的吗？——笛卡儿之前与之后的空间

在人类的历史长河中，已经有大量的知识被我们所掌握，其中被认为最可靠的知识非数学莫属。为什么数学知识具有如此高的可靠性呢？数学对象是真实存在的吗？它们又是如何存在的呢？

在经过几十万年的进化之后，人类大脑已经进化出一种对客观世界的独有反映方式，那就是理性思维。正是理性思维让我们得到关于这个世界的知识。而理性思维最核心的组成部分就是：概念、判断和推理。概念是在感性认识的基础上，通过对各种感觉材料进行抽象和概括，把那些偶然的、个别的东西舍弃，把那些必然的、共同的东西揭示出来。判断是概念之间特定形式的联系和结合，它是事物之间关系的反映；推理是从一些判断得出另外一些判断。通过概念、判断和推理这些理性思维得出的最具代表性的知识就是数学知识。

通过理性思维，人类得出了我们所熟悉的数学对象，比如：点、线段、圆等几何对象，以及自然数 1、2、3 等数量对象。在这些数学对象中，点是没有大小的；线段是没有粗细而只有长度的，并且是完美的直；圆也是完美的圆。但是客观世界存在的物体都不具备这些完美的要求，那么这些数学对象还是真实存在的吗？比如任何一个物体都是有大小的，那么没有大小的点这个数学对象是真实存在的吗？比如所有的细棒都是有粗细的，也存在一些弯曲和粗糙表面，那么完美直的、且没有粗细而只有长度的线段这个数学对象是真实存在的吗？再比如所有圆形的物体都不是严格完美的圆，并且是有粗糙表面的，那么完美的圆这个数学对象是真实存在的吗？

3.1 数学对象是真实存在的吗？

这些问题已经困扰了我们两千多年，早在古希腊时期，柏拉图和亚里士多德就提出了两种不同的回答。柏拉图的答案是：在客观的物质世界之外，这些数学对象独立存在于另外一个世界中，这个世界被柏拉图称为“理型（Form）世界”。到了中世纪之后，这个“理型世界”发展成为“共相的世界”。而亚里士多德认为：在客观的物质世界之外，这些数学对象不是独立存在的，而是存在于客观世界的各个物体之中。在柏拉图和亚里士多德之后，其他人也提出了各种答案，但这些答案其实只不过是这两种答案的完善、改进和变种。柏拉图的后继者，支持数学对象可以用来代替物理对象，这种观点被称为柏拉图主义；亚里士多德的后继者，反对采用数学对象来代替物理对象，认为它们之间有本质的不同，物质对象是客观实在的，而数学对象不是，这种观点被称为亚里士多德主义。这两派观点的冲突点就在于：数学对象是真实存在的吗？

判断数学对象到底是否真实存在，我们其实同时需要柏拉图和亚里士多德的观点。前面谈到，数学对象也是通过理性思维中的概念工具，从客观世界的物体中抽象出来的。抽象就是剥离掉物体其它无关的性质。比如线段的概念，考查所有具有长条形状的物体，这些物体组成一个集合。抽象就是将该集合中每个物体与长条性无关的所有其它性质剥离掉，比如剥离掉颜色、材料、轻重等性质，然后只保留长条的性质。不过，这样就得到了线段的概念了吗，答案是还没有。因为这些物体的长条性还具有各自的独有特点，比如这些长条性都有各自不同的弯曲度、都有各自的表面粗糙度、都有各自的粗细。所以还要将该集合中每个物体的长条性中的这些不同点剥离掉，只保留该集合中每个物体长条性中都具有的交集部分。这个交集部分就是没有粗细和表面属性，且是完美的直，也就是线段的概念。从这个概念的形成过程中可以看出：线段这个数学对象并不是单独属于某一个物体的，而是属于所考查集合中所有对象的交集部分。也就是说线段的概念，是所考查集合中所有对象共同参与而产生的，它是无法只从某一个具体物体中就能抽象出来的。所以线段这个数学对象并不是像柏拉图认为的那样，可以脱离具体物体而独立存在的，而是像亚里士多德认为的那样存在于所考查集合中的所有对象中的。

但是，当我们在具体使用线段这个概念的时候，比如当我们说到“一条线段”时，它必须要被一个具体的个体来代替，这个数学对象才能在语言系统中被表达出来。我们通常的做法是：用笔在纸上画出一条线来表示“一条线段”。尽管这些画出的线具有粗细属性且不是完美的直，我们却还是用这条具体画出来的线来代替“一条线段”这个抽象的数学对象，这让我们感觉“一条线段”又是可以独立存在的。另外，由于线段的概念是所考查集合中所有对象共同参与而产生的，无法只从某一个具体的物体中就能抽象出来，所以我们常常将这条线段称为某个具体的长条物理对象的理想情况，或者称为这个具体的长条物理对象的数学模型，从而避免这种不一致。在这种意义下，线段这个数学对象又具有像柏拉图所认为那样的、脱离具体物体而独立存在的特征。不过，需要注意的是，这种单独存在并不是像柏拉图认为的那样存在于一个理型（Form）世界中。

总之，一方面，在数学对象的概念形成的时候，会像亚里士多德所认为的那样，这些数学对象是所考查集合里的所有对象的交集部分，不是一个独立单独存在的对象；但另一方面，在用语言符号去使用这个数学对象的时候，又会像柏拉图所认为的那样，这些数学对象又表现出了能够脱离具体物体而独立单独存在的特征。接下来将会看到，这两种观点的对抗与综合将贯穿整个物理学历史。这两种观点在不同历史时期都发挥了至关重要的作用。不过到了现代，亚里士多德的观点演化成了经验主义，柏拉图的观点演化成了理性主义。

3.2　笛卡儿的理性主义

笛卡儿是柏拉图主义的继承者，认为数学对象是真实存在的，因为我们可以通过理性确切无疑地把握住它们。在第 2 章已经讨论过，正是笛卡儿在哲学思想上的巨大转向，开启了物理学的全面数学化过程。在笛卡儿带来的这次思想转变之后，数学对象被视为一个真实存在的对象，并用来代替客观实在的物理对象。亚里士多德的物理学所研究的对象正是这种客观存在的、具体的现象。比如，桌面上的一个小球在绳子拴住的情况下进行圆周运动的现象，它是一个具体的运动现象，是真实存在的。但在笛卡儿之后，大家采用一个点在圆圈（几何图形）上的改变过程来代替这个具体的运动现象，如图 3-1 左图所示。“一个点在圆圈（几

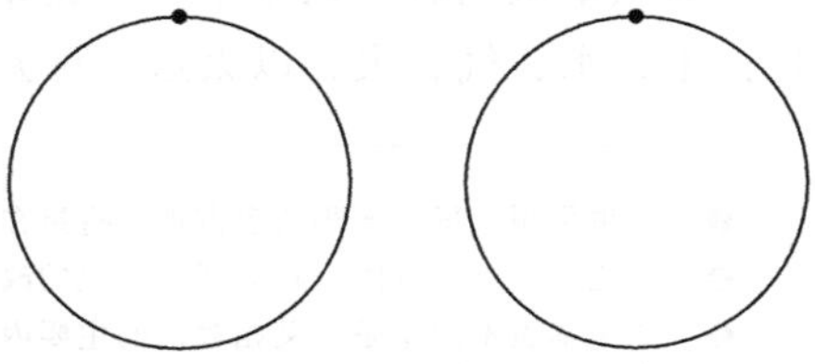

图 3-1　桌面上小球的圆周运动及行星的轨道运动

何图形）上的改变过程”被视为了一个真实存在的过程，因为我们能够通过理性确切无疑地把握住它。

再比如，一颗行星在绕地球进行圆周运动的现象[1]也是具体的运动现象，它也是真实存在的。但在笛卡儿之后，大家也采用一个点在圆圈（几何图形）上的改变过程来代替这个具体的运动现象，如图 3-1 右图所示。这个“一个点在圆圈（几何图形）上的改变过程”也被视为一个真实存在的过程，因为我们也可以通过理性确切无疑地把握住它。

在笛卡儿之后，这种采用数学对象去代替真实存在的具体物理对象的方式成为了主流，笛卡儿的理性主义在哲学思想的高度上为这种处理方式扫清了思想障碍。但是，在笛卡儿的时代，由于亚里士多德理论体系的长期影响，出现了大量反对笛卡儿这种做法的意见。比如，在亚里士多德的宇宙体系中，行星绕地球的圆周运动是第五元素在其固有位置上的合乎自然运动；而桌面上的小球是在绳子的外部拉动作用下的反自然运动，它们背后的物理机制是完全不相同的，也是完全不相关联的。如果按照笛卡儿的处理方式，这两种运动现象都采用“一个点在圆圈（几何图形）上的改变过程”来代替，那么这两个运动现象之间就是完全相同的，没有任何本质的区别，因为它们是一个完全相同的数学对象[2]。所以笛卡儿的这种处理方式就无法体现出这两者之间的本质不同。在后面将会谈到，这个反对意见是正确的，因为这两个运动现象之间确实有着本质的不同[3]，并且这个本质不同还极其重要，不能忽略。这样类似的质疑声音还有很多，再比如，采用“一个几何点和一个数字”[4]的形式真的就能代替一个物体吗；一个电子绕原子核的运动也可以用“一个点在圆圈（几何图形）上的改变过程”来代替吗。

从这个对比例子中可以看出：笛卡儿采用数学对象去代替具体实在的物理对象的处理方式，在物理学发展中发挥了关键作用，但对这种做法的质疑声音也是合理的。

牛顿的力学理论在之后取得了巨大成功，这种成功当然是建立在笛卡儿的这种数学化方法基础之上的。牛顿力学的巨大成功，让后来的人们慢慢忘却了最初的这些反对意见和质疑声音。多数人已经不再去反思和质疑笛卡儿和牛顿采用数学对象去代替物理对象的这种做法是否存在问题。大家已经慢慢接受了这种处理方式，认为这种处理方式是理所当然和完全没有问题的。比如：大家不再怀疑用“一个几何点代替一个物理对象”是否存在问题[5]。

但在笛卡儿的这种处理方式中，有一个物理对象除外，这个物理对象就是“空间”。人们一直在质疑和反思：用数学对象（即欧几里得几何空间）去代替具体实在的物理空间到底是否存在问题呢。在这个问题上，质疑声从来没有完全消失过，比如后面会谈到马赫的著作《力学及其发展的批评历史的概论》，里面就有这种质疑声。

3.3 亚里士多德的空间——与物质密切相关的等级空间

前两章谈到过，在亚里士多德的宇宙体系中，空间与物体是密切相关的。具体来说就是：土、水、气、火、以太这 5 种元素将空间划分为 5 层，每一层的空间都对应于一种元素

---

[1] 这里采用亚里士多德的宇宙观，行星在围绕地球旋转。

[2] 都是一个点在圆圈（几何图形）上的改变过程，在数学上，它们是没有任何区别的。

[3] 这个本质不同正是广义相对论的主要内容。

[4] 在后来的牛顿力学中，这样的数学对象被称为质点。其中数字代表物质的多少，也就是后来的质量。

[5] 这个问题在量子力学中是不成立的。

的固有位置。这就导致了空间的一些属性与这 5 种元素是密切相关的。这种密切相关性让空间具有如下性质：

① 空间是有限的。第 5 元素以太占据的空间在最外面。

② 空间位置是分等级的。地球中心是最高等级，由此中心向外，空间位置分别被土、水、气、火、以太划分为 5 个等级；也就是说空间不是处处同质的，即空间不是均匀的。

③ 空间在各个方向上并不相同。空间存在上下方向之分，往上的方向与往下的方向是完全不同的；另外左右方向与上下方向也是不相同的。即空间不是各向同性的。

④ 空间被划分天界和地界。月亮之上部分的空间是天界，月亮之下部分的空间是地界。月亮之下空间中的物体无法移动到月亮之上的空间中去。

⑤ 另外，空间与物质密切相关还表现在：不存在没有介质填充的空间，即不存在虚空（真空）。

正如前两章讨论过的，亚里士多德的这种空间观持续了近两千年，直到哥白尼将地球中心是宇宙中心这个根基摧毁之后，这种空间观才开始瓦解。经过布鲁诺、开普勒等人的修改之后，元素不再具有等级划分，从而固有位置也不再有等级划分。那么由此导致的空间各处不均匀的和各向不同性的性质就消失了；空间分为天界与地界的性质也就消失了；宇宙空间也变为无限的了。在这些与空间相关的性质消失之后，笛卡儿建立了另外一种全新的空间观。

3.4　笛卡儿的空间——欧几里得几何空间

正如前面提到的，笛卡儿开启了采用数学对象代替具体实在的物理对象的转向，对空间也提出了全新的观点。或许是为了回应其他人对这种处理方法的质疑，又或许是笛卡儿认为这两者（即数学对象与具体实在的物理对象）之间确实也存在本质的区别，笛卡儿在《论世界》和《哲学原理》中将世界分为了“真实的世界”和“想象的世界”。而他所要描述的世界只是这个“想象的世界”（这是对柏拉图的理型世界思想的一种继承）。在“通过理性去把握得出最简单和最容易的概念”的指导思想下，笛卡儿只赋予这个“想象的世界”尽量少的属性，即这个“想象的世界”只具有“物质的广延（长宽高）和运动”。以此作为出发点，笛卡儿构造出了一个完全不同的世界，正如笛卡儿的名言：“给我物质的广延和运动，我就可以重新构造一个世界”。

在笛卡儿的这个“想象的世界”中，整个世界只存在物质的广延（长宽高）和运动；物质不再分为 5 种元素；天界和地界都是由相同物质构造的，这样天界和地界之间的区别也就不存在了；这样一来，由 5 种元素所决定的固有位置当然也就不存在了。由于物质不存在等级之分，这样就无法存在最外层的物质了，所以笛卡儿的物质的广延（长宽高）就可以是无限的。

笛卡儿认为：所谓的空间只不过是物质的一种属性，即物质的广延（长宽高）属性。如果这个物质消失了，那么空间也就没有了。这就好像温度也只不过是物体的一种属性，如果这个物体消失了，那么这个温度也就无法存在了一样。所以在笛卡儿看来，空间不是一个独立的单独存在的客体，它只不过是物质的一种属性。所谓的空间概念（比如长宽高）只不过是对物质的这个广延属性的描述而已。也就是说：物质是第一性的，空间只是它的附属物，就像颜色、温度是物质的附属物一样。

这样一来，笛卡儿也认为：没有物质存在的虚空是不存在的。因为物质不存在了，作为这些物质的属性——空间当然也就无法存在了。由于空间只不过是物质的广延（长宽高）属性，当一块物质移动之后，那么空间也会随之发生移动。比如一张桌子，它的广延（长宽高）属性表现为空间。当这张桌子从一个区域移动到另外一个区域之后，桌子所展现出的这些空间也会从一个区域移动到另外一个区域，即笛卡儿所谓的空间是会动来动去的。但是，如果空间也是可以被移动的，那么为什么当一张桌子移开之后，我们会觉得桌子之前占据的这块空间还是继续存在呢？

笛卡儿的回答是：存在一种特殊种类的物质，它被称为“精细物质”或“以太”。这种精细物质或以太充满了整个世界。当桌子移开之后，填充这块区域的精细物质或以太依然存在，没有跟随桌子一同移开。这些精细物质或以太的广延（长宽高）属性让我们觉得桌子之前占据的这块空间还是存在着。不过，我们感觉不到这些精细物质或以太。

在笛卡儿看来，人类获取的最可靠知识就是代数和欧几里得几何。笛卡儿的另外一个贡献就是将这两门学科统一起来了，也就是物体的长宽高可以分别用一个数字来表示。这些数字后来被莱布尼茨称为笛卡儿坐标，如图 3-2 所示。这种几何在今天被称为解析几何。

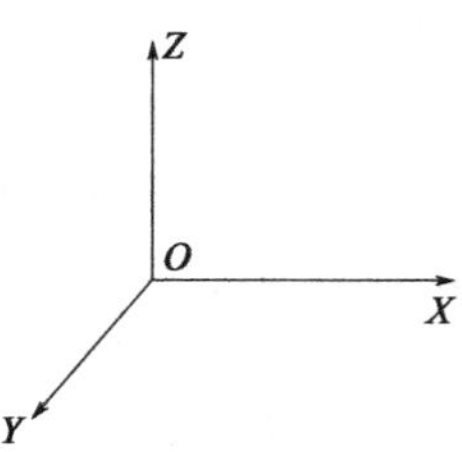

图 3-2 笛卡儿发明的坐标

尽管笛卡儿本人并没有直接将这种解析几何用于描述他那个“想象的世界”的空间，但笛卡儿将“空间”视为物体广延（长宽高）属性的思想却为这种描述方式在思想上扫清了障碍。因为一直以来，人们都认为欧几里得几何是一门只能用来描述具体物体的长宽高等形状的学问，和亚里士多德的空间是完全无关的，但现在笛卡儿将空间视为物体的长宽高等属性，那么采用欧几里得几何去描述物体的长宽高等属性，就等于是在描述空间本身了。所以，当思想上的这个障碍被扫除之后，在笛卡儿的这个“想象的世界”中，空间也可以采用欧几里得几何来描述表示了。而笛卡儿之后的人们也正是这样做的，从此开始，空间也开始用数学对象（即欧几里得几何）来表示了。

就这样，在笛卡儿的这个“想象的世界”中，整个世界只存在物质的广延（长宽高）和物质的运动。其中物质的广延（长宽高）由欧几里得几何来描述，物质的运动由几何点在欧几里得空间的运动来描述。所以，笛卡儿的这个“想象的世界”实际上完全是一个数学的世界、几何的世界。尽管笛卡儿自己区分了“真实的世界”和“想象的世界”，但实际上，笛卡儿构造这个“想象的世界”的目的就是要去描述“真实的世界”。而在具体使用过程中，笛卡儿常常将这个“想象的世界”当成了“真实的世界”。从此开始，物理学开启了全面的彻底的数学化（因为连空间这样最基本的对象都已经被数学化了）。这也让物理学开启了快速发展之路。柏拉图主义以及笛卡儿的理性主义在这一时期占据主导，在发展过程中起到了关键的推动作用。

空间由数学对象（即欧几里得几何空间）表示之后，欧几里得几何空间所具有的很多隐含的假设条件也就成为了空间的性质。具体来说有：

① 空间是均匀各向同性的，比如一根线段在移动之后，它的长度不会改变；再比如一根细棒，在细棒指向保持不变的前提下，按两条不同路径从一个点移动到另一个点之后，细棒的指向还是完全指向同一个方向。

② 空间不会随时间变化，即一根线段的长度在一天之前与一天之后是完全相等的。

当后来的人们继承了笛卡儿空间观的同时，也就继承了欧几里得几何所隐含的这些假设条件。其中最重要的继承人就是牛顿。

在笛卡儿之后，特别是在牛顿力学取得巨大成功之后，人们已经把笛卡儿的这个“想象的世界”彻底等同于“真实的世界”，忘却了它们之间的区别，我们的世界被彻底几何化和数学化了。不过在关于空间的理解上，牛顿并不完全赞同笛卡儿的观点，即认为笛卡儿将空间视为物体的长宽高属性而不是独立存在的单独客体的观点是错误的。牛顿认为，在这个世界上，本来就单独存在着一种“空间”客体。即使世界上所有的物质都消失了，那么这个空间客体仍然是存在的。

3.5　牛顿的空间——与物质无关的绝对空间

对笛卡儿的反对和质疑的声音在笛卡儿的时代是非常大的。亚里士多德思想的继承者们完全反对笛卡儿这种将数学的世界代替物理的世界的做法。而笛卡儿的一些追随者虽然接受了笛卡儿这种做法，但对其中一些观点也提出了异议，其中争议较多的就是：笛卡儿将空间作为物质属性的观点。这个争议的核心问题就是：空间到底能不能独立于物质而存在，也就是空间到底是第一性的还是第二性的问题❶。

两个派别在这个争议过程中逐渐形成。一个派别认为：空间本身就是一个单独存在的客观对象，空间与物质是两个独立的对象。即使所有物质都消失了，这个空间仍然存在，但是这个空间对象需要通过物质才能被我们所感知。有一个形象的比喻来描述这个派别的观点：空间就像一个舞台，而物质就像舞台上的演员。另外一个派别认为：离开物质，空间也就不存在了。空间只不过是这些物质表现出来的一种性质，也就是说空间是属于物质的，是无法脱离物质而单独存在的。

牛顿综合了这两派的观点。到了 1686 年写作《自然哲学之数学原理》的时候，牛顿将空间分为了两种：

① 第一种空间是绝对的、真实的、数学的空间。这种空间就是上面第一个派别所描述的空间。牛顿在《自然哲学之数学原理》中写道❷：

“绝对空间就其自身本性而言与外在一切物质无关的，是处处均匀的，是永不移动的。”

这种空间具有如下性质：a. 世界上所有物体都消失了，绝对空间仍然是存在的，也就是说绝对空间不需要物质作为载体本身就存在着；b. 绝对空间是永不移动的，也就是说它是绝对静止的；c. 绝对空间是处处均匀的，即一根线段，从一个位置移动另外一个位置之后长度是不变的。

同时，绝对空间又是一个数学的空间，即这种空间可以采用数学对象（即欧几里得几何）来表示，所以牛顿的绝对空间就是欧几里得几何空间，这种空间是完全彻底被几何化了的。

② 第二种空间是相对的、表象的、物理的空间。这种空间就是第二个派别所描述的空间，也就是接近于笛卡儿所认为的空间。牛顿在书中写道❸：

“相对空间是在绝对空间中可以移动的一些结构，或者是绝对空间的度量，我们通过它与具体物体的相对位置来感知它。……，相对空间和绝对空间在形状和大小上是相同的，但数值上并不总是相同。比如，地球在运动，地球上大气的空间就是相对空间，在某一个时刻，这个相对空间处于绝对空间的一个区域，而在另外一个时刻，这个相对空间已经移动到绝对空间的另外一个区域了，……。”

---

❶ 这个争论即使在今天依然有意义，因为它包含一个更重要的子问题，即空间与物质之间的关系到底是什么样的。

❷❸ 牛顿著，《自然哲学之数学原理》，北京大学出版社，2006：4。

这种空间具有如下性质：a. 相对空间是通过具体物体表现出来的一些结构，比如一条船的内部空间就是船内部结构的广延（长宽高）属性；b. 相对空间可以在绝对空间中移动，比如由于船的运动，船的内部空间也在绝对空间中移动；c. 相对空间是绝对空间的度量，相对空间和绝对空间在形状和大小上是相同的。也就是说：可以采用一个具体物体的长度（这个长度就是相对空间的、表象的长度，也是测量的长度）在数量上来代替该处绝对空间的长度（这个长度就是绝对空间的、真实的长度）❶。这样一来，由于绝对空间是欧几里得几何空间，那么相对空间也可以采用欧几里得几何空间来代替，所以相对空间也被几何化了。

绝对空间说明世界上存在着空间这样一个客体。这个空间不需要物质作为载体就能独自凭借其自身存在着，这个观点就是承认了空间的第一性；但是，这个空间又只有通过具体物体才能表现出来，才能被我们感知到。这个空间通过具体物体所表现出来的广延（长宽高）属性就是相对空间，也就是我们所感觉到的空间感，这个观点就是接受了空间的第二性、物质的第一性。

牛顿通过这种综合有效地调节和缓解了这两派之间的冲突。尽管牛顿当初进行这种划分的初衷是：让两种空间之间的区别变得更加清晰，从而避免误解。牛顿在书中这样写道❷：

“……，我没有定义时间、空间、位置和运动，因为它们是人所共知的。但是一般人除了通过可感知物体之外无法理解这些对象，并因此产生了误解。为了避免这种误解，可以把这些对象划分为绝对的、真实的、数学的与相对的、表象的、物理的。”

为了说明这两种空间并不是同一个对象，它们之间存在本质的差别，牛顿在随后的解释中特意提醒了：尽管可以用一个具体物体的长度（相对空间的长度、表象的长度、测量的长度）在数量上来代替该处绝对空间的长度（真实的长度），但是不能认为它们之间是毫无区别、可以混为一谈的。牛顿在书中写道❸：

“……，有些人在解释这些度量的量（笔者注：测量值）时，违背了本应保持的语言精确性，结果混淆了真实的量（笔者注：真实值）与可感知的度量（笔者注：测量值），……”❹。

大多数人在今天日常生活中所使用的相对空间的含义中，牛顿提醒的这种区分早已经被忘却了。今天大家在日常生活中对相对空间的理解是：比如一辆运动的火车，火车上还有一个被推动的买零食的小货车，那么，小货车内部空间相对火车来说是相对的，是可以移动的，是相对空间；反过来也成立，火车的内部空间相对于小货车来说也是相对的，也是可以移动的，也是相对空间。小货车的内部空间和火车的内部空间在地位上是等同的。但是，牛顿的相对空间的含义，以及相对空间与绝对空间之间关系并不是这样的。相对空间相对于绝对空间来说是相对的，是可以移动的，但是反过来并不成立，即绝对空间是不可移动的。因为相对空间与绝对空间是表象与本质的关系，所以反过来当然就不能成立。不能认为相对空间与绝对空间之间是同等地位、毫无区别、可以混为一谈的。

---

❶ 第16、27章将会谈到，在广义相对论中，测量长度与真实长度的这种区分是非常重要的。这反过来也说明，牛顿当初的这些洞察是多么的深刻，而大多数在学习牛顿力学的人缺乏对这些的了解。

❷❸ 牛顿著，《自然哲学之数学原理》，北京大学出版社，2006：4，7。

❹ 在后面第14、16、21、27章将会看到，牛顿的这个洞察力是很深邃的。

3.6　绝对空间和相对空间的数学化

在牛顿力学取得巨大成功之后，牛顿的空间观也被大家所接受，即存在一个绝对空间，它是一个欧几里得几何空间，再利用笛卡儿坐标，这个绝对空间就可数学化为一个坐标系(X,Y,Z)。

也存在相对空间，比如一艘船内部的空间，这个相对空间在绝对空间中移动。但在形状和大小上，相对空间与绝对空间是相同的，相对空间可以用来度量绝对空间，也就是用一个具体物体的长度（相对空间的、表象的长度，也是测量的长度）来表示该处绝对空间的长度（真实的长度）。由于绝对空间已经被数学化为一个坐标系(X,Y,Z)，因此相对空间也可以数学化为一个坐标系(x,y,z)（图 3-3）。

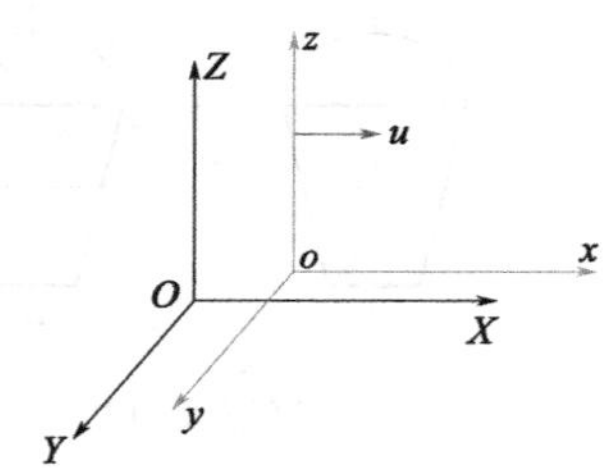

图 3-3　绝对空间与相对空间坐标系

并且，根据它们在形状和大小上的相等，可以得出相对空间坐标系(x,y,z)与绝对空间坐标系(X,Y,Z)之间关系为：

$$\begin{cases}X=x+ut\\Y=y\\Z=z\end{cases}$$

3.7　绝对空间真的存在吗？——牛顿的辩护

对于第一个派别的观点，也就是牛顿所谓“绝对的、真实的、数学的空间”的观点，却存在一个致命的弱点，那就是：既然绝对空间就其自身本性而言与外在一切物质无关，它只有通过具体物体才能被感知到，那么如果世界上所有的物质都消失之后，我们又能通过什么方式证明这个绝对空间还继续存在着呢。这也是后来主要受到人们攻击的弱点，牛顿自己十分清楚这个弱点。而且绝对空间的存在是牛顿所要创立的动力学理论的第一根基和出发点，牛顿必须为其辩护，证明绝对空间的确是存在着的。所以在《自然哲学之数学原理》的开篇，牛顿就对这个弱点进行了详细的辩护，证明这个弱点是可以被克服的。

笔者认为牛顿的辩护具有说服力的核心在于：牛顿将某一种特殊运动的地位抬高和特权化了。这种特殊的运动就是静止或匀速直线运动，即加速度为零的运动。牛顿之所以特别重视这种运动，是因为在牛顿之前，经过无数代人的努力，人们逐渐认识到了一个不受外力作用的物体，在各种不同的观测者（包括加速观测者）看来，它可以表现为各种完全不同的运动方式——静止、匀速运动以及各种不同的加速运动。为了避免这种复杂运动情况的出现，牛顿给其中一种运动方式赋予“特权”的地位，这种运动方式就是静止或匀速直线运动。那么一个不受外力作用的物体，在哪个观测者看来或者在哪个参考空间中会以这个特权化的运动方式出现呢？牛顿认为满足这个要求的参考空间就是绝对空间。

这样一来，牛顿就能以此来证明绝对空间的存在了。证明的依据就是：一个不受外力作用的物体，相对于绝对空间的运动方式，必将是静止或匀速直线运动。并且反过来也成立，即一个不受外力作用的物体，如果是静止或在匀速直线运动，那么该物体一定是在相对于绝对空间进行匀速运动。或者说，如果一个物体受到了外力的作用，那么该物体一定是在相对于绝对空间进行加速运动（比如转动就是一种加速运动）。

利用这一个判断依据，牛顿在《自然哲学之数学原理》的开篇举了两个例子来证明绝对空间是存在着的。如图 3-4 所示，一个例子就是旋转的水桶，另外一个例子就是两个被细绳拴住的铁球，它们绕中间点在旋转❶。

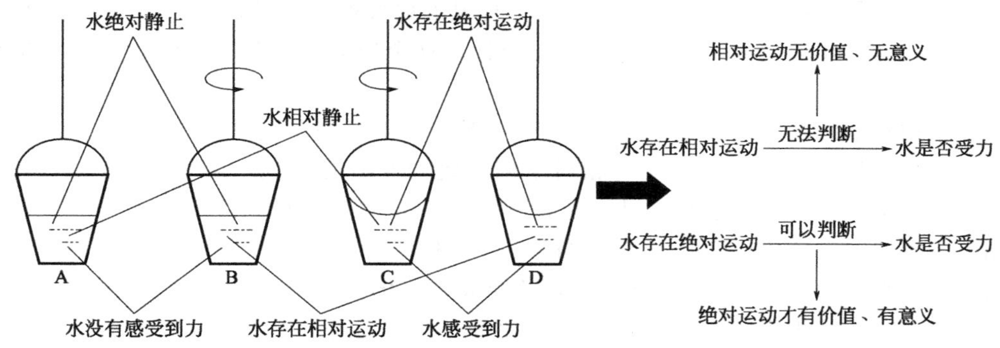

图 3-4 牛顿证明绝对空间存在的水桶

在旋转水桶的例子中，水桶和水在刚开始都是静止的，如图 3-4 中 A 的情况。在这种情况下，相对于水桶内部的相对空间，也就是相对于水桶这个参照物，水也是静止的，水没有受到外力的作用，即水没有沿水桶壁被抬升上来。

接下来，水桶突然转起来，但水还没有被水桶带动，如图 3-4 中 B 的情况。在这种情况下，相对于水桶内部的相对空间，也就是相对于水桶这个参照物，水是在加速运动的（转动也是一种加速运动）。但水也没有受到外力的作用，即水没有沿水桶壁被抬升上来。所以，相对于水桶内部的相对空间，不管水是静止的还是加速运动的，水都没有受到外力的作用。

再过一段时间之后，水桶带动水一起转动，如图 3-4 中 C 的情况。在这种情况下，水相对于水桶是静止的，但是水却受到了外力的作用，即水沿水桶壁被抬升上来，水面形成了凹面。如果此时水桶突然停止转动，那么水相对于水桶则在加速运动，如图 3-4 中 D 的情况。

当水与水桶相对静止时，即 A 和 C 的情况，A 中水不受力的作用，C 中水却受力的作用；当水相对于水桶在加速运动时，即 B 和 D 的情况，B 中水不受力的作用，D 中水却受力的作用。所以，水在水桶内部的相对空间中到底是静止的，还是加速运动的，与水是否受到外力作用毫无关系，也就是说：相对空间中的加速度给不出“水是否受到外力作用”的任何信息。

这样一来，只有绝对空间中的加速度才是有价值的。

因为根据前面提到的结论“如果一个物体受到了外力的作用，那么该物体一定是在相对于绝对空间进行加速运动”，现在水受到了外力作用的情况是 C 和 D，这就意味着：C 和 D 情况中水的转动一定是在相对于绝对空间进行的运动。从而就证明了：绝对空间是一定存在着的，即使这个世界所有物质都消失了，只需要这些水就能表明绝对空间仍然还继续存在着。

所以在牛顿看来，只有这种能产生具体效果（比如让水上升）的运动才是真正的运动，这种运动就是绝对运动，即 C 和 D 情况中水的转动；而 B 情况中水相对于水桶的转动不算

❶ 牛顿著，《自然哲学之数学原理》，北京大学出版社，2006：6-7。

真正的运动，牛顿将这种运动称之为相对运动。

因此绝对运动对牛顿来说很重要。为此，牛顿在《自然哲学之数学原理》的开头还特意对绝对运动与相对运动之间的区别做了阐述。牛顿基于绝对空间和相对空间的划分，把空间位置也划分成绝对空间的位置和相对空间的位置，从而把运动也划分为了绝对运动和相对运动。

绝对运动就是绝对空间的位置改变所导致的运动，也就是物体在绝对空间中的运动，或者说参考物就是绝对空间，牛顿认为这种运动才算是真正动起来了。但是在具体操作层面上，我们根本无法将绝对空间作为参考物来确定这种运动，因为绝对空间是不可感知的。所以牛顿不得不退让一步，认为遥远恒星在这个绝对空间中是静止的，从而可以将恒星代替绝对空间来作参考物。这样从可操作层面来讲，绝对运动就是相对于遥远恒星的运动。

相对运动就是相对空间的位置改变所导致的运动，也就是物体在相对空间中的运动。比如一艘船的内部空间就是由这艘船确定的相对空间，那么在这个相对空间中的运动也就是相对于这艘船的运动。物体在相对空间中位置的改变并不意味着它在绝对空间的位置也发生了改变，所以一个物体即使存在相对运动并不意味着该物体产生了绝对运动。

总之，牛顿的绝对运动是相对于绝对空间本身的运动，而不是相对于邻近物体的运动。

3.8 为了证明绝对空间存在而付出的代价

论证了绝对空间的存在之后，“一个不受外力作用的物体在绝对空间中的运动，必将是静止或匀速直线运动”就能成为一个总是成立的结论了。在《自然哲学之数学原理》的最开始完成这个辩护之后，牛顿接下来的第一句话就是将这个结论作为他力学体系的第一定律——惯性定律。而在这条定律的基础上，牛顿才能够提出第二定律：物体在绝对空间中运动的改变量与外力（指的是外力产生的冲量）成正比。所以，绝对空间的存在是整个牛顿力学最底层的支撑和出发点。如果绝对空间不存在，牛顿的整个动力学理论就需要被重新书写。下一章会详细讨论：引力的存在就是以绝对空间的存在为根基的。

所以，有了这个根基之后，困扰了人类两千多年的复杂问题——有关物体运动的问题现在变得异常清晰：

在绝对空间中，一个物体如果没有受外力作用，它将保持静止或匀速直线运动，这是物体自身的固有性质，即惯性；物体如果受到外力作用，那么它将会偏离静止或匀速直线运动，偏离程度与外力产生的冲量成正比，即运动的改变量与外力产生的冲量成正比。

幸运的是，在近似度很高的情况下，牛顿的这个绝对空间的确可以被认为是存在的。正如牛顿自己说的那样，可以将遥远的恒星作为这个绝对空间中一个静止的物体，从而将遥远恒星形成的参考系近似为绝对空间，那么物体相对于这颗恒星的运动就是物体在绝对空间中的运动。

不幸运的是，正是由于如此之高的近似程度，后来的人们已经慢慢忘却了牛顿为证明绝对空间的存在而付出的代价。这个代价就是只将静止或匀速直线运动视为一种地位很高且具有“特权”的运动。或者说，这个代价就是认为相对加速度是没有价值的，只有绝对加速度才有价值。

也正是由于如此之高的近似程度，让后来的人们一直无法判断当初牛顿证明绝对空间的存在的论证方法中是否存在漏洞。到了 19 世纪，康德甚至认为绝对空间（即欧几里得空间）不仅存在，而且已经成为我们大脑先天结构的一种反映。尽管如此，还是有人没有放弃对绝对空间的质疑，其中包括早期阶段的莱布尼茨和克莱因，以及后来的马赫和庞加莱。其中最具有代表性和建设性的质疑者就是马赫和庞加莱。后面第 6 章将对此进行详细讨论。

3.9 绝对空间与虚空（真空）

另外，牛顿也反对笛卡儿的“不存在虚空”的观点。笛卡儿认为世界中充满一种精细物质，当一块区域不存在物体时，这些精细物质的广延就是空间。牛顿详细研究了物体在介质中的运动情况，而研究结论就是：物体在笛卡儿这种充满精细物质的空间中运动必将受到阻力的作用，但行星以及彗星的运行并没有受到这种阻力的作用。为此，牛顿在《自然哲学之数学原理》中用了整整一编的篇幅来介绍物体在阻尼介质中的运动情况。由于我们并没有发现这样的阻力存在，最后牛顿得出结论：并没有一种精细物质充满空间，也就是说什么都没有的虚空是存在的。当然，这个结论也是他的绝对空间所需要的证据，因为绝对空间就要求：当所有物质都去掉之后，绝对空间仍然存在。

3.10 具有“特权地位”的运动和空间

前面刚刚谈论过，由于运动是相对的，那么一个不受外力作用的物体，在各种不同的观测者（包括加速观测者）看来，它可以表现为各种完全不同的运动方式，一种运动方式与一种观测者相对应。为了避免这种复杂运动情况的出现，牛顿从这些“各种完全不同的运动方式”中只挑选出了一种运动方式，然后赋予这种运动方式“特权”，进而让此运动方式对应的观测者随之具有“特权”。观测者在其中静止的空间可称为参考空间，那么此参考空间也随之具有了“特权”。

这样一来，不受外力作用的所有物体，在这个特权化的参考空间中，都只会以这种特权化的运动方式进行运动，以上那种复杂运动情况就被避免了。被牛顿挑选出来并赋予“特权”的运动方式就是静止或匀速直线运动，这种特权化的运动方式对应的特权化的参考空间就是牛顿所谓的绝对空间。

牛顿赋予此运动方式“特权”的方法就是：将此运动方式划归给物体的本性，以上升到定律的方式使它成为物体自身的一种性质。这个性质就被称为惯性。此运动方式对应的特权化的参考空间也被称为惯性参考系。所以绝对空间是一个惯性参考系。然后，牛顿以此为基础和出发点，创建了他的力学理论，它就是我们今天所熟悉的牛顿力学。所以在牛顿力学中，静止或匀速直线运动和绝对空间是具有“特权”的运动和空间。同时，这也表明惯性是一种与具有“特权”的空间相对应的性质。

3.10.1 “特权地位”——我们只能有一种选择吗？

但问题的关键在于：牛顿为什么非得挑选“静止或匀速直线运动”呢？牛顿能不能挑选其它的运动方式，然后也赋予这种运动方式“特权”呢？答案是完全可以。

比如，如果挑选加速度为 a 的匀加速直线运动，然后赋予这种运动方式“特权”，进而让此运动方式对应的参考空间——能让一个不受外力作用的物体呈现出这种运动方式的参考空间——也随之具有了“特权”。这样一来，不受外力作用的所有物体，在这个特权化的参考空间中，也都只会以加速度为 a 的匀加速直线运动这种运动方式进行运动。上面提到的那种复杂运动情况也同样能够被消除。

同样，具有这种“特权”的运动方式（即加速度为 a 的匀加速直线运动）也可以划归为物质自身的性质，也可以被称为惯性。所以，在这个特权化的参考空间中，不受外力作用的所有物体由于其惯性都会保持以 a 为加速度的匀加速直线运动。即在这个参考空间中，惯性运动变为了加速度为 a 的匀加速直线运动。如果物体还受到外力的作用，那么物体将会偏离加速度为 a 的匀加速直线运动。偏离程度与外力产生的冲量成正比，即在此基础上的运动改变量与外力产生的冲量成正比。以此为根基和出发点同样可以创建一套力学理论。并且这套力学理论与牛顿力学是等效的。

除了挑选“加速度为 a 的匀加速直线运动”之外，我们也可以挑选“匀速圆周运动”，赋予这种运动方式“特权”。实际上，从这些各种完全不同的运动方式中，我们可以挑选出任何一种运动方式，然后赋予这种运动方式“特权”，进而让该运动方式对应的参考空间也随之具有“特权”。然后以此为根基和出发点，也可以创建出一套对应的力学理论。

3.10.2　所有运动的地位是等同的

既然大家都可以有“特权地位”，那么所有运动方式和参考空间的地位就是等同的了。既然所有空间的地位都是等同的，那么绝对空间也就不再比其它参考空间“高出一头”了。这样一来，牛顿在旋转水桶的例子中支撑绝对空间存在的论证就崩塌了。

用今天大家熟悉的物理术语来说，在牛顿力学中，静止或匀速直线运动和对应的惯性参考系被牛顿挑选出来并被赋予“特权”，然后牛顿以此为出发点创建了牛顿力学。但这种挑选并不是唯一可行的方案。实际情况是：我们可以挑选任意一个非惯性参考系，让它具有“特权”，再让这个非惯性参考系中不受外力作用物体呈现出的运动方式也具有“特权”，即把这种运动方式（而不再是静止或匀速直线运动）划归为物体的惯性。那么，以此非惯性参考系和此运动方式为出发点，也能创建一套力学理论，并且这套力学理论与牛顿力学之间是等效的。这样一来，所有的参考系都可以具有“特权地位”，而不是只有惯性参考性才具有“特权地位”。也就是说所有参考系的地位都是等同的。这个结论后来成为了爱因斯坦的广义相对性原理。

当然，在牛顿的那个时代，由于历史发展顺序所致，静止或匀速直线运动被当成了唯一的选取方案。在后面章节将会提到，在弱引力场环境中，这种选取方案只是其中最简单最方便的选取方案，它能够让牛顿力学理论以最简单的方式呈现出来[1]。所以选取静止或匀速直线运动只是大家的一种约定，我们完全可以有其它选择。这就好像选择 1m 作为长度单位一样，它也只是一种约定，我们完全可以选择另外一个长度作为单位，对世界的理解并不会因此而发生本质的变化。所以牛顿第一定律的结论只是大家的一个约定而已。这种观点之后被称为“约定主义”，马赫和庞加莱都表述过类似的思想，后面在第 6 章对此再进行详细讨论。庞加莱把满足这种思想的物理学称为“新物理学”，这个新物理学正是后来爱因斯坦所要建立的物理学——广义相对论。

另外，在第 4 章还会详细讨论，引力的存在也是以牛顿的这种选取方式为根基的。如果不这样选取，引力可以不存在。

---

[1] 只是最简单的方式，而不是唯一正确的方式。即在笛卡儿坐标系中，牛顿力学的方程形式是最简单的，但是在其它坐标系中，牛顿力学的方程也是可以存在的。第 24 章会对此详细谈论。

3.11 马赫对牛顿绝对空间的批判

前面谈到过，我们根本无法将绝对空间作为参考物来确定绝对运动，因为绝对空间是不可感知的。所以牛顿不得不退让一步，将遥远恒星代替绝对空间来作为参考物。这样从可操作层面来讲，绝对运动就是相对于遥远恒星的运动。

用遥远恒星这个参考物去代替绝对空间，对于运动而言，看似不会带来任何差别，实际上却隐含着一种巨大的关联，即空间与物质是相关的。而这种关联正是马赫用来攻击牛顿绝对空间的武器。

在图 3-4 的 B 和 D 情况中，水相对于水桶都是旋转运动的。在 B 情况中，水相对于遥远恒星是静止的，而在 D 情况中，水相对于遥远恒星是旋转运动的。但只有 D 情况中的水受到力的作用，牛顿以此断定 D 情况中水相对于遥远恒星的运动就是绝对运动，即在绝对空间中的运动。

现在马赫反驳道：如图 3-5 所示，让 B 情况中水桶厚度增加，一直增加到遥远恒星的位置，或者说，用遥远恒星组装成一个巨大水桶，然后让这个巨大水桶也像 B 情况中那样围绕水旋转。让 D 情况中遥远恒星也围成一个巨大水桶，但这个巨大水桶没有旋转，而是水在发生旋转。那么现在我们还能区别出 B 和 D 情况之间的不同来吗？[1]

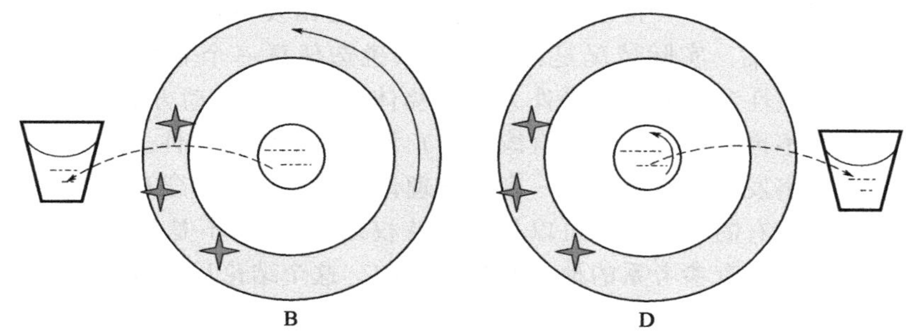

图 3-5 用遥远的恒星来制作水桶壁

马赫的回答是：完全无法区别 B 与 D 情况中出现的运动[2]。也就是说对于 B 情况，即使水是静止的，遥远恒星的旋转也会让水受到一个力的作用（第 6 章对此具体讨论）。但爱因斯坦后来却把马赫的这个结论理解为：B 情况中的水也出现和 D 情况一样的凹面，并且爱因斯坦认为，B 情况中水受到的这个力就是来源于遥远恒星对水产生的引力。第 18 章将会谈到这个理解方式对爱因斯坦探索新引力理论带来过很大的启发，由此爱因斯坦还将此结论称为马赫原理。

由于马赫认为图 3-5 中 B 与 D 情况是完全无法区别的，而 B 情况的运动是水相对于水桶（不过这个水桶厚度增加遥远恒星那么厚）的相对运动，那么 D 情况的运动也应该被视为相对运动。即由于 B 与 D 情况完全无法区别，所以它们都应该视为水相对于恒星的相对运动。这样一来，牛顿将 D 情况的运动视为绝对运动的判断就不再是成立的了。所以马赫认为：只存在相对运动，没有所谓的绝对运动。或者说我们根本没有办法展示绝对运动，因

---

[1] 马赫著，《力学及其发展的批判历史概论》，商务印书馆，2014：285-286。

[2] 根据相对论的观点，它们之间是能区分的，因为它们在四维时空中留下的世界线是不一样的。

为要想展示一个绝对运动，就不得不选择一个参考物（比如牛顿所采用的遥远恒星），可是一旦选择了此参考物，这个运动就可以变为相对于此参考物的相对运动。既然没有绝对运动，那么也就没有绝对空间。这就是马赫对牛顿的“存在一个绝对空间”的有力反驳。后面第 6 章还会对此再进行详细讨论。

3.12　牛顿的时间——与物质无关的绝对时间

对于时间，也存在两派观点。一派认为时间也只不过是物体的一种属性，时间只是物体的运动或持续性的一种表现，离开了物质，时间也就不存在了；另外一派认为时间也是可以脱离物质而单独存在的，即使这个世界上所有物质都消失了，时间照样在流逝。后一派认为存在一个绝对时间，但这个绝对时间只有通过具体物体的运动或持续性才能被感知到。

同样，牛顿也综合了这两派的观点。到了 1686 年写作《自然哲学之数学原理》的时候，牛顿将时间也分为了两种[1]。

① 第一种时间是绝对的、真实的、数学的时间。牛顿在书中写道：

“绝对时间就其自身本性而言与外在一切物质无关，自身均匀地流逝。”

② 第二种时间是相对的、表象的、物理的时间。它是具体物体通过其运动或持续性而被感知的时间，也就是我们仪器设备测量出（即被感知到）的时间。它常常用来在数量上代替第一种时间，比如一小时、一天、一个月、一年。牛顿也特意强调了：尽管第二种时间在数量上可以代替第一种时间，但不能认为这两种时间之间是毫无区别的。

对于牛顿所谓“绝对的、真实的、数学的时间”的观点，同样存在一个致命的弱点，那就是：既然绝对时间就其自身本性而言与外在一切物质无关，它只有通过具体物体才能被感知到，那么如果世界上所有物体都消失之后，我们又能通过什么方式证明还有一个绝对时间仍然继续流逝着呢。

不过，对于这个致命弱点，牛顿在《自然哲学之数学原理》中没有做任何辩护，甚至都没有提及它。或许是因为无论我们是使用绝对时间，还是使用相对时间，牛顿力学都不会受到任何影响，因为牛顿认为两种时间在数量上是相等的。

实际上，对于时间，牛顿引入了大量隐含的假设条件。假设一：绝对时间与外在一切物质无关。这意味着只需要存在一个时间 T 就足够了。因为既然所有物质都与这个绝对时间无关，即所有物质都不会对这个绝对时间 T 造成什么影响，那么所有物体当然就可以共用一个时间，也就是共用这个绝对时间 T。由于所有物质分布在空间的每个角落，这就意味着每一个位置也可以共用一个时间，也就是共用这个绝对时间 T。另外，由于绝对时间与外在一切物质无关，绝对时间自然也就与物体运动速度无关，即一个静止物体的时间与一个运动物体的时间是没有任何区别的。假设二：具体物体的相对时间 t 在数量上可以代替绝对时间 T，即两者在数量上是等同的，也就是有 $T=t$。假设三：绝对时间 T 自身均匀地流逝。那么具体物体的相对时间 t 也是均匀地流逝的。

在这些隐含的假设条件下，相对时间也可以被数学化了，即只用一个独立的数字 t 就能代替相对时间。比如，一艘船内部的相对时间 t 与绝对时间 T 的关系为：

---

[1] 牛顿著，《自然哲学之数学原理》，北京大学出版社，2006：4。

$$\begin{cases} T = t \\ X = x + ut \\ Y = y \\ Z = z \end{cases}$$

由于一艘船的内部到底是静止还是运动的问题被伽利略在《两大世界体系的对话》中详细谈论过[1]，所以相对空间与绝对空间之间的这个坐标变换后来被称为伽利略变换。

本章小结

随着牛顿力学在之后取得的巨大成功，牛顿的空间观和时间观也成为了主流观点。这些观点后来超出了物理学领域，延伸到其它学科，甚至延伸到我们日常生活中，成为了今天多数人关于空间和时间的观点。虽然今天多数人都接受了牛顿关于空间和时间的观点，但是大家并不知道或忘却了牛顿当初在提出这些观点时候的顾虑，以及牛顿为这些顾虑所做的辩护和提醒，比如牛顿严格区分了空间、时间的测量值与真实值之间的区别。牛顿不愧为那个时代的伟大学者，这些顾虑背后的确隐含着巨大的问题（这些问题正是相对论要解决的问题）。只是牛顿力学巨大的成功暂时掩盖了这些问题。不仅如此，牛顿力学巨大的成功还带来了其它深远的影响，影响了我们看待这个世界的角度。下一章就具体谈谈这些影响。

[1] 伽利略著，《两大世界体系的对话》，北京大学出版社，2006：130-131。

第4章 牛顿对引力的构造

正如在第2章谈论过的一样，随着亚里士多德宇宙体系的崩塌，到了笛卡儿、牛顿的时代，对于如何解释物体自由下落原因的问题，尽管将物体的下落归结于物体自身内在属性的思想❶仍然还有残余，但一部分人的思想已经发生了巨大的转变，即转变为物体的下落归结于外部推动者所导致结果的思想。至于这个外部推动者到底来自于哪里，在那个时代，主要流行着两套解释方案。一套方案受到了磁石之间相互作用的启发（由于这两类现象之间非常类似❷），当时有很多人已经想到：物体落向地球的原因也是类似于磁石之间的吸引作用。其中代表人物有：吉尔伯特（1544—1603，这种观点的开启者）、开普勒（1571—1630，“吸引”正是开普勒最早引入的名称术语）、伽利略（1564—1642，分享过此观点）、伽桑狄（1592—1655，完善和发展了该方案）等人。另外一套方案来自笛卡儿的旋涡理论，它在很长一段时期内都是有很大影响力的。

4.1 “重性”思想逐渐瓦解，“吸引”思想逐渐形成的阶段

4.1.1 哥白尼

哥白尼（1473—1543）在1543年出版的《天体运行论》第一章就写道❸：

“球体在一切形状中是最完美的，……，宇宙中个别物体（太阳，月亮、行星和恒星）都具有这种形状，……，神赐予的物体都应该具有这种形状。”

哥白尼认为地球以及各种天体自身天然就具有成为一个球体的性质。并且哥白尼将同一个天体的物质视为同一本性的物质，而不同天体的物质并不属于同一本性。属于同一本性的物质被称为同源物质，比如地球上的物质是属于同一本性的，而火星上的物质是属于另外一种本性的。所以地球上的物质是同源物质，但地球上的物质与火星上的物质并不是同源物质。同源物质自身天然就具有结合为一个整体的性质。石头的自由下落就是石头具有与地球结合成一个整体的本性所导致的，所以在哥白尼这里，重性仍然是物体自身的内在固有本性。至于同源物质为什么具有这种结合为一个整体的性质，《天体运行论》接下来的几章讨论了之前古代的各种不同观点（大多是亚里士多德的物体自身要回到固有位置观点的改进版本）。对这些观点进行批判和反驳之后，哥白尼在《天体运行论》第九章写道❹：

“……。我个人相信，重性不是别的，而是造物主在各个部分中注入的一种 intellegence（自然意志、或灵魂、或精灵），它要使这些各个部分‘结合’成统一的球体。我们可以假定，太阳、月亮和其它行星都有这种原因而保持球形。……。”

---

❶ 这种思想起源于亚里士多德的物体自身要回到固有位置的思想。

❷ 后来还会看到，电磁相互作用与引力相互作用之间的类比会被反复使用，用来帮助我们探索引力的本质。

❸❹ 哥白尼著，《天体运行论》，北京大学出版社，2006：4，12。

正是这种神秘的“intellegence”让同源物体的各个部分结合成统一的球体。而正是这种结合让地球总是趋向于一个整体，月亮也总是趋向于一个整体、其他行星和太阳也总是趋向于一个整体。也正是这种结合让物体产生了自由下落，从而与地球结合后趋向于一个整体。所以，到了哥白尼这里，尽管亚里士多德的重性是物质自身回到其固有位置的倾向的观点开始不再被接受和继承（因为地球中心已经不再具有宇宙中心的地位），但是重性仍然被视为物质自身的内在属性，只不过这种内在属性被哥白尼归结为了一种神秘性质——intellegence，即重性是同源物质自身具有结合成一个整体的倾向。

随后的布鲁诺也不再接受亚里士多德关于重性的观点，比如布鲁诺在1588年说道：“我们在亚里士多德那里发现的关于重性和轻性的理论是完全错误的”[1]。所以，从哥白尼开始，亚里士多德关于重性是物质自身回到其固有位置的倾向的思想已经出现动摇了。

4.1.2 吉尔伯特

吉尔伯特在1600年出版的《论磁》中，将一块手工制作的球形磁石（吉尔伯特称之为“小地球”）放入另外一块磁石附近时，发现该球形磁石会发生旋转（类似于中学里常见的实验，小磁针在通电导线旁发生旋转）。这个现象启发吉尔伯特把地球也视为一块巨大的球形磁石，以此来解释地球为什么会自转。不过吉尔伯特并没有采用这种磁的作用来解释物体自由下落的原因，而是继承了哥白尼的观点。尽管吉尔伯特最先将地球视为一块大磁石，但吉尔伯特并没有将石头自由下落的原因与磁的作用结合起来，将它们结合起来的人是开普勒。

4.1.3 开普勒

开普勒继承并融合了哥白尼和吉尔伯特的观点。开普勒认为：让同源物体的各部分结合为整体的原因并不是哥白尼所说的神秘 intellegence，而是类似于吉尔伯特的磁的作用。并且开普勒还采用新的术语“吸引”代替了“结合”这个术语。开普勒在1609年出版的《新天文学》中写道[2]：

“通常有关重物的理论（笔者注：主要指亚里士多德的观点）似乎是错误的，至于正确的理论是基于以下公理：……，重就是同源物体具有一种相互的物质之爱（affection），这种爱以一种类似磁石作用的方式让这些同源物质重新结合在一起，于是石头趋向于地球”。

开普勒的观点在思想上是一个巨大的转变，带来了深远的影响。首先，开普勒采用磁石的作用（具体的客观实在的对象）去代替了哥白尼的神秘对象 intellegence；其次，磁对石头的作用是从外部对石头产生的，即磁作用不是石头的本性，而是来自外部的。所以开普勒的这个融合观点带来的巨大转变就是：重性不再被视为石头自身内在的性质，而是来自石头之外的外部作用。不仅如此，开普勒还有更大的认识突破，开普勒写道[3]：

“这种磁作用使得同源物质重新结合在一起，……，如果将一块石头放在地球附近，这种结合不仅让石头趋向于地球，同时也让地球趋向于石头，……”

所以，在开普勒这里，思想还产生了另外一个巨大的转变，即开普勒已经意识到这种类似磁石作用的结合是一种相互的作用。尽管在此之前，人们虽然已经模糊地认识到：一块石

---

[1] G. Bruno，Camoeracensis Acrotismus，art. LXXIV：185。柯瓦雷著，《牛顿研究》，商务印书馆，2016：198。

[2] 柯瓦雷著，《牛顿研究》，商务印书馆，2016：254。

[3] 赫伯特·巴特菲尔德著，《现代科学的起源》，上海交通大学出版社，2017：114。

头的自由下落是地球导致的，但是大家并不认为这块石头反过来也会对地球造成什么影响。为此开普勒采用了新的术语“吸引”来代替了“结合”。不仅如此，开普勒还对石头与地球之间的这相互影响给出了定量的结论，开普勒在《新天文学》中还写道❶：

“如果两块石头置于世界的某个遥远地方，它们不受其它物体的影响，那么它们将会以类似磁石作用的方式相互靠近，并且各自移动（都从静止开始移动）的距离与石头的大小成反比。……，比如月亮与地球没有被本身的活力或其它什么力量维持在各自路径上（笔者注：即假设月亮和地球开始都没有运动速度，都是静止的），那么月亮与地球将会以类似磁石作用的方式相互靠近，月亮将向地球下落，地球也会向月球上升，并且地球上升的距离是月亮下落的1/53（开普勒认为地球是月球的53倍）。”

还有一个重要突破点：开普勒认识到这种吸引作用不是由石头与地球中心这个点之间产生的，而是由石头和地球这两种同源物质之间产生的。这个观点也是一种重大转变，因为一直以来，受亚里士多德宇宙体系的影响，石头之所以自由下落是由于石头需要回到地球中心（即宇宙中心）这个固有位置。石头与地球中心之间的关系一直是大家的关注焦点，现在关注焦点发生了转移，转移到了石头与地球这些同源物质之间的关系。开普勒在《新天文学》中写道❷：

“一个数学点，不管它是不是宇宙中心，它都不能移动重物，……，所以，通常的重力理论似乎是错误的，……”

另外，开普勒在1621年出版的《哥白尼天文学概要》第3卷中还为这种吸引作用提供了一种产生机制。开普勒认为同源物质之间存在一种链条或纽带，正是这些链条或纽带导致同源物质之间产生这种吸引作用。开普勒之所以要提出这种产生机制是为了克服一种谬论。这个谬论就是：如果两个物体之间存在虚空，它们并没有发生接触，那么这两个物体之间吸引作用是如何产生的呢？即这种吸引作用是如何跨越真空而发生作用的？这种作用后来被称为“超距作用”。后来将会提到，如何克服这个谬论将是后来每个时代的物理学家都要面对的问题。

所以到了开普勒这里，物质之间存在吸引作用的思想已经出现。这在人类对于“石头为什么会下落”的认识过程中具有里程碑的意义，这是新旧两种思想的重要转折点。在此之前，“石头为什么会下落”主要归因于石头自身的内在本性；在此之后，“石头为什么会下落”更多地归因于外界因素，即地球的吸引作用❸。

不过，在开普勒这里，这种吸引作用还只会在同源物质之间才会产生。正如前面刚刚提到过的，开普勒认为地球与月亮是同源物质，所以地球与月亮之间存在这种吸引作用。开普勒在《新天文学》中写道❹：

“……，比如月亮与地球没有被本身的活力或其它什么力量维持在各自路径上（笔者注：即假设月亮和地球开始都没有运动速度，都是静止的），那么月亮与地球将会以类似磁石作用的方式相互靠近，月亮将向地球下落，地球也会向月球上升，……”

这已经是一个非常大的突破了，因为这意味着：开普勒已经开始将有关重量的理论同时应用到地面上的石头与天上的月亮了。所以在半个多世纪之后，到了牛顿的时代，“月亮像

---

❶❷ 柯瓦雷著，《牛顿研究》，商务印书馆，2016：255，254。

❸ 这个转折只是暂时往简单的方向转变了，而不是向事情的真实面貌方向转变。几百年之后，爱因斯坦才将思想又转变回来。

❹ 赫伯特·巴特菲尔德著，《现代科学的起源》，上海交通大学出版社，2017：114。

地面上的石头一样也具有重量”的观点已经不再是一种新颖的观点，而是多数人都在使用的观点了。不过，开普勒并不认为地球与其它行星是同源物质，也不认为地球与太阳是同源物质。所以在开普勒这里，地球与行星之间、地球与太阳之间并不存在这种吸引作用。也就是说，开普勒没有将这种吸引作用继续推广，从而应用到其它行星和太阳上。束缚开普勒进行这种推广的思想根源当然来自亚里士多德。在第1、2章谈到过，在亚里士多德的宇宙体系中，月亮之下的世界是地界，月亮之上的世界是天界，地界与天界是两个完全不同的世界，它们由不同的规律主宰，不能跨越。尽管开普勒已经不再坚守亚里士多德的宇宙体系，但这种思想仍然束缚着开普勒。

不仅如此，亚里士多德认为天体的运动是第五元素以太合乎自然的运动，即天体的圆周运动是一种合乎自然的运动，是不需要外部推动者就能维持的运动。这个思想仍然还影响着哥白尼和开普勒。前面刚谈到过，哥白尼认为球形是最完美的形状，比如天球就是最完美的。行星镶嵌在天球（常常被认为是一种水晶球）上，天球旋转带动了行星的转动，所以这种最完美的转动是不需要外部原因的。开普勒也认为圆周运动是一种合乎自然的运动，是不需要外部推动者就能维持的运动（伽利略也是这样认为的）。开普勒——这位天空的立法者——最著名的贡献就是开普勒三定律。开普勒在《新天文学》中提出的第一定律的最大突破在于：开普勒已经抛弃了天球的观念。行星不是镶嵌在天球上的，而是自身孤零零地在一个椭圆轨道上运动；行星也不再是圆周运动，而是椭圆运动。开普勒在《哥白尼天文学概要》正式提出的第二定律的重大发现是：行星在远日点的速度比在近日点的速度慢。也就是说开普勒的前两大定律表明，行星的实际运动已经在圆周运动——这种合乎自然运动的基础上发生了偏离。不过开普勒的计算结果也表明，这种偏离是非常微小的。所以开普勒认为：只需要对这些微小的偏离部分是由什么外部推动者导致的进行解释就足够了。开普勒对此给出的解释如下。

行星在远日点的速度比在近日点的速度慢，也就是离太阳越远，速度越小。开普勒早先的观点中将这个现象归结于神灵。1631年他在《宇宙的奥秘》的第二版中补充说道[1]：

“因此，我们必须确立下面事实中的一个：要么（每个行星的）施动灵魂（animae motrices）随太阳的距离增加而减弱；要么只有一个施动灵魂位于太阳，离太阳越近，它所产生的推动作用就越强。……”

但在了解吉尔伯特的理论之后，开普勒转变了观点。开普勒认为离太阳越远，速度越小这种变化规律和光源发出一束光在传播中减弱的规律类似。由此，开普勒认为太阳会发出一种“磁的流射”（effluvium）[2]。它是一种类似光线一样发射出来的某种物质，并且这种磁的流射可以传播到行星。当太阳自转时，这些流射也会随之旋转，然后这些旋转起来的流射会对行星产生环形推动，从而导致行星速度的变化。开普勒这种磁的流射表明太阳与地球以及行星之间也存在一种类似磁的作用[3]，但这种类似磁的作用与前面提到的吸引作用并不相同。并且开普勒提出磁的流射只是去解释行星在圆周运动基础上微小偏离部分的产生原因，而基础运动部分即圆周运动是不需要解释的。因为开普勒还没有笛卡儿的“物体总是沿直线运动的倾向”的观点，而是仍然继承了亚里士多德的第五元素的合乎自然运动的思想。

所以，开普勒提出太阳与行星之间的类似磁的作用主要解决的问题是行星的轨道为什么

---

[1] 爱德华·杨·戴克斯特豪斯，《世界图像的机械化》，商务印书馆，2018：441-442。

[2] 赫伯特·巴特菲尔德著，《现代科学的起源》，上海交通大学出版社，2017：114-116。

[3] 在第18、27章将会提到，开普勒的这个直觉是对的。在爱因斯坦那里，这些磁的流射就是时空本身。

是椭圆而不是正圆的。但是，开普勒这个解释方案为后人开辟了一条重要的道路，那就是：当后来的人们接受了“行星也像一块石头一样，也具有沿直线运动的倾向”观点之后，大家继续采用太阳与行星之间类似磁的作用去解决问题，即去解决行星的轨道为什么是椭圆而不是直线的问题。

另外，开普勒将推动作用随距离的减弱程度类比于从光源发出的光在传播过程中的减弱程度，这也已经蕴含着推动作用的强弱与距离平方成反比的结论，因为光的强弱就是与传播距离平方成反比的。

从以上讨论中可以看出，对于物体自由下落的问题以及行星运动的问题，开普勒已经做出了多项具有开辟性的贡献。不过，开普勒对此的讨论在很多地方也只是用几句话提到而已，对这种吸引作用并没有给出完整的详细解决方案。

4.1.4 伽桑狄

伽利略在 1638 年出版《关于两门新科学的对话》中也分享过吉尔伯特的观点，认为物体自由下落的一种可能原因也是由类似于磁的吸引作用产生的[1]，但是伽利略并没有对此进一步探讨和说明。并且伽利略也认为行星的圆周运动是一种合乎自然运动，并不需要外部推动者来维持。深受伽利略影响的伽桑狄却继承了开普勒的观点，已经明确地认为物体产生自由下落的原因就是地球的吸引作用，他在 1641 年出版的《论推动者向物体注入运动》（De motu impresso a motore translato）中写道[2]：

“将一个几盎司[3]重的小铁片放在手上，如果在手下面放一块很强的磁石，那么手感觉到的就不再是几盎司的重量，而是几磅[4]的重量。与其说这些多出来的重量是来自于铁片自身的属性，还不如说是手下面的磁石的吸引赋予了这些重量；同理，其他石块或物体的重量，与其说是来自物体自身的属性，还不如说是地球的吸引赋予了这些重量。”

“……，由于铁片被手下的磁石所吸引，我们不得不承认，这个重量不是铁片固有的性质。……”

对于这种吸引作用是如何产生的问题，伽桑狄也继承了开普勒的观点。同时伽桑狄被认为是德谟克利特的原子论的复兴者，即伽桑狄认为物质都是无数微粒组成的。所以伽桑狄融合了这两种观点，认为物体的每一个微粒都与地球之间通过若干“细绳”相连接。这些“细绳”的拉扯作用产生了这种吸引作用[5]。伽桑狄由此对这种吸引作用理论做了进一步的扩展。

① 物体中每一个微粒有若干“细绳”与之相连接。这个观点蕴含着：每一个微粒都参与了吸引作用。这在思想上又是一个巨大的转变，这个转变意味着吸引作用不再是像地球、月亮、行星这样的天体才会产生的，微小的物质粒子也会产生吸引作用。

② 物体的微粒数越多，这种“细绳”就越多，导致的吸引作用就越大。这个观点就蕴含着吸引作用的大小（“细绳”数量的多少）与物质的量（微粒数的多少）成正比的观点。

---

[1] 伽利略著，《关于两门新科学的对话》，北京大学出版社，2016：133。

[2] 柯瓦雷著，《伽利略研究》，北京大学出版社，2008：361-362。

[3] 盎司为非法定质量单位，1 盎司约为 28.35 克。

[4] 磅为非法定质量单位，1 磅约为 0.45 千克。

[5] 柯瓦雷著，《牛顿研究》，商务印书馆，2016：258。

③ 这些“细绳”最大到底可以伸长到多远呢？在伽桑狄去世后的1658年才出版的《哲学广场》（Syntagma Philosophicum）中，伽桑狄认为它们可以很长，也许可以伸长到其它行星。这个观点就蕴含着：地球与其它行星也可能具有这种吸引作用。这在思想上又是一个巨大的转变和跨越。因为这意味着伽桑狄的这个观点已经打破了地界与天界之间的阻隔，这是开普勒和伽利略未能做到的。不过伽桑狄认为这些“细绳”无法伸长到恒星那么远，所以地球与恒星之间还不存在这种吸引作用；

④ 想象一下：从地球射出去大量的“细绳”，那么离地球越远，这些“细绳”的分布密度就会稀疏。这个观点就蕴含着：距离变远之后，这种吸引作用会变小，因为穿过单位面积的“细绳”数量变少了。并且，很容易计算出“细绳”分布密度的稀疏程度与离地球距离的平方成反比，即若距离变为原来的10倍，“细绳”的分布会稀疏100倍。这个观点就蕴含着：这种吸引作用的大小与距离的平方是成反比的。这又是一个无比重要的认识结论。所以二十多年之后，牛顿、胡克、哈雷等人谈论的吸引作用与距离平方成反比的观点已经不再是什么新颖的观点了。

伽桑狄的这些“细绳”的想法在今天看来可能很幼稚。但是在两百年之后，有一个人就是采用了类似的方法来描述磁石之间的相互作用，这个人就是法拉第。这些“细绳”被换成了“磁力线”（在第8章详细讨论）。磁力线在很久之后又被改进为另外一个对象，这个对象就是“磁场”。所以伽桑狄的“细绳”也可以被认为是引力场的最原始雏形。

从以上讨论中可以看出，同开普勒一样，对于物体自由下落的问题以及行星运动的问题，伽桑狄已经做出了多项具有开辟性的贡献，并且天界与地界之间的界限已经被突破。不过，正如上面第三点谈到的，伽桑狄认为这些“细绳”无法伸长到恒星那么远，所以地球与恒星之间不存在这种吸引作用。

这个“错误”观点却让伽桑狄得出另外一个重要推论：地球发出的这些“细绳”已经无法伸长到恒星那么远，那么对于比恒星还有远的区域，这些“细绳”就更无法到达了。这样一来，处于这些遥远区域的石头就不再与地球有吸引作用，即此石头不再具有重量。那么这块石头一旦运动起来，在没有其它阻碍的情况下，它将会沿直线一直运动下去。而正如第2章谈论过，伽利略得出的结论却是：这块石头一旦运动起来，没有阻碍的情况下，它将沿圆周轨道永恒运动下去。正是伽桑狄对伽利略结论的这个改进，让一部分人将惯性定律的发现权归功于伽利略（当然，另一部分人将惯性定律的发现权归功于笛卡儿）。

不仅如此，在《论推动者向物体注入运动》中，伽桑狄对这种吸引作用还提出了一种疑问。伽桑狄写道[1]：

“……，想象一下，除了（离地球较远的）一块石头，地球以及整个世界的物质都消失了，空间就像上帝创世之间那样空虚的，……，如果地球重新放回来，那么这块石头会立即被拉回地球吗？如果你说会，那么你就必须承认石头能立即感知到地球又重新出现了。因此，地球必须释放出一些微粒，这些微粒传播到了石头，告诉石头自己（地球）已经重新出现了。”

伽桑狄的这个疑问是无比重要的，这个疑问就是：吸引作用是一种瞬间作用吗？也就是说这种吸引作用能在一瞬间产生吗？比如：地球在重新出现的那一瞬间，地球是否就能对远方的石头产生吸引作用呢？伽桑狄给出的答案是：地球需要先要向石头发出一些微粒，从而通知石头开始吸引作用。也就是说在伽桑狄这里，地球对石头的吸引作用是需要一个传递过

[1] 柯瓦雷著，《牛顿研究》，商务印书馆，2016：261。

程的。这个思想将会变得无比重要，不过在很长一段时期之内它被忽视了。

4.1.5　笛卡儿的旋涡理论

在第 2、第 3 章谈论过，笛卡儿已经彻底抛弃了亚里士多德的宇宙体系，在此之后，笛卡儿构建了一个新的“想象的世界”。在这个“想象的世界”中，不存在虚空，物质与物质之间只存在碰撞作用，物质总是具有沿直线运动的倾向，即使天空中的行星也具有这种倾向（开普勒和伽利略并不是这样认为的）。但实际观测到的情况却是：所有的行星以及它们的卫星都没有沿直线运动。为了说明这些现象背后的原因，笛卡儿在他这个“想象的世界”的基础上提出了另外一套解释方案。

在 1644 年（牛顿还不到 2 岁）出版的《哲学原理》中，笛卡儿表述了这套解释方案。该方案认为整个世界充满着一种精细物质，这些精细物质像旋涡一样围绕太阳旋转。然后这些旋转起来的精细物质通过对行星的不断碰撞，从而推动着行星随着旋涡一起围绕太阳旋转。这就像一片树叶落入一个水旋涡之后，树叶会随着这个旋涡不断旋转一样。每个天体都有一个由精细物质形成的旋涡与之对应。行星绕太阳旋转运动由一个绕太阳的大旋涡产生。卫星围绕行星的旋转运动由一个绕行星的小旋涡产生。这些小旋涡嵌套在大旋涡之中，所以笛卡儿的“想象的世界”充斥着各种各样的旋涡。这个解释方案被称为“旋涡理论”。

随着笛卡儿声望的提高，越来越多的人开始采用笛卡儿的旋涡理论。尽管笛卡儿提出旋涡理论的主要任务是解释行星为什么会绕太阳旋转，但是不久之后，就有人通过改进旋涡理论来解释石头下落的原因。这些改进后的旋涡理论认为：地球周围也存在一种精细物质在围绕地球旋转，从而形成旋涡，正是这个旋涡导致石头自由下落。这就像掉入水旋涡的那片落叶一样，随着水旋涡不断旋转的同时还被吸进旋涡中心。

尽管在今天的人看来，笛卡儿的旋涡理论是一个非常牵强附会的解释方案，但是在整个 17 世纪的下半叶，这个方案都非常流行，甚至直到牛顿去世（1727 年）的时候，这个方案在法国（笛卡儿是法国人）都还在流行。在当时的人看来，那种可以跨越虚空而不通过接触就起作用的吸引作用方案才是一个不可思议、无法理解的方案。非常戏剧性的一幕在于：正是旋涡理论的流行普及为吸引作用方案的最终胜利在思想上扫清了障碍。因为笛卡儿旋涡理论在思想上为人们带来了一个重要的转折点，那就是：人们开始采用同一套理论去解释天界和地界的现象。也就是用旋涡理论同时去解释行星的运动和石头的自由下落（尽管笛卡儿本人并没有这么做，也不认可这么做），天界与地界之间的界限被突破了。后面将会谈到，天界与地界的确有着本质的不同，它们从本质上来讲是不能混为一谈的。所以，当时的这种突破实际上是掩盖了一些真相，直到爱因斯坦才重新还原了这些真相。

随着笛卡儿的“想象的世界”以及旋涡理论在之后几十年的流行和普及，天界与地界之间的界限变得越来越弱。所以到了 17 世纪的七八十年代——那是惠更斯（1629—1695）、胡克（1635—1703）、牛顿（1642—1727）和莱布尼茨（1646—1716）的时代，一部分人已经可以轻松自如地采用同一个理论去描述天界和地界的现象，比如胡克和牛顿，但另外一部分人仍然还有所顾虑，比如惠更斯和莱布尼茨。惠更斯是笛卡儿的追随者，而莱布尼茨是惠更斯的学生。

就这样，关于天体运动和石头自由下落的问题，到了 17 世纪的下半叶，因解释方案不同而主要形成了两大派别。以胡克和牛顿为代表的一派更多地采用吸引作用的解释方案；以惠更斯和莱布尼茨为代表的一派更多地采用旋涡理论。这两大派别内部又各自分为很多小派别，它们在一些具体的技术细节问题上存在很大分歧。正是这些派别之间的激烈争论催生出一部改变了整个人类发展进程的著作——《自然哲学之数学原理》。即使到今天，它仍然还在影响着每一个人。因为正是这本著作标志着经典力学的诞生，今天几乎每一位中学生都必须要学习它。

4.2 争论阶段

正如刚刚谈到过的，笛卡儿旋涡理论让人们开始采用同一套理论去解释天体运动和石头自由下落的问题。受此影响，人们也开始采用吸引作用去同时解释天体运动和石头自由下落的问题。就这样，在笛卡儿的这些思想的影响下，在开普勒、伽桑狄等人思想的基础上，很多改进后的吸引作用方案被提出来，其中最重要的方案就是胡克的吸引作用方案。

4.2.1 胡克的吸引作用方案

早在 1666 年 5 月，胡克就向英国皇家学会宣读了一篇论文❶，论文的题目是“直线运动在吸引作用下变为曲线运动”。在此篇论文中，对于行星绕太阳沿曲线运动的问题，胡克提到了当时的两大派别。由于这些论述非常重要，所以这里引用了胡克论文的一大段❷：

“行星为什么要像哥白尼所假设的绕太阳运动，……。我只能想到两种可能原因：一种原因来自太阳周围介质密度的不均匀性，……，离太阳越远，这种介质的密度越大，所以外层介质的阻碍作用就越大，从而让行星偏离直线运动而向内偏转，……，或许这种介质就是以太；第二种原因来自中心物体的一种吸引作用，……，如果真的存在这样一种作用，那么行星所有运动现象都可以像机械运动所遵循的规律（笔者注：即地面上运动物体所遵循的规律）那样去说明，……，可以进行精确计算，并且想要多精确就能计算得多精确。”

可以明显看出：胡克所说第一种原因的思想根源来自笛卡儿的旋涡理论方案。只不过在胡克这里，这些精细物质（胡克称为介质）并不旋转，而是被改成了“不均匀性”。胡克所说的第二种原因的思想根源当然来自吸引作用方案。并且胡克已经意识到，可以采用地面上物体所遵循的机械运动的规律去计算行星的运动。这标志着到了胡克这里，天界和地界已经被统一了。

至于物体直线运动在吸引作用下变为曲线运动的过程该如何计算，胡克在紧接着的另外一篇论文中提出了计算思路。就在 1666 年 5 月，胡克向英国皇家学会宣读了另外一篇论文。在此论文中，胡克提出一个重要结论：

“圆周运动就是由物体沿直线运动的努力与物体趋向于中心运动的努力之间平衡产生。”❸

用今天的物理术语来讲，胡克这个结论的意思就是：圆周运动是离心力等于吸引力（或拉力）的结果。不过离心力的思想和概念要在 7 年之后才会被惠更斯正式提出来。胡克在论文中继续提出：

---

❶ 那个时代学者们的科研速度已经明显加快。为了抢先夺取一项发现的拥有权，学者们往往已经等不及把所有发现不断积累后，再写成一部著作，而是有了新发现就随即发表。就这样，论文——作为现代科学研究成果的主要发表方式——开始出现了。这种发表体系才刚刚萌芽，还不完善，所以在那个时代，常常出现多位学者（比如牛顿与胡克，牛顿与莱布尼茨）争夺同一项发现权的现象。

❷ 柯瓦雷著，《牛顿研究》，商务印书馆，2016：263-264。

❸ 在胡克之前，阿尔索·博雷利（Borelli）就已经提出过类似的观点。

“有了这个结论，彗星和行星的运行现象就可以解决了，卫星的运动现象也可以解决了，……”

这也可以明显看出胡克将吸引作用方案又往前推进了一大步，即胡克指明了一条能够继续研究的科研方向，这个方向就是：可以通过数学计算去证明吸引作用方案的正确性。在此之前，所有对吸引作用方案的论证，都还只是停留在逻辑推理的层面。而对于另外一大派别的旋涡理论方案，却一直没有人提出过类似的科研方向，即采用数学计算证明该方案的正确性（实际上是很难做到这一点）。这也是旋涡理论方案在之后竞争中失败的重要原因（尽管失败了，但旋涡理论仍然包含一些正确的思想）。

胡克之后将吸引作用方案继续往前推进。到了 1670 年，胡克向英国皇家学会做了一场重要的演讲。演讲所描述的吸引作用方案已经具有今天大家所熟悉的引力理论的大致轮廓。这个重要方案的完整引用如下❶：

“今后我将致力于解释一种宇宙体系，与已经提出的机械运动的规律（笔者注：即地面上的运动规律）相比，这个体系有所不同，它基于三个假设。

第一个假设：无论什么天体，各个天体都具有一种朝向其中心的吸引作用。这种吸引作用不仅将该天体的各个部分吸引在一起，从而形成一个球体不至于分崩离析（笔者注：这种吸引作用就是石头落下来的原因），而且还吸引其它天体。结果就是太阳和月亮对地球有吸引作用从而影响地球及其运动，同时地球反过来也会影响太阳和月亮。不仅如此，水星、金星、火星、木星和土星也会通过吸引作用对地球产生巨大影响，同时地球反过来也会对它们中的每一个都产生巨大影响。（笔者注：可以看到，到了胡克这里，行星与行星之间也已经具有这种“吸引”作用。）

第二个假设：无论什么物体，一旦运动起来，总是会继续沿直线运动，直到被某些外部作用所改变，从而被迫进入一种正圆、椭圆或其它更复杂的运动中。（笔者注：可以看到，到胡克这里，行星也具有笛卡儿提出的那种性质，即物体总是保持直线运动的倾向。另外还可以看到，胡克已经意识到，正是在吸引作用这种外部作用下，行星才被迫进入一种正圆、椭圆或其它更复杂的运动中。）

第三个假设：一个物体所受这种吸引作用的强弱与该物体到天体中心的距离相关，至于这两者之间具体到底是什么关系，我现在还没有通过实验去验证。（笔者注：可以看出，胡克已经意识到这种吸引作用强弱与距离相关的，但对于两者到底是什么关系，这时候的胡克认为应该通过实验的途径去得到。所以，在 1670 年，胡克还没有得到这种吸引作用强弱与距离的平方成反比的结论。）”

从胡克的这个吸引作用方案可以看出，它已经具有今天大家所熟悉的引力理论的大致轮廓。但还是有一个很大的不同点，那就是胡克认为：这些吸引作用都是由天体的中心这个点产生的，而不是由组成天体的物质产生的。另外，对于这种吸引作用的大小与距离之间关系是什么，尽管胡克还没有确定的答案，但是他已经明确指出，一旦知道了这个问题的答案，那么有关天体运动的所有问题都能得到解决。胡克在演讲中继续讲道：

“如果这个想法得到实施，那么，它必将帮助天文学家把所有的天体运动归结为一条特别的定律，而且我怀疑除了这个方法没有别的途径了。因为对于那些已经理解和熟悉圆周运动的人来说，这个结果是很容易被理解的。”

从中可以再次明显看出，胡克之前指明的那条继续研究的科研方向现在变得更加明确具

---

❶ 柯瓦雷著，《牛顿研究》，商务印书馆，2016：266-267。

体了。对于胡克来说，这个吸引作用方案已经很完善了，剩下的工作就差实验观测验证和数学计算等这些“细枝末节”的事情了[1]。因为胡克在演讲的最后这样讲道：

“目前我只是建议一些人去这么做（笔者注：就是沿这个科研方向做下去），这些人需要善于观测和很高的数学计算能力，……。由于我手上还有其它必须要完成的事情，我就不亲自参与这项工作了。但我敢保证，继续从事这项工作的人所得到的发现，将会成为天文学的至高成就。”

胡克的预感是对的，可惜他没有这样去做，但牛顿却巧好这么做了，最终牛顿的确成为了像胡克所说的那样拥有这个“至高成就”的人，被历史永记。的确也像胡克所说的那样，继续完成这项工作的人需要很高的数学计算能力。但是胡克还是低估了问题的难度，实际上，计算的困难程度远超胡克的预计。当时有能力完成这种高难度计算的人少得可怜，或许惠更斯算其中一个。这位被牛顿赞美为“当今最伟大的几何学家”的荷兰人，在动能（那时候还没被称为动能）守恒的证明[2]、光以波动形式传播的数学表述（即今天的惠更斯原理）、单摆的周期公式和离心力（第 2 章有讨论）的计算公式推导中，所展现出来的叹为观止的数学技巧和深邃的洞察能力，表明惠更斯是具有这个计算能力的。而且惠更斯也恰好有这个机会，因为就在胡克发表这个演讲的三年之后，惠更斯就完成了胡克所需计算中重要的一环，那就是：惠更斯在研究单摆问题过程中（摆划过的轨迹是圆周运动），第一次成功得到了圆周运动离心力的计算公式（有观点认为惠更斯 1659 年就得到了此公式，但 1673 年才发表的）。

但非常遗憾的是，惠更斯更倾向于采用笛卡儿的“旋涡理论”[3]，所以惠更斯认为单摆的圆周运动和行星的圆周运动在产生机制上是有本质区别的，是不能混为一谈的，那么从单摆圆周运动中得到的离心力公式就不应该推广到行星的运动上去[4]。实际上，直到很久之后的 1690 年，惠更斯都还在出版的《论重力的成因》中试图采用旋涡理论的改进版本去解释重力的产生机制。

尽管惠更斯没有采用胡克的建议，但胡克却反过来接受了惠更斯的离心力公式，将自己的吸引作用方案又向前推进了非常重要的一步，即解决了他之前方案中的一个重要的遗漏问题，那就是吸引作用的大小与距离之间的关系到底是什么的问题。胡克假设如果行星运动的轨道是正圆而不是椭圆。那么根据他在 1666 年那篇论文中提出“圆周运动是离心力等于吸引力的结果”的结论，以及开普勒的第三定律，再利用惠更斯的这个离心力公式，就能计算出一个重要的结果：吸引作用的大小与距离的平方成反比。胡克在 1679 年之前就得到了这个结论。并且除了胡克之外，哈雷和雷恩等人都得到了类似结论。到了 17 世纪 70 年代的后期，“吸引作用与距离平方成反比”已经是一个广为人知的结论了。对于这些发展成就，牛顿后来在《自然哲学之数学原理》中是给予了承认的。

尽管行星的真实运动不是正圆而是椭圆，但是行星椭圆轨道的偏心率非常小。也就是说这个椭圆只是在正圆的基础上产生了非常微小的偏离。这就意味着：对真实行星的椭圆轨道来说，“吸引作用与距离平方成反比”的结论最多也只能出现微小的偏离，甚至有可能仍然

---

[1] 所以当牛顿后来完成了这些“细枝末节”的事情后，胡克并不认为牛顿的工作是主要的，功劳也不应该归牛顿，而应该归他。

[2] 沈贤勇，惠更斯在动量概念形成过程中的贡献，《浙江树人大学学报》（自然科学版），2017（2）。

[3] 惠更斯的父亲与笛卡儿是好朋友，惠更斯小时候与笛卡儿直接见过面，笛卡儿对惠更斯的影响很大。

[4] 后来章节将会谈到，爱因斯坦的广义相对论表明惠更斯的这个顾虑才是正确的。但遗憾的是，这个正确的结论却让惠更斯错失拥有引力发现权的良机。

是严格成立的。可以看得出来，整个事情都在沿着胡克提出的继续研究的科研方向发展。到 1679 年只剩下一项工作没有完成，那就是用严格的数学计算证明“吸引作用与距离平方成反比”的结论对行星的真实运动而言是否严格成立。很遗憾的是，这一次胡克依然无法继续前进，因为他没有这个数学计算能力。

对于这个能够获得“至高成就”的机会，胡克亲手握住它，但他却没有能力实现它；惠更斯有这个能力实现它，但他却没有意识到。幸运的是牛顿，他既具有这个能力，又抓住了这个机会，成为了拥有这个“至高成就”的人。尽管牛顿抓住这次机会的原因，大部分并不是出于他本人的意愿和理想，而是起源于他与胡克个人的恩怨和争斗（下面将会谈到），可历史就是这么捉弄人。

4.2.2 牛顿的早期尝试

到了 1679 年底，胡克的吸引作用方案似乎离成功还差最后一步，那就是通过数学计算严格证明：“吸引作用与距离平方成反比”的结论对于椭圆轨道上的行星来说也是成立的。历史的转折点也出现在 1679 年底，正是胡克与牛顿在这段时期的一系列通信，让牛顿重新回到吸引作用方案的研究上来（这段时期牛顿的兴趣本来主要在神学和炼金术上），并最终解决了这个问题，写出了那本著名的《自然哲学之数学原理》。

在青年时代，特别是在老家躲避瘟疫的时候（1665 年左右），牛顿就对运动学与力学进行过大量研究。正如在第 2、3 章谈论过，后来被牛顿称为三大定律中的第二、第三定律的相关结论，在这一时期都已经被牛顿得到。但是牛顿并没有发表它们，之所以没有发表，一方面与牛顿的性格有关；另一方面，牛顿第二定律的相关结论在当时已在被其他人（比如惠更斯）使用了，牛顿并不认为它是一个了不起的新发现。不过牛顿第三定律的相关结论是牛顿首创的，但牛顿当时并没有意识到它们的重要性和基础性。

在青年时代，牛顿当然也对行星的运动问题进行过研究。和大多数人一样，两大派别的解释方案都对牛顿产生了很深的影响。实际上，这一时期的牛顿更多地关注笛卡儿的旋涡理论。但是到了这一时期，笛卡儿的旋涡理论面对的问题已经暴露无遗。第一个问题就是天空分布的精细物质实际上相当于一种介质，它对行星运动起到的是阻碍作用，而不是推动作用；第二个问题在于旋涡理论根本无法与开普勒的三大定律保持一致，并且越来越多的人开始接受和相信开普勒发现的三大定律（笛卡儿当初并没有提及开普勒的发现）。

对于这些问题，这一时期多数人想到的是如何弥补而不是抛弃旋涡理论。比如上面刚刚谈到的胡克，他在 1666 年的那篇论文中，将笛卡儿的精细物质的均匀分布修改为不均匀分布。青年时期的牛顿也不例外，牛顿至少三次尝试对笛卡儿的旋涡理论进行改进[1]。比如采用以太来代替笛卡儿的精细物质，然后用以太的压力来解释行星运行的偏转。但是这些尝试都以失败告终，因为牛顿发现这些改进过的旋涡理论仍然根本无法与开普勒的三大定律保持一致。所以牛顿在后来不再试图改进笛卡儿的旋涡理论，而是转向去证明旋涡理论是彻底错误的。多年之后的《自然哲学之数学原理》的第二编就是为了证明旋涡理论的彻底错误。

当然，这一时期的牛顿也关注过吸引作用的解释方案。晚年的牛顿在和别人聊天（比如 1694 年左右与惠更斯的聊天）时谈到过这一时期的思想状态。牛顿回忆说他在青年时候（应该指的就是 1665 年左右）就思考过两个类似现象：一个现象是发射出去的炮弹的运动，由于自身具有重量，炮弹总是偏离直线而落向地球；另外一个现象就是月亮的运动，月亮也

[1] 柯瓦雷著，《牛顿研究》，商务印书馆，2016：85-86。

总是偏离直线而往地球的方向运动。这是否意味着月亮也具有重量呢？或者将炮弹移动到月亮的位置之后，炮弹还具有重量吗？牛顿回忆说他那时就已经猜测到，一个物体的重量与它离地球高度的平方成反比。这样一来，当炮弹移动到月亮的位置之后，牛顿就根据这个比例关系计算出了炮弹因这个重量而自由下落的距离。但计算结果发现：在相同时间内，炮弹因这个重量下落的距离与月亮的下落距离并不相同[1]，如图 4-1 所示。这个结果让牛顿感到失望，因为这就意味着：促使月亮下落的原因除了月亮的重量之外，还需要其他额外力量。牛顿又转回从旋涡理论中去寻找这些额外力量的来源。

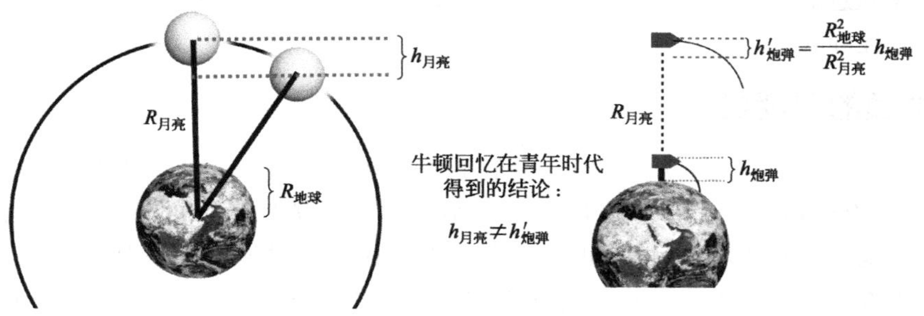

图 4-1　青年时期的牛顿对重力的思考

当然，这个表述只是牛顿在晚年的回忆，但从牛顿与胡克在 1679 年底开始的一些争论中可以发现，直到 1680 年，牛顿对“重量与距离平方成反比”的结论都还没有十分的把握，对它仍然充满疑虑。牛顿在青年时代可能确实思考过炮弹的下落和月亮的下落之间的相似性，从而去论证月亮也具有重量的结论。因为牛顿在之后的《自然哲学之数学原理》中多处提到过这种类比，而且还用月亮与地球之间的准确距离（即月亮与地球间的距离需要增加到地球半径的 60 倍），证明了月亮的下落完全是由于重量的原因，不再需要其它额外力量。

另外牛顿早在 1666 年左右就推导出了向心力的公式，所以牛顿完全有机会早于胡克、哈雷和雷恩，也将月亮轨道近似为正圆，然后再根据开普勒第三定律推导出重量与距离的平方成反比的结论，但牛顿在《自然哲学之数学原理》中只提到胡克、哈雷、雷恩在多年前（指 1686 年的多年前）做过这种推导，但却没有提及自己在更早的时候也做过这种推导。

至于牛顿在青年时期是否就已经采用过“重量与距离平方成反比”的结论。因为至今我们并没有发现牛顿当时计算所用的草稿或相关笔记，因此这仍然是一个有待考究的问题。对于“一颗苹果砸中处于青年时代牛顿的头，牛顿一下有了灵感就想出来万有引力”的故事，只不过是由于我们在思考上的懒惰而选择相信的一个故事而已。

不管牛顿所说的回忆到底是否是真的，但从牛顿和胡克的这些表现已经可以感觉到，时代正在发生巨大的转向（这种转向是笛卡儿的理性主义所开辟的）。相比于老一辈的开普勒、伽利略、笛卡儿、伽桑狄等人，年轻一辈的牛顿和胡克已经开始转为采用数学工具去解决行星为什么绕太阳旋转和石头为什么下落的问题。正是这次转向让牛顿最后成功地解决了这些难题，提出了万有引力理论；也正是这次转向掩盖了这些难题背后的真正本质和真相。

4.2.3　牛顿的吸引作用方案

等瘟疫过去之后，牛顿回到了剑桥大学，并在剑桥大学得到一个数学教授的职位。在此

[1] 之所以不相同是因为牛顿当时没有采用地球与月亮之间距离的正确数据。

之后牛顿的研究领域主要在数学、光学、神学，还有炼金术，而并没有继续研究力学和天文学。在老家躲避瘟疫期间得出的力学研究成果，也只是静静地躺在那本“Wastebook”笔记本上。

牛顿的才华是无可否认的。除了以上提到的这些成果。牛顿在数学上还提出了微积分，但相关成果也只是私下在熟人之间传阅过，没有发表。牛顿在光学上提出了颜色组成理论，并制造出了第一台反射望远镜，这一次牛顿公开了他的研究成果，牛顿将光学研究成果和望远镜都提交到英国皇家学会。不过没想到的是，胡克指责牛顿的光学理论和望远镜抄袭了他的研究成果。并且胡克经常公开批评牛顿的错误，这让胡克和牛顿之间结下了强烈私人恩怨，两人在 1676 年之后暂时中断了学术交流的书信来往。这也让牛顿从此不再轻易公开他的研究结果，以免遭遇相同的麻烦。

前面刚刚谈到过，从 1666 年到 1679 年底，胡克在吸引作用方案上不断取得突破。而在这段时期，牛顿的兴趣并没有在这个领域上，而是希望在光学、神学和炼金术上有所成就。所以在这段时期，胡克在这个领域上是领先于牛顿的。而正是 1679 年底的一场个人恩怨让牛顿重新回来研究这个领域，尽管这并非牛顿的本意，但却成为牛顿人生的重要转折点。在柯瓦雷（A. koyre）的名著《牛顿研究》中“一封未发表的胡克致牛顿的信”中，柯瓦雷详细地介绍了这一过程。

事情发生在 1679 年 12 月到 1680 年 1 月左右，两人恢复了书信往来。在这两个月之内，他们通过多封书信讨论了一个问题。这个问题是这样子的：由于地球在自转，地面上一块物体在水平方向上具有运动速度，这时候假设把地球劈成两半，如图 4-2 所示。那这块物体掉下去的运动轨迹是什么样子的呢。

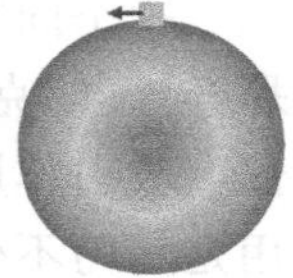

图 4-2　胡克与牛顿通信所讨论的问题

牛顿回信告诉胡克物体掉下去的运动轨迹是一条螺旋线。收到信之后，胡克还是像从前一样，在回信中批评了牛顿的错误结论。胡克认为这条轨迹是一条类似于椭圆的曲线，并把自己的答案告诉了牛顿，还用挑衅的语气让牛顿也完成相同的计算。

牛顿不太喜欢别人批评他，收到信之后牛顿很气愤，短短 5 天之后，牛顿就将重新计算过的答案回复给了胡克，并指出胡克的答案也是错误的。因为牛顿认为“在地球内部，重量是均匀不变的，不随高度改变而改变”。收到信之后，胡克认为牛顿犯了更大错误，并在英国皇家学会的会议上阅读了牛顿的回信，并公开批评了牛顿的错误。在给牛顿的回信中，胡克指出：牛顿的观点是错误的，并告诉牛顿，重量与到地心距离平方是成反比的。

这一次胡克的行为激怒了牛顿，也让牛顿开始认真地思考这个问题。经过一段时间的计算，牛顿严格地计算出了“如果物体的重量与其到地心距离的平方成反比，那运动轨迹本身就是一个严格的椭圆，而不仅仅只是类似”。牛顿这个伟大的计算过程可参见附录 1。

现在已经不清楚出于什么原因，或许是不想再和胡克继续纠缠，牛顿没有把这个伟大的计算过程告诉胡克，而是保持了沉默。这个计算的伟大之处在于：它让人联想到胡克的吸引作用方案所遗留的那个重要问题，那就是：通过数学计算证明“吸引作用的大小与距离平方成反比”的结论也适用在处在椭圆轨道上的行星。

但是，1680 年的牛顿对这个结论并没有信心，他的主要顾虑来自两个方面。第一个顾虑是：他和胡克争论的这个问题只是一个假想问题，因为牛顿仍然坚持认为在地球的真实内部，重量与到地心距离平方成反比的结论并不成立。而且这个结论对于其它情况是否也是完全成立的，牛顿在这时候还没有十足的把握。第二个顾虑是：牛顿相信物体是具有重量的，但牛顿并不相信存在吸引作用，更不知道如何解释这种吸引作用的产生机制，以及这种吸引作用是如何跨越虚空且在不发生接触情况下就起作用的。在接下来的几年里，牛顿经过反复思考，在胡克的吸引作用方案上进行了修改，解决了他的第一个顾虑。

对于第一个顾虑，牛顿的反驳理由是有说服力的。也就是结论“吸引作用与距离的平方成反比”中的“距离”到底应该算到什么位置为止。胡克认为应该以地球中心的位置来计算，因为胡克认为吸引作用是地球中心这个点产生的。但牛顿并不赞成这个结论，比如考虑一个最简单的情况：如果一个天体不是球体，而是具有一个不规则形状的外形，那么这个距离应该从哪个位置开始计算呢？胡克的吸引作用方案很难回答这个问题。

牛顿认为，他在与胡克争论中完成的那个伟大计算只是证明了在行星与太阳之间的距离、月亮与地球之间的距离都很远的情况下，这个距离可以从太阳中心、地球中心或行星中心位置开始计算。因为当距离足够远的时候，太阳、地球或行星本身已经可以看成是一个点，所以这种计算方式是没有问题的。但是，在离太阳、地球或行星很近的情况下，比如在地球表面，这个距离还可以从地球中心的位置开始计算吗？牛顿认为从天文学中所完成的那个伟大计算并不能证明这一点。为此，牛顿改用炮弹的飞行与月亮运动之间的类比证明了即使在地球的表面，这个距离仍然可以从地球中心开始计算。但是在地球内部，这个距离还可以从地球中心位置开始算起吗？这个问题困扰了牛顿好几年。

这个问题正是牛顿与胡克之间巨大的分歧所在（正如他们在 1679 年通信中所表现出来那样）。胡克认为，在地球内部，这个距离仍然可以从地球中心位置开始算起，即在地球内部，吸引作用与到地心距离平方成反比；但是牛顿反对此结论，并认为在地球内部，吸引作用是均匀不变的。因为按照胡克的结论，那就意味着在地球中心的位置，吸引作用将变得无穷大。所以胡克的结论存在这样一个致命的弱点。牛顿在 1686 年给哈雷的信中这样写道：“明智的哲学家决不能相信它是正确的，对于这一点，胡克先生还是一个新手。”但牛顿所认为的“在地球内部，吸引作用是均匀不变的”结论实际上也是错误的。在 1680 年到 1685 年之间，牛顿一直在试图搞清楚在地球内部，吸引作用随距离到底是如何变化的。而牛顿在最终解决这个问题的过程中又不得不用到胡克的吸引作用方案。当然，在思考过程中，牛顿也受到了前面提到的伽桑狄等人思想的影响。

前面谈到过，在伽桑狄（原子论思想的复兴者）等人的吸引作用方案中，产生吸引作用的不是地球中心那个点，而是组成地球的每一个微粒物质。另外，磁和电的吸引作用也具有这样的特点。在这个思想的影响下，牛顿对胡克的吸引作用方案进行了改造。如图 4-3 所示，在胡克的吸引作用方案中，物质与物质之间是不存在吸引的，而是所有物质都与球心这个点之间存在吸引。这种观点仍然是受到亚里士多德思想的束缚，因为亚里士多德认为物体下落是由于要回到球心这个固有位置的原因。

牛顿修改过的方案是：物质与球心这个点之间并不存在吸引，而是任何两个细小的物体之间存在吸引，并且吸引作用是与两块细小物体之间的距离平方成反比的，而不是与物体和球心之间的距离平方成反比。也就是说，在牛顿这个修改过方案中，所有物质，包括微小物质都具有这种吸引作用。这是牛顿超越了胡克的地方。由于这些物质都是微粒，体积非常之小，所以距离到底从哪里开始算起的问题就非常容易确定了，即距离就是两个微粒之间的距离。

经过这种修改之后，牛顿通过计算证明：地球里面的每一个微粒对地面上一块石头所产生吸引作用的总和，正好等于将整个地球的物质浓缩于球心后对该石头产生的吸引作用。即在地球的表面，这个距离仍然可以从地球中心开始计算。而在地球内部，牛顿也通过计算证

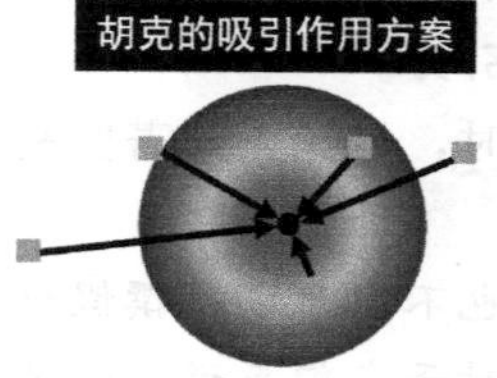
胡克的吸引作用方案
牛顿的改进方案
1.物体与物体之间不存在引力
2.物体只与球心之间存在引力
3.引力大小与到球心距离平方成反比
1.物体与物体之间存在引力
2.物体与球心之间不存在引力
3.引力大小与物体之间距离平方成反比

图 4-3　牛顿的改进方案与胡克的吸引作用方案之间的对比

明了物体的重量与其到地球中心的距离是成正比的。到此为止，牛顿才彻底搞清楚这种吸引作用与距离之间的关系。在《自然哲学之数学原理》中，牛顿整整用了三章来完成这些计算和论证[❶]。仅从这一点上来说，牛顿在此领域中已经领先于胡克。

不仅如此，牛顿还走得更远，牛顿为了让这些结论变得更加严谨而无可挑剔，牛顿立志要为这些证明打下坚不可摧的基础。为此，牛顿挑选出了三条定律作为证明的前提条件和出发点，它们就是大家所熟悉的牛顿三大定律。正如在第 3 章谈到过的，为了让这三条定律变得更加稳固，牛顿在最开始还详细论证了绝对空间的存在。而这些前提就成为整个牛顿力学的根基。之后数代人在此基础上添砖加瓦，建成了今天大家所熟悉的牛顿力学这座大厦。

为了打击吸引作用方案的竞争对手——笛卡儿的旋涡理论这个大派别，牛顿还在《自然哲学之数学原理》中用了一个篇章来说明介绍物体在介质中的运动规律。牛顿得出结论：介质只会对物体产生阻碍作用，而不是推动作用。那么根据牛顿提出的三大定律，在这种阻碍作用下，天体根本无法出现开普勒所说那种运动。而笛卡儿的旋涡理论需要让天空充满一种介质，因此笛卡儿的旋涡理论根本无法出现开普勒所说那种运动。牛顿在《自然哲学之数学原理》中写道[❷]：

“由此看来，行星的运动并非物质旋涡所携带的，因为根据开普勒的假设，行星沿椭圆轨道运行，……，但旋涡的各部分绝不可能做这样的运动。”

4.3　新思想诞生的阶段：一场深刻的思想转变，从吸引作用到引力

总之，牛顿想在正式发表他的理论之前，就试图把所有可能的漏洞都给堵上。尽管牛顿已经做了许多精心论证，但还是有一个巨大的漏洞。牛顿也深知这个漏洞以后必将遭受攻击，但牛顿并不知道该如何弥补它。这个漏洞就是：牛顿所完成的这一切仅仅只是在数学上才成立，至于这种吸引作用到底是如何产生的，还没有给出回答，牛顿所做的事情只是对这种吸引作用进行了精确的数学描述而已。

实际情况也正是这样子的。牛顿之所以能够完成这种精确的描述，就在于牛顿制造出了一个数学对象来描述这种吸引作用，它就是“引力”。牛顿在《自然哲学之数学原理》中写道[❸]：

❶❷❸　牛顿著，《自然哲学之数学原理》，北京大学出版社，2006：110-146，252，265。

“至今为止，我们称使天体停留在其轨道上的力为向心力，但现在已经搞清楚，它不是别的，而是一种产生吸引作用的力，我们以后把它称为引力。”

就这样，引力——这个对象正式进入了物理学。同时，牛顿正好需要利用引力这个工具来抵挡其他人对那个漏洞的攻击。牛顿的辩护策略是：

这种吸引作用到底是如何产生的，我也不知道，我也不想通过杜撰假说去解释。但我可以采用引力这个数学工具对它进行精确描述和计算，这对于我们来说已经足够了。

这就是牛顿的核心思想：引力只是一个数学工具，不是一个物理实在；而吸引作用才是物理实在，引力只是从数学上对吸引作用这个物理实在进行描述而已。用柯瓦雷在《牛顿研究》中的话来说就是：牛顿的引力不是一种物理的力，而只一种数学的力[1]。

有了这个工具，牛顿就可以轻松回应那些攻击了。他可以这样回答：是的，你的那些指责和攻击都是成立的，不过这些指责和攻击都是针对吸引作用提出的。引力不受任何影响。因为引力只是在数学上对吸引作用进行描述而已，引力只是在数学上才存在的。所以牛顿的辩护策略相当于利用引力这个工具将吸引作用封装成了一个黑盒。

牛顿在《自然哲学之数学原理》的序言、正文的多处，以及书后注释中都进行了这种辩护，反复强调了这个思想：他所做的只是对天文现象进行数学表述，不负责解释其背后的本质。不仅如此，牛顿还特意将书名从《自然哲学》改为了《自然哲学之数学原理》。牛顿在第一版序言的第一段话就在进行这样的强调说明，牛顿这样写道[2]：

“古代人在研究自然事物方面，把力学（笔者注：指的是亚里士多德那种提供本质解释的理论）看得最为重要，而现代人则抛弃追求这种实体形式和隐秘的本质（笔者注：即放弃追求本质解释），只是试图追求这些自然现象的数学定律，所以我在这本书中要做的就是发展这种数学描述。……（笔者注：接下来牛顿详细论证这个转变过程是如何产生的）……。因此，我这部著作论述的是哲学的数学表述，……。哲学家对这些力（笔者注：主要指重力和引力）一无所知（笔者注：即无法解释它们产生的原因），……，我期待这本书所确立的数学表述能够对这些力的理解带来帮助。”

牛顿在正文中也多次强调说明，他只是在数学上对这些力（比如向心力、惯性力、重力、引力）进行描述，并不提供对这些力产生的根源的解释。比如在第 2 章中所提到的那些引用；比如将重点介绍天体运动的篇章的标题定为宇宙体系（采用数学的表述）；再比如，牛顿在书后注释中再次强调[3]：

“至今为止，我都没有能力找出引力产生的原因，我也不想构造假说（笔者注：指像笛卡儿的旋涡理论那样的假说）来说明它。……。对于我们来说，知道引力确实存在着，并且根据我们所提供的相关数学规律在起作用，而且能有效地说明天体和海洋的一切运动，即已经足够了。”

牛顿最后的这一段话对他的这些辩护做了一个完美的总结。直到今天，每一个物理学家几乎都是在遵循牛顿这一段话的前提下开展工作的。从此以后，即使我们暂时无法解释某些现象，只要我们能够对它进行精确的数学描述，它就可以成为我们理论中最坚实的基础。比如在今天，没有人能解释量子力学中相关原理（比如不相容原理、波粒二象性）背后的本质原因，但是如果我们可以采用相关的数学法则去完成无比精确的计算，并且计算结果还与观测高度保持一致，那么量子力学就应该被视为一种坚实的理论。

---

[1] 柯瓦雷著，《牛顿研究》，商务印书馆，2016：20。

[2][3] 牛顿著，《自然哲学之数学原理》，北京大学出版社，2006：2，349。

对于与牛顿同时代的那些自然哲学家而言，这种思考、处理方式是完全无法接受的。他们会反驳道："怎么能够将我们都还无法解释的结论作为我们推理的基础呢？在这种基础上推导出的理论还具有可靠性吗？"牛顿早在几百年前就对这个争论给出了回答，不过在今天，还有大量的人仍然持有这种观念，比如他们经常反驳道："你连时间到底是什么都无法说清楚，还在那里谈时空的弯曲，这简直是瞎扯"。

牛顿这些处处小心谨慎的辩护，对于今天学过物理的人来说，简直就是多此一举。因为在今天，这种思考、处理方式正是大家所熟悉并采用的方式。今天几乎所有的物理学分支都是这样做的，不这样做反而不会被认真对待，不会被认为是真正的科学。但是，在牛顿的那个时代，特别是在牛顿之前，尽管伽利略、惠更斯在一些个别具体问题上已经采用这种方式，仍没有人敢于从根基上对整个物理学都采用这种方式去描写❶。因为采用这种方式写出来的著作，不会被当时所谓的自然哲学家认真对待，不会被认为是真正的物理学。这不是当时正统的写作方式。当时正统的写作方式应该是像笛卡儿《哲学原理》那样的著作。甚至两百年之后的黑格尔，都还在采用牛顿时代那种所谓的正统方式，他也写了一部《自然哲学》，不过今天学物理的人几乎不会去阅读它了。

这种吸引作用到底是如何产生的？牛顿那个时代的人们可能没有意识到，这个问题对他们而言是不可完成的任务。即使到了今天，我们仍然没有解答出这个问题（爱因斯坦只是换了一个角度，采用更深入的数学，重新描述了这种现象，但仍然没有解答出这个问题）。所以牛顿在当时非常无奈的情况下，也只能采取这样的处理方式。这种方式的核心思想就是：只追求自然现象的数学规律，放弃追问现象背后形而上的本质原因。这标志着，物理学被彻底数学化——这个由伽利略首先开启，然后被笛卡儿全面转向，最后由牛顿最终完成的现代科学革命过程。

所以，反对派与牛顿关于这个漏洞的争论，本质上就是在争论物理学被数学化到底是否是正确的。牛顿的这些辩护就是在说明这样做是正确的。实际上，牛顿这些辩护的核心思想为现代科学在之后的发展铺平了道路，其它学科也正是在这个思想下蓬勃发展起来的。直到今天，自然科学都是按照这种处理方式开展科研工作的。所以从这种层面来说，牛顿的影响是巨大的，因为他从最基层对我们的思想进行了改造。

4.4　胜利阶段

尽管牛顿经过了充足的论证和反复的强调说明，还经过长达 1 年的辛勤、投入的精心写作。但与牛顿预计的一样，《自然哲学之数学原理》出版之后，主要的批评意见就是：此书完全没有论证这种引力是如何产生的。继承了笛卡儿旋涡理论的一派甚至认为牛顿的引力根本无法存在。反对理由主要是：这种吸引作用是一种能够跨越虚空且不发生接触就起效果的超距作用。比如说，即使地球与月亮之间是完全的虚空，这种吸引作用也可以跨越中间的虚空发生作用。这种作用方式与笛卡儿的"想象的世界"直接相矛盾了。第一个矛盾是：笛卡儿的"想象的世界"中不能存在虚空；第二个矛盾是：笛卡儿的"想象的世界"中的物质只有通过接触碰撞才能发生作用。

总之，反对派中除了惠更斯承认牛顿在数学上取得了成功之外，其他人大多认为这种吸引作用是一种虚幻的理论，是一种神秘的隐形性质的理论，是没有物质基础支撑的理论。他

---

❶ 从书名中的"自然哲学"（亚里士多德那本书"φυσικη"的名字）就能看出，牛顿就是要对整个物理学进行重写。

们认为笛卡儿的旋涡理论才是有物质基础（比如笛卡儿精细物质，后来被改为以太）支撑的，才是一个可以真实存在的理论。直到 1690 年（牛顿的书已出版了 3 年），惠更斯还在《论重力的成因》中采用旋涡理论去解释重力。莱布尼茨对牛顿引力理论的攻击是最强烈的，因为莱布尼茨明确反对牛顿所谓的绝对空间是存在的这一说法[1]。并且莱布尼茨在 1690 年的《行星理论》中仍然是采用旋涡理论来解释行星运动[2]。甚至一百多年之后的康德（1724—1804）和拉普拉斯（1749—1827）都还在笛卡儿的旋涡理论的基础上推论出了解释银河系的旋转理论。旋涡理论也被欧拉、伯努利等人用来解释磁现象（用今天的术语来说就是把闭合的磁力线看成旋涡，在第 8 章详细讨论）。

尽管反对派非常顽固（牛顿去世之后，在法国，大家都还在采用旋涡理论），但是牛顿也很无奈。他当然想不出一个合理的产生机制来说明这种吸引作用是如何产生的（因为直到今天，也没人能做到，相对论也只是换了一种数学方式来描述现象，因为这相当于在问物质为什么能让时空发生弯曲）。

真正让牛顿引力理论取得最终胜利的是牛顿引力理论在天体运动、潮汐现象、彗星的回归、海王星的预测等现象中所展现出来的无比精确性。这种无比精确性在人类之前的任何理论中都没有出现过。人们被这种无比精确性彻底征服了。与牛顿引力理论的这种无比精确性相比，同时期的其它理论就显得非常暗淡。

所以，是这些实际应用让牛顿的引力理论最终取得了胜利。这个胜利也顺带让牛顿的思想——只追求自然现象的数学规律，放弃追问现象背后形而上的本质原因——取得了胜利。这种非凡的胜利让这个思想成为了今天物理学工作者的主导思想。也正是这个胜利让后来的人们忘却了当初的这些反对意见，即“能够跨越虚空且不发生接触就起效果的超距作用是无法存在的”。甚至到了后来，人们已经开始把引力当成一个真实的物理实在了。反对和质疑的声音变得越来越少，但问题并没有消失，正如马赫在批判牛顿力学时的一句名言：“它（指引力）只是从不同寻常的不可理解性，变为了司空见惯的不可理解性。”[3]

4.5 牛顿对引力的构造过程

的确也是这样，随着牛顿引力理论取得的辉煌成功，人们已经不再对牛顿当年耍的花招保持警惕，而是把引力当成了一个独立实在的客体了。这个花招就是：牛顿只是构造了一个数学工具——引力——去描述当时无法解释的吸引作用而已。但是，后来的人却把这个工具当成了吸引作用本身，把它当成了一种真实的物理实在。而实际上，吸引作用才是物理实在的，引力只不过是描述这个物理实在的一种数学工具。

既然是工具，当然就可以不止一种。后来将会谈到，我们还可以构造出其它工具，也可以达到同样的描述效果。不过在这里，我们先谈谈牛顿是如何构造出引力这个数学工具的。回顾前文可以发现：牛顿采用了三层递进的关键支撑点，然后在这些支撑点的基础上“封装”出了引力。

最上面一层的支撑点就是离心力或向心力这个数学工具。在第 2 章谈到过，惠更斯在研究钟摆过程中，摆线上的小球总是具有沿直线飞出去的倾向。惠更斯发明数学工具离心力去

---

1. 柯瓦雷著，《从封闭世界到无限宇宙》，商务印书馆，2016：256-298。
2. 莱布尼茨著，《莱布尼茨自然哲学文集》，商务印书馆，2018：150-154。
3. 柯瓦雷著，《牛顿研究》，商务印书馆，2016：22。

描述摆线上小球的这种倾向。但是惠更斯拒绝将离心力的概念应用于天上行星的运动，因为在惠更斯看来，天上行星的曲线运动与摆线上小球的曲线运动在物理上存在本质的区别。惠更斯坚持认为这两类现象的产生机制是完全不一样的[1]。

但牛顿的做法却不一样，尽管牛顿也知道这两类现象的产生机制有着本质区别，牛顿也知道维持小球在摆线上运动的原因与维持天体运动的原因有着本质区别，两者是无法等同的。但牛顿认为：只要在数学上它们是等同的[2]，它们就可以采用同一个公式来刻画。关于这种等同[3]，牛顿在《自然哲学之数学原理》中特别提醒和解释过："在数学上，我们也可以采用离心力去计算天体的曲线运动，但只限于在数学上这样做。"[4] 就这样，利用他的第三定律，牛顿就通过离心力（牛顿实际采用的是向心力）构造出他所需的数学工具引力，因为根据他的第三定律有引力＝离心力。

下面一层的支撑点就是惯性的概念。在第 2、3 章讨论过的，离心力就是一种惯性力。如果没有笛卡儿的惯性思想，就不存在"摆线上的小球总是具有沿直线飞出去的倾向"的思想，就没有惠更斯的离心力理论。所以，惯性的思想在下面支撑着离心力的存在。由于笛卡儿挑选了匀速直线运动作为惯性运动，这相当于让匀速直线运动具有了特权地位。这就意味着需要一个具有了"特权"地位的空间来施展这种"特权"运动，而这个空间就是绝对空间。

所以，最底层的支撑点就是绝对空间的存在。正如在第 3 章讨论过的，只有在绝对空间中，一个自由的物体才会继续保持匀速直线运动，即具有笛卡儿所描述的那种惯性。所以绝对空间的存在就是牛顿的引力存在的最底层的根基。第 17、21 章将会讨论，如果采用新的惯性定律，引力的概念就没有存在的必要了。

4.6　牛顿引力存在的根基——绝对空间的存在

正如在第 2、3 章讨论过的一样，绝对空间的存在是整个牛顿力学的根基，牛顿的引力正是在这个根基上构造起来的数学工具。正如在第 3 章讨论的那样，这也是为什么牛顿要在《自然哲学之数学原理》的最开始就必须详细论证绝对空间是真的存在。因为如果绝对空间不存在了，那么在此根基上构造出来的引力也就不存在了。

但不管牛顿所说的绝对空间到底存在还是不存在，行星围绕太阳旋转的现象都依然存在。它们都还在天空中发生着，它们依然会按照开普勒三大定律那样运动，不会发生任何改变。也就是说：行星与太阳之间的吸引或结合作用不会发生任何改变。所以这些吸引或结合才是真实的物理实在，引力作为描述这种物理实在的数学工具，它本身不是真实的物理实在。

牛顿、惠更斯和莱布尼茨那一代人是非常清楚这一点的（比如莱布尼茨就试图通过否认

---

[1] 具体来说就是，离心力是由小球的惯性产生的。而第 3 章谈到过，谈论惯性需要物体在没有重性之后才能进行讨论。但天体显然还具有重性，所以惠更斯认为笛卡儿的惯性定律不适用于天体，即惠更斯认为天体的惯性并不是笛卡儿所说的那种"物体总是具有沿匀速直线运动的倾向"，那么离心力的概念当然也不就适用于天体。需要再次强调的是：惠更斯的这个观点就是广义相对论所持的观点。但遗憾的是，在那个时代，这个正确的结论反而让惠更斯与万有引力定律失之交臂。

[2] 因为钟摆画出的圆，与天体画的圆，都是几何对象。这两个几何对象不再包含其它物理属性，所以它们之间已经没有本质的区别，所以是等同的。正如在第 2、3 章谈论过，这正是在笛卡儿的理性主义所带来的重大思想转变之后，大家才开始具有这样的观点。

[3] 后面将会谈到，正是牛顿的这个等同，天体运行背后的真相才被掩盖了两百多年。

[4] 牛顿著，《自然哲学之数学原理》，北京大学出版社，2006：3-4。

牛顿的绝对空间，从而证明牛顿的引力并不存在[❶]）。但是，后来的人们似乎没有前人那样敏感，他们没有看清楚这一点，而是把牛顿引力当成了一种真实的物理实在了。当然，其主要原因在于：在长达两百多年的时间里，我们都没有找到任何压倒性的证据来证明牛顿的绝对空间是不存在的，从而认为绝对空间是真实存在的，在此基础上构造出来的引力也是真实存在的。

4.7 天体运动背后被掩盖的真相

开普勒的三大定律与行星的大小和材料都是无关的。也就是说：不管行星是大还是小，是由什么材料组成的，它们都会按照开普勒三大定律进行运动。换句话说，开普勒三大定律的运动方式对所有物质来说都是相同的，处于天空中的所有物质都会以这种方式进行运动。

如果有一种性质是所有物质都具有的，那么这种性质当然就可以看成是物质本身的一种内在固有属性（比如颜色、温度等）。既然开普勒三大定律的运动方式也是所有物质都具有的，那么这种运动方式当然就可以看成是物质的内在固有属性。也就是说，行星的运动，并不是由什么外在原因（比如引力）引起的，只不过是物质的一种内在属性展示出来罢了。这当然不是什么新颖的观点，哥白尼是这样认为的，开普勒也是这样认为的，甚至伽利略也是这样认为的，亚里士多德早在两千多年前就是这样认为的了。

既然可以把行星按照开普勒三大定律进行运动看成是行星的一种固有属性，那么也就可以把这种运动方式看成是行星的惯性运动。因为惯性就是指物体自身具有保持某种运动的一种内在固有属性。也就是说：在天空中，我们完全可以不按照笛卡儿所做的那样挑选匀速直线运动作为惯性运动，而是挑选开普勒三大定律的运动方式作为惯性运动。正如第 3 章谈到过的那样，我们完全可以给开普勒三大定律的运动方式赋予“特权”，而不是给匀速直线运动赋予“特权”。

所以这样一来，上面提到的牛顿引力的第二层支撑点也就不存在了。因为如果行星的惯性运动就是按照开普勒三大定律进行运动，而不是按照匀速直线运动进行运动，那么行星就没有偏离这种运动（指开普勒三大定律）的倾向。这样一来，也就不存在所谓的离心力[❷]，那就更不需要存在引力了。所以，不一定非要有牛顿引力的存在，行星才会按照开普勒三大定律进行运动。从这个角度也说明了牛顿的引力并不是真实的存在。第 6 章中会谈到，庞加莱对牛顿力学的批判中已经意识到了类似结论。

如果采用亚里士多德的宇宙体系来看到这个结果，天体按照开普勒三大定律进行运动的惯性就是亚里士多德所谓的第五元素以太总是具有保持在它的固有位置的倾向，而这种性质与石头总是具有返回其固有位置的倾向（即重性）是同一种性质。所以，天体按照开普勒三大定律进行运动的惯性与石头按照自由落体进行下落的重性在本质上是同一种性质——这才是天体运动现象背后的真相。

就像前面刚谈到过的，惠更斯非常清楚这个真相。所以他拒绝将从钟摆运动中推导出的离心力公式应用到天体上，因为惠更斯认为天体没有受到离心力的作用。但牛顿只想在数学上进行考虑，所以牛顿没有什么思想障碍就能把从钟摆运动中推导出的离心力公式推广到天

---

❶ 柯瓦雷著，《从封闭世界到无限宇宙》，商务印书馆，2016：256-298。

❷ 因为离心力只有在物体偏离惯性运动时才会出现。采用这个重新定义的惯性运动，行星自身进行的运动就是惯性运动，所以就没有出现偏离，当然也就没有离心力了。

体的运动上，从而成功地构造出了引力。尽管这个推广取得了巨大的成功，但它却掩盖了天体运动现象背后的真相。牛顿的引力理论越成功，当初对真相的这个掩盖就越不容易被觉察到。

不过这种思想要得以实施，还需要解决一个关键问题，那就是：我们真的能够像刚才所说的那样，将物体自身具有保持按照开普勒三大定律进行运动的倾向作为天空中行星的惯性吗？因为这相当于给开普勒三大定律的运动方式赋予了“特权”。正如在第 3 章讨论过的那样，这就需要一个具有“特权”的空间来施展这种运动。让匀速直线运动成为惯性运动的施展空间就是牛顿的绝对空间，那么能够让开普勒三大定律的运动方式成为惯性运动的施展空间是什么呢？存在这样的施展空间吗？我们后来将会详细谈到，这样的施展空间就是爱因斯坦的弯曲时空。

4.8　真相被掩盖的过程——从固有属性到吸引作用再到牛顿的引力理论

从前面几章的讨论中可以看出：对于石头为什么会自由下落，行星为什么总是以相同方式绕太阳运动这些最熟悉的现象，我们的思想已经经历了几次巨大的转变。

在古希腊，亚里士多德认为这些现象是由于石头和行星的内在固有属性所导致的，这些固有属性被称为重性。[1]

这个思想在经过了长达几百年的艰难转变之后，到了 17 世纪上半叶，人们已经不再认为这些现象是由石头和行星的内在属性导致的了，而认为它们是由于外部原因所产生的，即是由于一种外部的吸引作用产生的。也就是说，这些现象背后的原因不再是来自于石头和行星自身内部，而是来自于外部，比如地球和太阳。

这个思想又经过了差不多一百年的转变之后，到了 18 世纪下半叶，人们已经普遍认为这个吸引作用是由地球和太阳产生的引力造成的。

但引力的思想并没有维持太久的时间。到了 20 世纪头 20 年，这个思想又将经历一次深刻的转变。在这次转变之后，人们又重新认为这些现象是由石头和行星的内在固有属性导致的，即回到亚里士多德的那种思想上来。不过在这次转变之后的新思想中，这种内在固有属性不仅仅属于石头和行星，还属于时空（后面章节会对此详细讨论）。

之所以又重新回到了亚里士多德那种思想上来，在于人们（实际上主要是爱因斯坦一个人完成的）重新看清楚了重性和惯性之间的内在联系。正如在第 1 章谈到过的，尽管重性和惯性思想的根源都来自亚里士多德的固有位置的思想，但在 17 世纪，由于人们已经从重性的思想转变成为外部的吸引作用的思想，而惯性的思想在 17 世纪才开始形成，这导致那个时代的人们认为吸引作用与惯性是两个完全不同的对象。一个是来自外部的作用，另一个是物体自身的内在属性，两者之间没有任何联系。但是只要将思想从吸引作用的思想重新退回到重性的思想，很容易就能意识到重性和惯性之间的内在联系。因为它们都是来自于同一个祖先——亚里士多德的固有位置的思想。

但是，启发人们去做这样的思考还需要一个漫长而曲折的过程，接下来就详细讨论这个过程。

---

[1] 亚里士多德没有把行星的这种内在固有属性称为重性，亚里士多德认为行星是既无重性也无轻性的。但石头和行星的这种内在固有属性实际上是相似的，即它们都具有保持在各自固有位置上的倾向。所以，实际上也可以把行星总是具有保持在第五元素的固有位置上的倾向理解为一种重性。

第5章 机械世界观和牛顿力学——新的权威

5.1 笛卡儿的世界——机械世界观

在第2、3章谈到过，在“通过理性去把握得出最简单和最容易概念”的指导思想下，笛卡儿通过构造一个“想象的世界”将我们的物理真实世界数学化了。这个“想象的世界”只由空间＋物质的运动构成。其中，空间被数学化为欧几里得空间；在空间上，一个物体被数学化为一个几何点；在数量上，一个物体被数学化为一个数字，这个数字就是物质的多少；物体的运动过程被数学化为几何点在一条曲线上的改变过程。在这个“想象的世界”中，运动成为一个自身可以独立存在的对象，成为了第一位的。另外，物体与物体之间只存在碰撞作用。运动通过碰撞从一个物体传递给其它物体，并且在碰撞前后，运动的总量是不变的。

相对于纷繁复杂的真实世界，笛卡儿的这个“想象的世界”是如此简单和清晰，这正是笛卡儿想要的结果❶。但是笛卡儿的数学化还不够彻底，比如物体之间的碰撞作用还没有被数学化；通过碰撞，运动在物体之间的传递过程还没有被数学化。而牛顿第二定律和牛顿第三定律则分别将它们数学化了❷。牛顿第二定律通过力 F 这个数学工具将碰撞作用过程数学化了；牛顿第三定律通过作用力等于反作用力（$F=-F$）将运动的传递过程数学化了。不仅如此，牛顿的万有引力定律还对这个世界进行了改造，得出物体与物体之间既可以存在碰撞作用，也可以存在非接触的超距作用，也就是说引力这个数学工具将天体之间的非碰撞作用也数学化了。

牛顿的三大定律和万有引力定律不仅将这个“想象的世界”彻底数学化了，而且它们也成为了这个“想象的世界”运转需要遵守的规则。这些规则就像是一台机械钟里面各个齿轮的咬合方式一样。一旦上了发条，机械钟就会按照这些齿轮的咬合方式，一直按部就班地运行下去，这个“想象的世界”也会像一台机械钟一样，一旦上了发条（即有了初始运动），它也会按照这些规则（即牛顿三大定律和万有引力定律），一直按部就班地运行下去。笛卡儿和牛顿都认为正是上帝给这个“想象的世界”拧上了发条。

牛顿的理论在之后开始展现它的无比精确性，即理论计算结果与观测结果之间吻合得无比精确。这种前所未有的精确性征服了后来的人们，从而走向了另一个极端，开始把这个“想象的世界”当成了真实的世界，即认为真实世界中的所有自然现象都是遵守这些规则的（即牛顿三大定律和万有引力定律），也会按部就班地运行下去，就像一台无比精确的时钟一样。这种观点后来被称为“机械世界观”，它的开创者是笛卡儿，而这个“世界”所遵循的

❶ 今天的量子场论仍然受到笛卡儿这个“想象的世界”的影响。

❷ 实际上，牛顿正是在研究这两种问题的过程中，得到了这两条定律的。

规则由牛顿完成了最后的综合，这些规则后来被称为“牛顿力学”。

正是牛顿力学在之后所取得的辉煌成功，让笛卡儿的机械世界观成为一种主导人们思维的世界观。以至于在很长一段时期内，在牛顿力学教育背景下长大的人们，已经天然地认为整个物理世界都是按照笛卡儿这个“想象的世界”运行的，已经把这个“想象的世界”当成了真实世界的全部。即使到了爱因斯坦时期，他的物理世界也不过是这个“想象的世界”的改进版本而已。所以，在笛卡儿之前，亚里士多德的世界观主导着我们；在笛卡儿之后，机械世界观主导着我们，直到今天，它的影响仍然深远❶。

后来采用这种机械世界观去解释电磁现象时却面临了严峻的挑战，笛卡儿的机械世界观开始出现危机。这场危机最终以其被修正而不是被抛弃的方式收场。修正之后的世界观就是本书的主题——爱因斯坦的机械世界观。而同时期的另外一场危机最终以机械世界观被抛弃的方式收场，取而代之的是另外一种新的世界观——量子力学的世界观。不过，要想真正理解这些危机，我们需要先对机械世界观和牛顿力学有很好的理解。

5.2　牛顿力学

在今天，我们所熟知的牛顿力学，主要是在牛顿三大定律＋万有引力定律基础上构建起来的“大厦”。正如以前谈论过的，牛顿在 1687 年出版的《自然哲学之数学原理》中就对它们进行了完整的表述。在完成了一些更为基础的定义和论证之后，牛顿直接以非常明确的方式将三大定律列出来，并且牛顿自己就已经称它们为三大定律了。牛顿在《自然哲学之数学原理》中的原始表述如下❷：

“第一定律：每个物体都保持其静止、或匀速直线运动的状态，除非有外力作用于它迫使它改变那个状态。

第二定律：运动的变化正比于外力（指的是冲量），变化的方向沿外力作用的直线方向。

第三定律：每一种作用都有一个相等的反作用；或者，两个物体间的相互作用总是相等的，而且指向相反。”

前面刚刚谈到过，笛卡儿将真实的空间数学化为欧几里得空间，将物体的运动过程数学化为几何点在欧几里得空间中一条曲线上的改变过程。这样一来，运动的快慢也可以被数学化了，即速率，用字母 v 来表示；另外，笛卡儿在数量上也将一个物体数学化为一个数字，这个数字就是物质的多少。以这两个结论为基础，笛卡儿将一个物体的运动也数学化为了数字，那就是运动的多少。并且笛卡儿认为，运动的多少等于物质的多少乘以速率。但惠更斯和牛顿却有不同的看法，牛顿认为运动的多少应该还要包括运动的方向。在这个基础上，牛顿将外力也数学化了，即：外力（指的是冲量）等于运动的多少的改变量。

就这样，这个“想象的世界”的数学化过程看似已经彻底完成了，但这个数学化过程还面临一个最根本的问题，那就是：物质的多少到底应该如何得到。笛卡儿认为，如果是同一种材料，物质的多少可以用物体的体积大小来表示；如果不是同一种材料，物质的多少可以用物体的重量多少来表示（我们在日常生活中还在这样做）。但这种观点很快就面临了巨大困难，那是因为胡克牛顿他们已经发现：物体的重量是会随高度而改变的。物体离地面越高，重量越小，甚至到无穷远，重量就没有了。如果还用重量的多少来表示物质的多少，那

❶　另外产生深远影响的是量子力学所产生的世界观。

❷　牛顿著，《自然哲学之数学原理》，北京大学出版社，2006：8。

么在无穷远处，物体的物质的多少就为零了，这显然是不合理的。

但是牛顿必须解决这个困难，因为把“物质的多少”数学化是他和笛卡儿整个数学化过程的出发点。在这个问题上，牛顿在思想上的突破在于，牛顿第一次将物质的多少本身作为一个独立的量，将它视为一个第一性的量。它不再像以前一样，是在其它数量（比如之前的体积、重量等）的基础上推导出来的延伸物。这个思想是如此之重要，以至于牛顿在《自然哲学之数学原理》中选择用第一句话（也是第一个定义）来说明了这个思想[1]：

“物质的量是物质（的多少）的度量，它由密度和体积共同求出。”

在紧接着的解释中，牛顿说道：

“……。以后，无论在何处，当我提及物质或质量这个名称时，指的就是这个量。……。”

从此开始，质量的概念正式进入物理学，用字母 M 来表示。所以物质的多少就用质量来衡量，质量本身就是一个独立的量，是一个第一性的量，是无需再用其它量计算的量。

需要注意的是，牛顿提到的质量可以由密度和体积共同求出常常被后人误解。牛顿提到的密度指的是物质分布的稀密程度，比如牛顿在书中采用“空气液化之后稀密程度会增加”的例子来对此说明。所以，牛顿这句话的真正用意在于表明质量的大小是与物质的稀密程度和体积大小相关的（这在当时是一贯的传统看法）。但是常常有人将牛顿提到的密度误以为是我们今天所说的质量密度，从而攻击牛顿关于质量的定义是一个循环定义。持有这种观点的人中甚至包括马赫这样的重量级人物。马赫认为：牛顿提到的这个“密度”就是指质量密度，牛顿关于质量的定义也是一个循环定义[2]。马赫认为根据这个定义，我们根本无法通过具体的实验操作得到一个物体的质量大小。所以马赫认为牛顿的质量就像牛顿的绝对空间一样，是一个形而上学的概念，而不是一个通过具体的实验操作就能测量出的量。马赫认为应该利用牛顿第二定律来定义质量，并且进一步发展出了相对质量的概念。马赫的批判当然是隐含着深邃的洞察，第 6 章再详细谈论。

现在有了质量 M，上面提到的那个数学化过程就可以开始进行下去了。所以，牛顿在《自然哲学之数学原理》中第二个定义就是[3]：

“运动的量是对运动（的多少）的度量，可由速度和质量共同求出。”

从此开始，运动的量，即动量的概念正式进入物理学，用字母 p 来表示。牛顿之前已经得到结论：运动的多少等于物质的多少乘以速度，另外还要包括运动方向。所以动量除了大小之外，还包含空间方向。牛顿利用伽利略所开创的平行四边形合成法则将动量的大小和方向整合在一起了。在此基础上，后来的人们采用笛卡儿的坐标系，利用三个方向上的分量来同时表示动量的大小和方向：

$$p^X = Mv^X,\ p^Y = Mv^Y,\ p^Z = Mv^Z$$

$$p = \sqrt{(p^X)^2 + (p^Y)^2 + (p^Z)^2}$$

其中 (v^X, v^Y, v^Z) 是物体分别在三个方向上运动的速度。很久之后，人们找到了一个更简单的数学工具来同时表示动量的大小和方向，那就是矢量 $\vec{p} = M\vec{v}$。

当有了运动的多少即动量 $\vec{p}$ 之后，数学化过程又可以再继续进行下去了。利用牛顿第二定律，牛顿将外界对物体产生的推动作用的多少也数学化了，结论就是：推动作用的多少

---

[1][3] 牛顿著，《自然哲学之数学原理》，北京大学出版社，2006：1。

[2] 你想得到一个物体的质量，你先要得到它的密度；但你要得到它的密度，又先要得到它的质量。

等于动量 $\vec{p}$ 的改变量。在第 2 章谈到过，在漫长的历史演化过程中，impetus 的概念就是推动作用的多少的前身，所以，推动作用的多少被后来人称之为冲量（impulse），用字母 $\vec{I}$ 来表示。这样一来，牛顿第二定律的数学公式为：

$$I^X=\Delta p^X,\ I^Y=\Delta p^Y,\ I^Z=\Delta p^Z$$

当后来的人们可以测量出更小的时间间隔 ΔT 之后，外界对物体在一瞬间的推动作用也可以数学化了。这个数学化之后的数学对象就是力，用字母 $\vec{F}$ 表示。

$$F^X=\frac{\Delta p^X}{\Delta T},\ F^Y=\frac{\Delta p^Y}{\Delta T},\ F^Z=\frac{\Delta p^Z}{\Delta T}$$

$$I^X=F^X\Delta T,\ I^Y=F^Y\Delta T,\ I^Z=F^Z\Delta T$$

从此，我们今天所熟悉的力的概念开始正式进入物理学。而在此之前，学者们所使用的力概念的含义还是混乱的，采用今天的物理术语来说，他们的力是冲量、动量、动能和力的混合物。

我们真实的物理世界就这样被数学化了。另外，天体的运动现象也被牛顿的万有引力定律数学化了。不过在《自然哲学之数学原理》中，牛顿并没有直接将万有引力定律以非常明确的方式列出来，而是将其作为推论（牛顿称之为命题或定理）列出来的。牛顿用了多个定理才完整表达了万有引力定律的全部意思，牛顿写道❶：

“定理 8 一个球相对于另外一个球的引力与两球间距离的平方成反比。”

在第 4 章，我们已经详细谈论了定理 8 的推导过程。定理 8 表明了引力的大小与距离之间的关系，即：

$$F_{\mathrm{N}}\propto\frac{1}{R^2}$$

牛顿采用另外一个定理表明了引力与物质之间的关系，牛顿这样写道：

“定理 7：一切物体都存在着一种引力，它正比于各物体所包含的质量。”

“根据这一规律，地面上的所有物体必定都是相互吸引的，但我们却不曾发现这种引力。我的回答是，……，地面上物体之间的引力必定远小于我们的感官所能察觉的范围。”

那么，牛顿又是如何推导出定理 7 的呢？即引力为什么正比于各物体所包含的质量呢？牛顿首先考察了一个物体的重量与质量之间关系，他在另外一条定理中这样写道❷：

“定理 6：所有物体都被吸引向每一个行星；物体对于任意一个行星的重量，在到该行星中心距离相等处，正比于该物体的质量。”

在紧接着的解释说明中，牛顿采用了三个现象论证了这个结论。第 1 个现象：两个不同材料的物体在同一个单摆上的摆动周期是相同的（这相当于地面上两个不同材料的物体以相同加速度下落）。第 2 个现象：将地面上一块物体送入月球轨道，并且让月球失去所有运动，那么该物体和月球也会以相同加速度落向地球（正如在第 4 章计算过的那样）。第 3 个现象：木星的卫星也以开普勒三定律方式运动，这相当于在卫星轨道上，所有物体都会以相同速度运动，当然也就是以相同的加速度运动。

所以，在这三个现象中，不同材料大小的两个物体都会以相同的加速度运动。这样一来，牛顿再根据他的牛顿第二定律就得出：

$$F_{\mathrm{N}}=\frac{\Delta p}{\Delta T}=M\frac{\Delta v}{\Delta T}=Ma\Rightarrow\frac{F_{\mathrm{N1}}}{F_{\mathrm{N2}}}=\frac{M_1}{M_2}\Rightarrow F_{\mathrm{N}}\propto M$$

---

❶❷　牛顿著，《自然哲学之数学原理》，北京大学出版社，2006：267，265。

牛顿用此三个现象说明这个结论在地面上、在月亮所在的天空处、在木星所在的天空处都是成立的，即一个物体在这些位置的重量都与该物体的质量是成正比的。所以牛顿认为这个结论是普遍成立的。

这样一来，牛顿就可以在定理 6 的基础上证明定理 7 了，这个证明主要基于牛顿第三定律。具体证明过程是这样的：比如考虑太阳与地球之间的引力，把太阳看成是由无数个微粒组成的，对于地球而言，太阳其中每一颗小微粒相对于地球的重量正好满足定理 6 的情况。所以每一颗小微粒相对于地球的重量正比于该小微粒的质量。那么所有这些小微粒相对于地球的重量之和，就正比于所有这些小微粒的质量之和，即太阳相对于地球的重量正比于太阳的质量 M_{sun}，$F_{\mathrm{SunToEarth}} \propto M_{\mathrm{sun}}$。那么，以同样的思路也可以反过来推导出：地球相对于太阳的重量正比于地球的质量 M_{earth}，$F_{\mathrm{EarthToSun}} \propto M_{\mathrm{earth}}$。再根据牛顿第三定律，这两个引力是相等的，所以这个重量就同时正比于太阳和地球的质量，即：

$$F_{\mathrm{N}} \propto M_{\mathrm{sum}} M_{\mathrm{earth}}$$

这就是牛顿在《自然哲学之数学原理》中对万有引力定律的大致表述。所以，将定理 7 和定理 8 结合在一起就有了我们所熟悉的结论，即：

$$F_{\mathrm{N}} \propto \frac{M_1 M_2}{R^2}$$

值得注意的是：牛顿只是将这个结论作为一个推论，即一个从牛顿所选择的三大定律推导出的一个推论。牛顿当初之所以挑选出三大定律，其主要目的就是为了严格推导出这个推论。但是随着牛顿力学的辉煌成功，人们逐渐认识到，这个结论也是一个独立的基础性结论。也就是说，这个结论开始上升为与三大定律具有同等基础性的结论，即这个结论也成为了一条定律，后来被称为牛顿的万有引力定律。

在一百多年之后，卡文迪许（1731—1810）才通过扭秤确定了其中比例系数的大小。从此之后，万有引力定律才成为了今天大家熟悉的数学表述方式，即：

$$F_{\mathrm{N}} = G \frac{M_1 M_2}{R^2}$$

5.3 牛顿力学的发展——另外一条数学化道路

上面讨论了牛顿的三大定律＋万有引力定律是如何将笛卡儿的“想象的世界”彻底数学化的。不过，与牛顿同时代的人，却对这个数学化过程提出了不同意见，其中代表人物就是惠更斯和莱布尼茨。他们之间的分歧主要是在研究笛卡儿理论中的碰撞问题时产生的。在前文谈到，笛卡儿提出过一个重要的结论，那就是：

“两个物体碰撞之后，运动的总量是保持不变的。”

笛卡儿将这个结论作为他的第三定律。但要论证此结论是否成立，就需要先回答运动的量——即运动的多少该如何计算的问题，也就是运动的多少的数学化问题。笛卡儿的答案是运动的多少等于质量乘以速率。但是，人们很快就发现采用笛卡儿的这种计算方式，“运动的总量是保持不变的”这一结论并不总是成立的。这个问题成为了笛卡儿理论的一个重要遗留问题，它被称为碰撞问题。那个时代的人们纷纷开始攻克这个科研难题，甚至有人出重金悬赏来找问题的答案。

在第 2 章谈到过，牛顿在躲避瘟疫期间也对此问题研究过，并找到了正确答案（也正是在此问题研究过程中，牛顿得到了他的第三定律）。牛顿的答案就是：运动的多少还需要包含速度的方向。

如果采用牛顿对运动的多少的这个定义（即牛顿定义的动量），笛卡儿的第三定律就表述为：两个物体碰撞之后，动量之和保持不变。人们后来发现这个结论有很广泛的普遍性，因而把此结论也上升为定律，它就是今天大家熟悉的动量守恒定律。

惠更斯也深入研究过这个问题，并赢得了那个悬赏奖金。惠更斯只研究了同一条直线上运动的两个物体的碰撞问题。惠更斯的结论是：运动的量即运动的多少需要包含速度的方向。不过由于惠更斯只研究了在同一条直线上运动的碰撞，所以速度的方向只有左右两个方向。尽管惠更斯的这个结论只是牛顿结论的一种特殊情况（实际上，牛顿当时是在惠更斯研究成果的基础之上进行了扩展研究，从而得到了他自己的答案），但是在推导这个结论过程中，惠更斯采用无比高超的技巧推导出了一个中间结论，那就是：质量乘以速率的平方（Mv^2）——这个量在两个物体碰撞前后也是保持不变的[❶]。由于受到笛卡儿答案的影响，惠更斯并没有意识到这个数学公式的重要性。

莱布尼茨继承了惠更斯的这些研究成果之后，发现这个数学公式（Mv^2）才应该是笛卡儿所谓运动的多少的正确定义。莱布尼茨在 1686 年发表的《简论笛卡儿和其他人关于一条自然定律的重大失误》[❷] 中论述了这个观点。所以关于运动的多少到底应该如何数学化的问题，牛顿和莱布尼茨几乎在同一时间给出了各自的答案。牛顿将他自己的答案称为动量，而莱布尼茨将他的答案 Mv^2 称为“vis viva（活力）”。

在之后长达一百多年的时间里，大家一直在争论到底是动量（$p^X=Mv^X$，$p^Y=Mv^Y$，$p^Z=Mv^Z$）还是活力（Mv^2）是运动的多少的正确定义，双方都没有在争论中取得压倒性胜利，最后大家不得不相互妥协，终于认识到这两者都是运动的多少的正确定义，它们只是从不同的侧面角度来刻画运动而已。也就是说：Mv^2 也是运动的多少的数学化结果。这是一个非常重要的事件，因为它暗示着对运动的度量并没有看上去那么简单（第 22 章还会回到这个问题上来）。

到了 1807 年，托马斯·杨把 Mv^2 称为能量（energy）。不久之后，科里奥利开始研究力产生的作用效果的计算问题。科里奥利给出的结论是力产生的作用效果等于力乘以距离。并且科里奥利发现：$Mv^2/2$ 的改变量正好等于力产生的作用效果。科里奥利因此建议将 Mv^2 修改为 $Mv^2/2$。在 1829 年发表的《论运动产生的效果的计算》中，科里奥利表述了这些观点。$Mv^2/2$ 后来就被称为动能（kinetic energy），用字母 E_k 表示；力产生的作用效果被称为功（work），用字母 W 表示。即：

$$E_k=\frac{1}{2}Mv^2,\ W=F\Delta h$$

有了这些新概念之后，科里奥利的发现就可以被表述为：动能的改变量等于力产生的功，即：

---

❶ 沈贤勇. 惠更斯在动量概念形成过程中的贡献. 浙江树人大学学报（自然科学版），2017（2）。

❷ 这篇文章的题目非常长，全名为《简论笛卡儿和其他人关于一条自然定律的重大失误，根据这条定律，上帝被说成始终保持同样的运动量，而他们在力学中却滥用了这条定律》，参见《莱布尼茨自然哲学文集》，商务印书馆，2018：103-115。

$$W=\Delta E_{k}$$

后来人们发现这个结论也具有非常广泛的普遍性，把这个结论称为动能定理。

如果采用动能的定义，笛卡儿的第三定律，即“两个物体碰撞之后，运动的总量是保持不变的”就被表述为：两个物体碰撞之后，动能之和保持不变。但是这个结论并不具有普遍性。比如将一个物体抛向空中的过程，物体的动能在上升过程中是不断减少的，也就是说动能不是守恒的。根据前面刚刚提到的动能定理，在这个运动过程中，重力所做的功以相同数量在增加。所以在这个运动过程中，动能和功的总和仍然是保持不变的。但是功并不是一种能量，所以动能和功的总和不能称为能量守恒。

不久之后，兰金（W. J. M. Rankine）在 1853 年提出，上升物体的动能不是消失了，而是存储起来了。这些存储起来的能量被称为势能（potential energy）❶，采用字母 U 来表示。这样一来，在物体上抛运动过程中，物体的动能与这些存储起来能量的总和就是保持不变的，即：在物体上升过程中，物体的动能＋势能是保持不变的。后来的人们发现这个结论也具有普遍性，这个结论也慢慢地上升为定律，它就是今天大家熟悉的能量守恒定律。实际上，早在 1847 年亥姆霍兹的著作《论力的守恒》已经标志着这些思想的成熟。

不过，对于兰金提出的存储起来的能量，还有很多疑问没有得到解决，比如：这种能量到底存储在哪里呢？那个时代的人们当然无法回答这个问题（第 18 章将会讨论势能到底存储在什么地方）。但是到了 19 世纪，人们已经不再被此类问题所困扰，因为大家已经不再受牛顿时代的那种思想的束缚。对于势能，人们无法解释势能到底存储在哪里，但因为大家很容易就能给出势能的数学表述，所以对于势能到底存储在哪里，就像引力为什么会产生一样，可以先不用考虑（在后面章节将会看到，这两个问题之所以都难以回答，是因为它们本质上是同一个问题）。

其实人们早就得到势能的数学描述方法，即与引力相关的势能公式：

$$U=-W=-G\frac{M_1M_2}{R}$$

不过在此之前，这个公式被称为“位势”。它是一个纯数学概念，早在 18 世纪下半叶就已经被伯努利发展出来了。所以从莱布尼茨开始到兰金为止，在长达一个半世纪里，人们找到了将笛卡儿“想象的世界”数学化的第二条路径：

运动的多少被数学化为动能 E_k；利用动能定理，推动作用的多少被数学化为功 W；引力被数学化为引力势能 $U=-G\frac{M_1M_2}{R}$。

可以看到：在第二条数学化路径中，推动作用的多少是由功来度量的。

5.4 经典力学——多条数学化道路

就这样到了 19 世纪，经过无数代人的努力，笛卡儿的“想象的世界”已经有两条数学化道路。牛顿自己完成了第一条数学化道路。在从惠更斯开始的无数巨匠不断努力下，第二条数学化道路也已经被建立起来。这两条道路对比如下：

① 牛顿的数学化路径是：运动的多少被数学化为动量 p；利用牛顿第二定律，推动作

---

❶ 兰金在 1853 年发表了论文“On the General Law of Transformation of Energy”，提出了势能（potential energy）这个术语。

用的多少被数学化为冲量 I；引力被数学化为引力公式 $F_N=G\frac{M_1M_2}{R^2}$。

② 第二条数学化路径是：运动的多少被数学化为动能 E_k；利用动能定理，推动作用的多少被数学化为功 W；引力被数学化为引力势能公式 $U=-G\frac{M_1M_2}{R}$。

不过，通过计算能证明这两条路径之间是等价的。它们只是从不同的侧面、角度，对运动的多少和推动作用的多少以及引力进行刻画描述而已。

当然，这里只是谈到了笛卡儿的"想象的世界"被数学化过程中最核心的结论。十分严谨而又全面完整的数学化是在伯努利（1700—1782，《流体力学》）、欧拉（1707—1783，《刚体力学》）、达朗贝尔（1717—1783，《动力学》）、拉格朗日（1736—1813，《分析力学》）、拉普拉斯（1749—1827，《天体力学》）、高斯（1777—1855）、哈密顿（1805—1865，《论动力学的普遍方法》）等一大批数学家的努力下完成的。不仅如此，更为重要的是，这些数学家在这个完善过程中，还找到了将笛卡儿的"想象的世界"数学化的第三条路径。那就是由欧拉和拉格朗日开创，再由哈密顿完善的分析力学。这条数学化路径与上面提到的两条路径并不是并列的，而是一条更为底层的数学化路径。因为这条路径蕴含着更为深刻和丰富的物理学思想，并且这条路径还可以适用于量子力学，而前面两条路径却不行。由于本书的主题没有采用第三条数学化路径来叙述，所以这里不再对此做更深入的讨论。

本章小结

到了 19 世纪初，牛顿力学已经被完善成为人类有史以来最为严谨而又完整的理论体系。而笛卡儿的"想象的世界"被数学化的这三种方案一起被称为经典力学。到了这个时候，笛卡儿和牛顿的机械世界观已经成为一种新的主导思想。就像在中世纪只有采用亚里士多德的理论去解释自然现象才被认为是真正的自然哲学一样，现在也只有采用机械世界观和牛顿力学去解释自然现象才被认为是真正的物理学。它们成为一种新的权威，或者按照科恩的说法，物理学已经完成了一场巨大的范式转换。在这些新思想熏陶下教育长大的孩子们，已经天然地认为：解释研究自然现象的方式就是这种机械世界观和牛顿力学，并且只有采用这种方式才是正确的。他们无论遇到什么样的自然现象，需要做的事情就是寻找和建立相关的力学模型去解释这些自然现象。而大家实际上也正是这样去做的。他们为光学、电学、磁学都建立了相关的力学模型，后面我们将会详细讨论这些力学模型。

在这些新思想熏陶下教育长大的孩子们就包括库仑（1736—1806）、安培（1775—1836）、欧姆（1789—1854）、法拉第（1791—1867）、纽曼（F. E. Neumann 1798—1895）、韦伯（W. E. Weber 1804—1891）、麦克斯韦（1831—1879）、亥姆霍兹（1821—1894）、开尔文（1824—1807）、基尔霍夫（1824—1887）、赫兹（1857—1894）等人。可是当采用机械世界观和牛顿力学去给光学、电学和磁学建立相关的力学模型，从而解释这些现象时，他们开始发现，这些力学模型不再像以前解释天体运动的那些力学模型那么完美了。这些力学模型总是存在各种各样的漏洞，有些漏洞甚至无法弥补。力学模型所面临的问题开始变得越来越多，越来越难以处理。另外，达尔文的进化论也让人们看到，世界还可以有另外一种运行方式。按这种方式运行的世界被称为"有机世界"，而不再是像笛卡儿的"想象的世界"那样运行了。

这些困难在 19 世纪下半叶已经像瘟疫一样蔓延开了。但即使是这样，也只有少数人重新开始怀疑机械世界观和牛顿力学在根基上也许就存在问题。这些少数人开始反思和批判牛顿力学的“大厦”，其中最具有代表性的早期人物就是马赫（1838—1916）和庞加莱（1854—1912）。

第 6 章先来谈论马赫和庞加莱的反思和批判，然后再来谈论当人们采用牛顿力学去解释说明电磁现象时，牛顿力学所暴露的那些无法战胜的困难。

第6章 哲学思想的巨大转变——马赫和庞加莱的批判

到底采用什么方式去认识世界和大自然，我们得到的知识才是真实可靠的呢？自古希腊以来，已经有无数的哲学家思考过这个问题，产生了大量宝贵的思想。这些思想一直在背后影响和指导着我们每个人去思考问题。

正如在第3章讨论数学对象是否真实存在时所谈到过的，假如面对一堆长条形状的物体，其中有木棍、铁棍、长条石头等。柏拉图主义者认为，它们只是一堆直线段，或者说直线段才是第一性的，是完全相同的、没有任何区别的。这些长条形状的木棍、铁棍、长条石头等物体只是直线段的实现者，是由直线段生成的。柏拉图主义者认为直线段是真实存在的，所以我们研究的对象应该是这些直线段这样的几何对象。这种对象被柏拉图称为理型(Form)。亚里士多德主义者则认为，木棍、铁棍、长条石头的具体材质、长短、粗细、形状等这些可被感知到的属性才是第一性的，它们才是真实的存在。所以木棍、铁棍、长条石头之间是有区别的，并不是同一个对象，而直线段只不过是在这些物体上的一种抽象。所以我们研究的对象应该是木棍、铁棍、长条石头这些具体实在的对象，而不是直线段这样的几何对象。亚里士多德反对像几何学家那样研究自然现象，认为几何学家研究的只是一些抽象对象（比如直线段），而不是真实的物理世界。这两种思想的对抗与综合贯穿了整个物理学历史，它们在不同历史时期都发挥了至关重要的作用。不过到了现代，第一种观点演化成了理性主义，第二种观点演化成了经验主义。经过长期的对抗与综合，到了20世纪20年代，它们结合在一起形成了逻辑实证主义。

6.1 理性主义与经验主义

如果采用直线段与一堆长条形状的物体作为例子，当我们问直线段这个数学对象是真实存在的吗，你可能感觉很容易就区别出柏拉图主义和亚里士多德主义两种思想之间的不同。但是如果我们问："桌子这个对象是真实存在的吗？"你就很难区分出这两种思想之间的差别了。罗素在《哲学问题》的开篇就以桌子为例子阐述了这种差别。桌子这个概念对象，就像直线段（直线段是完美的直、完美的细）一样，是一个无比完美的对象。在现实世界中，根本无法找到一个具体的物体，正好丝毫不差地与桌子这个完美对象吻合。这就像在现实世界中，也根本无法找到一个具体的物体正好能够与直线段完全吻合一样。如果坚持认为桌子这个概念对象是真实存在的，因为我们通过理性思考，的确能够清晰明白地把握到桌子这个概念的存在——这种思想就称为理性主义或唯理论。笛卡儿正是这种思想在现代的开创者。如果坚持认为桌子只不过是一个名称而已，不是真实存在的，真实存在的对象应该是被我们用桌子这个名称称呼的、一个个具体的、被感知到的物质对象，因为我们是通过感知系统，清晰明白地感知到它们的存在——这种思想就称为经验主义或经验论（在中世纪也被称为唯名论）。

理性主义与经验主义之间是长期充满对抗的。理性主义可以让我们在概念的基础上，再通过判断、推理进行逻辑推理的思考，从而达到更深入的知识领域。理性主义指责经验主义无法做到这点，认为经验主义只会获取一堆材料，无法抵达材料背后的本质；经验主义指责理性主义通过逻辑推理，常常会推导出一些虚幻缥缈的结论，根本就没有真实的物质基础来支撑这些结论。经验主义把这种结论称为先验的结论，形而上学的结论。

正如在前几章谈到过的，从古希腊时期到中世纪，亚里士多德的思想在物理学中一直占据主导。到了 17 世纪，正是笛卡儿的理性主义战胜了亚里士多德的理论体系，才扭转了这一思想传统，从而扫清了自然哲学被数学化的思想障碍[1]，最后诞生了牛顿力学。所以，牛顿力学体系中携带有大量理性主义思想的深层次影响，比如质量、绝对空间、绝对时间、力等对象。就在笛卡儿的理性主义影响人们思想的时候，与笛卡儿（1596—1650）同时代的另外一个重量级人物，也几乎同时开始主张经验主义的思想，这个重量级人物就是弗兰西斯·培根（1561—1626）。

6.2 弗兰西斯·培根与实验

面对亚里士多德理论体系的崩塌，和笛卡儿一样，培根不想再对它进行修复了，而是选择重建，并且和笛卡儿一样也是从方法论上进行重建。在 1620 年出版的《新工具》一书中，培根明确反对亚里士多德在《工具论》中提出的那种逻辑推理的方法。因为和笛卡儿一样，培根也厌倦了被经院哲学教条化了的逻辑推理。培根认为这种逻辑推理根本无法带给我们可靠的知识，所以这种方法应该被抛弃。培根取而代之的方法就是实验。培根认为，只有通过具体实验，然后采用科学的归纳方法，进而得出的知识才是可靠的[2]（而笛卡儿认为，只有通过理性去把握得出最简单和最容易的概念，然后在这些概念的基础上，像欧几里得几何那样通过严格的逻辑推导得出的知识才是可靠的）。所以弗兰西斯·培根也常常被认为是实验科学的开创者。

笛卡儿的理性主义在 17 世纪就有很多的追随者，比如伽桑狄、惠更斯、斯宾诺莎、莱布尼茨、牛顿等人。其中斯宾诺莎是极端的理性主义者，他甚至完全按照欧几里得《几何原本》的风格来写哲学著作（牛顿也是采用这种风格写出了《自然哲学之数学原理》）。斯宾诺莎甚至认为凡是通过理性能理解的对象，在现实世界中都可以找到。正是在这些人的努力下，物理学在 17 世纪被数学化了，产生了我们今天所谓的现代科学的革命。斯宾诺莎对爱因斯坦影响很大[3]，爱因斯坦经常说他信仰的是“斯宾诺莎的上帝”。

弗兰西斯·培根也有很多追随者，比如托里拆利、帕斯卡、玻意耳、胡克等人，他们都非常重视实验。不过这些人所取得的成就都被牛顿盖过了，从而容易让人忽略掉弗兰西斯·培根所开创这套方法其实也是 17 世纪现代科学革命的一部分。弗兰西斯·培根的思想真正发挥威力要等到 18、19 世纪，比如在化学、生物学、进化论等领域取得成就。当然这两派之间并不是完全隔绝的，比如惠更斯、牛顿也会做大量的实验，但是这两派对实验的态度是

---

[1] 因为理性主义认为，数学对象就是能被理性清晰明白地把握到的对象，所以它是真实的，可以作为研究对象。

[2] 《新工具》第一句话就写道：“人作为自然界的臣仆和解释者，他所能做、所能懂的只是他在事实中和思想中对自然所观察到的那么多，也仅仅只有那么多，……”培根著，《新工具》，商务印书馆，1984：7-8。

[3] 爱因斯坦很早就读过斯宾诺莎的《伦理学》，并且后来还反复阅读该书。参见《爱因斯坦全集：第二卷》，湖南科学出版社，2009：19。《爱因斯坦全集：第八卷上》，湖南科学出版社，2009：169。

不一样的。对于笛卡儿的追随者来说，实验只是验证知识的手段。而对于培根的追随者来说，实验是获取知识的手段，而且是唯一可靠的手段。

6.3 经验主义影响的扩大——从休谟到康德

在弗兰西斯·培根之后，约翰·洛克（1632—1707）继续完善和发展着经验主义。1693年出版的《人类理解论》阐述了洛克关于人类应该如何认识世界的看法。乔治·贝克莱[1]（G. Berkeley，1685—1753）也是早期经验主义的重要代表，贝克莱对牛顿的绝对空间是强烈反对的。

把经验主义推向高峰的是大卫·休谟（1711—1776）。在18世纪，弗兰西斯·培根开创的实验科学方法取得了更多的成果，这让经验主义更为快速地向前发展。在这样的背景下，休谟在1737年出版了《人性论》（爱因斯坦在青年时候阅读过此书，并称深受其影响[2]），在1748年出版了《人类理解研究》。这两部关于人类应该如何认识世界的著作把经验主义推向了极端，几乎成为了彻底的怀疑主义（一部分人是这样认为的）。大卫·休谟的观点更为彻底，走得到更远，比如休谟认为因果关系这个概念对象，就像桌子这个概念对象一样，也不是真实存在的。因果关系指的是：如果一件事情总是在另外一件事情之后发生，那么前一件事情就称为因，后一件事情就称为果。在此之前，几乎没有人怀疑过这一点，因为千百年来，我们正是基于这一根基去寻找事物背后原因的。莱布尼茨甚至提出过"充足理由律"，即认为任何事情都是有原因的。

但是休谟认为：正如在现实世界中，我们根本无法找到一个具体的物体，正好丝毫不差地与桌子这个完美对象吻合，同样，在现实世界中，我们也找不到两个事情的先后发生顺序，正好丝毫不差地与因果关系这个完美关系（完美性体现在需要在无数次重复中，两个事情都会这样先后发生）吻合。所以因果关系也不是真实存在的，真实存在的内容只是：我们感知到这两个事情在先后发生了。所谓的因果关系只不过是重复次数多了之后，在心理上产生的一种习惯而已。

休谟的这个观点在当时的思想界引起了强烈的地震。因为否定因果关系，意味着我们之前所建立的一切知识理论的根基都是不可靠的（因为这些理论都是建立在因果关系之上的）。没有比因果关系更底层的概念了。笛卡儿开创的理性主义受到最彻底的质疑。休谟认为通过理性主义获得的知识当中，除了数学知识之外，其余知识都是不可靠的，都不是真实存在的。休谟在《人类理解研究》中说过的最著名的一段话：

"如果我们相信这些原则，当我们在各个图书馆浏览时，会造成什么样的破坏呢？拿起任何一本书……我们都可以问：它包含关于数和量方面的任何抽象推理吗？它包含关于事实和存在的任何经验推理吗？如果都没有，那么就把它扔进火里，因为它所能包含的内容没有别的，只有诡辩和幻想。"

尽管休谟的确太过于极端，但休谟还是将理性主义者从"睡梦"中唤醒了。因为休谟开始让人们警觉：在我们理性中，那些看上去显而易见、不证自明的观念（即使是像因果关系

---

[1] 加州大学伯克利分校，正是为纪念他而命名的。

[2] 爱因斯坦在信中写道："十分可能的是，如果没有阅读这些哲学著作（包含休谟的著作），我是不可能想到这个解决方法的（指相对论）。"参见《爱因斯坦全集：第八卷上》，湖南科技出版社，2009：222。《爱因斯坦全集：第二卷》，湖南科技出版社，2009：19。

这样的观念）也可能是靠不住的，也是需要进行批判的。休谟的思想深深地影响了后来的人，而其中最重要的一个人就是康德（1724—1804）。

在休谟的影响下，康德开始对理性进行更加严格的批判。康德仔细地反思了笛卡儿开启的理性主义。也就是去反思，在我们理性中，到底哪部分知识是不用怀疑的，是足够可靠的。康德将反思的结果写成了旷世巨著——1781 年出版的《纯粹理性批判》[1]、1788 年出版的《实践理性批判》、1790 年出版的《判断力批判》。

康德没有休谟那样极端，康德反思之后的结论为：用笛卡儿的理性主义获取的知识中，有一部分是不用怀疑的，而另外一部分是要靠实践的（即经验的）。其中不用怀疑的部分除了休谟所认为的数学知识之外，还包括时间和空间，以及因果性、必然性、可能性等 12 个概念对象。这些概念对象是真实存在的，康德将这部分知识称为“先天（先验）综合判断”，即这 12 个概念对象是先验的，也就是说不需要借助实践，仅仅通过纯粹的理性就能得到；而剩下的那些通过理性得到的知识只是一种独断、武断，从而需要借助于实践才能判断是否可靠。

所以，康德实际上是调和了理性主义与经验主义。《纯粹理性批判》是一部极其严谨的论证著作，这种严谨使人们相信：只靠纯粹理性，我们的确会产生一些不可靠的武断结论。后人评价康德说他把柏拉图（理性主义者）从奥林匹斯山上拉下来了[2]。理性主义的权威受到严重打击，这种颠覆式的结论让西方现代哲学进入另外一个新的阶段。接下来的哲学家没有人能绕过康德，在他们的著作中已经充斥着大量康德提出来的术语，比如“先天综合判断”“先天分析判断”。

在康德的影响下，其它知识领域也先后开始了这种类似的批判。他们争相效仿康德，也试图要把各自领域内只靠纯粹理性而得到的武断结论找出来，加以批判。牛顿力学——作为笛卡儿理性主义思想的产物——也慢慢开始受到类似的反思和批判。另外，到了 19 世纪，实验科学方法所取得的成就已经开始和牛顿力学媲美，比如拉瓦锡（1743—1794）、道尔顿（1766—1844）发展出来的化学；孟德尔（1822—1884）的遗传学；特别是达尔文（1809—1882）的《物种起源》直接冲击了笛卡儿和牛顿的机械世界观。在这样大的时代背景下，对牛顿力学的反思和批判开始陆续出现，其中最著名和最有影响力的批判来自马赫（爱因斯坦声称马赫对他影响最大），当然还有后来的庞加莱。

6.4 马赫的批判

马赫早在 1862 年就发表了演讲“历史发展中的力学原理和机械论者的物理学”，在 1872 年出版了《能量守恒原理的历史和根源》，在 1883 年出版了《力学及其发展的批判历史概论》（爱因斯坦在青年时候阅读过此书，同样深受其影响[3]）。其中《力学及其发展的批判历史概论》中的批判又最为著名。马赫的批判是在休谟和康德的指导思想下展开的，即要把笛卡儿和牛顿当初仅仅凭借纯粹理性而得到的概念拿出来批判一番，仔细审核其中哪些概

[1] 爱因斯坦还是少年时候，寄宿在他家的医科大学生就向他介绍了康德的书。参见：亚伯拉罕·派斯著，《爱因斯坦传 上册》，商务印书馆，2017：56。但十分怀疑只有十几岁的爱因斯坦对这些精深的哲学著作理解了多少，或许爱因斯坦长大后还继续研读过。

[2] 爱因斯坦模仿过这句话的句式来评价过马赫对牛顿力学的批判。

[3] 《爱因斯坦全集：第二卷》，湖南科技出版社，2009：19。

念只是一种武断结论，不是真实存在的。审核所采用的判断依据借助了经验主义的思想，那就是：如果一个概念不能通过有限的实验操作步骤测量出来，那么这个概念就应该被从物理学中踢出去。或者采用粗暴的语言来翻译马赫的思想就是：只要是可以被测量出来的对象就是真实存在的，而不能被测量出来的对象就是不存在的，就只是一个形而上学的对象而已。这种经验主义被称为实证主义，它早在 19 世纪 30 年代就已经被孔德（1798—1857）等人所倡导。所以，马赫批判所需的哲学思想基础已经足够了。

马赫的野心是：要把牛顿力学中那些武断的概念全部踢出去，从而得到一个新的力学理论。在这个新的力学理论中，所有概念对象都是可以从有限的实验操作步骤中测量出来的（很有当年笛卡儿那一代人反亚里士多德的气势）。就这样，马赫从牛顿《自然哲学之数学原理》的第一句开始了他的批判。

6.4.1　对质量的批判

马赫认为牛顿的第一句话，也就是关于质量的定义就非常值得批判。牛顿对质量的定义是“质量是对物质（的多少）的度量，它由密度和体积共同求出”。在理性主义者看来，“质量是对物质（的多少）的度量”已经是一个无比清晰的概念，那么这个定义所说“质量”当然就是真实存在的一个对象，因为我们通过理性可以非常清晰明白地把握住它，这正是笛卡儿当初的主张。

但马赫批判道：根据牛顿的定义，我们根本无法通过有限的实验操作步骤测量出一个物体的质量。马赫的理由是：如果想测量出质量，就需要先测量出密度。而要测量出其密度，又需要先测量出质量（在第 5 章提到过，马赫把牛顿的“密度”理解成质量密度了[1]，而牛顿的本意是指稀密程度）。所以马赫认为牛顿关于质量的这个定义方式需要被踢出物理学。

马赫对质量的定义提出了他自己的替换方案。马赫考虑两个物体之间发生了相互作用（比如碰撞或引力等作用）。在这个相互作用下，此两个物体各自产生一个加速运动（见图 6-1）。

物体之间的相互作用现象是可以通过实验操作得到的；物体产生的加速度也是可以通过实验操作测量出的，所以，在这些实际具体的实验操作的基础上，质量可以定义为[2]：

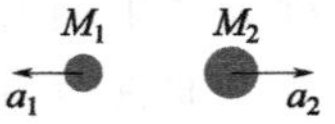

图 6-1　相对质量的定义

$$\frac{M_1}{M_2}=-\frac{a_2}{a_1}$$

这个定义就非常符合马赫的思想，因为此定义给出的质量就是能够通过有限的实验操作步骤测量出来的。

不过，马赫的这个定义已经使用了牛顿的三大定律。但马赫现在还没有对三大定律进行批判，因此这三大定律还不能被使用。为此，马赫把两个物体之间相互作用之后会出现的这些现象本身作为一个从实验得出来的实验命题。马赫将这个实验命题作为他的新力学理论的第一块基石。所以，马赫对牛顿力学的第一句批判之后得到的结论是[3]：

“实验命题：相互对置的物体在实验物理学的详细说明下，它们在连线的方向上引起相反的加速度。惯性定律已经包含在这个命题中。

定义：发生相互作用的两个物体的质量之比等于这些物体相互引起的加速度的负反比。”

---

[1][2][3] 马赫著，《力学及其发展的批判历史概论》，商务印书馆，2014：268-271，300，302。

马赫完美地贯彻了他的指导思想，他的新力学理论是完全严格从具体的实验现象出发的（即实验命题）。这种推导方式与牛顿的《自然哲学之数学原理》有着本质的区别，牛顿是从牛顿第一定律即惯性定律开始推导的。惯性定律不是一个具体的现象，而是一个抽象的结论。马赫的这种转变深深地影响了后来的爱因斯坦，第 11 章将会谈道：爱因斯坦正是完全模仿了马赫的这种做法，采用具体的实验现象对时间重新进行了定义，并且狭义相对论的整个创立过程始终贯穿着这种做法。

通过这个批判，马赫的这个新力学理论已经存在一个重要的结论：质量是相对的❶。因为采用马赫的这个定义，我们只能得到一个物体相对于其它物体的相对质量，无法得到它的绝对质量。

6.4.2 对力的批判

马赫认为牛顿的第二句话“运动的量是对运动（的多少）的度量，可由速度和质量共同求出”，即关于动量的定义是没有问题的。因为质量的定义已经通过上面的批判解决了，而速度当然是可通过实验操作测量出的，所以，根据牛顿这个定义，动量是可以通过有限的实验操作步骤测量出的。这样，动量的概念经受住了批判。

但牛顿接下来关于力的定义，马赫认为它们就非常值得批判。牛顿对惯性力、外力、向心力、绝对的向心力、加速度的向心力、运动的向心力❷都分别进行了定义。比如牛顿定义外力是施加在物体上改变或倾向于改变它的静止状态或匀速直线运动状态的任何作用，而马赫认为根据这个定义我们无法通过有限的实验操作步骤测量出一个力。

马赫对力定义提出的替换方案是：

“力就是物体的质量与其加速度的乘积。”❸ 即：$F=Ma$

由于质量的定义已经通过上面的批判解决了，加速度当然可以通过实验测量出来。所以根据马赫的定义，力当然就可以通过实验操作测量出来。牛顿第二定律在马赫这里变成了力的定义，而不再是一个定律。而大家在中学教科书中熟悉的公式 $F=Ma$ 也正是从马赫这里来的。为了后面便于区分，我们把马赫定义的这个力称为“马赫力”，把牛顿定义的那个力称为“牛顿力”。

非常值得注意的是，马赫对力定义的这种转变，在思想上带来了一个重要转变。那就是：只要物体存在加速度，该物体就被认为受到了力的作用。即使这个加速度是相对加速度，物体也可以被认为受到了力的作用。而牛顿并不是这样认为的，牛顿的结论是：只有当物体存在绝对加速度时，物体才会受到力的作用。

这个重要转变直接导致一个重要的结论产生，那就是：力也是相对的❹，即不同观测者看到的力是不同的。如图 6-2 所示，图中左右两边中间的实心方块都没有受到外界的作用，按照牛顿的观点，这两个方块都没有受到牛顿力的作用，因为他们相对牛顿的绝对空间都是

---

❶ 不过这种相对性与后面相对论中的相对性还是有本质的区别。这里是不同加速运动观测者之间的相对性，而相对论中的相对性是不同速度观测者之间的相对性，即使所有观测者都是匀速运动的。

❷ 采用今天的物理术语来说，牛顿的“运动的向心力”就是 Mv^2/R，它属于行星；“加速度的向心力”就是 v^2/R，它属于行星所在位置，它相当于是力场；“绝对的向心力”就是太阳对行星吸引作用产生的引力，它属于太阳。相关定义参见：牛顿著，《自然哲学之数学原理》，北京大学出版社，2006：3-4。

❸ 马赫著，《力学及其发展的批判历史概论》，商务印书馆，2014：302。今天中学教科书中的牛顿第二定律的公式正是起源于此。

❹ 同样，这种相对性只是不同加速运动观测者之间的相对性。

静止的。但是如果观测者是站在外部的方框上来进行实验操作测量的话。那么左边方框上的观测者发现里面的实心方块没有加速度，所以认为左边实心方块没有受到马赫力的作用；而右边方框上的观测者发现里面的实心方块存在加速度（是一个相对加速度），所以根据马赫的定义，该观测者认为右边实心方块受到马赫力的作用。

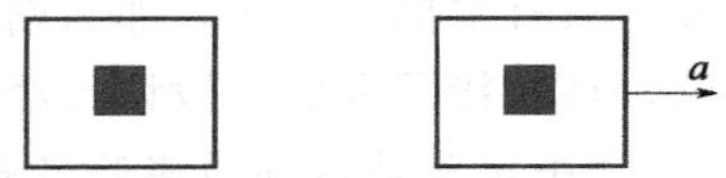

图 6-2　仅右边的方框在向右加速运动

但右边实心方块所受到的这个马赫力的施力者是谁呢？显然不存在，这正是牛顿无法接受的地方。牛顿通过绝对空间中的绝对加速度规避了这个问题，也就是要求只有绝对加速度才是有意义的。所以根据牛顿这个规避方法，牛顿力是绝对的，也就是说牛顿力产生就是产生了，没有产生就是没有产生。牛顿无法接受一个人说外力产生了，另外一个人却说没有产生外力，但是马赫完全扭转了这个思想。在马赫这里，这个力只要能被测量出来，它就是真实存在的，不管这个观测者到底是静止还是加速运动的，也不管这个力是否有施力者。

这两种思想分歧的根源在前面几章已经谈到过了。力本身只是个数学对象，因为力只是从运动效果这个侧面对相互作用进行数学描述而已，所以它的侧重点在运动效果上，而不包含任何有关相互作用机制的信息。绝对存在的物理对象是物体之间的相互作用，不管什么样的观测者来观测，这个相互作用都是存在的，即相互作用是绝对的。但是力——这个从运动效果上对相互作用进行描述的数学工具是可以相对存在的。牛顿实际上是混淆了这两者之间的这种区别，并且他还以此来论证绝对空间的存在。不过马赫没有混淆相互作用本身与描述它的数学工具——力。

所以可以明显地看到，面对这个同样的问题，马赫的思想已经完全不同了。马赫一点也不关心力的施力者到底是谁或产生机制是什么，马赫只关心这个力是否能够通过有限的实验操作步骤测量出来。只要这个力能被测量出来，马赫就认为他定义的力就是真实存在的。在马赫影响下，赫兹在 1894 年出版的《力学原理》中对力的概念也进行了强烈批判。

6.4.3　对绝对运动的批判

在第 3 章谈到过，牛顿在利用旋转水桶来论证绝对空间的存在的过程中采用了一个结论：只有绝对加速度才是有价值的，相对加速度没有价值，因为只有绝对加速度才与牛顿力相对应。但是现在有了马赫力，相对加速度也是有价值的，因为相对加速度可以与马赫力相对应。因此，马赫对牛顿旋转水桶中的绝对转动也进行了批判。马赫在著作中这样明确指出❶：

"……。宇宙的运动总是相同的，不管是托勒密的观点（笔者注：相对转动）还是哥白尼的观点（笔者注：绝对转动），……。宇宙不是随静止的地球和运动的地球两次给定的，而是随它们（笔者注：指地球与太阳）之间的相对运动仅仅一次给定的。……。实际上，力学理论可以这样来构造，相对转动也可以出现离心力。……。我们所有关于力学的知识都是关于相对位置和相对运动的知识。"

可以看到在马赫这里，只存在相对运动❷。利用马赫重新定义之后的力，我们的确只需要相对运动就足够了。比如将图 6-2 中的实心方块换成水，方框换成水桶，方框的直线加速运动换成旋转运动，那么相关的结论是完全一样的。现在按照马赫对力的定义，即使水不旋

---

❶ 马赫著，《力学及其发展的批判历史概论》，商务印书馆，2014：285。

❷ 当然，这个相对运动主要是指相对加速运动。相对匀速运动的相对性是狭义相对论的内容。

转，只有水桶在旋转，那么站在水桶上的观测者也认为水受到了马赫力的作用。关于这个结论，马赫接下来的一段话已经被无数人引用过无数次了❶：

“牛顿旋转水桶的实验只是告诉我们，水对桶壁的相对转动并不引起离心力，而这种离心力是由水对地球和其它天体的相对转动产生的，如果桶壁越来越厚，……，那时没有人能说出这实验的结果。……，请固定牛顿的水桶，转动恒星的星空，然后证明离心力的不存在吧。”

马赫写这段话是为了论证他的观点——相对转动也会出现离心力，目的是批判牛顿的绝对运动，从而支持他的相对运动。也就是论证如果一个观测者站到水桶壁上，随水桶壁一起转动，那么此观测者就能观测到水受到马赫力的作用。但他这段话很容易让人理解为：即使观测者站在水的旁边不动，只要用恒星组成的水桶壁旋转起来，这位观测者也会观测到水受到了力的作用。

而爱因斯坦就是这样理解的。爱因斯坦认为：当水桶壁越来越厚时，这些水桶壁对水的引力就越大，然后水受到的这个力正好就来自这些水桶壁旋转起来的引力，即使站在水旁边的观测者也能观测到水受到了这个力的作用。这种理解方式被爱因斯坦称为马赫原理。爱因斯坦的这个理解，在他探索他的引力方程过程中起到非常大的启发作用（第 18 章会详细讨论）。而且爱因斯坦的这个理解后来成为了多数人对马赫这段话的理解。

但是，爱因斯坦的这个理解实际上并不是马赫这段话的真实含义，马赫本人在晚年也声称这不是他本来的意思。总之，不管怎样，马赫已经认识到只需要相对加速度就足够了，而牛顿当初认为相对加速度没有价值的观点被马赫否定了。这样一来，牛顿的绝对空间也就没有了存在的必要。既然绝对空间不存在，那么在绝对空间上提出的惯性定律也需要修改。所以，马赫还对牛顿的绝对时间、绝对空间和惯性都进行了批判。这些批判是非常之深刻的，因为它已经动摇了整个牛顿力学的根基。也正因如此，马赫这本《力学及其发展的批判历史概论》才对后世产生了深远影响，成为了彪炳青史的思想巨著。

6.4.4 对绝对时间和绝对空间的批判

正如在第 3 章谈论过的，牛顿的绝对时间和绝对空间，是在世界上所有物质都被拿走之后，都仍然是存在着的。但是，如果世界上所有物质都被拿走了，我们又如何通过实验操作来测量它们的存在呢？如果世界上只存在一个物体，我们还能体验出时间来吗？我们对时间的测量和感知，都是通过物体的运动才能完成的，但是如果世界上只存在一个物体，我们就根本无法得到这个物体的运动。也就是说：至少需要存在两个物体，通过这两个物体之间的关联关系，才能测量和感知到运动，从而才能测量到时间。所以时间的测量是不能脱离物体而进行的。

但牛顿从前辈那里继承下来的观点则恰恰相反，认为时间是绝对存在的。也就是说，即使世界上不存在任何物体，时间也是存在的。那么牛顿这个绝对时间根本就是一个不可测量的对象（我们能测量的对象都是牛顿的相对时间）。根据马赫的指导思想，绝对时间就应该被踢出物理学。马赫在著作中下结论说道❷：

“这种绝对时间能够不借助于物体的运动而度量，因此，它既无实用价值，也无科学价值，没有人能理直气壮地说了解它，它是一个毫无根据的形而上学的概念。”

不知道当年爱因斯坦最初读到这段话时，这种深刻的思考结论对他的冲击力到底有多

---

❶❷ 马赫著，《力学及其发展的批判历史概论》，商务印书馆，2014：276、282、285。

大。对于绝对空间，马赫的论证方式也是一样的。绝对空间也根本无法通过实验操作步骤测量出来（我们能测量出来的空间都是牛顿的相对空间），所以它也应该被踢出物理学。马赫在著作中下结论说道❶：

“没有一个人有能力断定关于绝对空间和绝对时间的东西，它们都是纯粹的思维产物、纯粹的理智构造，它们不可能产生于经验之中。”

另外，上面已经谈到过，马赫通过批判已经得出结论：只需要相对加速度就足够了。那么绝对加速度成为不必要的概念，当然绝对空间也就成为不必要的概念了。所以从这个论证角度出发，牛顿的绝对空间也没有存在的必要了。

如果采用参考系的术语，这个论证角度可以翻译为：惯性参考系对应的就是绝对空间。牛顿的三大定律，特别是牛顿力的计算公式，只有在惯性参考系中才是成立的。但是，现在马赫力的计算公式在所有参考系中都是成立的。也就是说：所有参考系的地位是等同的，并不需要一个特殊的参考系——即惯性参考系，也就是绝对空间。

因此，所有参考系（即所有空间）之间的地位都是等同的。比如马赫已经清晰地意识到：在描述天体运动现象中，以地球为参考系还是以太阳为参考系，它们之间是等同的，即惯性参考系（太阳）与非惯性参考系（地球）之间是同等地位的。他在著作中谈道❷：

“……。宇宙的运动总是相同的，不管是托勒密的观点（笔者注：以地球为参考系）还是哥白尼的观点（笔者注：以太阳为参考系），这两种观点是同等正确的，只是后者更简单、更便于使用而已❸。……。因为像在每一个其它例子中一样。参考系恰恰是可以相对地确定的。……。我们所有关于力学原理的知识都是关于相对位置和相对运动的知识。”

所以，马赫已经有了一个非常重要的思想认识：力学理论不应该仅仅只能够建立在惯性参考系之上（牛顿的力学就是这样），而应该在所有参考系之上都能够建立。也就是说，存在一种新的力学理论，它适用于所有参考系❹。后面章节将会谈到，这个思想正是爱因斯坦的广义相对性原理。

但是牛顿的力学理论却不行，它只能在惯性参考系（即绝对空间）中才能使用。为什么牛顿当初非得这么做呢？马赫认为这是由于牛顿当初对惯性的理解还不够全面和彻底。所以马赫接下来又开始对牛顿的惯性概念展开批判，而这个批判结果产生了更加深刻的思想认识。

6.4.5 对惯性的批判

牛顿对惯性定律的表述是“（绝对空间中）每个物体都保持其静止或匀速直线运动的状态，除非有外力作用于它迫使其改变那个状态”。牛顿的这个表述只有在绝对空间中才是成立的。但是马赫通过上面的批判已经得出结论：所有参考系的地位都是相同的。那么现在的问题就是：在其它参考系中，还存在惯性定律吗？如果存在，那么在该参考系中，惯性会表现成什么样子呢？

首先，马赫厉害的地方在于，他已经意识到：在所有参考系中，都存在对应的惯性定律，只不过在其它非惯性参考系中，惯性运动不再表现为静止或匀速直线的运动，而是表现

---

❶❷ 马赫著，《力学及其发展的批判历史概论》，商务印书馆，2014：282，285。

❸ 这种思想后来被庞加莱发展成了约定主义。

❹ 第24章会对此详细讨论。

为其它运动方式。比如马赫在著作中这样写道❶：

“把它（惯性定律）还原到绝对空间不是必要的，因为就像所有其他事例一样，参考系都是相对地确定的，……。这个猜想在将来什么时候被认为是正确的，正确的程度有多少，当然现在还不知道。”

这种认识是一个无比重要的思想突破。后来将会谈到，正是这个思想突破让后来的人们重新认识到惯性与重性之间的内在联系。

其次，对于在其它参考系中，惯性到底会表现为什么样子的问题，马赫提出了一个非常前卫的观点：一个物体的惯性不仅仅由物体自身内在固有属性产生，而且还由该物体与周围物体之间的关联关系产生，甚至由该物体与宇宙全部物质之间的关联关系产生。在不同的参考系中，这个关联关系会发生变化，那么惯性也会随之发生变化。比如马赫在著作中写道❷：

“……。我们无法用实验来决定周围的物质对该物体的作用是基本的还是辅助的，那么就会发现，把运动看成是由这些物质决定的，也是暂时合适的。……”

“……。不考虑物体的运动与参考系之间的关系，而是要考虑物体的运动与宇宙所有物质之间的关系。……。仅仅在两个质量相互作用的例子中，忽略世界的其余物质也是不可能的。”

“我们已经尝试给惯性定律以不同于通常使用的表述（笔者注：即非惯性参考系中的惯性定律），只有足够数目的物体（笔者注：即物体周围的物质）明显地在空间中确定，这个表述将像通常的表述（笔者注：即惯性参考系中的惯性定律）完成一样的任务”。

下面举例来说明马赫的这个深刻洞察。假设整个空间只存在一个参考物和一个小球，那么小球有没有相对于该参考物运动，与该参考物的质量有关吗？也就是说用一个 1kg 物体作为参照物与用一个 10kg 物体作为参照物有区别吗？如果没有任何区别，那我们也可以反过来，让参考物减小到 0.1kg，这样对小球运动的确定也不会有任何影响。如果参考物继续减小，一直小到探测不到，也就是没有了（从实验操作层面来讲），那么就只有小球孤零零地在空间中，但是在这种情况下，小球的运动又是无法确定的。这样就出现了矛盾，所以对一个小球运动的确定，用一个 1kg 物体与 10kg 物体作为参照物是有区别的。也就是说，一个小球运动的确定是会受周围物质影响的，即小球的惯性是受周围物质影响的❸。

这个深刻洞察标志着马赫已经意识到：一个物体的惯性与周围物质是相关的。不过，至于它们之间到底是什么关系，马赫自己的回答是不清晰和含糊的。但是马赫的这个观点，同样给予过爱因斯坦启发与鼓励。在广义相对论的探索过程中，爱因斯坦得出的结论与马赫的这个观点正好一致，这极大地鼓励了爱因斯坦，给了他沿着开辟的新道路继续前行的信心（第 17、18 章将会详细讨论）。另外，马赫的这个观点也成为了爱因斯坦所称的马赫原理的一部分。

至于牛顿为什么非要选择静止或匀速直线运动作为惯性运动，而不选择其它运动方式作为惯性运动。马赫认为，这是由于笛卡儿的惯性运动能够让力学理论的数学计算变得更加方

---

❶❷ 马赫著，《力学及其发展的批判历史概论》，商务印书馆，2014：286、289，284、288-290。

❸ 后面将会谈到，在广义相对论中，这个结论是正确的。因为小球周围的物质会改变小球周围的时空，从而对小球的惯性运动产生影响。

便、更加简单[1]。马赫这样写道[2]：

“当牛顿审视伽利略发现的力学原理时，惯性定律可以让演绎推理变得简单而精确的巨大价值，不可能逃过牛顿的注意。……”

“……。不管是托勒密的观点（笔者注：以地球为参考系）还是哥白尼的观点（笔者注：以太阳为参考系），这两种观点是同等正确的，只是后者更简单、更便于使用而已。……”

总之，马赫已经得到一个重要思想认识：采用任何参考系作为出发点，力学理论都是可以建立起来的。而牛顿之所以采用绝对空间（即惯性参考系）作为出发点，来建立他的力学理论，没有什么本质的原因，仅仅是出于简单和方便而已，这只是一种约定。这个重要思想认识被之后的庞加莱进一步发展，推广到了欧式空间与非欧空间之间的选择，即庞加莱认为我们之所以选择欧式空间，而不选择非欧空间，也只是出于简单和方便而已（庞加莱的这个结论也是对的，即庞加莱已经具有时空 3+1 分解的思想了，第 11 章将会详细讨论）。

6.4.6　马赫批判的小结

马赫对牛顿力学中的质量、力、惯性、绝对运动、绝对时间、绝对空间等最根本概念都进行了批判。批判之后得到的思想认识是深刻而全面的，这些新的思想认识对其后来人产生了深远的影响。正如爱因斯坦评价马赫时说，马赫把那些先验的基本观念，一个一个从奥林匹斯山上拉下来，揭露出它们的世俗血统。很明显，爱因斯坦借用了别人评价康德的那句话的句式。这说明康德对爱因斯坦的确是有影响的，也表明了马赫的确是完成了康德那种方式的批判。

尽管马赫并没有更深入一步，发起对时间和空间概念的批判[3]，但马赫的指导思想已经为这种批判铺平了道路。这个思想就是：“如果一个概念不能通过有限的实验操作步骤测量出来，那么这个概念就应该被从物理学中踢出去。”而笛卡儿的理性主义的指导思想却是：只有从“那些最简单和最容易的概念”出发，然后通过严格的逻辑推理推导出的知识才是可靠的。就像当年笛卡儿的这个指导思想打破了亚里士多德理论体系遗留下来的思想禁锢，孕育出了整个牛顿力学一样，现在，马赫采用他的这个指导思想开始打破牛顿力学所产生的思想禁锢，或者说开始对笛卡儿的理性主义在当初被过度使用进行修正，孕育着下一批新物理学的诞生，它们就是相对论和量子力学。在孕育出牛顿力学的过程中，理性主义做出了巨大贡献，而这一次经验主义产生了巨大作用，具体情况如下。

马赫的这个指导思想后来被布里奇曼（1882—1962）在 20 世纪 20 年代称为操作主义。这种操作主义哲学思想很快就影响了庞加莱，庞加莱遵循这种操作主义思想对时间的概念进行了批判。并且根据这种操作主义思想，庞加莱还尝试对时间的同一时刻进行重新定义。这种操作主义思想当然也深深地影响了爱因斯坦。爱因斯坦也遵循这种操作主义思想，对时间的同一时刻给出了可操作性的定义，也正是这一关键性的重新定义开启了狭义相对论[4]。爱因斯坦狭义相对论的成功，让这种操作主义思想取得了更大范围的影响，深深影响了下一代人，比如操作主义后来影响到了海森堡。海森堡对原子中的空间位置和动量的概念进行了批判，然后对它们也给出可操作性的重新定义。在这些重新定义的空间位置和动量基础上，海

---

[1] 这是一个非常好的反例，为了追求数学上的简单，却暂时掩盖了背后的物理真相。

[2] 马赫著，《力学及其发展的批判历史概论》，商务印书馆，2014：285-286。

[3] 只是对绝对时间和绝对空间进行了批判，没有对时间和空间进行批判。

[4] 不过爱因斯坦在创立广义相对论的过程中，他又转回到理性主义了，后面章节会对此详细说明。

森堡创立了矩阵力学，也就是量子力学。所以，经验主义在狭义相对论和量子力学创立阶段发挥了至关重要的作用。

6.5 庞加莱的批判

就像笛卡儿当初开启了一次思想转向一样，马赫也开启了一次新的思想转向。在马赫的影响下，越来越多的人开始对牛顿力学展开批判，其中影响最大的批判者是庞加莱。庞加莱不仅继承了马赫的思想，也继承了马赫批判后得出的结论，进而继续对牛顿力学展开了批判。马赫的哲学思想被称为操作主义，而庞加莱发展出来的哲学思想被称为约定主义。

马赫和庞加莱的思想为即将到来的革命（相对论与量子力学）在哲学思想上已经铺平了道路。庞加莱对牛顿力学批判的深刻性并不亚于马赫，庞加莱的哲学思想和这些批判可以通过阅读他的《科学与假设》(1902)、《科学的价值》(1905)、《科学与方法》(1908) 等著作得到。庞加莱在批判之后也得到了大量深刻的结论，这里主要谈论其中几点：①对时间的“同一时刻”给出了操作性定义；②提出相对性原理；③欧式空间与非欧空间的同等地位性；④广义惯性原理。这些结论都是与之后的狭义相对论和广义相对论直接相关的。

6.5.1 对时间的批判以及如何定义同一时刻

前面谈论过，马赫通过批判已经得出牛顿的绝对时间不是真实存在的，只是一个先验的观念。庞加莱进一步对时间的同一时刻进行批判，发现牛顿的同一时刻也不是真实存在的，也只是一个先验的观念。假设相隔一段距离的两个地方 A 与 B，我们如何判断在 A、B 两个地方分别发生的两个事件是否是在同一个时刻发生的呢？庞加莱认为，根据牛顿力学对同一时刻的传统定义，我们无法通过有限的操作步骤做出判断。

庞加莱开始试图利用光速对同一时刻给予一个可操作的重新定义。早在 1898 年发表的论文《时间的测量》(the Measure of Time)❶ 中，庞加莱就表达了这些想法。不过庞加莱的尝试并不彻底，还处于一种设想的阶段。庞加莱的批判是这样开展的：

① 第一步，批判利用摆钟进行判断的可行性。

假设 A、B 两地都放一个摆钟，那么当两个钟指针都指向一点钟刻度时，就表示 A、B 两地处于同一个时刻吗？庞加莱认为这只是一种近似。他在论文中写道：

“……。这仅仅只是一种近似。因为两地的不同温度、空气阻力、大气压都会影响单摆的周期。如果能够消除这些干扰因素，只能得到一个更好的近似值，但也只是一个近似，因为还有一些忽略掉的其它干扰因素。……”

庞加莱接下来假设排除掉摆钟的所有干扰因素。比如假设两台无比完美的、毫无差别的摆钟，那么是否就可以利用摆钟进行判断呢？

过去的人们都是这样做的，笛卡儿和牛顿他们也是这样做的。利用这些无比完美的钟，当 A、B 两地的摆钟都指向同一个刻度，比如 1 点时，那么就表示这两个事件是在同一个时刻发生的。并且我们只需要一个等式 $t=1$ 就能共同表示 A、B 两地的时间。尽管在真实的世界中，并不存在这样无比完美的钟，但这对于笛卡儿和牛顿这样的理性主义者来说并不是问题。因为在他们的理性世界中，这样无比完美的钟是真实存在的。就像在理性世界中，一

❶ 后文对其引用均来自论文《时间的测量》英文版本的翻译，此论文的其它引用也是如此，也可参见庞加莱著，《科学的价值》，商务印书馆，2010：26-38。

条直线（也是无比完美的对象）是真实存在的、沿直线永恒的匀速运动也是真实存在的一样。因为它们都是可以通过理性思考清晰明白地把握到的对象。

但是庞加莱认为，即使存在这样无比完美的钟，这种方法仍然不行。庞加莱的理由是：这种操作方案需要一个前提条件或隐含的假设，那就是时间流逝的快慢在 A、B 两地也是严格相同的。庞加莱在论文中写道：

“……。当我们利用摆钟度量时间时，我们有没有承认一些隐含的假设呢？比如，两个等价的现象在 A、B 两地持续的时间是相同的。……”

这是庞加莱厉害的地方，因为他已经认识到，“时间在不同地点流逝的快慢是严格相同的”只是一个假设。在之前物理学中，大家实际上一直都在使用这个隐含的假设，只是大家没有意识到它的存在。庞加莱的这个洞察是超前的，正如第 14 章将会详细讨论的那样，地球表面处的时间与太空中的时间流逝的快慢确实是不相同的。

所以，试图利用两个地方的摆钟来判断同一个时刻的测量方案彻底失败了，它根本无法告诉我们 A、B 两地的两个事件到底是不是在同一个时刻发生的。也就是说，传统的测量方案只能得到同一个时刻近似的定义。庞加莱认为这是牛顿的时间定义中的第一个问题。接下来，庞加莱开始批判牛顿的时间定义中的第二个问题，即：我们是如何同步 A、B 两个地方的时间呢？

② 第二步，如何通过实验操作让两个地方的时间保持同步。

如果不存在第一个问题，就像笛卡儿和牛顿认为的那样，我们很容易让两个地方的时间保持同步。比如，如果 A、B 两地的钟事先已经校准好了，假设 A 处摆钟在当前时刻正好指向 1 点，那么当 B 处摆钟正好也指向 1 点的那个时刻，就与 A 处当前的时刻是同一个时刻。但现在问题出现了，由于存在第一个问题，如果还是假设 A 处摆钟在当前时刻正好指向 1 点，那么请问：B 处摆钟指针指向哪个刻度才是表示与 A 处当前时刻是同一个时刻呢，比如是指向 1 点 01 分、还是指向 12 点 59 分，或者还是指向其它刻度呢？这是一个更加困难的问题。

庞加莱的回答是：B 处摆钟的指针无论指向哪个刻度（比如指向 3 点或指向 12 点或其它刻度）都是可以的，只要它满足一个原则就行，那就是如果 A 地方的事件是由 B 地方的事件引起的，那么 B 地方事件发生的时刻一定要在 A 地方事件发生的时刻之前，也就是要满足因果性。庞加莱认为这也是一个隐含的假设。庞加莱在论文中写道：

“看看我们遵循的法则吧，我们只遵循一个法则：当一个现象作为另外一个现象的原因时，我们认为前一个现象发生在前面。……”

庞加莱认为：只要不违反这个原则，B 处的指针指向哪个刻度都是可以的，比如指向 3 点或指向 12 点。其实我们在日常生活中也经常这样做。比如，我床边（A 处）的钟在当前时刻指向 1 点，而 B 处的钟指向 7 点，但 A、B 两处仍然可以处于同一个时刻。因为 B 处钟现在正处于埃及，它使用的是埃及时间，而我使用的是北京时间。这种采用两个不同刻度值表示同一个时刻的方式，并没有对世界造成任何影响。庞加莱要求的那个因果性原则并没有因此遭到破坏，除了给我们造成一些小麻烦之外，即我们需要对两处的刻度值进行换算。当然为了避免这种换算麻烦，我也可以让北京（A）和埃及（B）的指针都指向 1 点来表示同一个时刻。

所以，庞加莱由此得到了一个重要的结论：我们到底让 B 处钟指向哪个刻度与 A 处钟的 1 点刻度表示同一个时刻，这只是一种约定。B 处钟也采用指向 1 点刻度只是更加方便而已，如果采用这种方式，力学理论的表述会更简单些，除此之外不会产生任何影响。庞加莱的这种思想在后面还会反复出现，它被称为“约定主义”。庞加莱在论文中写道：

“……。换句话说，没有一种度量时间的方式比另外一种更真实，通常所采用的方法只不过是更方便而已。……”

在北京时间和埃及时间的例子中，我们是故意采用两个不同的刻度值来表示同一个时刻，这是一种人为因素导致的结果。大家或许觉得这并没有什么大问题，或许认为庞加莱的这个发现没什么价值，但如果这个结果是由前面提到的第一个困难所造成的呢？比如 A、B 两地时间流逝快慢不相同的原因造成了 A、B 两地采用两个不同的刻度值来表示同一个时刻，也就是说如果这个结果不是由人为因素造成的，而是来自时间本身的属性特点或其它我们还意识不到的隐性假设❶，那么庞加莱的这个洞察的重要性就立刻显示出来了。第 14 章将会谈到重力场中 A、B 两地钟的刻度值就会出现这种情况。庞加莱的这个洞察的厉害之处就在于他早在 1898 年就已经察觉到了这点。

所以，采用钟的刻度值来让两个地方的时间保持同步的实验操作方案也彻底失败了。那么，到底如何让两个地方的时间保持同步呢？庞加莱接下来提到了另外一种完全不同的方案，那就是利用光信号。

③ 第三步，利用光信号的实验操作让两个地方的时间保持同步。

面对前两种方案的失败，庞加莱提出了第三种方案。这个方案就是通过传递光信号的实验操作来达到同步的目的。庞加莱的操作方案又分为了两种子方案。第一种子方案是：让第三方物体同时向 A、B 两个地方发出光信号，如果这个第三方物体到 A 与 B 的距离正好相等，那么当 A 和 B 接受这个光信号时，就表示它们正好处于同一个时刻。庞加莱在论文中这样写道：

“例如观测月食，他们假设，这个现象在地球的所有地点可以同时看到。这不是完全正确的，因为光速是有限的。如果要达到足够的精确，就需要按照复杂的法则进行校正。”

考虑到地球不同地点与月亮之间的距离并不是严格相等，庞加莱在文中提到的这个子方案还需要进行校正。如果抛开这个顾虑，假设地球不同地点与月亮之间的距离是严格相等的，那么庞加莱提到的这个子方案，已经能够达到通过实验操作严格让两个地方的时间保持同步的目的了❷。但是由于这个顾虑，庞加莱认为这个子方案仍然无法严格达到目的，所以他又提出另外一个子方案。

在第二子方案中，A 通过向 B 发信号的实验操作来完成同步。对于具体的实验操作过程，庞加莱在论文中这样写道：

“假如他们发电报（即电磁波），十分显然，柏林接收到信号的时刻要比巴黎发出信号的时刻晚。如果信号传递时间忽略不计，两件事情可以近似为同时发生的。不过，为了严格起见，还是应该通过复杂的计算来校正这个偏差。这种校正的必要性是严格的定义所要求的。……”

这段话让庞加莱的观点已经非常接近几年之后狭义相对论的观点了，因为爱因斯坦正是严格地考虑了这个校正偏差该如何计算，从而对这个子方案进行改造，然后得到了“同一个时刻”的可操作性的严格定义，开启了狭义相对论。同样由于这个方案还是需要校正，庞加莱认为第二个子方案仍然无法严格达到让两个地方的时间保持同步的目的。

---

❶ 在后面讨论相对论的部分，我们还会看到大量非人为因素而产生这种结果的例子。我们日常生活的时间隐藏了太多大家没有意识到的隐性假设。

❷ 在第 11 章详细讨论狭义相对论的时候，我们正是采用这个子方案对“同一个时刻”进行重新定义。

总之，庞加莱通过以上这些批判得出的结论是：我们根本无法通过具体的实验操作步骤判断两个地方是否处于同一个时刻，时间的同时性只不过是我们心理的一个错觉而已❶。牛顿力学之所以能够定义同时性（即只用一个数字，比如 1 点，来表示两个地点正好处于同一个时刻），完全是出于让牛顿力学的数学表述尽可能简单的原因，这样定义的同时性只是大家的一种约定而已。庞加莱在论文最后这样总结道：

“结论是：我们既没有同时性的直觉，也没有两个持续时间相等的直觉。如果有这种直觉，也只不过是幻觉而已。……。时间的同时性，或者两个持续时间的相等，这样来定义（笔者注：即用一个数字，比如 1 点，来表示两个地点正好处于同一个时刻）的主要目的是让自然定律的表述变得尽可能地简单。所有这些法则、定义，只不过是无意的机会主义的产物。”

④ 庞加莱的批判与爱因斯坦之后对同一时刻的定义。

庞加莱对时间的批判是深刻的，有些认识具有深邃的洞察力，特别是意识到传统时间定义背后实际上隐藏着很多隐性假设，比如：时间在不同地点流逝的快慢严格相同❷，不同地点钟表走过的刻度值相同就代表时间长度相同❸。另外，最后两种同步子方案已经非常接近爱因斯坦最终采用的同步方案。

但也必须承认，时间的传统观念太过于根深蒂固，以至于庞加莱无法一次性冲破所有思想枷锁，所以造成庞加莱错误地认为，时间的同步是无法通过实验操作来实现的，它只是大家达成共识的一种约定而已❹，从而没有意识到最后两种同步子方案的重要性。不过到了 1905 年，当庞加莱结集出版《科学的价值》（也收录了《时间的测量》这篇论文）的时候，他终于认识到这两种同步方案是可以对时间进行严格同步的。不过到了那个时候，洛伦兹变换（这个名字正是庞加莱取名的）和洛伦兹的地方时间（第 9 章会详细说明）已经成为了大家熟悉的对象，狭义相对论马上就要诞生了。庞加莱最后还是没有回答如何改进 A、B 两地之间的通信方式，就能完全严格地避免他方案中出现的那种需要校正的问题，而几乎就在同时，爱因斯坦却完美地做到了这一点（第 11 章再详细说明）。所以关于同一时刻如何测量的问题，尽管庞加莱在前面带来了很大的启发作用，但突破思想的最关键一步的确是属于爱因斯坦的。

当然，造成庞加莱在 1898 年产生这种看法的原因，可能是由于他太看重他的约定主义思想了。他的这些论证其实是想要证明他的约定主义的正确性，在其它问题上，他也倾向于采用这种约定主义的哲学思想。接下来将谈论一下这种思想。

6.5.2　庞加莱的约定主义

庞加莱的约定主义哲学思想是他在反思欧式几何学中形成的。欧几里得几何学影响了太多的人，给人留下太多深刻的印象。比如说：为什么两千多前的毕达哥拉斯定理（勾股定理）到今天仍然是正确的，而两千多年前亚里士多德的“越重的物体下落得越快”到今天却不再正确了呢？庞加莱正是从这样的问题开始他的批判的。在 1902 年出版的《科学与假设》中，庞加莱对此进行了详细说明。

---

❶ 当然，庞加莱的这个结论是错误的。后来爱因斯坦找到了一个可以通过具体的实验操作步骤来判断两个地方是否处于同一个时刻的方案。

❷ 后面将会谈到，在广义相对论中，这个假设不再成立。

❸ 后面将会谈到，在广义相对论中，地球附近的钟走过 1s 的刻度所代表的时间的标准长度比地球不存在时的 1s 要长。

❹ 后面将会谈到，在广义相对论中，坐标时间的同步的确只是大家的一种约定，但真实时间的同步却不是这样。

根据欧几里得几何学的演绎推理，为什么毕达哥拉斯定理至今还是正确的，可以追溯到欧几里得几何学的五条公设为什么至今还是正确的，比如第五条公理“过一点只存在一条直线与已知直线平行”为什么是正确的。两千多年来，人们都试图证明它，但都失败了。后来人们开始试图采用反证法，假设它是不正确的，比如假设过一点存在两条直线与已知直线平行，希望从这个假设出发推导出自相矛盾的命题。不过出乎所有人意料的是，从这个假设推导出的所有命题之间都没有任何矛盾，并且这些命题重新形成了一个新的自洽的逻辑体系，更不可思议的是，这个新逻辑体系与欧几里得几何的逻辑体系是一样的完美。

最后，在经过激烈的思想斗争之后，人们不得不承认这个新逻辑体系本身就是另外一种几何学，这种几何学被称为罗巴切夫斯基几何学。到了 19 世纪下半叶，大家已经接受这个世界上除了欧几里得几何之外，还存在其它的几何。不仅如此，从假设过一点存在零条直线与已知直线平行出发也可以推导出另外一套命题系统，这个逻辑体系被称为高斯几何。并且欧几里得几何、罗巴切夫斯基几何与高斯几何之间的地位是等同的，没有一个具有优先级。现在我们都知道这三种几何分别是平面、伪球面和球面上的几何，如图 6-3 所示。黎曼之后将这些几何推广到了三维空间的情况。

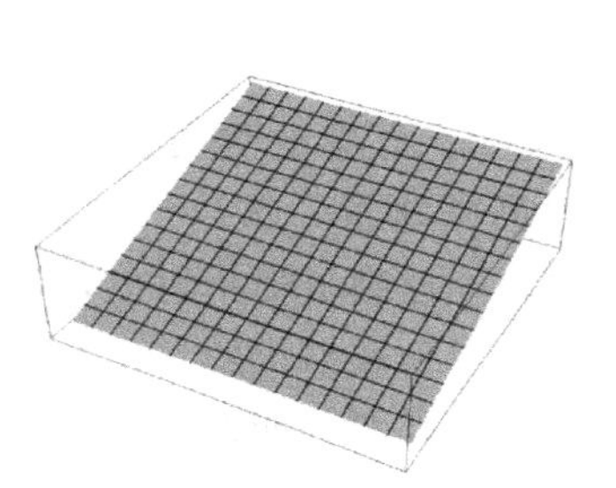
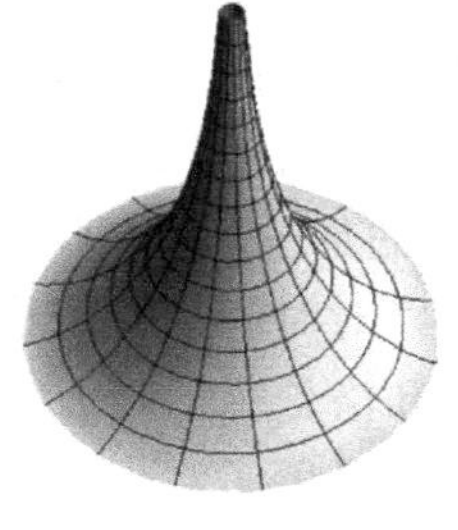
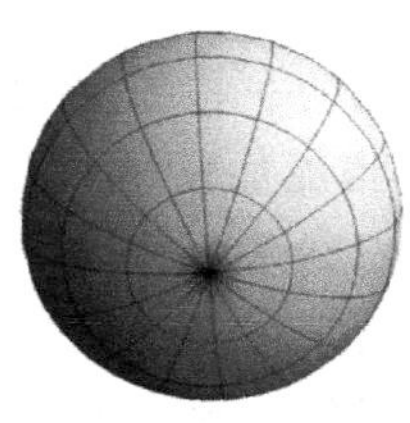

图 6-3　三种不同的二维空间，分别是平面、伪球面、球面

这种完全颠覆传统观点的新发现必将对哲学思想带来冲击。现在我们应该如何来看待“过一点只存在一条直线与已知直线平行为什么是正确的”这样的问题呢？也就是说我们应该如何来看待“毕达哥拉斯定理为什么是正确的”这样的问题呢？这正是庞加莱试图要解决的疑惑。

首先，庞加莱否定了传统的观点，即康德的观点。前面谈到过，康德对纯粹理性进行了批判，通过严格的批判，康德将通过纯粹理性得出的知识划分为两大部分。其中一部分知识被认为是可靠的，康德把这部分知识称为“先天（先验）综合判断”。也就是说，这部分知识已经成为了我们大脑或其它感知系统内部结构的一部分（这是通过进化实现的），不需要借助任何实践经验我们就能得到它。欧几里得空间就是属于这部分的知识，它是我们大脑或其它感知系统内部结构所反映出来的一种直观，它是先天的（康德认为时间也是如此）。换句话说，这个世界正是按照我们感知系统直观的要求呈现给我们的，所以这个世界才呈现为欧几里得空间的样子。康德的这个观点在很长一段时间内是被追捧的。但罗巴切夫斯基几何和高斯几何的出现彻底粉碎了这种观点。也就是说，命题“毕达哥拉斯定理的成立”不可能是先天（先验）的。

庞加莱接下来讨论，命题“毕达哥拉斯定理的成立”是否能够通过实验得到，并且庞加莱否定了这个观点。庞加莱认为我们根本无法通过实验得到完美的直线，因为不存在这样完美的刚体直尺。庞加莱这样写道[1]：

“但是，困难依然存在而且无法克服。假如几何学是实验科学，它就不会是精密科学，它应该是不断修正的学科。如果是实验科学，那么从此以后，我们每天都能证明它有错误，因为我们知道，根本无法存在严格的刚体。”

也就是说毕达哥拉斯定理的成立是无法通过实验来得到的。所以庞加莱总结道：

“因此，几何学的公理既不是先天综合判断，也不是实验事实。”

这样一来，庞加莱就否定了两种传统观点，一种来自理性主义，另外一种来自经验主义。庞加莱自己提出的替代答案是：几何学的公理只不过是大家都接受的一种约定，或者说只不过是一个定义而已。也就是说，“过一点只存在一条直线与已知直线平行”只是大家的约定。我们也可以约定成“过一点存在两条直线与已知直线平行”，同样也可以约定成“过一点存在零条直线与已知直线平行”。我们的选择是自由的，经验事实只是起指导作用。这种选择的自由就好像我们到底是选择以公里为单位，还是选择以英里[2]为单位一样的自由。没有哪种约定比其它约定更加正确和更加真实，只有哪种约定更加方便而已，就像以公里为单位并不比以英里为单位更加正确一样。庞加莱这样写道[3]：

“它们（指几何公理）只是约定。我们可以在所有可能的约定中进行选择，尽管要受到实验事实的指导，但选择依然是自由的。……”

“换句话说，几何公理（不谈算术中的公理）只不过是隐蔽的定义。那么对于欧几里得几何学（笔者注：比如毕达哥拉斯定理）是否为真的问题，就显得毫无意义。这就好比问米制是否为真一样毫无意义。一种几何学不会比另外一种几何学更真，它只能是更方便而已。”[4]

“经验没有告诉我们什么是最真实的几何学，而是告诉我们什么是最方便的几何学。……”

庞加莱的这种约定的观点后来被称为约定主义哲学思想。这个思想贯穿于庞加莱的所有批判之中，比如上面提到的对时间的批判就是为了证明他这个约定主义思想存在的广泛性。

就像在操作主义指导思想下，马赫对牛顿力学进行了深刻批判一样，在约定主义指导思想下，庞加莱也对牛顿力学进行了全面的批判，企图找到整个牛顿力学体系中哪些内容是假设，哪些内容只不过是约定而已。庞加莱这样写道[5]：

“……。解答这些问题的困难主要来自以下事实：有关力学的专著没有明确区分什么是实验、什么是数学推理、什么是约定、什么是假设。……”

经过批判之后，庞加莱发现牛顿力学中很多假设也只不过是约定而已。比如这个世界的三维空间只能采用欧式几何来描述吗？答案是否定的，欧式几何只是更方便而已。我们也可以采用非欧几何来描述空间。再比如牛顿力学中只能采用绝对加速度吗？答案也是否定的。绝对加速度只是更方便而已，我们也可以采用其它加速度。

总之，庞加莱根据约定主义的指导思想对牛顿力学进行了批判，也就是审查牛顿力学中的哪些假设是真正的假设，哪些假设只不过是一个约定而已。

---

[1][3][5] 庞加莱著，《科学与假设》，商务印书馆，2006：50-51，85。

[2] 英里是非法定长度单位，1英里约为1.61千米。

[4] 此思想类似于前面马赫认为无论选择地球还是选择太阳作为参考系都是可以的，而选择太阳只不过是为了更方便而已。

6.5.3 对空间的批判——空间的广义相对性

对于牛顿力学中的空间，到了庞加莱这里，已经出现了一个崭新且不可思议的思想认识。根据约定主义，庞加莱认为：我们这个世界的空间既可以采用欧氏几何来描述，也可以采用非欧氏几何来描述，它们之间的真实度是等同的，采用欧氏几何来描述只不过是最方便而已，只不过是一种约定而已。庞加莱在 1902 年《科学与假设》的第六章“经典力学”中这样总结道[❶]：

“欧氏几何只不过是一种语言的约定，力学事实可以根据非欧氏空间来阐述。非欧几何空间虽然是一种不怎么方便的向导，但却像通常的空间一样合理。尽管力学事实在非欧空间上的阐述变得异常复杂，但它依然是可能的。”

这种观点太过超前和不可思议，庞加莱在 1902 年对这个结论的解释说明并不太清晰。不过经过了几年的思考之后，在 1905 年《科学的价值》的第三章“空间的概念”中，庞加莱对此结论有了更加清晰的说明。庞加莱首先举了一个简单的例子来对此进行说明[❷]：

“假如宇宙中的所有物体同时膨胀 1000 倍（即长度膨胀 10 倍），我们便无法觉察这一事实，因为我们所有的测量仪器都会随之同样膨胀 1000 倍。在膨胀之后，这个世界会按照它的进程继续运行，如此非同寻常的事情我们居然一无所知。换句话说，我们根本无法区分这两个相似的世界。……”

也就是说，假设存在两个世界，如图 6-4 所示，其中右边世界的空间比左边世界的空间等比例地膨胀了 1000 倍。那么，在这两个世界的空间上，都能各自建立起对应的牛顿力学，这两套牛顿力学之间还是等价的。并且，如果对于单位中包含长度量纲的物理量，也按照相同比例在两个世界之间进行放大或缩小的变换，那么当这些物理量完成这样的变换之后，两个世界是完全无法区分的。所以，庞加莱得出结论：我们到底选择左边的空间几何，还是右边的空间几何来描述世界都是可以的，即我们对空间的选择也是相对的。

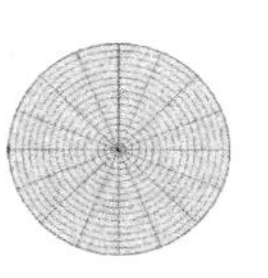
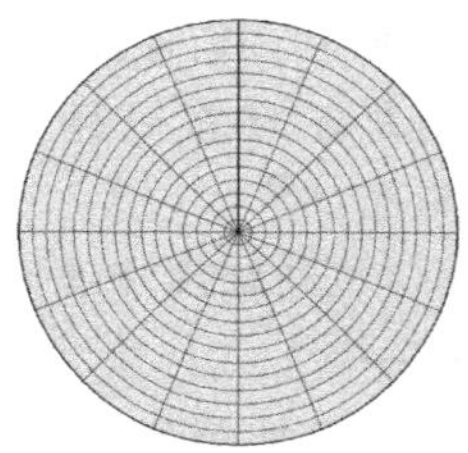

图 6-4 两个不同的空间世界

庞加莱接下来把这个想法推广到更一般的情况，也就是空间的膨胀不是等比例进行的，而是在不同地点的膨胀倍数不相同。比如右边空间的有些区域膨胀 10 倍、有些区域膨胀 20 倍，有些区域甚至缩小 40 倍，也就是说膨胀倍数是地点的函数。右边空间经过这样胀缩之后当然不再是欧式空间，而变成了非欧空间。庞加莱认为即使在这样的非欧空间上，仍然可以建立起对应的牛顿力学。庞加莱认为这样两个世界的牛顿力学之间也是等价的。同样，对于单位中包含长度的物理量，也按照相应比例（比例是地点的函数）在两个世界之间进行放大或缩小的变换，那么当这些物理量完成这样的变换之后，左边的欧式空间与右边的非欧空间也是完全无法区分的。也就是说，我们到底是选择左边的欧式空间来描述，还是选择右边的非欧式空间来描述都是可以的。

所以，我们对空间的选择具有很大的相对性，这种相对性在之前是从来没有出现过的。庞加莱这样写道[❷]：

“……。我们无法把这两个世界区分开来。空间的相对性通常没有在如此广泛的意义上

---

❶ 庞加莱著，《科学与假设》，商务印书馆，2006：86。

❷ 庞加莱著，《科学的价值》，商务印书馆，2010：41-42。

被理解过。无论如何，这样的理解是正当的。……”

通过马赫的批判，绝对空间不再具有特权地位，所有相对空间（欧式空间）的地位都是等同的；而通过庞加莱的进一步批判之后，欧式空间也不再具有特权地位，所有的空间（不管是欧式还是非欧式空间）的地位都是等同的。空间具有了广义的相对性。空间的相对性，早在 1905 年就已经被庞加莱扩展到广义的情况了，在此之前，空间的相对性还只是欧式空间与欧式空间之间的相对性，而现在的相对性已经可以是欧式空间与非欧空间之间的相对性。

这个洞察当然是超前的，因为广义相对论中的空间就具有这种相对性。比如站在旋转圆盘边缘的观测者所使用的空间就是非欧式空间，而旋转盘中心静止观测者所使用的空间就是欧式空间。这两个观测者所使用力学理论的数学公式是不同的❶，但它们之间当然是等价的，因为它们都是在解释同一个现象。后面会谈到，空间的这种广义的相对性是由于对时空进行不同 3+1 分解所产生的。

当然，在右边这个非欧空间上如何建立等价的牛顿力学的难度，以及相关物理量在两个世界之间如何具体变换的难度，远远超过了庞加莱的预计，庞加莱在 1905 年根本无法知道这些答案❷。但是庞加莱认为满足这样的物理学是肯定存在的，他把这样的物理学称为新物理学。并且预测了这样的新物理学具有哪些特征。比如：光速会受到限制，质量是变量，传统的牛顿力学只是它的一级近似。庞加莱在 1905 年可能没有料到，他所畅想的这个新物理学就是爱因斯坦所建立的广义相对论，并且就在 10 年之后就得以完成了。

6.5.4　对空间的批判——传统空间的隐性假设

在 1902 年《科学与假设》中讨论非欧几何时，庞加莱指出过去在使用空间概念的时候，我们实际上已经不自觉地使用了很多隐藏的隐性假设。比如，在两个区域存在着两个三角形，如何证明这两个三角形是全等三角形呢？我们的方法是把其中一个三角形从一个区域移动到另外一个区域，然后与另外一个三角形重合。如果这两个三角形完全重合，那么我们就是说：这两个区域的这两个三角形是完全相等的。而这种方法之所以可行，是因为我们在这个过程中已经采用了很多隐藏的隐性假设。比如：将三角形从一个区域移动到另一个区域的过程中，已经假设了三角形的边长没有发生膨胀或收缩。庞加莱认为，我们不得不接受这个假设。庞加莱这样写道❸：

“刚体图形的这种运动的可能性并不是不证自明的。……。在研究几何学的定义和证明时，人们被迫在毫无证据的情况下不得不承认这种运动。……。他们必须承认，在空间以这种方式移动图形是可能的。”

这个洞察也是深邃的。的确，我们在过去从来都没有证明过这个隐性假设必定是成立的，我们也从来没有想过：这个假设有可能只是近似成立的，甚至有可能存在不成立的情况呢？第 16 章将会谈到，在广义相对论中，情况的确就是这样的，比如一个三角形从地面移动到太空之后，三角形边长实际上是缩短了的。

6.5.5　对惯性的批判——广义惯性定律

在对牛顿的惯性批判中，庞加莱的约定主义再次发挥了重要作用。就像在面对“过一点

---

❶ 当然数学公式也可以被改造成相同的形式，而这正是广义相对论中广义协变性所要完成的任务。

❷ 因为这个答案就是广义相对论。

❸ 庞加莱著，《科学与假设》，商务印书馆，2006：46。

只存在一条直线与已知直线平行为什么正确”的问题时，庞加莱认为它只是一种约定而已，它既不是先天综合判断，也不是实验事实一样，当面对“牛顿的第一定律即惯性定律为什么正确”的问题时，庞加莱给出完全相同的答案。

庞加莱认为“在没有外力的作用下，一个物体总是保持静止或匀速直线运动”这个结论既不是先天综合判断，也不是实验事实（即无法通过实验完全证明这个结论）。它也只是大家的一个约定而已，这样做完全只是为了更方便而已。我们也可以约定其它运动方式为惯性运动，比如约定匀速圆周运动为惯性运动。庞加莱 1902 年的《科学与假设》第六章“经典力学”中这样写道❶：

“如果有人说物体总是保持匀速直线运动，只要没有外部原因改变它，难道我们就不能同样经常坚持说一个物体的位置（笔者注：行星相对于太阳的位置）总是保持不变，或者轨道曲率总是保持不变（笔者注：即正圆的圆周运动），只要没有外部原因改变它吗？”

庞加莱接下来列举一个假想太阳系来说明这种观点是合理的，继续这样写道❷：

“假设有一个类似太阳系的世界，……，里面所有行星的轨道都是正圆，……，居住在这些行星上的天文学家不得不得出结论：行星的轨道总是保持为正圆的，……，这些天文学家采用的惯性定律就是我提到第一种假设（即行星相对于太阳的位置总是保持不变）。”

庞加莱的这段论述真正目的是想要论证牛顿的惯性定律是不能通过实验来证实的。因为庞加莱现在已经得出结论，一个不受外力作用的物体，也可以总是保持其它方式的运动（比如匀速圆周运动）。

但是必须承认的是，庞加莱在思想上已经突破了枷锁，即庞加莱已经意识到：匀速直线运动并没有什么特权地位，所有运动方式之间的地位都是等同的。我们完全可以约定其它运动方式为惯性运动，比如匀速圆周运动。而牛顿之所以约定匀速直线运动为惯性运动，只是受到了伽利略和笛卡儿等人的影响，发现这样约定会让理论的数学表述更方便而已（第 3、4 章详细谈论过这一点）。这个结论被庞加莱称为广义惯性原理，它的重要性被庞加莱上升到与能量守恒原理相同的高度。

前面提到过，马赫通过对惯性的批判也得到了类似的结论。不过对在其它非惯性参考系中，到底应该采用哪种运动方式作为惯性运动的问题，马赫没有给出具体的例子，马赫只是说在这种情况下，物体的惯性是该物体与周围物体之间的关联关系所产生的，甚至是由该物体与宇宙全部物质之间关联关系所产生的。但庞加莱却明确地给出了一个例子，那就是在他那个假设的太阳系中，惯性定律也可以是“在没有外力的作用下，一个物体总是保持匀速圆周运动”。

而以前的科学家之所以没有发现这一结论，是因为他们把行星所受到的离心力（引力）误会成了真实的力。他们从而得出结论：行星的圆周运动是在这个引力作用下产生的。只要这些科学家意识到，离心力只不过是在他们约定匀速直线运动是惯性运动之后才会出现的，如果重新约定匀速圆周运动才是惯性运动，那么就不需要存在离心力（也就不需存在引力）就能说明行星的运动了。因为在这个新约定之下，行星的运动只不过是一种惯性运动而已。那么这些科学家就能接受这个新的惯性定律，即：“在没有外力的作用下，行星总是保持匀速圆周运动。”庞加莱 1902 年的《科学与假设》的第七章“相对运动与绝对运动”中这样

---

❶❷ 庞加莱著，《科学与假设》，商务印书馆，2006：87，88。

写道[❶]：

“除了真实力之外，还会遇上虚设力，它通常被称为离心力。因此，我们设想的科学家把这种虚设力视为真实的，以此解释一切，它们就不会发现广义惯性原理的矛盾了（笔者注：即把匀速圆周运动视为惯性运动与把匀速直线运动视为惯性运动之间的矛盾）。”

必须承认，庞加莱在思想上已经走在了最前面。庞加莱对惯性思想的这些批判是有史以来最深刻的，已经超过了马赫对惯性的批判[❷]。因为在那个假想的太阳系中，庞加莱已经把重力（引力）现象重新划归于物体（行星）的一种固有属性（即惯性）。也就是把重力的思想重新还原为惯性的思想，从而为重性就是惯性的思想回归铺平了道路，为多年之后的等效原理的诞生在思想上扫清了障碍。

6.5.6　对绝对运动的批判——相对性原理

牛顿当初为什么一定非要采用物体在绝对空间中的绝对运动来构建力学定律呢？也就是说我们在使用牛顿定律的过程中，运动为什么一定要是绝对运动呢？采用参考系的术语来说就是：我们在使用牛顿定律的过程中，为什么一定选择惯性参考系来计算呢？同样，根据庞加莱的约定主义思想，牛顿这样做既不是出于先天（先验）的要求，也得不到实验的支持。这样做仅仅是更简单更方便而已，它也只不过是一种约定而已。

既然这样，那么大家当然也可以约定采用相对运动来构建力学定律。并且庞加莱认为，如果绝对运动与相对运动之间只相差一个匀速直线运动，那么通过这两种约定而构建起的力学定律是完全相同的。这个结论被庞加莱称为相对运动原理。庞加莱在 1902 年出版的《科学与假设》的第七章“相对运动与绝对运动”中这样写道[❸]：

“任何系统的运动必须服从同样的定律，不管它是相对于固定的轴而言，还是相对于做匀速直线运动的轴而言。这就是相对运动原理。”

当然今天大家对它已经非常熟悉，这就是爱因斯坦后来的狭义相对性原理。庞加莱在 1902 年就已经得到了它。在 1905 年出版的《科学的价值》中，庞加莱也意识到这个结论非常重要，因此把此结论也提升到和能量守恒原理同样高度的地位。

不过，庞加莱在 1902 年还没有谈论这个原理与电磁学之间的矛盾冲突，即电磁学的结论不符合这个相对性原理。但到了 1905 年的时候，庞加莱就在谈论这种矛盾了。庞加莱在 1905 年的《科学的价值》中的第八章“数学物理学当前的危机”中已经明确说道这种矛盾冲突是物理学的一个严重危机。不过庞加莱应该没预料到，爱因斯坦就在同一年已经解决了这个危机，而且解决得无比完美。

6.5.7　对牛顿第二定律或质量和力概念的批判

就像面对“过一点只存在一条直线与已知直线平行为什么正确”的问题时，庞加莱认为它只是一种约定而已，它既不是先天综合判断，也不是实验事实一样，当面对“牛顿第二定律为什么正确”的问题时，庞加莱也给出完全相同的答案。即庞加莱认为，牛顿第二定律既不是先天（先验）综合判断，也不是实验证实的事实，牛顿第二定律只是一个隐蔽的定义而已，也只是一种约定而已[❹]。

---

❶❸　庞加莱著，《科学与假设》，商务印书馆，2006：103-104，101。

❷　这些结论已经非常接近广义相对论中的惯性结论了。

❹　这种约定之所以能够成立，原因就在于力只是一个在数学上构造出来的对象，并不是真实存在。

庞加莱首先批判了把牛顿第二定律当做实验事实的观点，即认为可以通过实验验证牛顿第二定律。牛顿第二定律主要涉及三个对象：力、质量和加速度。实验事实就是通过具体实验操作而得出的结论，但庞加莱认为，我们根本无法独立地分别把这三个量测量出来。

加速度当然是可以被独立地测量出来的，但是力和质量呢？比如质量的测量问题，或许可以通过测量物体的重量来得到质量，但是从重量得到质量的计算过程中，我们已经默认使用了牛顿第二定律。而如果采用马赫对质量的那种定义来测量质量，即发生相互作用的两个物体的质量之比等于该两个物体产生加速度之比的负数，我们也已经默认使用了牛顿第三定律和牛顿第二定律。再比如力的测量问题，如果采用弹簧拉力计来测量这个力，我们也已经默认使用了牛顿第三定律。所以，离开牛顿的三大定律，我们根本无法通过具体的实验操作来测量出力和质量，那么我们又怎么能指望使用这样测量出来的力和质量，反过来去验证牛顿第二定律呢？庞加莱在 1902 年《科学与假设》的第六章“经典力学”中总结到❶：

“现在我们能够理解，经验为何能作为力学原理的基础，而从来不与这些力学原理矛盾的原因了。”（笔者注：这里庞加莱疏忽了，在电磁学中就存在矛盾的时候）

所以，庞加莱认为牛顿第二定律和第三定律并不是由实验证实的事实，它们只不过是一种改头换面的隐蔽定义，庞加莱写道❷：

“由于这个原因，这个原理（指牛顿第三定律）不再被认为是实验定律，而是一个定义。……。动力学定律表面上看起来是实验的真理，但是，我们却不得不把它们当作定义来使用。有了这些定义，力才能被定义为质量乘以加速度。”

的确像庞加莱试图要达到的目标一样，庞加莱通过批判向我们展示了在牛顿力学中，哪些内容是真实的假设，哪些内容只不过是一种约定而已。不过，对力和质量的这种批判并不是庞加莱的独创，也不是他的首创。

6.5.8 庞加莱批判的小结

总之，庞加莱对牛顿力学中的质量、力、惯性、绝对运动、时间的同时刻、空间等最根本概念都进行了批判，几乎已经把牛顿力学存在的问题都找出来了。在 1905 年的《科学的价值》的第八章“数学物理学当前的危机”中，庞加莱已经清楚这些问题无法通过修复来解决了，必须要创建新的物理学。而《科学的价值》的第九章“数学物理学的未来”就对这种新物理学所具有的特征做了展望，比如庞加莱这样写道❸：

“也许我们将要构建一种全新的力学，……，在这种力学中，惯性质量随速度增加，光速成为速度的极限，牛顿力学是这种力学的一级近似，在速度不太大时仍然是成立的，……”

庞加莱可能没有预料到的是：就在这一年，爱因斯坦就已经把庞加莱的这个蓝图变成了一座真实的新大厦。

本章小结

总之，在经验主义中的实证主义思想的盛行下，牛顿力学在 19 世纪下半叶已经被批判得支离破碎。这些批判充分暴露了牛顿力学理论体系自身的内在问题，在思想上已经为即将

---

❶❷ 庞加莱著，《科学与假设》，商务印书馆，2006：97，93，96。

❸ 庞加莱著，《科学的价值》，商务印书馆，2010：134。

到来的相对论铺平了道路。马赫的操作主义直接被爱因斯坦用来对时间进行重新定义。庞加莱的批判所得出的结论已经为狭义相对论和广义相对论勾勒出来大致蓝图，很多结论后来直接成为相对论的一部分。

当然，马赫和庞加莱只是这一批判时期的两位重要代表人物。除了他们，还有像基尔霍夫（1824—1887）、皮埃尔·迪昂（1861—1916，《力学的进化》）、赫兹（1857—1894）等人都进行过有力的批判。以这些人为代表的批判学派的批判活动持续了约半个世纪。经过这一时期的批判，大家看待牛顿力学的角度已经出现了根本的转变。除了上面谈到过的这些内容之外，接下来再详细讨论一下大家看待力和质量的角度在这一时期的重要转变。

第7章 重性与惯性—重力与惯性力—引力质量与惯性质量

7.1 引力质量与惯性质量

马赫和庞加莱都对质量和力的概念进行过批判。在实证主义哲学思想的主导下，这些批判学派都认为牛顿给出的关于质量和力的定义都是形而上学的定义。根据牛顿的这些定义，我们根本无法通过有限的实验操作测量出质量和力，所以牛顿的这些定义根本就是伪定义，是没有用的定义。这些批判学派都认为：只有根据定义通过具体实验操作能够测量出质量和力时，这个定义才是真正的定义，并且这种定义也不一定必须关心质量和力的本质到底是什么。这正是实证主义的典型思想，比如庞加莱在《科学与假设》的第六章“经典力学”中写道[1]：

“当把力定义物体运动改变的原因（笔者注：这是牛顿的定义），这是形而上学，这个定义不会告诉我们任何有用的东西。”

“要使得关于力的定义有用，它必须告诉我们如何测量力。并且这样就足够了，它根本没有必要告诉我们力的本质是什么。”

批判学派正是在这样的指导思想下，开始对质量和力进行重新定义。马赫把质量定义为发生相互作用的两个物体的质量之比等于该两个物体加速度之比的负数，然后再把力定义为质量与加速度的乘积。马赫的思路是先定义质量，然后再以此为基础定义力。

与马赫不同的另外一种思路是先给力下定义，然后再以此为基础定义质量。因为我们似乎更容易对力下定义，比如将力定义为通过弹簧测力计或者其它测力计仪器直接测量出的量。然后将质量定义为力除以加速度。当然，不管采用哪种思路，这些批判学派都已经默认使用过牛顿三大定律和万有引力定律了，所以牛顿的这些定律实际上已经包含在他们的质量和力的定义之中。

因此，到了批判学派这里，大家看待牛顿力学的角度已经在思想上发生了根本的转变。在转变之后，一个力，只要能被我们测量出来，那这个力就是真实存在的；而在转变之前，也就是在此一百多年前，力被认为只是一个数学构造的对象，即力只是从如何造成物体运动改变的角度去刻画相互作用的一个数学对象。牛顿的力只是一个数学的力，当时的人们普遍认为力并不是真实存在的，真实存在的是相互作用。所以，批判学派带来的这个转变在思想认识上是一个180°的大转变，而这个转变直接影响了（有时候是阻碍）我们对一些物理现象本质的理解和认识。

现在，力已经被视为真实存在的对象了，那么质量就被定义为力除以加速度。就正如刚刚谈到过的，按照这种方式定义的质量，已经默认使用过牛顿三大定律了。

比如，考虑一个弹簧测力计拉着一块物体加速运动的过程。弹簧测力计之所以能够测量到力，是因为这块物体在这个加速运动过程产生了反向的惯性力，所以牛顿第一定律被使用

---

[1] 庞加莱著，《科学与假设》，商务印书馆，2006：92。

了；弹簧测力计显示力的读数大小就是这个惯性力的大小，所以牛顿第三定律被使用了；最后，利用力除以加速度得到质量，所以牛顿第二定律被使用了。也就是说，质量的这种定义实际上是在牛顿三大定律的基础上，利用惯性力得到的。利用这种定义得到的质量被称为惯性质量。

所以根据这个定义，我们测量质量，实际上是在测量物体的惯性力。而从牛顿开始，惯性力与惯性就在被人混合着使用[1]。所以，我们测量质量的大小，实际上是在测量物体惯性的大小，质量开始与惯性等同起来。到了 19 世纪下半叶，大家几乎都在这样等同地使用这两个概念。即使到了爱因斯坦的论文中也是这样，比如他说“在发射者和接受者之间，辐射（光）传递着惯性”[2] 时，这句话就是指发射者向接受者传递了惯性质量。

但是考虑另外一种情况，即考虑一个弹簧测力计吊着一块物体的现象。在这种情况下，弹簧测力计之所以能够测量到力，那是因为地球对这块物体产生了引力。所以牛顿的万有引力定律被使用了，但牛顿第一定律未被使用。然后再根据牛顿的万有引力公式就可计算出质量来[3]。也就是说，质量的这种定义实际上是利用牛顿的万有引力定律得到的，而利用这种定义得到的质量被称为引力质量。所以，我们测量这种质量，实际上是在测量引力。

可是，这种“只要能测量出来的量就是真实存在的”的实证主义思想的转变，实际上有时候在思想上起到了阻碍作用，因为这种思想下，一个物理量的定义只要能告诉我们如何测量到这个量就够了，这种定义不必包含该物理量背后应该包含的物理本质。比如利用这种定义得到的惯性质量与引力质量就让我们很难觉察出它们背后的物理本质——惯性与重性的思想。大家一直想证明惯性质量是否严格等于引力质量，但这个问题实际上是我们采用这种实证主义思想，对质量重新定义之后产生的伪问题。如果回到转变之前的思想，即在理性主义思想的指导下，我们可以发现重性和惯性本来就是同一个对象，那它们当然是相等的[4]。

所以，对于实证主义者来说，“惯性质量是否严格等于引力质量”是一个真实的问题，的确是一个需要严肃认真对待的问题；而对于理性主义者来说，“惯性质量是否严格等于引力质量”是一个伪问题。因为惯性质量和引力质量只是从“惯性”和“重性”延伸出来的对象，而重性和惯性本来就是同一个对象，只是由于历史发展先后的原因，它们有了两个不同的名字而已。关于这一观点，前面章节已经对此做了详细的论证，下面再最后总结一下。

7.2　重性与惯性的重新统一

不管我们发展出什么概念、什么定律、或是什么原理，我们的目标只有一个，那就是要解释现象，即：“为什么所有物体都以相同方式自由下落？为什么所有行星都以相同方式运动（古希腊人认为都是匀速圆周运动，后来人们认为都是按开普勒三大定律运动）?”

如果不是受到历史发展先后顺序的影响，而是把从古至今的所有解释方案放在一起比较，那么亚里士多德对运动的分类思想是最深刻的。在第 1、2 章详细谈论过，根据亚里士

---

[1] 牛顿《自然哲学之数学原理》对惯性定义的解释中说道：“这个固有的力可以用最恰当的名称，惯性或惯性力来称呼它。”

[2] 爱因斯坦 1905 年的论文《物体的惯性同它包含的能量有关吗》的最后一句话。参见《爱因斯坦全集：第二卷》，湖南科技出版社，2009：275。

[3] 就像高斯当初对电荷量的定义一样。

[4] 不过，理性主义这个推理成立的前提条件是地球周围的所有物体都遵循相同的运动规律。这个结论是否总是成立只能由实验来判决。如果该结论发生微小的偏离，那么它就会表现为惯性质量不等于引力质量，所以从这个角度来讲实证主义产生的这个问题并不是伪问题。

多德的分类，这两种运动都是合乎自然的运动，而除此之外的运动都是反自然的运动。合乎自然的运动仅仅靠其自然本性就能维持，而反自然的运动则需要外部的干扰才能维持。由于物理学在之后的发展演化过程中混淆了这两类运动，最终演变出了引力质量是否严格等于惯性质量的问题。

亚里士多德的自然指的是：事物因其本性而发生变化或保持不变的最初根源。合乎自然的运动就是由这种自然本性产生，不需要外部干扰就能靠自身维持。至于这个自然本性到底是什么？亚里士多德认为它就是物体或天体自身具有返回并停留在其固有位置的倾向。这种倾向后来有了两个名字——“重性”和“惯性”，它们就是物体的自然本性。所以它们表示的是同一个意思，代表的是同一个对象。之所以大家在后来认为它们是不同对象，这是由于历史发展的先后顺序造成的。

惯性的概念是在 17 世纪才开始出现的。惯性运动也是指在没有任何外部干扰的情况下，物体仅仅靠其自身本性所维持的运动。这种运动当然就是亚里士多德所说的合乎自然的运动。因为合乎自然的运动也是不受外部干扰的，仅靠其自然本性就能维持。所以，在当时惯性就是亚里士多德所说的自然本性，和重性是同一个意思。

到了 17 世纪，人们的思想已经发生了一次 180°的大转变。这个转变就是：大家认为物体的自由下落和行星的运动不再是合乎自然的运动，而是反自然的运动，是需要外部的干扰（即引力）才能维持的运动。也就是说此时将物体的自由下落和行星的运动从亚里士多德分类中的第一类运动转变为了第二类运动。这样一来，物体自由下落的原因就从物体的自然本性转变成了外部因素（即引力）干扰。那么，现在想要一个没有任何外部干扰因素的空间环境，就需要把地球以及其它全部天体都去掉才行了，因为地球现在已经成为了外部干扰因素。

为了达到这个目的，笛卡儿构造了一个“想象的世界”（牛顿的绝对空间正是来源于此世界）。在这个“想象的世界”中，所有天体和物质都可以消失，只剩下一个孤零零的物体。那么在这样一个空虚的世界中，这个孤零零的物体才不会受到任何外部的干扰。只有在这种情况下，这个物体的运动才是仅仅只靠其自然本性而发生的运动，即这种运动就是由惯性产生的运动，也就是笛卡儿所说的匀速直线运动。

所以，经过 17 世纪的这次思想大转变之后，符合亚里士多德所说的合乎自然的运动只有一种了，那就是：孤零零的一个物体在这个“想象的世界”中的匀速直线运动。正是在这个转变之后，惯性的概念出现了，但重性的概念已经淡化甚至消失了。重性转变成了重力或引力，变成了外部干扰因素，这让惯性与重性成为了两个完全不相关的对象，从此分道扬镳。

但是，这样的“想象的世界”是不存在的，真实世界一定存在着地球和其它天体。地球和这些天体都会产生引力，这些引力被视为物体运动的外部干扰因素。也就是说真实世界中不存在一个没有任何外部干扰因素的空间环境，所以像匀速直线运动这样的惯性运动在真实世界中是不存在的。那么在我们这个真实世界中，还存在着惯性运动吗？这个问题相当于在问：在真实世界中，哪个地方还存在没有任何外部干扰因素的空间环境呢？似乎很难找到了。

但是只要我们转变思想，这个问题就豁然开朗，即只要把思想再 180°转变回去，回到亚里士多德的思想上来就够了。也就是重新将物体的自由下落和行星的运动视为是合乎自然的运动，视为仅仅只靠其自然本性产生，而不是由外部干扰（如引力）产生。在思想这样转变回来之后，这个真实世界本身就是一个没有任何外部干扰因素的空间环境❶。那么物体的自由下落和行星的运动在这个环境中就是仅仅靠其自然本性产生的运动，是在没有任何外部

❶ 在这种思想下，地球和行星不再是外部干扰因素。

干扰因素下出现的运动，所以这种运动当然就是惯性运动。

匀速直线运动只是在把所有天体和物质都去掉之后的“想象的世界”中的惯性运动，并不是我们这个真实世界中的惯性运动。而物体的自由下落和行星按开普勒三大定律的运动才是我们这个真实世界中的惯性运动。

所以，只要思想重新转变回去，我们就会看到惯性和重性本身就是同一个对象。对于理性主义者来说，这个结论是成立的，因为这一切推理都是遵循着笛卡儿的理性主义思想进行的，即：我们都是从清晰而简单的概念出发，再通过严格的逻辑推理得到的结论，所以这些结论是可靠的。

但历史的发展总是曲折的。由于思想在 17 世纪的这个巨大转变，人们思想认识的分歧在之后变得越来越大了。重性变成了重力，重力延伸出引力质量；而惯性变成了惯性力（离心力），惯性力延伸出惯性质量。这导致人们很难看清引力质量和惯性质量其实来源于同一个对象——即引力质量等于惯性质量的根源。

不过，到了 19 世纪下半叶，马赫和庞加莱通过对牛顿力学的批判，已经意识到：惯性运动不仅仅只有匀速直线运动，其它运动也可以是惯性运动，比如庞加莱提到的匀速圆周运动。大家对惯性的认识正在慢慢地发生转变。终于到了爱因斯坦的时候，惯性和重性再次被统一起来，亚里士多德对运动的分类思想得以恢复。也就是说，物体的自由下落和行星的运动再次被视为是靠其自然本性产生的运动，只是一种惯性运动而已。这个思想就是爱因斯坦的等效原理背后最深层次的含义。

7.3　重性和惯性到底是什么？

这种自然本性到底是什么呢？爱因斯坦对此有了更深刻的认识。亚里士多德认为这种自然本性就是物体自身具有返回并停留在其固有位置的倾向；而爱因斯坦认为这种自然本性就是物体自身具有返回并停留在测地线上的倾向[1]。

爱因斯坦的测地线取代了亚里士多德的固有位置，但亚里士多德的核心思想没有改变。后面将会详细说明，测地线就是四维弯曲时空中的直线。所以在广义相对论中，物体的运动也分为两类：第一类是沿测地线的运动；第二类是偏离测地线的运动。第一类运动仅仅靠其自然本性就能维持，而第二类的运动需要外部的干扰才能维持。

物体的自由下落和行星的运动就是沿测地线的运动。而所谓的重性或惯性只不过是物体自身总是倾向于沿测地线运动的表现而已。

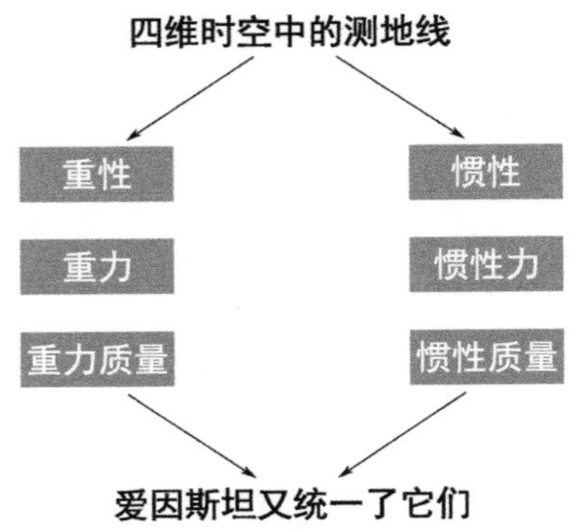

[1] 对于什么是测地线将在第 17、21、27 章详细讨论。

“为什么所有物体都以相同方式自由下落？为什么所有行星都以相同方式运动？”这只不过是它们在四维时空中总是倾向于沿测地线运动的一种表现而已，这就是爱因斯坦的解释方案。我们人类中无数最聪明的大脑花了两千多年，绕了一大圈，终于有了这样的认识突破。理解大自然是一件多么艰难的事，不要自以为聪明，就想一蹴而就。

7.4 历史的另外一场大转折即将开启

从理性主义到实证主义的这个思想转变，尽管进一步阻碍了我们认清惯性和重性之间的内在联系，出现了“惯性质量与引力质量是否严格相等”的问题，但是必须承认的是，正是这次转变让我们对惯性有了不同的认识，也正是这次转变让少部分具有敏锐洞察能力的人意识到：牛顿力学是存在大量问题的，需要一种新的物理学来取代牛顿力学。就像当年大家意识到需要一种新的物理学来取代亚里士多德的理论一样。

正如当年笛卡儿铺平了思想道路之后，能够取得实质性突破的物理学家（比如惠更斯、牛顿）都需要聚焦在一些具体问题上（主要是碰撞问题和行星运动问题）一样，当马赫、庞加莱等人铺平了思想道路之后，要想取得实质性突破，这部分具有敏锐洞察能力的探索者也需要聚焦在一些特殊的具体问题上。这些具体问题就是电磁学中的问题，尤其是光速问题。所以下一章先来讨论这些问题。

第2篇

经典力学的危机以及狭义相对论的诞生

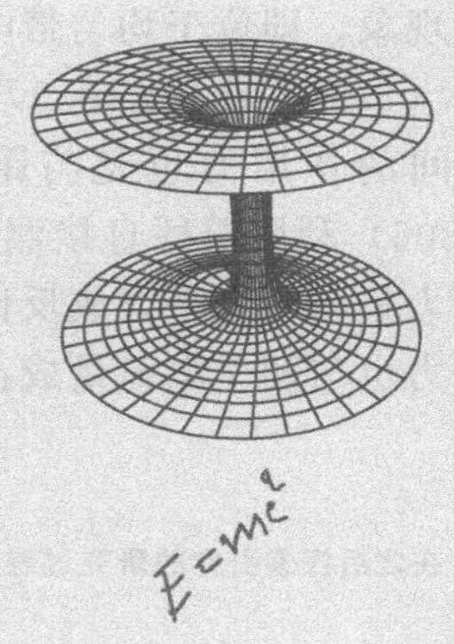

第8章 电磁学的创立——电磁学属于牛顿力学吗?

随着牛顿力学的成功，人们已经形成了一种固定思维模式，那就是：除了地面上物体和天空中天体的运动现象之外，其它所有自然现象也应该按照牛顿力学运行；所有相互作用都是由力导致的，并且这些力的作用过程就像一架机器那样运转；所有自然现象的发生过程都可以分解为粒子与粒子间力的作用过程来解释说明。这种解释说明的方式被称为建立力学模型。慢慢地，为各种自然现象建立各自相应的力学模型成为了当时主流的思考方式和任务，大家也正是采用这样的方式去研究光学、电学和磁学现象的。

8.1 电荷与电荷之间的力——库仑定律

在这样的思想背景下，对于电荷与电荷之间的相互作用现象，大家自然也是采用力的观点去看待它。很快大家就发现：电荷之间的作用力与物体之间的引力非常类似[1]。比如，位于一个质量均匀分布球壳内部的物体，所受到球壳对它的引力的合力为零，因为对称的两个方向上球壳物质所产生的引力正好完全抵消了。这只有在力的大小与距离平方成反比的情况下才会出现，如图 8-1 所示。牛顿早在《自然哲学之数学原理》中就已经证明过该结论。

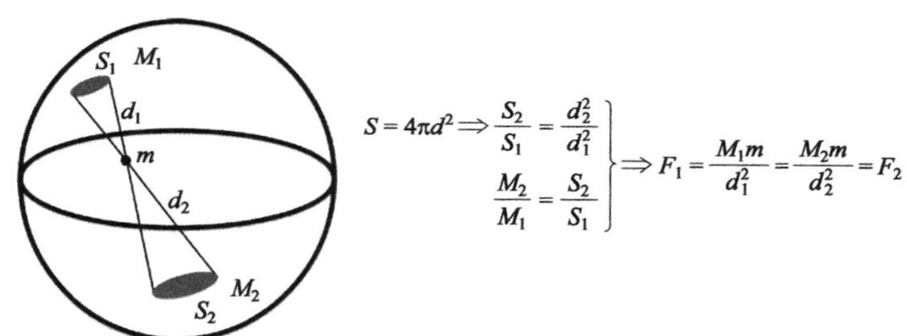

图 8-1　与距离平方成反比的力所具有的特点

人们开始发现电荷也具有类似现象，即位于均匀带电球壳内部的电荷，所受到球壳上电荷对它的作用力也为零。卡文迪许（1731—1810）在 1772 年通过实验严格地验证了这一结果，从而通过实验证实了电荷之间的作用力也是与距离平方成反比的。在不久之后的 1785—1787 年间，库仑（1736—1806）利用扭秤直接测量了两个带电体之间的作用力，直接测量结果也表明电荷之间的作用力是与距离平方成反比的。由于这个结果与牛顿的引力极其相似，受此启发，库仑假设这种力也与两个电荷量成正比，即有如下类似公式：

---

[1] 电磁现象与引力现象之间的相似性，在之后探索引力的研究过程中，将一直起到指引方向的作用，后面还会多次出现。

$$F_C = k_C \frac{q_1 q_2}{R^2}, \quad \vec{F}_C = k_C \frac{q_1 q_2}{R^3} \vec{R}$$

这种力在今天被称为库仑力。关于电的现象，这是当时人们得到的第一条定律，后来被称为库仑定律。

8.2 让导线中电荷运动形成电流的推动力——欧姆定律

自然界中的电流早就存在，比如闪电，但人工制造的电流很晚才出现。伏特（Volta 1745—1827）在 1800 年发明了伏打电堆，它相当于是人类制造出的第一块电池。利用它，人类第一次可以自己制造出稳定的电流。它就像多米诺骨牌一样，将引出无数人类从未见过的与电有关的奇特现象，让 19 世纪成为了电磁学的世纪。除了电池能制造出稳定的电流之外，人们发现还有很多其它方式也可以制造出电流，比如在 1821 年，塞贝克（T. J. Seebeck）发现，把两块不同类型的导体连接在一起形成一个回路，如果一个接头的温度高于另外一个接头的温度，那么回路中就会产生电流，这个现象被称为塞贝克效应。

欧姆（1789—1854）在 1826 年通过对不同导线的实验得出：塞贝克所发现的这个电流大小与导体两端的温度差成正比。这个结论正好与傅里叶在 1822 年刚刚发现的热量传导规律相同，如图 8-2 所示。

傅里叶的热传导定律：

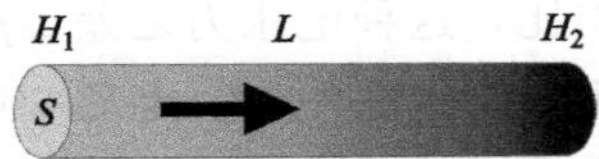

单位时间内流过 S 面积的热量，即热流 $=\frac{\Delta Q}{\Delta T}=k\frac{\Delta H}{L}S$，$\frac{\Delta H}{L}$ 表示单位长度之间的温度差

图 8-2　傅里叶发现的热量传导的规律

图 8-2 中，Q 表示热量，H 表示温度，S 表示细棒的横截面积，k 是比例系数。受此启发，欧姆认为电量的传导也具有类似规律，如图 8-3 所示。

欧姆的电传导定律：

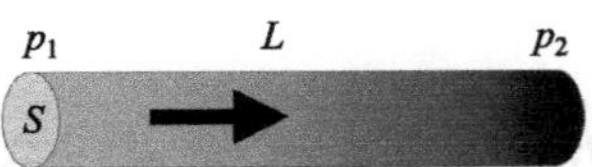

单位时间内流过 S 面积的电量，即电流 $I=\frac{\Delta q}{\Delta T}=k_O\frac{\Delta p}{L}S$，$\frac{\Delta p}{L}=\frac{p_1-p_2}{L}$ 表示推动力在单位长度之间的差

图 8-3　欧姆将电量的传导类比成热量的传导

这个规律后来就被称为欧姆定律。其中 q 表示电荷量，I 表示电流，p 表示推动电荷移动的一种推动作用。那么这种推动作用是什么呢？

同样，由于深受牛顿力学思想的束缚，欧姆当然也是用力来表述这个推动作用。受伏特、泊松、格林等人观点的影响，欧姆也认为这个力是一种张力，是一种类似于橡皮筋被拉伸后所产生的那种收缩力。在当时，大家之所以认为这是一种张力，还受到了流体力学的类比影响。因为流体在一种介质中的流动过程也有类似规律，如图 8-4 所示。其中 V 表示体积，λ 表示阻力系数，ρ 表示质量密度，u 表示流体的流动速度。

推动流体这样运动的力就是压强 p，而压强正是一种张力或应力。由于这种张力与电相关，所以这种力 p 被称为电张力，Δp 就被称为电张力之差。

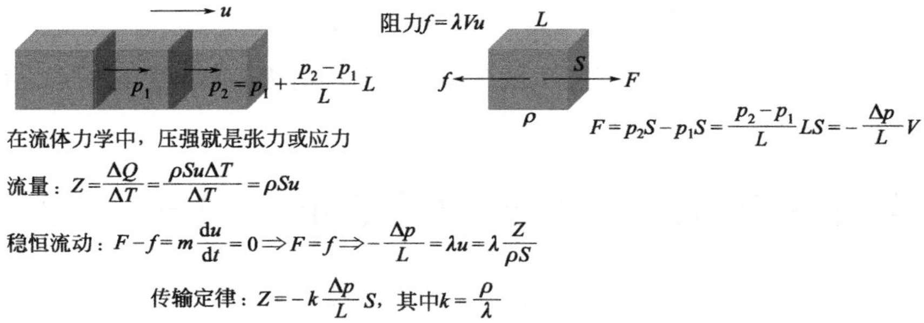

u 阻力 $f=\lambda Vu$ L

p_1 $p_2=p_1+\frac{p_2-p_1}{L}L$ f S F

在流体力学中，压强就是张力或应力 ρ $F=p_2S-p_1S=\frac{p_2-p_1}{L}LS=-\frac{\Delta p}{L}V$

流量：$Z=\frac{\Delta Q}{\Delta T}=\frac{\rho Su\Delta T}{\Delta T}=\rho Su$

稳恒流动：$F-f=m\frac{\mathrm{d}u}{\mathrm{d}t}=0\Rightarrow F=f\Rightarrow-\frac{\Delta p}{L}=\lambda u=\lambda\frac{Z}{\rho S}$

传输定律：$Z=-k\frac{\Delta p}{L}S$，其中 $k=\frac{\rho}{\lambda}$

图 8-4 流体的传输规律

后面将会谈到，这种把与电相关的力与张力（即弹性力学）联系起来的思考方法对后人产生了一定影响。比如，这种电张力与之后法拉第提出的力线的张力就非常相似，因为法拉第提出力线的一个主要任务就是解释感应电流产生的原因。也就是说欧姆的电张力和法拉第的力线的张力都是在试图解释电流形成的动力产生机制。后面还会谈到，将电量的传导过程类比成热量的传导过程的思考方法也启发了开尔文，让开尔文后来把与电相关的力的传递过程也类比成了热量的传导过程。而麦克斯韦正是在综合了法拉第和开尔文这些观点的基础上继续前进。

由于这种类比，这种电张力之差 Δp 在今天被称为电压，也被称为电势差。但那个时候的人们当然还不知道这些概念，电压和电势差的概念还要等很久之后才会形成。在当时的人们看来，自然界只不过又出现了一种新的力而已。这种力可以持续推动电荷在导线中运动从而形成电流，并且这种力与它推动形成的电流之间满足欧姆定律。对于在牛顿力学教育背景下长大的人来说，这种观点再自然不过了。就像今天的科研工作者，当遇见新自然现象的时候，他们也会不自觉地采用相对论或量子物理学去认识这些新现象一样。尽管其中有些现象可能已经无法由相对论或量子物理学来解释，而是需要更新的物理学才能解释说明。

不过，欧姆定律已经是当时人们得到的与电有关的第四条定律，还有另外两条定律在此之前就已经得到了。

8.3 电流对磁的力、电流对电流的力——安培定律和毕奥-萨伐尔定律

对于磁的现象，在第 4 章提到过，吉尔伯特早在 1600 年就写过专著《论磁》，并且该书启发了开普勒等人将引力类比成磁力[1]。《论磁》也提到了有关电的现象，“电”这个术语正是吉尔伯特提出的。但是两千多年来，由于人造电流并不容易被得到，因而表明电和磁之间存在联系的现象并不多。但从 1800 年开始，终于有了人工制造的稳定电流，一个新的世界即将展示在世人面前。所以当奥斯特在 1820 年 7 月份正式对外公布，他发现了一个新的现象——电流能够让小磁针产生偏转时，这个消息就立即引起巨大的震动。因为这个发现意味着：电和磁之间也存在相互作用。

[1] 这是电磁现象与引力现象之间最早的类比，在第 4 章详细讨论过，它对引力概念的出现指明了方向。

8.3.1 安培力

仅仅两个月之后，也就是 1820 年 9 月份，这个实验就传到了法国，立即引发了一股研究热潮。安培（1775—1836）完美地展现了一位科研工作者应具有的职业嗅觉，他马上展开研究，就在接下来的短短一个月之内，抢先发表多篇论文，全面透彻地研究了这一现象。研究成果主要包括：

① 磁针偏转方向与直线电流的方向满足右手螺旋定则（今天中学课本仍然在使用该规则）。

② 电流与电流之间也存在相互作用。

③ 环形电流与条形磁铁之间的相似性。安培后来根据此发现提出了“磁铁的磁起源于分子环形电流”的假说。

④ 电流与电流之间相互作用大小的计算公式。

正如库仑一样，安培也不自觉地采用了力的概念来描述这种相互作用的大小。在 1821 年，通过 4 个极其巧妙的实验，安培得到了两小段直线电流之间相互作用的计算公式[1]，如图 8-5 所示，其中 R 表示两小段直线电流之间的距离，ΔL 表示直线电流的长度。

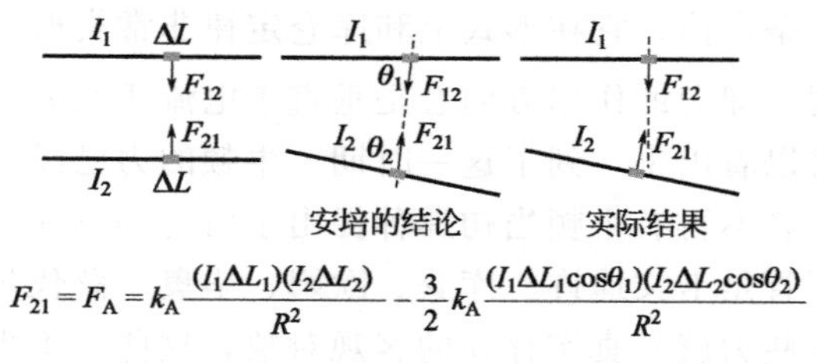

图 8-5　安培力的计算公式

这个力在今天被称为安培力，这个结论也被称为安培定律。这是当时人们得到的与电有关的第三条定律。安培成为了第一个计算出运动电荷之间作用力的人，这个开创性工作对后面的发展如此重要以至于麦克斯韦称安培是“电学中的牛顿”。

8.3.2 单位小磁针受到的力——毕奥-萨伐尔定律

早在安培得到这个安培力计算公式之前，毕奥和萨伐尔就已经在研究电流对小磁针作用的计算问题。为了搞清楚这种作用是如何取决于直导线和磁针之间的位置关系，他们利用对称性，研究了两段直导线拼接在一起形成的折线电流，如图 8-6 左边情况所示。他们在 1820 年的 11 月份也是通过实验得到了相应的计算公式。正如库仑和安培一样，他们自然也采用了力的概念来描述这种相互作用的计算公式[2]。

这个公式是整条直线电流对单位小磁针的作用力。不久之后，数学家拉普拉斯（1749—1827）通过微分运算，从这个公式推导出一段无限短的电流对单位小磁针作用力的计算公式，如图 8-7 所示。

这个力被称为单位小磁针受到的力，这个结论在今天被称为毕奥-萨伐尔定律。这是人

---

[1] 麦克斯韦著，《电磁通论》，北京大学出版社，2010：410-420。陈熙谋、陈秉乾著，《电磁学定律和电磁场理论的建立和发展》，高等教育出版社，1992：20-27。

[2] 陈熙谋、陈秉乾著，《电磁学定律和电磁场理论的建立和发展》，高等教育出版社，1992：17-19。

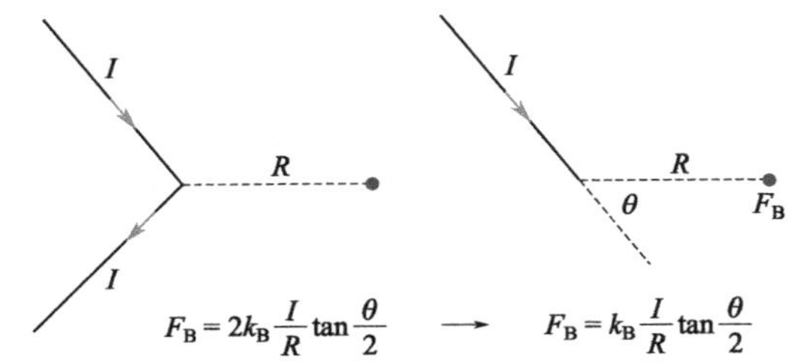

图 8-6 整条直线电流对单位小磁针作用力的计算公式

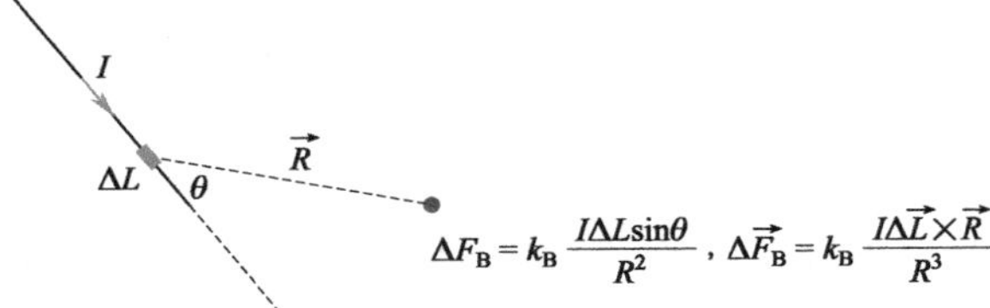

图 8-7 一小段电流对单位小磁针作用力的计算公式

们得到的与电有关的第二条定律，它在形式上和库仑定律非常类似。这个力的作用方向遵循安培提出的右手螺旋定则，即力的作用方向总是垂直于电流 I 与 $\vec{R}$ 组成的平面。

从这些研究过程中可以看出来，到了这一时期，牛顿的力已经被大家视为一个真实存在的对象了。并且这些研究者不再有牛顿当初那种提出了引力却不知道如何解释它为什么会产生的无奈和思想负担。不管是卡文迪许、库仑、欧姆、毕奥、萨伐尔还是安培，对于他们来说，通过实验测量到的这些力就是真实存在的客观对象，这些力不再必须要有本质的解释说明就能成为理论的一部分。安培他们都是从实验的土壤中成长起来的科学家了，而牛顿那一代人主要是从自然哲学的土壤中成长起来的科学家。伴随着这些研究过程，经验主义中的实证主义思想已经明显开始形成和壮大。实际上就在 10 年之后，孔德正式发起实证主义哲学的派别，第 6 章已经谈到过这一点。

8.3.3 第一个危机信号

不过可惜安培通过实验得出的这个安培力计算公式是错误的。错误根源在于这种新力具有一种之前从没未出现过的特点，那就是：当两段电流非常短时（如图 8-8 中的两小段电流），这两段电流之间作用力与反作用力的方向并不一定在同一条直线上，如图 8-8 右图所示。这个特点与牛顿第三定律是矛盾的。安培因为在推导过程中采用了牛顿第三定律，所以得出的结论如图 8-8 左图所示，作用力与反作用力的方向仍然在同一条直线上的。

另外，直线电流与小磁针的相互作用也具有这个特点。比如图 8-9 中，小磁针的受力方向是横向而非指向导线时，磁针的受力方向与电流受到的反作用力方向就无法在同一条直线上，从而无法满足牛顿第三定律。

这些新特点已经发出警告：这些与电和磁相关的新现象与牛顿第三定律是冲突的，进而与整个牛顿力学是有冲突的。这是电磁学与牛顿力学之间存在矛盾的第一次展现。

虽然安培以及同时代的人也觉察到这种反常性，但几乎没有人觉察到它与牛顿第三定律是矛盾的。因为他们认为这些特点是合成之后的力产生的效果，如果把导线和磁铁分解成若干小段，这些小段之间的作用力就不存在此问题。由于当时大家都无法制造出孤立存在、且非常短的直线电流，他们能制造出的电流都是闭合回路中的电流，因而在早期，他们很难直接从实验上发现两段孤立的且非常短直导线之间安培力的这个反常，如图 8-8 右图所示。他们当时也不知道电子的存在，更不知道移动的电子就可以视为非常短的直线电流，所以他们也不知道这个反常本质上就是：两个移动电子之间的作用力与反作用力不再满足牛顿第三定律[❶]，即电磁现象与牛顿定律是存在矛盾的。

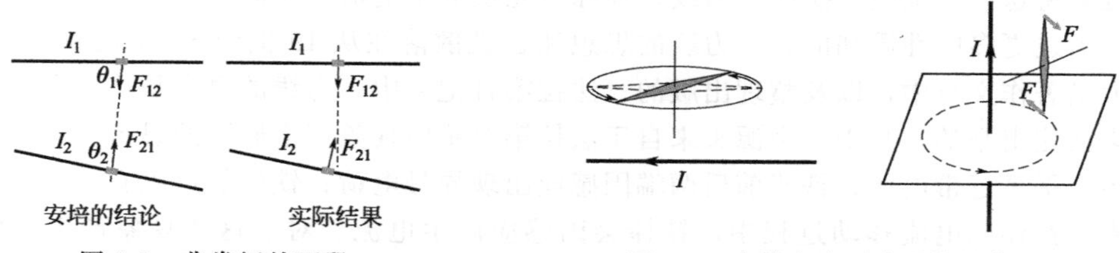

图 8-8　非常短的两段电流之间的作用力

图 8-9　直线电流对小磁针的作用力方向与直导线不在同一个平面内

8.4　磁对电的作用力——电磁感应定律

人们很早之前就已经发现：铁棒靠近带电物体，这根铁棒的前后两端会出现异号电荷，如图 8-10 所示，铁棒靠近磁石，这根铁棒也会带有磁。这些现象在当时都被称为感应现象（induction）。

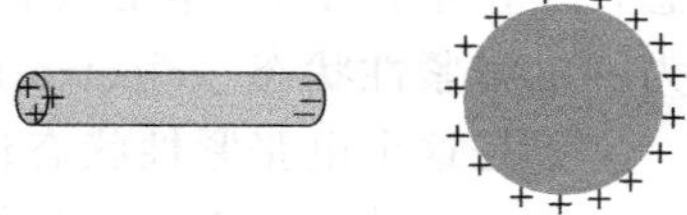

图 8-10　电荷感应现象

现在有了稳定的人工电流，受到前两种感应现象的启发，多数人都觉得：只要铁棒靠近一根电流，也应该和前两种感应现象一样，这根铁棒会出现感应电流。由于人们的焦点一直关注在“靠近”上（因为前两种感应现象就这样产生的），所以一直没有观察到预期的感应电流的出现。在长达十年的探索之后，法拉第（1791—1867）在 1831 年才发现关键点不在于“靠近”，而在于“变化”。法拉第发现感应电流在下面几种变化情况下才会出现：①让磁铁运动；②让电流导线运动；③让电流大小变化；④让铁棒运动。这些现象被法拉第称为磁电感应，不过我们今天称为电磁感应。

和卡文迪许、库仑、欧姆、毕奥、萨伐尔和安培他们一样，法拉第也采用力的观念来解释这些现象。也就是说，现在又出现了另外一种新的力，即产生感应电流的力，它是磁对电的作用力。所以，从 1785 年到 1831 年的约半个世纪里，库仑力、电张力、单位小磁针受到的力、安培力和产生感应电流的力——这些崭新的力相继暴露在世人面前，当然还包括早就知道的磁石与磁石之间作用力。这些不断涌现出来的新力，给当时的科研工作者带来了极大震撼。因为这意味着一种全新的物理学正在等待他们去研究发现。

法拉第就有这种恰逢其时的幸运，并且他已经觉察到这些力之间是相互关联的。比如：磁对电作用并形成感应电流的力与欧姆的电张力是否就是同一种呢？从法拉第开始，有一种野心慢慢地浮现出来，那就是：采用同一种力去统一解释说明这些新出现的力。法拉第提出了第一套统一解释方案，这套方案就是：力线。这是一套完完全全的力学模型，法拉第希望采用力线这个力学模型，去统一解释所有与电和磁有关的相互作用现象。

---

❶ 第 9 章将会详细解释不再满足牛顿第三定律的原因。

8.5 法拉第的力线——第一套统一方案

对法拉第的力线这一力学模型在两百年多前就出现过类似的想法：第 4 章谈到过，开普勒和伽桑狄认为地球与月亮之间存在大量“细绳”，正是这些“细绳”的拉扯产生了吸引作用。法拉第将这些“细绳”换成了力线，地球月亮换成了电荷、电流和磁石。不过法拉第赋予了这些力线更多的性质和能力。力线的思想和含义散落在从 19 世纪 30 年代到 50 年代法拉第的大量著作文章中，以及整理出版的《法拉第日记》中。力线的概念是从多个思想源头慢慢汇集演化出来的，其中一个源头来自于法拉第对感应现象产生原因的思考。

铁棒水平靠近带电体，铁棒前后两端因感应出现异号电荷；铁棒靠近磁石，铁棒会因感应带有磁；铁棒向电流移动过程中，铁棒会因感应产生电流。对于这些现象产生原因的解释，法拉第受到了另外一种类似现象的启发。比如两根固定好的具有弹性的细棍，让其中一根细棍振动起来之后，旁边另外一根细棍也会随之振动。那么细棍振动的这种感应过程是如何产生的呢？当第一根细棍振动起来之后，它会导致周围空气的振动，然后空气的振动会将第二根细棍振动起来。所以，第二根细棍的振动是由振动起来的空气的张力（弹力的一种）所导致的。如果在这两根细棍周围放一张有弹性的薄铁板，再在铁板上撒上细沙，那么当一根细棍振动起来时，这些细沙就会出现一些纹路。而电磁现象与此非常类似，比如在一根导线周围撒上铁屑，那么当导线通电之后，这些铁屑也会形成一些纹路。

受此启发，法拉第认为导线通电之后（或磁铁）也让周围空间充满了一种类似的张力状态，法拉第在 1839 年出版的《电学实验研究》（收录法拉第发表过的论文）第一卷中把它称为“电张紧性状态（electro-tonic state）”[1]。

正是这个电张紧性状态让电荷受到了力的作用，从而形成了电流。这就像空气振动形成的张力让另外一个细棒受到作用从而振动起来一样。这个观点与之前欧姆等人的观点也是接近的，前面提到过，欧姆也认为让导体产生电流的力是一种电张力。

这个电张紧性状态是法拉第的核心思想，它后来也被麦克斯韦等人使用过，它成为电磁学诞生过程中一个重要的辅助工具。法拉第在《电学实验研究》中这样写道[2]：

“在导线向磁铁移动或离开的过程中，导线中的反向或正向的感应电流会持续产生，这是因为在这段移动或离开过程中，‘电张紧性状态’会上升到较高的状态，或下降到较低的状态。‘电张紧性状态’的这种改变产生了感应电流。

这种‘电张紧性状态’看上去是一种‘张力状态’，可以认为它是和电流相当的，……”

但这种电张紧性状态是如何存在的呢？以及它是通过什么机制产生出力的呢？这需要借助一个载体来实现（在细棍振动感应现象中，载体就是空气）。几乎就在同时，力线的概念也慢慢随之演化出来了，力线从而成为了这个载体，而力线所具有的各种性质和能力担任了产生出力的机制。经过之后不断完善改进，这些想法最终演变出了力线的力学模型，并且这些想法几乎是法拉第边做实验边总结完善，独自一个人摸索发展出来的。

不过法拉第从来没有对力线单独下过定义，更没有像牛顿那样将质量、动量、力的定义独立出来，总结归纳并放在著作的最开始。并且力线也不是法拉第所借助的唯一载体，它只不过是法拉第众多类似热力线、重力线、电流线、力管、力轴等概念中的一个。只是其它这些概念后来被大家遗忘了，但法拉第当初对它们却是一视同仁的。今天关于法拉第力线的含

---

[1][2] M. Faraday, Experimental researches in electricity, volume1, 16, 19。

义，都是后来人通过阅读他的著作之后总结出来的。

那么，法拉第力线的力学模型到底是如何产生出力的呢？可以这样形象地理解：

① 首先，连接异号电荷的力线被称为电力线；连接异号磁极的力线被称为磁力线。

② 第二，这些力线不完全都是直线，它们也可以是曲线。磁力线是闭合的，而电力线从正电荷发出，或终止于负电荷。

③ 第三，这些力线具有类似弹性的性质。这种弹性让每根力线在沿力线方向上具有收缩力，让相邻的两根力线之间具有扩张力。正是这种收缩力产生了异号电荷、异号磁极之间的吸引力，而正是这种扩张力产生了同号电荷、同号磁极之间的排斥力。也正是这种扩张力让电荷之间的力线从直线变成了曲线，如图 8-11 所示。

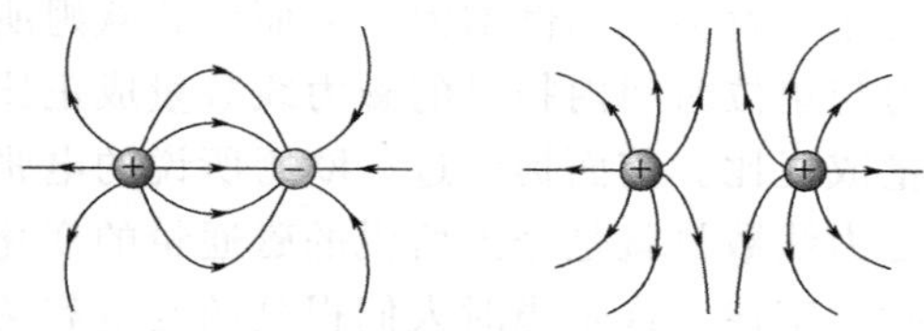

图 8-11　法拉第的力线

④ 第四，力线所具有的这些收缩和排斥的“弹性”功能就被法拉第称为电张紧性状态。力线的数量越多，它们表现出的电张紧性状态就越强。而所有电磁作用现象都是电张紧性聚集或释放的过程——这是法拉第的核心思想。所以，电荷和磁极周围分布的这些力线相当于弥漫着的一种具有弹性的介质。

⑤ 第五，法拉第认为这些力线是真实存在的，它们是由真实物质制造的。法拉第用铁屑粉撒在磁极周围，这些铁屑粉就会根据磁力线的形状分布出来，如图 8-12 所示。法拉第以此来说明这些力线的真实存在。

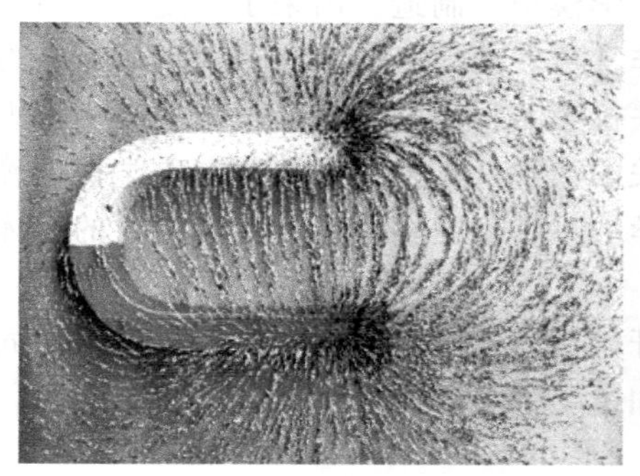

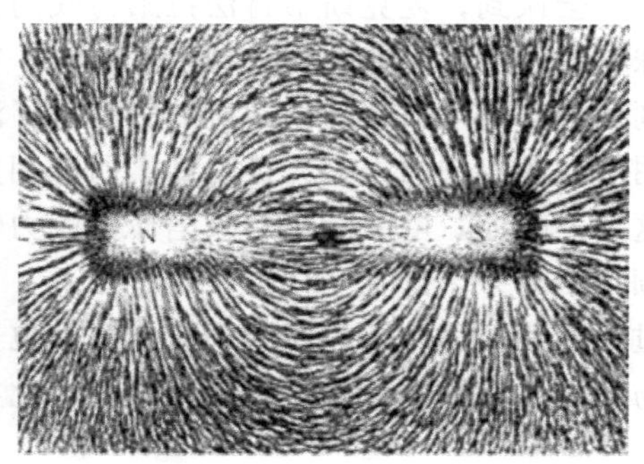

图 8-12　法拉第利用铁屑粉说明力线的真实存在

⑥ 总之，空间中分布着的这些力线是由一种特殊材料“制造”出来的，通过这样精心的“制造”，这些力线具有了类似弹性介质的能力。这些“弹性”造成了法拉第所说的电张紧性状态。同时这些“弹性”能力就是力线收缩力和排斥力的来源，从而也就是与电和磁有关的作用力的来源。

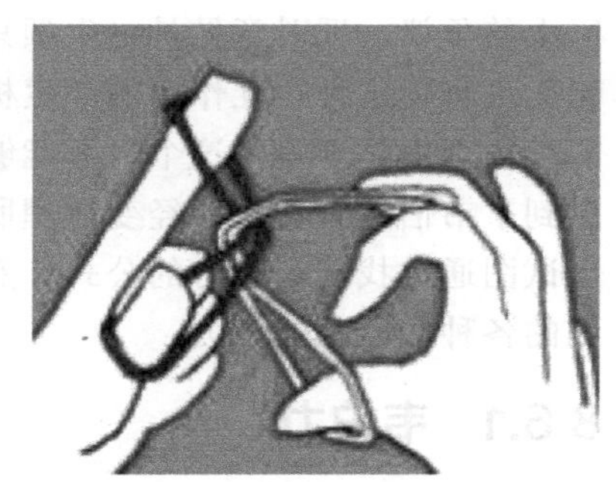

图 8-13　两根橡皮筋之间以横向方式相互拉扯

法拉第的力线还能很好地解释电磁感应现象。他的解释思路可以这样来理解：由于每根磁力线在沿力线方向上具有收缩力，就一根橡皮筋一样。另外，假设一根导线内部也分布着一种类似橡皮筋的特殊物质，它形成的张力就是欧姆所说的电张力。这样一来，当这根导线（也类似橡皮筋）以横向方式扫过磁力线（类似另一根橡皮筋）时，这根导线与磁力线将会相互拉扯，就像两根橡皮筋之间以横向方式相互拉扯一样，如图 8-13 所示。那么这根导线（类似橡皮筋）就会感受一个由于这种拉扯产生的张力，而这个张力就是欧姆所说的电张力。它推动电荷移动从而形成电流，这个电流就是所谓的感应电流。

那么，在单位时间内，这根导线（类似橡皮筋）扫过的磁力线数量越多，那么这种拉扯的张力就会成比例增大，从而导致欧姆所说的电张力也成比例增大。所以，欧姆所说的电张力与单位时间内扫过的磁力线数量成正比，从而电张力之差也与单位时间内扫过的磁力线数量成正比。前面提到过，欧姆所说的电张力之差就是今天所说的电压。而单位时间内扫过的磁力线数量就是今天所说的磁通量的变化率。所以，这个结论就是我们所熟悉的法拉第电磁感应定律，这是当时人们得到的与电有关的第五条定律。

法拉第的这套力线解释方案初步实现了他的野心，即利用这套解释方案，法拉第统一解释了电荷之间的力（库仑力）、磁石与磁石之间的磁力、推动电荷移动形成电流的力（电张力）和产生感应电流的力的来源。不过必须注意的是：法拉第的力线解释方案很明显是一个纯正的牛顿力学的模型（因为弹性力学属于牛顿力学）。并且法拉第只是提出了主要构想，还没有具体实现。也就是说：关于利用什么特殊材料、如何精心“制造”出这些力线等相关具体问题，法拉第并没有详细说明；另外，法拉第也不知道如何用数学公式来描述这些力线。所以，法拉第得到的这个电磁感应定律也只是一个定性结论，还没有相关数学计算公式。法拉第的论证风格更像笛卡儿那个时代的自然哲学家，比如像第 4 章谈到过的旋涡理论的那种论证方式。

后面将会谈到，麦克斯韦将法拉第力线的力学模型“制造”出来了。麦克斯韦采用以太作为特殊材料，就像制造一台机械手表一样，非常巧妙而精心地“制造”出了这些力线。麦克斯韦利用这台用以太制造的“机器”完成了法拉第的野心，那就是：采用同一种力去统一解释说明所有新出现的力，并且得到了所有相关的数学计算公式，从此电磁学得以确立。所以，在这一段时期，电磁学仍然被当作牛顿力学的一个分支在研究，就像当时的流体力学被当作牛顿力学的一个分支一样。

不过除了法拉第之外，当时还有很多人也开始具备此野心的机遇，即试图采用同一个力去解释与电和磁相关的所有相互作用现象，比如说韦伯（1804—1891）。

8.6 韦伯力——第二套统一方案

韦伯更加彻底地贯彻了牛顿的精神。在第 4 章谈到过，牛顿当初构造引力的时候面临着巨大的争议，反对意见是：牛顿只给出了物体之间吸引作用的数学描述，即引力的公式，牛顿无法解释这种相互作用的产生机制，以及这个引力是如何跨越虚空产生作用的。牛顿给出的辩护理由是：只要这个引力能够精确地解释自然现象就足够了，不必解释其本质。这种思想到了韦伯的时代，已经变得理所当然了。面对这些短时期之内涌现出来的崭新的力，韦伯也试图通过找到一个力的公式，然后从此力的公式出发，只通过数学计算就能推导出上面提到的各种与电相关的力。

8.6.1 韦伯力

当纽曼（F. E. Neumann，1798—1895）在 1845 年发表《感应电流的一般定律》，通过另外一条路径得到了法拉第电磁感应定律的数学公式之后，只用一个力的公式来统一所有这些力的“战机”就出现了。因为前面提到的五条定律[1]都已经有对应的数学计算公式了，剩下要做的工作就是利用高超的数学能力，将这些数学计算公式都统一为一个公式。在 1846 年初，从安培力的计算公式出发，韦伯找到了这个力的计算公式[2]：

$$F_{\mathrm{W}}=k_{\mathrm{C}}\frac{q_1q_2}{R^2}+k_{\mathrm{A}}\frac{q_1q_2}{R^2}\left(-\frac{1}{2}v^2+Ra\right)$$

式中，R 是两个电荷之间的距离；v 是两个电荷之间的相对速度；a 是两个电荷之间的相对加速度。这个力后来就被称为韦伯力。由于它的计算中已经包含有运动电荷之间的力，这个理论后来被称为电动力学。

和法拉第的解释方案类似，韦伯的统一方案也初步达到了目的。当两个电荷都静止时，韦伯力就退化为库仑力；韦伯将电流看成是一根导线中正负电荷朝相反方向以相同速度运动形成的，那么两根导线中所有运动电荷之间韦伯力的合力就等于安培力，如图 8-14 所示；另外，当一根有电流的导线静止，另外一根铁棒向它运动时，该导线中运动电荷对铁棒中电荷的韦伯力之合力就是推动铁棒中电荷运动形成感应电流的力，这个合力也就等于欧姆所说的电张力。所以从韦伯力也可以推导出法拉第电磁感应定律。

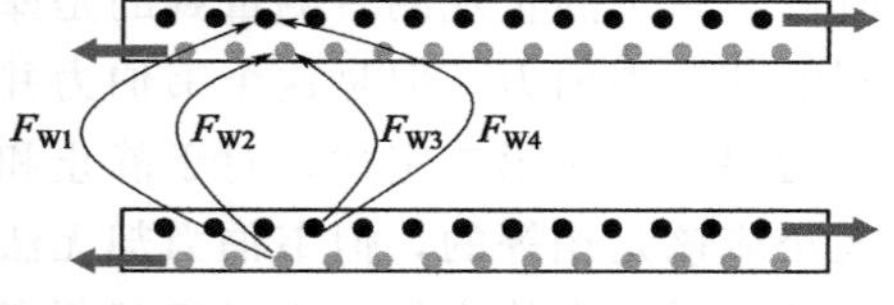

图 8-14　韦伯力对安培力来源的解释

韦伯力的成功给后来的人们带来了希望和鼓舞，它使得越来越多的人意识到：他们所发现的与电和磁相关的这些力之间有着本质联系，这些力是可以被统一在一起的。

8.6.2　第二个危机信号

不过，韦伯力并没有完全取得成功，因为还有很多现象采用韦伯力无法计算出来，比如法拉第发现的其它方式的电磁感应现象。而且更为重要的是，韦伯力很明显与牛顿力学发生冲突了。比如韦伯力第二项，即下面这一项意味着什么呢？

$$f_2=-k_{\mathrm{A}}\frac{1}{2}\frac{q_1q_2}{R^2}v^2$$

韦伯力第二项代表的力与速度的平方成正比，而大家都熟悉的物体在空气中运动所受到的阻力也是与速度的平方成正比。所以，当两个电荷异号时，第二项代表的力相当于是一种空气阻力；当两个电荷同号时，第二项代表的力相当于是一种空气推力。这当然会造成严重的后果。比如存在两个孤立的异号电荷，其中负电荷围绕另外一个正电荷旋转运动。那么在韦伯力第二项代表的“空气阻力”作用下，负电荷的运动速度将会越来越慢，最后落在正电荷上。所以在整个过程中，这两个电荷组成系统的动量和能量都不守恒，它们被这个“空气阻力”给消耗了。

$$f_3=k_{\mathrm{A}}\frac{q_1q_2}{R}a=M'(R)a，\quad 其中\ M'(R)=k_{\mathrm{A}}\frac{q_1q_2}{R}$$

韦伯力第三项，即上面这一公式意味着什么呢？这个公式明显表明：带电体相当于多受到了一种惯性力的作用，也就是说系统的惯性变大了，即两个带电物体的质量增加了。并且

---

[1] 指库仑定律、欧姆定律、安培定律、毕奥-萨伐尔定律、电磁感应定律。

[2] 麦克斯韦著，《电磁通论》，北京大学出版社，2010：613-615。A. K. T. Assis，Weber's Electrodynamics，Springer，2010。

两个带电物体之间的距离越近，质量增加得越多[1]。这当然也是与牛顿力学相矛盾的，因为在牛顿力学中，物体的质量是不随着运动而改变的。另外，就像对于地球所受到的离心力（惯性力的一种）而言，太阳并不是这个离心力的施力者一样，那么其中一个带电体所受到的这种惯性力的施力者也不应该是另外一个带电体。那么它又来自哪里呢？但它明明又是由另外一个电荷导致的。

所以，韦伯力与牛顿力学是矛盾的。韦伯虽然彻底地贯彻了牛顿的思想精神，但他却遭受了前所未有的困难。他用严格的数学计算做推演，得出了韦伯力的公式，就像当年牛顿得出引力公式一样。不过牛顿的引力公式取得了辉煌成功，但韦伯力的公式一面世就遭受了巨大挫折。或者说，把电磁学当成牛顿力学的一个分支来研究遭受了巨大挫折。

韦伯力还隐藏着另外一个巨大的问题。因为它直接明显地告诉我们：当一个电荷静止的时候，一个静止观测者测量到的是库仑力；当该观测者匀速直线运动起来的那一刻，他测量到的却是韦伯力，但是这个韦伯力并不等于库仑力。这个结论直接与牛顿第二定律矛盾了，因为根据牛顿第二定律，对于静止和匀速直线运动的观测者来说，他们测量同一个力得出的大小应该是相等的，但韦伯力却无法满足这一点，不同观测者测量到力的大小是不相等的。也就是说，韦伯力的大小对于观测者来说是相对而言的，不同观测者会得到不同的值。这就意味着一个非常奇怪的结论，那就是：与电有关的力是相对的，而不是绝对的，即力的大小是与观测者相关的。这个结果已经是相对论存在的直接线索了。

不过，那个时候的人们并不认为这是一个问题。因为对于他们而言，牛顿的绝对空间是有特权的，在绝对空间中的观测者与相对空间中的观测者得出的结论不相等是正常的。在第6章谈到过，从马赫1883年的批判开始，直到1902年庞加莱才正式提出相对性原理。而在此之前，受牛顿绝对空间思想的影响，绝对静止与相对运动的观测者之间的结论不相同才是正常的。

所以，电动力学从诞生时开始，就已经表现出与牛顿力学的巨大冲突。当然，那个时候很少有人能够进一步想到，其实引力也存在这些类似的困难。由于一个行星可以上亿年地围绕太阳旋转却没有掉下去，这使得人们很难相信引力也存在类似问题。不过还是有人开始这方面的尝试，F. F. Tisserand（1845—1896）在1872年提出类似于韦伯力的引力公式来解释水星近日点的进动，计算出100年的进动可以在牛顿引力基础上修正14″（爱因斯坦的修正是43″）。不过，引力存在的这些类似困难都要留待爱因斯坦去解决，而韦伯那个时代的人们最急迫的任务是如何解决电荷之间的力（如韦伯力）与动量、能量守恒冲突的问题。韦伯自己对此问题的辩解是：他的理论在微观情况下是符合能量守恒的。尽管存在诸多问题，韦伯力在欧洲大陆还是流行了很长一段时间。

8.6.3 危机带来的思想转变

不过，韦伯力第二项所表现出来类似空气阻力的效果很快让人意识到：有一种类似空气介质的物质分布在两个电荷之间，它们参与了电荷之间的相互作用。另外，上面谈到过，法拉第的力线概念的思想起源于两个细棍之间的振动感应现象，而这个振动感应正是由空气介质的振动来实现的。所以，法拉第的这个解释方案也意味着：有一种类似空气介质的物质分布在两个电荷之间，它们参与了电荷之间的相互作用。除此之外，在同一时期，电荷之间存在介质的观点在第三套统一解释方案中，以另外一种方式也表现出来了。这第三套解释方案

[1] 第18章将会谈到，对于引力，结论真的是这样，质量将变大。

的开创者就是开尔文和亥姆霍兹。

8.7　类比——统一的第三条道路：库仑力、电张力与磁力

8.7.1　开尔文的类比

前面谈到，法拉第从两根细棍的振动现象中类比出了电张紧性状态，这样的类比在电磁学的发展过程中还大量存在。前面还提到，傅里叶的热传导定律给欧姆带来启发，让欧姆将电荷传导的过程类比成热传导的过程，从而得到了欧姆定律。十几年之后，热传导定律给开尔文（威廉·汤姆森 1824—1907）也带来了启发，开尔文将与电有关的力的传递过程也类比成热传导的过程。这个类比包含着一个重大的思想转变，那就是：力也需要一个传播过程。不过，当时的开尔文也许并没有认真对待这一点，因为这个结果并不是他初衷，又只是一个伟大的“副产品”。

这位 10 岁上大学、22 岁当教授的年轻人，在 1842 年发表的《论均匀固体中热的均匀运动，以及它与电的数学理论的联系》以及 1845 年发表的《关于静电平衡的数学理论》中，考虑了一种热传导过程，即假设在一种介质中，有一个球形热源向四周传输热量。开尔文将一个球形电荷源向四周传递力的过程类比成一个球形热源向四周传导热量的过程。这个球形电荷源也处于一种介质中，如果周围没有物质介质，那它就处于一种以太介质中。开尔文的类比如下[1]：

① 首先，在热力学中，热流采用热流线来表示。热流线数量越多，表示热流量越大。这与法拉第的力线非常类似，所以，开尔文把电力线类比成热流线，将电力源类比成热源，也就是将电荷源类比成热源。

② 第二，在热力学中，穿过一个曲面的热流线数量与穿过这个曲面的热通量成正比。在类比之下，穿过一个曲面的电力线数量就与电力的通量成正比。

③ 第三，每一个球面上的温度 T 是相等的，它被称为等温面。在类比之下，每一个球面上的位势[2]是相等的，它被称为等势面。即把位势 ϕ 类比成温度 T。由于它与电相关，也被称为电位势。

④ 第四，热传导定律为：

$$\frac{\vec{Z}}{S}=-\frac{\lambda}{4\pi}\vec{\nabla}T$$

式中，S 表示球面的面积；$\vec{Z}$ 表示穿过球面的热流量；λ 表示比例系数；$-\vec{\nabla}T$ 表示温度沿下降最快方向上的下降率，$\vec{\nabla}T$ 被称为温度的梯度。

所以该定律的意思就是：温度的梯度 $\vec{\nabla}T$ 与穿过单位面积的热流量大小成正比，即与穿过单位面积的热流线数量成正比。在类比之下，电位势的梯度的负数 $-\vec{\nabla}\phi$ 也应该与穿过单位面积的电力线数量成正比。

---

[1] W. Thomson，On the uniform motion of heat in homogeneous solid bodies，and its connection with mathematical theory of electricity，Mathematical and Physical Papers，Cambridge University Press，2011：9。W. Thomson，On the mathematical theory of electricity in equilibrium，Reprint of Papers on Electrostatics and Magnetism，Cambridge University Press，2011：42-51.

[2] 第 5 章谈到过位势的概念，它早就在牛顿的引力理论中被使用过。

⑤ 第五，根据法拉第的力线方案，穿过单位面积电力线的数量越多，它们形成的电张紧性状态就越强，即电张力的强度就越大。所以梯度$-\vec{\nabla}\phi$也就与电张力成正比，即有：

$$\vec{F}_C=-\vec{\nabla}\phi=k_C\frac{Q}{R^3}\vec{R}$$

总之，开尔文的类比总结如图 8-15 所示。

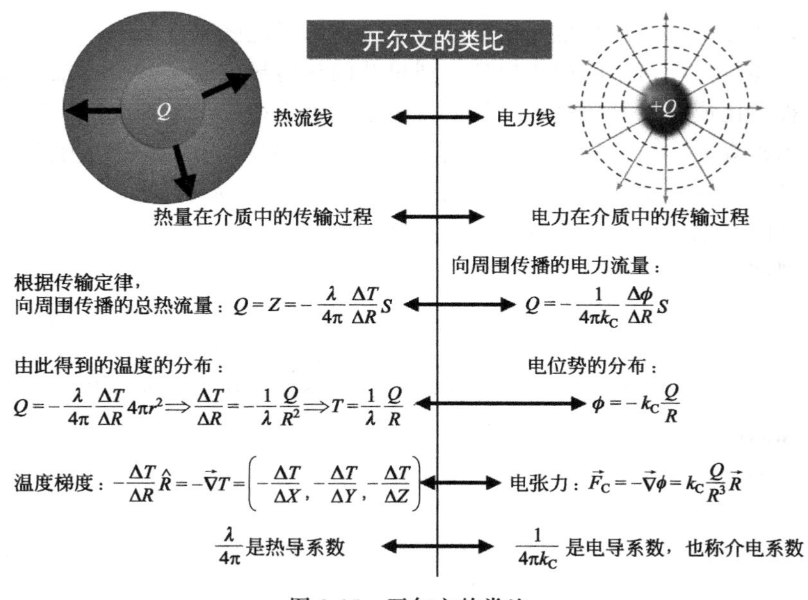

图 8-15 开尔文的类比

8.7.1.1 开尔文类比的成果——电力线被数学化

在上述类比过程中，出现了两个重要数学对象，那就是：位势和梯度。在数学中，在任意空间位置处，一个随空间分布的量$\phi(X,Y,Z)$下降最快的方向和下降率就组成一个矢量。这个矢量在X、Y、Z轴方向上投影出的分量分别为：

$$-\vec{\nabla}\phi=\left(-\frac{\Delta\phi}{\Delta X},-\frac{\Delta\phi}{\Delta Y},-\frac{\Delta\phi}{\Delta Z}\right)$$

这三个分量就表示ϕ分别在三个方向的下降率。利用高等数学，这些分量可以改写为更加精确的微分形式：

$$-\vec{\nabla}\phi=\left(-\frac{\partial\phi}{\partial X},-\frac{\partial\phi}{\partial Y},-\frac{\partial\phi}{\partial Z}\right)$$

可以这样来理解这个微分形式：$\frac{\Delta\phi}{\Delta X}$只是$\frac{\partial\phi}{\partial X}$的近似值，或者说$\frac{\Delta\phi}{\Delta X}$只是$\frac{\partial\phi}{\partial X}$在一块区域内的平均值。在数学中，这个随空间分布的量$\phi(X,Y,Z)$被称为位势，$\vec{\nabla}\phi$就称为位势ϕ的梯度。上面公式中的负符号代表下降最快，而不是上升最快。

与位势和梯度相关的数学计算早已经被拉格朗日（1736—1813）、拉普拉斯（1749—1827）、高斯（1777—1855）、泊松（1781—1840）、格林（1793—1841）等人建立起来了。1777 年，在伯努利的基础上，拉格朗日从牛顿的引力发展出了梯度和位势的概念，得到了“引力就是位势梯度的负数”的结论。在 1788 年，拉格朗日出版了继《自然哲学之数学原理》之后另一旷世巨著《分析力学》，在此书中拉格朗日进一步完善了梯度和位势的概念。

拉普拉斯在位势概念基础上进一步发展出拉普拉斯方程。在库仑于 1785 年提出库仑定律之后，由于引力和库仑力之间巨大的相似性，泊松在 1811 年将梯度和位势的工具也应用于库仑力，即认为库仑力也可以等于位势梯度的负数[1]。格林在 1828 年找到了如何计算出位势的方法，即格林函数。格林函数让我们可以轻易计算出空间分布的多个电荷共同产生的库仑力。1839 年，高斯更是在此基础上进一步发展出了高斯定律，从而可以轻易计算出带电体表面产生的库仑力。所以，关于库仑力的数学描述在此之前已经非常成熟了[2]，简单总结如下：

$$\vec{F}_{\mathrm{N}}=-\vec{\nabla}\phi,\ \phi=-G\frac{Mm}{R},\ m=1$$

$$\vec{F}_{\mathrm{C}}=-\vec{\nabla}\phi,\ \phi=k_{\mathrm{C}}\frac{Qq}{R},\ q=1$$

开尔文通过此类比把这套成熟的数学工具和法拉第的电力线结合起来了。开尔文的这个类比无比重要，因为它标志着法拉第的电力线已经开始被数学化了，并且开尔文找到的数学工具已经非常成熟（位势和梯度）。也就是说现在有具体的数学公式来描述法拉第的电力线了，具体来说就是：

我们只需要找到一个随空间分布的量 $\phi(X,Y,Z)$，它被称为电位势，梯度负数 $-\vec{\nabla}\phi$ 的方向就是这些电力线的方向；它梯度负数 $-\vec{\nabla}\phi$ 的大小就是这些电力线所具有的电张紧性状态的强度。这个电张紧性状态的强度被称为电张力 $\vec{F}_{\mathrm{C}}=-\vec{\nabla}\phi$；电力线的数量被称为电力的通量。

8.7.1.2　思想认识的混乱

这里必须要指出的是：到底什么是电张紧性状态，什么是电张力？连法拉第本人都没有单独定义过这两个概念。那个时候大家的理解都是含糊和混乱的，没有统一清晰的定义。当时大家都还处在黑暗中摸索的阶段，不同的科学家有不同的用法。很多新概念都还在孕育演化的阶段，还没有最终形成，而电张紧性状态和电张力就是这个孕育演化过程中的过渡产物。

采用今天已经成熟的物理术语来看，这种含糊和混乱来自于他们还看不出以下 3 种力之间的区别和联系：①静止电荷的库仑力；②物体在外部电场中极化后，该物体内部的极化电荷产生的库仑力；③电源产生电流时的电力。

第 2 种力的确会产生一种紧张状态，比如当一团电荷靠近一块物体时，这块物体的前后两面会感应出异号电荷，这些感应电荷形成的电场会抵抗外部那团电荷产生的电场。这种抵抗就形成一种张紧状态。这就像用力拉开一根橡皮筋，橡皮筋会产生一个收缩力来抵抗你的拉力，从而橡皮筋也形成了一种张紧状态一样。

所以，开尔文用梯度的负数 $-\vec{\nabla}\phi$ 表示的电张力实际上是指第 2 种力。当然，梯度的负数 $-\vec{\nabla}\phi$ 也可以用来表示第 1 种力，泊松他们之前就是这样做的。所以开尔文实际上把第 1 种和第 2 种力统一起来了，它们现在有了统一的数学计算公式，也可以用统一的电力线来表示。

---

[1] 在这个发展过程中，电磁力与引力之间的类比又一次产生了巨大的指引作用。

[2] 但需要特别注意的是，电位势在那个时候与势能还没有任何关系，它只是一个纯数学的概念。因为势能的概念，还没有出现。

但欧姆等人的电张力是与第 3 种力相关的。就像压强差和温度差可以让流体流动和热量传导一样，电张力也可以让电荷流动。并且欧姆直接采用电位势 $\phi(X,Y,Z)$ 来表示这种电张力，而不是采用梯度的负数 $\vec{F}_C=-\vec{\nabla}\phi$ 来表示这种电张力。纽曼、韦伯、早期的基尔霍夫等人也是这种观点。

法拉第的电张紧性状态所产生的电张力是与第 2 种和第 3 种力相关的。他也正是采用这种电张力去解释感应电流产生的原因。早期的麦克斯韦继承了这种观点，并且麦克斯韦还认为电位势 $\phi(X,Y,Z)$ 就是表示法拉第所谓的电张紧性状态。

采用今天的物理术语来说，第 1 种和第 2 种力是由电位势产生的，第 3 种力是由电动势产生的，电位势和电动势是不一样的。到了 1849 年，基尔霍夫才终于对此做出了区分：电位势是由静止电荷产生的，而电动势是电源提供的，或者说是运动的电荷产生的。这种深刻的区别和联系，要等到麦克斯韦的新发现之后才能得到本质的澄清（后面详细说明）。

另外，电位势与电动势之间这种区别再次意味着一个重要结论：与电有关的势也是相对的，而不是绝对的。电荷是静止还是运动，会对它所产生的势带来本质的改变。这也是相对论存在的直接线索了。不过那个时候的人们无法洞察到这一点。

8.7.2 亥姆霍兹的类比

提出过开尔文温标、发现了热力学第二定律的开尔文将电力线类比成了热流线。而就是在那个时代，流体力学也进入了蓬勃发展的时期。和开尔文类似，不少人开始尝试将磁力线类比成流体的旋涡流动所形成的流线。实际上在很早以前，磁现象就与旋涡联系在一起了。在第 5 章谈到过，笛卡儿发明旋涡理论来解释行星的运动，这种理论在欧洲大陆影响很久远。比如伯努利和欧拉就先后利用旋涡来解释过磁现象，他们认为条形磁石的周围有介质围绕它旋转，正是这些介质围绕条形磁石的旋涡运动产生了磁。后来安培进一步提出磁是由分子环形电流（即旋涡）产生的假说。在提出磁力线之后，法拉第认为闭合的磁力线可以看成是旋涡。法拉第的这个观点和安培的分子环形电流分别代表了磁与旋涡之间两种关系。而亥姆霍兹（1821—1894）采用了法拉第的观点❶，他将磁力线类比成流体的旋涡流动所形成的流线。

8.7.2.1 亥姆霍兹的类比过程

到了 1850 年代，人们对流体中的旋涡现象已经有了成熟的数学理论，特别是斯托克斯（1819—1903）在 1853 年提出了斯托克斯定理之后，流体力学中有关旋涡的理论日趋完善。最简单情况下的旋涡理论如图 8-16。

亥姆霍兹的类比如下：

① 把电流导线类比成流体力学中的旋涡管。

② 把电流强度类比成旋涡强度。

③ 把磁力线类比成流体的旋涡流动所形成的流线❷。磁力的环流量类比成旋涡流动的环流量。这个磁力 $\vec{F}_B$ 就是指前面提到过的单位小磁针受到的磁力，它在今天被称为磁感应强度，用字母 $\vec{B}$ 表示。

总之，亥姆霍兹的类比总结如图 8-17 所示。

---

❶ 后面会谈到，麦克斯韦采用了安培的观点。

❷ 陈熙谋、陈秉乾著，《电磁学定律和电磁场理论的建立和发展》，高等教育出版社，1992：61。

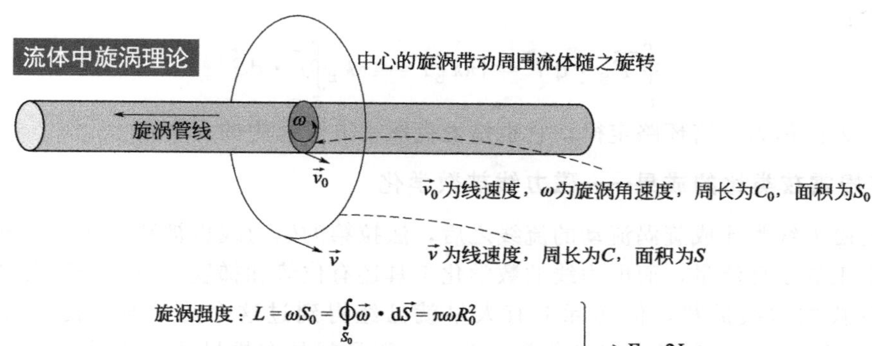
流体中旋涡理论
中心的旋涡带动周围流体随之旋转
旋涡管线
ω
$\vec{v}_0$
$\vec{v}_0$ 为线速度，ω为旋涡角速度，周长为C_0，面积为S_0
$\vec{v}$
$\vec{v}$ 为线速度，周长为C，面积为S
旋涡强度：$L=\omega S_0=\oint_{S_0}\vec{\omega}\cdot d\vec{S}=\pi\omega R_0^2$
旋涡管边界处的环流量：$\Gamma_0=v_0C_0=\oint_{C_0}\vec{v}_0\cdot d\vec{l}=v_0 2\pi R_0=2\pi\omega R_0^2$
$\Longrightarrow \Gamma_0=2L$
旋涡管边界处的环流量向外扩散后，变为外圈处的环流量：$\Gamma=\oint_C\vec{v}\cdot d\vec{l}$
旋涡管与外圈之间没有旋涡，环流量保持不变：$\Gamma=\Gamma_0$
所以得到重要关系：$\Longrightarrow \oint_C\vec{v}\cdot d\vec{l}=2L=\oint_{S_0}2\vec{\omega}\cdot d\vec{S}=\oint_S 2\vec{\omega}\cdot d\vec{S}$

图 8-16　流体力学中的旋涡理论

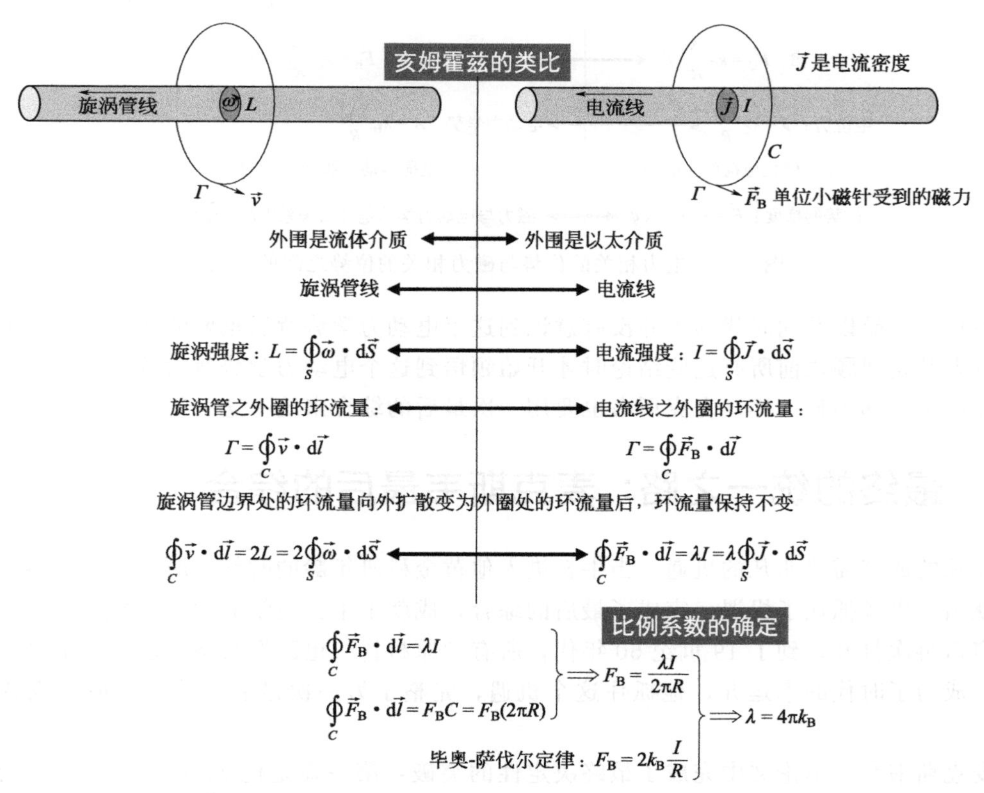
亥姆霍兹的类比
旋涡管线
$\vec{\omega}$ L
Γ $\vec{v}$
$\vec{J}$是电流密度
电流线
$\vec{J}$ I
C
Γ $\vec{F}_B$ 单位小磁针受到的磁力
外围是流体介质 ⟷ 外围是以太介质
旋涡管线 ⟷ 电流线
旋涡强度：$L=\oint_S\vec{\omega}\cdot d\vec{S}$ ⟷ 电流强度：$I=\oint_S\vec{J}\cdot d\vec{S}$
旋涡管之外圈的环流量：⟷ 电流线之外圈的环流量：
$\Gamma=\oint_C\vec{v}\cdot d\vec{l}$
$\Gamma=\oint_C\vec{F}_B\cdot d\vec{l}$
旋涡管边界处的环流量向外扩散变为外圈处的环流量后，环流量保持不变
$\oint_C\vec{v}\cdot d\vec{l}=2L=2\oint_S\vec{\omega}\cdot d\vec{S}$ ⟷ $\oint_C\vec{F}_B\cdot d\vec{l}=\lambda I=\lambda\oint_S\vec{J}\cdot d\vec{S}$
比例系数的确定
$\oint_C\vec{F}_B\cdot d\vec{l}=\lambda I$
$\oint_C\vec{F}_B\cdot d\vec{l}=F_BC=F_B(2\pi R)$
$\Longrightarrow F_B=\dfrac{\lambda I}{2\pi R}$
毕奥-萨伐尔定律：$F_B=2k_B\dfrac{I}{R}$
$\Longrightarrow \lambda=4\pi k_B$

图 8-17　亥姆霍兹的类比

如果导线比较粗，这个类比结果在导线内部也是成立的。只不过比例系数会因为介质的变化而发生改变，因为在导线内部，物质介质已经发生了变化。总之，通过此类比得到的一

个重要结论：

$$\oint_{C}\vec{F}_{B}\cdot d\vec{l}=4\pi k_{B}I=4\pi k_{B}\oint_{S}\vec{J}\cdot d\vec{S}$$

它在今天被称为安培环路定律，它也是麦克斯韦方程组中的一个。

8.7.2.2 亥姆霍兹类比的成果——磁力线被数学化

通过将磁力线类比成旋涡流动的流线之后，法拉第的磁力线也被数学化了。亥姆霍兹所采用的数学工具是环流量，而电力线的数学化工具还有位势和梯度。在这个启发之下，大家开始试图寻找磁力线的势，但实际上有人早就已经得到过这个势。前面提到过，纽曼在1845年得到了法拉第电磁感应定律的数学公式。纽曼就是在推导该公式过程中曾引入过一个与位置相关的矢量函数，它被纽曼称为电动力学势。为了数学上的简化，这里不去还原纽曼的探索过程了，但只要将纽曼的这个电动力学势与电位势做一下简单对比（见图 8-18），就能看出纽曼引入的这个矢量函数的确具有势的功能。

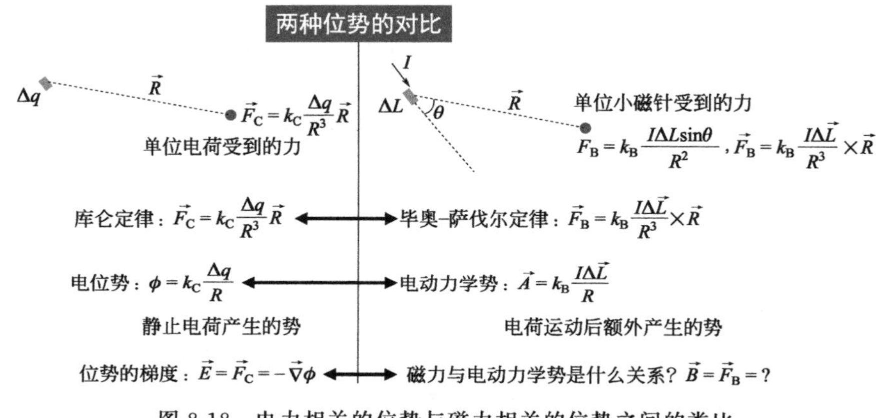

图 8-18 电力相关的位势与磁力相关的位势之间的类比

不过，纽曼以及同时代的人并没有意识到这个电动力学势背后重要的物理含义。十年之后，有人开始回顾之前所有这些结论时才开始领悟到这个电动力学势背后的玄机，这个人就是麦克斯韦。和牛顿一样，麦克斯韦也要用一次最后的综合来统一这一切。

8.8 最终的统一之路：麦克斯韦最后的综合

非凡的成就需要非凡的机遇。当牛顿进入他黄金科研年龄的时候，所有“原材料”已经准备就绪，牛顿抓住了机遇，完成了最后的综合，成就了牛顿力学的大厦。现在，历史机遇期的窗口再次打开，到了19世纪50年代，所有“原材料”也已经具备。麦克斯韦（1831—1879）成为了时代的幸运儿，他抓住这个机遇，完整了另一次最后的综合，最后成就了电磁学。

麦克斯韦在三篇论文中完成了最终决定性的突破：第一篇是他24岁时发表的《论法拉第力线》；第二篇是他30岁时发表的《论物理力线》；第三篇是他34岁的时候，他对之前的研究成果做了一次梳理和总结之后发表的《电磁场的动力学理论》。或许是对这次总结不满意，同年，麦克斯韦辞职后回到自己的庄园潜心总结和写作，在42岁出版了《电磁通论》。此著作的地位如同45岁牛顿出版的《自然哲学之数学原理》。

8.8.1 第一篇论文《论法拉第力线》

年仅 24 岁的麦克斯韦模仿了当时流行的研究方法——类比研究，写出了第一篇重要的论文《论法拉第力线》[1]。不过，麦克斯韦这次类比研究取得了多方面的突破，主要如下。

8.8.1.1 第一篇论文的突破（一）——电位移思想的萌芽

青年时代的麦克斯韦当然受到了开尔文的影响，在论文第一部分继续了开尔文的那种类比。开尔文将电力线类比成热流线，而麦克斯韦将电力线类比成不可压缩流体的流线。不过，与开尔文类比的最大不同点，也是最具有决定性意义的地方在于：麦克斯韦将电力线看成是电荷移动的轨迹线，而开尔文将电力线看成是电力传输的轨迹线，如图 8-19 所示。

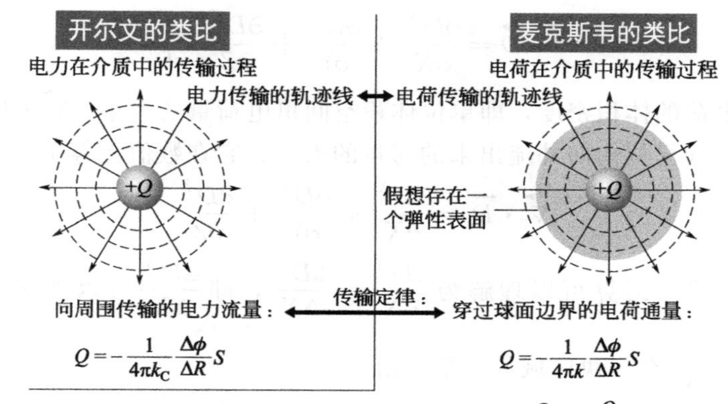

图 8-19　开尔文及麦克斯韦的类比对比（S 是球面的面积）

在数学上，这两个类比是完全一样的，但就是这个不同的理解方式让麦克斯韦开始提出另外一个重要概念。比如在一个球形的介质中，电荷源位于球心，电荷在电位势（相当于流体中的压强）的作用下从中心向周围发生移动，如图 8-19 右边图片所示。这种类比在之前没有被提出过，因为这种类比会遇到一个麻烦，那就是电荷移动到球形介质的外表面处时，它们将无法穿过外表面，而是在表面聚集。所以球形介质表面处的电荷无法继续沿电力线向前移动，但电力线在球形介质表面之外却仍然存在的。这样一来，这种类比就出现了矛盾。

而麦克斯韦一个匪夷所思的想法避免了这种矛盾，那就是：假想球形介质的外表面具有弹性，就像一个吹胀的气球外表面一样。当电荷在电位势（相当于流体中的压强）的作用下移动到这个外表面时，电位势的压力会让这个表面向外胀大一点，从而导致电荷穿越球形介质外表面胀大之前的位置，继续向外移动。表面向外胀得越大，外表面产生的收缩力就越大。当这个收缩力与电位势产生的压力平衡时，电荷的这种移动就结束，最后处于平衡状态。

电荷的这种穿越球形介质外表面胀大之前的位置，继续向外移动的观点是麦克斯韦的一个重要设想。它在麦克斯韦探索电磁学过程中起到了关键性的作用。在之后 1861 年的论文

---

[1] J. C. Maxwell，On Faraday's Lines of Force。

《论物理力线》中，这种观点更加成熟。在那篇论文里，麦克斯韦把电荷的这种移动称为电位移，今天一般采用字母 $\vec{D}$ 来表示。得到穿过整个球面的电位移通量与电荷源之间的关系如下。

穿过球面边界的电位移通量就等于电荷源：

$$\vec{D} \cdot \vec{S} = \frac{Q}{4\pi R^3}\vec{R} \cdot (4\pi R\vec{R}) = Q$$

利用高等数学，这个结论可以改写为积分的形式：

$$\oint_S \vec{D} \cdot d\vec{S} = \vec{D} \cdot \vec{S} = Q$$

利用高斯定理（见附录 2），这个结论也可以改写为微分的形式。

$$\vec{\nabla} \cdot \vec{D} = \frac{\partial D^X}{\partial X} + \frac{\partial D^Y}{\partial Y} + \frac{\partial D^Z}{\partial Z} = \rho$$

其中 ρ 表示电荷的体积密度，即单位体积空间里电荷量的大小。$\vec{\nabla} \cdot \vec{D}$ 被称为散度，它表示在单位体积空间里从内向外流出来的通量的大小，它在数值上等于：

$$\vec{\nabla} \cdot \vec{D} = \frac{\partial D^X}{\partial X} + \frac{\partial D^Y}{\partial Y} + \frac{\partial D^Z}{\partial Z}$$

同样，其中的微分运算可以理解为 $\frac{\partial D^X}{\partial X} \approx \frac{\Delta D^X}{\Delta X}$，即 $\frac{\Delta D^X}{\Delta X}$ 可以理解为 $\frac{\partial D^X}{\partial X}$ 的近似值，或者说 $\frac{\Delta D^X}{\Delta X}$ 只是 $\frac{\partial D^X}{\partial X}$ 在一块区域内的平均值。

8.8.1.2 第一篇论文的突破（二）——磁力线的位势描述

前面提到过，开尔文为法拉第的电力线找到了数学化的工具，那就是电位势 $\phi(X,Y,Z)$ 和梯度 $\vec{F}_C = -\vec{\nabla}\phi$。对于磁力线的数学化进展，尽管已有不少人采用环流量来描述磁力线，但还是缺少像位势这样的数学工具。麦克斯韦意识到了这个问题的重要性。因为法拉第电力线所谓的电张紧性状态就是采用电位势 $\phi(X,Y,Z)$ 来描述的，那么对于磁力线而言，一旦找到了描述它的位势，同样也就意味着找到了描述磁力线的电张紧性状态的数学工具。因此，麦克斯韦在《论法拉第力线》中试图解决这个问题。

为了数学上的简化，下面只考虑一小段直线电流周围的磁力线情况❶；并且为了更容易理解，后面常常采用能量的术语来表述计算过程，尽管能量概念在那时还没被广泛使用；而且也采用矢量符号来计算，尽管矢量符号在麦克斯韦去世后才开始流行的。但整个计算思路和麦克斯韦是相同的，麦克斯韦对磁力线的位势理论的发展过程可以总结如图 8-20 所示：

所以，麦克斯韦得到磁力线位势的计算公式为：

$$\vec{A} = k_B \frac{I\Delta\vec{L}}{R}$$

磁力线位势 $\vec{A}$ 的这个计算公式与纽曼之前引入的电动力学势是吻合的（尽管过了很久之后大家才意识到这一点）。由于 $\vec{A}$ 是一个矢量，在今天的教科书中，$\vec{A}$ 被称为矢量势，但纽曼的称呼电动力学势更符合它作为势的物理含义，毕竟它是电荷源运动起来之后产生的一

❶ 而对于长导线电流，计算方法是先将长导线分割成若干小段直电流，然后对每小段直电流分别进行计算，最后再将计算结果加起来就得到整个长导线电流产生的位势。

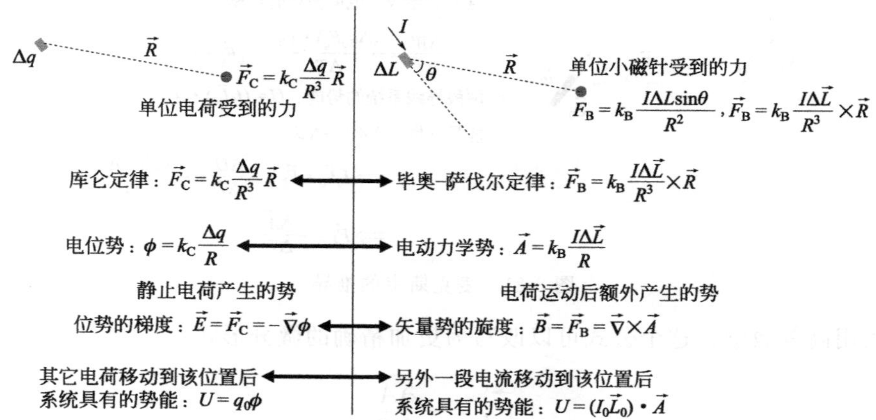

图 8-20　麦克斯韦对磁力线的位势的推导过程

种势。麦克斯韦认为它就是描述磁力线电张紧性状态的数学工具。另外，麦克斯韦还通过数学计算发现，单位小磁针受到的磁力或者单位直线电流受到的磁力正好就是这个矢量势 $\vec{A}$ 的旋度❶，即有：

$$\vec{B}=\vec{F}_B=\vec{\nabla}\times\vec{A}$$

根据斯托克斯定理（它由斯托克斯提出，麦克斯韦后来对此进行了证明），麦克斯韦得到了亥姆霍兹通过旋涡类比得出的相同结论，那就是❷：

$$\vec{\nabla}\times\vec{F}_B=4\pi k_B\vec{J}$$

之所以相同，是因为亥姆霍兹的结论只是这个结论的积分形式：

$$\oint_C\vec{F}_B\cdot d\vec{l}=4\pi k_B\oint_S\vec{J}\cdot d\vec{S}\longleftrightarrow\vec{\nabla}\times\vec{F}_B=4\pi k_B\vec{J}$$

8.8.1.3　第一篇论文的突破（三）——产生电流的电力来自哪里？

在得到描述磁力线的电张紧性状态的数学公式 $\vec{A}$ 之后，麦克斯韦对法拉第电磁感应定律进行了推导。当电流 I 在变化时，推导过程的思路如图 8-21 所示。

就这样，法拉第当初的想法终于被数学化了，那就是：导线内部电力线形成的电张力 $\vec{F}_\xi$ 与这段时间内磁力线的电张紧性状态 $\vec{A}$ 的改变量是成正比的。即法拉第电磁感应定律的数学公式为：

$$\vec{F}_\xi=-\frac{\Delta\vec{A}}{\Delta T}$$

---

❶ 简单计算过程：

$$\vec{\nabla}\times\vec{A}=\vec{\nabla}\times\left(k_B\frac{I\Delta\vec{L}}{R}\right)=\vec{\nabla}\left(\frac{1}{R}\right)\times(k_BI\Delta\vec{L})=-\frac{\vec{R}}{R^3}\times k_BI\Delta\vec{L}=k_B\frac{I\Delta\vec{L}}{R^3}\times\vec{R}$$

❷ 简单计算过程：

$$\vec{\nabla}\times(\vec{\nabla}\times\vec{A})=\vec{\nabla}(\vec{\nabla}\cdot\vec{A})-\nabla^2\vec{A}=-\nabla^2\vec{A}=k_BI\Delta\vec{L}\frac{4\pi}{V}=k_B(\vec{J}\cdot\vec{S})\Delta\vec{L}\frac{4\pi}{V}=k_B\vec{J}(\vec{S}\cdot\Delta\vec{L})\frac{4\pi}{V}=k_BV\frac{4\pi}{V}\vec{J}=$$

$4\pi k_B\vec{J}$，$\vec{\nabla}\cdot\vec{A}=0$

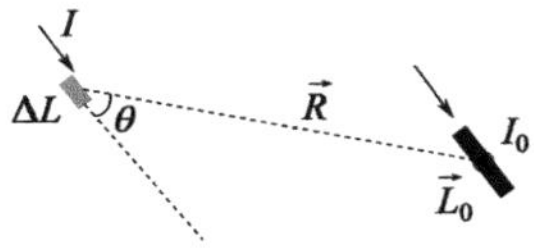

I ΔL θ $\vec{R}$ I_0 $\vec{L}_0$

电力对导线中电荷做功的功率：

$$\frac{\Delta W}{\Delta T}=\frac{(\Delta q_0\vec{F}_\xi)\cdot\vec{L}_0}{\Delta T}=I_0\vec{F}_\xi\cdot\vec{L}_0$$

两段导线系统的势能：$U=(I_0\vec{L}_0)\cdot\vec{A}$

能量守恒：$\Delta W=-\Delta U$

$$\Longrightarrow I_0\vec{L}_0\cdot\vec{F}_\xi=-\frac{\Delta U}{\Delta T}=-\frac{I_0\vec{L}_0\cdot\Delta\vec{A}}{\Delta T}$$

$$\Longrightarrow \vec{F}_\xi=-\frac{\Delta\vec{A}}{\Delta T}$$

图 8-21　麦克斯韦的推导

同样利用高等数学，这个公式可以改写为更加精确的微分形式：

$$\vec{F}_\xi=-\frac{\partial\vec{A}}{\partial T}$$

其中，$\vec{F}_\xi$ 就是推动电荷形成电流的力，它与库仑力 $\vec{F}_C$ 是有本质区别的。这种本质区别可以通过下面这个对比看出来。

前面谈到过，对于静止电荷产生的库仑力，在泊松、高斯等人的基础上，开尔文已经得到了描述它的数学公式，那就是电位势 $\phi(X,Y,Z)$ 和梯度 $\vec{F}_C=-\vec{\nabla}\phi$。根据高斯定理（见附录 2），这些数学描述可归结为求解如下方程[❶]：

$$\vec{\nabla}\cdot\vec{F}_C=4\pi k_C\rho,\ \rho=\frac{q}{V}$$

通过求解此方程得到的库仑力 $\vec{F}_C$ 只是电荷静止时发出的力。这种库仑力不能在导体中产生电流。

如果对法拉第电磁感应定律也使用高斯定理，但通过计算得到结果却是[❷]：

$$\vec{\nabla}\cdot\vec{F}_\xi=-\frac{\partial(\vec{\nabla}\cdot\vec{A})}{\partial T}=0$$

这个结果表明：①静止电荷无法产生 $\vec{F}_\xi$ 这种电力。因为与库仑力的方程对比可以发现：此方程右边为零，即它与电荷密度无关。②$\vec{F}_\xi$ 的散度总是等于零，这意味着让导线产生电流的电力 $\vec{F}_\xi$ 所对应的电力线是闭合的[❸]。也就是说，电力 $\vec{F}_\xi$ 所对应的电力线形成了闭合的旋涡，所以这种电力 $\vec{F}_\xi$ 在今天被称为涡旋电场。而库仑力 $\vec{F}_C$ 所对应的电力线总是从正电荷发出，然后终止于负电荷。这两种电力之间的区分是麦克斯韦在这篇论文中的重大发现。

所以到了 1856 年，库仑力 $\vec{F}_C$ 与电源产生电流的电力 $\vec{F}_\xi$ 之间的区别终于随着麦克斯韦的这个发现得到了澄清。它们是两种不同的力，这从它们的来源就可以看出来。电力 $\vec{F}_\xi$ 的来源是矢量势，而矢量势的来源是移动的电荷，所以电力 $\vec{F}_\xi$ 是由电荷的运动产生的；而库仑力 $\vec{F}_C$ 是电荷静止时产生的。在前面讨论中谈到过，对于这两种力，大家在之前的理解一直是混乱和模糊的，原因就在于他们还看不清楚这两种力之间的本质区别。将两者混为一谈

---

❶ 简单计算过程：

$$\vec{F}_C=k_C\frac{q}{R^3}\vec{R},\ \nabla\cdot\vec{F}_C=k_Cq\nabla\cdot\left(\frac{\vec{R}}{R^3}\right)=k_Cq\frac{4\pi}{V}=4\pi k_C\rho$$

❷ 因为有 $\vec{\nabla}\cdot\vec{A}=0$。

❸ 因为只有当电力线是闭合时，这种电力线穿过一个封闭曲面的通量才总是等于零。

所导致的思想混乱局面终于被破解了。

另外，这个结论还让麦克斯韦对电力线有了更深的认识，因为麦克斯韦得到的这个电磁感应定律计算公式与牛顿第二定律的公式非常相似：

$$\vec{F}_{\xi}=-\frac{\Delta\vec{A}}{\Delta T}\longleftrightarrow\vec{F}_{\mathrm{N}}=\frac{\Delta\vec{p}}{\Delta T}$$

所以在类比之下，麦克斯韦把 $\vec{A}$ 称为电力线的动量。这样一来，电力线也就具有了惯性和质量，那么电力线不再仅仅是一个数学对象，而是一种真实的物质存在（因为真实的物质才具有质量）。这是对电力线的一个更加深刻的认识，也是认识思想的一次深刻转变。

不过当麦克斯韦得出这些数学公式之后，他面临的疑惑与当年牛顿的疑惑是非常相似的。牛顿得到引力公式之后，发现这个数学公式的确完美地统一了天上和地面的运动现象，但这个引力公式到底什么意思，它的产生机制是怎么样的，牛顿对此一直很困惑。在当时的舆论环境下，牛顿没有对引力的产生机制进行说明，他拒绝杜撰假说。麦克斯韦面临的困境也是一样的，虽然麦克斯韦得到的这些数学公式也无比完美地解释了之前已发现的所有电磁现象，但这些公式都是通过各种类比和猜测得到的。麦克斯韦认为，仅仅只有类比，这些数学公式的说服力当然是不够的。这些公式到底是什么意思，它们的产生机制是怎么样的？这个问题需要麦克斯韦去面对。不过与牛顿不同的地方在于麦克斯韦没有回避问题，而是试图找出一台像机器一样工作的力学模型来解释这些数学公式的工作机制。也就是说麦克斯韦在试图提出假说❶，于是他发表了第二篇重要的论文《论物理力线》❷。

8.8.2　第二篇论文——一台电产生磁、磁产生电的机器❸

8.8.2.1　麦克斯韦的“齿轮机器”

根据法拉第的方案，一根通电直导线周围会产生磁力线，如图 8-22 所示。但法拉第以及后来的人们从来没有解释过，这根直导线中的电流到底是怎么样产生出磁力线的。在工程师兰金（W. J. M. Rankine）的启发下，麦克斯韦制造出来一台机器。利用这台机器，麦克斯韦解释了电流产生磁，磁又产生感应电流的具体产生机制。

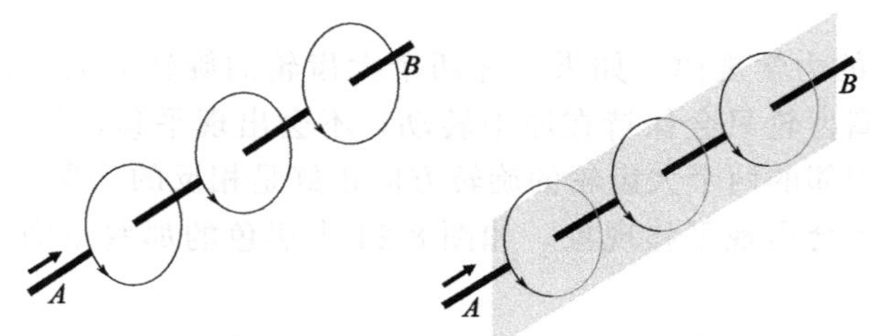

图 8-22　直导线电流产生的磁力线

麦克斯韦制造的这台机器的一个剖面如图 8-22 右边的那个剖面所示。在这个剖面上，麦克斯韦采用机械装置对其进行了构造，具体构造过程如下。

① 构造原初材料：一种媒介物质（麦克斯韦后来用以太作这种媒介物质）。主要构造部

---

❶ 而不是像牛顿那样拒绝杜撰假说。

❷ J. C. Maxwell, On physical Lines of Force。

❸ 沈贤勇，麦克斯韦如何构建力学模型来解释电磁感应和发现位移电流，《大学物理》，2020，39（3）。

件：用这种媒介物质制造的两种齿轮。一种齿轮较大，另外一种齿轮很小，小齿轮可以近似为粒子。但相对于普通物质的大小而言，这两种齿轮都是非常非常小的。

② 在这个剖面上，大齿轮与小齿轮相互间隔地排列开来，如图 8-23 所示。

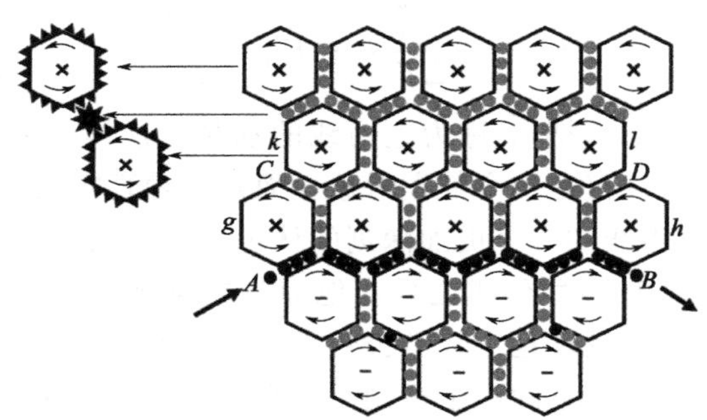

图 8-23 麦克斯韦的力学模型

③ 小齿轮代表电荷，它们在水平方向的移动就形成电流。比如图 8-23 中 A 到 B 之间的小齿轮正在移动，所以有一股电流从 A 流到 B。每个小齿轮的电量是相同的，所以流过单位面积的电流大小，即电流密度的大小与小齿轮水平方向的速度成正比。

④ 对于这种媒介物质，如果不通过导线等具体物质来呈现，我们无法感知到这些大小齿轮的运动。比如，只有在 A、B 之间放入一根导线时，我们才能感知到 A、B 之间这些小齿轮所代表的电荷。

⑤ 大齿轮固定在空间中，它们只能转动，不能水平移动。不过它们都具有弹性，它们的形状可以发生变形，比如被拉伸。

⑥ 大齿轮旋转起来就像一个旋涡一样，旋转轴就是磁力线。并且麦克斯韦规定沿磁力线方向看过去，大齿轮都以顺时针方向旋转。一条磁力线上串着无数个大齿轮，但在这个剖面上只存在两个，即 AB 导线的上面一排和下面一排中各一个。AB 导线上面的大齿轮被磁力线由里向外穿过，AB 导线下面的大齿轮被磁力线由外向里穿过。这些大齿轮被麦克斯韦称为分子涡旋。因为相对于普通物质的大小而言，这些齿轮都是非常非常之小的，所以采用分子一词来描述它们。

⑦ 根据机械齿轮的力学规律，如果相邻两个大齿轮的旋转方向相同且转速一样，那么夹在它们之间的小圆圈齿轮只会保持在原地转动，不会出现平移，如图 8-24 中黑色之外的那些小圆圈。但如果相邻的两个大齿轮的旋转方向正好是相反的，那么夹在它们之间的小圆圈齿轮不仅会转动，还会出现平移现象，如图 8-24 中黑色的那些小圆圈，即 AB 之间的小圆圈。

⑧ 麦克斯韦规定：大齿轮旋转的速度越快，磁力就越强。即磁力大小与大齿轮旋转的角速度成正比，有：

$$\vec{F}_{\mathrm{B}}=\mu\vec{\omega}$$

其中 μ 是比例系数。

⑨ 这台机器分布在整个空间中。所以只要其中一个齿轮运转起来了，它就可以通过这些齿轮的咬合将转动传递到远方去。

这就是麦克斯韦利用以太物质精心构造出的一台力学机器，它可以视为一种力学模型。整个模型仍然是完全建立在牛顿力学机械观之上的。下面就说明一下麦克斯韦的这台机器是如何解释电流产生磁，磁又产生感应电流的。

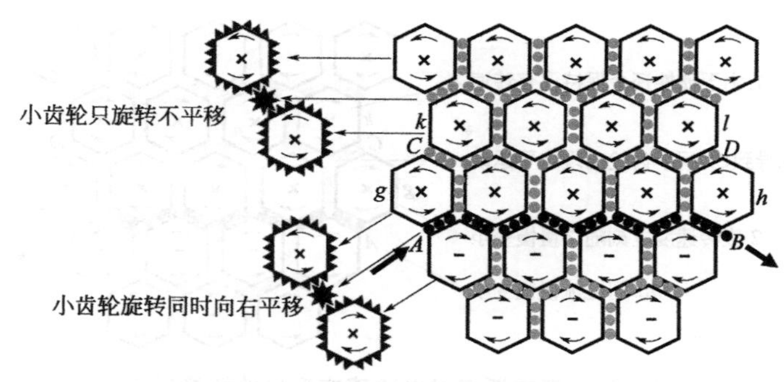

图 8-24　麦克斯韦的力学模型的工作方式

8.8.2.2　这台机器如何解释电流产生磁

① 假如有一根导线位于图 8-24 中黑色点的位置，即位于 AB 之间。如果通上电流，那么电从 A 流向 B，从而导致 AB 那条路径上的小齿轮发生水平移动。

② AB 路径上小齿轮的水平移动，通过齿轮的咬合会让近邻的大齿轮发生转动。AB 路径上面的 gh 一排大齿轮发生逆时针转动，下面的一排大齿轮发生顺时针转动。上面 gh 一排大齿轮的转动，再通过 CD 之间一排的小齿轮，带动上面 kl 一排大齿轮转动。通过这些齿轮的这种传递，电流运动所造成的周围齿轮的转动会不断向周围远方传递出去。

③ 但 CD 之间一排的小齿轮只会在原地转动，不会水平移动。所以 gh 一排和 kl 一排的大齿轮以相同的逆时针方向转动。

④ 大齿轮转动起来之后，旋涡就出现。旋涡出现了，那么转动轴也就存在了，从而磁力线也就出现了。因为麦克斯韦规定：旋转轴就是磁力线，而且磁力大小与大齿轮旋转的角速度成正比。

这就是电流在周围空间产生磁力线的力学机制，它就像一台机器那样工作。不仅如此，这台机器还可以解释感应电流是如何产生的。

8.8.2.3　这台机器如何解释磁产生感应电流？

① 如图 8-25 所示，假设 AB 路径上的电流突然发生了变化，比如电流在慢慢减小，那么 AB 之间小齿轮水平运动速度就减小了，从而让与之相邻的 gh 一排大齿轮的旋转受到阻碍，导致旋转速度变慢。但 kl 一排大齿轮由于惯性仍然在保持较快速度旋转。这样一来，gh 排和 kl 排大齿轮旋转速度之间的差异就会导致 CD 之间小齿轮从 C 向 D 运动。

② 如果在 CD 之间放入一根金属导线，那么 CD 之间移动的小齿轮就会表现为电流，而这个电流就是感应电流。

也就是说，AB 路径上电流的突然变化，通过这些齿轮的传递，会导致 CD 路径上小齿轮受到水平力的作用，从而发生水平运动。如果有金属导线正好位于 CD 之间，CD 之间这些小齿轮的水平运动就会表现为电流。不仅如此，根据这些大齿轮在牛顿力学中的转动定律，麦克斯韦还推导出了法拉第电磁感应定律的数学计算公式。推导过程大致如下，根据牛顿力学的动能定理（第 5 章谈到过）有：

$$\oint_C \vec{F} \cdot \mathrm{d}\vec{l} = W = \Delta E_\mathrm{k}\text{，此处}\quad E_\mathrm{k} = \frac{1}{2}I\omega^2 = \frac{1}{2}I\vec{\omega}\cdot\vec{\omega}\text{，}\vec{F} = -\vec{F}_\xi$$

式中，W 为 $\vec{F}$ 对大齿轮所做的功；E_k 为大齿轮转动的动能；I 为大齿轮的转动惯量

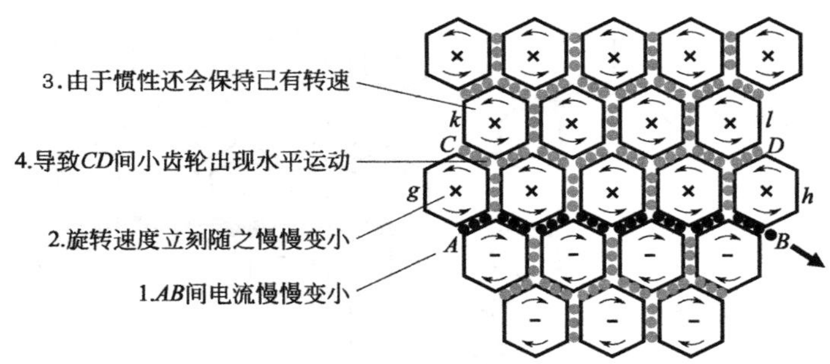

图 8-25 麦克斯韦对电磁感应现象的解释过程

(相当于转动运动中的质量)，而不是表示电流大小；$\vec{F}$ 是小齿轮对大齿轮的切向作用力，所以它的反作用力$-\vec{F}_\xi$ 就是大齿轮在水平方向上对小齿轮产生的作用力，即推动小齿轮水平运动形成电流的力；最左边的积分公式就是力 $\vec{F}$ 转动大齿轮所做功的计算过程。

麦克斯韦考虑了一块体积 V 内的 n 个大齿轮，然后对整个这块空间区域应用转动定律，通过计算就得到了法拉第电磁感应定律。

$$\vec{\nabla}\times\vec{F}_\xi=-\frac{\Delta\vec{F}_\text{B}}{\Delta T},\quad \text{此处}\quad \vec{F}_\text{B}=\mu\vec{\omega},\quad \mu=\rho=\frac{nI}{V}$$

其中，ρ 表示大齿轮转动惯量的密度（起到的作用相当于质量密度），它正好等于前面刚刚提到的比例系数 μ。同样利用高等数学，这个结论可以改写为更加精确的微分形式，即为：

$$\vec{\nabla}\times\vec{F}_\xi=-\frac{\partial\vec{F}_\text{B}}{\partial T}$$

此结论与麦克斯韦在 1856 年第一篇论文中的计算结果是等价的，即：

$$\vec{\nabla}\times\vec{F}_\xi=-\frac{\partial\vec{F}_\text{B}}{\partial T}\Leftrightarrow\vec{F}_\xi=-\frac{\partial\vec{A}}{\partial T}$$

所以，对于电如何产生磁、磁如何产生电的力学产生机制问题，麦克斯韦精心构造的这台机器工作得非常出色。从这台机器至少可以得到一些定量的牛顿力学中的计算公式，并且这些公式与之前通过其它途径得到的电磁学的公式保持一致。从这个角度讲，这台机器比两百多年前笛卡儿的旋涡模型优秀了很多❶。更为重要的是这台机器还让麦克斯韦“触摸”到了另外一个重大发现，那就是我们今天无比熟悉的对象——电磁波。

8.8.2.4 第二篇论文的重要突破——完成统一大业，三种电力的澄清

在此篇论文中，麦克斯韦还意识到产生感生电流和动生电流的电力并不是同一种。产生感生电流的电力 $\vec{F}_\xi$ 所对应的电力线是闭合的，而产生动生电流的电力却不是这样的。麦克斯韦从法拉第电磁感应定律出发，推导出这种电力的计算公式为：

$$\vec{F}_\text{v}=\vec{v}\times\vec{F}_\text{B}$$

这就是动生感应电流中单位电荷所受到的电力 $\vec{F}_\text{v}$。其中 $\vec{v}$ 是导线移动的速度。麦克斯韦推导出此公式的思路如图 8-26 所示。

❶ 笛卡儿的旋涡模型完全无法给出相关的数学计算，特别是无法计算出开普勒三大定律。

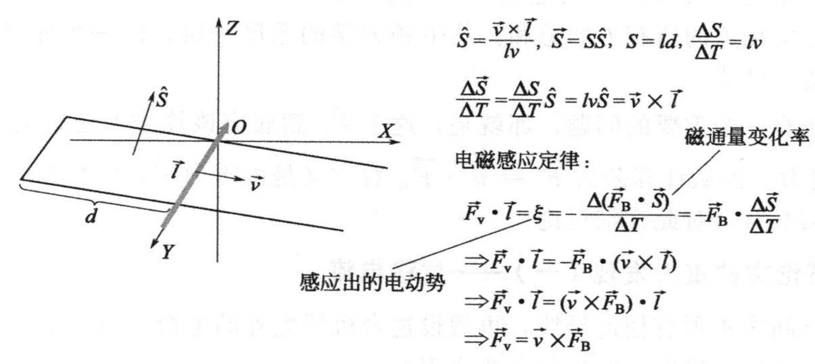

$$\hat{S}=\frac{\vec{v}\times\vec{l}}{lv},\ \vec{S}=S\hat{S},\ S=ld,\ \frac{\Delta S}{\Delta T}=lv$$

$$\frac{\Delta\vec{S}}{\Delta T}=\frac{\Delta S}{\Delta T}\hat{S}=lv\hat{S}=\vec{v}\times\vec{l}$$

$$\vec{F}_v\cdot\vec{l}=\xi=-\frac{\Delta(\vec{F}_B\cdot\vec{S})}{\Delta T}=-\vec{F}_B\cdot\frac{\Delta\vec{S}}{\Delta T}$$

$$\Rightarrow\vec{F}_v\cdot\vec{l}=-\vec{F}_B\cdot(\vec{v}\times\vec{l})$$

$$\Rightarrow\vec{F}_v\cdot\vec{l}=(\vec{v}\times\vec{F}_B)\cdot\vec{l}$$

$$\Rightarrow\vec{F}_v=\vec{v}\times\vec{F}_B$$

图 8-26　麦克斯韦推导电力计算公式

所以到了这个时候，三种电力已经得到了澄清。它们分别是：①库仑力 $\vec{F}_C$；②产生感生感应电流的电力 $\vec{F}_\xi$；③产生动生感应电流的电力 $\vec{F}_v$。之前对电力认识的那种混乱和含糊局面终于得到了澄清。另外，通过电力 $\vec{F}_v$ 还可以推测出电流与电流之间的作用力，即安培力的计算公式，具体推导过程如图 8-27 所示。

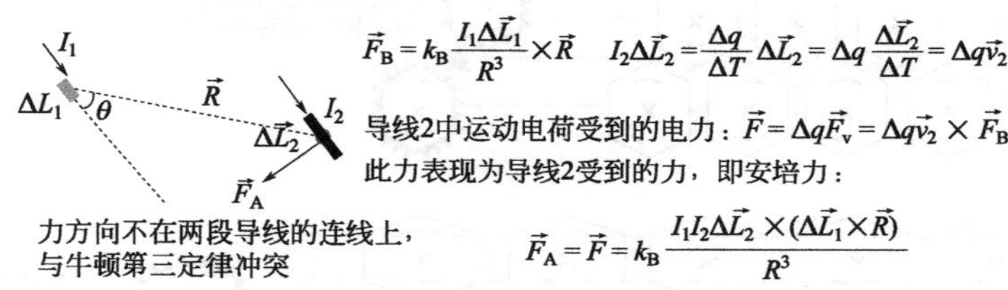

$$\vec{F}_B=k_B\frac{I_1\Delta\vec{L}_1}{R^3}\times\vec{R}\quad I_2\Delta\vec{L}_2=\frac{\Delta q}{\Delta T}\Delta\vec{L}_2=\Delta q\frac{\Delta\vec{L}_2}{\Delta T}=\Delta q\vec{v}_2$$

导线2中运动电荷受到的电力：$\vec{F}=\Delta q\vec{F}_v=\Delta q\vec{v}_2\times\vec{F}_B$

此力表现为导线2受到的力，即安培力：

$$\vec{F}_A=\vec{F}=k_B\frac{I_1I_2\Delta\vec{L}_2\times(\Delta\vec{L}_1\times\vec{R})}{R^3}$$

图 8-27　安培力计算公式的推导

可以很明显地看出来，当两根电流平行且 $\theta=\pi/2$ 的时候，这个计算结果与安培在 1820 年推导出的计算结果是一致的：

$$F_A=k_A\frac{(I_1\Delta L_1)(I_2\Delta L_2)}{R^2}-\frac{3}{2}k_A\frac{(I_1\Delta L_1\cos\theta_1)(I_2\Delta L_2\cos\theta_2)}{R^2}=k_A\frac{(I_1\Delta L_1)(I_2\Delta L_2)}{R^2}$$

$$F_A=k_B\frac{I_1I_2\Delta\vec{L}_2\times(\Delta\vec{L}_1\times\vec{R})}{R^3}=k_B\frac{I_1I_2\Delta L_2\Delta L_1}{R^2}$$

并且两个相互作用系数也被统一了，即有 $k_B=k_A$。但是当两根电流不平行的时候，这两种计算结果是不一样的。所以这里推导出的安培力计算公式对安培在 1820 年留下的错误进行了修正。

这样一来，安培力也被统一到电力 $\vec{F}_v$ 中来了。不过，这个正确的安培力公式与牛顿第三定律明显是直接冲突的，因为这个安培力的方向不在两段导线的连线上，从而作用力与反作用力就无法在同一条直线上。这是电磁学与牛顿力学之间矛盾的一个非常明显的展示。

麦克斯韦认为这三种电力在有些情况下是同时存在的，所以他写出了一个总电力的计算公式：

$$\vec{F}_{EB}=\vec{F}_v+\vec{F}_\xi+\vec{F}_C$$

这个合力被麦克斯韦称为合成电动力（resultant electromotive）[1]。它就是一个单位电荷所能受到的与电相关的所有力的总和。从牛顿力学的角度来讲，统一大业已经大功告成，这就是最后的统一公式。

不过现在还有一个重要的问题，那就是：这个 $\vec{F}_v$ 到底应该算磁力还是电力呢？麦克斯韦认为 $\vec{F}_v$ 是电力，但从计算公式 $\vec{F}_v = \vec{v} \times \vec{F}_B$ 看它又是由磁力 $\vec{F}_B$ 产生的。这是一个无比重要的问题，第 9 章会对此详细讨论。

8.8.2.5 第二篇论文的重大发现（一）——位移电流

假设整个空间中不再有任何导线，再假设这台机器之外的电荷产生的电力线正好水平穿过这台机器，那么这台机器会产生什么改变呢？

首先，这些外部电力线会让带来电的小齿轮受到水平向右的电力作用。但是现在空间中没有导线，所以带电的小齿轮不会运动起来形成电流。不过由于大齿轮具有弹性，所以小齿轮受到向右的这个电力会把大齿轮拉变形，就像拉弹簧一样，如图 8-28 所示。实际上这种变形所形成的张力正是多年前法拉第所认为的那种电张紧性状态。

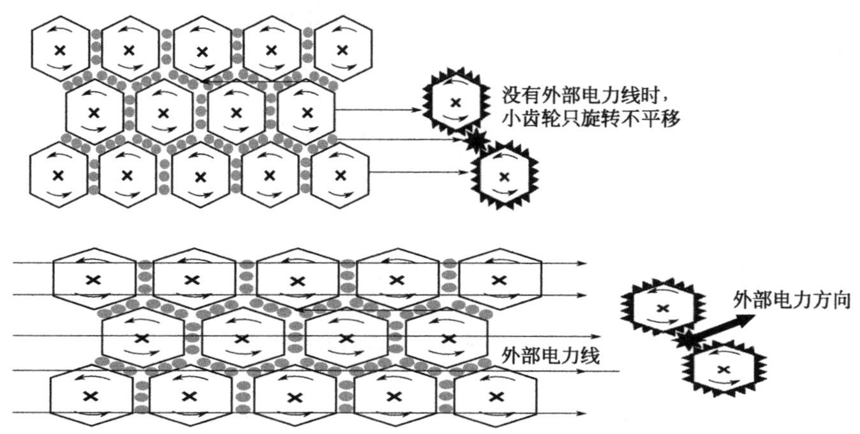

图 8-28 在外部电力作用下变形之后的机器

第二，在这个拉变形的过程中，带电的小齿轮也向右发生了移动，即产生了位移。这种位移被麦克斯韦称为电位移，也采用字母 $\vec{D}$ 表示。这种电位移与麦克斯韦在第一篇论文中谈到的电位移是同一种位移。根据弹性力学中的胡克定律[2]，电位移的大小与外部的电力（相当于拉力）也是成正比的，麦克斯韦由此类比给出结论：

$$\vec{F}_{EB} = \kappa \vec{D} \longleftarrow F = k \Delta X$$

其中，κ 相当于弹性系数。

第三，如果这个外部电力大小随时间在发生变化，比如慢慢变大，那么大齿轮的拉伸变形也会随之慢慢变长，所以电位移也就慢慢变大。就像拉弹簧一样，拉力慢慢变大，弹簧就会慢慢变长，拉钩的位移也会慢慢变大。电位移慢慢变大就意味着电在慢慢地向右发生移动，电的这些移动当然就形成了电流，这种电流被麦克斯韦称为位移电流，它的密度记为 $\vec{J}_D$。小齿轮是以太构造的，所以位移电流也就是以太物质运动形成的电流。由于电流密度的大小

---

[1] 在今天它被称为电磁力，后面会谈到这个名称的由来。

[2] 胡克定律：弹簧产生的拉力与弹簧被拉伸的长度成正比，即有 $F = k\Delta X$。

与小齿轮水平方向的运动速度$\frac{\Delta\vec{D}}{\Delta T}$正比，所以位移电流 $\vec{J}_{\mathrm{D}}$ 就满足下式：

$$\vec{J}_{\mathrm{D}}=\frac{\Delta\vec{D}}{\Delta T}=\frac{1}{\kappa}\frac{\Delta\vec{F}_{\mathrm{EB}}}{\Delta T}$$

同样利用高等数学，这个结论可以改写为更加精确的微分形式：

$$\vec{J}_{\mathrm{D}}=\frac{1}{\kappa}\frac{\partial\vec{F}_{\mathrm{EB}}}{\partial T}$$

第四，麦克斯韦认为位移电流与导线中的电流具有同等的地位。麦克斯韦后来利用 LC 振荡电路，即两块电容板之间的位移电流来说明这两种电流的确具有同等的作用。

8.8.2.6　第二篇论文的启发——伴随电力和磁力的能量是如何存在的

弹簧被拉伸之后就有弹性势能，那么这台机器被拉伸之后也应该具有弹性势能。根据弹簧的弹性势能计算公式[1]，这台机器的弹性势能也应该为：

$$\varepsilon=\frac{1}{2}\kappa\vec{D}\cdot\vec{D}$$

这种能量相当于是这台机器的弹性势能，麦克斯韦在十年之后的著作《电磁通论》中正是这样直接称呼它的[2]。由于 κ 相当于单位体积内媒介物质所具有的弹性系数，所以这个公式就是这台机器被拉伸之后的弹性势能密度，即单位体积内的弹性势能的大小。很显然，这个能量密度是在电力线周围分布的，并且它与电力线同时出现或同时消失。

另外，当 AB 之间有真实电流流过时，这些电流会带动周围的大齿轮旋转。大齿轮旋转起来之后，磁力线就出现了，与此同时，大齿轮也具有了转动动能。所以这个结果又带来了另外一个重要启示，那就是：在磁力线周围也分布着一种能量，它们也是随着磁力线同时出现或同时消失的，这种能量就是大齿轮的转动动能。而大齿轮转动动能的计算公式早就通过牛顿力学已经得到了，即一个圆盘的转动动能的计算公式为：

$$E_{\mathrm{k}}=\frac{1}{2}I\omega^{2}$$

其中，I 在这里表示该齿轮的转动惯量（相当于转动运动中的质量）。假设在体积 V 内有 n 个大齿轮，则体积 V 的总能量和能量密度分别为：

$$E_{\mathrm{k}}=\frac{1}{2}(nI)\omega^{2},\ \varepsilon=\frac{E_{\mathrm{k}}}{V}=\frac{1}{2}\rho\omega^{2},\text{ 此处}\quad \rho=\frac{nI}{V}$$

其中，ρ 表示大齿轮的转动惯量的密度（起到的作用相当于质量密度），它正好等于前面刚刚提到的比例系数（$\mu=\rho$）。由于麦克斯韦假设磁力与大齿轮的角速度成正比，即 $\vec{F}_{\mathrm{B}}=\mu\vec{\omega}$，所以这些齿轮转动的能量密度又可以表示为：

$$\varepsilon=\frac{1}{2}\frac{1}{\mu}\vec{F}_{\mathrm{B}}\cdot\vec{F}_{\mathrm{B}},\text{ 其中 }\mu=\rho=\frac{nI}{V}$$

这种能量相当于是这台机器的动能，麦克斯韦在十年之后的著作《电磁通论》中也是这样直接称呼它的[3]。很显然，这个能量密度也是在磁力线周围分布的，它也和磁力线同时出现或同时消失。

---

[1] 弹簧的弹性势能的计算公式为 $U=\frac{1}{2}k(\Delta X)^{2}$。

[2][3] 麦克斯韦著，《电磁通论》，北京出版社，2010：482-484。

实际上，开尔文、亥姆霍兹等人从库仑定律和毕奥-萨伐尔定律出发，采用动能定理（第 5 章讨论过），早就推导出与库仑力和磁力相关的这两种能量密度的计算公式。他们计算出的结果分别为：

$$\varepsilon=\frac{1}{2}\frac{1}{4\pi k_C}\vec{F}_C\cdot\vec{F}_C,\quad \varepsilon_B=\frac{1}{2}\frac{1}{4\pi k_B}\vec{F}_B\cdot\vec{F}_B$$

通过对比这两种方式得出的结论，很容易发现相关系数具有如下关系：

$$\kappa=4\pi k_C,\ \mu=4\pi k_B$$

不过，这两种推导方式的不同点在于：这台机器的势能密度公式不仅仅包含来自库仑力的贡献，还包含来自电力 $\vec{F}_\xi$ 和 $\vec{F}_v$ 的贡献，即应该是如下公式[❶]：

$$\varepsilon_E=\frac{1}{2}\frac{1}{4\pi k_C}\vec{F}_{EB}\cdot\vec{F}_{EB},\quad \varepsilon_B=\frac{1}{2}\frac{1}{4\pi k_B}\vec{F}_B\cdot\vec{F}_B$$

另外，从系数的这个关系可以看出麦克斯韦的这台具有弹性的机器与电磁学到底是如何联系起来。库仑力的相互作用系数 k_C 决定了这台机器弹性的弹性系数 κ。它的倒数 $\frac{1}{\kappa}$ 后来被麦克斯韦称为介质的电感应能力，这是因为 κ 越小，这台机器就越容易被外部电力拉伸变形，即对外部电力的感应越灵敏。那么反之，κ 就被称为抵抗电感应的能力。磁力的相互作用系数 k_B 决定了这台机器的质量密度 ρ，它后来被麦克斯韦称为介质的磁感应能力。这是因为在同样电流的作用下，根据比例关系 $\vec{F}_B=\mu\vec{\omega}$，当 μ 越大时，产生的磁力就越大。

由于相对于普通物质而言，这些齿轮都是非常小的，所以从宏观上来看，这台机器就表现为一种质量密度为 ρ、弹性系数为 κ 的弹性介质。这种介质有时候被认为是以太，因为这台机器就是由以太作为原材料制造的。

就这样，这台机器让麦克斯韦慢慢地对电磁现象有了更深刻的认识，那就是：伴随电力和磁力同时出现或同时消失的能量是在整个空间中分布的，它们不是聚集在电荷上的，也不是聚集在携带这些电荷的物体上的。所以当电荷发出电力和磁力的时候，也会有能量随之发出。这是一个无比重要的认识突破，而在此之前很少有人是这么认为的。另外，这台机器从宏观上来看相当于弹性介质，而任何弹性介质都可以形成波动，那么这台机器也应该可以形成波动。这就让麦克斯韦触摸到了另外一个无比重要的发现——电磁波。

8.8.2.7 第二篇论文的重大发现（二）——“触摸”到了电磁波

前面提到过，在外部电力作用下，具有弹性的大齿轮会被拉伸。所以当外部电力的大小随时间在发生周期性变化时，大齿轮也会周期性地随之发生拉伸和收缩。由于所有大齿轮都具有弹性，那么这种周期性拉伸和收缩就会像波一样，在这个剖面的上下两个方向传播出去。如果考虑全部空间内的整台机器，而不是只考虑这个剖面上的情况，那么这种波动会在垂直于外部电力线的方向上向周围发射出去。这样一来，一种波动在这台相当于弹性介质的机器上就形成了。根据牛顿力学，波动在一般弹性介质中波速 u 的计算公式为：

$$u=\sqrt{\frac{Y}{\rho}},\ u^2=\frac{Y}{\rho}$$

其中，Y 相当于这种介质的弹性系数，ρ 是这种介质的质量密度。所以这个公式的意思

---

❶ 计算过程中采用了：

$$\varepsilon=\frac{1}{2}\kappa\vec{D}\cdot\vec{D}=\frac{1}{2}\frac{1}{\kappa}\vec{F}_{EB}\cdot\vec{F}_{EB},\quad 其中\quad \vec{F}_{EB}=\kappa\vec{D},\quad \vec{F}_{EB}=\vec{F}_v+\vec{F}_\xi+\vec{F}_C$$

就是：在弹性介质中，波速的平方等于单位物质密度所具有的弹性系数。由于麦克斯韦的这台机器就相当于一种弹性介质，所以这个公式对它也是成立的。这样一来，在麦克斯韦这台机器上，波速的平方就符合等式：

$$c^2=\frac{\kappa}{\rho}=\frac{\kappa}{\mu}=\frac{k_C}{k_B}$$

麦克斯韦通过这个公式计算发现这个波速 c 正好与光速是相等的。这是一个历史性的时刻，人类第一次通过理论推导计算出了光的速度。1862 年的麦克斯韦已经触感到电磁波了，并且已经预感到光就是电磁波，不过在这个时候，麦克斯韦并不认为这种波动是电力和磁力的波动，而只不过是这台机器的弹性波动。在三年之后，麦克斯韦才认识到了这一点，然后他在 1865 年发表了一篇总结性论文《电磁场的动力学理论》。

8.8.2.8　第二篇论文带来的思想转变——电力和磁力是如何产生的?

与电和磁相关的这些力是如何产生的呢？由于这台机器从宏观上来看相当于一种弹性介质，那么一个电荷对另外一个电荷产生作用力的过程，就类似于我的声带对耳膜产生作用力的过程。在此之前发现的那些与电和磁相关的力就是这样产生的。声带对耳膜的作用力是通过空气介质来传递的，那么与电和磁相关的力也需要通过一种媒介物质来传递。正是麦克斯韦的这台机器让这种观点更加成熟了，因为它为这种观点提供了具体的实现方案。从此之后，人们越来越偏向这种观点，大家的思想已经开始发生转变，而对像牛顿引力的那种瞬间超距的作用过程，大家已经开始忘记了。

麦克斯韦“制造”出的这台机器让他更加相信：电力和磁力就是通过媒介物质来传递的。就像你在湖的这边用力扰动，经过一段时间之后，湖对面的一片树叶就感受到你的这个扰动力，因为扰动产生的水波已经传递到那里了。但这台机器太过于机械化，它无法与之前得到的所有方程都严格保持一致。这种情况很像当年笛卡儿的旋涡理论无法严格满足开普勒三定律一样。所以这台机器是站不住脚的，麦克斯韦也清楚这一点。在几年之后，麦克斯韦采用另外一种“设备”来代替这台机器，这种“设备”就是电磁场。这台“电磁场设备”传递着电力和磁力，也承载着能量。在 1865 年发表的第三篇论文《电磁场的动力学理论》[1]中，麦克斯韦一个字也没有再提到这台机器了，而只有电磁场这台“新设备”。

这台机器帮助麦克斯韦领悟到了整个电磁学最关键的部分，主要有：①变化的电力在以太中也能产生电流（即位移电流）；②电力传播过程的具体机制；③能量是分布在整个空间中（这个空间后来被麦克斯韦称为电磁场所），而不是聚集在电荷上的。这些认识让麦克斯韦进入了一个同时代其他人都未去过的领地。尽管这台机器看上去非常机械化，但这在当时却是一个非常自然的想法。因为牛顿力学的思想在那时还占据绝对统治地位，像牛顿力学那样去思考问题才是自然而正确的方式。

当今天翻开任何一本电磁学的教科书时，你看到的内容都是被完善、简化和美化后的理论，最初的这些探索者的探索痕迹早已被磨平了，你已感受不到科学探索过程中的这些真实体验和乐趣。对于一个立志从事科学探索的人来说，了解到这些真实探索过程是非常必要的，因为它们才是大多数科学家探索未知世界时的真实样子，而不是你从各种故事里面听到的那样。

---

[1] J. C. Maxwell，A Dynamical Theory of the Electromagnetic Field。

8.8.3 第三篇论文《电磁场的动力学理论》

这台电磁场设备是用以太材料制造的。利用以太介质的弹性系数 $\kappa=4\pi k_C$ 和质量密度 $\rho=\mu=4\pi k_B$，麦克斯韦对这台电磁场设备工作所需满足的规则进行了更加全面的总结。从最后实际效果上来看，这相当于是对之前的数学方程进行了更加全面的总结。

8.8.3.1 第三篇论文的突破（一）——统一已经接近完美

到此为止，之前所发现的与电和磁相关的各种各样的力现在可以归结为 4 种：①库仑力 $\vec{F}_C$；②产生电流的电力 $\vec{F}_\xi$ 和 $\vec{F}_v$；③单位小磁针受到的力 $\vec{F}_B$；④安培的电流与电流之间的力。它们现在都被统一为一种力，麦克斯韦在这篇论文中做了如下总结：

① 单位电荷带电体受到的所有与电有关的力之和，即合成电动力为：

$$\vec{F}_{EB}=\vec{F}_v+\vec{F}_\xi+\vec{F}_C$$

② 其中产生感生感应电流的电动力 $\vec{F}_\xi$ 满足方程：

$$\vec{F}_\xi=-\frac{\partial\vec{A}}{\partial T} \quad 或 \quad \vec{\nabla}\times\vec{F}_\xi=-\frac{\partial\vec{F}_B}{\partial T}$$

③ 其中产生动生感应电流的电动力 $\vec{F}_v$ 的计算公式为：

$$\vec{F}_v=\vec{v}\times\vec{F}_B$$

④ 这个合成电动力满足方程[1]：

$$\vec{\nabla}\cdot\vec{F}_{EB}=\kappa\rho,\ \rho=\frac{q}{V}$$

⑤ 和 1856 年不一样的是，麦克斯韦认为 1862 年发现的位移电流也会产生磁力，就像导线中的真实电流 $\vec{J}$ 产生磁力一样，所以位移电流 $\vec{J}_D$ 也应该加入到方程中来，即将磁力 $\vec{F}_B$ 满足的方程改进为：

$$\vec{\nabla}\times\vec{F}_B=\mu(\vec{J}+\vec{J}_D),\ \vec{J}_D=\frac{1}{\kappa}\frac{\partial\vec{F}_{EB}}{\partial T}$$

所以到了 1865 年，麦克斯韦已经对电力和磁力进行了几乎完美的统一。这些方程在后来被称为麦克斯韦方程组。从此以后，物理学诞生了一个新的分支，它叫电磁学。经过牛顿力学的十月怀胎和孕育，它终于冲破子宫诞生了。它在今后将有属于自己的路要走，一条和牛顿力学不同的道路。电磁学不再是牛顿力学的一个分支了。

8.8.3.2 第三篇论文的突破（二）——光就是电磁波

在没有电荷的区域，如果只同时存在磁力 $\vec{F}_B$ 和第二种电力 $\vec{F}_\xi$，那么它们的力线都是闭合的[2]。那么这两种力满足的方程为[3]：

---

[1] 简单推导过程：

$$\vec{F}_{EB}=\kappa\vec{D},\ \vec{\nabla}\cdot\vec{D}=\rho,\ \rho=\frac{q}{V}$$

[2] 力线闭合就意味着有 $\vec{\nabla}\cdot\vec{F}_B=0$，$\vec{\nabla}\cdot\vec{F}_\xi=0$。

[3] 简单推导过程：

$$\left.\begin{array}{l}\left.\begin{array}{r}\vec{\nabla}\times\dfrac{\partial\vec{F}_B}{\partial T}=\dfrac{\mu}{\kappa}\dfrac{\partial^2\vec{F}_\xi}{\partial^2 T}\\ \vec{\nabla}\times\vec{F}_\xi=-\dfrac{\partial\vec{F}_B}{\partial T}\end{array}\right\}\Rightarrow-\vec{\nabla}\times(\vec{\nabla}\times\vec{F}_\xi)=\vec{\nabla}\times\dfrac{\partial\vec{F}_B}{\partial T}=\dfrac{\mu}{\kappa}\dfrac{\partial^2\vec{F}_\xi}{\partial^2 T}\\ \vec{\nabla}\times(\vec{\nabla}\times\vec{F}_\xi)=\vec{\nabla}(\vec{\nabla}\cdot\vec{F}_\xi)-\nabla^2\vec{F}_\xi=-\nabla^2\vec{F}_\xi\end{array}\right\}\Rightarrow\nabla^2\vec{F}_\xi-\frac{\mu}{\kappa}\frac{\partial^2\vec{F}_\xi}{\partial^2 T}=0$$

$$\left.\begin{aligned}\vec{\nabla}\times\vec{F}_{B}&=\frac{\mu}{\kappa}\frac{\partial\vec{F}_{\xi}}{\partial T}\\ \vec{\nabla}\times\vec{F}_{\xi}&=-\frac{\partial\vec{F}_{B}}{\partial T}\end{aligned}\right\}\Rightarrow\left\{\begin{aligned}\nabla^{2}\vec{F}_{\xi}-\frac{1}{c^{2}}\frac{\partial^{2}\vec{F}_{\xi}}{\partial^{2}T}=0\\ \nabla^{2}\vec{F}_{B}-\frac{1}{c^{2}}\frac{\partial^{2}\vec{F}_{B}}{\partial^{2}T}=0\end{aligned}\right.,\quad\frac{1}{c^{2}}=\frac{\mu}{\kappa}$$

左边两个方程所具有的含义就是今天非常熟悉的一句话：“变化的电力会产生磁力，变化的磁力也会反过来产生电力。”右边推导出的两个方程分别是 $\vec{F}_B$ 和 $\vec{F}_\xi$ 的波动方程。它表明磁力 $\vec{F}_B$ 和第二种电力 $\vec{F}_\xi$ 都能够以波的方式传播到远方去[1]。这种波动就是电磁波，并且它的速度正好等于光速。所以麦克斯韦在理论上证明了光就是电磁波，他在第三篇论文中这样写道[2]：

“这个速度非常接近光速，所以我们有足够的理由认为：光，包括其它热辐射就是一种以波动方式存在的电磁扰动。这种波动可以从这些方程中推导出来。”

8.8.3.3　相互作用系数 κ 和 μ 在真空中会改变吗？

前面谈论过，麦克斯韦已经计算出了这种以太介质的波动速度，它也是电磁波的速度：

$$c=\sqrt{\frac{\kappa}{\mu}}=\sqrt{\frac{k_C}{k_B}}$$

这个结论再一次暴露了电磁学与它“生母”牛顿力学之间的对立。在弹性介质中，比如在空气中，对于同一束波动，静止观测者与运动观测者所测量到的速度是不相同的。如果对于同一束电磁波，不同观测者所测量到的速度也是不相同的，那么这个速度公式就意味着：相互作用系数 κ 和 μ 并不是一个常数，系数 κ 和 μ 对于不同观测者将取不同的值。但是在牛顿力学中，这些系数应该像引力常数一样，是固定不变的，是不会随观测者改变而改变的。所以，电磁学与牛顿力学之间已经在根本性上存在对立冲突。

但在那个时代，大家并不觉得这是一个问题。因为大家认为真空并不是虚空的，而是充满了以太介质。这两个系数都是与以太介质的性质有关的，所以它们当然可以随观测者的改变而改变。这样一来，以太的存在再一次变得无比的重要了，因为它被用来调和电磁学与牛顿力学之间的冲突。关于这一点，第 9 章还会详细讨论。

8.8.4　《电磁通论》——研究对象转变为电磁场

在发表完第三篇论文之后，麦克斯韦辞去教职回到自己的庄园潜心总结和写作，在 42 岁出版了《电磁通论》。在巨著《电磁通论》中，电磁场已经是绝对的主角了。那么麦克斯韦的电磁场到底是什么呢？麦克斯韦在 1865 年的论文《电磁场的动力学理论》中这样写道[3]：

“电磁场就是针对电现象或磁现象周围附近的那一部分空间。……。由于光和热辐射的现象，我们有理由相信，这部分空间还剩下一部分以太物质，它充满了这部分空间。这种以太物质自身具有运动的能力，也具有传递运动的能力。……。这种以太物质还具有接受或存储能量的能力。”

---

[1] 其它种类的电力都无法以电磁波的方式传播，比如库仑力和电动力 $\vec{F}_v$。

[2][3] J. C. Maxwell，A Dynamical Theory of the Electromagnetic Field，Part1，2，6。

麦克斯韦在之后的《电磁通论》中这样写道[1]：

“按照我们的假说，动能（笔者注：这个所谓的动能是第二篇论文中提到的大齿轮转动的动能，它就是今天所说的磁能）存在于任何有磁力的地方，就是说，存在于场的每一部分中。……。而且这种能量是以物质的某种运动形式而存在于空间的每一部分的。”

所以，麦克斯韦所谓的电磁场就是一个充满了媒介物质的空间场所。在第 8、9 章的讨论中，我们用“电磁场所内媒介物质”来称呼这个对象。这些媒介物质传递着力，也接受和存储着能量。但这些承载着能量的媒介物质又是什么呢？1865 年的麦克斯韦认为它们就是以太介质。不过在之后的《电磁通论》中，麦克斯韦在一些地方认为它们是以太介质，在另外一些地方又认为它们不是以太介质。比如在《电磁通论》最后部分，麦克斯韦又倾向于认为这些媒介物质不是以太介质，麦克斯韦这样批判到[2]：

“那些思索物理现象原因的人们习惯于借助以太来解释每一种远程作用。……。他们把空间充满了三四种不同的以太，它们只是被发明出来粉饰问题的，为的是让大家接受牛顿的超距引力作用。”

所以，对于电磁场到底是什么的问题，作为这个概念的第一批提出者，麦克斯韦的思想是不确定的，他并没有给出清晰明确的答案。其中遗留的一个最关键问题就是：充满电磁场所的这些媒介物质到底是什么？而这正是下一批开拓者们所“纠结”的问题，这些开拓者就包括赫兹（1857—1894）、洛伦兹（1853—1928）、迈克尔逊（1852—1931）、费茨杰拉德（1851—1901）等人。他们的观点就是：电磁场所中承载电磁力和相关能量的物质就是以太介质。他们的努力探索正是要试图证明这个结论，但这些努力最后都失败了，不过这些失败却在慢慢孕育着另外一个巨大的成功，它就是本书的主角——相对论的理论。

---

[1][2] 麦克斯韦著，《电磁通论》，北京大学出版社，2010，482，620。

第9章 电磁场时代的开启——也是矛盾爆发的时代

经过几年的精心写作，麦克斯韦将这些成果做了系统的总结和梳理，在1873年出版了《电磁通论》。这标志着电磁学从牛顿力学中分离出来了，电磁学成为了一门独立的物理学分支，它有着自身独有的特点。尽管那个时候的大多数人还没有深刻意识到这一点，仍然把电磁学视为牛顿力学的一个分支。《电磁通论》的地位已经可以与《自然哲学之数学原理》媲美，在这部著作中，电场、磁场、电磁场、电场强度、磁感应强度等这些今天无比熟悉的概念开始出现了。

麦克斯韦的电磁场就是一个充满了媒介物质（比如以太）的空间场所。这个观点的引入成为整个电磁学发展的重大转折点。在此之前，电磁学中的力学研究对象只有带电体与带电体之间的动力学问题；在此之后，电磁学中的力学研究对象有3个：①媒介物质对带电体产生作用的动力学问题；②带电体对媒介物质产生作用的动力学问题；③媒介物质自身之间产生作用的动力学问题。这3种动力学问题统称为电动力学。

9.1 电动力学第一个研究对象：电磁场媒介物质对带电体的动力学

第8章已经谈到过，麦克斯韦已经得到单位电荷带电体受到的所有与电有关的力之和为：

$$\vec{F}_{EB}=\vec{F}_{v}+\vec{F}_{\xi}+\vec{F}_{C}=\vec{v}\times\vec{F}_{B}+\vec{F}_{\xi}+\vec{F}_{C}$$

它被麦克斯韦称为合成电动力。现在该如何理解这个公式呢？有了填充电磁场所的媒介物质之后，$\vec{F}_{EB}$ 的含义转变为：电磁场所内媒介物质对单位电荷带电体产生的作用力。所以 $\vec{F}_{EB}$ 描述的是电磁场所内媒介物质对外提供动力的强弱。麦克斯韦对这种强弱进行了单独定义，并采用单独的符号 $\vec{\mathfrak{R}}$ 来表示它：

$$\vec{F}_{EB}=\vec{\mathfrak{R}}q=\vec{\mathfrak{R}}，\text{此处}\quad q=1$$

$\vec{\mathfrak{R}}$ 被麦克斯韦称为合成电动力强度（resultant electromotive intensity）或合电场强度❶。麦克斯韦在《电磁通论》中这样明确定义到❷：

“定义：任意点上合电场强度就是将会作用在一个带单位正电荷的小物体上的力。……”

有了描述电磁场所内媒介物质对外提供动力的强弱的量 $\vec{\mathfrak{R}}$ 之后，那么电磁场所内媒介物质对携带电荷量为 q 的带电体所产生的作用力就为：

---

❶❷ 麦克斯韦著，《电磁通论》，北京大学出版社，2010：35、51-52，460。

$$\vec{F}=\vec{\mathfrak{R}}q$$

另外，麦克斯韦还定义了磁感应强度$\vec{B}$，它等于第 8 章谈到过的单位小磁针所受到的磁力$\vec{F}_B$，即有[1]：

$$\vec{F}_B=\vec{B}$$

同样，磁感应强度$\vec{B}$就是用来描述磁场所内媒介物质提供动力的强弱的。利用这个定义，麦克斯韦的合电场强度就有：

$$\vec{\mathfrak{R}}=\vec{v}\times\vec{B}+\vec{F}_E，\text{其中}\quad \vec{F}_E=\vec{F}_\xi+\vec{F}_C$$

这样一来，媒介物质对带电体产生作用力的计算问题就归结于计算合电场强度$\vec{\mathfrak{R}}$。麦克斯韦认为通过求解他在 1865 年得到的方程组就能得到答案，这些方程组就是第 8 章提到的麦克斯韦方程组。现在利用合电场强度$\vec{\mathfrak{R}}$和磁感应强度$\vec{B}$，这些方程组可以表示为：

$$\begin{cases}\vec{\nabla}\cdot\vec{\mathfrak{R}}=\kappa\rho\\ \vec{\nabla}\times\vec{F}_\xi=-\dfrac{\partial\vec{B}}{\partial T}\\ \vec{\nabla}\times\vec{B}=\mu\vec{J}+\dfrac{1}{c^2}\dfrac{\partial\vec{\mathfrak{R}}}{\partial T}\end{cases}，\text{其中}\quad \vec{\mathfrak{R}}=\vec{v}\times\vec{B}+\vec{F}_E，\quad \vec{F}_E=\vec{F}_\xi+\vec{F}_C$$

由于库仑力$\vec{F}_C$的电力线总是从正电荷发出来，然后终止于负电荷，所以它们是无法闭合的，也就无法形成旋涡，即旋度都等于零。在数学上这等价于$\vec{\nabla}\times\vec{F}_C=0$，所以上面第二个方程就等价于：

$$\vec{\nabla}\times\vec{F}_E=-\frac{\partial\vec{B}}{\partial T}\xleftarrow{\vec{F}_E=\vec{F}_C+\vec{F}_\xi}\vec{\nabla}\times(\vec{F}_C+\vec{F}_\xi)=-\frac{\partial\vec{B}}{\partial T}\xleftarrow{\vec{\nabla}\times\vec{F}_C=0}\vec{\nabla}\times\vec{F}_\xi=-\frac{\partial\vec{B}}{\partial T}$$

而由于磁力线总是闭合的，所以磁力线没有源头和结尾。在数学上这等价于$\vec{\nabla}\cdot\vec{B}=0$。所以补充完整之后的麦克斯韦方程组就等价为[2]：

$$\begin{cases}\vec{\nabla}\cdot\vec{\mathfrak{R}}=\kappa\rho\\ \vec{\nabla}\times\vec{F}_E=-\dfrac{\partial\vec{B}}{\partial T}\\ \vec{\nabla}\times\vec{B}=\mu\vec{J}+\dfrac{1}{c^2}\dfrac{\partial\vec{\mathfrak{R}}}{\partial T}\\ \vec{\nabla}\cdot\vec{B}=0\end{cases}，\text{其中}\quad \vec{\mathfrak{R}}=\vec{v}\times\vec{B}+\vec{F}_E \tag{9-1}$$

麦克斯韦认为通过求解这个方程组就能得到合电场强度$\vec{\mathfrak{R}}$，从而就能得到电磁场所内媒介物质对带电体产生的作用力$\vec{F}=\vec{\mathfrak{R}}q$，那么媒介物质对带电体产生作用的动力学问题也就解决了。但问题并没有这么简单，因为这个答案与牛顿力学是存在矛盾的。

9.1.1 电磁场理论与牛顿力学之间的矛盾——运动物体的电动力学问题

这个方程组中的速度$\vec{v}$并不是由这个方程组来决定的，它只是带电体的运动速度，这

---

[1] 麦克斯韦著，《电磁通论》，北京大学出版社，2010：331。

[2] 这里的结论主要依据《电磁通论》第 456-474 页。注意：它与今天教科书上的麦克斯韦方程组并不相同，因为麦克斯韦还没有彻底摆脱力思想的束缚。

就会带来一个严重的问题。由于带电体的这个速度 $\vec{v}$ 是相对的，对于具有不同速度 $\vec{u}$ 的观测者而言，带电体的速度 $\vec{v}$ 取不同值时，方程组的解——$\vec{\mathfrak{R}}$ 和 $\vec{B}$ 当然也取不同值。这就意味着一个非常重要的结论：描述电磁场媒介物质的 $\vec{\mathfrak{R}}$ 和 $\vec{B}$ 的取值与观测者的运动速度 $\vec{u}$ 是相关的，即 $\vec{\mathfrak{R}}$ 和 $\vec{B}$ 是依赖于速度 $\vec{u}$ 的函数。也就是说：$\vec{\mathfrak{R}}$ 和 $\vec{B}$ 只有相对值，无法存在绝对的值。

并且，$\vec{\mathfrak{R}}$ 的物理意义就是单位电荷受到的所有与电有关力之和，这也意味着电力 $\vec{\mathfrak{R}}$ 的大小只有相对值，没有绝对的值。但是在牛顿力学中，一个力的大小是绝对的。这就是电磁学与牛顿力学之间存在的矛盾，下面举个例子来展示一下这种矛盾。

比如，对于一颗静止苹果而言，绝对空间 (T,X,Y,Z)[1] 中的一个静止观测者测量出该苹果所受外力 $\vec{F}$ 为零；在绝对空间中以速度 $\vec{u}$ 匀速运动的观测者 (t',x',y',z') 测量出该苹果所受外力 $\vec{F}'$ 也为零。这两个观测者测量出该苹果所受外力是相等的，即 $\vec{F}'=\vec{F}$。所以在牛顿力学中，这颗苹果所受外力大小与匀速运动观测者的速度 $\vec{u}$ 是完全无关的。

但现在电力不再满足这个结论了。比如一个携带电荷量为 q 带电体在绝对空间 (T,X,Y,Z) 中以速度 $\vec{v}$ 运动，那么解式（9-1）可得，绝对空间中静止观测者测量出该带电体所受到的电力为 $\vec{F}=\vec{\mathfrak{R}}q$。

对于绝对空间中以速度 $\vec{u}$ 匀速运动的观测者 (t',x',y',z') 而言，带电体在以速度 $\vec{v}'$ 运动。根据第 3 章谈论过的伽利略变换，这两种速度之间的关系如图 9-1 所示。

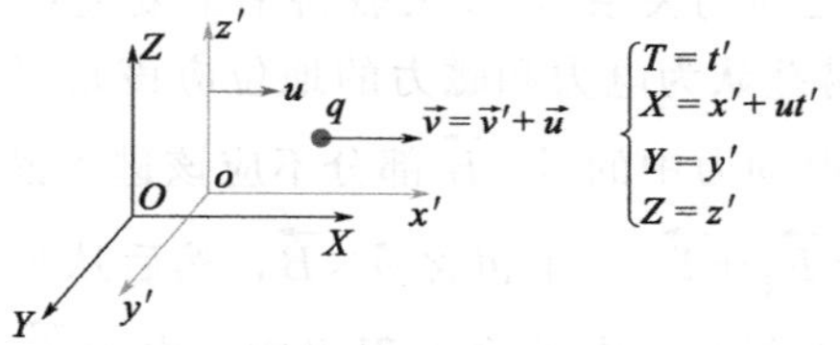

图 9-1　绝对空间 (T,X,Y,Z) 与相对空间 (t',x',y',z') 之间的伽利略变换

那么观测者 (t',x',y',z') 测量出该带电体所受电力 $\vec{F}'=\vec{\mathfrak{R}}'q$ 就是式（9-2）的解：

$$\begin{cases} \vec{\nabla}'\cdot\vec{\mathfrak{R}}'=\kappa\rho' \\ \vec{\nabla}'\times\vec{F}'_{\mathrm{E}}=-\dfrac{\partial\vec{B}'}{\partial t'} \\ \vec{\nabla}'\times\vec{B}'=\mu\vec{j}'+\dfrac{1}{c'^2}\dfrac{\partial\vec{\mathfrak{R}}'}{\partial t'}, \quad \vec{\mathfrak{R}}'=\vec{v}'\times\vec{B}'+\vec{F}'_{\mathrm{E}}。 \\ \vec{\nabla}'\cdot\vec{B}'=0 \end{cases} \tag{9-2}$$

由于带电体的运动速度 $\vec{v}'$ $(\vec{v}'=\vec{v}-\vec{u})$ 和电流 $\vec{j}'$（即运动的电荷，它是场源）的取值与观测者 (t',x',y',z') 的运动速度 $\vec{u}$ 都是相关的，所以此方程组的解 $\vec{\mathfrak{R}}'$ 与观测者的速度 $\vec{u}$ 当然也是相关的，从而该带电体所受到的电力 $\vec{F}'$ 与观测者的速度 $\vec{u}$ 也是相关的。并且很显然，这两个方程组的解不再是相同的，即会出现 $\vec{\mathfrak{R}}\neq\vec{\mathfrak{R}}'$。也就是说，对于同一个带电体，这两个观测者所测量出的电力不是相等的，即会出现 $\vec{F}'\neq\vec{F}$。

---

[1] 注意：从本章开始，我们会特意强调是采用哪个观测者得到的结论，所以会对不同观测者的坐标系在字母大小上做区分。

这个结论与刚才从牛顿力学得出的结论就是直接矛盾的，所以电磁学与牛顿力学从根基上已经产生了严重对立。

人们很快就意识到了这个问题，这个问题被称为运动物体的电动力学问题，即一个运动带电体所受到的与电有关的力到底应该如何计算的问题。从 19 世纪 70 年代到 20 世纪的三十年里，无数篇题目类似于《论动体的电动力学》的论文被发表了出来，但直到 1905 年，才终于有一篇叫《论动体的电动力学》的论文彻底解决了这个问题，他的作者就是爱因斯坦。

9.1.2 赫兹与洛伦兹的早期答案

麦克斯韦方程组与牛顿力学之间的这种冲突，可以从一个问题上直接反映出来，那就是合成电动力中的 $\vec{v}\times\vec{B}$ 部分到底应该被视为电力还是磁力呢？麦克斯韦把它视为电力，因为它和库仑力一样，也可以造成电位移；而赫兹与洛伦兹把它视为磁力，因为 $\vec{v}\times\vec{B}$ 是由磁感应强度 $\vec{B}$ 导致的；后来的爱因斯坦才最终搞清楚了真相，那就是：这个问题的答案取决于观测者，即“它到底是什么”是相对的，而不是绝对的。

赫兹[1]（1857—1894）在亥姆霍兹、基尔霍夫等人引领下，很快就进入了电磁学最前沿的问题。正是亥姆霍兹开始用矢量符号来书写麦克斯韦方程组，从而让麦克斯韦方程组在形式上变得更加简洁。在亥姆霍兹的影响之下，赫兹于 1884 年发表了《论麦克斯韦的电磁学方程组与对立的基本方程组之间的关系》，今天教科书上麦克斯韦方程的公式形式就主要来自于此[2]。在这篇论文中，赫兹认为电力和磁力的地位应该是平等的，它们在方程组的位置也应该是对称的，所以合成电动力中的 $\vec{v}\times\vec{B}$ 部分不应该进入描述电磁场的基本方程组。赫兹因此认为电力只包括 $\vec{F}_{\mathrm{E}}=\vec{F}_{\xi}+\vec{F}_{\mathrm{C}}$，不包含 $\vec{v}\times\vec{B}$，然后从另外一条路径重新推导了电磁场所内媒介物质应该满足的方程组。在这个方程组中，电力 $\vec{F}_{\mathrm{E}}$ 和磁力 $\vec{B}$ 就有了严格的对称性。

$$\begin{cases}\vec{\nabla}\cdot\vec{F}_{\mathrm{E}}=\kappa\rho\\ \vec{\nabla}\times\vec{F}_{\mathrm{E}}=-\dfrac{\partial\vec{B}}{\partial T}\\ \vec{\nabla}\times\vec{B}=\mu\vec{J}+\dfrac{1}{c^{2}}\dfrac{\partial\vec{F}_{\mathrm{E}}}{\partial T}\\ \vec{\nabla}\cdot\vec{B}=0\end{cases}$$

和麦克斯韦的方程组一对比很容易发现，赫兹的方程组相当于是麦克斯韦的方程组在 $\vec{v}=\mathbf{0}$ 时的特殊情况。所以在赫兹这里，麦克斯韦的合电场强度 $\vec{\mathfrak{R}}$ 退化为了电场强度 $\vec{F}_{\mathrm{E}}$。它在今天采用字母 $\vec{E}$ 来表示，即：

$$\vec{\mathfrak{R}}=\vec{v}\times\vec{B}+\vec{F}_{\mathrm{E}}\longrightarrow\vec{E}=\vec{F}_{\mathrm{E}}$$

所以麦克斯韦方程组就有了大家今天在教科书里面看到的样子：

---

[1] 对于赫兹，大家比较熟悉的是他在 1887 年通过实验证明了 22 年前麦克斯韦的理论预言——电磁波。这个实验让法拉第当年的思想有了坚实的实验基础，也让麦克斯韦方程组得到支撑。

[2] 宋德生，李国栋著，《电磁学发展史》，广西人民出版社，1987：322。钱长炎著，《在物理学与哲学之间——赫兹的物理学成就及物理思想》，中山大学出版社，2006。

$$\begin{cases}\vec{\nabla}\cdot\vec{E}=\kappa\rho\\ \vec{\nabla}\times\vec{E}=-\dfrac{\partial\vec{B}}{\partial T}\\ \vec{\nabla}\times\vec{B}=\mu\vec{J}+\dfrac{1}{c^2}\dfrac{\partial\vec{E}}{\partial T}\\ \vec{\nabla}\cdot\vec{B}=0\end{cases}$$

这个方程组在那个时代被称为麦克斯韦-赫兹方程组，比如爱因斯坦在《论动体的电动力学》就是这样称呼它的（注意：从第10章开始，麦克斯韦方程组就是指这个麦克斯韦-赫兹方程组以及它更一般的形式）。亥姆霍兹在1885年也得到了类似的、比较对称的方程组。

至于麦克斯韦的合电场强度$\vec{\mathfrak{R}}=\vec{v}\times\vec{B}+\vec{E}$所代表的含义，大家的认识也开始变得清晰起来。现在只要求解麦克斯韦-赫兹方程组得到$\vec{E}$和$\vec{B}$之后，$\vec{\mathfrak{R}}=\vec{v}\times\vec{B}+\vec{E}$的值也就可以计算确定了。所以$\vec{\mathfrak{R}}=\vec{v}\times\vec{B}+\vec{E}$只是用来计算以速度$\vec{v}$运动的带电物体所受到的力，它对电磁场所内媒介物质本身不产生任何影响。而在此之前，人们混淆了这两者，把$\vec{\mathfrak{R}}$视为单位带电体所受到的电力，又视其为电磁场强度❶。所以这样一来，人们不能再像麦克斯韦那样称呼$\vec{\mathfrak{R}}$为合电场强度了。这种观点的转变在另外一种思想成熟之后就显得更加合理自然，这种思想就是：电荷是一种带电粒子，而不是属于电磁场内的媒介物质❷。

在思想转变之前，麦克斯韦等人都认为：电荷和电流只是电磁场所内媒介物质的一种运动状态或表现方式，就像热和热流只是大量媒介物质运动的表现而已❸；就像并不存在热这种物质一样，麦克斯韦也认为不存在电这种物质。但在转变之后的新思想认识中，电不再是属于电磁场所中的媒介物质了，而只是属于带电粒子的。既然电不是电磁场所内媒介物质的一种运动状态或表现方式，那么电磁场所中的检验电荷到底是静止还是以速度$\vec{v}$运动，都不会对电磁场所内媒介物质造成影响。所以，当人们意识到电和电磁场所内媒介物质是完全不同的两种客体❹，他们就很容易看清楚：$\vec{\mathfrak{R}}=\vec{v}\times\vec{B}+\vec{E}$只会对带电体产生影响，不会对电磁场所内媒介物质产生影响。这种思想在洛伦兹（1853—1928）创立电子理论时达到完全成熟。

在1895年发表的论文《关于运动物体的光学和电学的理论尝试》❺中，洛伦兹认为这种带电粒子就是电子，这个公式$\vec{\mathfrak{R}}=\vec{v}\times\vec{B}+\vec{E}$就是表示电子受到力的大小，而不是描述电磁场所内媒介物质的。这个公式代表的力在今天所以被称为洛伦兹力：

$$F=e\vec{v}\times\vec{B}+e\vec{E}$$

其中e表示电子的电荷量。

就这样，在赫兹和洛伦兹等人不断完善下，麦克斯韦的电磁场理论逐步走向成熟，变得更加清晰。这样一来，一个运动物体受到的电力到底应该如何计算的问题，即运动物体的电动力学问题似乎已经得到了解决。解决方法就是：通过求解麦克斯韦-赫兹方程组得到$\vec{E}$和

---

❶ $\vec{F}_\xi$和$\vec{F}_C$的确可以这样，也就是既可以把它们视为单位带电体所受到的电力，又可以把它们视为电场强度。

❷ 比如，在第8章谈到的麦克斯韦那台机器上，电是属于小齿轮的，即电是属于媒介物质的。

❸ 根据今天的观点，答案确实是这样的，热和热流只是分子的热运动一种表现而已。并不存在热这样一种物质。

❹ 但麦克斯韦不是这样认为的，他认为电和媒介物质都是那台机器的小齿轮。

❺ H. A. Lorentz，Attempt of a Theory of Electrical and Optical Phenomena in Moving Bodies。

$\vec{B}$，然后再通过洛伦兹力公式$\vec{F}=e\vec{v}\times\vec{B}+e\vec{E}$就可以计算出此运动物体受到的与电和磁有关的力。但问题并没有这么简单。

9.1.3 早期答案遗留的困难

麦克斯韦-赫兹方程组只是麦克斯韦当初写出的方程组在$\vec{v}=0$的特殊情况，即对于一个特殊观测者而言，麦克斯韦-赫兹方程组是成立的；但是在$\vec{v}$不等于零的情况下，也就是对于其他观测者而言，麦克斯韦-赫兹方程组还成立吗？另外，在赫兹和洛伦兹的解决方案中，$\vec{v}\times\vec{B}$被视为磁力。但这个观点并不是对所有观测者都是成立的，下面通过一个例子来详细说明其原因。

如图 9-2 所示，静止观测者 A(T,X,Y,Z) 测量到导线中的电子受到的力为$\vec{F}=q\vec{v}\times\vec{B}+0$。按照赫兹和洛伦兹的观点，这个力是磁力，并且这个磁力让导线中电子运动从而形成感应电流。观测者 B(t',x',y',z') 以相同速度$\vec{v}$随导线一起匀速运动，即导线中电子在x'轴方向上的速度相对于对观测者 B 来说是零，即$\vec{v}'=0$。但是感应电流对于观测者 B 来说当然还是存在的，这就意味着对于观测者 B 来说，导线中电子仍然受到了力的作用。但是由于$\vec{v}'=0$，那么对于观测者 B 来说，导线中电子受到的力只能是电力，即为

$$\vec{F}'=q\vec{E}'$$

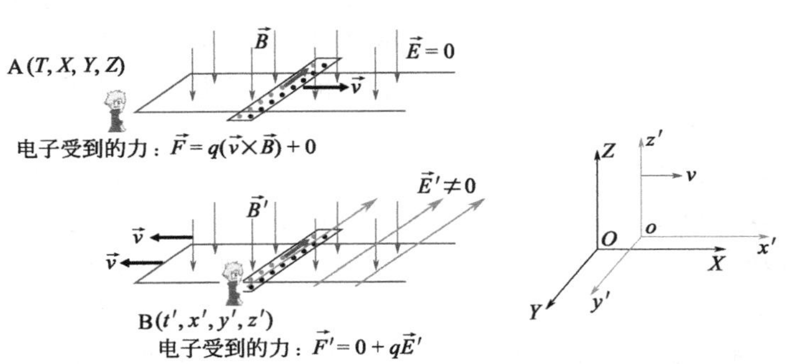

图 9-2 不同观测者看到不同结果

如果根据牛顿力学，观测者 A 和观测者 B 都是在观测同一个力，所以他们观测到的大小应该是相等的[❶]，即有：

$$\vec{F}'=\vec{F}\Rightarrow E'=\vec{v}\times\vec{B}$$

那么对于观测者 B 来说，这个力$\vec{v}\times\vec{B}$就不再是磁力，而是电力。所以这个实验展示出了一种重要的结论：$\vec{v}\times\vec{B}$到底是磁力还是电力，或者说到底是磁感应强度还是电场强度，不同的观测者会有不同的结论。

因此，赫兹和洛伦兹的观点，即认为$\vec{v}\times\vec{B}$是磁力的观点，只有对于静止观测者 A 才是正确的，对运动观测者 B 来说就不再正确。这样一来，要想让赫兹和洛伦兹的理论成立，就需要让这个静止观测者 A 具有“特权”地位，让他变得无比重要和特殊。不幸的是这个结论正好与牛顿力学的绝对空间是吻合的，因为在第 3 章谈到过，牛顿的绝对空间就是一个

❶ 实际情况是：它们不是严格相等的。

有“特权”地位的空间。

由于以太物质在绝对空间中是静止的，所以只要假定电磁场内媒介物质就是以太物质，麦克斯韦-赫兹方程组只是用来描述这些静止的以太物质的，那么就可以避免刚提到的矛盾。这种解决方案再次让绝对空间和以太介质的存在显得无比重要，因为它们正好可以让这个静止观测者 A 具有这样的“特权”地位。

所以，对于赫兹和洛伦兹等人而言，只要承认麦克斯韦-赫兹方程组只是用来描述绝对空间中静止以太介质的，就似乎没有什么问题了。但麻烦并没有真正得到彻底解决。对于观测者 B 而言，既然 $\vec{v}\times\vec{B}$ 是电力，或者说是电场强度，那么它就应该进入描述电磁场内媒介物质的方程组中去。也就是说：对于观测者 B 而言，他所测量到的磁力和电力，或者说磁感应强度和电场强度又满足什么样的方程组呢？大量题目类似于《论运动物体的电动力学》《论运动物体的电现象》的论文被发表出来了，都在试图解决这个问题。

9.1.4　问题的困难根源

牛顿的绝对空间（T,X,Y,Z）与相对空间（t',x',y',z'）之间伽利略变换关系如图 9-1 所示。

对于同一个粒子的运动速度，观测者 A(T,X,Y,Z) 的测量值为 $\vec{v}$，观测者 B(t',x',y',z') 的测量值为 $\vec{v}'$；对于同一束光，观测者 A(T,X,Y,Z) 的测量值为 $\vec{c}$，观测者 B(t',x',y',z') 的测量值为 $\vec{c}'$；对于同一条电流中电荷的移动速度，观测者 A(T,X,Y,Z) 的测量值为 $\vec{\Sigma}$，观测者 B(t',x',y',z') 的测量值为 $\vec{\sigma}$。那么，这些速度在观测者 A 与观测者 B 之间的伽利略变换关系为：

$$\vec{v}=\vec{v}'+\vec{u},\ \vec{c}=\vec{c}'+\vec{u},\ \vec{\Sigma}=\vec{\sigma}+\vec{u}$$

利用这些变换关系，可以得到一个物理量 G 的时间变化率在观测者 A 与观测者 B 之间的变换关系为❶：

$$\frac{\partial G}{\partial T}=\left(\frac{\partial}{\partial t'}-\vec{u}\cdot\vec{\nabla}'\right)G$$

还可以得到梯度算符在观测者 A 与观测者 B 之间的变换关系为❷：

$$\vec{\nabla}G=\vec{\nabla}'G$$

所以在伽利略变换关系之下，与时间变化率和空间变化率相关的算符在观测者 A 与观测者 B 之间的变换关系为：

$$\frac{\partial}{\partial T}=\frac{\partial}{\partial t'}-\vec{u}\cdot\vec{\nabla}'$$

$$\vec{\nabla}=\vec{\nabla}'$$

利用这两种算符的这个变换关系，观测者 A 所使用的麦克斯韦-赫兹方程组就变换为观测

---

❶ 推导过程：

$$\frac{\partial G}{\partial T}=\frac{\partial t'}{\partial T}\frac{\partial G}{\partial t'}+\frac{\partial x'}{\partial T}\frac{\partial G}{\partial x'}+\frac{\partial y'}{\partial T}\frac{\partial G}{\partial y'}+\frac{\partial z'}{\partial T}\frac{\partial G}{\partial z'}=\frac{\partial G}{\partial t'}-u_X\frac{\partial G}{\partial x'}-u_Y\frac{\partial G}{\partial y'}-u_Z\frac{\partial G}{\partial z'}=\left(\frac{\partial}{\partial t'}-\vec{u}\cdot\vec{\nabla}'\right)G$$

❷ 推导过程：

$$\frac{\partial G}{\partial X}=\frac{\partial t'}{\partial X}\frac{\partial G}{\partial t'}+\frac{\partial x'}{\partial X}\frac{\partial G}{\partial x'}+\frac{\partial y'}{\partial X}\frac{\partial G}{\partial y'}+\frac{\partial z'}{\partial X}\frac{\partial G}{\partial z'}=\frac{\partial x'}{\partial X}\frac{\partial G}{\partial x'}=\frac{\partial G}{\partial x'}$$

者 B 所使用的麦克斯韦-赫兹方程组，即从下面左边的方程形式变换成了右边的方程形式[1]：

$$\begin{cases}\vec{\nabla}\cdot\vec{E}=\kappa\rho\\ \vec{\nabla}\times\vec{E}=-\dfrac{\partial\vec{B}}{\partial T}\\ \vec{\nabla}\times\vec{B}=\mu\vec{J}+\dfrac{1}{c^2}\dfrac{\partial\vec{E}}{\partial T}\\ \vec{\nabla}\cdot\vec{B}=0\end{cases}\xrightarrow[\vec{\nabla}=\vec{\nabla}']{\frac{\partial}{\partial T}=\frac{\partial}{\partial t'}-\vec{u}\cdot\vec{\nabla}'}\begin{cases}\vec{\nabla}'\cdot\vec{E}=\kappa\rho\\ \vec{\nabla}'\times(\vec{E}+\vec{u}\times\vec{B})=-\dfrac{\partial\vec{B}}{\partial t'}\\ \vec{\nabla}'\times\left(\vec{B}-\dfrac{1}{c^2}\vec{u}\times\vec{E}\right)=\mu\vec{j}'+\dfrac{1}{c^2}\dfrac{\partial\vec{E}}{\partial t'}\\ \vec{\nabla}'\cdot\vec{B}=0\end{cases}$$

其中，观测者 A 所观测到的电流密度为 $\vec{J}=\rho\vec{\Sigma}$，速度 $\vec{\Sigma}$ 就是电流中电荷的移动速度。但对于观测者 B 来说，电流中电荷的移动速度是 $\vec{\sigma}$，那么观测者 B 所观测到电流密度变为 $\vec{j}'=\rho\vec{\sigma}$。

前面分析过，对于观测者 B 来说，$\vec{u}\times\vec{B}$ 是电力不再是磁力。并且 $\vec{u}\times\vec{B}$ 也已经进入了观测者 B 所采用的方程组。实际上，观测者 B 所采用方程组的第二个方程正是麦克斯韦最初所采用的形式。所以对于观测者 B 来说，总的电场强度应该是 $\vec{E}+\vec{u}\times\vec{B}$。另外，由于电场与磁场的对称性，那么对于观测者 B 来说，总的磁感应强度也应该是 $\vec{B}-\frac{1}{c^2}\vec{u}\times\vec{E}$，这一点是麦克斯韦当初没有考虑到的。

这不能怪麦克斯韦，因为对于他而言，描述电磁场内媒介物质的对象只有合电场强度 $\vec{\mathfrak{R}}$ 与磁感应强度 $\vec{B}$，并且它们之间是没有对称性的。但经过赫兹在思想认识上的转变之后，电场与磁场具有了对称性，那么对于观测者 B 来说，他观测到的电场和磁场就应该分别为：

$$\begin{cases}\vec{e}'=\vec{E}+\vec{u}\times\vec{B}\\ \vec{b}'=\vec{B}-\dfrac{1}{c^2}\vec{u}\times\vec{E}\end{cases}$$

其中，$\vec{e}'$ 表示观测者 B 所测量到的电场强度；$\vec{b}'$ 表示观测者 B 所测量到的磁感应强度。

洛伦兹 1895 年在《关于运动物体的光学和电学的理论尝试》中已经在使用这种变换关系。所以，如果观测者 B 采用电场强度 $\vec{e}'$ 和磁感应强度 $\vec{b}'$，那么对于观测者 B 来说，描述电磁场所内媒介物质的方程组就是：

$$\begin{cases}\vec{\nabla}'\cdot\vec{E}=\kappa\rho\\ \vec{\nabla}'\times\vec{e}'=-\dfrac{\partial\vec{B}}{\partial t'}\\ \vec{\nabla}'\times\vec{b}'=\mu\vec{j}'+\dfrac{1}{c^2}\dfrac{\partial\vec{E}}{\partial t'}\\ \vec{\nabla}'\cdot\vec{B}=0\end{cases}$$

---

[1] 推导过程中的一些中间计算步骤：

$$\vec{\nabla}'\times(\vec{u}\times\vec{B})=(\vec{B}\cdot\vec{\nabla}')\vec{u}+(\vec{\nabla}'\cdot\vec{B})\vec{u}-(\vec{u}\cdot\vec{\nabla}')\vec{B}-(\vec{\nabla}'\cdot\vec{u})\vec{B}=-(\vec{u}\cdot\vec{\nabla}')\vec{B}$$

$$\vec{\nabla}'\times(\vec{u}\times\vec{E})=(\vec{E}\cdot\vec{\nabla}')\vec{u}+(\vec{\nabla}'\cdot\vec{E})\vec{u}-(\vec{u}\cdot\vec{\nabla}')\vec{E}-(\vec{\nabla}'\cdot\vec{u})\vec{E}=\kappa\rho\vec{u}-(\vec{u}\cdot\vec{\nabla}')\vec{E}$$

不过在此方程组中，$\vec{E}$ 和 $\vec{B}$ 仍然是观测者 A 所测量到的电场强度和磁感应强度。那么，还需要将它们也变换成观测者 B 所测量到的电场强度 $\vec{e}'$ 和磁感应强度 $\vec{b}'$，这可以通过求解前面变换关系的逆变换得到。这个逆变换关系就是[1]：

$$\vec{B}=\frac{1}{1-u^2/c^2}\left[(1-u^2/c^2)\vec{b}'_{\parallel}+\vec{b}'_{\perp}+\frac{1}{c^2}\vec{u}\times\vec{e}'\right]$$

$$\vec{E}=\frac{1}{1-u^2/c^2}\left[(1-u^2/c^2)\vec{e}'_{\parallel}+\vec{e}'_{\perp}-\vec{u}\times\vec{b}'\right]$$

其中，$\vec{e}'$ 和 $\vec{b}'$ 被分解成平行于 $\vec{u}$ 的部分 $\vec{e}'_{\parallel}$ 和垂直于 $\vec{u}$ 的部分 $\vec{e}'_{\perp}$；$\vec{b}'$ 被分解成平行于 $\vec{u}$ 的部分 $\vec{b}'_{\parallel}$ 和垂直于 $\vec{u}$ 的部分 $\vec{b}'_{\perp}$。

不过洛伦兹在 1895 年的论文中还没有做这项工作。因为这样替换之后，描述电磁场内媒介物质的方程组确实太复杂了。先不把 $\vec{E}$ 和 $\vec{B}$ 都完全彻底替换为 $\vec{e}'$ 和 $\vec{b}'$，即先替换为

---

[1] 推导过程中的一些中间计算步骤。对于磁场有：

$$\left.\begin{array}{r}\left.\begin{array}{r}\vec{u}\times\vec{e}'=\vec{u}\times\vec{E}+\vec{u}\times(\vec{u}\times\vec{B})\\ \vec{u}\times(\vec{u}\times\vec{B})=\vec{u}(\vec{u}\cdot\vec{B})-u^2\vec{B}\end{array}\right\}\Rightarrow\vec{u}\times\vec{e}'=\vec{u}\times\vec{E}+\vec{u}(\vec{u}\cdot\vec{B})-u^2\vec{B}\\ \vec{b}'=\vec{B}-\frac{1}{c^2}\vec{u}\times\vec{E}\end{array}\right\}\Rightarrow\vec{b}'+\frac{1}{c^2}\vec{u}\times\vec{e}'=\left(1-\frac{u^2}{c^2}\right)\vec{B}+\frac{1}{c^2}\vec{u}(\vec{u}\cdot\vec{B})$$

$$\left.\begin{array}{r}\left(\vec{b}'+\frac{1}{c^2}\vec{u}\times\vec{e}'\right)_{\parallel}=\left(1-\frac{u^2}{c^2}\right)\vec{B}_{\parallel}+\frac{1}{c^2}\vec{u}_{\perp}(\vec{u}\cdot\vec{B})\\ \vec{u}_{\perp}=0\end{array}\right\}\Rightarrow\vec{B}_{\perp}=\frac{1}{1-u^2/c^2}\left(\vec{b}'+\frac{1}{c^2}\vec{u}\times\vec{e}'\right)_{\perp}$$

$$\left.\begin{array}{r}\left.\begin{array}{r}\left(\vec{b}'+\frac{1}{c^2}\vec{u}\times\vec{e}'\right)_{\parallel}=\left(1-\frac{u^2}{c^2}\right)\vec{B}_{\parallel}+\frac{1}{c^2}\vec{u}_{\parallel}(\vec{u}\cdot\vec{B})\\ \vec{u}_{\parallel}=\vec{u},\ \vec{u}\cdot\vec{B}=\vec{u}\cdot\vec{B}_{\parallel}\Rightarrow\vec{u}_{\parallel}(\vec{u}\cdot\vec{B})=u^2\vec{B}_{\parallel}\end{array}\right\}\Rightarrow\left(\vec{b}'+\frac{1}{c^2}\vec{u}\times\vec{e}'\right)_{\parallel}=\vec{B}_{\parallel}\\ (\vec{u}\times\vec{e}')_{\parallel}=0\end{array}\right\}\Rightarrow\vec{B}_{\parallel}=\vec{b}'_{\parallel}$$

所以

$$\vec{B}=\vec{B}_{\parallel}+\vec{B}_{\perp}=\frac{1}{1-u^2/c^2}\left[(1-u^2/c^2)\vec{b}'_{\parallel}+\vec{b}'_{\perp}+\frac{1}{c^2}\vec{u}\times\vec{e}'\right]$$

对于电场有：

$$\left.\begin{array}{r}\left.\begin{array}{r}\vec{u}\times\vec{b}'=\vec{u}\times\vec{B}-\frac{1}{c^2}\vec{u}\times(\vec{u}\times\vec{E})\\ \vec{u}\times(\vec{u}\times\vec{E})=\vec{u}(\vec{u}\cdot\vec{E})-u^2\vec{E}\end{array}\right\}\Rightarrow\vec{u}\times\vec{b}'=\vec{u}\times\vec{B}-\vec{u}(\vec{u}\cdot\vec{E})+\frac{u^2}{c^2}\vec{E}\\ \vec{e}'=\vec{E}+\vec{u}\times\vec{B}\end{array}\right\}\Rightarrow\vec{e}'-\vec{u}\times\vec{b}'=\left(1-\frac{u^2}{c^2}\right)\vec{E}+\vec{u}(\vec{u}\cdot\vec{E})$$

$$\left.\begin{array}{r}(\vec{e}'-\vec{u}\times\vec{b}')_{\perp}=\left(1-\frac{u^2}{c^2}\right)\vec{E}_{\perp}+\vec{u}(\vec{u}\cdot\vec{E}_{\perp})\\ \vec{u}_{\perp}=0\end{array}\right\}\Rightarrow\vec{E}_{\perp}=\frac{1}{1-u^2/c^2}(\vec{e}'-\vec{u}\times\vec{b}')_{\perp}$$

$$\left.\begin{array}{r}\left.\begin{array}{r}(\vec{e}'-\vec{u}\times\vec{b}')_{\parallel}=\left(1-\frac{u^2}{c^2}\right)\vec{E}_{\parallel}+\vec{u}_{\parallel}(\vec{u}\cdot\vec{E})\\ \vec{u}_{\parallel}=\vec{u},\ \vec{u}\cdot\vec{E}=\vec{u}\cdot\vec{E}_{\parallel}\Rightarrow\vec{u}_{\parallel}(\vec{u}\cdot\vec{E})=u^2\vec{E}_{\parallel}\end{array}\right\}\Rightarrow(\vec{e}'-\vec{u}\times\vec{b}')_{\parallel}=\vec{E}_{\parallel}\\ (\vec{u}\times\vec{b}')_{\parallel}=0\end{array}\right\}\Rightarrow\vec{E}_{\parallel}=\vec{e}'_{\parallel}$$

所以

$$\vec{E}=\vec{E}_{\parallel}+\vec{E}_{\perp}=\frac{1}{1-u^2/c^2}[(1-u^2/c^2)\vec{e}'_{\parallel}+\vec{e}'_{\perp}-\vec{u}\times\vec{b}']$$

如下形式[1]：

$$\begin{cases}\vec{\nabla}'\cdot\vec{E}=\kappa\rho\\ \vec{\nabla}'\times\vec{e}'=-\dfrac{\partial\vec{B}}{\partial t'}\\ \vec{\nabla}'\times\vec{b}'=\mu\vec{j}'+\dfrac{1}{c^2}\dfrac{\partial\vec{E}}{\partial t'}\\ \vec{\nabla}'\cdot\vec{B}=0\end{cases}\xrightarrow[\text{令}\ \gamma^2=\frac{1}{1-u^2/c^2}]{\substack{\vec{B}=\frac{1}{1-u^2/c^2}\left[(1-u^2/c^2)\vec{b}'_{\parallel}+\vec{b}'_{\perp}+\frac{1}{c^2}\vec{u}\times\vec{e}'\right]\\ \vec{E}=\frac{1}{1-u^2/c^2}\left[(1-u^2/c^2)\vec{e}'_{\parallel}+\vec{e}'_{\perp}-\vec{u}\times\vec{b}'\right]}}$$

$$\begin{cases}\vec{\nabla}'\cdot(\vec{e}'_{\parallel}+\gamma^2\vec{e}'_{\perp})+\mu\gamma^2\vec{u}\cdot\vec{j}'+\gamma^2\dfrac{\vec{u}}{c^2}\cdot\dfrac{\partial\vec{E}}{\partial t'}=\kappa\rho\\ \left(\vec{\nabla}'+\gamma^2\dfrac{\vec{u}}{c^2}\dfrac{\partial}{\partial t'}\right)\times\vec{e}'=-\dfrac{\partial(\vec{b}'_{\parallel}+\gamma^2\vec{b}'_{\perp})}{\partial t'}\\ \left(\vec{\nabla}'+\gamma^2\dfrac{\vec{u}}{c^2}\dfrac{\partial}{\partial t'}\right)\times\vec{b}'=\mu\vec{j}'+\dfrac{1}{c^2}\dfrac{\partial(\vec{e}'_{\parallel}+\gamma^2\vec{e}'_{\perp})}{\partial t'}\\ \vec{\nabla}'\cdot(\vec{b}'_{\parallel}+\gamma^2\vec{b}'_{\perp})+\gamma^2\dfrac{\vec{u}}{c^2}\cdot\dfrac{\partial\vec{B}}{\partial t'}=0\end{cases}$$

然后再把最右侧方程组中第1、4个方程中剩下的$\vec{E}$和$\vec{B}$也都用$\vec{e}'$和$\vec{b}'$表示，则方程组变为[2]：

$$\begin{cases}\left(\vec{\nabla}'+\gamma^2\dfrac{\vec{u}}{c^2}\dfrac{\partial}{\partial t'}\right)\cdot(\vec{e}'_{\parallel}+\gamma^2\vec{e}'_{\perp})=\kappa\rho-\mu\gamma^2\vec{u}\cdot\vec{j}'\\ \left(\vec{\nabla}'+\gamma^2\dfrac{\vec{u}}{c^2}\dfrac{\partial}{\partial t'}\right)\times\vec{e}'=-\dfrac{\partial(\vec{b}'_{\parallel}+\gamma^2\vec{b}'_{\perp})}{\partial t'}\\ \left(\vec{\nabla}'+\gamma^2\dfrac{\vec{u}}{c^2}\dfrac{\partial}{\partial t'}\right)\times\vec{b}'=\mu\vec{j}'+\dfrac{1}{c^2}\dfrac{\partial(\vec{e}'_{\parallel}+\gamma^2\vec{e}'_{\perp})}{\partial t'}\\ \left(\vec{\nabla}'+\gamma^2\dfrac{\vec{u}}{c^2}\dfrac{\partial}{\partial t'}\right)\cdot(\vec{b}'_{\parallel}+\gamma^2\vec{b}'_{\perp})=0\end{cases}$$

---

[1] 推导过程中的一些中间计算步骤：

$$\left.\begin{array}{l}\left.\begin{array}{r}\vec{E}=\gamma^2\left(\dfrac{1}{\gamma^2}\vec{e}'_{\parallel}+\vec{e}'_{\perp}-\vec{u}\times\vec{b}'\right)\Rightarrow\vec{\nabla}'\cdot\vec{E}=\vec{\nabla}'\cdot(\vec{e}'_{\parallel}+\gamma^2\vec{e}'_{\perp})-\gamma^2\vec{\nabla}'\cdot(\vec{u}\times\vec{b}')\\ \vec{\nabla}'\cdot(\vec{u}\times\vec{b}')=\vec{b}'\cdot(\vec{\nabla}'\times\vec{u})-\vec{u}\cdot(\vec{\nabla}'\times\vec{b}')=-\vec{u}\cdot(\vec{\nabla}'\times\vec{b}')\end{array}\right\}\Rightarrow\vec{\nabla}'\cdot\vec{E}=\vec{\nabla}'\cdot(\vec{e}'_{\parallel}+\gamma^2\vec{e}'_{\perp})+\gamma^2\vec{u}\cdot(\vec{\nabla}'\times\vec{b}')\\ \hfill\vec{\nabla}'\times\vec{b}'=\mu\vec{j}'+\dfrac{1}{c^2}\dfrac{\partial\vec{E}}{\partial t'}\end{array}\right\}\Rightarrow$$

$$\vec{\nabla}'\cdot\vec{E}=\vec{\nabla}'\cdot(\vec{e}'_{\parallel}+\gamma^2\vec{e}'_{\perp})+\mu\gamma^2\vec{u}\cdot\vec{j}'+\frac{1}{c^2}\gamma^2\vec{u}\cdot\frac{\partial\vec{E}}{\partial t'}$$

$$\left.\begin{array}{l}\left.\begin{array}{r}\vec{B}=\gamma^2\left(\dfrac{1}{\gamma^2}\vec{b}'_{\parallel}+\vec{b}'_{\perp}+\dfrac{1}{c^2}\vec{u}\times\vec{e}'\right)\Rightarrow\vec{\nabla}'\cdot\vec{B}=\vec{\nabla}'\cdot(\vec{b}'_{\parallel}+\gamma^2\vec{b}'_{\perp})+\gamma^2\dfrac{1}{c^2}\vec{\nabla}'\cdot(\vec{u}\times\vec{e}')\\ \vec{\nabla}'\cdot(\vec{u}\times\vec{e}')=\vec{e}'\cdot(\vec{\nabla}'\times\vec{u})-\vec{u}\cdot(\vec{\nabla}'\times\vec{e}')=-\vec{u}\cdot(\vec{\nabla}'\times\vec{e}')\end{array}\right\}\Rightarrow\vec{\nabla}'\cdot\vec{B}=\vec{\nabla}'\cdot(\vec{b}'_{\parallel}+\gamma^2\vec{b}'_{\perp})-\gamma^2\dfrac{\vec{u}}{c^2}\cdot(\vec{\nabla}'\times\vec{e}')\\ \hfill\vec{\nabla}'\times\vec{e}'=-\dfrac{\partial\vec{B}}{\partial t'}\end{array}\right\}\Rightarrow$$

$$\vec{\nabla}'\cdot\vec{B}=\vec{\nabla}'\cdot(\vec{b}'_{\parallel}+\gamma^2\vec{b}'_{\perp})+\gamma^2\frac{\vec{u}}{c^2}\cdot\frac{\partial\vec{B}}{\partial t'}$$

[2] 简单推导过程：

$\gamma^2\dfrac{\vec{u}}{c^2}\cdot\dfrac{\partial\vec{E}}{\partial t'}=\gamma^2\dfrac{\vec{u}}{c^2}\cdot\dfrac{\partial}{\partial t'}(\vec{e}'_{\parallel}+\gamma^2\vec{e}'_{\perp}-\gamma^2\vec{u}\times\vec{b}')=\gamma^2\dfrac{\vec{u}}{c^2}\cdot\dfrac{\partial}{\partial t'}(\vec{e}'_{\parallel}+\gamma^2\vec{e}'_{\perp})$，$\gamma^2\dfrac{\vec{u}}{c^2}\cdot\dfrac{\partial\vec{B}}{\partial t'}=\gamma^2\dfrac{\vec{u}}{c^2}\cdot\dfrac{\partial}{\partial t'}(\vec{b}'_{\parallel}+\gamma^2\vec{b}'_{\perp}+\gamma^2\dfrac{1}{c^2}\vec{u}\times\vec{e}')=\gamma^2\dfrac{\vec{u}}{c^2}\cdot\dfrac{\partial}{\partial t'}(\vec{b}'_{\parallel}+\gamma^2\vec{b}'_{\perp})$

这样一来，除了系数 c、κ、μ 之外，整个方程中的所有量都是观测者 B 所测量到的了。

总之，对于观测者 B 来说，这就是他观测到的电磁场内媒介物质所满足的方程组。它的形式与静止观测者 A 观测到的电磁场内媒介物质所满足的方程组已经完全不同，即与麦克斯韦-赫兹方程组的形式已经完全不同了。

另外，对于观测者 A 而言，一个速度为 $\vec{v}$ 带电运动物体受到的洛伦兹力为：

$$\vec{F}=q(\vec{v}\times\vec{B}+\vec{E})$$

同样将里面的 $\vec{E}$ 和 $\vec{B}$ 都用 $\vec{e}'$ 和 $\vec{b}'$ 表示之后，这个带电体所受到的洛伦兹力变换为：

$$\vec{F}=q[\vec{v}\times(\vec{b}'_{\parallel}+\gamma^2\vec{b}'_{\perp})+\gamma^2\frac{\vec{u}}{c^2}(\vec{v}\cdot\vec{e}')-\gamma^2\frac{1}{c^2}(\vec{u}\cdot\vec{v})\vec{e}']+q[(\vec{e}'_{\parallel}+\gamma^2\vec{e}')_{\perp}-\gamma^2\vec{u}\times\vec{b}']$$

对于观测者 B 来说，此公式就是一个带电运动物体受到的与电和磁相关力的计算方法。此时可以看到它已经变得非常复杂。

那么到目前为止，带电运动物体的电动力学问题似乎得到了解决。但是对于观测者 B 来说，描述电磁场内媒介物质的这些方程太复杂了。这就是运动物体的电动力学问题在当时遇上的巨大困境，从上面推导过程中可以清楚看到：这个困难是由伽利略变换带来的。

9.1.5　致命冲突

但是这个困难还不是最致命的，最致命的在于：观测者 B 所观测到的电场强度 $\vec{e}'$ 和磁感应强度 $\vec{b}'$ 还能形成电磁波吗？如果能形成，那么它的波速又是多少呢？比如考虑一列传播方向与观测者 B 运动方向 $\vec{u}$ 相同的平面电磁波，即传播方向 $\vec{c}$ 与 $\vec{u}$ 保持相同。根据牛顿力学，观测者 B 观测到这列电磁波的速度为：$\vec{c}'=\vec{c}-\vec{u}$。但是根据刚刚得到的电磁场所内媒介物质满足的方程组，媒介物质所形成的这列电磁波的速度却不是这样的，推导过程如下。

对于观测者 A 而言，从麦克斯韦-赫兹方程组可得到电磁波的波动方程：

$$\begin{cases}\vec{\nabla}\times\vec{E}=-\dfrac{\partial\vec{B}}{\partial T}\\[2ex]\vec{\nabla}\times\vec{B}=\dfrac{1}{c^2}\dfrac{\partial\vec{E}}{\partial T}\end{cases}\longrightarrow\begin{cases}\nabla^2\vec{E}=\dfrac{1}{c^2}\dfrac{\partial^2\vec{E}}{\partial^2 T}\\[2ex]\nabla^2\vec{B}=\dfrac{1}{c^2}\dfrac{\partial^2\vec{B}}{\partial^2 T}\end{cases}$$

电磁波的波动就是电场和磁场的振动，由于振动方向与传播方向相互垂直，电磁波的传播方向就是电场方向和磁场方向的垂直方向，所以电磁波中的电场和磁场的方向与传播方向 $\vec{c}$ 都是相互垂直的（也就与 $\vec{u}$ 是相互垂直）。根据矢量叉乘的性质，$\vec{E}$ 和 $\vec{B}$ 也是相互垂直的❶。所以在一列电磁波中，这三者（$\vec{E}$、$\vec{B}$ 和 $\vec{c}$）正好都是相互垂直的，那么它们就有如下关系：

$$\vec{c}\times\vec{E}_{\perp}=\chi_1\vec{B}_{\perp}$$

$$\vec{c}\times\vec{B}_{\perp}=\chi_2\vec{E}_{\perp}$$

其中 χ_1 和 χ_1 是待定比例系数，把它们代入上面的波动方程，就能确定这两个比例系数的值为：

$$\vec{c}\times\vec{E}_{\perp}=c^2\vec{B}_{\perp}$$

---

❶ 由于方程 $\vec{\nabla}\times\vec{E}=-\dfrac{\partial\vec{B}}{\partial T}$ 中存在矢量叉乘，根据矢量叉乘的性质，$\vec{\nabla}$、$\vec{E}$、$\vec{B}$ 三者之间是相互垂直的。

$$\vec{c}\times\vec{B}_{\perp}=-\vec{E}_{\perp}$$

那么对于观测者 B 而言，他观测到的电磁波又是什么样呢。从观测者 B 所采用的方程组出发，也可以得到$\vec{e}'$和$\vec{b}'$满足的波动方程：

$$\left.\begin{aligned}\left(\vec{\nabla}'+\gamma^2\frac{\vec{u}}{c^2}\frac{\partial}{\partial t'}\right)\times\vec{e}'_{\perp}=-\gamma^2\frac{\partial\vec{b}'_{\perp}}{\partial t'}\\ \left(\vec{\nabla}'+\gamma^2\frac{\vec{u}}{c^2}\frac{\partial}{\partial t'}\right)\times\vec{b}'_{\perp}=\gamma^2\frac{1}{c^2}\frac{\partial\vec{e}'_{\perp}}{\partial t'}\end{aligned}\right\}\Rightarrow$$

$$\begin{cases}(\vec{\nabla}'\times\vec{e}'_{\perp})=-\gamma^2\dfrac{\partial\vec{b}'_{\perp}}{\partial t'}-\gamma^2\dfrac{1}{c^2}\dfrac{\partial(\vec{u}\times\vec{e}'_{\perp})}{\partial t'}\\ (\vec{\nabla}'\times\vec{b}'_{\perp})=\gamma^2\dfrac{1}{c^2}\dfrac{\partial\vec{e}'_{\perp}}{\partial t'}-\gamma^2\dfrac{1}{c^2}\dfrac{\partial(\vec{u}\times\vec{b}'_{\perp})}{\partial t'}\end{cases}$$

这三者$\vec{e}'$、$\vec{b}'$和$\vec{c}'$也正好都是相互垂直的。但是很显然，如下类似的比例关系已经不再满足这个波动方程了。

$$\vec{c}'\times\vec{e}'_{\perp}=c'^2\vec{b}'_{\perp}$$
$$\vec{c}'\times\vec{b}'_{\perp}=-\vec{e}'_{\perp}$$

所以，对于观测者 B 而言，电场$\vec{e}'$和磁场$\vec{b}'$所形成的波动速度并不满足速度$\vec{c}'=\vec{c}-\vec{u}$。这就导致了一个致命的冲突，那就是：从观测者 B 所采用的方程组推导出的光速与从牛顿力学推导出的光速$\vec{c}'$并不相同。这就是电磁场所内媒介物质与牛顿力学之间不可调和的冲突，这种冲突意味着：要么牛顿力学错了，要么麦克斯韦-赫兹方程组错了，要么这两者都错了。所以，运动物体的电动力学问题的困难根源实际上就是电磁场内媒介物质所满足的规律与牛顿力学所描述的规律是冲突矛盾的。

9.1.6 致命冲突的爆发

所以，对于在电磁场内媒介物质中（比如在以太介质中）运动的观测者 B 来说，电磁波的波速并不等于$\vec{c}'=\vec{c}-\vec{u}$。而地球正好就是这样一个在以太介质中运动的观测者，那么地球上测量到的波速到底是多少呢？就在人们还没有充分搞清楚该如何解决动体的电动力学问题的困难根源之前，这个难题就已经提前暴露出来了。早在 1881 年，也就是麦克斯韦发表方程组 15 年之后，也是赫兹改进麦克斯韦方程组之前的第 3 年，迈克尔逊（1852—1931）就在地球上对光速进行了测量。结果发现地球上测量到的光速确实不等于$\vec{c}'=\vec{c}-\vec{u}$，而是保持不变，即仍然为$\vec{c}'=\vec{c}$。特别是当赫兹在 1887 年验证了光就是电磁波之后，电磁场内媒介物质与牛顿力学之间的根本性冲突就暴露在世人面前。这个暴露来得太早，以至于人们还看不出背后的本质原因，历史需要等待人们慢慢去探索和洞察。

9.2 电动力学第二个研究对象：带电体对电磁场媒介物质的动力学

前面讨论了电磁场内媒介物质对带电体产生作用的问题。现在来讨论第二、三个问题，即：带电物体反过来对电磁场内媒介物质产生作用的问题，以及媒介物质与媒介物质之间相互作用的问题。

第 5 章谈到过，所谓动力学问题就是物体的运动与所受到的力之间的关系问题。所以要想研究电磁场内媒介物质满足的动力学，首先需要知道：电磁场内媒介物质的运动应该如何描述。第 5 章还谈到过，单个粒子物体的运动有两种描述方式，即动量和动能。那么使用动量和能量能够描述电磁场所内媒介物质的运动吗？

电磁场内媒介物质就像空气一样充满着整个空间，而对一块空间区域内空气“运动”的描述方法早已在流体力学中发展起来了，所以描述电磁场媒介物质运动的数学方法就有了现成的工具。这些从流体力学中借用过来的工具就是：能量密度、动量密度、能量流密度和动量流密度。

第 8 章谈到过，开尔文、亥姆霍兹和麦克斯韦等人已经得到电磁场所内媒介物质能量的密度公式：

$$\varepsilon=\frac{1}{2}\left(\frac{1}{\kappa}\vec{E}\cdot\vec{E}+\frac{1}{\mu}\vec{B}\cdot\vec{B}\right)\longleftarrow\varepsilon_{\mathrm{E}}=\frac{1}{2}\frac{1}{\kappa}\vec{E}\cdot\vec{E},\ \varepsilon_{\mathrm{B}}=\frac{1}{2}\frac{1}{\mu}\vec{B}\cdot\vec{B}$$

考虑空间中一块固定的非常小的区域，假设该固定区域的空间体积为 V，那么这块区域内媒介物质具有的总能量就为：

$$E_{\text{energy}}=\varepsilon V=\frac{1}{2}\left(\frac{1}{\mu}\vec{B}\cdot\vec{B}+\frac{1}{\kappa}\vec{E}\cdot\vec{E}\right)V$$

该体积内媒介物质的这些能量在单位时间内的改变量为：

$$\frac{\Delta E_{\text{energy}}}{\Delta T}=\left(\frac{1}{\mu}\vec{B}\cdot\frac{\Delta\vec{B}}{\Delta T}+\frac{1}{\kappa}\vec{E}\cdot\frac{\Delta\vec{E}}{\Delta T}\right)V$$

利用麦克斯韦-赫兹方程组的第 2 和第 3 个方程，能量在单位时间内的这个改变量可改写为❶：

$$-(\vec{k}\cdot\vec{\Sigma})\ V=\frac{\Delta E_{\text{energy}}}{\Delta T}-(\vec{\nabla}\cdot\vec{S}_{\text{em}})V,\ \text{其中}\quad \vec{S}_{\text{em}}=\vec{E}\times\frac{1}{\mu}\vec{B},\vec{k}=\rho\vec{E}$$

所以在单位时间内，导致这块区域内媒介物质能量发生改变的来源有以下两个。

① 第一个来源是从区域外流入这块区域的能量。在单位时间内从单位面积流入的能量为：

$$\vec{S}_{\text{em}}=\vec{E}\times\frac{1}{\mu}\vec{B}$$

它被称为能量流密度，波印廷在 1884 年就已经得到了它。

② 第二个来源是带电体在单位时间里对单位体积内的媒介物质所做的功：

$$-\vec{k}\cdot\vec{\Sigma}=-\rho\vec{E}\cdot\vec{\Sigma}=-\rho(\vec{E}+\vec{\Sigma}\times\vec{B})\cdot\vec{\Sigma}$$

其中，$-\vec{k}$ 就是带电体对单位体积内媒介物质的作用力，所以 $-\vec{k}$ 是力的密度。那么

---

❶ 推导过程

$$\left.\begin{aligned}\frac{\Delta E_{\text{energy}}}{\Delta T}&=\left(\frac{1}{\mu}\vec{B}\cdot\frac{\Delta\vec{B}}{\Delta T}+\frac{1}{\kappa}\vec{E}\cdot\frac{\Delta\vec{E}}{\Delta T}\right)V\\ \vec{\nabla}\times\vec{E}&=-\frac{\Delta\vec{B}}{\Delta T}\\ \vec{\nabla}\times\vec{B}&=\mu\vec{J}+\frac{1}{c^2}\frac{\Delta\vec{E}}{\Delta T}\\ c^2&=\frac{\kappa}{\mu}\end{aligned}\right\}\Rightarrow\begin{aligned}\frac{\Delta E_{\text{energy}}}{\Delta T}&=\left\{\frac{1}{\mu}[\vec{E}\cdot(\vec{\nabla}\times\vec{B})-\vec{B}\cdot(\vec{\nabla}\times\vec{E})]-\vec{E}\cdot\vec{J}\right\}V\\ &=\left[\vec{\nabla}\cdot\left(\vec{E}\times\frac{1}{\mu}\vec{B}\right)-\vec{E}\cdot\rho\vec{\Sigma}\right]V\end{aligned}$$

$-\vec{k}$ 的反作用力 $\vec{k}$ 就是单位体积内媒介物质反过来对带电体的作用力。需要注意的是：尽管电磁学与牛顿力学之间存在矛盾，但是在这里的推导过程中，带电体与电磁场内媒介物质之间的相互作用照常使用了牛顿第二定律和牛顿第三定律❶。

所以，如果采用能量来表示这块区域内媒介物质的运动，那么电磁场内媒介物质的动力学问题就有了第一个答案，那就是：

$$W=-(\vec{k}\cdot\Delta\vec{R})\ V=\Delta E_{\text{energy}}-\ (\vec{\nabla}\cdot\vec{S}_{\text{em}})\ V\Delta T\text{，其中}\quad \vec{\Sigma}=\frac{\Delta\vec{R}}{\Delta T}$$

它的地位就相当于牛顿力学中的动能定理。不过类比动能定理，方程多出了一项，也就是说还要考虑在这段时间内从区域外流入的能量。

既然能量可以流动，那就意味着这些媒介物质应该也具有动量。所以电磁场所内媒介物质的动力学问题还可以采用动量来描述。根据牛顿第二定律，带电体对这块区域内媒介物质产生作用力的冲量 $\vec{I}$ 与该区域媒介物质动量的改变量满足关系为：

$$\vec{I}=-(\vec{k}V)\Delta T=\Delta\vec{P}$$

当有媒介物质从此区域外流入这块区域时，这些流入的媒介物质所携带动量也就随之流入这块区域。所以将流入的这部分动量包含进来之后，这块区域内媒介物质满足的牛顿第二定律也需要扩展为：

$$\begin{cases}-(k^XV)\Delta T=\Delta P^X+(\vec{\nabla}\cdot\vec{T}^X)V\Delta T\\-(k^YV)\Delta T=\Delta P^Y+(\vec{\nabla}\cdot\vec{T}^Y)V\Delta T\\-(k^ZV)\Delta T=\Delta P^Z+(\vec{\nabla}\cdot\vec{T}^Z)V\Delta T\end{cases}$$

方程组各方程等式左边表示在一段时间内，带电体对这块区域内媒介物质产生的冲量；右边第一项是这块区域内媒介物质动量在这段时间内的改变量，第二项是区域外媒介物质在这段时间内流入的动量。$\vec{T}^X$ 表示动量方向为 X 方向的动量的流动量，$\vec{T}^Y$ 表示动量方向为 Y 方向的动量的流动量；$\vec{T}^Z$ 表示动量方向为 Z 方向的动量的流动量。这些动量的流动量组成了一个矩阵：

$$\begin{cases}\vec{T}^X=(T^{XX},\ T^{XY},\ T^{XZ})\\\vec{T}^Y=(T^{YX},\ T^{YY},\ T^{YZ})\\\vec{T}^Z=(T^{ZX},\ T^{ZY},\ T^{ZZ})\end{cases}\leftrightarrow\vec{\vec{T}}=\begin{pmatrix}T^{XX}&T^{XY}&T^{XZ}\\T^{YX}&T^{YY}&T^{YZ}\\T^{ZX}&T^{ZY}&T^{ZZ}\end{pmatrix}$$

此矩阵 $\vec{\vec{T}}$ 的每个分量表示：某个方向（第一个分量指标来标记）的动量，在单位时间内从某个方向（第二个分量指标来标记）穿过单位面积而流入的数量。它被称为：动量流密度。利用这个标记方法，这块区域内媒介物质满足的牛顿第二定律可以简写为：

$$\vec{I}=-(\vec{k}V)\Delta T=\Delta\vec{P}+\left(\vec{\nabla}\cdot\vec{\vec{T}}\right)V\Delta T$$

所以，电磁场所内媒介物质的动力学问题就有了第二个答案。它的地位相当于牛顿力学中的牛顿第二定律，不过方程同样较牛顿第二定律方程多出了一项，也就是说同样还要考虑区域外媒介物质在这段时间内流入的动量。

那么矩阵 $\vec{\vec{T}}$ 的计算公式具体是什么样的呢？由于 $\vec{k}$ 就是单位体积内媒介物质对带电体的作用力，那么这个作用力 $\vec{k}$ 当然就是通过洛伦兹力来实现的，则在单位体积内，这个作用力有：

---

❶ 第 22 章将会谈到，这里使用的牛顿第二、三定律实际上是已经被推广之后的牛顿第二、三定律。

$$\vec{k}=\rho\vec{E}+\rho\vec{\Sigma}\times\vec{B}=\rho\vec{E}+\vec{J}\times\vec{B}$$

利用麦克斯韦-赫兹方程组的全部 4 个方程，这个作用力可改写为[1]：

$$-(\vec{k}V)\Delta T=\Delta(\vec{g}_{\mathrm{em}}V)+(\vec{\nabla}\cdot\overset{\rightrightarrows}{T})V\Delta T，其中\quad \vec{g}_{\mathrm{em}}=\frac{1}{\kappa}\vec{E}\times\vec{B}，\overset{\rightrightarrows}{T}=-\frac{1}{\kappa}\vec{E}\vec{E}-\frac{1}{\mu}\vec{B}\vec{B}+\varepsilon\overset{\rightrightarrows}{I}$$

其中，方程等号右边第一项表示这块区域内媒介物质动量的改变量，所以动量的密度就是：

$$\vec{g}_{\mathrm{em}}=\frac{1}{\kappa}\vec{E}\times\vec{B}$$

而动量流密度的具体计算公式就是：

$$\overset{\rightrightarrows}{T}=-\frac{1}{\kappa}\vec{E}\vec{E}-\frac{1}{\mu}\vec{B}\vec{B}+\frac{1}{2}\left(\frac{1}{\kappa}E^2+\frac{1}{\mu}B^2\right)\overset{\rightrightarrows}{I}$$

其中，$\overset{\rightrightarrows}{I}$ 为单位矩阵，即矩阵中只有对角线上的分量等于 1，其余分量都等于零。

早在 1873 年出版的《电磁通论》中，麦克斯韦就已经通过流体力学的类比得到了这些结论[2]。麦克斯韦将电磁场内媒介物质的运动类比成流体。根据流体力学的理论，动量流密度就是描述流体内部压强张力的。因此通过此类比，麦克斯韦也认为电磁场内媒介物质也具有压强，那么动量流密度 $\overset{\rightrightarrows}{T}$ 也是描述电磁场内媒介物质内部压强张力的，也就是在描述电磁场内媒介物质与媒介物质之间的相互作用力。后面将会谈到，这个结论意味着光也应该就有惯性，从而光也应该具有质量。

这样一来，电动力学的第二个研究对象，即带电物体对电磁场内媒介物质产生作用的动力学问题已经有了答案，那就是电磁场单位体积内的媒介物质满足的动力学方程有以下几个。

① 动能定理的扩展：

$$-\vec{k}\cdot\Delta\vec{R}=\Delta\varepsilon-(\vec{\nabla}\cdot\vec{S}_{\mathrm{em}})\Delta T，其中\quad \vec{S}_{\mathrm{em}}=\vec{E}\times\frac{1}{\mu}\vec{B}，\varepsilon=\frac{1}{2}\left(\frac{1}{\kappa}E^2+\frac{1}{\mu}B^2\right)$$

② 牛顿第二定律的扩展：

$$-\vec{k}\Delta T=\Delta\vec{g}_{\mathrm{em}}+(\vec{\nabla}\cdot\overset{\rightrightarrows}{T})\Delta T，其中\quad \vec{g}_{\mathrm{em}}=\frac{1}{\kappa}\vec{E}\times\vec{B}，\overset{\rightrightarrows}{T}=-\frac{1}{\kappa}\vec{E}\vec{E}-\frac{1}{\mu}\vec{B}\vec{B}+\varepsilon\overset{\rightrightarrows}{I}$$

---

[1] 推导过程

$$\left.\begin{aligned}\vec{k}&=\rho\vec{E}+\vec{J}\times\vec{B}\\ \vec{\nabla}\cdot\vec{E}&=\kappa\rho\\ \vec{\nabla}\times\vec{B}&=\mu\vec{J}+\frac{1}{c^2}\frac{\Delta\vec{E}}{\Delta T}\\ c^2&=\frac{\kappa}{\mu}\end{aligned}\right\}\Rightarrow \left.\begin{aligned}\vec{k}=\frac{1}{\kappa}(\vec{\nabla}\cdot\vec{E})\vec{E}+\left(\frac{1}{\mu}\vec{\nabla}\times\vec{B}-\frac{1}{c^2\mu}\frac{\Delta\vec{E}}{\Delta T}\right)\times\vec{B}\\ \vec{\nabla}\cdot\vec{B}=0\\ \vec{\nabla}\times\vec{E}+\frac{\Delta\vec{B}}{\Delta T}=0\end{aligned}\right\}\Rightarrow$$

$$\vec{k}=\frac{1}{\kappa}(\vec{\nabla}\cdot\vec{E})\vec{E}+\frac{1}{\mu}(\vec{\nabla}\cdot\vec{B})\vec{B}+\frac{1}{\kappa}(\vec{\nabla}\times\vec{E}+\frac{\Delta\vec{B}}{\Delta T})\times\vec{E}+\frac{1}{\mu}(\vec{\nabla}\times\vec{B}-\frac{1}{c^2}\frac{\Delta\vec{E}}{\Delta T})\times\vec{B}$$

$$\left.\begin{aligned}\vec{k}=\frac{1}{\kappa}(\nabla\cdot\vec{E})\vec{E}+\frac{1}{\mu}(\nabla\cdot\vec{B})\vec{B}+\frac{1}{\kappa}(\nabla\times\vec{E}+\frac{\Delta\vec{B}}{\Delta T})\times\vec{E}+\frac{1}{\mu}(\nabla\times\vec{B}-\frac{1}{\kappa}\frac{\Delta\vec{E}}{\Delta T})\times\vec{B}\\ (\vec{\nabla}\times\vec{E})\times\vec{E}=(\vec{E}\cdot\vec{\nabla})\vec{E}-\frac{1}{2}\vec{\nabla}(E^2)\\ (\vec{\nabla}\times\vec{B})\times\vec{B}=(\vec{B}\cdot\vec{\nabla})\vec{B}-\frac{1}{2}\vec{\nabla}(B^2)\end{aligned}\right\}\Rightarrow$$

$$\vec{k}=\vec{\nabla}\cdot[\frac{1}{\kappa}\vec{E}\vec{E}+\frac{1}{\mu}\vec{B}\vec{B}-\frac{1}{2}(\frac{1}{\kappa}E^2+\frac{1}{\mu}B^2)\overset{\rightrightarrows}{I}]-\frac{1}{\kappa}\frac{\Delta(\vec{E}\times\vec{B})}{\Delta T}$$

[2] 麦克斯韦著，《电磁通论》，北京大学出版社，2010：480-488。

另外，电动力学第三个研究对象，即电磁场内媒介物质与媒介物质之间相互作用的动力学问题也已经有了答案，那就是：

媒介物质与媒介物质之间相互作用力的面密度就是动量流密度 $\overleftrightarrow{T}$。因为前面刚刚分析过，动量流密度描述的也正是电磁场内媒介物质与媒介物质之间的相互作用力。

第 22 章还会对此进行讨论，到时候会看到这个问题的答案让我们对相互作用有了更深刻的认识。

9.3 电磁场媒介物质的动力学产生的重要结论

所以，在电磁场所内也分布着动量和能量，这就意味着有一个无比重要的结论产生：正像法拉第和麦克斯韦当初认为的那样，电磁场内也是分布着媒介物质的，这些媒介物质承载着这些动量和能量。电磁场不是一个虚空的场所，也不是一个数学对象或辅助概念。电磁场内这些媒介物质的动量密度和能量密度分别为：

$$\vec{g}_{\text{em}}=\frac{1}{\kappa}\vec{E}\times\vec{B}，\ \varepsilon=\frac{1}{2}\left(\frac{1}{\kappa}E^2+\frac{1}{\mu}B^2\right)$$

而这个结论又会进一步产生更多重要的结论。

9.3.1 电磁场内媒介物质也具有惯性质量

电磁场内这些媒介物质也具有动量，这是一个无比重要的发现，因为它意味着这些媒介物质也具有惯性，从而也就具有惯性质量。在 19 世纪末 20 世纪初，已经有人在开始慢慢研究电荷产生的电磁场的惯性质量。而这些研究过程正是后来爱因斯坦的质能公式的前期探索阶段。

另外，非常值得注意的是，这些媒介物质的能量的流动量与动量之间存在关系：

$$\vec{g}_{\text{em}}=\frac{\vec{S}_{\text{em}}}{c^2}\leftarrow c^2=\frac{\kappa}{\mu}$$

而动量的定义就是质量乘以速度，即质量的流动量。所以这个结论也就意味着：电磁场内媒介物质的能量除以光速的平方就等于这些媒介物质的质量，这就是质能公式的第一次展示。这样一个非常特别的结论在牛顿力学中是不存在的。所以这也再次表明：电磁场内媒介物质所满足的规律与牛顿力学所描述的规律是冲突矛盾的。

不过，当时并没有多少人意识到这一点，并且对于电磁场内媒介物质与牛顿力学之间出现的种种不协调和冲突，大家的研究方向都集中在电磁场内的媒介物质上，比如认为这是由于这些媒介物质具有一种之前从未发现过的性质所引起的，而不是由于牛顿力学失效所造成的。不过，电磁场内媒介物质与牛顿力学之间的矛盾还从其它很多方面都展现出来了。随着矛盾冲突暴露得越来越多，人们终于开始意识到牛顿力学本身出了问题，比如与牛顿第三定律的矛盾冲突。

9.3.2 牛顿第三定律还成立吗？

我们先来看看库仑力是否满足牛顿第三定律，见图 9-3。

当两个电荷静止的时候，电荷受到的力就是库仑力。并且由于电荷是静止的，因此在一段时间之后，电磁场内媒介物质的动量密度并没有发生改变。也就是说电磁场内媒介物质的

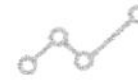

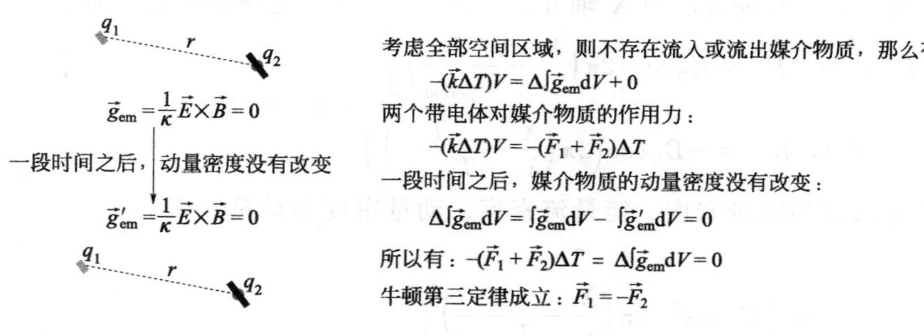

图 9-3　验证库仑力是否满足牛顿第三定律

总动量也没有产生改变，所以利用刚刚得到动力学定律可以证明库仑力遵循牛顿第三定律。

但是当电荷运动起来之后，电荷还会受到安培力的作用。那么在此情况下，两个电荷之间的相互作用力就不再满足牛顿第三定律，见图 9-4。

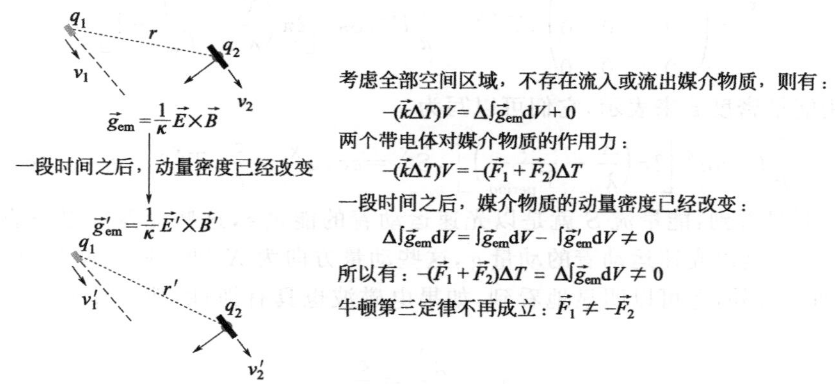

图 9-4　运动电荷之间的相互作用力不满足牛顿第三定律

由于电荷是运动的，那么在一段时间之后，电磁场内媒介物质的动量密度已经发生改变。也就是说电磁场内媒介物质的总动量已经发生改变。所以利用刚刚得到动力学定律可以证明，两电荷之间的相互作用力不再满足牛顿第三定律。

按照牛顿力学，两个运动电荷之间的相互作用是超距瞬间作用，并且满足牛顿第三定律，即有 $\vec{F}_1=-\vec{F}_2$。但从上面推导过程中明显看到，由于电磁场内媒介物质的总动量已经发生改变，即电磁场内媒介物质从带电物体上拿走了一部分动量。如果还是只考虑两个带电物体的动量之和，那么动量就不再守恒，从而两个电荷之间的相互作用力就不再满足牛顿第三定律。第 8 章谈到过安培力并不满足牛顿第三定律，其背后的本质原因就在于此。

9.3.3　电磁场媒介物质真的具有压强、惯性和惯性质量吗

既然电磁场内媒介物质具有动量流，即动量可以流动，那么这些媒介物质能产生压强吗？媒介物质与媒介物质之间相互作用力是什么样的呢？考虑一列平面电磁波，前面已经推导过，电磁波中的电场方向、磁场方向和传播速度方向三者之间是两两垂直的，并且满足关系：

$$\vec{c}\times\vec{E}=c^2\vec{B}$$

$$\vec{c}\times\vec{B}=-\vec{E}$$

假设平面电磁波的传播方向为 X 轴方向（图 9-5），那么电场和磁场分别为：

$$\begin{cases}\vec{E}=(0,\ E^Y,\ 0),\ E^Y=E_0\cos\left[2\pi\left(\dfrac{X}{\lambda}-\dfrac{T}{T_{\text{period}}}\right)\right]\\ \vec{B}=(0,\ 0,\ B^Z),\ B^Z=-B_0\cos\left(2\pi\left(\dfrac{X}{\lambda}-\dfrac{T}{T_{\text{period}}}\right)\right)\end{cases},\ E_0=cB_0$$

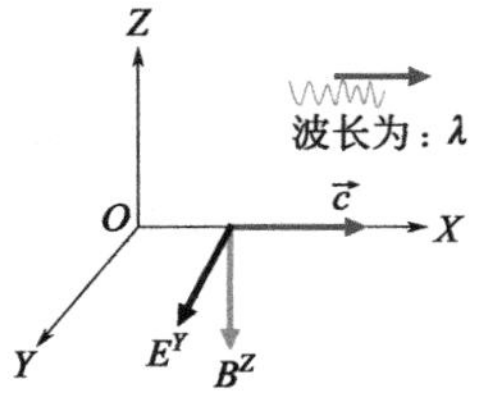

图 9-5 沿 X 方向传播的平面电磁波

这个平面电磁波的能量密度、能量流密度、动量密度和动量流密度分别为❶：

$$\varepsilon=\frac{1}{\kappa}E_0^2\cos^2\left[2\pi\left(\frac{X}{\lambda}-\frac{T}{T_{\text{period}}}\right)\right]$$

$$\vec{S}_{\text{em}}=(S^X,0,0),S^X=\frac{1}{c\mu}E_0^2\cos^2\left[2\pi\left(\frac{X}{\lambda}-\frac{T}{T_{\text{period}}}\right)\right]$$

$$\vec{g}_{\text{em}}=(g^X,0,0),g^X=\frac{1}{c\kappa}E_0^2\cos^2\left[2\pi\left(\frac{X}{\lambda}-\frac{T}{T_{\text{period}}}\right)\right]$$

$$\overleftrightarrow{T}=\begin{pmatrix}T^{XX} & 0 & 0\\ 0 & 0 & 0\\ 0 & 0 & 0\end{pmatrix},T^{XX}=\frac{1}{\kappa}E_0^2\cos^2\left[2\pi\left(\frac{X}{\lambda}-\frac{T}{T_{\text{period}}}\right)\right]$$

如果采用能量密度 ε 来表示，它们可以写为：

$$\varepsilon=\frac{1}{\kappa}E_0^2\cos^2\left[2\pi\left(\frac{X}{\lambda}-\frac{T}{T_{\text{period}}}\right)\right],S^X=\varepsilon c,g^X=\frac{\varepsilon}{c},T^{XX}=\varepsilon=g^Xc$$

所以可以明显看到：能量流 S 就是以光速运动着的能量 ε，这些能量穿过垂直于 X 轴的平面；动量流 T 就是以光速运动着的动量 g，这些动量方向为 X 轴方向的动量也穿过了垂直于 X 轴的平面。另外，还可以明显地看到，如果电磁波也具有惯性，那么惯性质量的密度 ρ_{m} 就应该为：

$$\rho_{\text{m}}=\frac{g^X}{c}=\frac{\varepsilon}{c^2}$$

这就是质能公式。不过当时却很少有人意识到这一点，直到 1905 年，爱因斯坦才看清楚这个结论背后所蕴含的重要含义。

“电磁波也具有惯性”还可以从另外一个角度看出来，那就是电磁波会产生压强。早在 1873 年出版的《电磁通论》中，麦克斯韦就已经得到电磁场所媒介物质具有的压强 p 为：

$$p=\frac{1}{2}(T^{XX}+T^{YY}+T^{ZZ})$$

另外，如果这束电磁波射向一块平板，然后被反射回来（图 9-6），那么这块平板也会感受到压力。比如考虑长度为 L 的一块空间区域，假设这块空间区的电磁波射到一块平板上之后，被全部反射回来。根据前面得到的电磁场内媒介物质满足的动力学方程可以计算出，这块平板在单位面积上需要抵挡这束电磁波施加的压力为 2ε，计算过程如下：

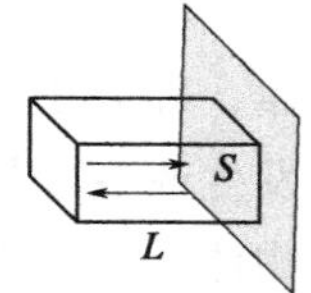

图 9-6 电磁波射向平板

$$-(\vec{k}V)\Delta T=\Delta(\vec{g}_{\text{em}}V)+0\Rightarrow-(pS)\Delta T=[(-g^X)-g^X]V=-2\frac{\varepsilon}{c}V$$

$$\Rightarrow p=2\frac{\varepsilon}{c}\frac{L}{\Delta T}=2\frac{\varepsilon}{c}c=2\varepsilon$$

❶ 麦克斯韦著，《电磁通论》，北京大学出版社，2010：588-589。

也就是说:如果用一块平板去抵挡一束电磁波,这个平板会感觉到一股压力,就像一股风吹过来一样。其实光具有压强早就被人们意识到了,比如对彗星的尾巴总是背对着太阳的现象,牛顿那个时代的人们就已经猜测,这是由太阳光产生的压强造成的。另外,早在《电磁通论》中,麦克斯韦就已经计算过电磁波的压强[1],这个压强后来被称为麦克斯韦-巴托利(E. Bartholin)压力。后来,列别捷夫(P. N. Lebedev)在 1900 年用实验证明了光的确会产生压强。这个实验同时反过来证明了:一束光也具有惯性,从而一束光也具有惯性质量。

既然电磁波会产生压强,这就直接说明了电磁波也有惯性,即它撞击一块平板时(也就是射向一块平板时),也会让平板感受到撞击力。电磁波是电磁场内媒介物质形成的,既然电磁波具有惯性,那就意味着这些媒介物质也具有惯性。这又会产生一个牛顿力学无法接受的结论,那就是:一个物体在发射出一束电磁波之后,物体自身的惯性质量就会减少,因为这些发射出的电磁波携带走了一部分质量。但在牛顿力学中,一个物体发射出一束光之后,物体的质量是保持不变的。这些矛盾冲突在第 12 章将会被爱因斯坦彻底澄清。

既然电磁波具有惯性质量,那么一个静止电子产生的电磁场是否也具有质量呢?关于这个问题,洛伦兹在 1904 年就已经研究过。洛伦兹认为静止电子周围的电磁场内媒介物质也具有质量,这些质量被洛伦兹称为电子的电磁质量(第 10 章会详细讨论)。这个结论表明洛伦兹已经得到了质能方程,不过他自己并没有意识到这一点。另外,庞加莱在《科学的价值》中也谈到电子的质量由两部分组成,一部分是电子自身的机械质量,另外一部分质量来自于以太媒介物质。庞加莱认为[2]:一个电子在以太媒介物质中飞行就像一块石头在空气介质中飞行一样。石头飞行速度越快,石头受到空气的阻力越大,推动石头继续运动就越难;同样,电子在以太媒介物质中运动也受到媒介物质的阻力作用,电子运动速度越快,电子受到的阻力就越大,推动电子继续运动就越难,即电子的惯性增加了。庞加莱把增加的这部分惯性质量称为电动力学质量。

9.4　矛盾的总爆发

就这样，在 19 世纪下半叶，随着电磁场理论的不断发展，在电动力学的这三个研究问题中，各种各样与牛顿力学相矛盾的结论显露出来了。这些矛盾开始变得越来越多，越来越尖锐。一小部分人在持续关注并研究着这方面的课题，其中的代表人物就是洛伦兹。到了 20 世纪初，这些矛盾已经多到不能忽视的地步。慢慢地，越来越多的人开始尝试修复这些矛盾。不过那个时候的他们还看不清楚这些矛盾的根源来自哪里，而且大多数人把研究方向瞄准了电磁场内的媒介物质，即认为这些矛盾都是由以太这样的媒介物质的自身性质导致的。但以太媒介物质所暴露出来的最大矛盾，其实早在 1881 年就被迈克尔逊的实验所揭露，那就是：根本没有以太媒介物质存在的证据，或者说光速是不变的。

这个最大矛盾的表现方式是如此简单，但它带来的冲击又是如此彻底，让人无法忽视。总之，问题和矛盾正在不断聚集，更多人开始陆续投入探索研究，真相正在被步步逼近。正如庞加莱在 1905 年所说的那样：“今天，数学家们将不得不用尽他们全部的智谋，来准确地说明这个难题。”当有人把研究方向从电磁场内的媒介物质转向时间、空间本身之后，这一团迷雾就全部散开了。

---

❶ 麦克斯韦著,《电磁通论》,北京大学出版社,2010:589。

❷ 庞加莱著,《科学的价值》,商务印书馆,2010:121-122。

第10章 电磁场与牛顿力学矛盾总结以及早期探索——洛伦兹变换

从1820年奥斯特发现电流旁边小磁针的偏转开始，电磁现象与牛顿力学之间的冲突就开始表现出来了。第8、9章讨论过，这些冲突到了20世纪初已经表现得越来越多，当时大家已经意识到并展开研究的冲突可以梳理如下。

10.1 力是相对的

在牛顿力学中，对于同一个力，匀速运动观测者 B(t',x',y',z') 所测量的大小，与绝对静止观测者 A(T,X,Y,Z) 所测量的大小是相同的，推导过程如图10-1所示。也就是说在牛顿力学中，力是绝对的，它的大小不取决于匀速运动观测者的速度，每一个匀速运动观测者和绝对静止观测者会得到相同的结论。

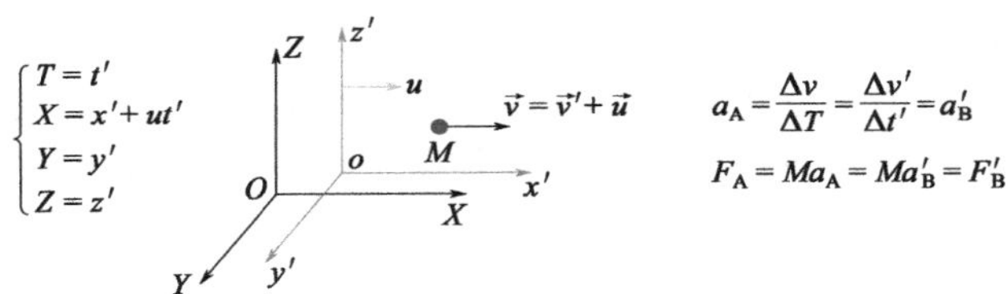

图10-1 在牛顿力学中，力是绝对的

但安培力却不是这样的。比如考虑两排平行排列的同号电荷，如图10-2所示。对于观测者A来说，它们都是静止的；而对于向右匀速运动的观测者B来说，它们都是运动的，从而形成了两股电流。根据早期电磁学的理论，观测者A只观测到了两排电荷之间的库仑力 $\vec{F}_C$，它是排斥力；而观测者B除了观测到两排电荷之间的“库仑力” $\vec{F}'_C$之外，他还会观测到两股电流之间的吸引力，即安培力 $\vec{F}'_A$。

如果两个观测者测量到的合力是相等的，那么两个观测者测量到的库仑力就是不相等的；如果两个观测者测量到的库仑力是相等的，那么两排电荷之间的合力对于两个观测者来说又是不相等的。所以无论怎么样，由于安培力的出现，这个现象都是与牛顿力学的结论相冲突的[1]。

所以安培力出现之后，力——作为牛顿力学最核心的概念，不再是绝对的而是相对的，即力的大小与观测者运动速度 $\vec{u}$ 是相关的。对于同一个力，不同观测者测量出的大小不再是相等的，而是取决于观测者的运动速度 $\vec{u}$，即力是观测者运动速度 $\vec{u}$ 的函数：

$$\vec{f}=\vec{f}(u)$$

[1] 这就意味着牛顿的引力也应该遇上类似的矛盾，因为牛顿的引力和库仑力的公式在形式上是一样的。修复这个矛盾冲突的理论就是广义相对论。

观测到库仑力F_C
没有观测到安培力

观测到库仑力F'_C
还会观测到安培力$F'_A \neq 0$

如果合力不变$F_C = F'_C + F'_A \Longrightarrow F_C \neq F'_C$　则库仑力是相对的
如果库仑力不变$F_C = F'_C \Longrightarrow F_C \neq F'_C + F'_A$　则合力是相对的
并且，不管哪种情况，安培力都是相对的

图 10-2　在电磁学中，力不再是绝对的，而是与观测者的运动速度有关

就这样，牛顿力学的根基被动摇了。并且根据牛顿第二定律，这个结论还可以推导出：一个物体的惯性和惯性质量也是观测者速度 $\vec{u}$ 的函数：

$$m = m(u)$$

所以，质量也是相对的，即质量大小也是与观测者运动速度 $\vec{u}$ 相关的。但在牛顿力学中，无论观测者如何运动，一个物体的质量都是一样的。

不过在安培、法拉第和麦克斯韦的年代，人们无法获得只由一种电荷形成的电流，他们能获得的电流是导线中的电流，但导线中除了负电荷之外，还有正电荷，所以他们很难有机会直接通过测量发现这个矛盾。不过随着麦克斯韦方程组的出现，这种矛盾冲突开始在麦克斯韦方程组的那些公式中表现出来了。正如在第 9 章谈论过的，对于静止观测者 A 和以速度 $\vec{u}$ 匀速运动的观测者 B 而言，他们对同一个力的计算公式见图 10-3。

$\vec{F}'_B = q[\vec{v}' \times \vec{b}' + \vec{e}']$，其中 $\vec{v} = \vec{v}' + \vec{u}$

$$\vec{F}_A = q(\vec{v} \times \vec{B} + \vec{E})$$

$$\vec{F}_B = q[\vec{v} \times (\vec{b}'_\parallel + \gamma^2 \vec{b}'_\perp) + \gamma^2 \frac{\vec{u}}{c^2}(\vec{v} \cdot \vec{e}') - \gamma^2 \frac{1}{c^2}(\vec{u} \cdot \vec{v})\vec{e}'] + q[(\vec{e}'_\parallel + \gamma^2 \vec{e}')_\perp - \gamma^2 \vec{u} \times \vec{b}']$$

观测者A

$$\begin{cases} \vec{\nabla} \cdot \vec{E} = \kappa\rho \\ \vec{\nabla} \times \vec{E} = -\frac{\partial \vec{B}}{\partial T} \\ \vec{\nabla} \times \vec{B} = \mu \vec{J} + \frac{1}{c^2}\frac{\partial \vec{E}}{\partial T} \\ \vec{\nabla} \cdot \vec{B} = 0 \end{cases}$$

观测者B $\longrightarrow u$

$$\begin{cases} \left(\vec{\nabla}' + \gamma^2 \frac{\vec{u}}{c^2}\frac{\partial}{\partial t'}\right) \cdot (\vec{e}'_\parallel + \gamma^2 \vec{e}'_\perp) = \kappa\rho - \mu\gamma^2 \vec{u} \cdot \vec{j}' \\ \left(\vec{\nabla}' + \gamma^2 \frac{\vec{u}}{c^2}\frac{\partial}{\partial t'}\right) \times \vec{e}' = -\frac{\partial(\vec{b}'_\parallel + \gamma^2 \vec{b}'_\perp)}{\partial t'} \\ \left(\vec{\nabla}' + \gamma^2 \frac{\vec{u}}{c^2}\frac{\partial}{\partial t'}\right) \times \vec{b}' = \mu \vec{j}' + \frac{1}{c^2}\frac{\partial(\vec{e}'_\parallel + \gamma^2 \vec{e}'_\perp)}{\partial t'} \\ \left(\vec{\nabla}' + \gamma^2 \frac{\vec{u}}{c^2}\frac{\partial}{\partial t'}\right) \cdot (\vec{b}'_\parallel + \gamma^2 \vec{b}'_\perp) = 0 \end{cases}$$

图 10-3　不同观测者对同一个力的不同计算公式

这个公式计算结果是：

$$\vec{F}_A \neq \vec{F}'_B$$
$$\vec{F}_A = \vec{F}_B$$

所以电磁学让牛顿力学面临两种困境：要么力的大小是相对的，不同观测者测量到的力不相等，即 $\vec{F}_A \neq \vec{F}'_B$；要么同一个力的计算公式是相对的，也就是不同观测者采用的计算公式不相同。无论怎么样，总有一个是相对的。但在牛顿力学中，这两者都是绝对的，都是与观测者无关的。

力的大小是相对的——这个与牛顿力学矛盾的结论——随着麦克斯韦方程组在亥姆霍兹、赫兹等人不断完善过程中，已经充分地暴露出来了，它就是所谓的运动物体的电动力学问题。在这个问题上最富有成果的早期研究者就是洛伦兹，洛伦兹在1895—1904近十年时间内，对此问题进行持续不断的研究，最终发展出洛伦兹变换关系。这个变换关系避免了力的计算公式是相对的问题，但力的大小仍然是相对的。

但是，与洛伦兹同时代的大多数人并没有意识到这个矛盾是一个严重问题，因为他们可以采用牛顿的绝对空间来克服这个矛盾。其中一种论证方式如下：由于电磁场内媒介物质（比如以太）在这个绝对空间中是静止的，图10-2右边出现的安培力是由于这两排电荷相对于媒介物质运动而产生的，而不是由于相对于观测者B运动而产生的。也就是说，这两排电荷只有在绝对空间中绝对运动时才会产生安培力，而相对运动则不会产生。这样一来，力的大小与观测者又是无关的，只与电荷是否存在绝对运动有关，从而与牛顿力学保持一致。后面在第11章将会谈到，爱因斯坦在1905年的论文《论动体的电动力学》的开篇就驳斥了这个论证。

10.2 电子的质量

在第8章谈到过，早在1846年，韦伯就从安培力出发推导出两个运动电荷之间的作用力公式，即绝对空间（T,X,Y,Z）中的静止观测者测量到的韦伯力：

$$F_{\mathrm{W}}=k_{\mathrm{C}}\frac{q_1q_2}{R^2}+k_{\mathrm{A}}\frac{q_1q_2}{R^2}\left(-\frac{1}{2}v^2+Ra\right)\rightarrow$$

$$F_{\mathrm{W}}=k_{\mathrm{C}}\frac{q_1q_2}{R^2}-\frac{1}{2}k_{\mathrm{A}}\frac{q_1q_2}{R^2}v^2+k_{\mathrm{C}}\frac{q_1q_2}{c^2R}a,\ c^2=\frac{k_{\mathrm{A}}}{k_{\mathrm{C}}}$$

其中，R 是两个电荷之间的距离；v 是两个电荷之间的相对速度；a 是两个电荷之间的相对加速度。假设电荷 q_1 是固定的，电荷 q_2 在运动，那么 a 就是电荷 q_2 的加速度，这个韦伯力就是电荷 q_2 所受到的作用力。韦伯力公式的第三项相当于是一个惯性力，它意味着电荷 q_2 的惯性增加了，这个结论从牛顿第二定律立刻就可以看出来，因为它可以改写为：

$$k_{\mathrm{C}}\frac{q_1q_2}{c^2R}a=F=\Delta Ma,\ \text{其中}\ \Delta M=\frac{U}{c^2},\ U=k_{\mathrm{C}}\frac{q_1q_2}{R}$$

所以这个结论就表明电荷 q_2 的惯性相当于增加了 ΔM，即有：

$$M'=M+\Delta M,\ \text{其中}\ \Delta M=\frac{U}{c^2},\ U=k_{\mathrm{C}}\frac{q_1q_2}{R}$$

这个结论反过来也让我们看清楚韦伯力公式的第三项的来源，即它实际上是通过改变电荷 q_2 的质量来实现的，并且增加的质量正好等于两个电荷之间的势能除以光速的平方[1]。当然，韦伯那个时代的人们并没有能够洞察到这些结论背后所蕴藏的巨大物理意义。

不过，当麦克斯韦的方程组逐步成熟之后，当人们发现电磁场内媒介物质也具有动量和能量之后，大家终于开始意识到质量的确会发生这样的增加，并且可以采用另外一种方式把增加部分的质量计算出来。比如考虑一个相对于观测者A(T,X,Y,Z)静止的电子 q，那么该电子相对于匀速运动观测者B(t',x',y',z')正在以速度 $-\vec{u}$ 运动，如图10-4所示。

---

[1] 这个结论也间接回答了第5章提出过的一个问题，即势能到底是存储在什么地方的。

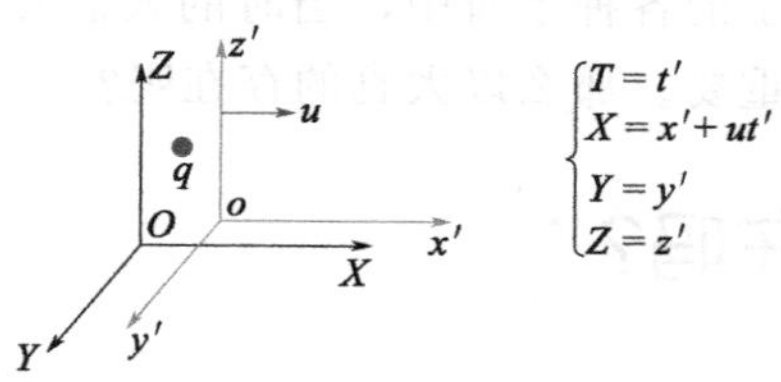

图 10-4　电子 q 的惯性质量对于不同观测者是不同的

第 9 章已经讨论过，观测者 A 只观测到该电子产生的电场 $\vec{E}$，而观测者 B 除了观测到电场 $\vec{e}'$ 之外，还观测到了磁场 $\vec{b}'$。根据第 9 章的推导，它们分别为：

$$\left.\begin{aligned}\vec{E}&=\frac{\kappa}{4\pi}\frac{q}{R^3}\vec{R}\\ \vec{B}&=\vec{0}\end{aligned}\right\}\xrightarrow{\begin{cases}\vec{e}'=\vec{E}+\vec{u}\times\vec{B}\\ \vec{b}'=\vec{B}-\frac{1}{c^2}\vec{u}\times\vec{E}\end{cases}}\begin{cases}\vec{e}'=\dfrac{\kappa}{4\pi}\dfrac{q}{R^3}\vec{R}\\ \vec{b}'=-\dfrac{1}{c^2}\dfrac{\kappa}{4\pi}\dfrac{q(\vec{u}\times\vec{R})}{R^3}\end{cases}$$

根据电磁场内媒介物质的动量定义，对于观测者 B 来说，这个电子周围媒介物质的动量密度为：

$$g'=\frac{1}{\kappa}\vec{e}'\times\vec{b}'=\frac{1}{c^2}\frac{\kappa}{(4\pi)^2}\frac{q^2\vec{R}\times(\vec{u}\times\vec{R})}{R^6}\text{，此处}\vec{R}\times(\vec{u}\times\vec{R})=R^2\vec{u}-Ru\cos\theta\vec{R}$$

其中 θ 是速度 $\vec{u}$ 的方向与空间指向 $\vec{R}$ 之间的夹角。由于空间的对称性，当把全空间所有动量加起来之后，与夹角 θ 相关这一项的有效贡献等于 $-R^2\cos^2\theta\vec{u}$。所以在观测者 B 看来，这个电子周围媒介物质的总动量为[1]：

$$\vec{p}'_{\text{sum}}=\int\vec{g}'\mathrm{d}V'=\frac{1}{c^2}\frac{\kappa}{6\pi}\frac{q^2}{R_e}\vec{u}=\Delta M\vec{u}\text{，此处 }\Delta M=\frac{U}{c^2}\text{，}U=\frac{\kappa}{6\pi}\frac{q^2}{R_e}$$

其中 R_e 是把电子近似一个小球粒子后的半径。从这个动量公式立刻可以看出：这个电子周围的媒介物质确实是具有惯性的，并且这些惯性的大小，即惯性质量 ΔM 有：

$$\Delta M=\frac{U}{c^2}\text{，其中 }U=\frac{\kappa}{6\pi}\frac{q^2}{R_e}$$

媒介物质的这些惯性被称为电磁质量或电动力学质量，尽管这个计算结果与前面从韦伯力推导出的结论并不一样，但是这两种推导方式还是可以推导出另一个结论：一个电子运动起来之后，它的惯性质量会增加，所增加的这部分质量就来自于电磁场内媒介物质的惯性。这个结论也可以理解为：当一个电子运动时，周围媒介物质由于具有惯性会对电子产生阻挡作用，这种阻挡作用让电子运动变得更加困难，从而相当于电子的惯性和惯性质量增加了。

实际上，在此之前，那个时代的人们就已经很熟悉这种理解方式了，即认为：既然电磁场内媒介物质（比如以太）具有惯性，那么当一个物体在以太中运动时，比如地球在以太中运动时，它就会感受到这些以太像空气一样扑面而来，就会感受到一股以太风吹过来。这是那个时代的科学探索者在当时那样的知识背景下非常自然地推导出的结论。再加上第 8、9

[1] H. A. Lorentz, Electromagnetic phenomena in a system moving with any velocity smaller than that of light。

章谈到过，在电磁学与牛顿力学的各种矛盾中，当时的人们常常借助以太来调和这些矛盾。所以，以太的存在就变得至关重要。那么以太真的存在吗？

10.3 以太真的存在吗？

10.3.1 迈克尔逊的实验证明没有以太风

力的相对性问题只不过是第 9 章谈到过的动体的电动力学问题的一个表现侧面而已。不过在刚开始，这些矛盾并没有显得太精锐，因为大家可以利用牛顿的绝对空间去克服这些矛盾。主要论证方式就是：电磁场内媒介物质，比如以太介质在绝对空间中是静止的，麦克斯韦方程组只能用于描述绝对空间中静止的以太介质。而在其他运动观测者看来，这些以太介质是在运动的。正是以太介质的运动导致了力的大小在不同观测者之间的这种差异性，即造成了力的相对性。这种论证方式让牛顿的绝对空间必须存在变得无比重要。

到了 1870 年代，麦克斯韦自己就已经意识到这一点了，即在绝对空间中静止的以太对他理论的重要性。但如果真的存在绝对静止的以太，那么地球在以太中就是运动的，这样地球上的观测者就会感受到以太扑面而来，即感受到一股以太风。麦克斯韦在即将去世的 1879 年就建议采用实验测量来证实这种运动。可是就在不久之后的 1881 年，在采用了麦克斯韦的建议之后，迈克尔逊却首次用实验表明：相对于以太，地球并没有运动。这相当于否定了绝对静止以太的存在，从而让动体的电动力学问题凸显出来了，因为之前那种以绝对空间为根基的辩解方式就不再成立了。

所以，迈克尔逊的实验对于电磁场理论的逻辑自洽性来说就显得无比重要，立刻引起大家的注意和研究。特别是在 1887 年，在莫雷的合作下，迈克尔逊以更高的精度重新做了这个实验，但结论仍然是一样的。就这样，在 19 世纪 80 年代，赫兹的实验验证了麦克斯韦电磁场理论的正确性，但迈克尔逊的实验却暴露了该理论所面临的冲突和困境。在之后的近二十年里，人们一直在尝试解决电磁场理论所凸显出来这些矛盾冲突。

迈克尔逊的实验是想验证地球上的观测者是否真的能感受到以太风的存在，实验的核心原理非常简洁清晰。如果存在以太风，那么当一束光逆风传播时速度会变慢，当一束光顺风传播时速度会变快，从而导致光传播时间发生改变。人们可以据此通过实验探测到这种改变。相关计算过程如下：

对于在绝对空间（T,X,Y,Z）中运动着的地球上的观测者（t',x',y',z'）来说，如果不存在以太风，那么一束光传播一个来回所需要的时间为 $\Delta t'^{\parallel}_{\text{no}}$，如图 10-5 左边所示；如果存在以太风，那么一束光传播一个来回所需要的时间为 $\Delta t'^{\parallel}_{\text{yes}}$，如图 10-5 右边所示。由于 $\Delta t'^{\parallel}_{\text{yes}} \neq \Delta t'^{\parallel}_{\text{no}}$，所以就可以通过测量传播时间的这个差别来判断是否存在以太风。

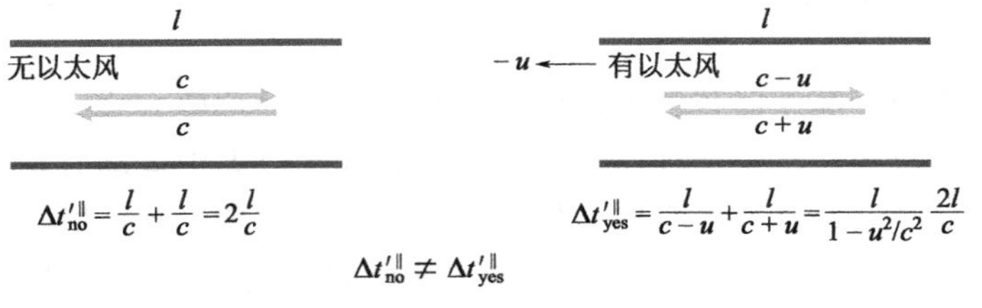

无以太风：l，c，c

$$\Delta t'^{\parallel}_{\text{no}} = \frac{l}{c} + \frac{l}{c} = 2\frac{l}{c}$$

$-u$ ←—— 有以太风：l，$c-u$，$c+u$

$$\Delta t'^{\parallel}_{\text{yes}} = \frac{l}{c-u} + \frac{l}{c+u} = \frac{l}{1-u^2/c^2}\,\frac{2l}{c}$$

$$\Delta t'^{\parallel}_{\text{no}} \neq \Delta t'^{\parallel}_{\text{yes}}$$

图 10-5　当光传播方向与以太风平行时，以太风对光传播时间的影响

但由于光速太快，以太风造成的这个差别太微小，所以为了测量这种微小的影响，迈克尔逊利用了光的干涉。为此，迈克尔逊还考虑了垂直于以太风的另一束光的传播过程，如图 10-6 所示。假设上下之间的距离也是 l，如果不存在以太风，那么一束光在上下之间传播一个来回所需要的时间为 $\Delta t'^{\perp}_{\text{no}}$，如图 10-6 左边情况；如果存在以太风，那么一束光在上下之间传播一个来回所需要的时间为 $\Delta t'^{\perp}_{\text{yes}}$，如图 10-6 右边情况。

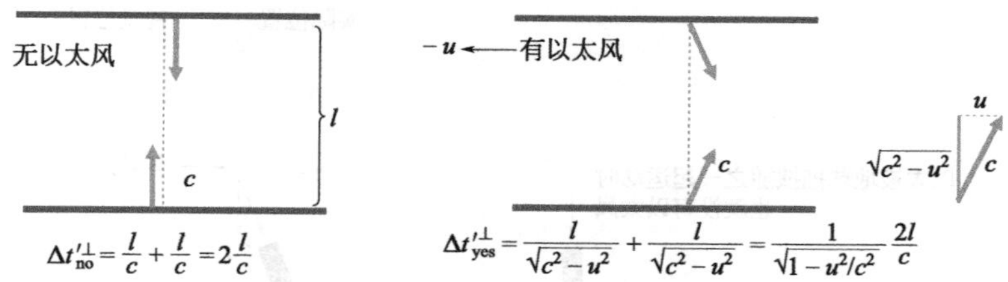

图 10-6　当光传播方向与以太风垂直时，以太风对光传播时间的影响

然后，迈克尔逊让这两个方向传播的光相遇，当两束光相遇之后就会产生光的干涉，如图 10-7 所示。为了更容易理解，这里不完全采用迈克尔逊当初实验时的实际参数，而是假设仪器设备上下方向的臂长正好严格等于左右方向的臂长，即假设 $l^{\parallel}=l^{\perp}$。这个假设对实验结果不会造成本质的改变，只是为了便于理解。

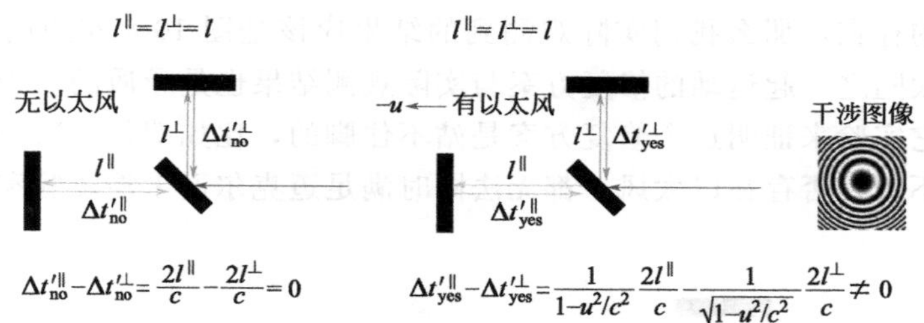

图 10-7　让平行方向和垂直方向传播的两束光相遇，然后就会产生光的干涉

根据前面的计算，当没有以太风时，光在两条路径上的传播时间正好相等，所以有 $\Delta t'^{\parallel}_{\text{no}}-\Delta t'^{\perp}_{\text{no}}=0$，如图 10-7 左边的情况；而当有以太风吹过来时，由于影响了光的传播速度，光在两条路径上的传播时间并不相等，而是存在时间差，所以有 $\Delta t'^{\parallel}_{\text{yes}}-\Delta t'^{\perp}_{\text{yes}}\neq 0$，如图 10-7 右边的情况。这个非常微小的不相等（$\Delta t'^{\parallel}_{\text{yes}}\neq\Delta t'^{\perp}_{\text{yes}}$）就会导致干涉图像产生改变。那么就可以通过干涉图像的这种改变来精确测量这个微小的不相等，从而验证以太风是否存在。

但实验结果却出乎所有人的预料。1881 年的实验结果是：无论如何测量，干涉图像都没有发生改变，即实验结果支持的结论是 $\Delta t'^{\parallel}_{\text{no}}-\Delta t'^{\perp}_{\text{no}}=0$；1887 年改良装置让精度提高一个数量级之后，实验结果仍然表明光沿两条路径传播的时间是相等的。所以，这就证明了没有以太风吹过来，也就意味着载有这台设备的地球在以太中没有运动。而这个结论与以太绝对静止的结论是直接冲突的。

10.3.2　对迈克尔逊实验结论的早期探索解释

面对这种意料之外的实验结果，和以前所有类似处境一样，最开始的一拨人想到的是如何去修复，而不是抛弃。对于他们而言，抛弃以太是万万不可的，因为麦克斯韦方程组所描述的对象是电磁场内媒介物质，而这些媒介物质正是这些以太，如果以太都没有了，那麦克斯韦方程组就没有描述对象了。最容易想到的修复方案就是：地球的运动拖动周围的以太随之一起运动，那么这些被拖动的以太与地球之间就是相对静止的，地球从而感受不到这些被拖动以太所形成的以太风。但这种修复方案又与光行差现象相冲突。光行差现象如图 10-8 所示。

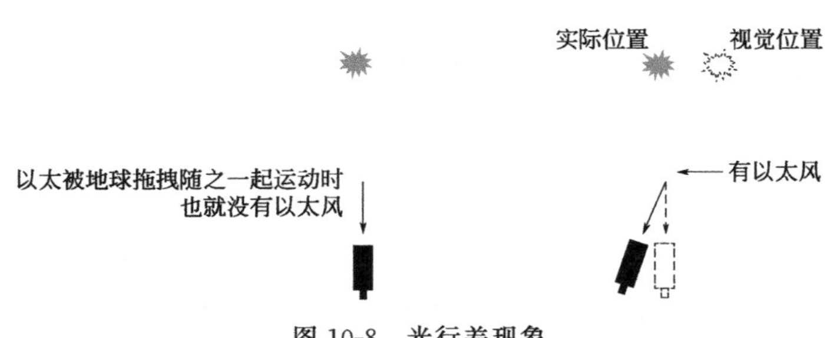

图 10-8 光行差现象

当用望远镜观测一个恒星时，如果没有以太风，光线不会被吹歪，如图 10-8 左边情况；如果存在以太风，那么光线会被吹歪，如图 10-8 右边情况，这样从望远镜看出去，恒星的视觉位置与实际位置会发生偏离，这就是光行差现象。实际观测到的结果是图 10-8 右边情况，所以光行差现象又似乎证明了以太风的存在。如果地球拖动周围以太随之一起运动，这样就没有以太风的存在，那么我们实际观测到的结果应该是图 10-8 左边的情况。所以认为地球拖动周围以太随之一起运动的修复方案与实际观测结果也是矛盾的。当然，那个时代还有其他人通过其它实验来证明这个修复方案是站不住脚的，比如费佐（Fizeau）的实验。

这样一来，不管是否存在以太风，都无法同时满足迈克尔逊干涉实验和光行差现象，如图 10-9 所示。

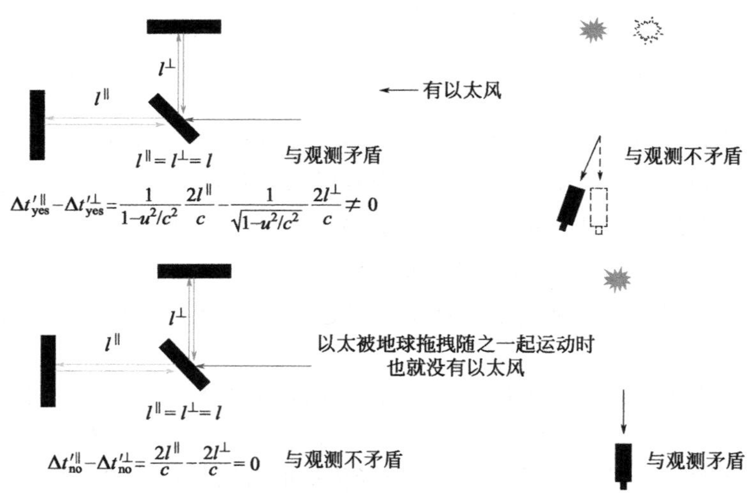

图 10-9 需要能同时解释这两种结果

这种更加严峻的矛盾困境，迫使人们不得不采用其它完全不同的思路来解决这些冲突，比如洛伦兹和费茨杰拉德（1851—1901）就想到了另外一种看上去很自然的修复方案。

洛伦兹和费茨杰拉德都认为存在以太风。而在迈克尔逊的实验结果中，光在两条路径传播的时间之所以相等是因为左右方向的臂长由于以太风的挤压而缩短了，即臂长从 $l^{\parallel}$ 压缩

为 $L^{\parallel}$。臂长缩短的长度对光传播时间带来的改变正好抵消以太风所带来的这个微小不相等，从而让光在两条路径传播的时间又相等了。具体计算过程如图 10-10 左边所示。

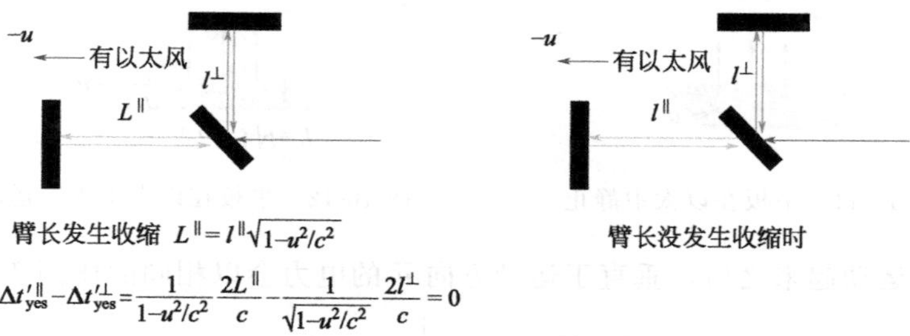

图 10-10　左右方向臂长收缩之后，即使存在以太风，光在两条路径传播的时间也正好相等

洛伦兹早在 1892 年发表的论文《论地球与以太之间的相对运动》[1] 中就已经提出这种长度收缩假说。洛伦兹和费茨杰拉德都认为，在以太风的方向上，所有物体的长度都会按同一比例收缩[2]：

$$L^{\parallel}=l^{\parallel}\sqrt{1-u^2/c^2}$$

这种收缩后来被称为洛伦兹-费茨杰拉德收缩。其中 L 是有以太风存在时物体收缩之后的长度，而 l 是没有以太风存在时物体的长度。

但必须注意的是：洛伦兹他们的收缩是物体自己结构发生挤压变形之后产生的收缩。特别是洛伦兹认为这是由于物体中分子之间的作用力也发生相同比例变化造成的，并且它的逆变换是膨胀，也就是说，按运动观测者的标准看来（由于洛伦兹收缩，该运动观测者的长度标准已缩短），静止物体在发生膨胀。这一点与爱因斯坦的空间收缩有着本质的区别，因为爱因斯坦的收缩不是物体自身的收缩，而是空间本身的收缩。无论是静止观测者看运动观测者，还是运动观测者看静止观测者，对方的长度都收缩了[3]。

至于到底是什么力让臂长收缩了呢？在 1892 年之后，洛伦兹开始研究当物体在以太中运动时，物体中分子之间的作用力是如何变化的，这个问题就是第 9 章提到的动体的电动力学问题。到了 1895 年，洛伦兹在《关于运动物体的光学和电学的理论尝试》中开始尝试给出这个问题的答案。

采用与洛伦兹论文中相同的核心思想，但为了更容易理解，研究对象改为一块均匀带电平板。当平板在以太中静止时（图 10-11），根据麦克斯韦方程组的第一个方程可以计算出带电平板周围的电场 E_Z 为：

$$E_Z=\kappa\frac{\rho}{2},\ \rho=\frac{Q}{ld}$$

其中，ρ 是电荷的面密度。当平板以速度 $\vec{u}$ 在以太中水平运动时，由于洛伦兹收缩，平板的长度从 l 收缩为 L，从而平板的面积也从 ld 缩小为 Ld，电荷的面密度从 ρ 变大为 ρ'，进而这块平板产生的电场从 E_Z 也变大为 E_Z^{move}：

---

[1] H. A. Lorentz，The Relative Motion of the Earth and the Aethers。

[2] 这个收缩比例系数 $\sqrt{1-u^2/c^2}$ 是洛伦兹在 1895 年在《关于运动物体的光学和电学的理论尝试》才得到的，1892 年只提出了它近似值 $1-u^2/2c^2$。

[3] 当然，这个看上去矛盾的结论后来被当作佯谬争论了很久。

$$E_Z^{\text{move}}=\kappa\frac{\rho'}{2},\ \rho'=\frac{Q}{Ld}=\frac{1}{\sqrt{1-u^2/c^2}}\rho$$

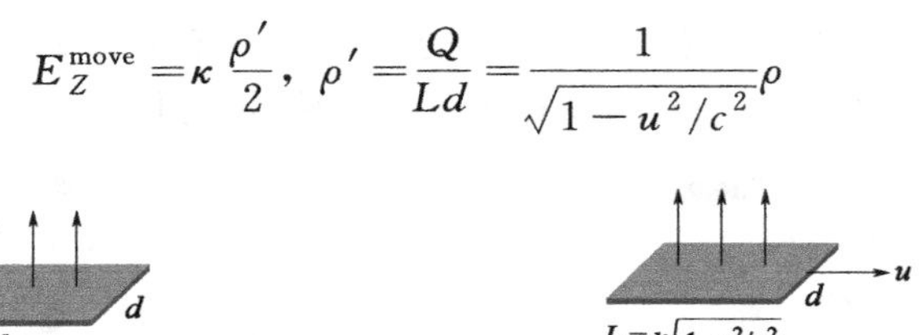

图 10-11　平板在以太中静止　　图 10-12　平板在以太中水平运动

所以当平板运动起来之后，垂直于运动方向 $\vec{u}$ 的电力会以相同的比例变大：

$$E_Z^{\text{move}}=\frac{1}{\sqrt{1-u^2/c^2}}E_Z$$

如果将平板改为放置在 XZ 平面，则可以得到类似结论：

$$E_Y^{\text{move}}=\frac{1}{\sqrt{1-u^2/c^2}}E_Y$$

如果将平板放置在 YZ 平面，由于平板的边和宽都不会收缩，则面积不变，从而电荷的面密度也不变，所以沿 X 轴方向上的电力也不变，即有：

$$E_X^{\text{move}}=E_X$$

所以当一块物体运动起来之后，或者当一股以太风吹过一块静止物体时，物体内部的电力在垂直于运动方向上会变大。洛伦兹认为正是这个变大的电力拉伸物体变形从而产生了收缩。比如一个球体被拉伸成椭球之后，它在长轴方向的长度被拉长，从而导致它在短轴方向的长度缩短。就这样，洛伦兹自认为已经找到了物体发生洛伦兹收缩的力学原因❶。不过很遗憾，洛伦兹的这个答案是错误的。第 11 章将会谈到，当一个力“运动起来”之后，它不是变大而是会变小❷。

10.4　洛伦兹变换的诞生过程

10.4.1　洛伦兹在 1895 年的尝试

对之后产生重要影响的工作是洛伦兹将这个洛伦兹收缩应用到了空间坐标上。在牛顿力学中，以太中静止观测者 A（T,X,Y,Z）和运动观测者 B（t',x',y',z'）之间的坐标系变换和逆变换为：

$$\begin{cases}T=t'\\X=x'+ut'\\Y=y'\\Z=z'\end{cases}\longleftrightarrow\begin{cases}t'=T\\x'=X-uT\\y'=Y\\z'=Z\end{cases}$$

洛伦兹认为：如果存在以太风，变换关系中的（x',y',z'）应该是收缩之后的长度，不是空间坐标的长度。所以收缩之前的长度才应该是观测者 B 所采用的空间坐标，记为（x,y,z）。它们之间的关系如下：

❶ 下一章将会看到，这并不是洛伦兹收缩产生的原因。而爱因斯坦给出的原因是：空间本身发生了收缩。

❷ 因为当平板运动起来之后，除了会产生电力之外，还会产生磁力。这两个力的合力实际上比运动之前是要小的。

$$\begin{cases} x=\gamma x' \\ y=y' \\ z=z' \end{cases} \longleftarrow x'=x\sqrt{1-u^2/c^2}\text{，}\gamma=\frac{1}{\sqrt{1-u^2/c^2}}$$

所以早在 1895 年，洛伦兹就已经开启了一个关键性转变，即洛伦兹已经开始在区分两种坐标[1]。从 (x',y',z') 到 (x,y,z) 的这个变换关系相当于是在伽利略变换基础上再进行第二次变换。不过对于观测者 B 而言，第 9 章谈到过的电磁场内媒介物质所满足的方程组，在空间坐标的这个第二次变换下仍然无法得到简化，即下面这个方程组仍然无法得到简化。

$$\begin{cases} \left(\vec{\nabla}'+\gamma^2\dfrac{\vec{u}}{c^2}\dfrac{\partial}{\partial t'}\right)\cdot(\vec{e}'_{\parallel}+\gamma^2\vec{e}'_{\perp})=\kappa\rho-\mu\gamma^2\vec{u}\cdot\vec{j}' \\ \left(\vec{\nabla}'+\gamma^2\dfrac{\vec{u}}{c^2}\dfrac{\partial}{\partial t'}\right)\times\vec{e}'=-\dfrac{\partial(\vec{b}'_{\parallel}+\gamma^2\vec{b}'_{\perp})}{\partial t'} \\ \left(\vec{\nabla}'+\gamma^2\dfrac{\vec{u}}{c^2}\dfrac{\partial}{\partial t'}\right)\times\vec{b}'=\mu\vec{j}'+\dfrac{1}{c^2}\dfrac{\partial(\vec{e}'_{\parallel}+\gamma^2\vec{e}'_{\perp})}{\partial t'} \\ \left(\vec{\nabla}'+\gamma^2\dfrac{\vec{u}}{c^2}\dfrac{\partial}{\partial t'}\right)\cdot(\vec{b}'_{\parallel}+\gamma^2\vec{b}'_{\perp})=0 \end{cases}$$

所以，即使对观测者 B 的空间坐标应用洛伦兹收缩之后，运动物体的电动力学应当如何描述的问题仍然没有得到解决。由于问题仍然很复杂，洛伦兹在 1895 年的论文中并没有对此进行进一步研究。

10.4.2　洛伦兹在 1899 年的尝试

又经过 4 年的不断尝试，到了 1899 年，洛伦兹发表了另外一篇重要论文《运动物体的电学和光学的简化理论》[2]。在这篇论文中，洛伦兹找到了一种可以简化这种复杂性的答案。洛伦兹发现要想简化这个方程组，甚至让它回到麦克斯韦方程组的形式，就必须存在一种坐标变换，它能够产生如下替换：

$$\vec{\nabla}'+\gamma^2\frac{\vec{u}}{c^2}\frac{\partial}{\partial t'}\to\vec{\nabla}$$

其中　$\vec{\nabla}'=\left(\dfrac{\partial}{\partial x'},\ \dfrac{\partial}{\partial y'},\ \dfrac{\partial}{\partial z'}\right)$，$\vec{\nabla}=\left(\dfrac{\partial}{\partial x},\ \dfrac{\partial}{\partial y},\ \dfrac{\partial}{\partial z}\right)$

为了达到这个目的，洛伦兹又完成了另外一个重要突破：他尝试引入一种全新的时间概念，它就是所谓的局部时间（local time)，采用 t 来表示。局部的含义就是指这种时间是针对空间某一个局部而言的，也就是说，在空间的不同位置，局部时间 t 是不相同的。与局部时间对应的就是全局时间（universal time)，采用 T 来表示。全局的含义就是指整个空间都共用的一个时间。那么全局时间和牛顿的绝对时间在数学上就是等价的，所以全局时间就有 $t'=T$。

为了能够实现上面提到的这个替换，洛伦兹认为局部时间 t 与全局时间 t' 之间的关系需要满足：

---

[1] 后面章节将会谈到，空间和时间实际上都存在两套测量值，这个现象是洛伦兹最早触碰到的。

[2] H. A. Lorentz，Simplified Theory of Electrical and Optical Phenomena in Moving Systems。

$$t=t'-\gamma^2\frac{u^X}{c^2}x'$$

再加上洛伦兹在1895年采用的（x',y',z'）与（x,y,z）之间的变换关系，即把1895年和1899年提出的这两个变换关系叠加在一起，就得到如下变换关系：

$$\begin{cases}t=t'-\gamma^2\dfrac{u^X}{c^2}x'\\ x=\gamma x'\\ y=y'\\ z=z'\end{cases}$$

利用这个变换关系，洛伦兹的确得到了他想要的那个替换，即有[1]：

$$\begin{cases}\dfrac{\partial}{\partial t'}=\dfrac{\partial}{\partial t}\\ \dfrac{\partial}{\partial x'}=\gamma\dfrac{\partial}{\partial x}-\gamma^2\dfrac{u^X}{c^2}\dfrac{\partial}{\partial t}\\ \dfrac{\partial}{\partial y'}=\dfrac{\partial}{\partial y}\\ \dfrac{\partial}{\partial z'}=\dfrac{\partial}{\partial z}\end{cases}\longrightarrow\begin{cases}\left(\vec{\nabla}'+\gamma^2\dfrac{\vec{u}}{c^2}\dfrac{\partial}{\partial t'}\right)\cdot\vec{A}_{\parallel}=\gamma\vec{\nabla}\cdot\vec{A}_{\parallel}\\ \left(\vec{\nabla}'+\gamma^2\dfrac{\vec{u}}{c^2}\dfrac{\partial}{\partial t'}\right)\cdot\vec{A}_{\perp}=\vec{\nabla}\cdot\vec{A}_{\perp}\\ \left[\left(\vec{\nabla}'+\gamma^2\dfrac{\vec{u}}{c^2}\dfrac{\partial}{\partial t'}\right)\times\vec{A}\right]_{\parallel}=(\vec{\nabla}\times\vec{A})_{\parallel}\\ \left[\left(\vec{\nabla}'+\gamma^2\dfrac{\vec{u}}{c^2}\dfrac{\partial}{\partial t'}\right)\times\vec{A}\right]_{\perp}=\gamma(\vec{\nabla}\times\vec{A}_{\perp})_{\perp}+(\vec{\nabla}\times\vec{A}_{\parallel})_{\perp}\end{cases}$$

利用这个变换关系，观测者B所采用的电磁场方程组可以简化为：

$$\begin{cases}\left(\vec{\nabla}'+\gamma^2\dfrac{\vec{u}}{c^2}\dfrac{\partial}{\partial t'}\right)\cdot(\vec{e}'_{\parallel}+\gamma^2\vec{e}'_{\perp})=\kappa\rho-\mu\gamma^2\vec{u}\cdot\vec{j}'\\ \left(\vec{\nabla}'+\gamma^2\dfrac{\vec{u}}{c^2}\dfrac{\partial}{\partial t'}\right)\times\vec{e}'=-\dfrac{\partial(\vec{b}'_{\parallel}+\gamma^2\vec{b}'_{\perp})}{\partial t'}\\ \left(\vec{\nabla}'+\gamma^2\dfrac{\vec{u}}{c^2}\dfrac{\partial}{\partial t'}\right)\times\vec{b}'=\mu\vec{j}'+\dfrac{1}{c^2}\dfrac{\partial(\vec{e}'_{\parallel}+\gamma^2\vec{e}'_{\perp})}{\partial t'}\\ \left(\vec{\nabla}'+\gamma^2\dfrac{\vec{u}}{c^2}\dfrac{\partial}{\partial t'}\right)\cdot(\vec{b}'_{\parallel}+\gamma^2\vec{b}'_{\perp})=0\end{cases}\xrightarrow{\begin{cases}\vec{e}_{\perp}=\gamma\vec{e}'_{\perp},\ \vec{e}_{\parallel}=\vec{e}'_{\parallel}\\ \vec{b}_{\perp}=\gamma^2\vec{b}'_{\perp},\ \vec{b}_{\parallel}=\gamma\vec{b}'_{\parallel}\\ \vec{j}_{\perp}=\vec{j}'_{\perp},\ \vec{j}_{\parallel}=\gamma\vec{j}'_{\parallel}\end{cases}}\begin{cases}\vec{\nabla}\cdot\vec{e}=\kappa\gamma\left(\dfrac{1}{\gamma^2}\rho-\dfrac{\vec{u}}{c^2}\cdot\vec{j}'\right)\\ \vec{\nabla}\times\vec{e}=-\dfrac{\partial\vec{b}}{\partial t}\\ \vec{\nabla}\times\vec{b}=\mu\gamma\vec{j}+\dfrac{\gamma^2}{c^2}\dfrac{\partial\vec{e}}{\partial t}\\ \vec{\nabla}\cdot\vec{b}=0\end{cases}$$

其中，电场$\vec{e}$、磁场$\vec{b}$和电流密度$\vec{j}$也随之发生了如下变换：

$$\begin{cases}\vec{e}_{\perp}=\gamma\vec{e}'_{\perp}, & \vec{e}_{\parallel}=\vec{e}'_{\parallel}\\ \vec{b}_{\perp}=\gamma^2\vec{b}'_{\perp}, & \vec{b}_{\parallel}=\gamma\vec{b}'_{\parallel}\\ \vec{j}_{\perp}=\vec{j}'_{\perp}, & \vec{j}_{\parallel}=\gamma\vec{j}'_{\parallel}\end{cases}$$

---

[1] 简单推导过程：

$$\begin{cases}\dfrac{\partial}{\partial t'}=\dfrac{\partial}{\partial t}\\ \dfrac{\partial}{\partial x'}=\gamma\dfrac{\partial}{\partial x}-\gamma^2\dfrac{u^X}{c^2}\dfrac{\partial}{\partial t}\\ \dfrac{\partial}{\partial y'}=\dfrac{\partial}{\partial y}\\ \dfrac{\partial}{\partial z'}=\dfrac{\partial}{\partial z}\end{cases}\rightarrow\begin{cases}\dfrac{\partial}{\partial x'}+\gamma^2\dfrac{u^X}{c^2}\dfrac{\partial}{\partial t'}=\gamma\dfrac{\partial}{\partial x}\\ \dfrac{\partial}{\partial y'}=\dfrac{\partial}{\partial y}\\ \dfrac{\partial}{\partial z'}=\dfrac{\partial}{\partial z}\end{cases}\rightarrow\begin{cases}\left(\vec{\nabla}'+\gamma^2\dfrac{\vec{u}}{c^2}\dfrac{\partial}{\partial t'}\right)\cdot\vec{A}=\gamma\dfrac{\partial A^x}{\partial x}+\dfrac{\partial A^y}{\partial y}+\dfrac{\partial A^z}{\partial z}\\ \left(\vec{\nabla}'+\gamma^2\dfrac{\vec{u}}{c^2}\dfrac{\partial}{\partial t'}\right)\times\vec{A}=\left(\dfrac{\partial A^z}{\partial y}-\dfrac{\partial A^y}{\partial z}\right)\vec{i}+\\ \qquad\left(\dfrac{\partial A^x}{\partial z}-\gamma\dfrac{\partial A^z}{\partial x}\right)\vec{j}+\left(\gamma\dfrac{\partial A^y}{\partial x}-\dfrac{\partial A^x}{\partial y}\right)\vec{k}\end{cases}$$

所以，如果观测者 B 采用这个变换之后的$\vec{e}$、$\vec{b}$和$\vec{j}$作为他观测到的电场、磁场和电流密度，那么电磁场内媒介物质所满足的这个方程组的形式就已经非常接近麦克斯韦方程组的形式了。

10.4.3 洛伦兹在 1904 年的尝试

不过仍然存在一点小差别，那就是电场$\vec{e}$和磁场$\vec{b}$之间还不够完全对称。但是这种差别在数学上很容易再通过一次坐标变换就可以去除，这个坐标变换产生的替换就是：

$$\frac{t}{\gamma}\to t,\ \begin{cases}\dfrac{1}{\gamma}\vec{b}_{\perp}\to\vec{b}_{\perp}\\ \dfrac{1}{\gamma}\vec{b}_{\parallel}\to\vec{b}_{\parallel}\end{cases}$$

那么经过这第三次变换之后，在观测者 B 看来，方程组的形式就可以完全简化为麦克斯韦方程组的形式了，即有：

$$\begin{cases}\nabla\cdot\vec{e}=\kappa\gamma\left(\dfrac{1}{\gamma^2}\rho-\dfrac{\vec{u}}{c^2}\cdot\vec{j}'\right)\\ \vec{\nabla}\times\vec{e}=-\dfrac{\partial\vec{b}}{\partial t}\\ \vec{\nabla}\times\vec{b}=\mu\vec{j}+\dfrac{1}{c^2}\dfrac{\partial\vec{e}}{\partial t}\\ \vec{\nabla}\cdot\vec{b}=0\end{cases}\text{，其中}\begin{cases}\vec{e}_{\perp}=\gamma\vec{e}'_{\perp}, & \vec{e}_{\parallel}=\vec{e}'_{\parallel}\\ \vec{b}_{\perp}=\gamma\vec{b}'_{\perp}, & \vec{b}_{\parallel}=\vec{b}'_{\parallel}\\ \vec{j}_{\perp}=\vec{j}'_{\perp}, & \vec{j}_{\parallel}=\gamma\vec{j}'_{\parallel}\end{cases}$$

但是替换$\frac{t}{\gamma}\to t$意味着局部时间t流逝的快慢与全局时间t'流逝的快慢将不再一样。这对于 46 岁的洛伦兹来说是一个难以接受的结论。经过了思想上长达 5 年的不断纠结，洛伦兹终于在 1904 年 6 月还是采用了第三次变换，发表了一篇极其重要的论文《在小于光速运动的参考系统中的电磁学现象》[1]，从而彻底解决了动体的电动力学问题。

将洛伦兹分别在 1895 年、1899 年和 1904 年三次引入的变换叠加在一起的总变换就是：

$$\begin{cases}t=\dfrac{1}{\gamma}\left(t'-\gamma^2\dfrac{u^X}{c^2}x'\right)\\ x=\gamma x'\\ y=y'\\ z=z'\end{cases}$$

必须值得注意的是：它只是对观测者 B 的时间和空间进行了变换，并没有涉及观测者 A。空间从存在以太风时的长度x'变换为了没有以太风时的长度x；时间从全局时间t'变换为了局部时间t。并且洛伦兹认为这个变换只适用于电磁学，不适用于其它物理学分支。

所以，如果匀速运动观测者 B 采用没有以太风时的长度x和局部时间t来描述电磁场内媒介物质（即以太），那么他所使用的电磁场方程组与以太中静止观测者 A 所使用的方程组在形式上是完全一样的，它们都是麦克斯韦方程组的形式：

---

[1] H. A. Lorentz, Electromagnetic phenomena in a system moving with any velocity smaller than that of light。

$$\begin{cases}\nabla\cdot\vec{e}=\kappa\eta\\ \vec{\nabla}\times\vec{e}=-\dfrac{\partial\vec{b}}{\partial t}\\ \vec{\nabla}\times\vec{b}=\mu\vec{j}+\dfrac{1}{c^2}\dfrac{\partial\vec{e}}{\partial t}\\ \vec{\nabla}\cdot\vec{b}=0\end{cases}$$

其中观测者 B 所测量到的电场、磁场、电荷密度和电流密度分别是$\vec{e}$、$\vec{b}$、η 和$\vec{j}$。以太中静止观测者 A 所测量到的电场、磁场、电荷密度和电流密度分别$\vec{E}$、$\vec{B}$、ρ 和$\vec{J}$。再加上第 9 章的相关结论，它们之间的变换关系为[1]：

$$\begin{cases}\vec{e}_\perp=\gamma(\vec{E}+\vec{u}\times\vec{B})_\perp, & \vec{e}_\parallel=(\vec{E}+\vec{u}\times\vec{B})_\parallel\\ \vec{b}_\perp=\gamma\left(\vec{B}-\dfrac{1}{c^2}\vec{u}\times\vec{E}\right)_\perp, & \vec{b}_\parallel=\left(\vec{B}-\dfrac{1}{c^2}\vec{u}\times\vec{E}\right)_\parallel\\ \vec{j}_\perp=\vec{J}_\perp, & \vec{j}_\parallel=\gamma(\vec{J}-\rho\vec{u})_\parallel\\ \eta=\gamma\left(\rho-\dfrac{\vec{u}}{c^2}\cdot\vec{J}\right)\end{cases}$$

值得注意的是：在整个变换过程中，光速 c 并没有发生相应变换，即光速无论对于观测者 B 还是 A 来说都是 c。这个结果与迈克尔逊的实验正好保持一致。

另外，既然电磁场方程组的形式是一样的，那么观测者 B 所采用的洛伦兹力的计算公式也应该是一样的，即也应该采用如下形式：

$$\vec{F}'=q(\vec{v}'\times\vec{b}+\vec{e})$$

这样一来，根据这个新版本的动体的电动力学理论，洛伦兹已经严格推导出来一个重要结论：力的计算公式的形式是绝对的，但力的大小是相对的，是与观测者运动速度$\vec{u}$ 相关的。

10.4.4 洛伦兹变换

经过长达 30 年的探索，动体的电动力学问题终于得到了解决，答案就是：如果观测者 B 采用没有以太风时的空间坐标 x 和局部时间 t，那么观测者 B 所使用的电磁场理论与静止观测者 A 所使用的电磁场理论是完全一样的。也就是说一个运动物体所遵循的电动力学与静止物体所遵循的电动力学是完全相同的。洛伦兹把 AB 之间的这种“完全一样”称为对应态定理[2]。所以到了 1904 年的 6 月，麦克斯韦方程组所遗留下来的问题已经得到圆满解决，但是电磁场理论与牛顿力学之间的矛盾还没有彻底解决。

不过在洛伦兹看来，局部时间 t 并不是一个真实时间，它只是为了简化麦克斯韦方程组而引入的一种数学对象。就像一个 1kg 的物体，如果把砝码标准缩小为原来的$\dfrac{1}{2}$，该物体的质量读数就变为了 2，但它的真实质量仍然是 1kg，刻度值 2 只是一个数学对象而已。

另外，特别需要注意是：洛伦兹的这个变换并不是观测者 A 和观测者 B 之间坐标系变

---

[1] 其中推导过程：

$$\frac{1}{\gamma^2}\rho-\frac{\vec{u}}{c^2}\cdot\vec{j}'=\frac{1}{\gamma^2}\rho+\rho\frac{u^2}{c^2}-\frac{\vec{u}}{c^2}\cdot\vec{J}=\rho-\frac{\vec{u}}{c^2}\cdot\vec{J}\leftarrow\vec{j}'=\rho\vec{\sigma}=\rho(\vec{\sigma}+\vec{u})-\rho\vec{u}=\rho\vec{\Sigma}-\rho\vec{u}=\vec{J}-\rho\vec{u}$$

[2] 当然，爱因斯坦后来称之为：相对性原理。

换，它只是观测者 B 自己的空间长度在有以太风时的 x' 与没有以太风时的 x、自己时间的全局时间 t' 与局部时间 t 之间的变换。这个变换与观测者 A 是没有关系的。因为在洛伦兹看来，与观测者 B 一起运动的细棒产生的洛伦兹收缩是细棒内部结构变形后产生的结果，这种收缩是绝对的。也就是说只要这根细棒在以太中运动，无论是观测者 B 还是观测者 A 都会观测到这种收缩。这与一年之后爱因斯坦得到的变换是不同的。在爱因斯坦看来，只有观测者 A 能观测到这根细棒收缩，与细棒一起运动的观测者 B 则不会观测这根细棒在收缩。

不过在数学上，从洛伦兹的这个变换可以推导出爱因斯坦的变换。只要把这个变换再与伽利略变换叠加在一起就得到观测者 B 与观测者 A 之间的时间和空间变换关系：

$$\begin{cases} t=\dfrac{1}{\gamma}\left(t'-\gamma^2\dfrac{u}{c^2}x'\right) \\ x=\gamma x' \\ y=y' \\ z=z' \end{cases} \xrightarrow{\begin{cases} t'=T \\ x'=X-uT \\ y'=Y \\ z'=Z \end{cases}} \begin{cases} t=\gamma\left(T-\dfrac{u}{c^2}X\right) \\ x=\gamma(X-uT) \\ y=Y \\ z=Z \end{cases}$$

但洛伦兹在 1904 年 6 月的论文中并没有完成这种叠加。并且洛伦兹认为他那个对观测者 B 实施的变换只适用于电磁学，而牛顿力学仍然应该采用伽利略变换，认为它们两个是完全不相关的变换，不能叠加在一起使用。是庞加莱在 1905 年最先完成了这个叠加，并把叠加之后的这个变换正式称为洛伦兹变换[❶]。就在同一年，爱因斯坦从马赫的操作主义出发，对时间重新定义之后也得到了这个变换关系。并且由于爱因斯坦对时间已经有了全新的深刻认识，他对这个变换关系有了更深入本质的理解，第 11 章将会详细谈论这一点。所以在后面章节中，观测者 B 的坐标系改为采用没有以太风时的 x 和局部时间 t，即改用观测者 $B(t,x,y,z)$。

51 岁的洛伦兹已经无法摆脱传统思想的束缚，去深入思考他的全局时间 t' 与局部时间 t 的物理意义到底是什么。尽管就在同一年，爱因斯坦通过重新定义时间也得到了这个变换，但由于数学大师庞加莱已经将学术界大佬洛伦兹的这个变换称为洛伦兹变换，而年仅 26 岁的爱因斯坦在那时还是无名小辈，所以观测者 B 与观测者 A 之间这个坐标变换在今天仍然被称为洛伦兹变换。

10.5　运动也是相对的

在洛伦兹变换下，观测者 A 和观测者 B 的方程组中光速 c 的值并没有发生相应变换，即对于 A 和 B 来说，同一束光的速度都是 c。这意味着观测者 A 和观测者 B 根本无法做出如下判断：到底是 A 还是 B 在相对于静止的以太运动？也就是说，相对于静止的以太是否存在运动已经变得无法判断，因为 A 和 B 的结论之间已经没有区别。没有区别就无法显示 A 和 B 之间的不同来，从而使相对于静止以太的运动已经不具有可观测性。那么以太是否存在也就随之不再具有可观测性。以太成为了一个不可观测的对象，按照第 6 章谈到过的马赫的批判标准，这样的概念应该被踢出物理学。就这样，在试图找寻以太的过程中，人们最后得到的答案却是：以太并不存在。

所以在电磁学中，牛顿那种在绝对空间中的绝对运动也不具有可观测性，即无法通过任何电磁学实验来探测到这种绝对运动。那么，剩下可探测的运动只有 A 和 B 之间的相对运

---

❶ H. Poincaré，On the Dynamics of the Electron。

动，即运动也是相对的。这又是电磁学与牛顿力学之间的一个根本矛盾，因为牛顿认为根据牛顿力学可以探测到绝对运动[1]。在第 6 章谈到过，运动也是相对的——这个结论也被马赫和庞加莱通过批判得到了，庞加莱在此基础上还进一步提出了相对性原理。

在电磁学中，只存在相对运动的事实可以用下面这个直观现象来展示。在电磁感应现象中，两个相对运动的观测者所观测到的现象如图 10-13 所示。

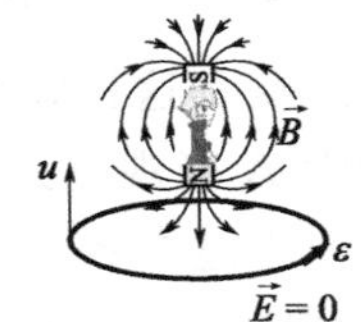

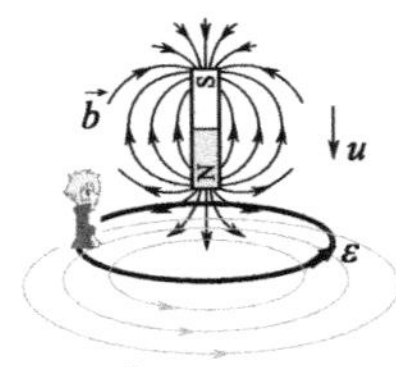

图 10-13　只需要相对运动就足以说明此现象

如果认为存在绝对空间和以太，那么就将面临一个无法回答的问题：在图 10-13 这个现象中，到底是导线在绝对空间和以太中运动呢，还是磁铁在绝对空间和以太中运动呢，因为不管答案是哪个，导线中的电流大小都不会因此而改变。也就是说：仅仅凭借电磁学本身根本无法判断到底是导线还是磁铁在绝对空间和以太中运动。所以这种绝对运动就失去了存在的意义。

实际上，只需要知道导线与磁铁之间是否存在相对运动就足以解决电磁学相关问题了。爱因斯坦在 1905 年发表的《论动体的电动力学》的第一段话就是举了这个例子来说明：不需要存在绝对空间和以太，只需存在相对运动就足够了。

10.6　质量也是相对的

尽管洛伦兹没有洞察出局部时间 t 的物理意义到底是什么，即时间也是相对的结论，但洛伦兹已经得到惯性质量也是相对的结论。前面讨论过，一个电子具有电磁质量或电动力学质量，不过相关结论是采用旧版的动体的电动力学理论计算出来的。洛伦兹在 1904 年 6 月的论文中利用他刚得到的新版动体的电动力学理论，对电子的电磁质量进行了重新计算。不过当时促使洛伦兹这样做的原因主要在于：在 1904 年之前的几年，沃尔特·考夫曼（1871—1947）已经通过实验测量出电子的质量随该电子速度变大而变大的依赖关系，而洛伦兹正是试图从理论上精确解释这个从实验得到的依赖关系。

同样考虑一个相对于观测者 A(T,X,Y,Z) 静止的电子 q，那么相对于观测者 B(t,x,y,z)，这个电子正在以速度 $-\vec{u}$ 运动，如图 10-14 所示。

$$\begin{cases} t=\gamma\left(T-\dfrac{u}{c^2}X\right) \\ x=\gamma(X-uT) \\ y=Y \\ z=Z \end{cases}$$

图 10-14　观测者 A 和 B 观测同一个电子

观测者 A 只观测到了电场 $\vec{E}$，而观测者 B 除了观测到了电场 $\vec{e}$ 还观测了磁场 $\vec{b}$。根据前面刚刚得到变换关系，它们之间存在如下关系：

$$\left.\begin{aligned} \vec{E}&=\frac{\kappa}{4\pi}\frac{q}{R^3}\vec{R} \\ \vec{B}&=0 \end{aligned}\right\} \xrightarrow[\vec{b}_\perp=\gamma\left(\vec{B}-\frac{1}{c^2}\vec{u}\times\vec{E}\right)_\perp,\quad \vec{b}_\parallel=\vec{B}_\parallel]{\vec{e}_\perp=\gamma(\vec{E}+\vec{u}\times\vec{B})_\perp,\quad \vec{e}_\parallel=\vec{E}_\parallel} \begin{cases} \vec{e}_\perp=\gamma\dfrac{\kappa}{4\pi}\dfrac{q}{R^3}\vec{R}_\perp, & \vec{e}_\parallel=\vec{E}_\parallel \\ \vec{b}_\perp=-\gamma\dfrac{1}{c^2}\dfrac{\kappa}{4\pi}\dfrac{q(\vec{u}\times\vec{R})_\perp}{R^3}, & \vec{b}_\parallel=0 \end{cases}$$

[1] 第 3 章谈到过，牛顿自己采用旋转水桶的实验来论证这样的绝对运动是存在的。

那么在观测者 B 看来，这个电子周围媒介物质的总动量为[1]：

$$\vec{P}=\int \vec{g}_{\mathrm{B}}\,\mathrm{d}V_{\mathrm{B}}=\int \vec{g}_{\mathrm{B}}\,\frac{1}{\gamma}\mathrm{d}V_{\mathrm{A}}=\gamma\,\frac{1}{c^2}\,\frac{\kappa}{6\pi}\,\frac{q^2}{R_{\mathrm{e}}}\vec{u}$$

其中，V_{B} 是观测者 B 所测量出的体积，V_{A} 是观测者 A 所测量出的体积。由于存在洛伦兹收缩，所以这两个体积也是不相等的，需要注意区分。

那么采用洛伦兹这个新版本的动体的电动力学理论，一个电子运动起来之后，它的惯性质量增加了多少呢？为此可以把总动量改写为如下形式：

$$\vec{P}=\Delta m\vec{u}=\gamma\Delta M\vec{u}\text{，其中 }\Delta M=\frac{U}{c^2}\text{，}U=\frac{\kappa}{6\pi}\frac{q^2}{R_{\mathrm{e}}}$$

与之前旧的结论相比，电子质量的增加量 Δm 变大为：

$$\Delta m=\gamma\Delta M$$

所以，这个结论再次明确告诉我们：电子的惯性质量也是相对的，也是与其运动速度 $\vec{u}$ 相关的。

不过，洛伦兹当时采用另外一种质量定义来理解这个结果，那就是把质量定义为力除以加速度。

$$F^x=\frac{\mathrm{d}P^x}{\mathrm{d}t}=\Delta M\,\frac{\mathrm{d}(\gamma u^x)}{\mathrm{d}u^x}\,\frac{\mathrm{d}u^x}{\mathrm{d}t}=\Delta M\,\frac{\mathrm{d}(\gamma u^x)}{\mathrm{d}u^x}a^x$$

$$F^y=\frac{\mathrm{d}P^y}{\mathrm{d}t}=\Delta M\,\frac{\mathrm{d}(\gamma u^y)}{\mathrm{d}u^y}\,\frac{\mathrm{d}u^y}{\mathrm{d}t}=\gamma\Delta Ma^y$$

采用这种定义方式，电子的电磁质量就被划分为横向质量 $\Delta m_{\parallel}$ 和纵向质量 $\Delta m_{\perp}$：

$$\Delta m_{\parallel}=\Delta M\,\frac{\mathrm{d}(\gamma u^x)}{\mathrm{d}u^x}\text{，}\Delta m_{\perp}=\gamma\Delta M$$

洛伦兹在这篇论文最后表明：他的这个计算结果与沃尔特·考夫曼的实验数据正好是严格吻合的。所以洛伦兹是早于爱因斯坦得到质量是相对的结论。爱因斯坦在 1905 年的论文《论动体的电动力学》中还在将质量区分为横向质量和纵向质量。但第 12 章将会谈到，如果抛弃将质量定义为力除以加速度，而是改用另外一种定义，那么质量就没有横向质量和纵向质量之分。

10.7　物理量是相对的现象几乎已经完全暴露

牛顿力学中的很多物理对象，大家之前都认为它们的取值与观测者是无关的，可是电磁

---

[1] 由于有：

$$\int \vec{e}_{\parallel}\times\vec{b}_{\perp}\,\mathrm{d}V=0\Rightarrow\int \gamma\,\vec{e}_{\parallel}\times\vec{b}_{\perp}\,\mathrm{d}V=0$$

$$\vec{e}_{\perp}+\gamma\,\vec{e}_{\parallel}=\gamma\,\vec{e}\,'\text{，}\vec{b}_{\perp}=\gamma\,\vec{b}\,'$$

$$\int \vec{e}\times\vec{b}\,\mathrm{d}V=\int(\vec{e}_{\perp}+\vec{e}_{\parallel})\times(\vec{b}_{\perp}+\vec{b}_{\parallel})\mathrm{d}V=\int(\vec{e}_{\perp}+\vec{e}_{\parallel})\times\vec{b}_{\perp}\,\mathrm{d}V=\int(\vec{e}_{\perp}+\gamma\,\vec{e}_{\parallel})\times\vec{b}_{\perp}\,\mathrm{d}V=\gamma^2\int\vec{e}\,'\times\vec{b}\,'\mathrm{d}V$$

再利用前面采用过的结论：

$$g'=\frac{1}{\kappa}\vec{e}\,'\times\vec{b}\,'=\frac{1}{c^2}\,\frac{\kappa}{(4\pi)^2}\,\frac{q^2\vec{R}\times(\vec{u}\times\vec{R})}{R^6}\text{，其中 }\vec{R}\times(\vec{u}\times\vec{R})=R^2\vec{u}-Ru\cos\theta\vec{R}$$

就得到：

$$\vec{P}=\int \vec{g}_{\mathrm{B}}\,\frac{1}{\gamma}\mathrm{d}V_{\mathrm{A}}=\int\frac{1}{\kappa}\vec{e}\times\vec{b}\,\frac{1}{\gamma}\mathrm{d}V_{\mathrm{A}}=\int\gamma\,\frac{1}{c^2}\,\frac{\kappa}{(4\pi)^2}\,\frac{q^2\vec{R}\times(\vec{u}\times\vec{R})}{R^6}\mathrm{d}V_{\mathrm{A}}=\gamma\,\frac{1}{c^2}\,\frac{\kappa}{6\pi}\,\frac{q^2}{R_{\mathrm{e}}}\vec{u}$$

场理论的出现打破了这种局面。牛顿力学中最核心的概念对象——质量、力、运动都是相对的，即它们的取值都依赖观测者的速度 $\vec{u}$。在第 6 章谈到过，马赫和庞加莱在对牛顿力学的批判已经得到过类似的结论，并且庞加莱甚至已经意识到连时间和空间也是相对的，即不同观测者测量出的时间可能是不相等的。所以，1904 年之前的这些发现已经暗示着：就连牛顿力学最底层的概念对象——时间和空间都有可能是相对的，即它们的取值也与观测者的速度 $\vec{u}$ 相关。

一年之后，爱因斯坦用一篇完美的论文向大家展示时间和空间的取值的确是与观测者速度 $\vec{u}$ 相关的，并且给出了依赖于观测者速度 $\vec{u}$ 的具体函数关系。这样一来，牛顿力学中的几乎所有物理量都与观测者速度 $\vec{u}$ 相关了。而研究这些物理量与观测者速度 $\vec{u}$ 之间的具体函数依赖关系的理论，就被称为“相对论”。普朗克在 1906 年开始用相对论这个术语来称呼这些理论。所以到了 1905 年，与匀速直线运动相关的相对论已经趋于成熟。

10.8 光速不是相对的，是绝对的

前面刚刚提到，在洛伦兹变换下，观测者 A 和观测者 B 的方程组中光速 c 的值并没有发生相应变换，即对于 A 和 B 来说，同一束光的速度都是 c，这就是光速不变的结论。也就是说，对于所有惯性观测者来说，速度都是 c，即光速与观测者是无关的❶。所以光速是绝对的，不是相对的。但其实在此之前，大家都已经在大量使用光速不变的结论了。比如庞加莱在 1898 年的《时间的测量》中就已经采用光速不变的假设对同时性进行定义。

另外，前面谈到过，不管存不存在以太风都无法同时解释迈克尔逊的实验和光行差的现象。但是如果改用光速不变的假设，即使不存在以太风也能够干净利索地同时解释此两种现象。所以越来越多的人开始接受光速不变的假设，慢慢抛弃存在以太风的假设。总之，到了 20 世纪初，光速不变已经不再是一个新奇结论，而是一个大家都使用的结论了。

10.9 电磁场自身就是一种物质，不需要借助媒介物质就能存在

既然不存在以太风，那么也就不存在以太介质。也就是说，在电磁场内即使不存在任何媒介物质，电磁场内的能量和动量仍然还是存在的。这个结果在之前的牛顿力学中是无法理解的，因为任何动量和能量都需要载体才能存在。但是现在电磁场内不存在任何媒介物质，那么这个载体又是什么呢？到了 20 世纪初，人们最终突破思想障碍，开始接受电磁场本身就是一种物质，而不是电磁场内媒介物质的某种运动的表现。从此之后，我们不必再称之为电磁场内媒介物质，而是直接将其称之为电磁场。当然，很久之后随着量子物理学的发展，人们终于搞清楚，电磁场内的动量和能量实际上是光子的能量和动量。所以光子就是这些动量和能量的物质载体。也就是说，电磁场只不过是对大量无数光子（包括虚光子）在宏观上的描述。

---

❶ 注意：此结论对无引力场时的惯性观测者才成立。后面章节会谈到，在引力场中，光速并不是都等于 c。

第11章 庞加莱与洛伦兹的综合——狭义相对论的正式诞生

所谓谋事在人成事在天，非凡的成就需要非凡的机遇。牛顿是 17 世纪的那个幸运儿。当伽利略、开普勒、笛卡儿、惠更斯等人分别将各个子问题解决好之后，牛顿生逢其时，机缘巧合地将这些理论综合起来，从而成就了牛顿力学。两百多年之后，第二个伟大的机遇再次出现，各种新思想的支流正在不断汇集，到 20 世纪初已经汇集成两股比较大的支流。一股支流是以马赫-庞加莱为代表的对牛顿力学的批判派；另外一股支流是洛伦兹为代表的改良派。

马赫和庞加莱从哲学思想的高度对牛顿力学进行了批判。第 6 章谈到过，他们从实证主义出发，已经得到力、质量、运动、惯性都是相对的结论❶，否定了绝对空间和绝对时间的存在，甚至已经得到时间和空间都需要重新定义的结论，更为甚者，庞加莱从操作主义角度已经给出时间重新定义的方案。

在第 10 章谈到过，洛伦兹在调和电磁场理论与牛顿力学之间矛盾的过程中，也已经得到力、质量都是依赖于观测者运动速度 $\vec{u}$ 的结论，甚至已经认识到空间具有两种长度的区分，时间具有局部时间与全局时间的区分。

当把这两个派别的成果结合在一起，一个崭新而逻辑自洽的理论系统正式诞生了，它后来被称为狭义相对论。而完成这一次大综合的人就是爱因斯坦。爱因斯坦在大学期间就已经自学了基尔霍夫、亥姆霍兹、赫兹、洛伦兹等人关于电磁场的理论，同时还阅读了马赫、庞加莱等人的著作，并经常和朋友们讨论这些著作的学习心得。和同时代的很多人一样，爱因斯坦的研究对象也是第 9、10 章反复提到过的运动物体的电动力学问题。爱因斯坦根据自己的研究成果在 1905 年 6 月也写出一篇叫《论动体的电动力学》❷ 的论文。这篇论文能在大量类似题目的论文中脱颖而出，是因为爱因斯坦在这篇论文中展示出了完全不同的思考角度。

11.1 《论动体的电动力学》——爱因斯坦的另一种探索方式

与 52 岁的洛伦兹不同，26 岁的爱因斯坦还深受马赫和庞加莱的影响。在第 6 章谈到过，马赫和庞加莱从实证主义的角度已经指出牛顿力学自身存在的各种问题。在第 9、10 章谈到过，牛顿力学自身存在的很多问题在电磁场理论与牛顿力学之间的矛盾冲突中已经表现

---

❶ 不过这个相对性是不同加速运动观测者之间的相对性，不是匀速运动观测者之间的相对性。

❷ 《爱因斯坦全集：第二卷》，湖南科技出版社，2009：243-271。作者注：后面采用的爱因斯坦的所有论文都是参考自《爱因斯坦全集》第二、三、四、五、六、八卷，故后面不再一一单独标注说明。

出来。爱因斯坦试图同时解决掉这些矛盾冲突和运动物体的电动力学问题。相较于洛伦兹和庞加莱，爱因斯坦在这篇论文中的思想突破是多方面的。

① 以太介质没有存在的必要了。电磁场自身就是一种物质，而不是媒介物质的一些性质的表现，不需要类似于以太的物质来作为载体。但洛伦兹和庞加莱仍认为存在静止的以太，并且洛伦兹还坚持认为存在绝对静止的空间。

② 牛顿的绝对空间并不存在，也不存在绝对运动，只存在物体之间的相对运动。在图11-1右边所示的电磁感应现象中，我们根本无法区分到底是磁铁还是导线在绝对静止的空间中进行绝对运动，所以不需要存在绝对的运动，磁铁与导线之间只需要存在相对运动就足以描述电磁学现象。

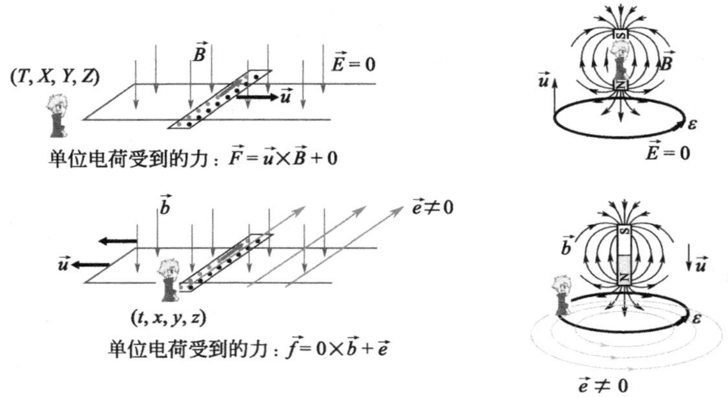

图 11-1　只需要相对运动就足以说明此现象

爱因斯坦在论文《论动体的电动力学》的第一段话就是用这个例子来表明不存在绝对的运动，那么在其中形成绝对运动的绝对空间也就不存在了。而洛伦兹仍然坚持认为存在绝对运动和绝对空间。

③ 牛顿力学与电磁场理论满足同一个相对性原理。即对于牛顿力学与电磁场理论而言，观测者 A 与 B 之间的坐标系变换应该是同一套。这个要求也被爱因斯坦称为“相对性原理”。而洛伦兹并没有把他的洛伦兹变换推广至牛顿力学，洛伦兹认为牛顿力学仍然应该采用伽利略变换。庞加莱尽管最早提出了相对性原理的思想，而且他就在稍晚一些的 7 月对洛伦兹的那些变换进行了梳理总结之后，正式将变换命名为“洛伦兹变换”，但他并没有将这个洛伦兹变换应用于他所提出的相对性原理。

④ 时间也是相对的，即时间的同时性和快慢也是依赖于观测者运动速度 $\vec{u}$ 的结论。而洛伦兹只得到了空间的长度、力和质量是相对的结论，尽管也得到了时间的同时性和快慢是相对的结果，但洛伦兹并没有洞察出此结果所代表的深刻又巨大的物理含义。庞加莱虽然意识到了时间也是相对的，但没有给出时间的同时性和快慢依赖于观测者运动速度 $\vec{u}$ 的具体函数关系，尽管庞加莱是那个时代最伟大的数学家之一。

⑤ 最重要的一点是：爱因斯坦已经意识到力和质量等概念出现的这种相对性并不是由电磁学的特殊性造成的，而是来自于更底层的时间和空间的相对性。所以这些相对性在更普遍、更底层的情况下都是成立的，它们在电磁学之外的其它物理学分支中也是存在的。而洛伦兹的视野仍然只局限在电磁学，没有洞察出这些相对性的深层次根源。庞加莱虽然意识到了这一点，并且把具有这种特点的物理学称为“新物理学”，但他同样没有给出相关的具体

数学表述。尽管庞加莱就在那年的 7 月也写过一篇论文《论电子的电动力学》[1]，但这篇论文只不过是对洛伦兹之前论文的一个非常好的数学总结和梳理。庞加莱同样没有洞察出在他论文中展现的那些公式背后的深层次含义。

⑥ 至于光速不变的假设，即不管光源怎么运动，它所发生光的速度都是相等的，都等于 c，并不是爱因斯坦的首创，这在当时也不是什么新鲜的观点。到了 1905 年的时候，已经有很多人都在采用光速不变的假设了。但爱因斯坦的突破在于他利用光速不变对时间进行了重新定义。而面对如何重新定义时间的问题，爱因斯坦则又深受马赫和庞加莱的思想影响。

有了这些思想突破之后，爱因斯坦发现：只需从相对性原理和光速不变两个假设出发，再对时间的同时性进行重新定义，就能非常干净利索地解决运动物体的电动力学问题。爱因斯坦在论文中这样写道：

“利用这两个假设，就足以在静止物体的麦克斯韦理论的基础上，建立起简单而又内部一致的运动物体的电动力学。”

并且不需要再引入其它更多的人为假设，比如以太、以太风、存在绝对空间、长度收缩等假设。而且整个解决过程在逻辑上是高度自洽的，同时还可以非常干净利索地解决电磁场理论与牛顿力学之间的所有矛盾冲突。这些成果都是爱因斯坦的《论动体的电动力学》远远超过同时代其他人所写的《论动体的电动力学》的地方。就这样，一个新的理论诞生了，一年之后它被称为相对论。

11.2 重新定义时间——最关键的思想转折

如何重新定义时间呢？爱因斯坦深受马赫和庞加莱的影响。重新定义时间的指导思想是马赫的。第 6 章谈到马赫的实证主义认为：一个物理概念，只有在它能够被实验操作测量出来的前提下才是有意义的。而牛顿对时间的定义就不能做到这点，所以牛顿的时间不应该出现在物理学中。重新定义时间的方案是采用的庞加莱的。第 6 章谈到庞加莱早在 1898 年就已经提出如何利用光速来同步时间。爱因斯坦从 1902 年就开始在他们的“奥林匹亚科学院”讨论庞加莱的这些相关内容了。并且爱因斯坦正是通过解决庞加莱 1898 年时间同步方案中的遗留问题，从而对时间的同一时刻进行了重新定义，开启了关键转折的一步。

11.2.1 同一时刻的可操作性定义

在第 6 章谈到过，庞加莱提出了利用光信号来同步时间的两套方案。第一套方案是让第三方物体同时向 A、B 两个地方发出光信号，如果这个第三方物体到 A 与 B 的距离正好相等，那么当 A 和 B 都接收到这个光信号时，就表示它们正好处于同一个时刻，如图 11-2 左边所示；第二套方案是 A 直接向 B 发光信号来完成 A、B 两个地方时间的同步，当 B 接收到光信号的时刻，与 A 在发出光信号的时刻的基础上再加上光信号在 A、B 之间传输时间之后的时刻，正好是处于同一个时刻，如图 11-2 右边所示。

这两套方案都严格遵循了马赫的操作主义（实证主义的一种），但庞加莱认为这两套方案在实验操作上还存在困难。第一套方案的困难在于，第三方物体，即光源到 A 与 B 的距离不一定正好相等，所以需要修正；第二套方案的困难在于，A 到 B 距离的准确值 $l/2$ 也无

---

[1] H. Poincaré，On the Dynamics of the Electron。

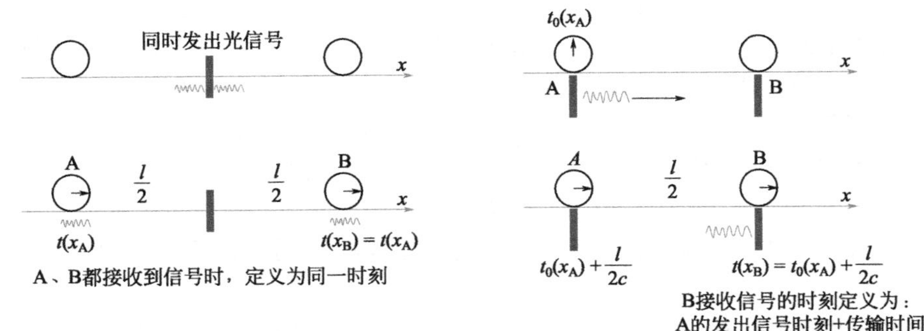

图 11-2　庞加莱提出的两套同步时间的方案

法掌握，也需要修正。但实际上只需要采用一个隐含的假设就可以避免庞加莱的顾虑，即假设：空间的长度不会随时间的流逝发生改变。对于狭义相对论的情况，这个假设总是成立的。

爱因斯坦采用了第二套方案。不过为了克服庞加莱的顾虑，爱因斯坦对同步方案做了改进。具体来说就是：当 B 接收到光信号之后立即将光信号反射回 A，然后 A 在另外一个时刻接收到光信号。B 接收光信号的时刻定义如图 11-3 所示。

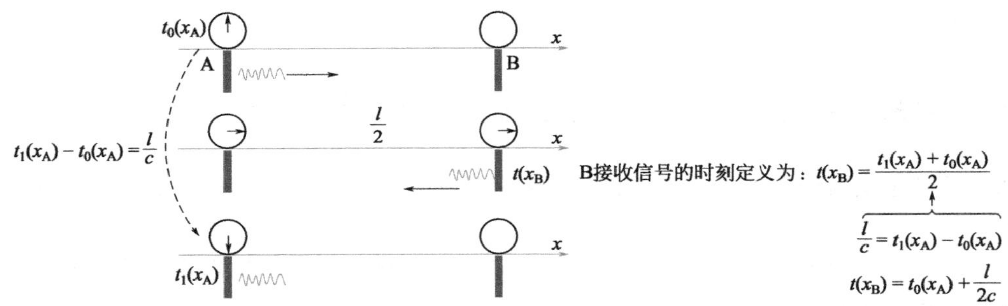

图 11-3　爱因斯坦改进过后的同步时间的方案

这样改进之后，定义公式中不再包含距离 $l/2$，只包含时刻 t。所以就不需要知道 A 到 B 之间的距离到底是多少，那么庞加莱的顾虑也就不存在了。另外，爱因斯坦还采用了一个假设：若 A 与 B 处于同一时刻、B 与 C 也处于同一时刻，那么 A 与 C 也处于同一时刻[1]。

那么通过这个定义，我们就可以回答这样的问题了：当 A 处钟的指针指向 3 点刻度所代表的同一个时刻，B 处钟的指针到底应该指向哪个刻度？B 处钟的指针也指向 3 点的刻度吗？后者答案是不一定。B 处钟的指针到底指向哪个刻度取决于观测者的运动速度 u。也就是说，B 处钟的刻度值是观测者运动速度 u 的函数，即 $t_B = t(u)$。所以根据庞加莱和爱因斯坦的定义，时间的同一时刻也是相对的了。下面就详细说明一下，为什么根据这个定义会出现这种相对性的结果。

11.2.2 同一时刻的相对性

为了便于理解，这里采用庞加莱的第一套方案，而不采用爱因斯坦在论文《论动体的电

[1] 需要注意的是，在广义相对论中，这个假设并不总是成立的。

动力学》中改进过的第二种方案，但核心思想是不变的。

第一种情况：A、B 两地的钟和光源相对于观测者（t，x，y，z）都是静止的。比如这三者固定在一艘船上，观测者也静止在船上，如图 11-4 所示。那么根据爱因斯坦对同一时刻的定义，A 钟指针指向 3 点刻度与 B 钟指针指向 3 点刻度代表着同一个时刻，即可以只用一个数字 3 来表示 A、B 两地的同一个时刻。爱因斯坦称这个数字 3 为 A、B 两地的公共时间。牛顿的时间以及我们日常生活中的时间都是这样采用数字来表示的。

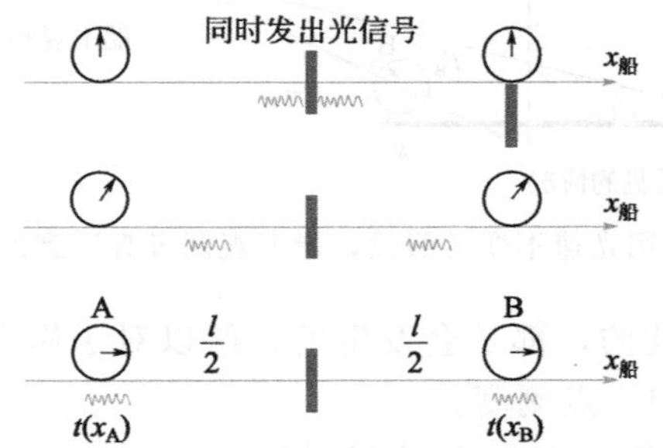

A、B两地钟指向同一刻度，代表同一时刻，即有$t(x_A)=t(x_B)$，或记为$t_A=t_B$

图 11-4　时间的同一时刻

第二种情况：这艘船运动起来了，A、B 两地的钟和光源也随着船运动起来了，并且观测者站到岸上来了，如图 11-5 所示。那么对于岸上的观测者（T,X,Y,Z）来说，这个同步过程还是这样的吗？即 A 钟指向 3 点刻度所代表的同一个时刻（注意：它是岸上观测者认为的同一个时刻），B 钟还指向 3 点刻度吗？答案是否定的。

不再代表同一个时刻的原因就在于光速不变的假设[1]，即尽管光源随着船运动起来了，但光源发出的光的速度对于岸上观测者来说并没有发生改变，仍然是 c。如果不采用此假设，而是遵循牛顿力学的那种速度叠加，那么岸上观测者看到的局面如图 11-6 所示。尽管 A 在迎向光运动，但由于射向 A 的光速减慢了，所以 A 不会提前接收到光信号，即岸上观测者仍然会看到 A、B 在同一时刻（注意：它是岸上观测者认为的同一个时刻）接收到光信号。

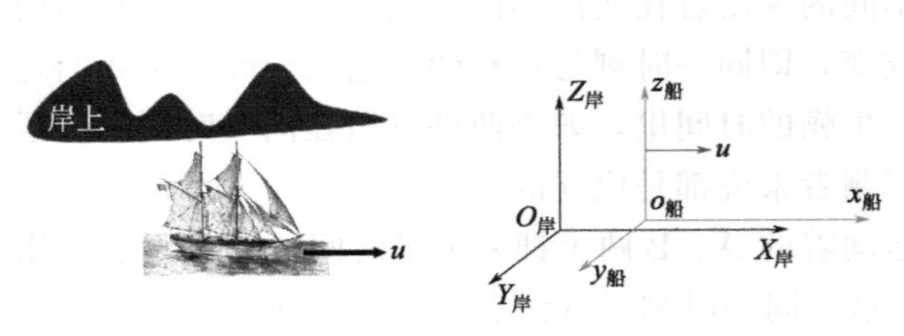

图 11-5　岸上观测者观测到的情况

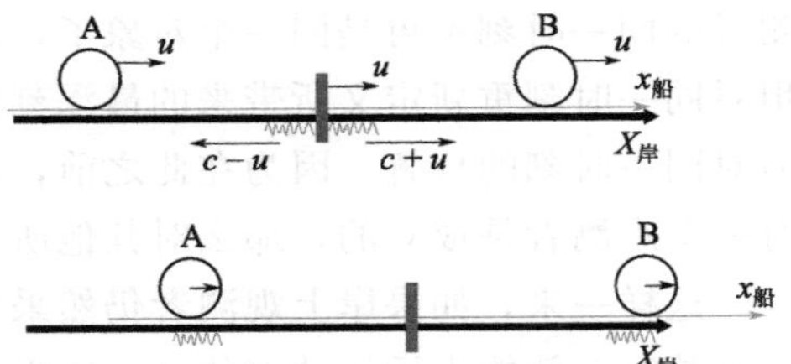

图 11-6　如果光速按照牛顿力学中那种速度叠加，岸上观测者观测到的情况

但如果采用光速不变的假设，即岸上观测者看到的光速仍然是 c，那么岸上观测者（T，X,Y,Z）就会看到一个匪夷所思的局面，如图 11-7 所示。

A 在迎向光运动，而射向 A 的光速却仍然是 c，所以 A 会抢先接收到光信号。当 A 接收到光信号时指针正好指向 3 点刻度——这个事实的发生被爱因斯坦称为事件。一个事件不

---

[1] 实际上应该反过来理解，即光速不变只是时空相对性的其中一个表现，而不是原因。

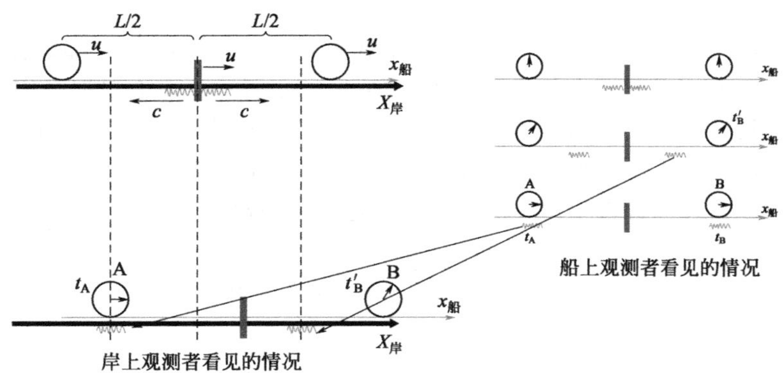

图 11-7 采用光速不变的假设，岸上观测者观测到的情况

管对于哪个观测者来说都是不变的，都是会发生的，所以对于岸上观测者来说，当 A 接收到光信号时，它的指针依然指向 3 点刻度。

但由于 B 在背向光运动，那么在这个时刻（指在岸上观测者看来，A 接收到光信号的那个时刻），B 还没有接收到光信号。所以在岸上观测者看来，在这个同一时刻（注意：是岸上观测者所认为的同一个时刻），B 钟的指针还没有指向 3 点刻度，而是指向 2 点多的刻度。这是因为“当 B 接收到光信号时指针正好指向 3 点刻度”同样是一个事件，它的发生不会因观测者不同而改变。具体情况如图 11-8 所示。

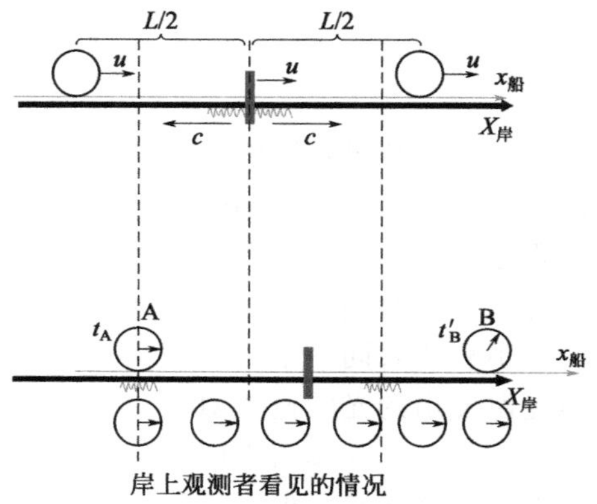

图 11-8 在岸上观测者看来的同一时刻，A、B 两钟不再指向同一个刻度

所以在岸上观测者看来，B 钟指向 2 点多的刻度才是与 A 钟指向 3 点刻度代表同一个时刻（注意：是岸上观测者所认为的同一个时刻）。但在船上的观测者看来，A 钟和 B 钟都是指向 3 点刻度代表同一个时刻（注意：是船上观测者所认为的同一个时刻）。所以岸上观测者的同一时刻与船上观测者的同一时刻不再是同一个对象了，即不同的观测者在使用不同的同一时刻。这是爱因斯坦对同一时刻重新定义所带来的最深刻的改变，即同一时刻是相对的。它完全改变了我们之前对同一时刻的理解。因为在此之前，即在牛顿的时间里，如果两件事情在同一时刻发生了对一个观测者是成立的，那么对其他所有观测者来说都是成立的。

这样一来，如果岸上观测者仍然采用运动着的 A、B 两个钟来记录时间，那么无法只用一个数字 3 就能表示运动着的 A、B 两地的这个同一时刻了（注意：是岸上观测者所认为的同一个时刻）。并且这不是由人为因素所造成的，而是时间的本性所造成的。在第 6 章谈到过，庞加莱通过深刻的批判已经得到类似结论。

11.2.3 运动钟刻度值的同步

至于 B 的指针在这个同一时刻（注意：是岸上观测者所认为的同一个时刻）到底指向具体哪个刻度呢，即 t'_B 等于多少呢？这是可以严格计算出来的。从图 11-8 可以很明显看出来，B 的指针到底指向哪个刻度取决于两个因素：A、B 之间的距离；船的运动速度 $\vec{u}$，或者说岸上观测者相对于船的运动速度 $-\vec{u}$。这个计算过程比较漫长，分三个环节多个步骤，需要耐心阅读。计算过程如下。

① 第一个环节：船上观测者的同一时刻如何被岸上观测者的时钟刻度值所记录。

第一步：现在需要清晰地区别两种时间和两种距离。小写字母 t 和 l 表示船上的观测者利用船上的钟和直尺测量出来的刻度值，小写字母 x 表示船上的观测者所采用的空间坐标；大写字母 T 和 L 表示岸上的观测者利用岸上的钟和直尺测量出来的刻度值，大写字母 X 表示岸上的观测者所采用的空间坐标。当 A 接收到光信号时，这些量之间的关系如图 11-9 所示。

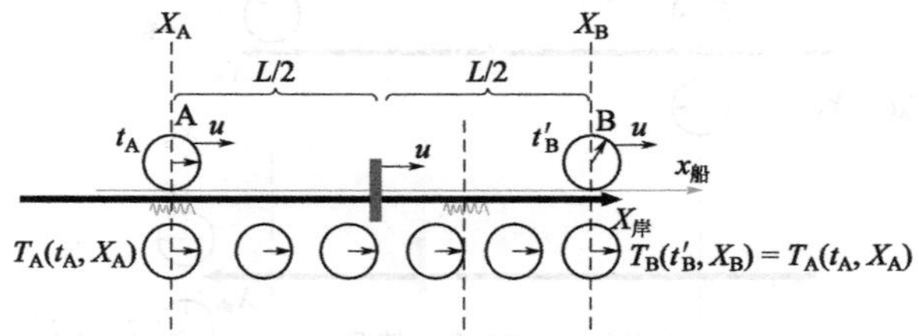

图 11-9　船上观测者的测量值与岸上观测者的测量值之间对应关系

第二步：过了一段时间之后，B 终于接收到了光信号。这就导致了两个结果：a. 在岸上观测者看来，A 先接收到光信号，B 后接收到光信号，即运动着的 A、B 不在同一时刻接收到光信号。b. 在这段时间之内，B 会继续进行向右运动了一段距离，到达了坐标位置 X'_B，如图 11-10 所示。

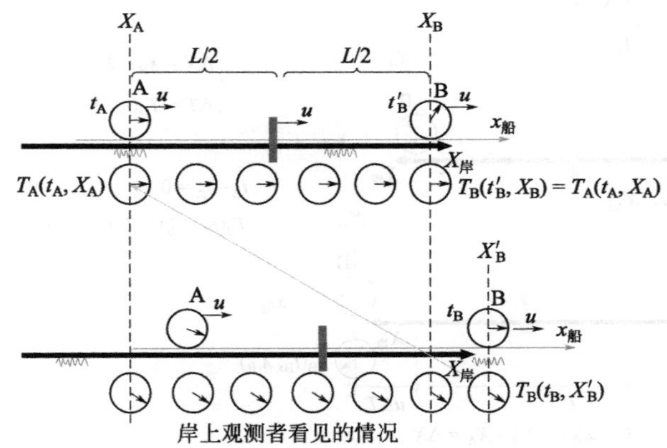

图 11-10　岸上观测者看来，A、B 不再是同一时刻接收到光信号

第三步：那么，这段时间到底有多长呢？即在岸上观测者看来，当 A 接收到光信号之后，又过了多久 B 才接收到光信号呢？这个问题的计算是简单的，如图 11-11 所示。

所以，采用岸上观测者的钟来记录时间的话，这段时间的长度为：

$$\Delta T = T_B(t_B, X'_B) - T_A(t_A, X_A) = \frac{L}{2(c-u)} - \frac{L}{2(c+u)} = \frac{u}{c^2-u^2}L$$

第四步：对于船上观测者来说，在 A 处钟的指针指向 3 点刻度所代表的同一个时刻（注意：是船上观测者所认为的同一个时刻），B 处钟的指针也正好指向 3 点的刻度，即有 $t_A = t_B$。但对于岸上观测者来说，如果采用岸上的钟来记录刻度值，A、B 将在两个不同的时刻接收到光信号，即有 $T_A \neq T_B$。这两个不同的时刻值之间的差就是：

$$T_B(t_B, X'_B) - T_A(t_A, X_A) = \frac{u}{c^2}(X'_B - X_A) \tag{11-1}$$

计算过程如图 11-12 所示。

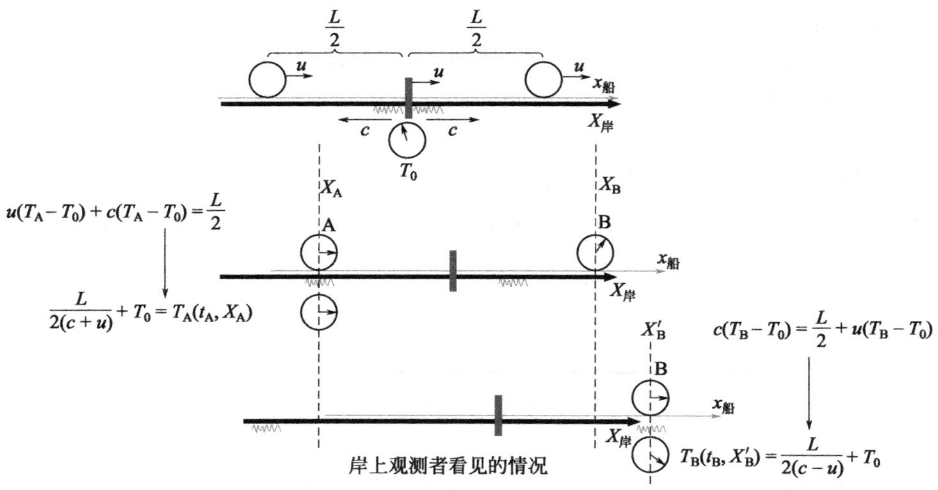

图 11-11　在岸上观测者看来，岸上观测者的钟在 A 和 B 分别接收到光信号时的刻度值

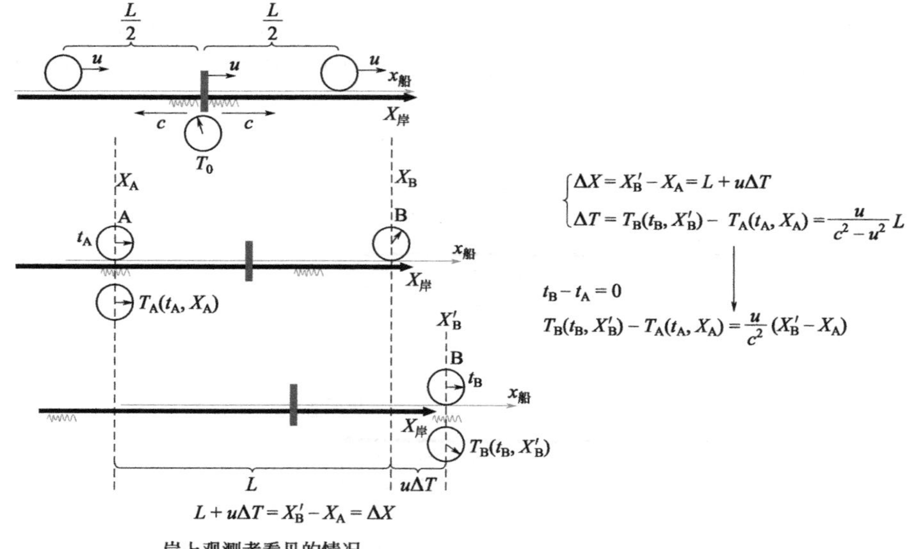

图 11-12　在岸上观测者看来，岸上观测者的钟在 A 和 B 分别接收到光信号时的刻度值之差

小结：通过这四步计算得到了第一个环节的重要结论（见图 11-13）。a. 船上观测者看来在同一时刻（即 $t_A=t_B$）发生的两个事件，在岸上观测者看来却是在不同时刻（即 $T_A\neq T_B$）发生的。b. 在岸上观测者看来，这两个不同时刻的刻度值之差为式（11-1）。

从这个计算结果可以看到，这两个不同时刻的刻度值之差取决于两个因素：船的运动速度 $\vec{u}$；A、B 分别在这两个时刻的位置之间的距离 X'_B-X_A。所以在岸上观测者看来，船上观测者的同一时刻是与船的运动速度 $\vec{u}$ 相关的，或者说运动着的钟的同一时刻与钟的运动速度 $\vec{u}$ 是相关的。所以，时间的同一时刻也是相对的，它是依赖于钟运动速度 $\vec{u}$ 的函数。依赖关系是：

$$\begin{cases}T_B(t_B,X'_B)-T_A(t_A,X_A)=\dfrac{u}{c^2}(X'_B-X_A)\\ t_B-t_A=0\end{cases}$$

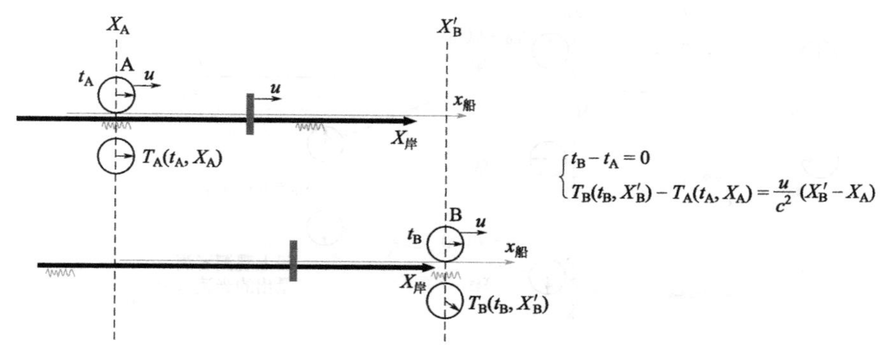

图 11-13　第一个计算环节的主要结论

② 第二个环节：时间流逝的快慢也是相对的。

第一步：在船上观测者看来，A、B 在同一时刻都接收到光信号；但在岸上观测者看来，B 会推迟接收到光信号（并且第一个环节已经计算出推迟时间的长度）。那么是否可以将 B 钟的指针往回拨动这段时间长度，从而得到的 2 点几的刻度值就正好与 A 钟指向 3 点刻度代表同一个时刻呢（注意：是岸上观测者所认为的同一个时刻）？也就是说，是否可以通过图 11-14 所示的计算得到 t'_B呢？

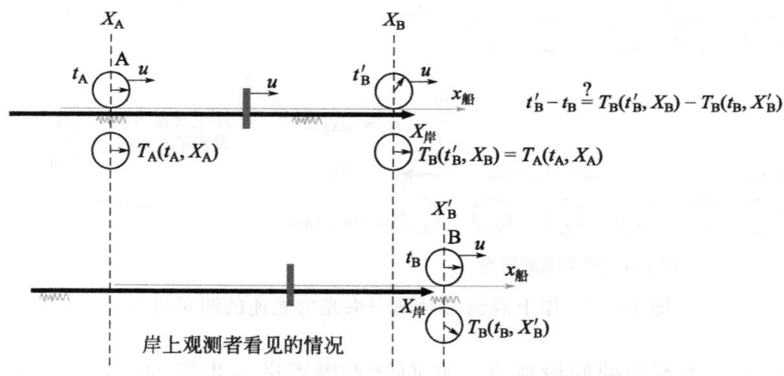

图 11-14　判断是否可以得到 B 钟往回拨动的时间长度

这个计算过程是否可行只需要再考虑一个因素就够了，那就是：船上运动着的 B 钟走得快慢与岸上静止的钟走得快慢是相同的吗？牛顿的时间和我们日常生活中的时间已经默认采用了这个隐性假设。但由于光速不变的现象，这个隐性假设不再成立了。

第二步：光速不变指的是对于同一束光，不管是船上的观测者还是岸上的观测者，他们测量到的速度都是 c。

首先，观察船上的观测者对光速的测量情况。如图 11-15 所示，一束光从 B 发出，到达 S 之后被反射回来，然后 B 再接收到这束光。假设 S、B 之间的长度是 $l/2$。采用船上静止的钟和静止的直尺测量这个传播过程，则可以计算出船上观测者测量出的光速。

然后，让这艘船运动起来，那么岸上观测者看到的情况如图 11-16 所示。采用岸上静止的钟和静止的直尺测量这个传播过程，则可以计算出岸上观测者所测量出的光速。

光速不变的假设要求存在：

$$\frac{l}{\Delta t_B} = c = \gamma^2 \frac{L}{\Delta T_B}$$

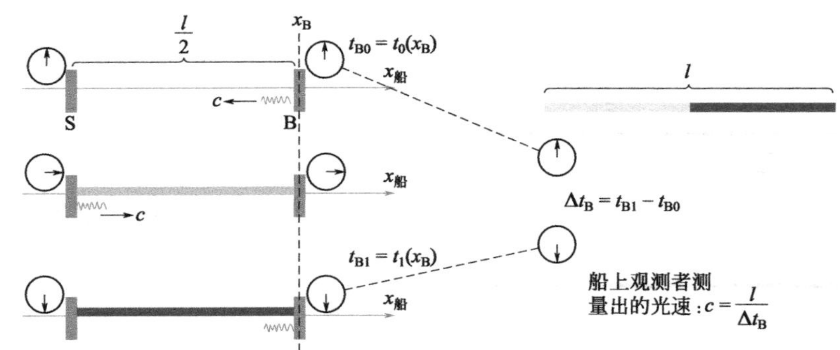

图 11-15　船上观测者对光速的测量过程

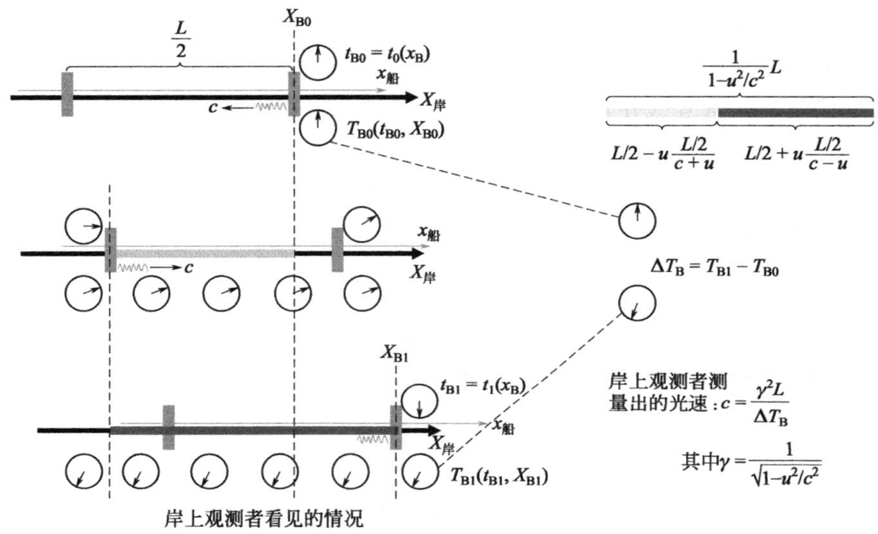

图 11-16　岸上观测者对同一束光的光速的测量过程

所以，为了让光速不变的假设成立，我们就不得不进一步假设：对于船上观测者和岸上观测者来说，时间流逝的快慢和空间的长度不再是相等的。即不得不要求：

$$\frac{l}{\Delta t_B}=c=\gamma^2\frac{L}{\Delta T_B}\longrightarrow\begin{cases}l=\gamma L\\ \Delta t_B=\dfrac{1}{\gamma}\Delta T_B\end{cases}$$

也就是说光速不变的要求让我们不得不接收两个结果：a. 一个钟运动起来之后，钟的时间的流逝会变慢；b. 一根细棒运动起来之后，该细棒的长度会变短。所以，时间流逝的快慢和空间的长度也是相对的，也是依赖于观测者运动速度一$\vec{u}$ 的函数，如图 11-17 所示。

面对这样的结论，爱因斯坦在思想上最重要的突破是他第一个意识到，钟变慢和细棒缩短并不是由于钟和细棒发生什么机械性的结构改变而产生的，而是由于时间和空间本身的性质发生改变而造成的。而同时代其他人并没有从光速不变中洞察出这一点来。

爱因斯坦还意识到，时间快慢和空间长度的这种相对性是一种更加基本和底层的性质，光速不变只不过是这种相对性的一个表现方式而已，也不是其原因。除了这种表现方式之外，这种相对性还会导致其它表现方式，比如：速度的相对性、质量的相对性、力的相对性、能量的相对性等。爱因斯坦在论文《论动体的电动力学》的后半部分详细讨论了这些相对性。

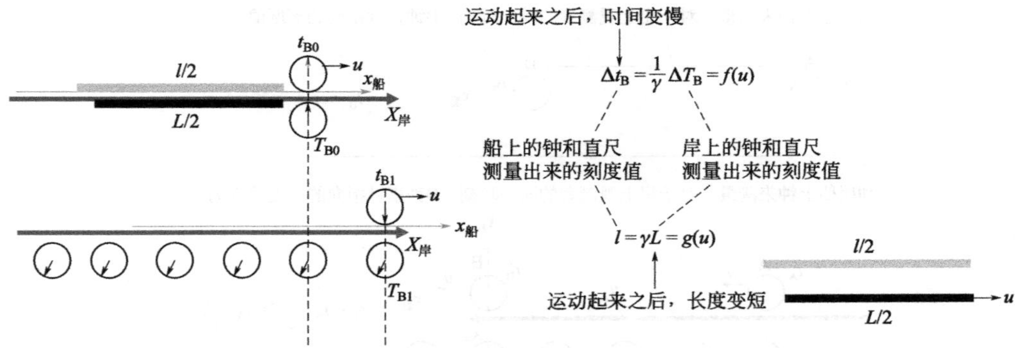

图 11-17　时间流逝的快慢和空间的长度都是相对的

这就是爱因斯坦超越同时代像洛伦兹和庞加莱这样的大人物，脱颖而出的原因。洛伦兹和庞加莱仍然坚守牛顿的时间和空间观，认为细棒缩短是细棒内部结构发生改变所造成的，认为钟变慢只不过是数学上的一种辅助工具。而爱因斯坦则是遵循马赫的实证主义，重新建立了一套新的关于时间和空间的观点，来解释这些相对性。

③ 第三个环节：同一时刻相对性的确切值。

现在可以回答第二个环节第一步中提出的问题了，即 t'_B到底是多少。利用刚刚得到的，船上钟与岸上钟快慢之间的关系，第二个环节第一步的计算如图 11-18 所示：

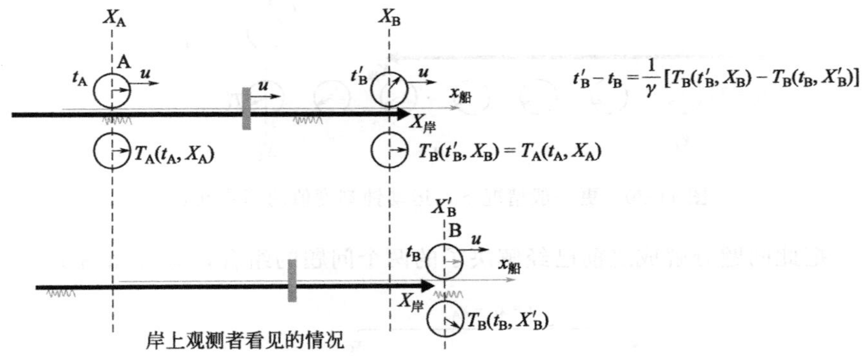

图 11-18　B 钟的指针指向的刻度值

再利用岸上和船上的空间长度之间的关系，以及第一个环节的计算结果，t'_B的值，即运动着的 B 钟的指针指向的刻度值为：

$$\left.\begin{array}{l}\left.\begin{array}{l}t'_B-t_B=\dfrac{1}{\gamma}[T_B(t'_B,X_B)-T_B(t_B,X'_B)]\\ T_B(t_B,X'_B)-T_B(t'_B,X_B)=\dfrac{u}{c^2-u^2}L\end{array}\right\}\Rightarrow t'_B-t_B=-\gamma\dfrac{u}{c^2}L\\ \qquad\qquad\qquad\qquad\qquad\qquad\qquad\qquad l=\gamma L\end{array}\right\}\Rightarrow t'_B-t_B=-\frac{u}{c^2}l$$

所以终于得到了在本小节最开始所提出问题的答案，见图 11-19。

11.2.4　运动钟的刻度值在一般情况下的同步

上面已经成功计算出在岸上观测者看来的同一个时刻 X_B 处运动钟的刻度值 t'_B。现在将计算结果推广到一般情况，也就是：在岸上观测者看来的任意时刻 T'_C，在任意位置 X'_C 处运动钟的刻度值 t'_C应该是多少呢？如图 11-20 所示。

利用船上钟来测量，对于船上观测者的同一时刻，B钟指针指向的刻度值为：

利用船上钟来测量，对于岸上观测者的同一时刻，B钟指针指向的刻度值变为：

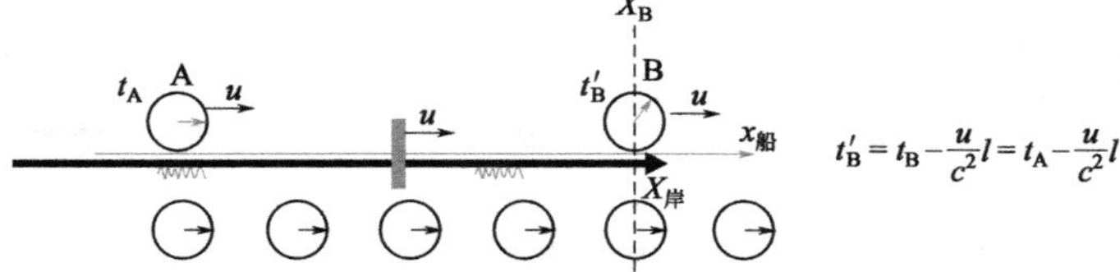

图 11-19　同一时刻相对性的具体依赖关系

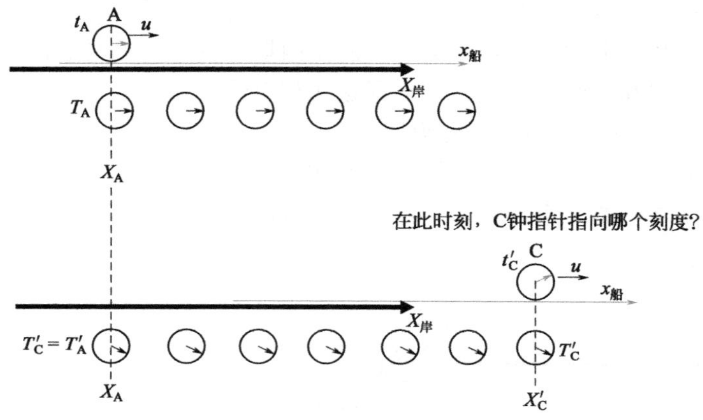

图 11-20　更一般情况下，运动钟刻度值的同步问题

第一步：把此问题分解成之前已经解决了的两个问题的组合，分解如图 11-21 所示。

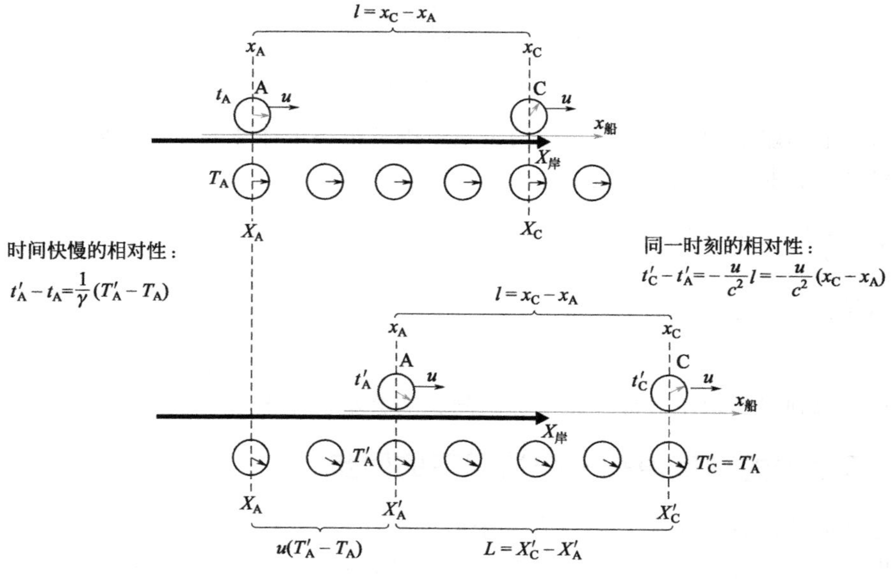

图 11-21　计算思路

在分解之后，我们就可以直接使用之前已经得到的时间流逝的快慢的相对性结论和同一时刻的相对性结论。

第二步：再利用之前已经得到的空间长度的相对性结论，可以得到如图 11-22 关于空间长度的计算。

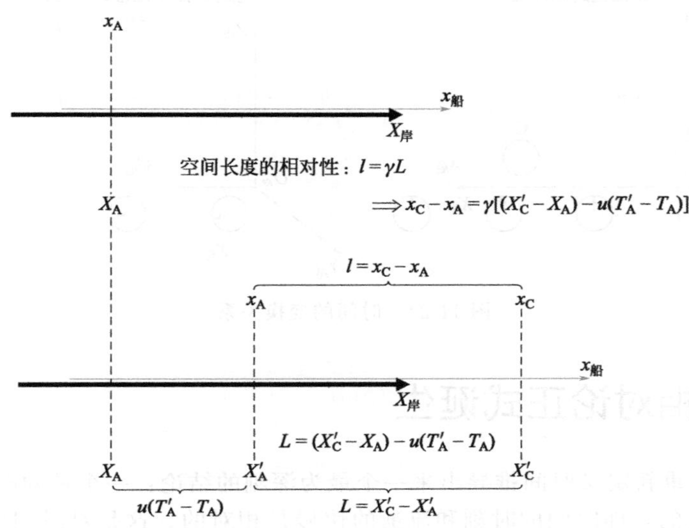

图 11-22　利用空间长度的相对性

第三步：将这三个结论综合起来就得到我们想要的答案，见图 11-23。

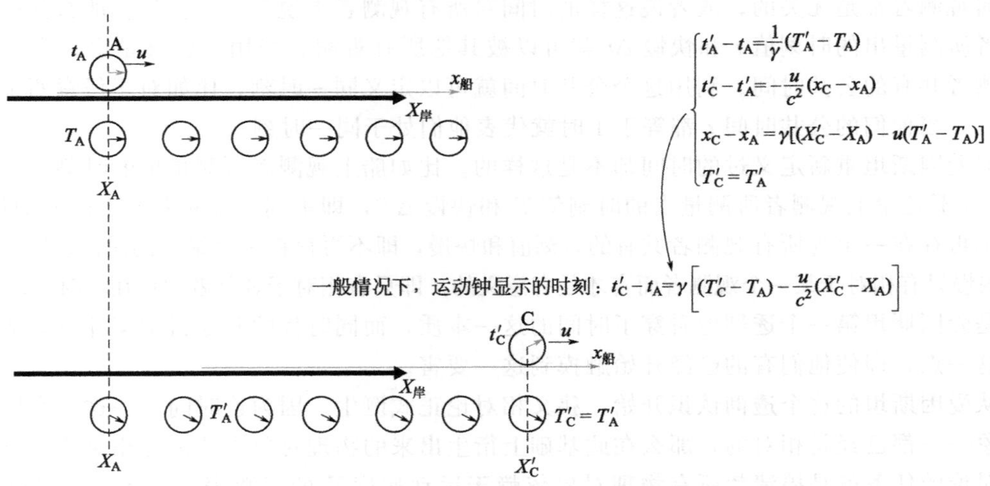

图 11-23　更一般情况下，运动钟显示的刻度值的同步

如果把初始时刻和初始位置的坐标都选为零，即选择 $t_A=0$，$T_A=0$，$X_A=0$，则答案可以简化如图 11-24 所示。

所以在岸上观测者看来：在任意时刻 T，任意位置 X 处运动钟的刻度值 t 可以用此公式计算得到。即运动钟的刻度值在一般情况下的同步问题已经有了答案。

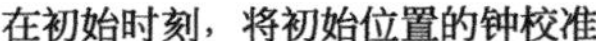

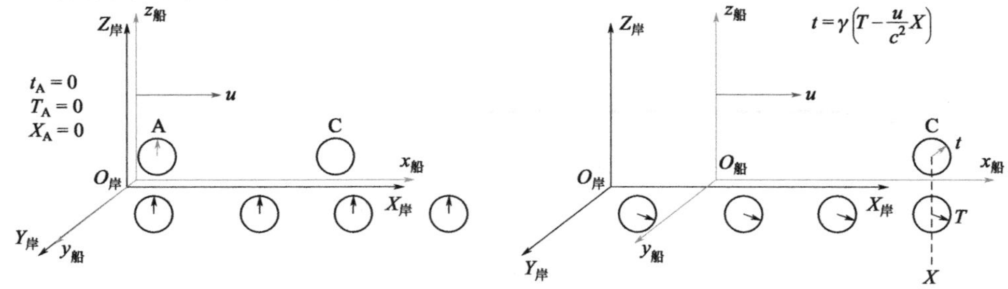

图 11-24　时间的变换关系

11.3　狭义相对论正式诞生

爱因斯坦通过重新定义时间推导出来一个最为深刻的结论：一个钟的时刻和快慢与钟的运动速度 $\vec{u}$ 是相关的，即时间的时刻和流逝的快慢是相对的。这是对时间的一种全新认识，而我们之前对时间的理解都是错误的。

在此之前，牛顿的绝对时间观主导着我们的认知。在第 3 章谈到过，所谓的绝对时间就是指能脱离物质而独立存在的时间。既然可以脱离任何物质而独立存在，那这样的时间当然与任何观测者都是无关的，或者说这样的时间对所有观测者来说都是一样的。那么其中一个观测者所测量出的时刻值 t 和快慢 Δt 就可以被其他所有观测者采用，也就是说存在一个所有观测者共有的公共时间。利用这个公共时间就可以定义同一时刻，比如对于任意两个观测者来说，当他们的公共时间 t 都等于 1 时就代表他们处于同一时刻。

但爱因斯坦重新定义过的时间却不是这样的。比如船上观测者所测量出的时刻值 t 和快慢 Δt 并不是岸上观测者所测量出的时刻值 T 和快慢 ΔT，即不同的观测者有不同的测量值。所以不再存在一个为所有观测者共有的时刻值和快慢，即不再存在一个绝对的时间。时间的时刻和快慢只有相对于某一个观测者而言才是有意义的，即只有相对于观测者而存在的时间。

是爱因斯坦第一个透彻地看穿了时间的这一本质，而同时代的其他科学家并没有清晰地表明这一点，即使他们有的已经开始触摸到这一要害。

从爱因斯坦的这个透彻认识开始，狭义相对论正式诞生。因为连时间——这个底层的物理对象——都已经是相对的，那么在此基础上衍生出来的物理对象当然也是相对的。所以狭义相对论的任务就是搞清楚所有物理对象依赖于运动速度 $\vec{u}$ 的函数表达式到底是什么。作为最底层的物理对象，一块钟的时刻值 t 和快慢 Δt 依赖于钟运动速度 $\vec{u}$ 的函数表达式已经得到，它们分别是：

$$\begin{cases} t=\gamma\left(T-\dfrac{u}{c^2}X\right) \\ \Delta t=\dfrac{1}{\gamma}\Delta T \end{cases}, \quad \gamma=\frac{1}{\sqrt{1-u^2/c^2}}$$

那么其它物理对象呢？和时间处于同一底层的物理对象就是空间，所以空间的相对性是什么呢？

11.3.1　空间长度和位置的相对性

前面已经推导出空间的长度也是相对的，比如一根细棒（图 11-25）的长度依赖于它运动速度 $\vec{u}$ 的函数表达式为：

$$L=\frac{1}{\gamma}l，\ \gamma=\frac{1}{\sqrt{1-u^2/c^2}}$$

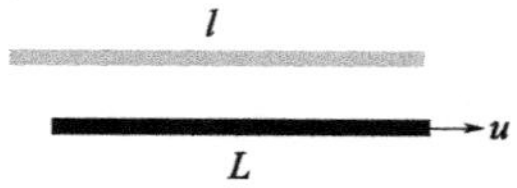

图 11-25　运动的细棒

空间长度的这个收缩正好就是洛伦兹当初引入的洛伦兹收缩。不过洛伦兹认为这种收缩是由于细棒内部结构的改变所导致的，但爱因斯坦却不是这样认为的，他有了更深刻、更本质的认识，即认识到了洛伦兹收缩到底是如何产生的。

由于同一时刻是相对的，这就导致一个结果：岸上观测者看见的细棒，实际上是船上观测者在不同时刻看见的细棒的片段的一种重新“组装”，如图 11-26 所示。这就意味着：岸上观测者看见的空间长度，实际上是船上不同时刻的空间重新“组装”出来的，即它是船上的空间和时间的“混合物”。正是这个用不同时刻的空间重新“组装”的过程导致了细棒长度的洛伦兹收缩。

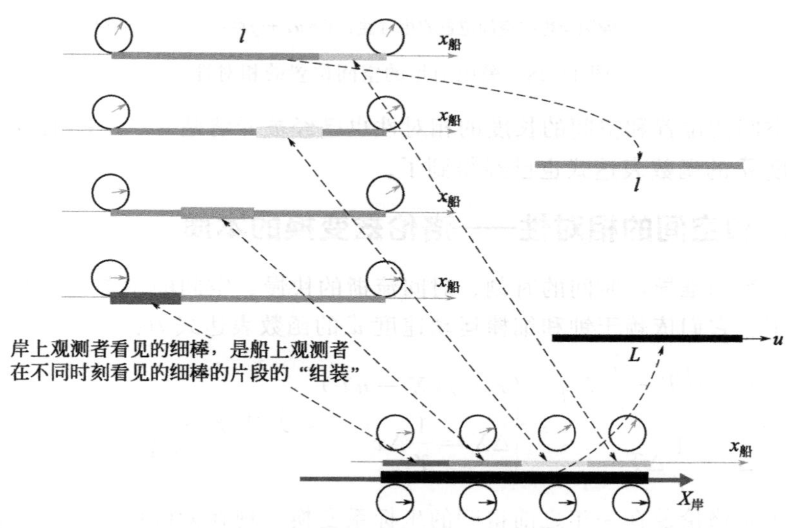

图 11-26　洛伦兹收缩产生的机制

所以洛伦兹收缩是一种完全由于时间和空间本身的性质所导致的现象，与细棒内部结构是否改变没有任何关系。这是爱因斯坦另外一个巨大的思想突破。

所以，同一时刻的相对性导致：一个观测者的空间和时间可以“混合”在一起，成为另外一个观测者的空间。这个“组装混合”过程又意味着另外一个之前从未意识到的结论，那就是：空间和时间实际上是一个整体，空间和时间只不过是这个整体的两个侧面而已，空间和时间是不能独立各自存在的。这个整体在三年之后被爱因斯坦大学时期的老师——闵可夫斯基称之为“时空（spacetime）”。

空间位置的相对性早在伽利略和牛顿的时代就已经被认识到了。在第 3 章谈到过，伽利略最早给出了空间位置的相对性，即空间的位置也是依赖于空间运动速度 $\vec{u}$ 的函数，如图 11-27 所示。

由于洛伦兹收缩的存在，这个空间位置的相对性需要被修改如图 11-28 所示。

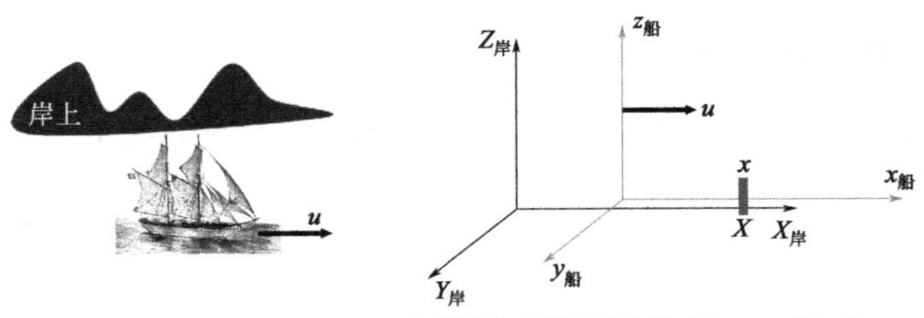

图 11-27　在牛顿力学中，空间位置的相对性

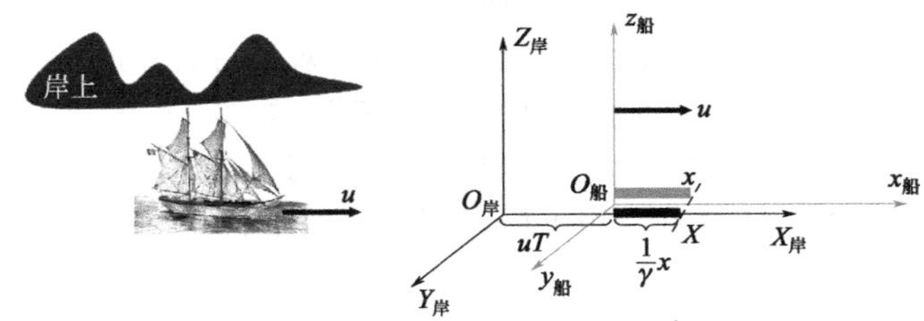

图 11-28　爱因斯坦的空间位置的相对性

就这样，空间的位置和空间的长度的相对性也已经被弄清楚了。空间的位置和长度依赖于细棒运动速度 $\vec{u}$ 的函数表达式也已经得到了。

11.3.2　时间和空间的相对性——洛伦兹变换的本质

经过以上一系列推导，时间的时刻、时间流逝的快慢、空间的位置、空间的长度的相对性都已经清楚了。它们依赖于钟和细棒运动速度 $\vec{u}$ 的函数表达式为：

$$\begin{cases} t=\gamma\left(T-\dfrac{u}{c^2}X\right) \\ \Delta t=\dfrac{1}{\gamma}\Delta T \end{cases},\quad \begin{cases} x=\gamma(X-uT) \\ \Delta X=\dfrac{1}{\gamma}\Delta x \end{cases},\ \text{其中}\ \gamma=\frac{1}{\sqrt{1-u^2/c^2}}$$

这组公式正是洛伦兹在一年之前得到的坐标系变换，现在爱因斯坦赋予了它全新的物理含义。这个全新的含义是如此之深刻以至于整个人类的世界观都因此被重新塑造。因为时间和空间（作为整个物理学最底层的根基，甚至是整个世界最底层的根基）的性质在爱因斯坦这里已经发生了根本性转变。这种认识是全新的，自从人类诞生以来从来没有被人想到过的。这个非凡成就让今天几乎每一个人都知道了爱因斯坦这个名字。

11.4　时空——理性主义的回归

从上面这些论述可以看到，爱因斯坦正是遵循了马赫的实证主义思想，对时间进行了重新定义，从而创立了狭义相对论。所以实证主义对狭义相对论的诞生起到了“接生”的作用。第 6 章谈到过，实证主义思想认为：只有能够通过实验操作测量出的物理对象才是真实存在的。比如爱因斯坦定义的同一时刻就满足这个条件，而牛顿的定义却不行。因为牛顿的时间可以脱离观测者而独立存在，可是如果没有观测者或相当的物体，我们又无法通过具体的实验操作去测量它。所以牛顿的时间不满足马赫的实证主义思想。但是在理性主义那里，牛顿的时间却被认为是真实存在的，它的真实性就像一根直线的真实性一样。因为我们可以通过理性清晰明白地把握到牛顿的时间，就像我们能够通过理性清晰明白地把握到直线一样。

随着狭义相对论的成功，实证主义思想对那个时代的物理学家产生了巨大的影响，比如海森堡也从实证主义出发，重新定义了位置和动量的概念，创立了量子力学的矩阵力学分支。另一方面，理性主义遭到了重大挫折，牛顿的绝对时间和绝对空间概念被推翻了。我们的理性曾经让我们觉得清晰无比的对象——牛顿的时间和空间——居然不是客观实际情况的那个样子；而爱因斯坦通过光同步所定义的时间才是符合客观情况的。实证主义在物理学探索过程中似乎已经压过理性主义。但是“好景不长”，就在短短三年之后，笛卡儿的理性主义又回归了。因为有一个新的物理对象出现了，它就是时空（spacetime）。

在第 6 章谈到过，即使全世界所有的人和物质全部消失之后，牛顿力学中的绝对时间和绝对空间仍然是存在的；而在实证主义看来，如果所有的人和物质都消失了，那也就根本无法用实验证明绝对时间和绝对空间是存在的。这种绝对性遭到了实证主义的批判。现在，时空也面临着相同的困境，因为时空也是绝对存在的，即所有物质都消失之后时空仍然存在着。如果你相信这个结论，笛卡儿的理性主义就回归了，就像你相信直线真的存在一样。牛顿的绝对时间和绝对空间概念被推翻了，但闵可夫斯基的绝对时空却又出现了。

在牛顿的时空观中，时间和空间是独立各自存在的，它们之间互不干扰，如图 11-29 所示。但在爱因斯坦的时空观中，时间和空间不再是独立存在的，而是相互依赖的，脱离了时间就无法确定空间，而时间也只有在空间位置的基础上才能确定。前面谈到过，岸上观测者看见的空间长度，实际上是船上观测者所采用的空间和时间的一种“混合物”。或者说，船上观测者所采用的空间和时间可以“组装混合”在一起，成为岸上观测者所采用的空间，如图 11-30 所示。

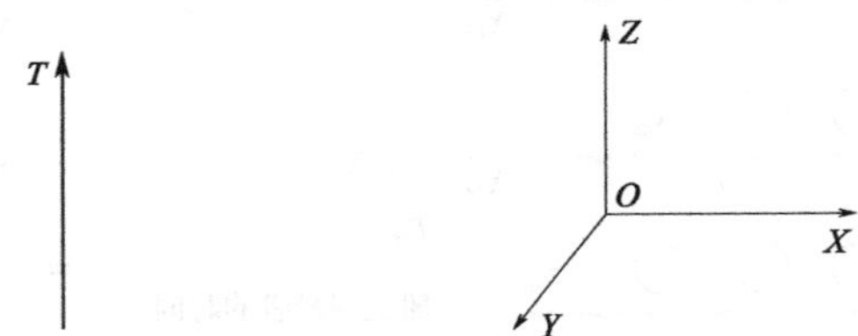
T
Z
O
X
Y
时间可以脱离空间而单独存在
空间也可以脱离时间而单独存在

图 11-29　牛顿的时空观

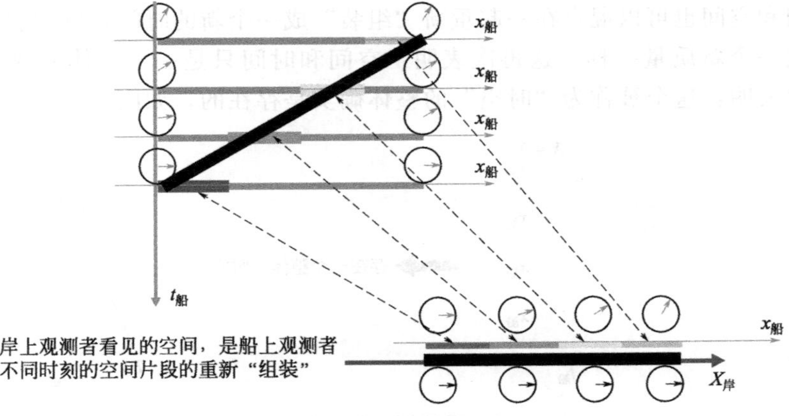
$x_船$
$x_船$
$x_船$
$x_船$
$t_船$
$x_船$
岸上观测者看见的空间，是船上观测者不同时刻的空间片段的重新“组装”
$X_岸$

图 11-30　爱因斯坦的空间观

既然空间和时间可以混合在一起重新“组装”成一个新的空间，那么这就意味着：空间和时间只是一个整体的两种“材料”而已。这个整体被称为时空，如图 11-31 所示。

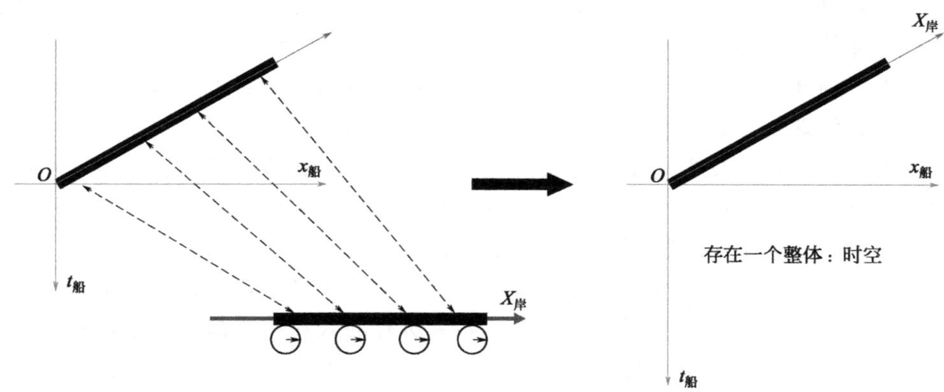

图 11-31　爱因斯坦的时空观（一）

不仅如此，岸上观测者所采用的时间也存在类似结论。岸上观测者所采用的时间，实际上是船上不同空间位置的时间的一种“组装”。或者说，船上观测者所采用的空间和时间的另外一种方式的“组装混合”成为岸上观测者所采用的时间，如图 11-32 所示。

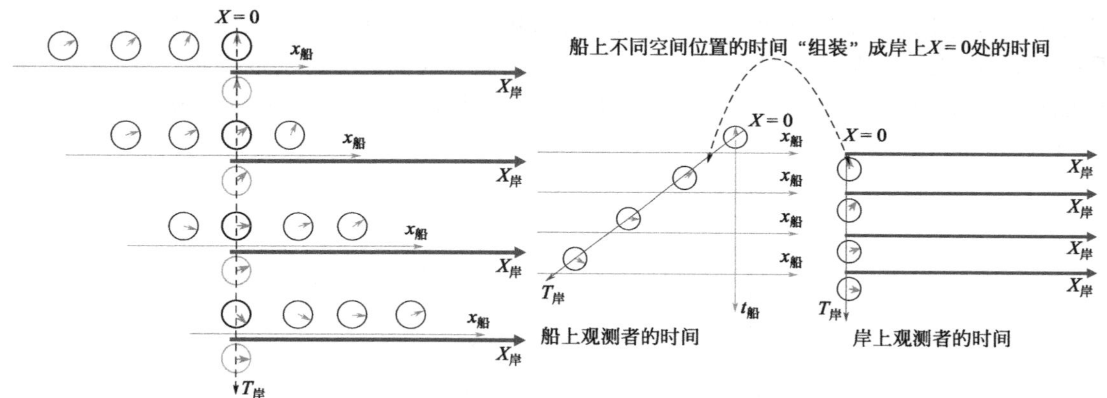

图 11-32　爱因斯坦的时间观

所以时间和空间也可以混合在一起重新“组装”成一个新的时间，就像静质量和动能可以“组装”成一个新质量一样。这再次表明：空间和时间只是一个整体的两种“材料”而已。这也再次表明：这个被称为“时空”的整体确实是存在的，如图 11-33 所示。

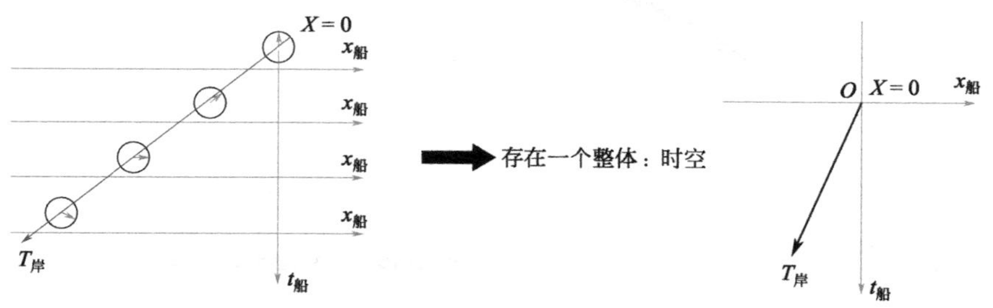

图 11-33　爱因斯坦的时空观（二）

总之，船上观测者所采用的空间和时间按照这两种方式重新“组装”出来的空间和时间就是岸上观测者所采用的空间和时间，如图 11-34 所示。

闵可夫斯基在 1908 年 9 月 21 日的演讲《时间和空间》❶ 中第一次清晰地表达了这个“混合”体——时空，并且还给出了时空的数学描述方式：首先把时间轴乘以光速 c 从而让时间轴具有长度单位，然后把时间轴和空间轴视为同一类对象从而将它们组合成一个整体（cT,X,Y,Z）和（ct,x,y,z）。这个整体就被称为闵可夫斯基时空，简称闵氏时空。是闵可夫斯基第一次将时空画成如图 11-35 所示的样子。

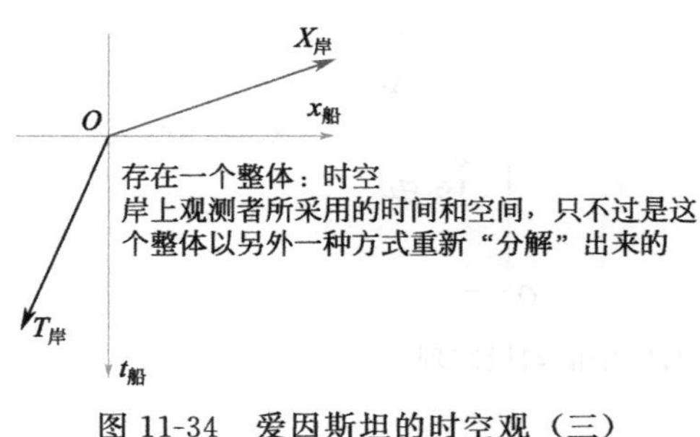

图 11-34　爱因斯坦的时空观（三）

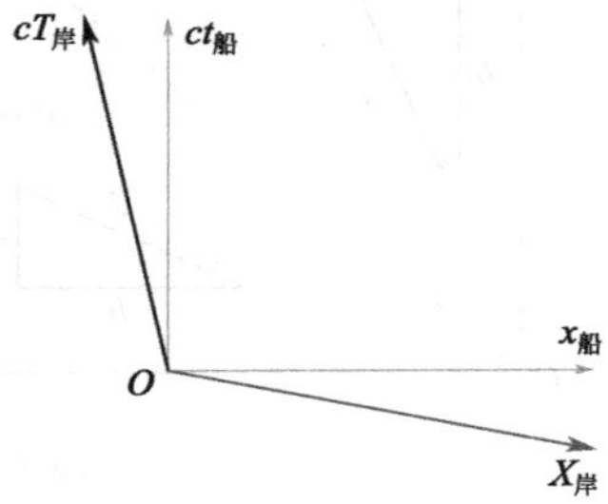

cT岸　ct船　x船　O　X岸

图 11-35　闵可夫斯基的时空观

11.5　闵可夫斯基时空

在第 3 章谈到过，笛卡儿将整个世界数学化为了欧式空间。时空的出现标志这种数学化进入了一个新阶段，即整个世界被数学化为闵氏时空。这种新的数学化过程按如下方式进行：首先将自然现象简化为事件，简化过程就是只保留该事件发生时的空间位置 x 和时刻 t。然后把事件再度简化为时空中的一个几何点（t,x），这个点被闵可夫斯基称为世界点（见图 11-36）。那么一个物体所经历过的所有事件在时空中就会形成一条曲线，这条曲线被闵可夫斯基称为世界线。

比如岸上一块静止的钟、船上一块静止的钟和一束光的世界线分别如图 11-37 所示。

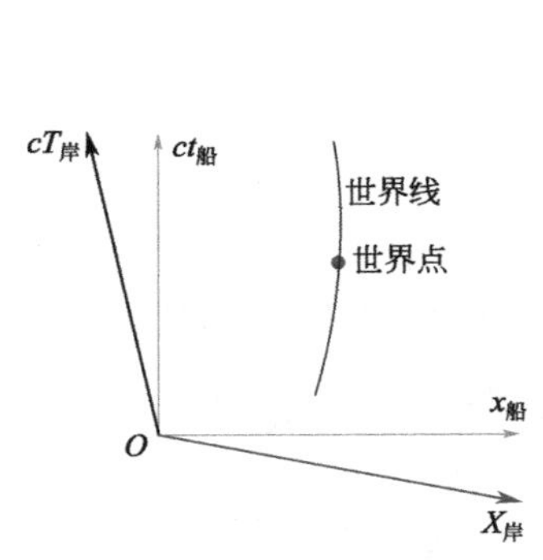

图 11-36　世界点和世界线

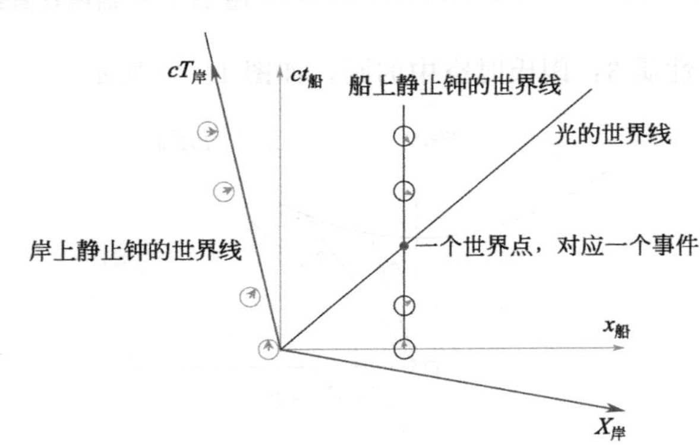

图 11-37　静止钟和一束光的世界线

有了世界线的概念之后，空间长度的概念就被扩充为时空长度或时空间隔，记为 Δs，它是后面经常被谈论到的对象。

---

❶ A. 爱因斯坦著，《相对论原理——狭义相对论和广义相对论经典论文集》，科学出版社，1980：61-76。该演讲中最著名的一句是：“孤立的空间和孤立的时间注定要消失成为影子，只有二者的某种统一体才能独立存在。”

11.5.1 闵氏时空的几何性质

闵氏时空的几何性质与欧氏空间的几何性质完全不同，比如以下这些几何性质会以另外一种方式展现出来。

性质 1：闵氏时空中的勾股定理，如图 11-38 所示。

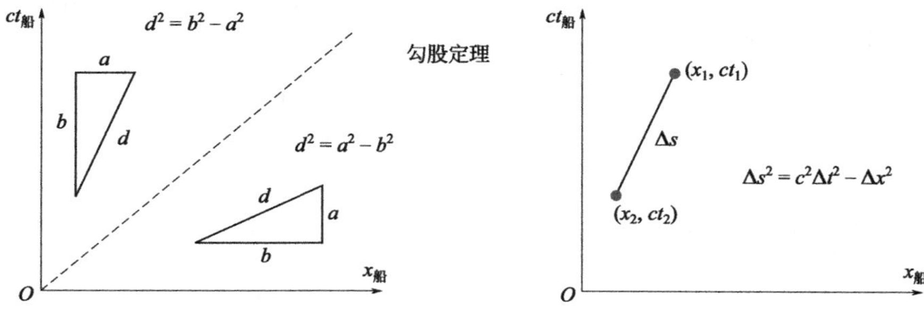

图 11-38 闵氏时空中的勾股定理

性质 2：曲线比直线短，如图 11-39 所示。

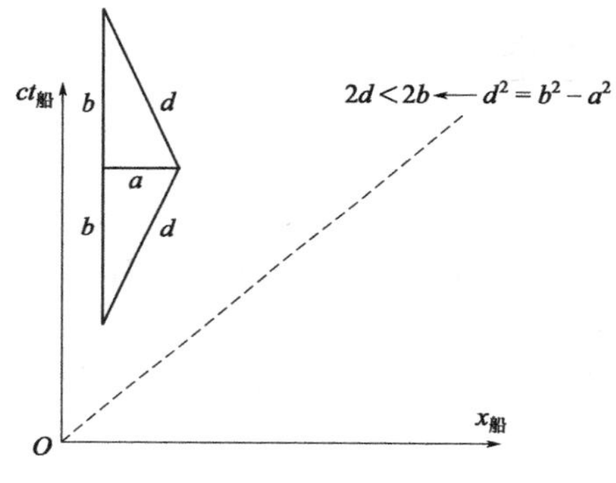

图 11-39 曲线比直线短

性质 3：闵氏时空中的圆，如图 11-40 所示。

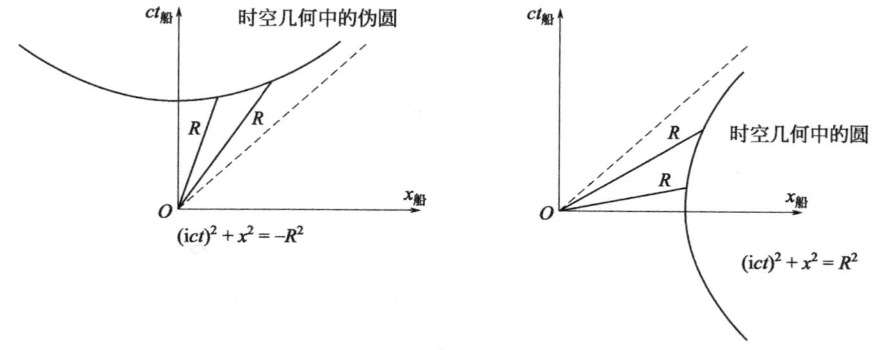

图 11-40 闵氏时空中的圆

性质 4：闵氏时空中的相互垂直（船上观测者的视角），如图 11-41 所示。

性质 5：坐标轴的旋转也会发生改变，如图 11-42 所示。

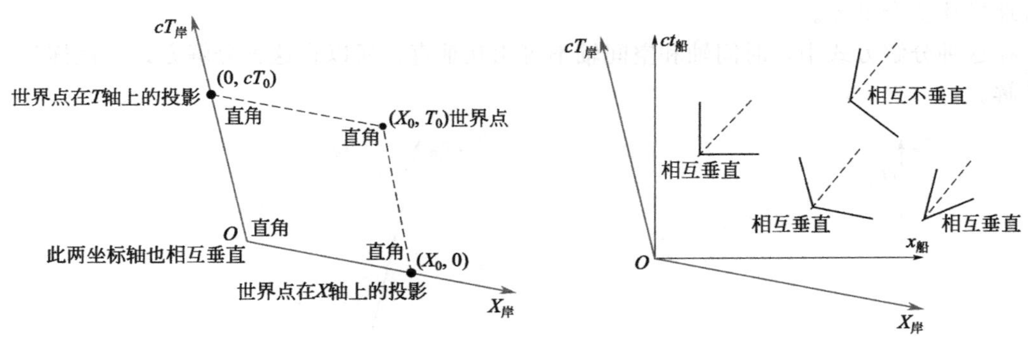

图 11-41　闵氏时空中的相互垂直

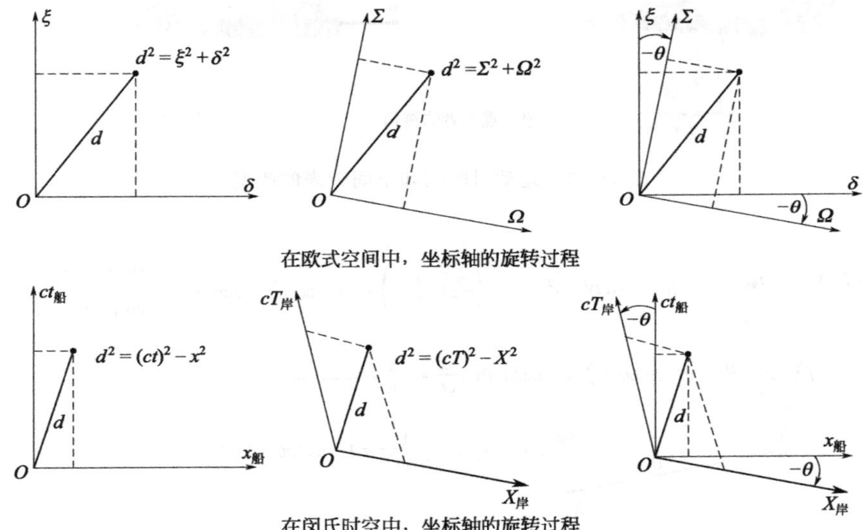

图 11-42　对比欧式空间、闵氏空间的坐标轴旋转

11.5.2　闵氏时空如何分解为观测者的时间+空间

上文性质 5 表明，在船上观测者看来，当岸运动起来之后，岸上观测者的时间＋空间只不过是坐标轴在时空中旋转了一个角度而已，如图 11-43 所示。

并且旋转角度与运动速度几乎成正比，计算过程见图 11-44。第 27 章将利用此结论推导出时空弯曲如何导致苹果自由下落。

反过来，在岸上观测者看来，当船运动起来之后，船上观测者的时间＋空间也只不过是坐标轴在时空中旋转了一个角度而已，如图 11-45 所示。

所以不管是船上观测者还是岸上观测者，他们各自测量到的时间和空间都属于同一个时空，不同之处在于：他们对时空进行了不同的分解，即采用时空中不同的直线来作为时间轴和空间轴。也就是说，虽然他们所采用的时间和空间是不一样的，但他们所采用的时空却仍然是一样的，不会随观测者改变而改变，即时间和空间是相对的，但时空是绝对的。

不过还可以采用其它分解方式，比如一个观测者采用岸上直尺来测量空间，但采用船上钟的刻度值来记录时间。他对时空的分解方式如图 11-46 所示，采用这样的时间和空间可以等价地描述整个世界。

在这种分解方式中，时间轴和空间轴不再相互垂直，所以在这种分解方式也被称为非正交分解。

$cT_{岸}$
$ct_{船}$
$x_{船}$
$X_{岸}$
O
岸上
$-\theta$
$-u$
船上观测者的视角

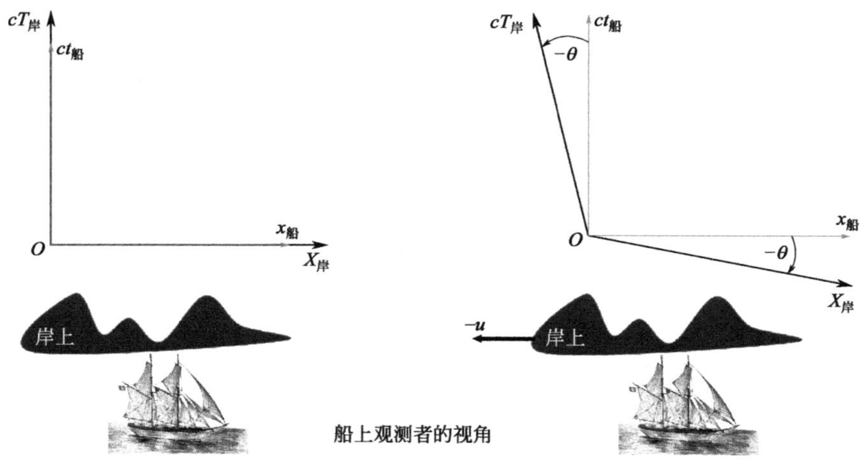

图 11-43　运动对时间和空间带来的改变

$cT_{岸}$
$ct_{船}$
$-x$
$-\theta$
cT
ct
O
$x_{船}$
$X_{岸}$
$(cT)^2=(ct)^2-x^2 \Longrightarrow 1=\left(\frac{ct}{cT}\right)^2-\left(\frac{x}{cT}\right)^2 \Longrightarrow 1=\cosh^2\theta-\sinh^2\theta \Longrightarrow \begin{cases}\sinh(-\theta)=\frac{-x}{cT}\\ \cosh(-\theta)=\frac{t}{T}\end{cases}$
$\theta\approx\tanh\theta=\frac{u}{c} \Longleftarrow \tanh(-\theta)=\frac{-x}{ct}=-\frac{u}{c}$
$\cosh\theta=\gamma \Longleftarrow \frac{1}{\cosh^2\theta}=1-\tanh^2\theta=1-\frac{u^2}{c^2}$

图 11-44　旋转角度与运动速度关系计算

$cT_{岸}$
$ct_{船}$
$x_{船}$
$X_{岸}$
O
θ
$\theta\approx\tanh\theta=\frac{u}{c}$
岸上
岸上观测者的视角
u

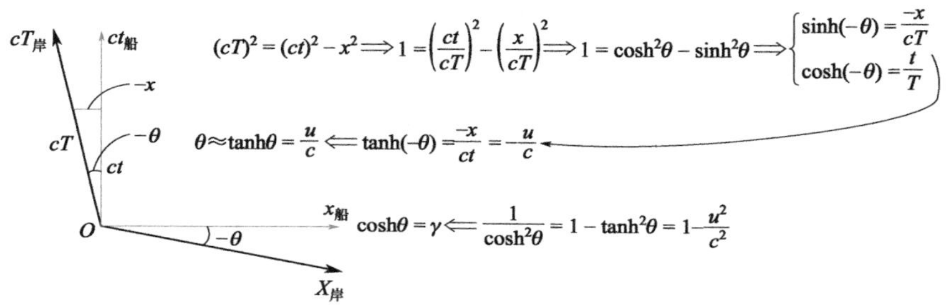

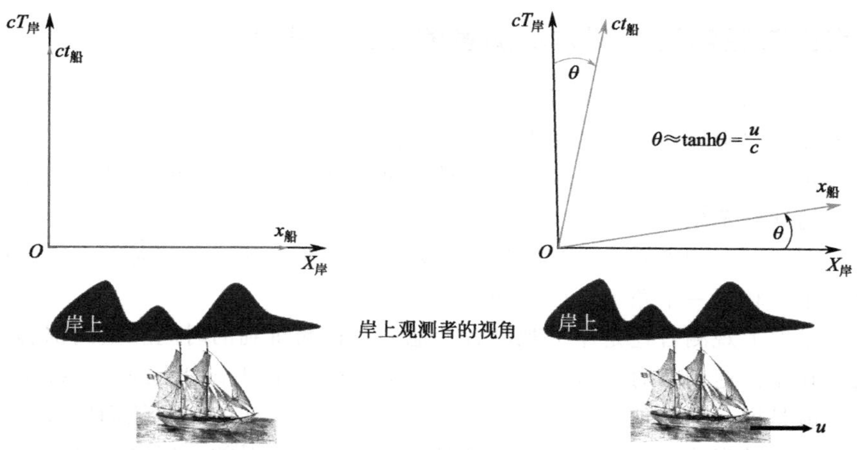

图 11-45　运动对时间和空间带来的改变

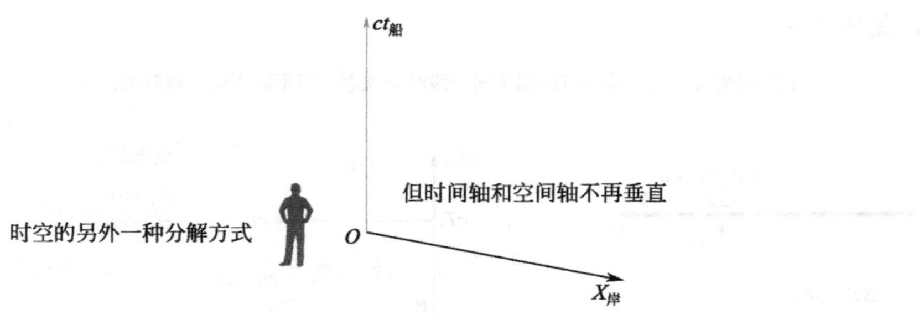

图 11-46　其它时空分解方式

11.6　时空是真实物理对象，还仅仅是数学工具？理性主义的再次胜利

根据实证主义的思想：只有能够通过实验操作测量出的物理对象才是真实存在的。由于通过实验操作只能分别测量出时间和空间，我们无法找到一种操作方法把时空这个对象测量出来，所以在实证主义看来，时空不具有可测性，就像牛顿当年的绝对空间和绝对时间不具有可测性一样。如果像马赫对绝对空间的批判一样，那么时空也不是一个真实存在的物理对象，它也只不过是一个形而上学的先验概念，就像牛顿的绝对空间和绝对时间一样。

深受马赫实证主义思想影响的爱因斯坦在刚开始的时候，也不接受闵可夫斯基的这个时空对象。但时空对象却可以让相对论中的各种结论以一种最简单和最容易的方式被理性所把握到。在第 2 章谈到过，这种特点正好符合笛卡儿的理性主义思想，即只要能够通过理性把握出的最简单和最容易概念就是真实存在对象的思想。

的确也是如此，时空可以让相对论以更加简单直观的方式呈现出来，比如下面 3 个结论就可以直接根据时空的几何性质计算出来。

① 利用时空几何性质得到同一时刻的相对性，见图 11-47。

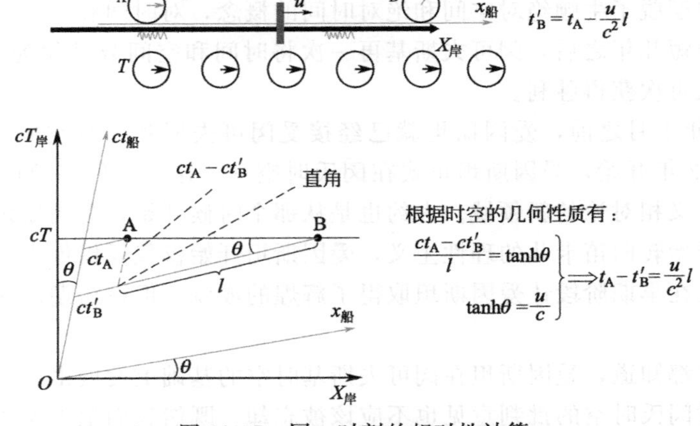

图 11-47　同一时刻的相对性计算

② 利用时空几何性质得到时间流逝快慢的相对性，这个相对性让一段时间分离成了两种含义：一段时间间隔和一段时间流逝。间隔是绝对的，但快慢是相对的。由于间隔等于流逝快慢乘以流逝量，流逝量也是相对的。在流逝量相等的情况下，间隔长度就代表流逝快

慢，见图 11-48。

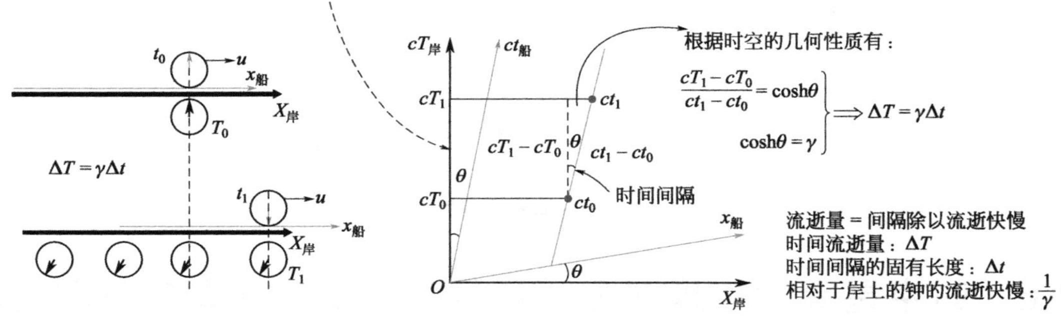

图 11-48 时间流逝快慢的相对性计算

③ 利用时空几何性质得到空间长度的相对性，见图 11-49。

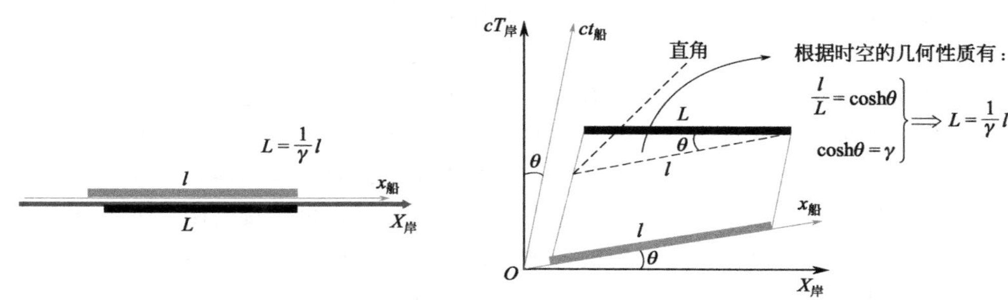

图 11-49 空间长度的相对性计算

仅仅利用闵氏时空的几何性质，我们就足以用最简单和最清晰的方式展示出与时间和空间的相对性有关的结论，因此按照笛卡儿的理性主义思想，具有这样优点的闵氏时空当然就是一个真实存在的物理对象。就像笛卡儿当年将亚里士多德的空间几何化为欧式空间之后，认为欧式空间就是一个真实存在的物理对象一样。

尽管爱因斯坦摆脱了牛顿绝对空间和绝对时间的概念，对时间和空间取得了最为深刻的新认识，但就在短短几年之后，闵可夫斯基再一次将时间和空间数学化为一个几何对象了，笛卡儿的理性主义再次获得胜利。

最晚在 1911 年 1 月之前，爱因斯坦就已经接受闵可夫斯基的时空概念了[1]。并且不久之后，大约从 1912 年开始，爱因斯坦正式在闵氏时空——这个几何对象的基础上继续探索前进，最终到达广义相对论的新领域。大约也是从那个时候开始，爱因斯坦慢慢抛弃马赫的实证主义思想，开始转向笛卡儿的理性主义，爱因斯坦开始仅仅凭借他大脑的理性来思考工作。这种工作方式在早期阶段让爱因斯坦取得了辉煌的成就，但在后期却让爱因斯坦陷入巨大的泥塘。

尽管今天大家都知道，爱因斯坦在闵可夫斯基时空的基础上发展出了弯曲时空，成就非凡，但实证主义对闵氏时空的批判意见也不应该被忘却。既然我们根本无法通过有限的实验步骤测量出时空这个对象来，那它还是一个真实存在的对象吗，或许也仅仅只是一个形而上学的先验概念呢？这个问题只能留待后人来解答。

---

[1] 《爱因斯坦全集：第三卷》，湖南科技出版社，2009：345。

第12章 狭义相对论对牛顿力学的重建

12.1 两套测量值

在第 11 章，爱因斯坦已经得到：时间的时刻、时间流逝的快慢、空间的位置、空间的长度都是相对的，即它们的取值都依赖于物体相对于观测者的运动速度 $\vec{u}$。比如时间的快慢和空间的长度依赖于速度 $\vec{u}$ 的关系如图 12-1 所示。

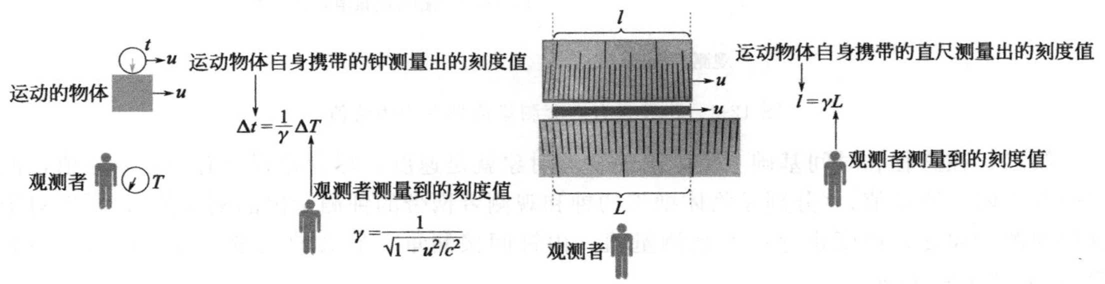

图 12-1　时间的快慢和空间的长度是相对的

假设观测者是静止的，那么观测者所携带的钟和直尺都是静止的，所以这块钟和这把直尺的一个刻度所代表的时间流逝和空间长度是固定不变的。将这位观测者利用这块钟和这把直尺测量出的刻度值分别记为 T 和 L。但是固定在运动物体上的钟和直尺会随着物体一起运动。根据第 11 章得到的相对性结论，随物体运动的这块钟走得更慢，即一个刻度所代表的时间间隔会占用更多的时间流逝，所以对于同一运动过程，利用物体自身携带的这块钟测量出的刻度值 t 就会变小。同样，随物体运动的这把直尺也会发生收缩，即这把直尺一个刻度所代表的空间长度变短了，所以利用细棒自身携带的这把直尺测量出的刻度值 l 就会变大。

那么现在就有两套测量设备，并且它们测量出的刻度值不再是相等（在牛顿力学中，这两套测量设备测量出的刻度值是完全相同的）。这样一来就存在一个问题，即：对于同一个物理现象的描述，这位观测者到底应该采用哪一套测量设备的刻度值读数呢？到底应该采用该观测者所携带设备测量出的刻度值呢，还是采用被描述的物体对象所携带设备测量出的刻度值呢？这是一个令人困惑的问题。在刚开始的时候，它给我们在认识上造成了极大的混乱。之后经过多年的不断深入认识，人们才开始形成一个答案：这两套测量设备都是可以的，只不过这两套设备测量出的刻度值代表不同含义。

这样一来，整个物理学都需要被重建。因为质量、力、动量、能量等概念都是与时间和空间相关的，既然时间和空间有两套测量值，那么这些概念对象就有可能也具有两套测量值。所以，接下来的任务就是像马赫和庞加莱那样，从实证主义思想出发，把牛顿力学中每个物理对象都检查一遍，看看它们是否也存在两套不同的测量值，并且搞清楚两套测量值之间的关系。这个检查过程就是对牛顿力学重建的过程。

12.2 到底哪些物理对象具有两套测量值?

首先，在牛顿力学中，在时间和空间基础上衍生出的第一个物理对象就是路程或者位移。尽管路程也会存在两套测量值，但物体所携带直尺测量出的刻度值没有使用价值，因为它的刻度值总是等于零。所以对于一个运动物体产生的路程，这位观测者实际上只有一套测量值可以使用，那就是观测者自身携带的直尺测量出的刻度值（见图 12-2）。

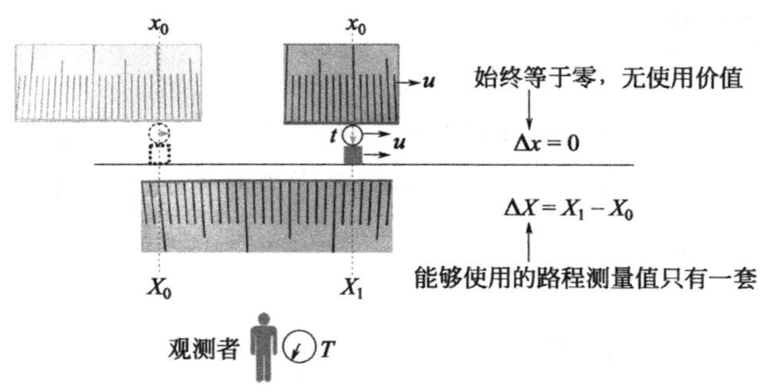

图 12-2　路程只有一套测量值具有使用价值

第二，在路程和时间基础上衍生出的物理对象就是速度。尽管路程只有一套测量值，但时间却有两套测量值，(分别是物体携带的钟和观测者携带的钟测量出的刻度值)，所以对于这位观测者而言，速度也存在两套测量值（由钟间接测量，后文的动量、力等也为间接测量），如图 12-3 所示。

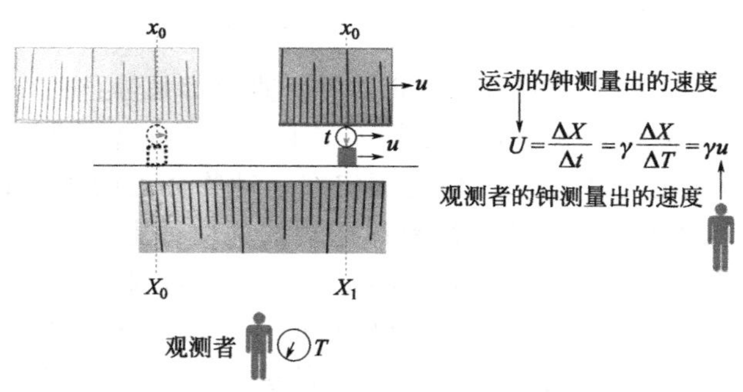

图 12-3　速度具有两套测量值

这两套测量值所采用的路程都是观测者所携带直尺测量出的刻度值，所以速度 U 是一个混合体，它是同时采用物体携带的钟和观测者携带的直尺测量出来的。这是整个问题最微妙之处，也是刚开始在认识上造成了极大混乱的关键之处。速度 u 都是采用观测者携带的钟和直尺测量出的值，而旧牛顿力学正是采用这种方式测量速度的。

第三，在速度基础上衍生出的物理对象就是动量。第 5 章谈到过，动量就是指一个物体运动的多少。如果采用物体所携带直尺来测量的话，物体始终都是静止的，即测量出的动量始终等于零，那么这个测量值也不具有使用价值。所以对于一个运动物体的动量，观测者也只有一套测量值可以使用。

第四，质量存在两套测量值。因为根据牛顿对动量的定义（一个物体的动量等于质量乘以速度），尽管动量只有一套测量值，但速度却存在两套测量值，这就意味着对于这位观测者而言，一个物体的质量也存在着两套测量值，如图 12-4 所示。它们分别是该物体所携带的钟和观测者所携带的钟测量出的。该物体所携带的钟测量出的质量记为 M；观测者所携带的钟测量出的质量记为 m。

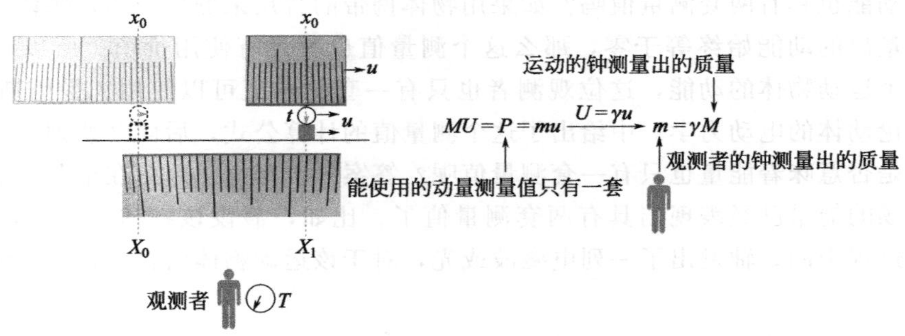

图 12-4　动量只有一套测量值，质量具有两套测量值

物体相对于该物体所携带的钟来说是静止的，而对于观测者所携带的钟来说是运动的。这就意味着：一个物体静止时候的质量，在该物体运动起来之后将会变大。所以对于这位观测者来说，一个物体的质量是其运动速度 $\vec{u}$ 的函数，即质量也是相对的。

$$m=m(u)=\gamma M$$

第 10 章谈到过，洛伦兹等人之前已经得到质量是相对的结论，但他们仍然认为这只是电磁学独有的现象，是只有带电物体才具有的现象。是爱因斯坦最先将这个结论推广到所有物体的，即使它们不带电。

第五，在动量基础上衍生出的物理对象就是力。尽管动量只有一套测量值，但时间却有两套测量值，那么根据牛顿第二定律，力也存在两套测量值。它们分别是物体携带的钟和观测者携带的钟测量出的，如图 12-5 所示。运动物体携带的钟测量出的力记为 f。它也是一个混合体，即 f 是同时采用物体携带的钟和观测者携带的直尺测量出来的。观测者携带的钟测量出的力记为 F。但要注意：F 并不等于牛顿所定义的力，后面会讨论这一点。

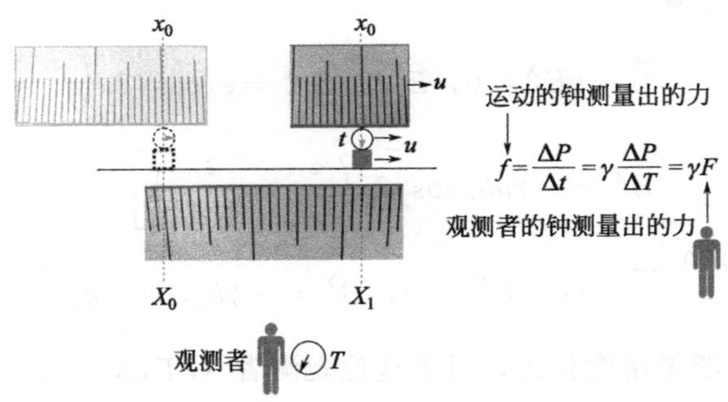

图 12-5　力也具有两套测量值

第六，这样一来，牛顿力学只剩下一个重要概念需要审查了，那就是能量。能量也具有两套测量值么？这个问题并没有这么简单。在第 10、11 章中，我们看到电磁场的能量已经展现出一些之前从未出现过的性质。当然，这些新性质也不是来自电磁学自身，而同样是来自更底层的时间和空间的性质。洛伦兹等人同样没有意识到这一点，是爱因斯坦首先洞察出了这一切。

12.3 能量也具有两套测量值吗?

首先，动能也具有两套测量值吗？如果用物体携带的直尺来测量的话，物体始终都是静止的，即测量出的动能始终等于零，那么这个测量值也不具有使用价值。所以就像动量一样，对于一个运动物体的动能，这位观测者也只有一套测量值可以使用。爱因斯坦在 1905 年的论文《论动体的电动力学》中给出了这个测量值的计算公式，后面会谈到这一点。

那么这是否意味着能量也只有一套测量值呢？答案是否定的。因为在很久之前的研究成果中，电磁场的能量已经表现出具有两套测量值了。比如，假设该物体 (ct,x,y,z) 在 x 轴方向运动过程中向 z 轴发出了一列电磁波或光，对于该运动物体而言，这列光的电场和磁场分别为：

$$\begin{cases}\vec{e}=(e^x,\ 0,\ 0),\ e^x=e_0\cos\left[2\pi\left(\dfrac{z}{\lambda_{eb}}-\dfrac{t}{t_{eb}^{period}}\right)\right]\\ \vec{b}=(0,\ b^y,\ 0),\ b^y=-b_0\cos\left[2\pi\left(\dfrac{z}{\lambda_{eb}}-\dfrac{t}{t_{eb}^{period}}\right)\right]\end{cases},\ e_0=cb_0$$

根据电磁场的能量密度公式，对于该运动物体 (ct,x,y,z) 来说，这束光的能量密度为：

$$\varepsilon_{eb}=\frac{1}{\kappa}e_0^2\cos^2\left[2\pi\left(\frac{z}{\lambda_{eb}}-\frac{t}{t_{eb}^{period}}\right)\right]$$

考虑一块非常小的方形空间体积 v，那么在某一个时刻，这束光的能量在这块非常小的空间体积内可近似为均匀分布的，从而这束光在这块非常小体积内的总能量就为：

$$e_{energy}=\varepsilon_{eb}v=\frac{1}{\kappa}ve_0^2\cos^2\left[2\pi\left(\frac{z}{\lambda_{eb}}-\frac{t}{t_{eb}^{period}}\right)\right]$$

对于这位观测者 (cT,X,Y,Z) 来说，该物体发出的这束光又是怎么传播呢？根据第 10 章谈到过的电磁场在 (cT,X,Y,Z) 与 (ct,x,y,z) 之间的变换关系，我们可以计算出该问题的答案，如下所示[1]。

$$\begin{cases}\vec{E}=(E^X,\ 0,\ E^Z),\ E^X=e_0\cos\left[2\pi\left(\dfrac{z}{\lambda_{eb}}-\dfrac{t}{t_{eb}^{period}}\right)\right],\\ E^Z=-\gamma ub_0\cos\left[2\pi\left(\dfrac{z}{\lambda_{eb}}-\dfrac{t}{t_{eb}^{period}}\right)\right]\\ \vec{B}=(0,\ B^Y,\ 0),\ B^Y=-\gamma b_0\cos\left[2\pi\left(\dfrac{z}{\lambda_{eb}}-\dfrac{t}{t_{eb}^{period}}\right)\right]\end{cases}$$

同样根据电磁场的能量密度公式，对于这位观测者 (cT,X,Y,Z) 来说，这束光的能量

[1] 第 10 章谈到过的电磁场变换关系的逆变换为：

$$\begin{cases}\vec{E}_\perp=\gamma(\vec{e}-\vec{u}\times\vec{b})_\perp, & \vec{E}_\parallel=(\vec{e}-\vec{u}\times\vec{b})_\parallel\\ \vec{B}_\perp=\gamma(\vec{b}+\dfrac{1}{c^2}\vec{u}\times\vec{e})_\perp, & \vec{B}_\parallel=(\vec{b}+\dfrac{1}{c^2}\vec{u}\times\vec{e})_\parallel\end{cases}\Rightarrow\begin{cases}\vec{E}_\perp=\gamma(-\vec{u}\times\vec{b})_\perp, & E_\parallel=\vec{e}\\ \vec{B}_\perp=\gamma\vec{b}, & \vec{B}_\parallel=0\end{cases}$$

密度为❶：

$$\varepsilon_{\mathrm{EB}}=\frac{1}{\kappa}\gamma^2 e_0^2\cos^2\left[2\pi\left(\frac{z}{\lambda_{\mathrm{eb}}}-\frac{t}{t_{\mathrm{eb}}^{\mathrm{period}}}\right)\right]$$

同样也要考虑刚刚使用过的那块非常小的方形空间。不过对于观测者（cT,X,Y,Z）来说，这块方形区域的体积 v 由于洛伦兹收缩变为：

$$V=\frac{1}{\gamma}v$$

这样一来，对于这位观测者（cT,X,Y,Z）来说，这束光在该块非常小的方形区域内的总能量就为❷：

$$E_{\mathrm{energy}}=\gamma e_{\mathrm{energy}}$$

所以，对于该物体发出的同一束光，它的能量也具有两套测量值。该物体携带的钟测量出的能量记为 e_{energy}；这位观测者（cT,X,Y,Z）携带的钟测量出的能量记为 E_{energy}，如图 12-6 所示。

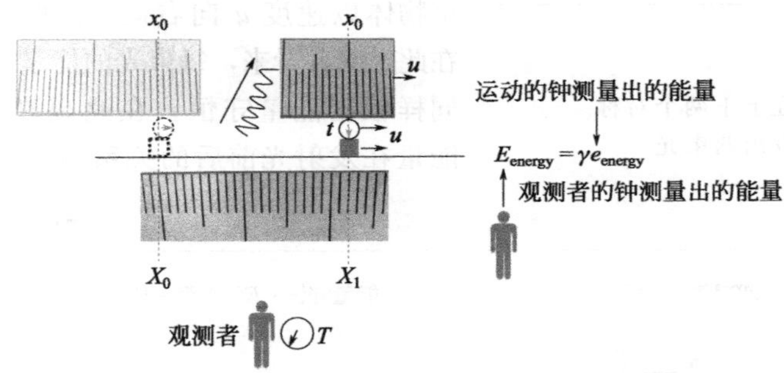

图 12-6 光的能量也具有两套测量值

其实利用爱因斯坦在同一年提出的光子假说也可以推导出光的能量具有两套测量值的结论。根据光子假说，光子的能量与光的频率是成正比的，而频率是周期的倒数，周期就是时间，由于时间具有两套测量值，那么周期也就具有两套测量值，从而光的频率也就具有两套测量值，所以光子的能量也就具有两套测量值。

既然对于光，其能量具有两套测量值，那么对于其它物体，能量是否也具有两套测量值呢？这是爱因斯坦下一步着重思考的问题。因为根据能量守恒，光的能量具有两套测量值必定意味着其它物体的能量也应该具有两套测量值。经过 3 个月的思索，爱因斯坦就将思考结果发表在另外一篇重要论文中，它就是《物体的惯性是否与它的能量有关》。在此论文中，爱因斯坦首次正式提出质能关系。从而揭开了一个无比重要的结论：所有物体的能量都具有两套测量值。

---

❶ 主要计算过程：

$$\varepsilon=\frac{1}{2}\left(\frac{1}{\kappa}E^2+\frac{1}{\mu}B^2\right)=\frac{1}{\kappa}\gamma^2 e_0^2\Leftarrow\begin{cases}E^2=e_0^2+\gamma^2u^2b_0^2=e_0^2+\gamma^2\dfrac{u^2}{c^2}e_0^2=\gamma^2e_0^2\Leftarrow E^X=e_0,\ E^Z=-\gamma ub_0\\ B^2=\gamma^2\dfrac{e_0^2}{c^2}\Leftarrow B^Y=-\gamma b_0=-\gamma\dfrac{e_0}{c}\end{cases}$$

❷ 计算过程：

$$E_{\mathrm{energy}}=\varepsilon_{\mathrm{EB}}V=\frac{1}{\kappa}V\gamma^2e_0^2\cos^2\left[2\pi\left(\frac{z}{\lambda_{\mathrm{eb}}}-\frac{t}{t_{\mathrm{eb}}^{\mathrm{period}}}\right)\right]=\frac{1}{\kappa}v\gamma e_0^2\cos^2\left[2\pi\left(\frac{z}{\lambda_{\mathrm{eb}}}-\frac{t}{t_{\mathrm{eb}}^{\mathrm{period}}}\right)\right]=\gamma e_{\mathrm{energy}}$$

12.4 能量也具有惯性吗？

根据能量守恒，利用光的能量具有两套测量值，爱因斯坦推导出了一般物体的能量也具有两套测量值。这是一个前所未有的结论，这个结论也是大家最熟悉的一个与相对论有关的结论，那就是 $E=mc^2$，即能量也具有惯性。后面章节将会谈到，这个结论让爱因斯坦能够继续向一条更深远的道路摸索前进，最终到达广义相对论。下面就按照爱因斯坦的思路来推导此结论。

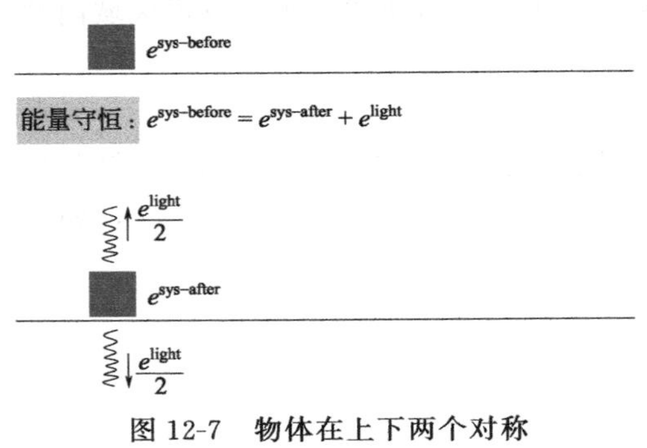

图 12-7　物体在上下两个对称方向同时发出两束光

如图 12-7 所示，考察一个物体，该物体在两个对称方向同时发出两束能量相等的光，假设每束光的能量是 $e^{light}/2$。根据能量守恒，该物体的总能量在发射光前后的关系见图 12-7。

假设有一个观测者沿 x 轴负方向以速度 u 向左运动，如图 12-8 左边所示。那么在此观测者看来，该物体以速度 u 向右运动。根据刚刚得出的结论，在此观测者看来，每束光的能量是 $E^{light}/2=\gamma e^{light}/2$。同样根据能量守恒，在此观测者看来，该物体的能量在发射光前后的关系如图 12-8 右边所示。

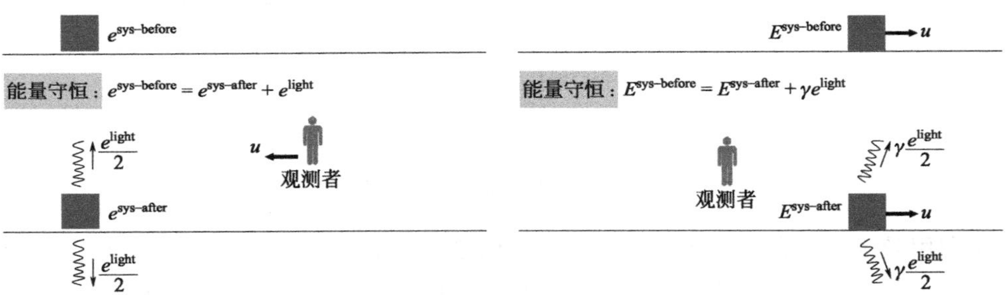

图 12-8　观测者看到的发射情况

前面已经讨论过，对于运动物体的动能，这位观测者只有一套测量值可以使用，那么动能就定义为物体运动之后的总能量减去运动之前的总能量。所以该物体的动能在发射光前后分别如图 12-9 所示。

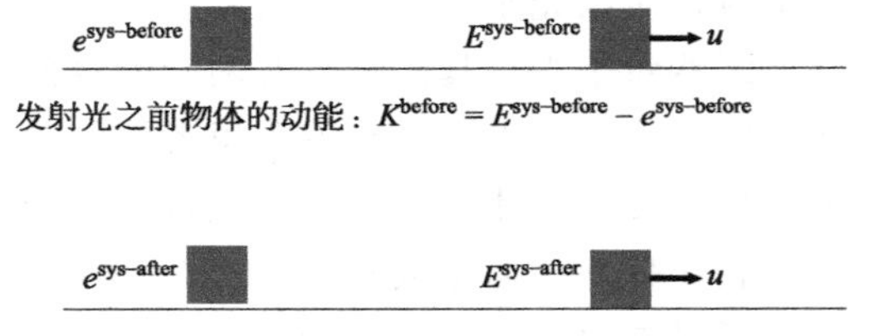

图 12-9　该物体在发生光前后的动能

根据这些结论，爱因斯坦发现该物体的动能在发射光波之后减少量 ΔK 有：

$$\Delta K=K^{before}-K^{after}=E^{sys\text{-}before}-E^{sys\text{-}after}-(e^{sys\text{-}before}-e^{sys\text{-}after})=(\gamma-1)e^{light}\approx\frac{1}{2}\frac{e^{light}}{c^2}u^2$$

这个结论意味着什么呢？该物体在发射光波前后的运动速度并没有改变，运动速度都是 u，但是动能却减少了。根据牛顿力学中动能的计算公式 $K=\frac{1}{2}Mu^2$ 可知：如果运动速度 u 不变，动能却在减少，那么只有一种可能性，那就是该物体的质量减少了，即出现了以下结果：

$$\Delta K=\frac{1}{2}\Delta Mu^2$$

其中，ΔM 表示物体减少的质量。对比之后可以发现，该物体在发射光波之后减少的质量正好有：

$$\Delta M = \frac{e^{\text{light}}}{c^2}$$

那么这些减少的质量跑哪里去了呢？爱因斯坦提出另外一个大胆的结论：光也具有质量，并且光的质量正好等于光的能量除以光速的平方。所以当物体发射光之后，光带就走了一部分质量，那么物体自身的质量当然就减少了。

第 9 章就已经谈到过，“光的能量也具有质量，并且光的质量正好等于其能量除以光速平方”的结论其实在很久之前就已经被得到了，所以这不算是新发现。但爱因斯坦在论文《物体的惯性是否与它的能量有关》结尾时将此结论推广到了一般物体，这是之前没有任何人想到过的。爱因斯坦在论文结尾时这样写道：

“物体以发射光的方式释放出一部分能量 e，那么该物体的质量就要减少 $\frac{e}{c^2}$。但是这个结论与物体到底是不是以发光的方式释放出能量是无关的，所以我们可以得出更一般的结论：不管物体以什么方式释放出一部分能量 e，该物体的质量都要减少 $\frac{e}{c^2}$，即一个物体所能包含的能量由它的质量来度量。”

所以，当物体释放一部分能量，其自身的质量就相应减少。如果这个释放过程一直持续下去，直到该物体的质量减少到零，那么该物体释放能量的过程也就结束了。这个释放过程就表明一个物体所能够蕴含的最大能量等于该物体质量乘以光速平方。这个爱因斯坦提出的重要而新奇的结论，就是今天大家非常熟悉的质能关系：

$$E = mc^2$$

不过，这段话的原意应该是：一个物体所能蕴含的最大能量可以采用该物体的质量来度量，而度量结果就是 mc^2。如果可以将物体能够蕴含的这个最大能量称为物体自身的能量，那么这个公式就是表示大家所熟悉的：“一个物体的能量等于它的质量乘以光速的平方”。

现在还需要搞清楚另外一个重要问题：既然物体的质量具有两套测量值，或者说当一个物体运动起来之后，它的质量会增加，那么这些增加的质量来自哪里呢？现在我们的回答可以是：增加的质量来自物体由于运动具有的动能 K 所对应的质量，即有：

$$m = M + \frac{K}{c^2}$$

所以动能的计算公式 $K = \frac{1}{2}Mu^2$ 需要修改为：

$$K = mc^2 - Mc^2$$

有了这些结论，我们就可以推导出另外一个重要结论，那就是：一个物体的总能量也具有两套测量值。因为物体的质量具有两套测量值，那么根据质能关系，物体的总能量当然也就具有两套测量值了，如图 12-10 所示。

这样一来，质量、力、动量、能量这些基本概念已经被重建完，那么在基础上诞生的牛顿力学定律当然也需要重建。需要注意的是：在上面这些结论中，除了力具有两套测量值的结论之外，其它结论的推导过程都没有使用过牛顿力学的定律❶。所以这些结论在更加普遍

❶ 不过在《论动体的电动力学》中，爱因斯坦采用牛顿力学定律推导出了动能的计算公式。

和更加底层的意义上都是有效的。

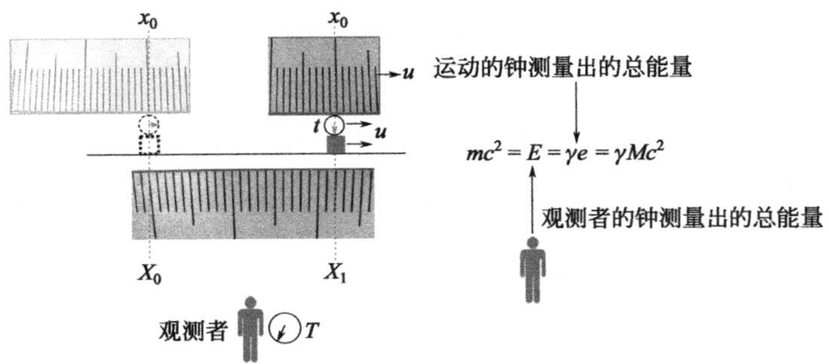

图 12-10　物体的总能量也存在两套测量值

12.5　牛顿力学的重建过程

在 1905 年的论文《论动体的电动力学》中，爱因斯坦就对牛顿第二律进行了重建，如图 12-11 所示。

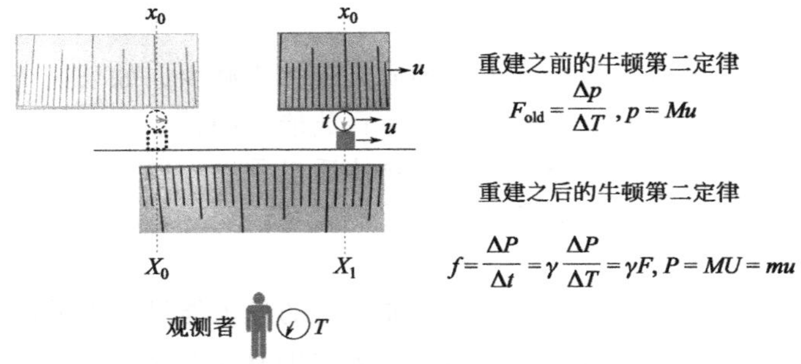

图 12-11　重建之后的牛顿第二定律

至于为什么要将牛顿第二定律重建为这样，爱因斯坦在 1905 年的论文中并没有详细说明。不过当闵可夫斯基在 1908 年提出时空的概念之后，大家开始对牛顿定律为什么要这样修改重建有了深刻的认识。

12.5.1　速度的重建

第 11 章谈到过，在闵可夫斯基的时空概念中，空间和时间是一个整体，或者说空间和时间的地位应该是平等的。而在传统的牛顿力学中，空间和时间的地位和使用是完全不同的，空间的位置（X,Y,Z）被视为像质量、能量一样的物理对象；而时间的时刻只是被视为一个用来表示这些物理对象变化快慢的参数在使用，时间自身并没有被视为一个物理对象。闵可夫斯基的时空概念出现之后，由于空间和时间的地位是平等的，那么时间的时刻 T 也应该被视为与空间的位置（X,Y,Z）一样的物理对象，而不能再被视为一个只是表示变化快慢的参数了，所以我们研究的物理对象需要增加为（cT,X,Y,Z）。

既然时间的时刻 T 已经不再被视为一个表示变化快慢的参数，那么我们又应该采用哪个量来表示变化快慢的参数呢？对于这个问题，我们有很大的选择自由性。不过，通常选择物体自身携带的钟测量出的时间 t，这个参数 t 后来被称为固有时间。之所以通常都是选择固有时间 t 来表示变化快慢的参数，这是因为对于一段时间流逝，采用固有时间 t 度量出的

Δt 的数值对所有观测者都是相同的[1]，但不同观测者却经历了不同的 ΔT。当然，不选择固有时间 t 而选择其它参数 λ 也是可以的，并且选择其它参数相较于选择固有时间得出的结论也是等价的。

由于时间的时刻 T 自身也被视为一个物理对象，那么这个物理对象也会像其它物理对象一样，存在变化快慢，即存在 $\Delta T/\Delta t$。这样一来，牛顿力学中之前的速度概念就被重建为：

$$U^T=\frac{c\Delta T}{\Delta t},\ U^X=\frac{\Delta X}{\Delta t},\ U^Y=\frac{\Delta Y}{\Delta t},\ U^Z=\frac{\Delta Z}{\Delta t}$$

所以对于一个物体的运动，现在需要这个四维速度来描述，即速度的概念被重建了。采用微积分运算，这个四维速度可以写为更加精确的形式：

$$U^T=\frac{c\,\mathrm{d}T}{\mathrm{d}t},\ U^X=\frac{\mathrm{d}X}{\mathrm{d}t},\ U^Y=\frac{\mathrm{d}Y}{\mathrm{d}t},\ U^Z=\frac{\mathrm{d}Z}{\mathrm{d}t}$$

由于固有时间 Δt 的数值对所有观测者都是相同的，所以固有时间 Δt 就是标量，而不是四维矢量的一个分量，那么 $\Delta X^\mu/\Delta t$ 就和 X^μ 一样，也是一个四维矢量，即四维速度 U^μ 也是一个四维矢量。

12.5.2 动量的重建

当描述物体运动的速度被重建之后，那么描述物体运动的多少的动量概念也需要被重建了，即描述一个物体运动的多少的量需要被重建为：

$$P^T=MU^T,\ P^X=MU^X,\ P^Y=MU^Y,\ P^Z=MU^Z$$

它被称为四维动量，所以动量也被重建为四维的了。并且根据前面的讨论，对于观测者 (cT, X, Y, Z) 来说，动量只有这一套测量值。

另外，根据前面的结论可以发现，这个描述物体运动的多少的四维动量的第四维分量 P^T 就是该物体的总能量，即有：

$$P^T=MU^T=\gamma Mc=mc=\frac{1}{c}E$$

这个结果也反过来告诉我们能量的含义到底是什么：能量就是描述一个物体包含运动有多少的第四个维度。第 22 章还会详细谈到，除了这四个维度之外，还存在其它六个维度。

12.5.3 对质量带来的影响

如果静止观测者用他所携带的钟测量出的刻度值 T 来度量这些动量，那么动量就是：

$$P^T=mc,\ P^X=mu^X,\ P^Y=mu^Y,\ P^Z=mu^Z$$

$$P^T=mc,\ P^X=m\frac{\mathrm{d}X}{\mathrm{d}T},\ P^Y=m\frac{\mathrm{d}Y}{\mathrm{d}T},\ P^Z=m\frac{\mathrm{d}Z}{\mathrm{d}T}$$

所以，其中质量 m 就是该静止观测者采用他携带的钟度量出的大小：

$$m=\gamma M=\frac{M}{\sqrt{1-\frac{u^2}{c^2}}}，其中\ \gamma=\frac{\mathrm{d}T}{\mathrm{d}t}=\frac{1}{\sqrt{1-\frac{u^2}{c^2}}}$$

---

[1] 因为 Δt 代表一段时间间隔，是绝对的，ΔT 表示同一段时间流逝，是相对的。如果采用时空几何语言来讲就是，物体世界线的长度对于所有观测者而言是不变的，即有：

$$\sqrt{c^2(\Delta T)^2-(\Delta X)^2-(\Delta Y)^2-(\Delta Z)^2}=\Delta s=c\Delta t$$

而质量 M 是随该物体运动的钟度量出的大小。

12.5.4 牛顿第一定律的重建

当描述物体运动的速度概念被重建之后，与物体运动相关的惯性定律（牛顿第一定律）也就需要被重建了。重建之前的牛顿第一定律表明：当一个物体不受外力作用时，该物体的速度（三维速度）将一直保持为常数。当速度的概念被重建为四维速度之后，牛顿第一定律也需要相应地被重建为：当一个物体不受外力作用时，该物体的四维速度将一直保持为常数。或者说四维速度的变化率等于零，即有：

$$U^T=\frac{c\,\mathrm{d}T}{\mathrm{d}t}=\text{const1},\ U^X=\frac{\mathrm{d}X}{\mathrm{d}t}=\text{const2}$$

$$U^Y=\frac{\mathrm{d}Y}{\mathrm{d}t}=\text{const3}\ ,\ U^Z=\frac{\mathrm{d}Z}{\mathrm{d}t}=\text{const4}$$

根据简单的解析几何知识马上可以看出：这个方程对应时空中的一条直线，即该物体的世界线在时空中是一条直线。对于如何得到两点之间直线的问题，早就有一套成熟的数学理论（第 17、21 章将会谈到）。并且这套数学理论早在 1906 年就已经被大家（比如普朗克）用来描述重建之后的牛顿第一定律。

所以重建之后的牛顿第一定律也可以表述为：当一个物体不受外力作用时，该物体在时空中的世界线是一条直线。

12.5.5 牛顿第二定律的重建

重建之前的牛顿第二定律是：

$$\vec{F}_{\text{old}}=\frac{\Delta\vec{p}}{\Delta T},\ \vec{p}=M\vec{u}$$

根据前面的重建结果，牛顿第二定律需要在两方面进行重建：一方面是描述物体运动的多少的量，即旧牛顿力学中的动量 $\vec{p}$ 要修改为四维动量（P^T, P^X, P^Y, P^Z）；另外一方面是描述物理对象变化快慢的参数也同样需要修改为 t。所以牛顿第二定律被重建为：

$$f^T=\frac{\Delta P^T}{\Delta t},\ f^X=\frac{\Delta P^X}{\Delta t},\ f^Y=\frac{\Delta P^Y}{\Delta t},\ f^Z=\frac{\Delta P^Z}{\Delta t}$$

同样采用微积分运算，重建之后的牛顿第二定律可以写为更加精确的形式：

$$f^T=\frac{\mathrm{d}P^T}{\mathrm{d}t},\ f^X=\frac{\mathrm{d}P^X}{\mathrm{d}t},\ f^Y=\frac{\mathrm{d}P^Y}{\mathrm{d}t},\ f^Z=\frac{\mathrm{d}P^Z}{\mathrm{d}t}$$

随着牛顿第二定律的重建，力也被重建为四维的对象 $f^\mu=(f^T, f^X, f^Y, f^Z)$，它被称为四维力。同样由于固有时间 Δt 就是标量，那么这个四维力 f^μ 就像 U^μ 一样，也是一个四维矢量。通过简单的计算可以发现它第四个维度的力 f^T 并不是独立存在的，而是与其它三维力（f^X, f^Y, f^Z）存在如下关系[1]：

---

[1] 推导过程：

$$\vec{f}=M\frac{\Delta(\gamma\vec{u})}{\Delta t}=M\vec{u}\frac{\Delta\gamma}{\Delta t}+M\gamma\frac{\Delta\vec{u}}{\Delta t}\rightarrow\vec{f}\cdot\vec{u}=M\vec{u}\cdot\vec{u}\frac{\Delta\gamma}{\Delta t}+M\gamma\vec{u}\cdot\frac{\Delta\vec{u}}{\Delta t}$$

$$\frac{\Delta\gamma}{\Delta t}=\gamma^3\frac{\vec{u}\cdot\Delta\vec{u}}{c^2\Delta t}\Rightarrow c^2\gamma^{-2}\frac{\Delta\gamma}{\Delta t}=\gamma\frac{\vec{u}\cdot\Delta\vec{u}}{\Delta t}$$

$$\vec{f}\cdot\vec{u}=M\vec{u}\cdot\vec{u}\frac{\Delta\gamma}{\Delta t}+M\gamma\vec{u}\cdot\frac{\Delta\vec{u}}{\Delta t}=M\vec{u}\cdot\vec{u}\frac{\Delta\gamma}{\Delta t}+Mc^2\gamma^{-2}\frac{\Delta\gamma}{\Delta t}=Mc^2\frac{\Delta\gamma}{\Delta t}=c\frac{\Delta(Mc\gamma)}{\Delta t}=c\frac{\Delta(MU^T)}{\Delta t}=cf^T$$

$$f^T=\frac{1}{c}\vec{f}\cdot\vec{u}$$

所以在重建之后，牛顿第二定律的第四个维度实际上是❶：

$$\frac{\Delta E}{\Delta t}=\vec{f}\cdot\vec{u}$$

而这个公式的含义正是动能定理。所以重建之后的牛顿第二定律，实际上把之前的牛顿第二定律和动能定理统一在一条定律之中了。也就是说：狭义相对论中的牛顿第二定律已经同时包括旧牛顿力学中的牛顿第二定律和动能定理了。

由于描述物理对象变化快慢的参数是采用运动物体所携带的钟测量的时间 t，所以四维力 f^μ 就是运动物体自身所携带的钟测量出的力。而观测者（cT,X,Y,Z）自己所携带的钟测量出的时间是 T，如果观测者采用 T 作为描述物理对象变化快慢的参数，那么观测者（cT,X,Y,Z）测量出的力 F^μ 为：

$$F^\mu=\frac{\Delta P^\mu}{\Delta T}$$

那么观测者（cT,X,Y,Z）自己所携带的钟测量出的力 F^μ 与四维力 f^μ 之间关系为❷：

$$f^\mu=\gamma F^\mu$$

不过需要注意的是力 F^μ 并不是一个四维矢量了。另外还需要注意的是：尽管测量四维力 f^μ 采用了随物体一起运动的观测者（ct,x,y,z）的时钟❸，但四维力 f^μ 并不是随物体一起运动的观测者（ct,x,y,z）所测量出的四维力 f_0^μ，因为这个四维力 f_0^μ 中的空间测量也是采用的观测者（ct,x,y,z）所携带的直尺。由于 f^μ 和 f_0^μ 都是四维矢量，所以它们之间满足洛伦兹变换，则当随物体一起运动的观测者（ct,x,y,z）是缓慢加速时，它们之间的变换关系为：

$$\begin{cases} f_0^t=\gamma\left(f^T-\dfrac{u}{c^2}f^X\right) \\ f_0^x=\gamma(f^X-uf^T) \\ f_0^y=f^Y \\ f_0^z=f^Z \end{cases}$$

总之，现在必须非常谨慎，因为需要注意 f^μ、F^μ、f_0^μ、F_{old}^i 四种力之间的区别和联系。

12.5.6 牛顿第三定律的重建

当力被重建为四维之后，牛顿第三定律也需要被重建了。重建之前的牛顿第三定律是：作用力等于反作用力。不过这个作用力和反作用力都是三维的力。但现在力已经被重建为四维，所以牛顿第三定律应该被重建为：四维的作用力等于四维的反作用力，即有：

$$f^\mu_{\rightarrow}=-f^\mu_{\leftarrow}$$

---

❶ 推导过程：

$$\frac{\Delta E}{\Delta t}=\vec{f}\cdot\vec{u}\longleftarrow\frac{1}{c}\frac{\Delta E}{\Delta t}=\frac{\Delta P_T}{\Delta t}=f_T=\frac{1}{c}\vec{f}\cdot\vec{u}$$

❷ 推导过程：

$$f^\mu=\frac{\Delta P^\mu}{\Delta t}=\frac{\Delta T}{\Delta t}\frac{\Delta P^\mu}{\Delta T}=\gamma F^\mu$$

❸ 空间的测量仍然还是采用观测者（cT,X,Y,Z）所携带的直尺。

12.6 两套测量值之间到底是什么关系？

前面已经谈到过，当测量同一个物理现象时，对于观测者（cT,X,Y,Z）来说，时间的时刻、时间流逝的快慢、空间的位置、空间的长度、质量、力、能量等概念都会存在两套测量值，即这些物理对象的测量值都是相对的。这两套测量值之间到底有什么区别？它们之间到底是什么关系呢？到目前为止，之所以存在两套测量值，都是由被测量物体的运动造成的。也就是说这些物理对象的相对性都是由物体的运动速度造成的。仅仅凭借这个原因，我们还无法深刻地回答这个问题。

当爱因斯坦继续深入思考，从1907年开始考虑将被测量物体置于引力场中之后，他逐步得到一个更加惊人的结论，那就是：即使被测量物体在引力场中是静止的，时间的时刻、时间流逝的快慢、空间的位置、空间的长度、质量、力、能量等概念也都会存在两套测量值。之所以也存在两套测量值，那就不是由被测量物体的显性运动造成的了❶，而是由引力场的存在造成的。这种情况下，我们就能更加清晰地看出这两套测量值之间的区别和关系了。这些答案就是此书下半部分将要详细谈论的内容，它们被称为广义相对论。

12.7 电磁学的重塑

电磁学已经满足空间和时间的这些新性质，所以电磁学暂时不需要重建，但是现在时间T和空间（X,Y,Z）已经成为了一个整体（cT,X,Y,Z），这个整合过程当然就会影响在时间和空间基础上发展出的所有物理理论。比如在前面，这个整合过程已经导致能量和动量形成了一个整体——四维动量。同样，这个整合过程也会让电磁学理论被重新塑造。

首先，这个整合过程会导致电势函数和矢量势函数也形成一个整体——四维势函数：

$$A^{\alpha}=\left(\frac{\phi}{c},\ A^{i}\right)$$

这个新整体也是一个四维矢量，分量指标$\alpha=(0,1,2,3)$写在右上角，即A^{α}是这个矢量的逆变分量，那么该四维矢量的协变分量为❷：

$$A_{\mu}=A^{\alpha}\eta_{\alpha\mu}=\left(\frac{\phi}{c},\ A^{1},\ A^{2},\ A^{3}\right)\begin{pmatrix}1&0&0&0\\0&-1&0&0\\0&0&-1&0\\0&0&0&-1\end{pmatrix}=\left(\frac{\phi}{c},\ -A^{i}\right)\Rightarrow A_{0}=A^{0},\ A_{i}=-A^{i}$$

分量指标$\mu=(0,1,2,3)$写在右下角。利用场强与势函数之间的关系，电磁场的电场强度$\vec{E}=(E^{1},E^{2},E^{3})$和磁感应强度$\vec{B}=(B^{1},B^{2},B^{3})$现在可以统一表示为：

$$F_{0i}=\frac{\partial A_{0}}{\partial X^{i}}-\frac{\partial A_{i}}{\partial X^{0}}=\frac{1}{c}\left(\frac{\partial\phi}{\partial X^{i}}+\frac{\partial A^{i}}{\partial T}\right)=-\frac{1}{c}E^{i}$$

$$F_{ij}=\frac{\partial A_{i}}{\partial X^{j}}-\frac{\partial A_{j}}{\partial X^{i}}=-\left(\frac{\partial A^{i}}{\partial X^{j}}-\frac{\partial A^{j}}{\partial X^{i}}\right)=-B^{k}$$

由于电势函数和矢量势函数已经组成一个整体，即四维势函数，那么采用四维势函数表

❶ 因为即使物体静止在引力场中，也会出现类似的结果。

❷ 附录3将会讨论矢量和张量的逆变分量和协变分量之间的区别。

示的这些电场强度和磁感应强度也自然组成了一个整体。只不过该整体不再是一个四维矢量，而成为了一个反对称的四维矩阵。这个矩阵正好等于四维势函数的四维旋度，即组成了下面这个整体：

$$F_{\mu\nu}=\frac{\partial A_{\mu}}{\partial X^{\nu}}-\frac{\partial A_{\nu}}{\partial X^{\mu}}=\begin{pmatrix}0 & -\frac{E^1}{c} & -\frac{E^2}{c} & -\frac{E^3}{c}\\ \frac{E^1}{c} & 0 & B^3 & -B^2\\ \frac{E^2}{c} & -B^3 & 0 & B^1\\ \frac{E^3}{c} & B^2 & -B^1 & 0\end{pmatrix}$$

所以，时间 T 和空间（X,Y,Z）形成一个整体（cT,X,Y,Z）的过程导致电场和磁场也形成一个整体——电磁场 $F_{\mu\nu}$。电磁场这个对象本身就是一个独立的整体，不是指电场+磁场的意思。而电场和磁场只是这个独立对象的两个侧面而已。这个矩阵 $F_{\mu\nu}$ 也被称为电磁场场强的张量形式，它的分量指标同样可以通过度规矩阵来提升或下降，即有：

$$F^{\mu\nu}=\eta^{\mu\alpha}\eta^{\nu\beta}F_{\alpha\beta}=\begin{pmatrix}1&0&0&0\\0&-1&0&0\\0&0&-1&0\\0&0&0&-1\end{pmatrix}\begin{pmatrix}0 & -\frac{E^1}{c} & -\frac{E^2}{c} & -\frac{E^3}{c}\\ \frac{E^1}{c} & 0 & B^3 & -B^2\\ \frac{E^2}{c} & -B^3 & 0 & B^1\\ \frac{E^3}{c} & B^2 & -B^1 & 0\end{pmatrix}\begin{pmatrix}1&0&0&0\\0&-1&0&0\\0&0&-1&0\\0&0&0&-1\end{pmatrix}$$

计算之后，结果就是：

$$F^{\mu\nu}=\eta^{\mu\alpha}\eta^{\nu\beta}F_{\alpha\beta}=\frac{\partial A^{\mu}}{\partial X_{\nu}}-\frac{\partial A^{\nu}}{\partial X_{\mu}}=\begin{pmatrix}0 & \frac{E^1}{c} & \frac{E^2}{c} & \frac{E^3}{c}\\ -\frac{E^1}{c} & 0 & B^3 & -B^2\\ -\frac{E^2}{c} & -B^3 & 0 & B^1\\ -\frac{E^3}{c} & B^2 & -B^1 & 0\end{pmatrix}$$

另外，空间和时间的这个整合过程也让电荷密度和电流密度形成了一个整体——四维电荷流密度：

$$J^{\mu}=\rho_{e0}U^{\mu}=(c\rho_e,\ \rho_e u^i)\text{，此处 }\rho_e=\gamma\rho_{e0}$$

其中，ρ_{e0} 表示电荷静止时候的电荷密度。

利用前面重建之后的四维力，还可以把电磁场对带电物质产生的洛伦兹力重建为一个整体——四维洛伦兹力的密度。

$$k^{\nu}=(k^T,\ \vec{k})\text{，}k^T=\vec{k}\cdot\frac{\vec{u}}{c}\text{，}\vec{k}=\rho_e(\vec{E}+\vec{u}\times\vec{B})$$

利用四维电荷流密度 J^{μ}，这个四维作用力密度可以改写为：

$$k^T=\frac{1}{c}\rho_e\vec{E}\cdot\vec{u}=\vec{J}\cdot\frac{\vec{E}}{c},\ \vec{k}=J^T\frac{\vec{E}}{c}+\vec{J}\times\vec{B},\ J^\mu=(c\rho_e,\ \rho_e u^i)$$

利用电磁场的张量公式，这个四维作用力密度进一步改写为：

$$\begin{aligned}k^T&=\vec{J}\cdot\frac{\vec{E}}{c}=J^XF_{XT}+J^YF_{YT}+J^ZF_{ZT}\\&=J^TF_{TT}+J^XF_{XT}+J^YF_{YT}+J^ZF_{ZT}\Rightarrow k^T=J^\mu F_{\mu T}\\k^X&=J^T\frac{E^X}{c}+(J^YB^Z-J^ZB^Y)=-J^TF_{TX}+J^YF_{XY}-J^ZF_{ZX}\\&=-J^TF_{TX}-J^YF_{YX}-J^ZF_{ZX}=-J^TF_{TX}-J^XF_{XX}-J^YF_{YX}-J^ZF_{ZX}\\&\Rightarrow k^i=-J^\mu F_{\mu i}\end{aligned}$$

它们可以统一在一起写为：

$$\left.\begin{aligned}k^i&=-J^\mu F_{\mu i}=J^\mu F_{\mu\alpha}\eta^{\alpha i}\\k^0&=J^\mu F_{\mu 0}=J^\mu F_{\mu\alpha}\eta^{\alpha 0}\end{aligned}\right\}\Rightarrow k^\nu=J^\mu F_{\mu\alpha}\eta^{\alpha\nu}$$

所以，当采用电磁场场强的四维张量公式 $F_{\mu\nu}$ 时，电磁场对带电物质的作用力密度，即四维洛伦兹力密度为：

$$k^\nu_{\text{em}\to\text{fluid}}=\eta^{\nu\alpha}F_{\mu\alpha}J^\mu=-\eta^{\nu\alpha}F_{\alpha\mu}J^\mu=-F^\nu_{\ \mu}J^\mu,\ J^\mu=(c\rho_e,\ \rho_e u^i)$$

最后，利用这些重建之后的整体，麦克斯韦方程组的形式可以重塑为：

$$\frac{\partial F^{\mu\nu}}{\partial X^\nu}=\mu J^\mu\Rightarrow\begin{cases}\vec{\nabla}\cdot\vec{E}=\kappa\rho\\\vec{\nabla}\times\vec{B}=\mu\vec{J}+\dfrac{1}{c^2}\dfrac{\partial\vec{E}}{\partial T}\end{cases}$$

$$\frac{\partial F_{\mu\nu}}{\partial X^\lambda}+\frac{\partial F_{\lambda\mu}}{\partial X^\nu}+\frac{\partial F_{\nu\lambda}}{\partial X^\mu}\equiv 0\Rightarrow\begin{cases}\vec{\nabla}\times\vec{E}=-\dfrac{\partial\vec{B}}{\partial T}\\\vec{\nabla}\cdot\vec{B}=0\end{cases}$$

在第 24 章将会看到，在时空这个整体中，电磁场这个整体 $F_{\mu\nu}$ 所满足的这个方程组才是麦克斯韦方程组的最原始形式。而采用电场强度 $\vec{E}$ 和磁感应强度 $\vec{B}$ 所描述的麦克斯韦方程组形式，只有在时空这个整体（cT,X,Y,Z）被分解为四维笛卡儿坐标系之后，才会出现。

第3篇

狭义相对论向加速参考系推广过程

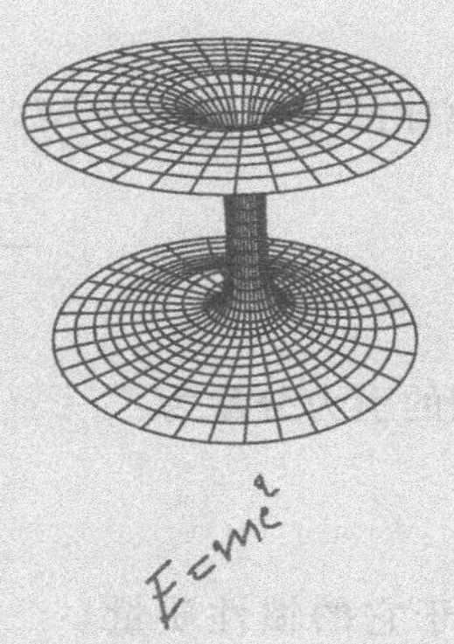

第13章 光具有引力质量吗?

能量也具有惯性质量，这个结论出乎大家意料，也是一个全新观点。这当然会引发大家思考这个结论背后到底还隐藏着什么物理含义。其中最容易被我们拿来思考的对象就是光。前几章已经从不同角度多次推导出：光是具有惯性和惯性质量的。比如第 9 章计算出一束电磁波也具有能量和动量，这意味一束光也具有惯性；通过实验验证了光会产生光压之后，“光具有惯性”的结论就得到了实验的支持；并且第 9 章通过电磁波能量和动量的计算结果已经发现：光的惯性质量就等于其能量除以光速平方。在第 12 章，爱因斯坦还利用光的惯性质量推导出一般物体的能量也具有惯性和惯性质量。

既然光具有惯性质量，那么光也具有引力质量吗？这正是爱因斯坦在 1905 年发表《论动体的电动力学》和《物体的惯性是否与它的能量有关》之后，继续思考的问题。经过长达四年的探索，爱因斯坦将他的结论发表在 1907 年《关于相对性原理和由此得出的结论》和 1911 年《关于引力对光传播的影响》论文中，答案就是：光也具有引力质量，并且正好等于其惯性质量。

实际上，这个答案并不是爱因斯坦思考的初衷，而是在思考另外一个问题时所引申出来的结论。在 1905 年之后，爱因斯坦最初思考的问题是：加速运动物体携带的钟和直尺的测量值与静止观测者携带的钟和直尺的测量值之间是什么关系。当这个问题解决之后，利用等效原理，即加速运动物体携带的钟和直尺的测量值就等效于引力场中静止钟和直尺的测量值，我们可以得到引力场对时间和空间的影响。以此为基础我们就能得到引力场对电磁场的影响，再进一步就得到引力场对电磁波传播的影响，最终得出引力场对光线到底有没有产生影响，从而判断光是否具有引力质量。第 14、15 章将会详细讨论这个探索过程。

所以，光是否具有引力质量可以通过引力对光的传播是否产生影响来判断。下面先假设光具有引力质量，看看引力对光线将会产生什么样的影响。

这个推导过程是非常简单和直接的。如果光具有引力质量，那么光必将受到引力的吸引作用，从而导致光线发生弯曲，如图 13-1 所示。根据牛顿引力很容易计算出这个弯曲角度是多少，计算过程如下。

假设光子的引力质量为 m，地球的引力质量为 M，那么根据牛顿的引力理论，光子受到引力的大小为：

$$F=G\frac{Mm}{R^2}$$

那么在竖直方向上，光子受到的引力分量为：

$$F_{\perp}=G\frac{Mm}{R^2}\cos\beta$$

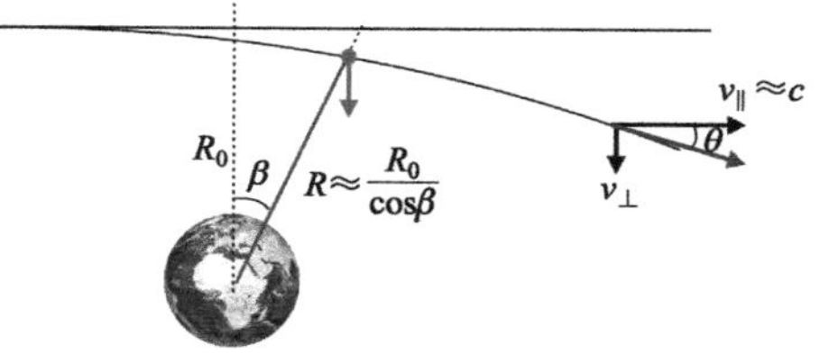

图 13-1 引力对光产生吸引作用过程

再假设光子的引力质量 m 等于它的惯性质量，

那么利用牛顿第二定律，在竖直方向上，光子受到的引力分量产生的加速度有：

$$a_{\perp}=\frac{F_{\perp}}{m}=G\frac{M}{R_0^2}\cos^3\beta$$

通过积分可以计算出，在整个传播过程中，光在竖直方向上的速度分量为[1]：

$$v_{\perp}=\int_{-\infty}^{\infty}a_{\perp}\,\mathrm{d}T=2\frac{GM}{cR_0}$$

在水平方向上，光子也受到引力的吸引作用，使得光在水平方向上的速度分量发生了微小改变。但这个微小改变量是可以忽略的，因为光在水平方向上的速度非常接近光速，那么光在水平方向上的速度几乎不变，约等于光速。所以传播结束之后，光速度方向的改变量就是光最终的弯曲角度，其计算结果为：

$$\theta\approx\sin\theta=\frac{v_{\perp}}{v_{\parallel}}\approx\frac{v_{\perp}}{c}=2\frac{GM}{c^2R_0}$$

这就是一束光由于引力的吸引作用发生弯曲之后的偏转角度。爱因斯坦在 1911 年《关于引力对光传播的影响》论文中，从等效原理出发，利用前面提到过的思路计算出了相同的结论，第 14、15 章再来详细讨论这个计算过程。

所以，如果能够通过实验观测证明光在引力场中确实会发生这样的弯曲，那么就相当于用实验证明了光的确具有引力质量，并且等于惯性质量。爱丁顿率领的观测团队在 1919 年确实观测到了太阳引力场对光线的弯曲作用，不过根据牛顿引力得到的计算结果只有爱丁顿观测值的一半[2]。爱因斯坦在 1911 年的计算也只对了一半，在 1915 年得到全新的引力理论之后，爱因斯坦再次进行计算就得到了与观测相一致的结果，第 26、27 章将会详细讨论这个计算过程。

光具有引力质量，并且等于惯性质量——这个结果也再次表明：所有物体，甚至包括光都是以相同的加速度自由下落的。这就更加支持了第 1～7 章所讨论的结论，这样的自由下落运动本质上就是一种惯性运动而已，即更加支持等效原理的成立。

---

❶ 计算过程：

$$v_{\perp}=\int_{-\infty}^{\infty}G\frac{M}{R_0^2}\cos^3\beta\mathrm{d}T,\ T=\frac{R_0\tan\beta}{c}\Rightarrow v_{\perp}=2\int_0^{\pi/2}\frac{GM}{cR_0}\cos\beta\mathrm{d}\beta=2\frac{GM}{cR_0}$$

❷ 这当然是因为牛顿的引力理论还需要修正。

第14章 地球引力场中的时间

第 1～7 章已经得出结论：一方面，在地面上静止参考系（cT,X,Y,Z）中，所有自由物体都以加速度 g 自由下落的运动本质上就是一种惯性运动；另一方面，当没有引力场时，在一个以 g 为加速度运动的参考系（ct,x,y,z）中，所有自由物体也都以相同加速度 g 在运动。那么在这个加速参考系中，自由物体都以加速度 g 的运动也是一种惯性运动。爱因斯坦的等效原理就是指：由于在这两种参考系中，所有自由物体都会出现相同的惯性运动，那么这两个参考系就是等效的，无法区分的，如图 14-1 所示。

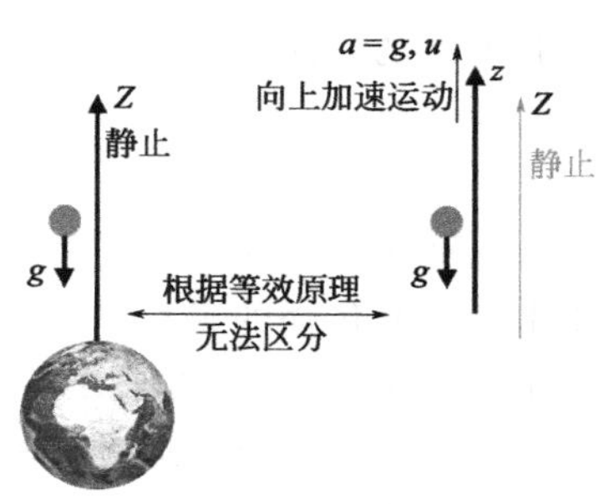

图 14-1 爱因斯坦的等效原理

利用这个等效原理，我们可以推导出：在重力场中，时间的时刻、时间流逝的快慢、空间的位置、空间的长度、质量、力、能量等概念也具有两套测量值（后面章节会详细讨论这些结论）。在 1907 年发表的论文《关于相对性原理和由此得出的结论》中，爱因斯坦首先得到了时刻、时间流逝快慢的两套测量值之间的关系。为了便于理解，下面采用与爱因斯坦论文中相近的方式进行推导，而不是完全相同。

14.1 重力场对时间的影响

先考虑没有重力场的情况，静止参考系仍然记为（cT,X,Y,Z），它与加速度参考系（ct,x,y,z）之间相互运动如图 14-2 所示。

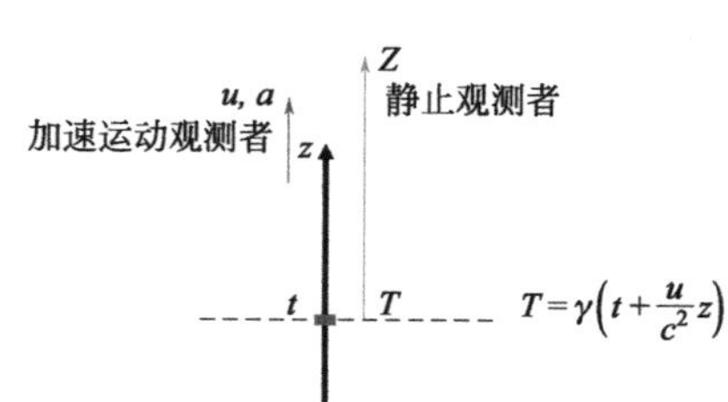

图 14-2 参考系（ct,x,y,z）在参考系（cT,X,Y,Z）的 Z 轴方向运动

洛伦兹变换关系中只包含速度 u，没有包含加速 a。这就意味着，洛伦兹变换只与速度 u 的大小有关，与这个速度 u 是如何被加速到如此之大并没有任何关系。所以中间加速过程到底是匀加速还是瞬间加速，对这个洛伦兹变换没有任何影响。这样一来，我们就可以把一个匀加速过程近似为若干段瞬间加速的过程，如图 14-3 所示。在任一段时间 ΔT 内，速度是匀速的；在相邻两段时间之间的一瞬间，速度被瞬间加速，只要把这个时间段取得足够小，这种近似程度就越高。

在这样近似之后，参考系（ct,x,y,z）在每个时间段内就是匀速运动的，那么洛伦兹变换在每个时间段内又可以使用了。比如图 14-4 所示的两段相邻的时间段内的洛伦兹变换关系。

那么与第 12 章推导的结论一样，在这两个时刻，运动钟的刻度值 t 与静止钟的刻度值 T 之间关系如图 14-5 所示。

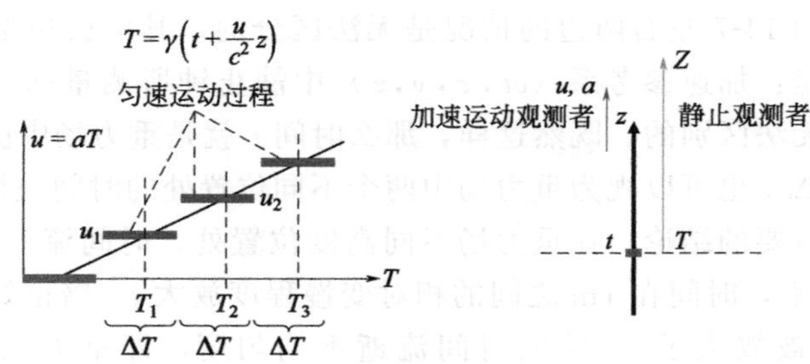

图 14-3　匀加速过程近似为若干次瞬间加速过程

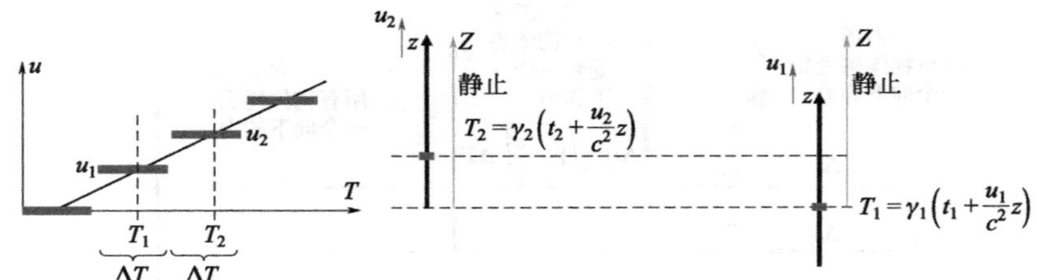

图 14-4　在各个时间段内，参考系 (ct,x,y,z) 匀速运动，洛伦兹变换关系成立

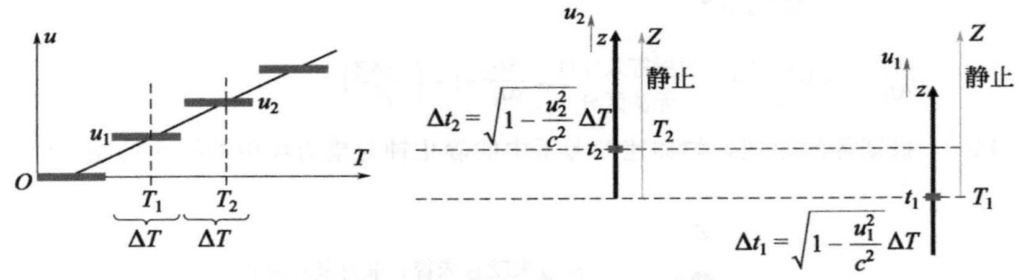

图 14-5　运动钟与静止观测者携带的钟的两套测量值

对观测者 (cT,X,Y,Z) 来说，这两段时间流逝的长度 ΔT 是相等的，所以有：

$$\frac{\Delta t_2}{\Delta t_1}=\frac{\sqrt{1-\frac{u_2^2}{c^2}}}{\sqrt{1-\frac{u_1^2}{c^2}}}\approx 1+\frac{\frac{1}{2}(u_1^2-u_2^2)}{c^2}$$

在观测者 (cT,X,Y,Z) 看来，记录时间 t 的钟是运动的，即这个钟从 T_1 时刻的位置 Z_1 移动到了 T_2 时刻的位置 Z_2。所以这两段时间 Δt_1 和 Δt_2 实际上是这个运动钟在两个不同位置处测量出的时间快慢，如图 14-6 所示。

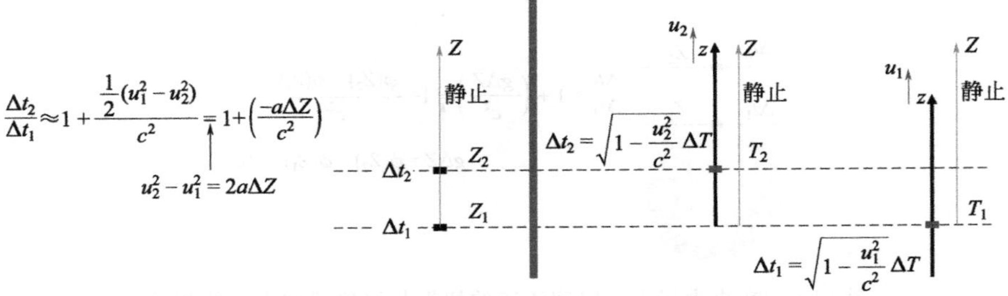

$$\frac{\Delta t_2}{\Delta t_1}\approx 1+\frac{\frac{1}{2}(u_1^2-u_2^2)}{c^2}=1+\left(\frac{-a\Delta Z}{c^2}\right)$$

$u_2^2-u_1^2=2a\Delta Z$

Z　静止　Z_2　Z_1　Δt_2　Δt_1

u_2　z　Z　静止　$\Delta t_2=\sqrt{1-\frac{u_2^2}{c^2}}\Delta T$　T_2

u_1　z　Z　静止　T_1　$\Delta t_1=\sqrt{1-\frac{u_1^2}{c^2}}\Delta T$

图 14-6　Δt_1 和 Δt_2 是在两个不同位置处的时间快慢

根据等效原理，图 14-7 左右两边的情况是无法区分的，其中就包括时间的测量是无法区分的。具体来说就是：加速参考系（ct, x, y, z）中静止钟所测量的时间 t 与重力场中静止钟所测量的时间是无法区别的。既然这样，那么时间 t 就是重力场中静止钟的测量值，所以这两段时间 Δt_1 和 Δt_2 也可以视为重力场中两个不同位置处的时间快慢。这样一来，我们马上就得出一个无比重要的结论：在重力场不同高度位置处，时间流逝的快慢是不相等的，如图 14-8 所示。反过来，时间在 1m 之间的相对变慢程度放大 c^2 倍正好等于单位质量所受重力，所以重力就是被放大了 c^2 倍的时间流逝不均匀度，即重力来自时间的弯曲（见 27 章）。

存在引力场
所有物体感受到
一个向下的力
Z
静止
Δt_2 Z_2
Δt_1 Z_1
向上加速
所有物体感
受到一个向
下的力
z
$\Delta t_2=\sqrt{1-\frac{u_2^2}{c^2}}\Delta T$
向上加速
所有物体感受到
一个向下的力
z
$\Delta t_1=\sqrt{1-\frac{u_1^2}{c^2}}\Delta T$
$g=-a$
$\frac{\Delta t_2}{\Delta t_1}\approx 1+\left(\frac{g\Delta Z}{c^2}\right)$
根据等效原理
无法区分
$\frac{\Delta t_2}{\Delta t_1}\approx 1+\left(\frac{-a\Delta Z}{c^2}\right)$

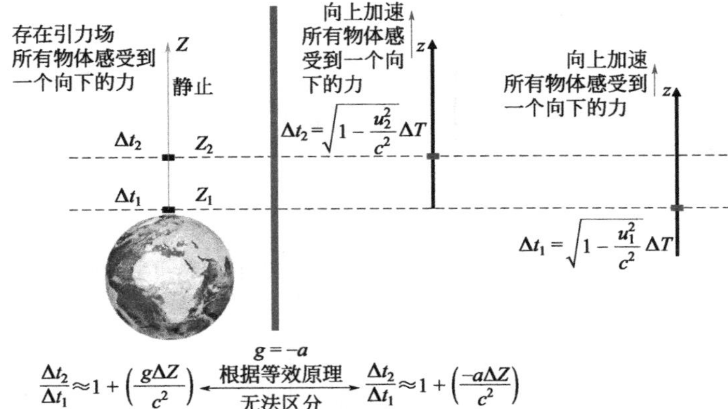

图 14-7　根据等效原理，匀加速参考系中的静止钟与重力场中的静止钟是等效的

Z
静止
反过来就意味着：重力来自时间
流逝快慢的不均匀度
Δt_2 Z_2
Δt_1 Z_1
$\frac{\Delta t_2}{\Delta t_1}\approx 1+\left(\frac{g\Delta Z}{c^2}\right)$

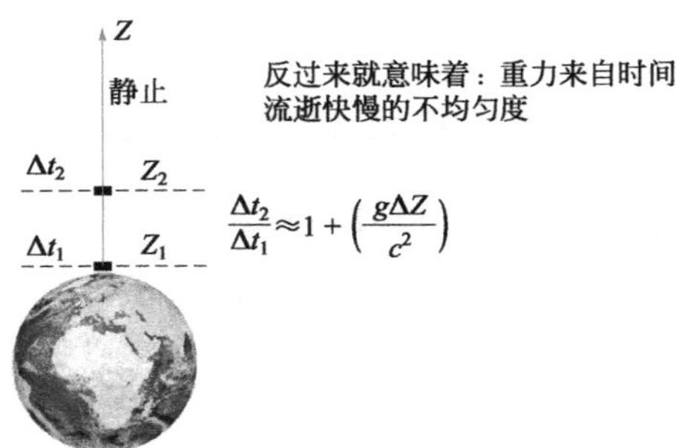

图 14-8　在重力场中，时间在不同高度的流逝快慢是不同的

根据引力势函数 ϕ，不同高度位置处的时间流逝的快慢与引力势大小关系见图 14-9。

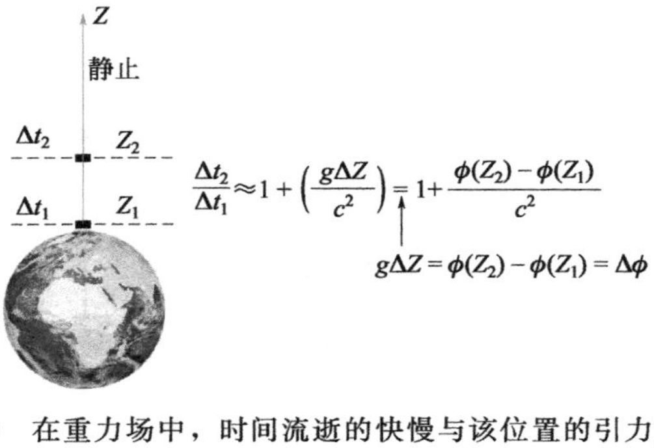

Z
静止
Δt_2 Z_2
Δt_1 Z_1
$\frac{\Delta t_2}{\Delta t_1}\approx 1+\left(\frac{g\Delta Z}{c^2}\right)=1+\frac{\phi(Z_2)-\phi(Z_1)}{c^2}$
$g\Delta Z=\phi(Z_2)-\phi(Z_1)=\Delta\phi$

图 14-9　在重力场中，时间流逝的快慢与该位置的引力势相关

所以，利用等效原理＋狭义相对论，我们推导出一个从未发现的结论：在地面上不同高度的位置处，时间流逝的快慢是不一样的。越靠近地面，时间流逝得越慢；越远离地面，时间流逝得越快。当然这个变慢的程度是非常微小的，比如地面上的时间比一张桌子上的时间变慢的程度大约为：

$$\frac{\Delta t_{\text{desk}}}{\Delta t} \approx 1+\frac{-\frac{GM}{R+1}-\left(-\frac{GM}{R}\right)}{c^2}=1+\frac{\frac{GM}{R(R+1)}}{c^2} \approx 1+\frac{GM}{c^2R^2} \approx 1+10^{-16}$$

这种变慢程度在地球表面是如此微弱。这也是我们之前从来没有觉察到此结论的原因。如此微弱的差别能产生我们设备能够测量到的效应吗？这也是爱因斯坦当时在思考的问题，毕竟只有被观测到才能直接证实这个结论是可靠的。

尽管差别如此微弱，但它还是可以产生可观测效应的。比如对于一束光，随着高度上升，时间流逝的快慢改变了，那么周期也将发生改变，从而频率也将发生改变。这样一来，同一束光在不同高度的颜色就将会发生改变。爱因斯坦在 1911 年，严格计算出了同一束光的颜色在不同高度的变化情况，而这个结论就是大家今天都熟悉的结论：光的引力红移现象。该结论被爱因斯坦发表在 1911 年的论文《论引力对光传播的影响》中。

在上面整个推导过程中，等效原理起到了最关键的作用。在广义相对论探索过程中，**等效原理成为了一座桥梁**，它让探索对象突破了狭义相对论，进入一个全新的探索领域。在这个全新的领域中，爱因斯坦经过不断摸索（后面总结为七个转折点），终于看清楚这块新领域的全貌，这就是广义相对论的内容。

14.2　重力场中的另外一套时间测量值

在第 11、12 章中谈到，爱因斯坦已经得到结论：对于一位观测者来说，时间存在着两套测量值，即运动物体携带的钟与该观测者携带的钟测量出的刻度值。那么重力场中的时间是否也存在两套测量值呢？

前面利用等效原理推导出时间 t 就是重力场中静止钟的测量值。那么刻度值 T 又表示什么含义呢？由于参考系（cT,X,Y,Z）是静止的，而不是一个加速参考系，所以等效原理并不对参考系（cT,X,Y,Z）产生等效作用，所以刻度值 T 仍然表示没有重力场存在时，静止钟的刻度值，或者说远离地球区域处（那里已经没有重力）的静止钟的刻度值，如图 14-10 所示。

所以在同一个位置，同一块静止钟在重力场存在时的刻度值是 t，在没有重力场时的刻度值是 T。刻度值 t 与刻度值是 T 之间关系是什么呢？这个问题也很容易得到答案。

第一步：由于无穷远处没有重力场，所以在无穷远处有 $\Delta t_2=\Delta T$，那么就能推导出时间在有重力场时的流逝快慢 Δt 与没有重力场时的流逝快慢 ΔT 之间的关系，如图 14-11 所示。

第二步：如何看出这个结论意味着什么呢？这个问题的答案需要我们先搞清楚另外一个问题：如何判断重力场中不同位置的两个时刻是不是同一个时刻？根据等效原理，我们可以先确定重力场中的一个时刻与无重力场区域的同一个时刻是如何对应的，具体方法如图 14-12 所示。

所谓对应关系就是指：在同一个时刻，当无重力场中位于 R 处静止钟的指针指向 T 刻度时，重力场中位于 R 处静止钟的指针正好指向 t 刻度。如果把时间的整个流逝过程都画出

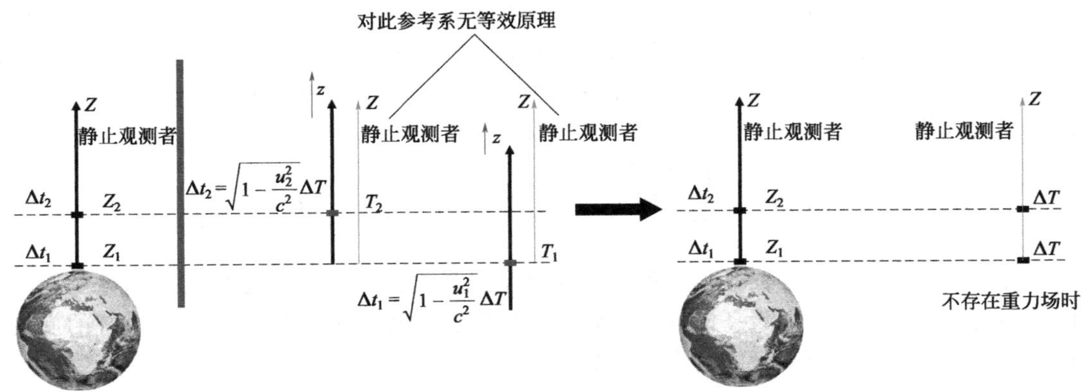

图 14-10　t 是重力场中静止钟的刻度值，T 是无重力场时静止钟的刻度值

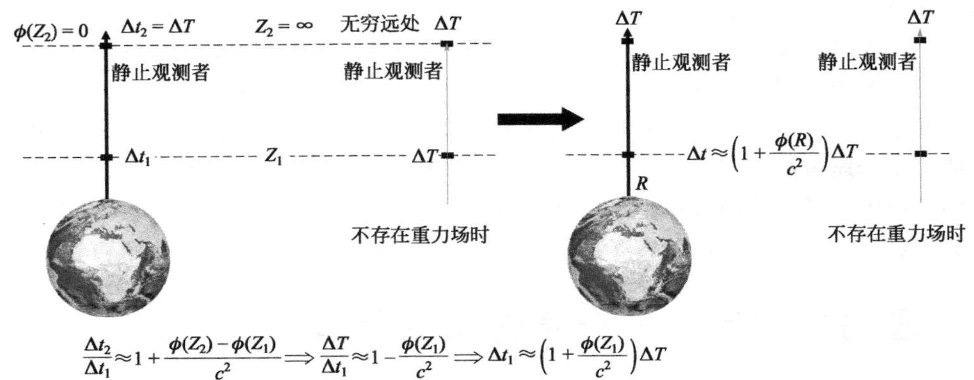

图 14-11　t 和 T 流逝快慢之间的关系

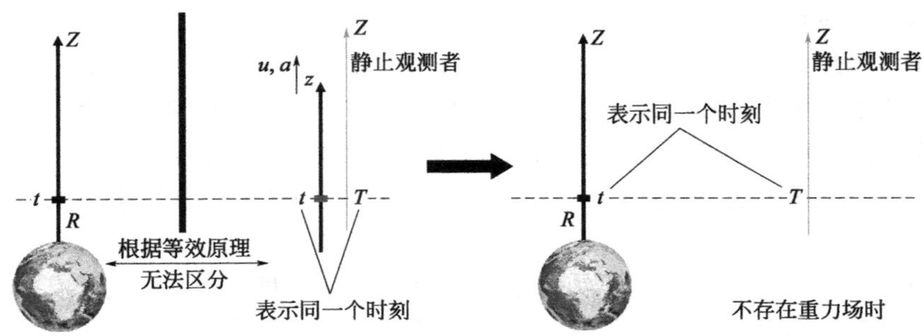

图 14-12　在同一个时刻，t 和 T 之间的对应关系

来，这个对应关系就如图 14-13 所示。

这是一个什么样的结论呢？比如说，地球附近的一位静止观测者感觉时间流逝了 1s，而无穷远处的观测者会感觉这段时间流逝了 2s❶。这个结论非常直白地告诉我们：当重力场出现之后，该区域的时间是会被影响的。所以，这个结论背后蕴含着一个巨大的物理意义，那就是：时间与引力之间是存在联系的。

❶ 为了便于理解，这个例子严重夸大了两者之间差距，地球还无法产生这么大的影响，质量很大的天体才能产生这么大的影响，电影《星际穿越》中有一段情节对此有形象地刻画。

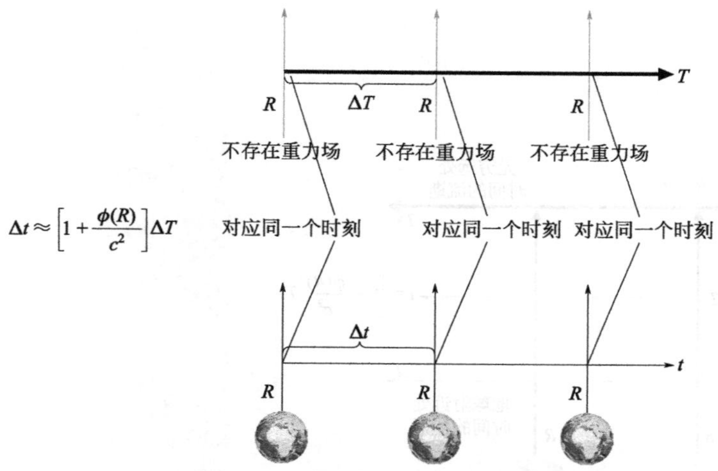

图 14-13　在同一个位置、同一个时刻在有重力场和无重力场情况下的对应关系

我们也可以换一个角度来看待此结论，即做如下第三步处理。

第三步：无重力场中一个位置的静止钟的时刻 T 和另外一个位置的静止钟的时刻 T 代表同一个时刻（就像我们日常经验那样）。由此就可以得到重力场中 R 处静止钟的刻度值 t 与无穷远处静止钟的刻度值 T 是如何表示同一个时刻的，如图 14-14 所示。

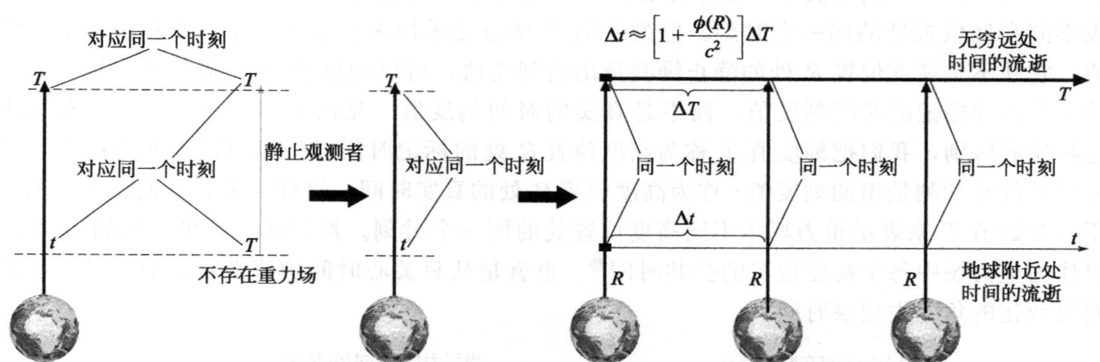

图 14-14　重力场中某个位置的一个时刻与无穷远处的同一个时刻是如何对应的

假如在初始时刻，将重力场中 R 处静止钟和无穷远处静止钟的指针对齐，即都指向零刻度，那么在同一个时刻，R 处静止钟的刻度值 t 与无穷远处静止钟的刻度值 T 之间的对应关系如图 14-15 所示。

这个对应关系的具体数学公式就是：

$$t\approx\left[1+\frac{\phi(R)}{c^2}\right]T$$

它的含义就是：如果在一个初始时刻，将位置 R 处的钟与无穷远处的钟按照图 14-15 左边方式校准之后，当无穷远处的钟的指针指向 T 刻度这个时刻时，那么位置 R 处的钟正好指向刻度 $t=[1+\phi(R)/c^2]\ T$。所以在同一时刻，重力场中不同高度位置的钟会指向不同的刻度❶，即时间的时刻也是相对的。因此不同高度位置处钟的时间 t 不再是同步的，如图 14-16 右边情况所示。

❶ 在第 6 章谈到过，庞加莱早在《时间的测量》中已经预见过这种情况的可能性。

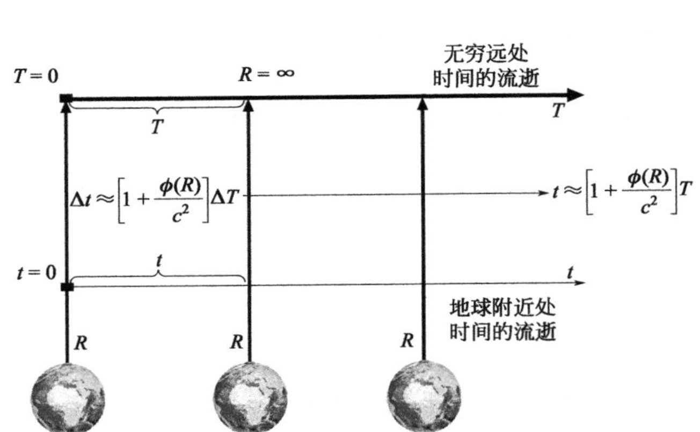

图 14-15　重力场中某个位置的一个时刻与无穷远处的同一个时刻具体对应关系

图 14-16　在同一个时刻，不同高度位置处钟指针指向的刻度

尽管在同一个时刻，不同高度位置处钟的刻度值 t 不再相等，但这些不相等的刻度值 t 却都对应于同一个刻度值 T。这意味着：在重力场中，我们可以只采用一个数值 T 就能代表不同高度位置处的同一个时刻。但刻度值 T 毕竟是采用无穷远处静止钟测量出来的刻度值，它并不是高度位置 R 处的静止钟测量出的刻度值，所以刻度值 T 只能作为高度位置 R 处一个人为标记的时间刻度值，而不是真实的时间刻度值（见图 14-17）。为了强调和突出这种质的区别，我们把刻度值 T 称为高度位置 R 处的标记时间或坐标时间；而把高度位置 R 处的静止钟测量出的刻度值 t 称为高度位置 R 处的真实时间。这样一来，我们就可以只采用一个数值 T 来表示重力场中不同高度位置处的同一个时刻。换句话说，坐标时间 T 就可以作为重力场中每个高度位置的公共时间[1]。也就是从只关心时间的流逝量，而不关注时间间隔变化的角度去记录时间。

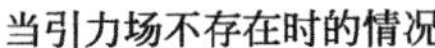

当引力场存在时的情况

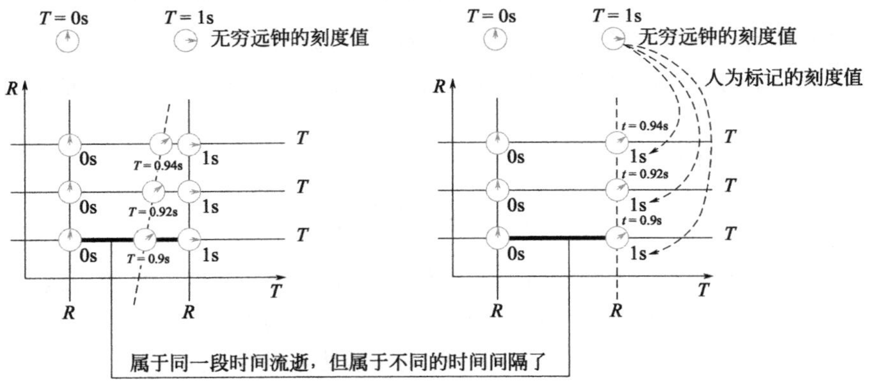

图 14-17　坐标系采用人为标记时间 T（这里放大了时间的变慢程度）

[1] 不过在广义相对论中，这种公共时间并不总是存在的。如果不存在，就称为：坐标时不可同步。

所以，在重力场中，对于 R 处的一位静止观测者来说，同样存在两套时间刻度值供他使用。一套刻度值是所谓的标记时间或坐标时间 T，它是无穷远处静止钟的刻度值，是能够同步的刻度值，所以它也是所有位置处的公共时间。坐标系采用的就是坐标时间 T，第 24 章还会解释坐标系的时间轴为什么一般选择人为标记时间 T，而不是真实时间 t。另外一套刻度值是真实时间 t，它只是该位置 R 处此静止观测者携带的钟的刻度值，所以它不是一个公共时间，而只是一个局部时间。

14.3　爱因斯坦科研探索的重要起点

时间 t 与高度位置 R 相关的这种相对性，早在 1907 年发表的论文《关于相对性原理和由此得出的结论》中爱因斯坦就已经得到了。这个关系是如此之重要，因为它直白地告诉我们：引力的存在会改变时间，并且改变的程度与该高度位置 R 处引力的大小无关，而与该高度位置 R 处的引力势 ϕ 的大小有关。这是我们第一次将引力和时间联系起来，即有：

$$\text{时间 } t \approx \left[1+\frac{\phi(R)}{c^2}\right]T \qquad \text{引力}$$

t 是由无引力场的时间 T 和空间进行重新“组装混合”，然后“偏转”，再“粘贴”所生成的（详见第 24 章、第 27 章）。那么反过来，这个结论也已经非常直白地告诉我们：如果一个区域的时间流逝的快慢发生了改变，那么这块区域也一定会伴随引力的出现。引力大小等于时间流逝快慢不均匀程度的光速平方倍，即来自时间的弯曲。大约从 1911 年起，爱因斯坦就开始洞察到这个公式背后所蕴含的巨大物理意义❶，这引导着爱因斯坦不断地、一步一步地深入思考。到了 1915 年的时候，爱因斯坦终于彻底搞清楚了这两者之间的完整关系，那就是：当一个区域的时间快慢和空间长度都发生了改变时，该区域就会表现出引力场，这就是广义相对论的全部内容。所以，引力场对时间影响的这个结论是广义相对论探索过程中**第一个重要的转折点**❷，更重要的是它能启发下一步的思考。

另外，这个关系也说明：重力场中静止钟的时间也不是绝对的，而是相对的，是与空间位置 R 相关的。这种相对性与狭义相对论的相对性是不同的。狭义相对论的相对性指的是：时间、空间、质量、能量的值不是绝对的，而是取决于观测设备或观测者速度的。而广义相对论的相对性指的是：时间、空间、质量、能量的值不是绝对的，除了与观测设备的速度有关之外，还取决于设备处的引力势，或者说取决于空间的位置。所以狭义相对论只是广义相对论的一种特殊情况，这也是爱因斯坦他们最初给狭义相对论取名叫“special relativity”的原因，所以狭义相对论的准确名称应该是“特殊情况下的相对论”。

---

❶ 能够洞察出这种结论背后所蕴含的巨大物理意义的嗅觉能力，对一位优秀的理论物理工作者来说，是必备的技能之一。

❷ 第二个转折点在第 15 章；第三个转折点在第 17 章；第四个转折点在第 18 章；第五个转折点在第 20 章；第七个转折点在第 24 章；第六个转折点在第 25 章。

第15章 地球引力场对电磁场的影响

第 14 章已经推导出，在重力场存在的区域，时间流逝的快慢会随之发生改变。时间出现了一种我们之前从未发现过的性质。由于整个物理学几乎所有理论都是基于时间和空间的，既然时间已经具有了新的性质，那么大多物理理论都需要进行相应的重建，当然就包括电磁学和牛顿力学的重建。这一章先谈论一下电磁学如何重建，以及重建之后出现的新结论，后面章节再去讨论牛顿力学是如何被重建的。

在重力场存在的区域，时间会变慢。时间变慢通过物体表现出来的现象就是：所有的物理过程都会变慢。比如物体的运动过程会变慢，当然也包括光的传播过程，即地球表面处的光速将比太空中的光速要小。爱因斯坦早在 1907 年的论文《关于相对性原理和由此得出的结论》中就已经得到了这个结论。并且正是在这篇论文中，爱因斯坦根据这个结论已经推导出光线会因引力而发生弯曲。不过，爱因斯坦在这篇论文中是从更加底层的角度得到这个结论的，这个角度就是：重力场的存在是如何影响电磁场物质的。

第 9 章已经详细讨论过，对电磁场物质的描述就是麦克斯韦-赫兹方程组，所以时间的这个新性质对电磁场带来的改变，可以通过此新性质对麦克斯韦-赫兹方程组带来的改变而得到。也就是说，通过推导出重力场中的麦克斯韦-赫兹方程组，从而可以得到重力场对电磁场的影响。也正是在这个推导过程中，爱因斯坦开始形成他的第二个重要思想，那就是广义相对性原理。

爱因斯坦早在 1907 年的这篇论文中就采用了这样一个结论：在加速参考系中，麦克斯韦-赫兹方程组的形式仍然是不变的。这个结论已经是在对狭义相对论进行推广了。正是这种思考方法在之后一步步发展，最后演化出广义相对性原理，后面章节将会对此进行详细讨论。并且这个推导过程非常关键，因为此推导过程和产生的结论为爱因斯坦进一步思考探索指引了方向，它们成为了广义相对论探索过程中**第二个关键的转折点**。下面稍微详细地讨论一下爱因斯坦推导出重力场中的麦克斯韦-赫兹方程组的思路。为了便于理解，没有完全按照爱因斯坦的原意[1]，但思路是同一个方向。

15.1 推导加速参考系中的麦克斯韦方程组所遇到的困境

考虑两个参考系（cT,X,Y,Z）和（ct,x,y,z），先假设它们之间的相对运动是没有加速度的。为了方便理解，突出思想和思路，先考虑在没有电荷的空间区域内进行推导，即电荷密度和电流密度在这些空间区域内等于零。那么在运动着的参考系（ct,x,y,z）中，这块空间区域内电磁场的麦克斯韦方程组如图 15-1 所示。

---

[1] 爱因斯坦的原意参见《爱因斯坦全集：第二卷》，湖南科技出版社，2009：411-414。

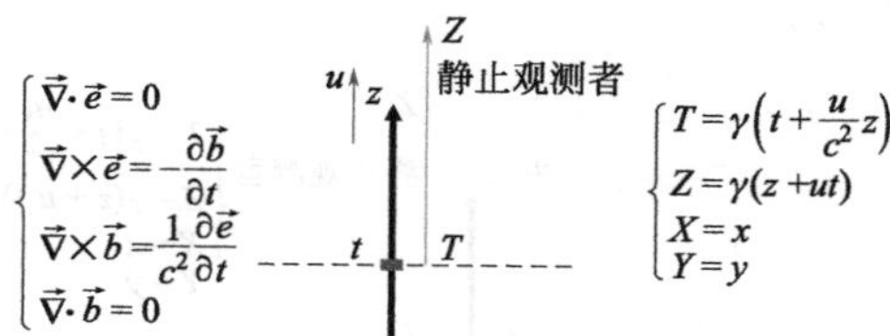

图 15-1 匀速运动的参考系（ct,x,y,z）中的麦克斯韦方程组

第 9、10 章已经推导过，静止参考系（cT,X,Y,Z）在该区域所采用的麦克斯韦方程组可以通过洛伦兹变换得到，如图 15-2 所示。

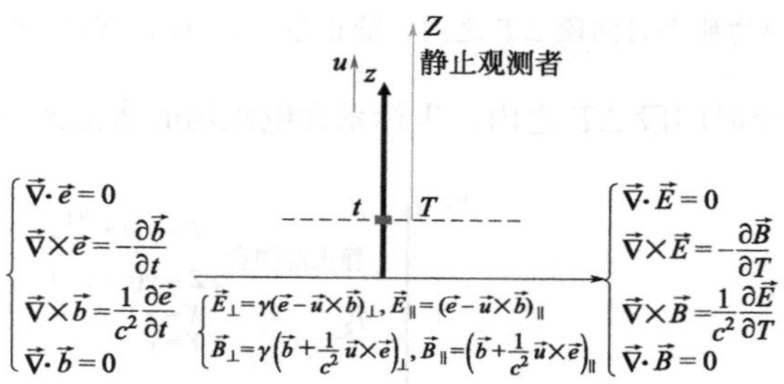

图 15-2 静止参考系（cT,X,Y,Z）所采用的麦克斯韦方程组

现在，考虑参考系（ct,x,y,z）是加速运动的情况。那么加速度会对这个变换的哪些部分带来影响呢？这是整个问题的关键，接下来我们对它们逐一讨论。

① 首先，当运动的参考系（ct,x,y,z）有了加速度之后，加速度对此参考系（ct,x,y,z）中的麦克斯韦方程组会带来影响吗？对于这个问题，爱因斯坦开始采用一个至关重要的假设，那就是假设此加速参考系中的观测者所采用的麦克斯韦方程组的形式仍然保持不变。这个假设就是广义相对性原理的萌芽。那么根据这个假设，加速运动参考系（ct,x,y,z）中的麦克斯韦方程组的形式不变，如图 15-3 所示。

② 参考系（ct,x,y,z）的加速度对洛伦兹变换会带来影响吗？对于这个问题，我们也采用第 14 章使用过的近似方法，也就是把这个匀加速过程近似为若干段瞬间加速的过程，即做如图 15-4 所示近似。

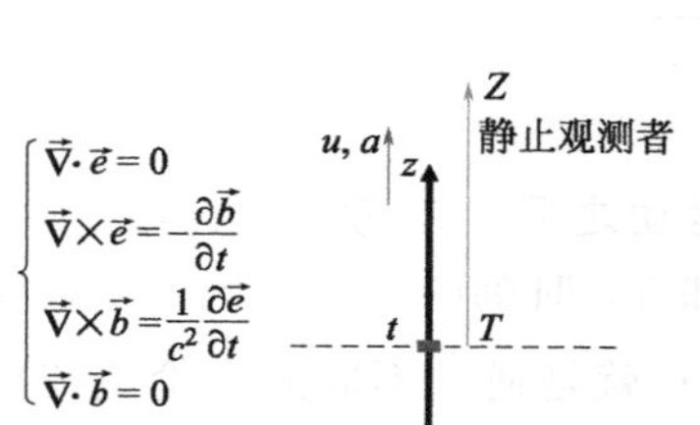

图 15-3 假设加速运动参考系（ct,x,y,z）中的麦克斯韦方程组形式不变

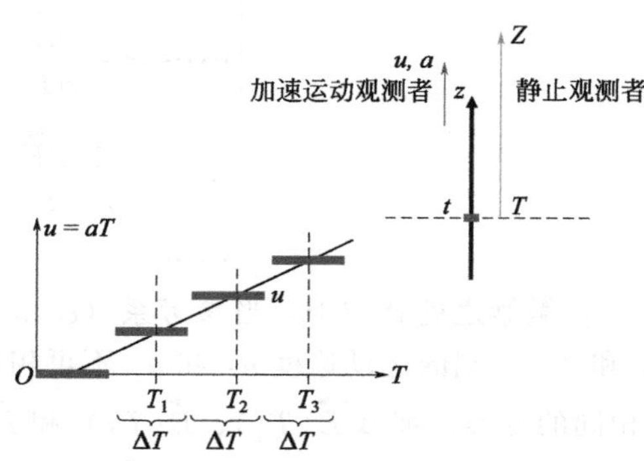

图 15-4 匀加速过程近似为若干段瞬间加速过程

在时间段 ΔT 之内，参考系（ct,x,y,z）的运动是匀速的，那么刚刚谈到的麦克斯韦方程组的洛伦兹变换又可以使用了。比如在 T_1 时刻的那个时间段 ΔT 之内，坐标系和电磁

场的洛伦兹变换如图 15-5 所示。

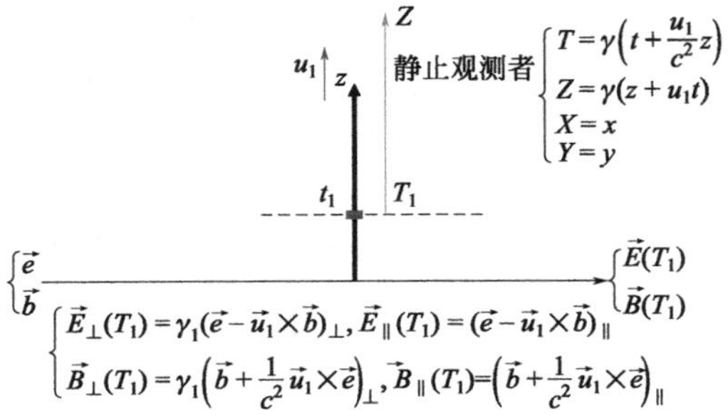

u_1 z Z

静止观测者 $\begin{cases} T=\gamma\left(t+\dfrac{u_1}{c^2}z\right) \\ Z=\gamma(z+u_1 t) \\ X=x \\ Y=y \end{cases}$

t_1 T_1

$\begin{cases}\vec{e}\\ \vec{b}\end{cases} \longrightarrow \begin{cases}\vec{E}(T_1)\\ \vec{B}(T_1)\end{cases}$

$\begin{cases} \vec{E}_{\perp}(T_1)=\gamma_1(\vec{e}-\vec{u}_1\times\vec{b})_{\perp},\ \vec{E}_{\parallel}(T_1)=(\vec{e}-\vec{u}_1\times\vec{b})_{\parallel} \\ \vec{B}_{\perp}(T_1)=\gamma_1\left(\vec{b}+\dfrac{1}{c^2}\vec{u}_1\times\vec{e}\right)_{\perp},\ \vec{B}_{\parallel}(T_1)=\left(\vec{b}+\dfrac{1}{c^2}\vec{u}_1\times\vec{e}\right)_{\parallel} \end{cases}$

图 15-5 在 T_1 时刻的那个时间段 ΔT 之内，静止参考系（cT,X,Y,Z）所采用的电磁场

但是，在 T_2 时刻那个时间段 ΔT 之内，坐标系和电磁场的洛伦兹变换改变如图 15-6 所示。

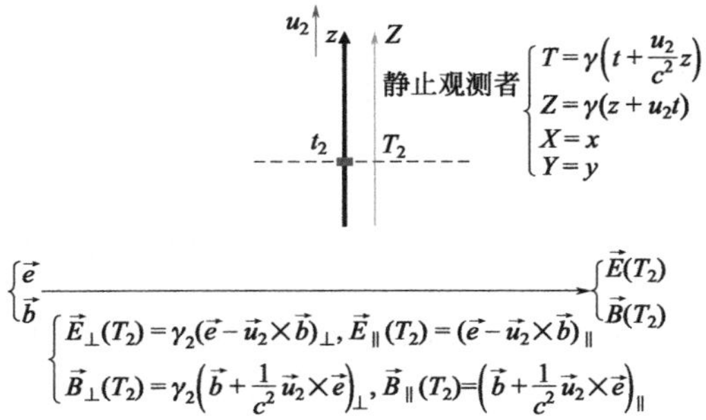

u_2 z Z

静止观测者 $\begin{cases} T=\gamma\left(t+\dfrac{u_2}{c^2}z\right) \\ Z=\gamma(z+u_2 t) \\ X=x \\ Y=y \end{cases}$

t_2 T_2

$\begin{cases}\vec{e}\\ \vec{b}\end{cases} \longrightarrow \begin{cases}\vec{E}(T_2)\\ \vec{B}(T_2)\end{cases}$

$\begin{cases} \vec{E}_{\perp}(T_2)=\gamma_2(\vec{e}-\vec{u}_2\times\vec{b})_{\perp},\ \vec{E}_{\parallel}(T_2)=(\vec{e}-\vec{u}_2\times\vec{b})_{\parallel} \\ \vec{B}_{\perp}(T_2)=\gamma_2\left(\vec{b}+\dfrac{1}{c^2}\vec{u}_2\times\vec{e}\right)_{\perp},\ \vec{B}_{\parallel}(T_2)=\left(\vec{b}+\dfrac{1}{c^2}\vec{u}_2\times\vec{e}\right)_{\parallel} \end{cases}$

图 15-6 在 T_2 时刻的那个时间段 ΔT 之内，静止参考系（cT,X,Y,Z）所采用的电磁场

采用完全相同的方法，可以得到静止参考系（cT,X,Y,Z）在其它时刻所采用的电磁场。

③ 最后，静止参考系（cT,X,Y,Z）在该区域所采用麦克斯韦方程组的形式会受到影响吗？答案是会的，这才是整个问题的微妙之处。产生影响的根源来自于方程组中这两个导数的计算：

$$\begin{cases} \cdots\cdots \\ \cdots\cdots=-\dfrac{\partial\vec{B}}{\partial T}=-\dfrac{\vec{B}(T_2)-\vec{B}(T_1)}{T_2-T_1} \\ \cdots\cdots=\dfrac{1}{c^2}\dfrac{\partial\vec{E}}{\partial T}=\dfrac{1}{c^2}\dfrac{\vec{E}(T_2)-\vec{E}(T_1)}{T_2-T_1} \\ \cdots\cdots \end{cases}$$

④ 微妙之处就在于：当参考系（ct,x,y,z）加速运动之后，参考系（ct,x,y,z）在 T_1 和 T_2 时刻的运动速度 u_1 和 u_2 不再相等，所以 T_1 和 T_2 时刻的两个洛伦兹变换就不再是相同的变换。那么 $\vec{E}(T_1)$、$\vec{B}(T_1)$ 和 $\vec{E}(T_2)$、$\vec{B}(T_2)$ 就是通过不同的洛伦兹变换得到的电磁场，如图 15-7 所示。所以 $\vec{E}(T_1)$、$\vec{B}(T_1)$ 和 $\vec{E}(T_2)$、$\vec{B}(T_2)$ 就不再是同一个电磁场了。

由于 T_1 时刻的 $\vec{E}(T_1)$、$\vec{B}(T_1)$ 和 T_2 时刻的 $\vec{E}(T_2)$、$\vec{B}(T_2)$ 不再是同一个电磁场，所以在导数的计算过程中，T_1 和 T_2 时刻的电磁场就不能像下面这样直接相减。

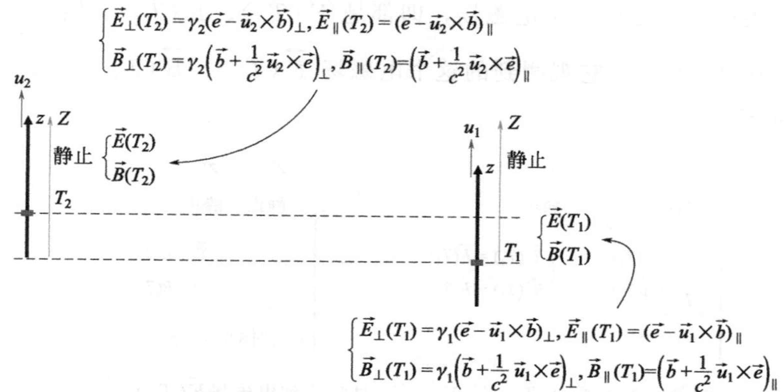

图 15-7 $\vec{E}(T_1)$、$\vec{B}(T_1)$ 和 $\vec{E}(T_2)$、$\vec{B}(T_2)$ 不再是同一个电磁场

$$\vec{E}(T_2)-\vec{E}(T_1),\ \vec{B}(T_2)-\vec{B}(T_1)$$

这是整个问题最关键之处和最微妙之处。爱因斯坦凭借其敏锐的洞察能力捕捉到了它。不过爱因斯坦在当时并没有意识到：这个微妙之处对于牛顿力学，甚至对于其它物理学分支都是存在的。后面章节会谈到，这个微妙之处可以有一种更加直观的理解方式，那就是矢量在弯曲时空中的平移问题。

⑤ 既然 $\vec{E}(T_1)$、$\vec{B}(T_1)$ 和 $\vec{E}(T_2)$、$\vec{B}(T_2)$ 不再是同一个电磁场，那么接下来的问题是：静止参考系 (cT,X,Y,Z) 在 T_1 时刻观测到的这个电磁场 $\vec{E}(T_1)$、$\vec{B}(T_1)$ 在 T_2 时刻又变成什么样子了呢？即如图 15-8 所示。

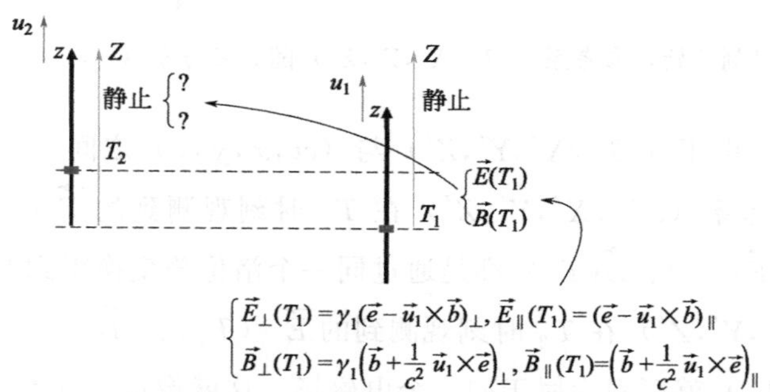

图 15-8 T_1 时刻观测到的电磁场 $\vec{E}(T_1)$、$\vec{B}(T_1)$ 在 T_2 时刻应该是什么样子

这是整个问题最困难的部分，爱因斯坦早在 1907 年就解决了它。下面采用另外一种更容易理解的思路来说明爱因斯坦当时所采用的思路。

15.2 爱因斯坦第一个重要的技术突破

为了得到 T_1 时刻观测到的电磁场 $\vec{E}(T_1)$、$\vec{B}(T_1)$ 保留到 T_2 时刻的样子，我们只需要假设：存在第三个参考系 (cT',X',Y',Z')，它在 T_1 时刻之前与静止参考系 (cT,X,Y,Z) 一样是保持静止的。那么参考系 (cT',X',Y',Z') 在 T_1 时刻与静止参考系 $(cT,X,$

Y,Z）观测到的电磁场就是同一个电磁场，即都是 $\vec{E}(T_1)$、$\vec{B}(T_1)$。然后要求参考系（cT',X',Y',Z'）在 T_1 时刻对它观测到的这个电磁场 $\vec{E}(T_1)$、$\vec{B}(T_1)$ “拍一张照片” $\vec{\Sigma}$、$\vec{\Theta}$，如图 15-9 所示。

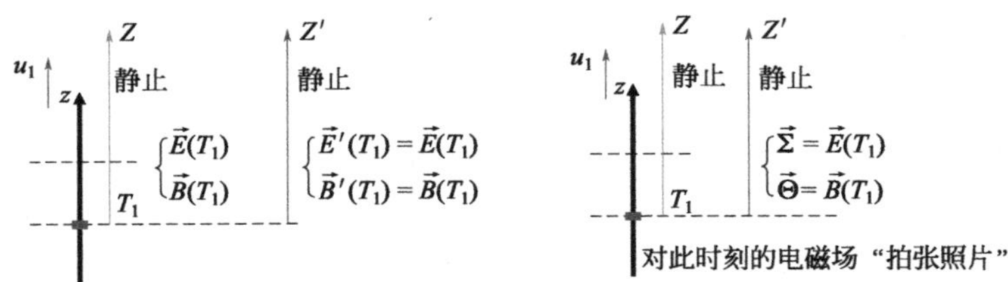

图 15-9　在 T_1 时刻，参考系（cT',X',Y',Z'）对观测到电磁场 $\vec{E}(T_1)$、$\vec{B}(T_1)$ “拍张照片”

接下来的任务是如何将这张“照片” $\vec{\Sigma}$、$\vec{\Theta}$ 原封不动地保留到 T_2 时刻，就像在惯性参考系中能做到的那样。为了完成这个任务，需要让参考系（cT',X',Y',Z'）从 T_1 时刻开始随着加速参考系（ct,x,y,z）一起加速运动，如图 15-10 所示。所以在 T_1 时刻之后，参考系（cT',X',Y',Z'）与参考系（ct,x,y,z）之间保持相对速度为 u_1 的匀速运动。

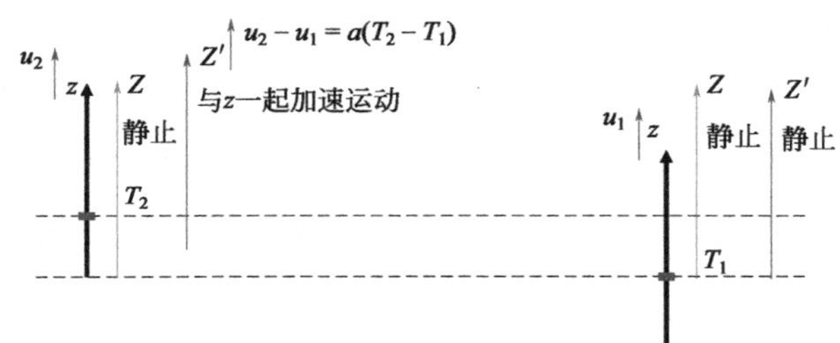

图 15-10　从 T_1 时刻开始，参考系（cT',X',Y',Z'）随着参考系（ct,x,y,z）一起加速运动

在 T_1 时刻之后，由于（cT',X',Y',Z'）与（ct,x,y,z）之间一直保持相对速度为 u_1 的匀速运动，那么参考系（cT',X',Y',Z'）在 T_2 时刻观测到的 $\vec{E}'(T_2)$、$\vec{B}'(T_2)$ 与它在 T_1 时刻观测到的 $\vec{E}(T_1)$、$\vec{B}(T_1)$ 都是通过同一个洛伦兹变换得到的，如图 15-11 所示。所以参考系（cT',X',Y',Z'）在 T_2 时刻观测到的 $\vec{E}'(T_2)$、$\vec{B}'(T_2)$ 与它在 T_1 时刻观测到的 $\vec{E}(T_1)$、$\vec{B}(T_1)$ 就可视为属于同一个电磁场。这就像在惯性参考系中，同一个静止观测者在不同时刻观测到的电磁场属于同一个电磁场一样。

与静止参考系（cT,X,Y,Z）不同的是，参考系（cT',X',Y',Z'）在 T_1 时刻之后所使用的电磁场都属于同一个电磁场。那么如果参考系（cT',X',Y',Z'）将它在 T_1 时刻“拍摄”的“照片” $\vec{\Sigma}$、$\vec{\Theta}$ 原封不变地保留到 T_2 时刻，那么这张“照片”在 T_2 时刻的值就仍然是 $\vec{\Sigma}$、$\vec{\Theta}$，如图 15-12 所示，就像惯性参考系中观测者所能做到的那样。采用微分几何中更加直观的理解方式，第三个参考系（cT',X',Y',Z'）对照片的这个保留过程就是矢量在平坦时空中的平移过程。

那么在静止参考系（cT,X,Y,Z）看来，这张“照片” $\vec{\xi}'(T_2)$、$\vec{\beta}'(T_2)$ 是什么样子呢？这只需要再进行一次洛伦兹变换就能得到，如图 15-13 所示。

$\vec{E}'_{\perp}(T_2)=\gamma_1(\vec{e}-\vec{u}_1\times\vec{b})_{\perp},\ \vec{E}'_{\parallel}(T_2)=(\vec{e}-\vec{u}_1\times\vec{b})_{\parallel}$
$\vec{B}'_{\perp}(T_2)=\gamma_1\left(\vec{b}+\frac{1}{c^2}\vec{u}_1\times\vec{e}\right)_{\perp},\ \vec{B}'_{\parallel}(T_2)=\left(\vec{b}+\frac{1}{c^2}\vec{u}_1\times\vec{e}\right)_{\parallel}$
与z一起加速运动
$u_2-u_1=a(T_2-T_1)$
u_2 z
Z'
$\vec{E}'(T_2)$
$\vec{B}'(T_2)$
T_2
u_1 z
Z'
静止
$\vec{E}'(T_1)=\vec{E}(T_1)$
$\vec{B}'(T_1)=\vec{B}(T_1)$
T_1
它们才属于同一个电磁场，
因为都是采用同一个洛伦兹
变换得到的
$\vec{E}'_{\perp}(T_1)=\gamma_1(\vec{e}-\vec{u}_1\times\vec{b})_{\perp},\ \vec{E}'_{\parallel}(T_1)=(\vec{e}-\vec{u}_1\times\vec{b})_{\parallel}$
$\vec{B}'_{\perp}(T_1)=\gamma_1\left(\vec{b}+\frac{1}{c^2}\vec{u}_1\times\vec{e}\right)_{\perp},\ \vec{B}'_{\parallel}(T_1)=\left(\vec{b}+\frac{1}{c^2}\vec{u}_1\times\vec{e}\right)_{\parallel}$

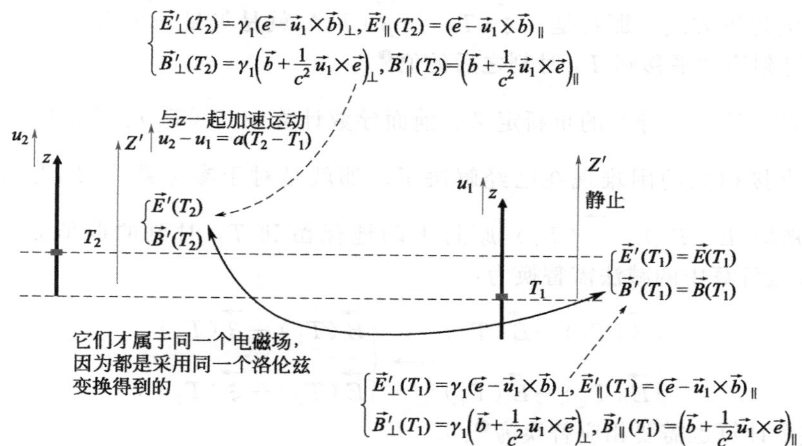

图 15-11　参考系（cT',X',Y',Z'）在 T_1 和 T_2 时刻所观测到的电磁场是采用同一个洛伦兹变换得到的

与z一起加速运动
$u_2-u_1=a(T_2-T_1)$
Z'
$\vec{\xi}'(T_2)=\vec{\Sigma}$
$\vec{\beta}'(T_2)=\vec{\Theta}$
T_2
Z'
静止
$\vec{\Sigma}=\vec{E}(T_1)$
$\vec{\Theta}=\vec{B}(T_1)$
T_1
时刻T_1的“照片”可以原封不动地保留到T_2时刻

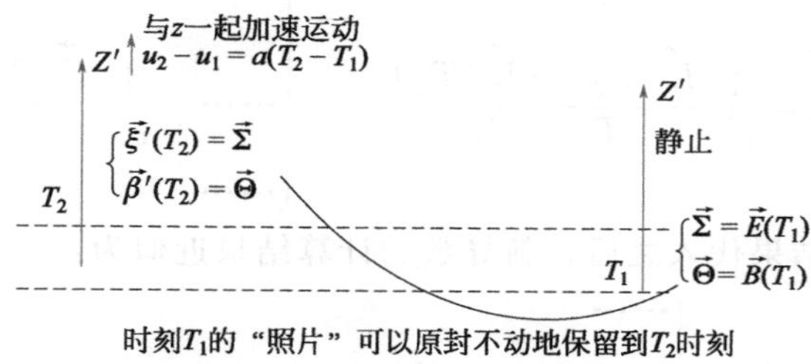

图 15-12　在参考系（cT',X',Y',Z'）中可以像惯性系中那样保留电磁场

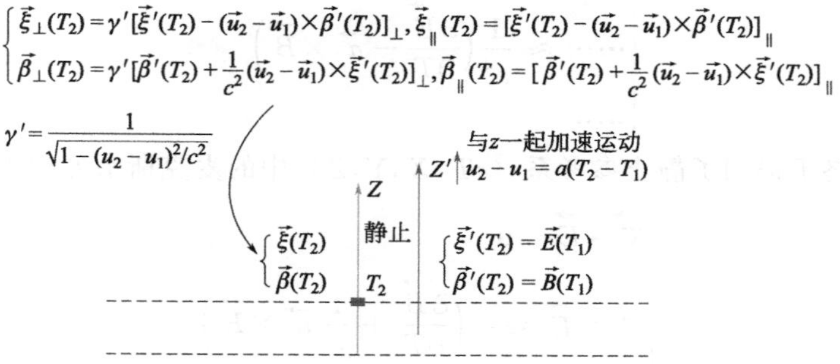

$\vec{\xi}_{\perp}(T_2)=\gamma'[\vec{\xi}'(T_2)-(\vec{u}_2-\vec{u}_1)\times\vec{\beta}'(T_2)]_{\perp},\ \vec{\xi}_{\parallel}(T_2)=[\vec{\xi}'(T_2)-(\vec{u}_2-\vec{u}_1)\times\vec{\beta}'(T_2)]_{\parallel}$
$\vec{\beta}_{\perp}(T_2)=\gamma'[\vec{\beta}'(T_2)+\frac{1}{c^2}(\vec{u}_2-\vec{u}_1)\times\vec{\xi}'(T_2)]_{\perp},\ \vec{\beta}_{\parallel}(T_2)=[\vec{\beta}'(T_2)+\frac{1}{c^2}(\vec{u}_2-\vec{u}_1)\times\vec{\xi}'(T_2)]_{\parallel}$
$\gamma'=\frac{1}{\sqrt{1-(u_2-u_1)^2/c^2}}$
与z一起加速运动
$u_2-u_1=a(T_2-T_1)$
Z'
Z
静止
$\vec{\xi}(T_2)$
$\vec{\beta}(T_2)$
T_2
$\vec{\xi}'(T_2)=\vec{E}(T_1)$
$\vec{\beta}'(T_2)=\vec{B}(T_1)$

图 15-13　静止参考系（cT,X,Y,Z）“看到照片的样子”

经过这一系列过程，我们终于得到了想要的答案，那就是：$\vec{\xi}(T_2)$、$\vec{\beta}(T_2)$ 才是静止参考系（cT,X,Y,Z）在 T_1 时刻所观测到的电磁场 $\vec{E}(T_1)$、$\vec{B}(T_1)$ 原封不动地保留到 T_2 时刻的取值。对于参考系（cT,X,Y,Z）来说，$\vec{\xi}(T_2)$、$\vec{\beta}(T_2)$ 和 $\vec{E}(T_1)$、$\vec{B}(T_1)$ 就是同一个对象分别在 T_1 和 T_2 时刻的取值，因为这张“电磁场照片”也正是来自 T_1 时刻该静止参考系（cT,X,Y,Z）所观测到的电磁场。这是整个问题最为关键之处。

若初次接触到这么多次变换计算，其中微妙之处会让人不容易看出背后所蕴含的本质。不过很久之后，当人们采用微分几何的语言来描述以上计算过程时，这些变换过程就有了更

直观和更容易的理解方式，那就是：$\vec{\xi}(T_2)$、$\vec{\beta}(T_2)$ 就是矢量 $\vec{E}(T_1)$、$\vec{B}(T_1)$ 在弯曲时空中从 T_1 时刻绝对平移到 T_2 时刻之后的值❶。

最为关键的计算——导数的重新定义。前面导数计算中 $\vec{E}(T_1)$、$\vec{B}(T_1)$ 与 $\vec{E}(T_2)$、$\vec{B}(T_2)$ 不能直接相减的困难现在已经解决了。那就是对于参考系（cT,X,Y,Z）来说，T_1 时刻的电磁场 $\vec{E}(T_1)$、$\vec{B}(T_1)$ 原封不动地保留到 T_2 时刻的取值是 $\vec{\xi}(T_2)$、$\vec{\beta}(T_2)$。那么导数计算中的减法需替换为：

$$\begin{cases}\vec{B}(T_2)-\vec{B}(T_1)\\ \vec{E}(T_2)-\vec{E}(T_1)\end{cases}\longrightarrow\begin{cases}\vec{B}(T_2)-\vec{\beta}(T_2)\\ \vec{E}(T_2)-\vec{\xi}(T_2)\end{cases}$$

导数的整个计算也需要相应替换为❷：

$$\begin{cases}\cdots\cdots\\ \cdots\cdots=-\dfrac{\partial\vec{B}}{\partial T}=-\dfrac{\vec{B}(T_2)-\vec{B}(T_1)}{T_2-T_1}\\ \cdots\cdots=\dfrac{1}{c^2}\dfrac{\partial\vec{E}}{\partial T}=\dfrac{1}{c^2}\dfrac{\vec{E}(T_2)-\vec{E}(T_1)}{T_2-T_1}\\ \cdots\cdots\end{cases}\longrightarrow\begin{cases}\cdots\cdots\\ \cdots\cdots=-\dfrac{\vec{B}(T_2)-\vec{\beta}(T_2)}{T_2-T_1}\\ \cdots\cdots=\dfrac{1}{c^2}\dfrac{\vec{E}(T_2)-\vec{\xi}(T_2)}{T_2-T_1}\\ \cdots\cdots\end{cases}$$

将前面变换计算的结果代入之后，新导数的计算结果近似为：

$$\begin{cases}\cdots\cdots\\ \cdots\cdots\approx-\left(\dfrac{\partial\vec{B}}{\partial T}+\dfrac{1}{c^2}\vec{a}\times\vec{E}\right)\\ \cdots\cdots\approx\dfrac{1}{c^2}\left(\dfrac{\partial\vec{E}}{\partial T}-\vec{a}\times\vec{B}\right)\\ \cdots\cdots\end{cases}$$

这样，我们终于得到了静止参考系（cT,X,Y,Z）中的麦克斯韦方程组：

$$\begin{cases}\vec{\nabla}\cdot\vec{E}=0\\ \vec{\nabla}\times\vec{E}\approx-\left(\dfrac{\partial\vec{B}}{\partial T}+\dfrac{1}{c^2}\vec{a}\times\vec{E}\right)\\ \vec{\nabla}\times\vec{B}\approx\dfrac{1}{c^2}\left(\dfrac{\partial\vec{E}}{\partial T}-\vec{a}\times\vec{B}\right)\\ \vec{\nabla}\cdot\vec{B}=0\end{cases}$$

一个加速参考系（ct,x,y,z）中的电磁场在另外一个静止参考系（cT,X,Y,Z）看来应该满足的形式如图 15-14 所示。

---

❶ 1907 年的爱因斯坦当然还没有洞察到这个几何解释。

❷ 对于电磁场，爱因斯坦已经意识到导数的计算需要做这样的替换，不过爱因斯坦在当时还没有意识到牛顿力学中的导数也需要做类似的替换。使用后来大家普遍采用的微分几何语言来讲，这个替换就是将普通导数替换为协变导数。

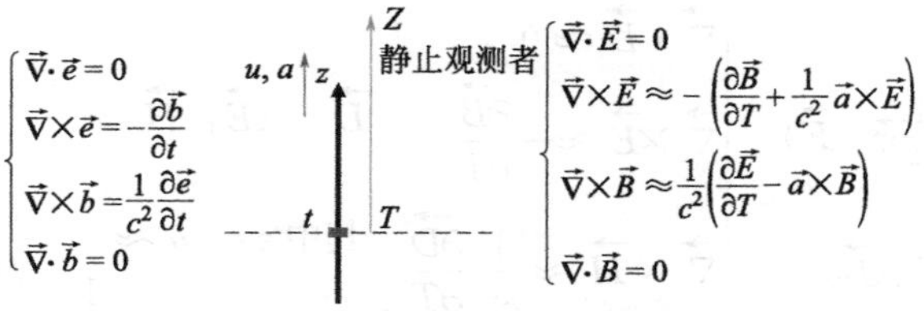

$$\begin{cases}\vec{\nabla}\cdot\vec{e}=0\\ \vec{\nabla}\times\vec{e}=-\dfrac{\partial\vec{b}}{\partial t}\\ \vec{\nabla}\times\vec{b}=\dfrac{1}{c^2}\dfrac{\partial\vec{e}}{\partial t}\\ \vec{\nabla}\cdot\vec{b}=0\end{cases}$$

u, a　z　t　Z　静止观测者　T

$$\begin{cases}\vec{\nabla}\cdot\vec{E}=0\\ \vec{\nabla}\times\vec{E}\approx-\left(\dfrac{\partial\vec{B}}{\partial T}+\dfrac{1}{c^2}\vec{a}\times\vec{E}\right)\\ \vec{\nabla}\times\vec{B}\approx\dfrac{1}{c^2}\left(\dfrac{\partial\vec{E}}{\partial T}-\vec{a}\times\vec{B}\right)\\ \vec{\nabla}\cdot\vec{B}=0\end{cases}$$

图 15-14　一个加速参考系中的电磁场在静止参考系中的形式

最后，根据等效原理，一个加速运动参考系中的电磁场与引力场中的电磁场是等效的。这样就可以得到在引力场中，电磁场应该满足的方程形式，如图 15-15 所示。

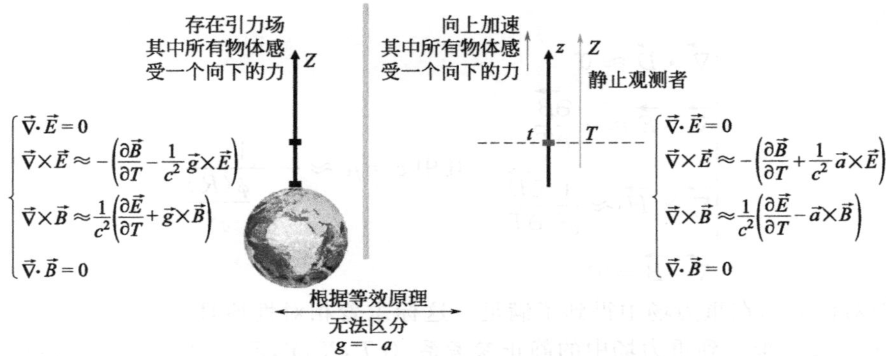

图 15-15　在引力场中，电磁场需要满足的方程形式

所以在一个重力场 $\vec{g}$ 中，电磁场满足的方程组为：

$$\begin{cases}\vec{\nabla}\cdot\vec{E}=0\\ \vec{\nabla}\times\vec{E}\approx-\left(\dfrac{\partial\vec{B}}{\partial T}-\dfrac{1}{c^2}\vec{g}\times\vec{E}\right)\\ \vec{\nabla}\times\vec{B}\approx\dfrac{1}{c^2}\left(\dfrac{\partial\vec{E}}{\partial T}+\vec{g}\times\vec{B}\right)\\ \vec{\nabla}\cdot\vec{B}=0\end{cases}\tag{15-1}$$

值得注意且非常关键的一点是：处于重力场中的这个方程组是采用无穷远处钟的刻度值 T 来描述的，并不是采用重力场中静止钟测量的刻度值 t。

15.3　爱因斯坦的广义相对性思想开始扩充

推导出的式（15-1）与麦克斯韦方程组在形式上并不相同，这意味着重力场中的电磁学不再满足相对性原理了吗？这是爱因斯坦无法接受的，于是对该方程组进行了“改造”，从而让它与麦克斯韦方程组在形式上相同。并且这个“改造”也不困难，因为下面两个方程组在一阶近似下是等价的❶：

---

❶ 近似过程：

$\vec{\nabla}\cdot\vec{D}=\vec{\nabla}\varepsilon\cdot\vec{E}+\varepsilon\vec{\nabla}\cdot\vec{E}\approx-\frac{1}{c^2}\vec{g}\cdot\vec{E}+\varepsilon\vec{\nabla}\cdot\vec{E}\approx\varepsilon\vec{\nabla}\cdot\vec{E}$，$\frac{\partial\vec{B}}{\partial T}-\frac{1}{c^2}\vec{g}\times\vec{E}\approx\frac{\partial\vec{B}}{\partial T}$

$$\begin{cases}\vec{\nabla}\cdot\vec{E}=0\\ \vec{\nabla}\times\vec{E}\approx-\left(\dfrac{\partial\vec{B}}{\partial T}-\dfrac{1}{c^2}\vec{g}\times\vec{E}\right)\\ \vec{\nabla}\times\vec{B}\approx\dfrac{1}{c^2}\left(\dfrac{\partial\vec{E}}{\partial T}+\vec{g}\times\vec{B}\right)\\ \vec{\nabla}\cdot\vec{B}=0\end{cases}\Leftrightarrow\begin{cases}\vec{\nabla}\cdot\vec{D}\approx0\\ \vec{\nabla}\times\vec{E}\approx-\dfrac{\partial\vec{B}}{\partial T}\\ \vec{\nabla}\times\vec{H}\approx\dfrac{1}{c^2}\dfrac{\partial\vec{D}}{\partial T}\\ \vec{\nabla}\cdot\vec{B}=0\end{cases}\quad\begin{array}{l}\vec{D}=\varepsilon\vec{E},\ \vec{H}=\dfrac{1}{\mu}\vec{B}\\ \text{其中}\ \varepsilon=\mu\approx\dfrac{1}{1+\dfrac{\phi(R)}{c^2}},\ \vec{g}=-\vec{\nabla}\phi(R)\end{array}$$

如果采用这个等价的方程组，那么重力场中的电磁场所满足的方程组和空间中充满介质时的麦克斯韦方程组在形式上是完全相同的，即在重力场中，电磁场所满足的方程组在形式并没有改变：

$$\begin{cases}\vec{\nabla}\cdot\vec{D}\approx0\\ \vec{\nabla}\times\vec{E}\approx-\dfrac{\partial\vec{B}}{\partial T}\\ \vec{\nabla}\times\vec{H}\approx\dfrac{1}{c^2}\dfrac{\partial\vec{D}}{\partial T}\\ \vec{\nabla}\cdot\vec{B}=0\end{cases}\quad\text{其中}\ \varepsilon=\mu\approx\dfrac{1}{1+\dfrac{\phi(R)}{c^2}}$$

所以相对性原理在重力场中得到了满足。这标志着相对性原理在 1907 年已经从加速参考系（ct,x,y,z）推广到重力场中的静止参考系（cT,X,Y,Z）。那么这个满足相对性原理的方程组意味着什么呢？很容易看出它意味着一个非常重要的结论：重力场对电磁场的影响相当于是在空间中分布了一种物质介质。这种物质介质的相对介电系数、磁导系数和折射率分别为：

$$\varepsilon=\mu\approx\frac{1}{1+\dfrac{\phi(R)}{c^2}},\ n=\sqrt{\varepsilon\mu}\approx\frac{1}{1+\dfrac{\phi(R)}{c^2}}$$

既然重力场对电磁场的影响相当于在空间中分布一种介质，那么这就意味着光在重力场中也会发生“折射”，即光线也会发生弯曲。另外，介质中的光速为：

$$c(R)=\frac{c}{n}\approx\left(1+\frac{\phi(R)}{c^2}\right)c$$

所以越靠近地面的地方，介质的折射系数越大，光速就越小。这个结论告诉我们，在重力场中，光速大小也是相对的，不是绝对的。

非常值得注意的是：不同位置的光速 $c(R)$ 是采用无穷远钟测量出的值，如图 15-16（a）所示。如果采用位置 R 处静止的钟来测量，这些不同位置处的光速仍然是 c，如图 15-16（b）所示[1]。

以上这些都是爱因斯坦早在 1907 年就已经得到的结论。他把这些结论发表在 1907 年 12 月写出的论文《关于相对性原理和由此得出的结论》中。根据重力场对光线的折射系数，很容易计算出重力场对光线的弯曲角度。不过爱因斯坦在这篇论文中并没有去计算。几年之后，到了 1911 年 6 月，爱因斯坦才在《论引力对光传播的影响》中给出了详细计算，计算思路如下。

---

[1] 注意：这里并没有考虑重力场对空间长度的影响。第 16 章会谈到，当重力场存在时，空间长度会变长。

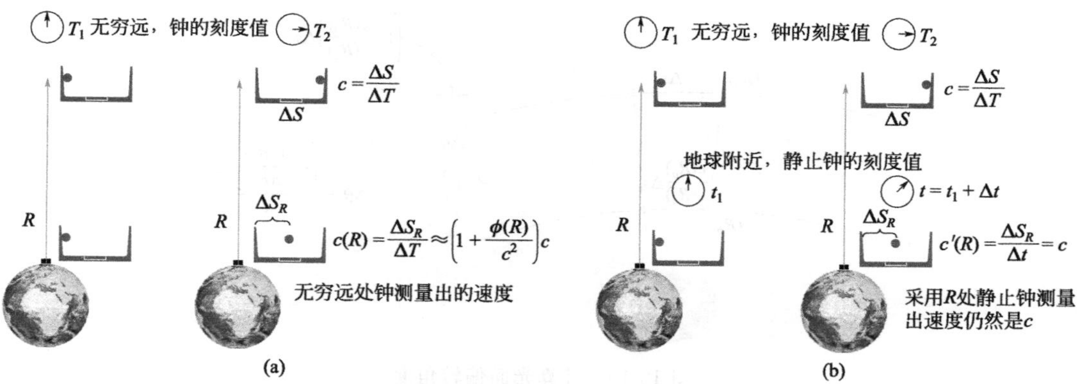

图 15-16 采用无穷远处的钟及采用 R 处静止钟测量出的光速

15.4 爱因斯坦对光线弯曲角度的计算

同样为了便于理解，这里并没有完全按照爱因斯坦的原意来计算，但思路是同一个。首先，在没有重力场时，真空中的光速是一个常数，它当然沿直线传播，如图 15-17 所示。图中虚线就表示光在同一个时刻所到达的位置，这些虚线被称为光面。

当重力场出现之后，在越靠近地球的位置，光速就越慢，所以光面上每一个点的光速度不再相等，从而使光线发生弯曲，如图 15-18 所示。

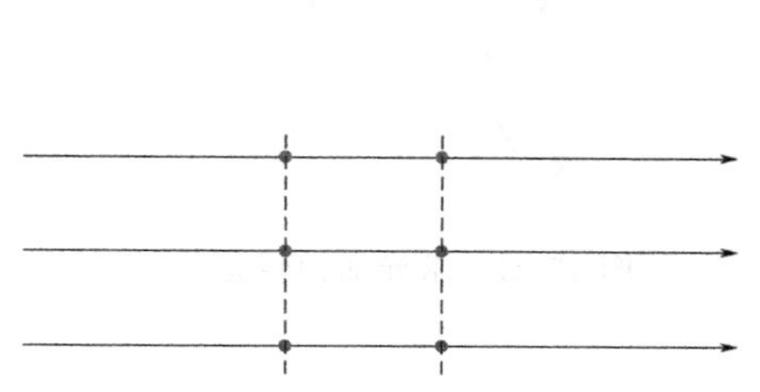

图 15-17 没有重力场时，光沿直线传播，虚线被称为光面

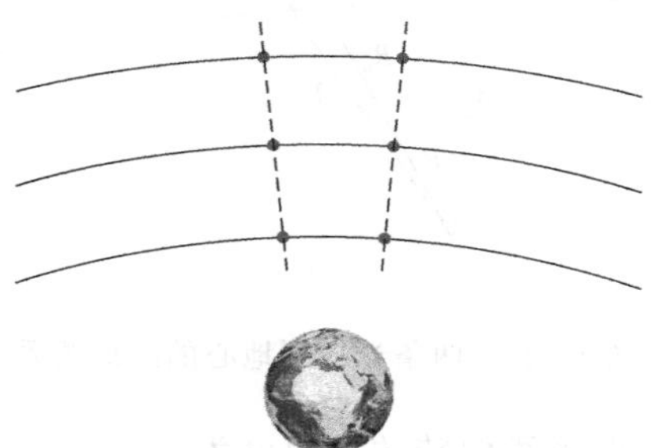

图 15-18 有重力场时，光线将发生弯曲

这样一来，这个弯曲角度就很容易计算出来了。比如考虑两条距离相差为 d 的光线，那么光线传播一段路程之后，光面偏转的角度 $\Delta\theta$ 如图 15-19 所示。

根据前面得到的重力场中光速公式，这个偏转角度等于❶：

$$\Delta\theta\approx\frac{\frac{GM}{c^2}\left(\frac{1}{R_b}-\frac{1}{R_a}\right)}{d}\Delta s$$

❶ 简单的计算过程：

$$\frac{c(R_b)}{c(R_a)}=\frac{1-\frac{GM}{c^2R_b}}{1-\frac{GM}{c^2R_a}}\approx 1-\frac{GM}{c^2}\left(\frac{1}{R_b}-\frac{1}{R_a}\right)$$

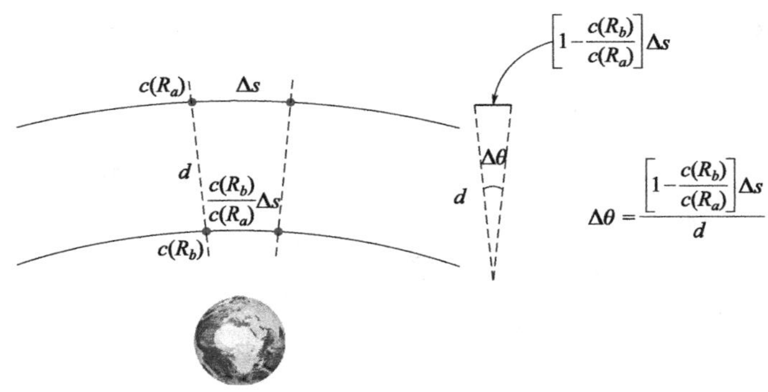

图 15-19　计算光面偏转角度

这两条光线到地心之间的距离满足关系如图 15-20 所示。

那么在这段传播路程中，光面偏转角度的计算公式变为：

$$\Delta\theta \approx \frac{GM}{c^2}\left(\frac{1}{R_b^2}\cos\beta\right)\Delta s \longleftarrow \Delta\theta \approx \frac{\frac{GM}{c^2}\left(\frac{1}{R_b}-\frac{1}{R_a}\right)}{d}\Delta s$$

所以在整个传播过程中，如图 15-21 所示，光面偏转的总角度为：

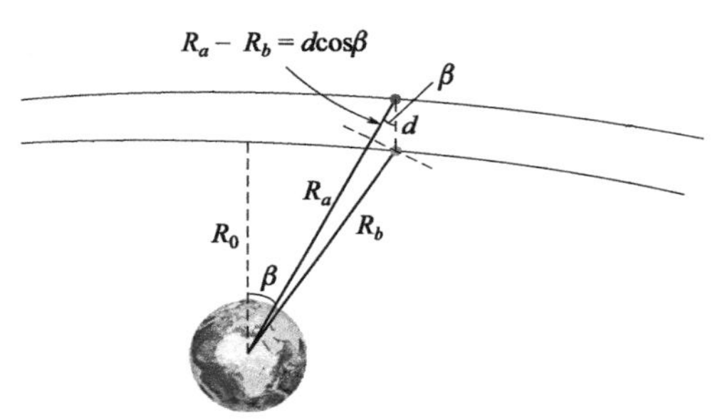

图 15-20　两条光线到地心的距离关系

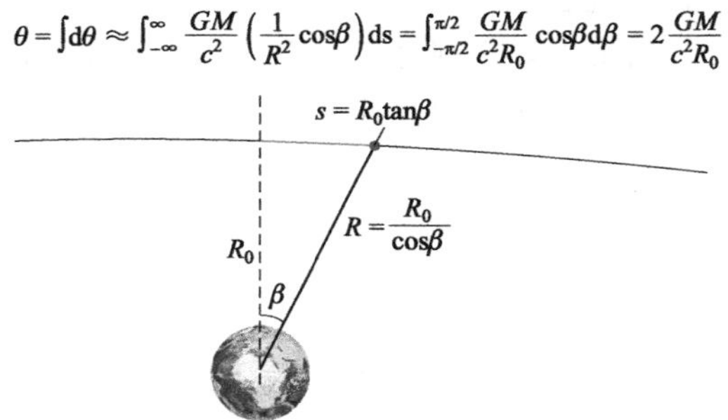

$\theta = \int d\theta \approx \int_{-\infty}^{\infty} \frac{GM}{c^2}\left(\frac{1}{R^2}\cos\beta\right)ds = \int_{-\pi/2}^{\pi/2} \frac{GM}{c^2R_0}\cos\beta d\beta = 2\frac{GM}{c^2R_0}$
$s = R_0\tan\beta$
$R = \frac{R_0}{\cos\beta}$
R_0
β

图 15-21　求光面偏转总角度

即光线偏转的总角度为：

$$\theta \approx 2\frac{GM}{c^2R_0}$$

此结果与第 13 章采用牛顿力学计算出的结果是相同的。对于太阳引力场，这个偏转角度为 0.85″。这是爱因斯坦的理论中第一个被观测验证了的结论。不过 0.85″只是观测值的一半，另一半偏转是由空间弯曲所导致的，第 26 章会给出全部的偏转量计算。另外，爱因斯坦在《论引力对光传播的影响》中还得到了重力场对光产生影响的另外一个结论，那就是光的引力红移现象。最后，光线的这个弯曲也证明了第 13 章讨论的问题，即：光确实具有引力质量。

本章小结

从以上这些推导过程可以看出爱因斯坦是如何从狭义相对论出发，利用等效原理和相对性原理得到了重力场对电磁场产生的影响的。这些影响会导致光线在重力场中发生弯曲，并且这个弯曲角度正好与光具有引力质量并被重力吸引所产生的弯曲角度是完全一致的，所以这从理论上反过来也推导出光的确是具有引力质量的。

这些结论又进一步指向另外一个重要的结论，那就是：既然光的惯性质量来自于这束光的能量，那么光的引力质量也就来自于这束光的能量，即：光的能量不仅具有惯性质量，还具有引力质量。那么这个结论可以推广到一般情况吗？比如说电荷的电势能、地球的引力势能也都具有引力质量吗？如果地球的引力势能也具有引力质量的话，那这又意味着另外一个更加重要的结论，那就是牛顿的引力公式需要修改，因为牛顿的引力公式并没有包含地球的引力势能对应的引力质量所产生的引力。就这样，这些思考结论不断引领着爱因斯坦走向一个从未被发现的“新世界”。在 1911 年之后，爱因斯坦在它们的指引下，继续不断深入思考，开始去探索与引力相关的问题。

第16章 地球引力场中的空间

我们暂时脱离爱因斯坦思想发展的历史路径❶，先来看看重力场对空间的影响。第 14 章已经得到重力场对时间产生的影响，那么它对空间也应该会产生类似的影响。确实也是这样，仿照第 14 章推导重力场对时间产生影响的思路，我们也能推导出重力场对空间产生的影响。不过与时间不同的是，空间还具有方向，所以需要对竖直方向和水平方向的空间分别进行推导。

16.1 重力场对竖直方向空间的影响❷

和第 14 章的处理方式一样，考虑一个匀加速参考系（ct,x,y,z）和一个静止参考系（cT,X,Y,Z），并且也和第 14 章一样将这个匀加速过程近似为若干段瞬间加速的过程。在匀加速参考系（ct,x,y,z）中存在一根细棒，它随着匀加速参考系一起加速运动。在 T_1 时刻，用匀加速参考系（ct,x,y,z）中的静止直尺和参考系（cT,X,Y,Z）中的静止直尺分别对这根细棒进行了测量。

匀加速参考系（ct,x,y,z）中静止直尺测量出的刻度值记为 l_1^{real}。在匀加速参考系（ct,x,y,z）看来，这根细棒是静止不动的，所以这个测量值 l_1^{real} 被称为该细棒的真实长度或标准长度；但在静止参考系（cT,X,Y,Z）看来，这根细棒是运动的，采用静止参考系（cT,X,Y,Z）中静止直尺测量出的刻度值记为 L_1^{gauge}，它被称为该细棒的度量长度、坐标长度或看上去的长度。根据第 11 章的结论，这两个刻度值之间的关系如图 16-1 所示。

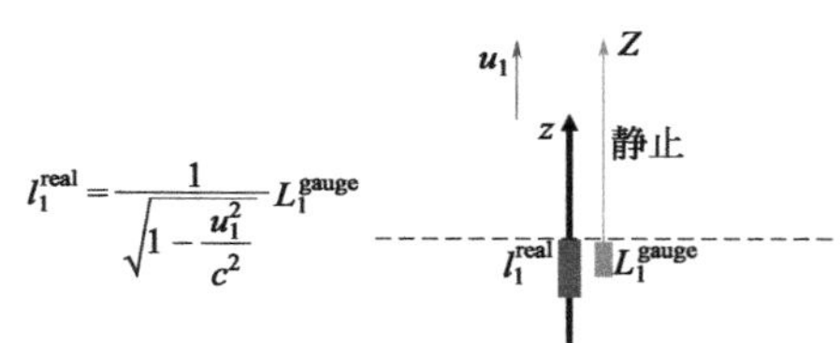

图 16-1 两套长度测量值之间的关系

在 T_2 时刻，参考系（ct,x,y,z）的速度已经被加速过一次。假设在 T_2 时刻，将该细棒换为另外一根真实长度不同的细棒 l_2^{real}，并且这根新细棒的真实长度 l_2^{real} 选取❸时让静止参考系（cT,X,Y,Z）中静止直尺对这根新细棒测量出的刻度值 L_2^{gauge} 正好等于 L_1^{gauge}。后面将它们统一记为 L^{gauge}，则 $L^{\text{gauge}}=L_1^{\text{gauge}}=L_2^{\text{gauge}}$，如图 16-2 所示。

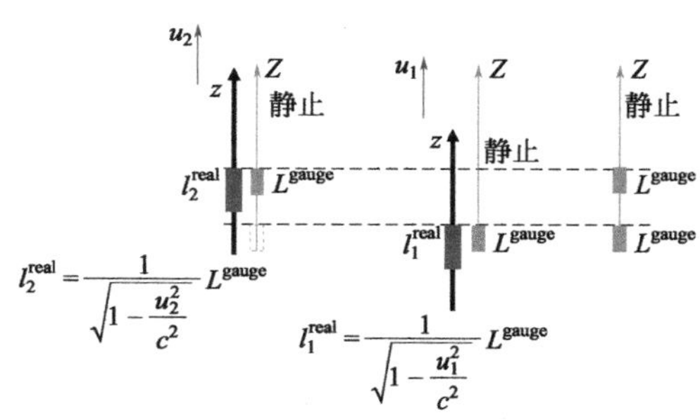

图 16-2 两个时刻的测量情况

❶ 因为引力对空间长度的影响是在爱因斯坦找到引力场方程之后才发现的。意识到这个结论的时间应该在 1915 年底了，在探索的前期，爱因斯坦还没有意识到引力对空间长度也会产生影响。

❷ 沈贤勇，从狭义相对论推导空间长度在重力场中的变化，《浙江树人大学学报（自然科学版）》，2019(4)。

❸ 材料和粗细都是完全一样的，也就是说除了长短，再也没有任何区别。

那么在静止参考系（cT,X,Y,Z）的人看来，他在 T_1 和 T_2 时刻测量的结果是同一个长度，所以他会感觉在这两个时刻是在测量同一根细棒（因为材料、粗细、长度等都相同）。但是匀加速参考系（ct,x,y,z）在 T_1 和 T_2 时刻的测量值 l_1^{real} 和 l_2^{real} 却是不相等的。也就是说：对于参考系（cT,X,Y,Z）所认为的同一根细棒，对于匀加速参考系（ct,x,y,z）来说，两次测量出的长度并不相等。具体来说，匀加速参考系（ct,x,y,z）这两次测量出的长度 l_1^{real} 和 l_2^{real} 之间的关系如图 16-3 所示。

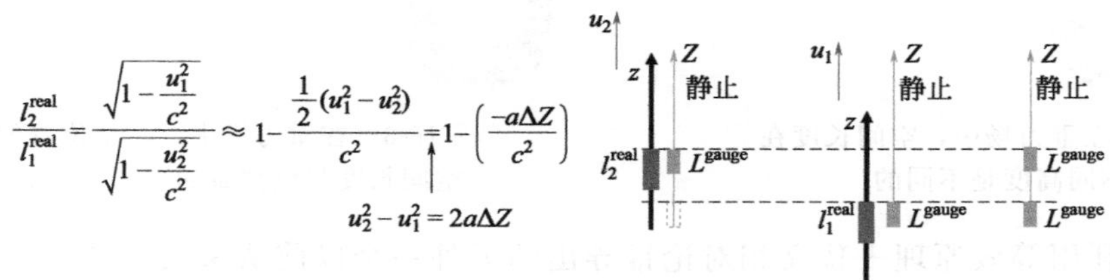

图 16-3　匀加速参考系两次测量出的长度关系

同样根据等效原理，我们可以得到如下结论：

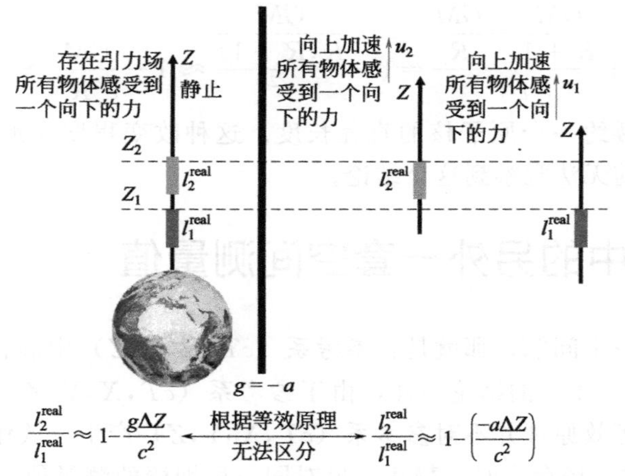

图 16-4　据等效原理，匀加速参考系中静止直尺测量出的长度与重力场中静止直尺测量出的长度是等效的

根据等效原理，图 16-4 左右两边的情况是无法区分的，其中就包括长度的测量是无法区分的。具体来说就是：向上加速的参考系（ct,x,y,z）中静止直尺所测量的长度 l 与重力场中静止直尺所测量的长度是无法区别的。既然这样，那么长度 l 就是重力场中静止直尺的测量值，所以 l_1^{real} 和 l_2^{real} 也可以视为细棒在重力场中的真实长度。前面刚刚提到过，对于静止参考系（cT,X,Y,Z）的人来说，他认为这两次测量的是同一根细棒。这样一来，我们马上就得出另外一个重要结论：

在重力场中，同一根细棒在不同高度位置处的真实长度是不相等的。同一根细棒靠近地球的过程中，它的真实长度会变长。这就意味着重力场中的空间长度不再是均匀的，而是与高度位置相关的，即如图 16-5 所示。

同样根据引力势函数 ϕ，马上就能得到不同高度位置的空间长度与该位置的引力势是相关的，即有如图 16-6 所示。

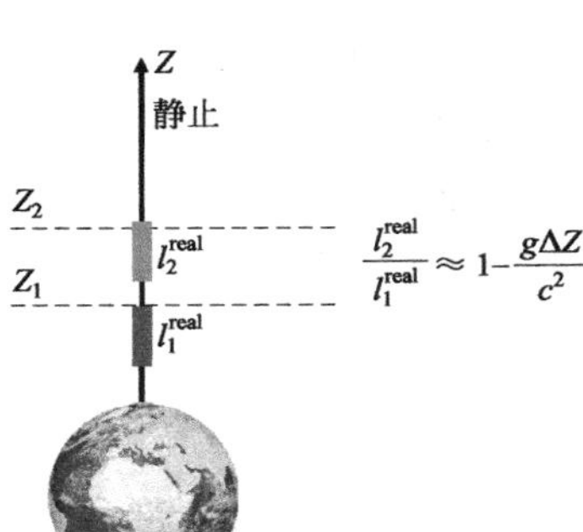

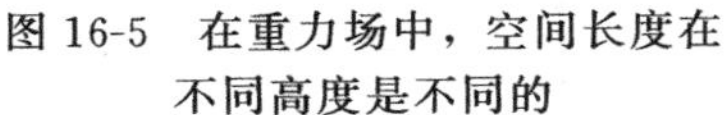
图 16-5　在重力场中，空间长度在不同高度是不同的

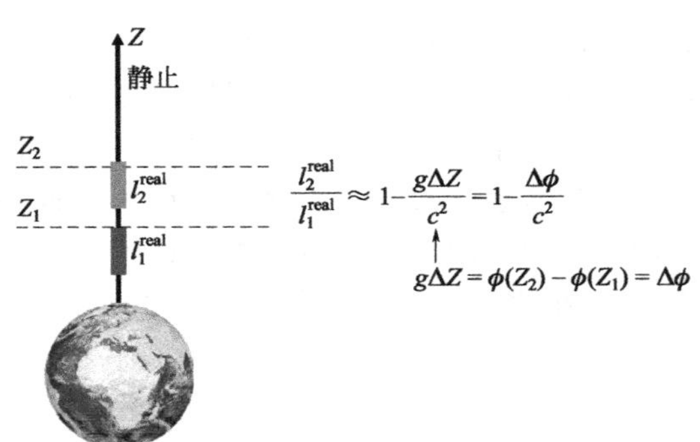

图 16-6　在重力场中，一个位置的空间长度与该位置的引力势相关

这就是利用等效原理＋狭义相对论推导出的另外一个以前从来没有被人意识到过的结论：在地面上不同高度的位置，空间的长度是不一样的。即越靠近地面，空间的长度会变得越长；越远离地面，空间的长度会变得越短。这个变短的程度同样是非常微小的，比如你从地面站到一张桌子上，你的身高大约会缩短：

$$\frac{l_{\text{desk}}}{l} \approx 1+\frac{\frac{GM}{R+1}-\frac{GM}{R}}{c^2}=1-\frac{\frac{GM}{R(R+1)}}{c^2} \approx 1-\frac{GM}{c^2R^2} \approx 1-10^{-16}$$

即你的身高会变矮约一个原子核的直径长度。这种改变程度在地球表面同样是如此微弱，以至于我们在之前无法觉察到这个结论。

16.2　重力场中的另外一套空间测量值

同样现在还剩下一个问题，那就是：参考系（cT,X,Y,Z）中静止直尺的测量值 L^{gauge} 表示什么含义呢？和第 14 章的结论一样，由于参考系（cT,X,Y,Z）是静止的，而不是一个加速参考系，所以等效原理并不对参考系（cT,X,Y,Z）产生等效作用。因此这个测量值 L^{gauge} 仍然表示没有重力场存在时，静止直尺对同一根细棒的测量值；或者表示在远离地球的区域处（那里已经没有重力），静止直尺对同一根细棒的测量值。即：L^{gauge} 表示没有重力存在时，这个根细棒的真实长度，如图 16-7 所示。

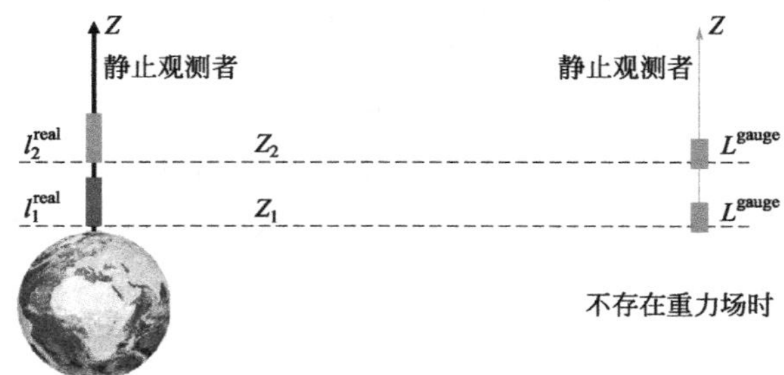

图 16-7　对于同一根细棒，l 是重力场中静止直尺的刻度值，L 是无重力场时静止直尺的刻度值

在同一个高度位置处，对于同一根细棒，有重力场存在时的真实长度 l^{real} 和没有重力场存在时的真实长度 L^{gauge} 之间的关系又是什么呢？和第 14 章的推导类似，这个问题的答案如图 16-8 所示。

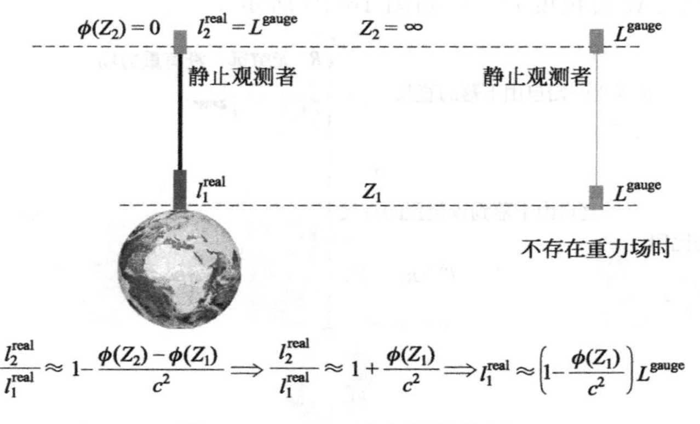

图 16-8　l 和 L 的之间的关系

非常值得注意、也是非常微妙之处是这个关系并不表示在同一个位置采用同一把直尺测量同一根细棒，直尺在有重力场时的刻度值与直尺在没有重力场时的刻度值之间的关系。这是因为直尺本身的长度也会发生等比例的改变，从而导致直尺的刻度值在重力场存在时并没有发生变化，如图 16-9 所示。

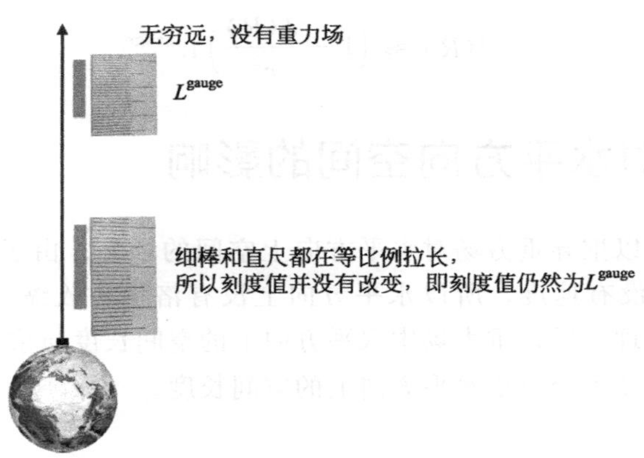

图 16-9　由于直尺本身的长度也会发生等比例的改变，所以刻度值并没有改变

所以在同一个位置采用同一把直尺测量同一根细棒，不管是否有重力场存在，该直尺的刻度值都是 L^{gauge}。只不过当重力场不存在时，L^{gauge} 才等于细棒的真实长度；而当重力场存在时，L^{gauge} 并不再等于细棒的真实长度。也就是说重力场中静止直尺所测量出的刻度值 L^{gauge} 并不是被测对象的真实长度，这也是把 L^{gauge} 称之为度量长度、看上去的长度的原因。第 17 章将会谈到，也可以把刻度值 L^{gauge} 称为坐标长度。

那么一根细棒在重力场中的真实长度 l^{real} 该如何测量呢？所谓真实长度就是采用刻度标准没有改变的直尺测量出的刻度值，也就是采用无重力场时的直尺或无穷远处的直尺测量出的刻度值。满足这样条件的直尺被称为标准直尺，它所测量出的刻度值也被称为标准长度。

那么这样的标准直尺怎么得到呢？一种方案就是让无穷远的一把直尺自由下落运动到位置 R 处。对于静止在 R 处的观测者来说，自由下落到 R 处的这把直尺会发生洛伦兹收缩，并且收缩的比例$\sqrt{1-u^2/c^2}$等于真实长度伸长的比例 $1-\phi(R)/c^2$。也是就说这个收缩和伸长相互抵消了，使得这把直尺的刻度标准没有改变。所以静止在 R 处的观测者采用这把直尺测量出的刻度值就是真实长度 l^{real}，如图 16-10 所示。

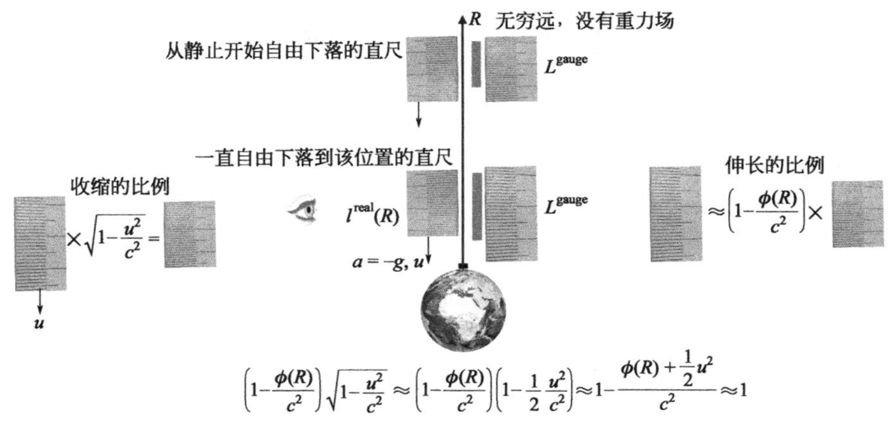

图 16-10 从无穷远处自由下落的直尺测量出的刻度值就是“真实长度”l^{real}

总之，在重力场中同一个高度位置 R 处，一位静止观测者也存在两套测量值可以使用，即细棒的真实长度 l^{real} 和度量长度 L^{gauge}。重力场对这两套测量值之间关系的影响为：

$$l^{\text{real}}(R) \approx \left(1-\frac{\phi(R)}{c^2}\right) L^{\text{gauge}}$$

16.3 重力场对水平方向空间的影响

采用相同方法也可以推导重力场对水平方向上空间的影响。由于匀加速参考系（ct, x, y, z）中在水平方向上没有速度，所以水平方向上没有洛伦兹收缩，即空间长度将是不变的。那么在使用等效原理之后，重力场中水平方向上的空间长度与重力场不存在时的空间长度是相等的，即：重力场不会改变水平方向上的空间长度。

本章小结

这就是重力场对空间产生的影响。这个关系同样如此之重要，因为它非常直白地告诉我们：引力的存在会改变空间，并且改变的程度与位置 R 处的引力大小无关，而是与 R 处的引力势 ϕ 的大小有关。那么反过来，这个结论也已经非常直白地告诉我们：如果一个区域的空间长度发生了改变，那么这个区域也一定会伴随引力的出现。空间长度是几何属性，引力势是引力的属性，所以这个结论已经表明空间的几何性质是与引力相关的，第 27 章会讨论具体是如何相关的。

第17章 地球引力场对牛顿力学的重建

在第 12 章讨论过，狭义相对论对整个牛顿力学进行了重建。在重建之后，空间和时间已经变为了一个整体——时空，它坐标系为 (cT,X,Y,Z)。

① 速度概念被重建为：

$$U^T=c\frac{\mathrm{d}T}{\mathrm{d}t},U^X=\frac{\mathrm{d}X}{\mathrm{d}t},U^Y=\frac{\mathrm{d}Y}{\mathrm{d}t},U^Z=\frac{\mathrm{d}Z}{\mathrm{d}t}$$

其中，t 是运动物体携带的钟测量的时间。

② 动量的概念被重建为：

$$P^T=MU^T,\ P^X=MU^X,\ P^Y=MU^Y,\ P^Z=MU^Z$$

$$P^T=Mc\frac{\mathrm{d}T}{\mathrm{d}t},\ P^X=M\frac{\mathrm{d}X}{\mathrm{d}t},\ P^Y=M\frac{\mathrm{d}Y}{\mathrm{d}t},\ P^Z=M\frac{\mathrm{d}Z}{\mathrm{d}t}$$

采用静止观测者测量的时间 T 作为描述变化快慢的参数，则动量被改写为：

$$P^T=mc,\ P^X=mu^X,\ P^Y=mu^Y,\ P^Z=mu^Z$$

$$P^T=mc,\ P^X=m\frac{\mathrm{d}X}{\mathrm{d}T},\ P^Y=m\frac{\mathrm{d}Y}{\mathrm{d}T},\ P^Z=m\frac{\mathrm{d}Z}{\mathrm{d}T}$$

③ 质量的概念被重建为：

$$m=\gamma M=\frac{M}{\sqrt{1-\frac{u^2}{c^2}}},\ \text{其中}\ \gamma=\frac{\mathrm{d}T}{\mathrm{d}t}=\frac{1}{\sqrt{1-\frac{u^2}{c^2}}}$$

这个质量 m 就是静止观测者采用时间 T 度量出来的大小。

④ 牛顿第二定律被重建为：

$$f^T=\frac{\mathrm{d}P^T}{\mathrm{d}t},\ f^X=\frac{\mathrm{d}P^X}{\mathrm{d}t},\ f^Y=\frac{\mathrm{d}P^Y}{\mathrm{d}t},\ f^Z=\frac{\mathrm{d}P^Z}{\mathrm{d}t}$$

但是到了 1907 年，爱因斯坦已经发现光速在地球重力场中不再是绝对的常数，而是空间位置 R 的函数。另外在第 14、15、16 章讨论过，时间和空间又具有了新的不同性质。这些性质都已表明光速、时间和空间的两套测量值之间的关系已经发生了改变[❶]：

$$c(R)\approx\left(1+\frac{\phi(R)}{c^2}\right)c,\ \Delta t\approx\left(1+\frac{\phi(R)}{c^2}\right)\Delta T,\ l^{\text{real}}(R)\approx\left(1-\frac{\phi(R)}{c^2}\right)L^{\text{gauge}}$$

这些改变都是在最底层进行的，在此基础上建立的所有物理学都会受到波及和影响，当然也包括牛顿力学和电磁学[❷]。所以第 12 章重建之后的牛顿力学，即狭义相对论中的牛顿力学还需要被再次重建，以符合时间所具有的这种新性质，或者说符合光速不是常数的相对

❶ 爱因斯坦当时还没有意识到空间的这种新性质，只知道时间的这种新性质。

❷ 电磁学的重建在第 15 章已经讨论过了。除此之外，爱因斯坦还尝试过对一些热力学概念进行重建。

论。这实际上就是在超越狭义相对论，向更一般的相对论发展了。

重建的思路有两套方案，区别在于从不同角度去看待重力场对牛顿力学所产生的影响。第一套方案的侧重点是让重建之后的四维速度、四维动量、四维力的定义与狭义相对论中的重建结论保持一致，今天大多数教科书也主要采用这种重建方案；第二套重建方案则是爱因斯坦当年所采用的方案，这套方案的侧重点更关注重力场产生的影响。爱因斯坦正是在研究他这套重建方案的过程中，对引力与时空之间的关系有了新的洞察和理解，从而找到了下一步研究的方向。我们先讨论第一套重建方案，然后再来讨论爱因斯坦当年所采用的重建思路。

17.1 第一套重建方案

尽管在地球的引力场中，不同高度位置处的光速不再相同，即光速不再是常数，但第一套重建方案的时空坐标系仍然与闵可夫斯基时空的坐标系保持一致，即仍然选择为（cT,X,Y,Z）。

其中，坐标中光速 c 仍然是常数。这样四维速度、四维动量、四维力等物理对象在第 12 章重建之后的定义可以继续沿用。不同之处在于重力场中的时间还会被重力场影响，比如随物体运动的钟测量出的时间还会受到重力场的影响。由于记号 t 已经被用来表示重力场中静止钟测量的时间，所以为了避免与狭义相对论的符号混淆，在重力场中，随物体运动的钟测量的时间记为 τ。在取一阶近似之后，三种时间 τ、t、T 之间的流逝快慢关系为：

$$\Delta\tau=\Delta t\sqrt{1-\frac{u^2}{c(R)^2}}\approx\Delta t\sqrt{1-\frac{u^2}{c^2}},\ \Delta t\approx\left(1+\frac{\phi(R)}{c^2}\right)\Delta T,\ \Delta\tau\approx\Delta T\sqrt{1+\frac{2\phi}{c^2}-\frac{u^2}{c^2}}$$

所以在第一套重建方案中，只需要将四维速度、四维动量、四维力定义中描述变化快慢的参数从 t 改为 τ 就可以了。那么这些物理对象的重建过程如下。

① 速度的重建。第 16 章谈到过，在重力场中，静止观测者采用他携带的直尺测量出的刻度值仍然是（X,Y,Z）[1]，那么静止观测者就仍然可以采用（X,Y,Z）来描述运动物体的位置。所以在重力场中，四维速度的定义保持不变：

$$U^T=c\frac{\mathrm{d}T}{\mathrm{d}\tau},\ U^X=\frac{\mathrm{d}X}{\mathrm{d}\tau},\ U^Y=\frac{\mathrm{d}Y}{\mathrm{d}\tau},\ U^Z=\frac{\mathrm{d}Z}{\mathrm{d}\tau}$$

不过其中 τ 是运动物体所携带的钟测量的时间。

② 动量的重建。动量的定义也保持不变，仍然为：

$$P^T=MU^T,\ P^X=MU^X,\ P^Y=MU^Y,\ P^Z=MU^Z$$

$$P^T=Mc\frac{\mathrm{d}T}{\mathrm{d}\tau},\ P^X=M\frac{\mathrm{d}X}{\mathrm{d}\tau},\ P^Y=M\frac{\mathrm{d}Y}{\mathrm{d}\tau},\ P^Z=M\frac{\mathrm{d}Z}{\mathrm{d}\tau}$$

式中，M 是物体在无重力场中静止时的质量，或者说是采用时间 τ 度量出来的大小。在第 12 章谈到过，所谓的能量就是描述一个物体包含运动有多少的第四个维度，也就是物体在时间这个维度上的运动量。现在静止观测者有两套时间可以用——无穷远钟测量的时间 T 和他自己携带的钟测量的时间 t，那么对于静止观测者来说，能量值也有两套[2]。一套是在时间 T 上的运动量，记为 E。由于时间 T 也是无穷远观测者测量出的时间，所以能量 E

---

[1] 尽管真实长度已经改变了。

[2] 注意：时间 τ 只是表示变化快慢的参数，它不是一个物理对象，所以没有在时间 τ 上的运动量的概念。

也等于无穷远观测者测量出的刻度值。另外一套是在时间 t 上的运动量，记为 e。第 27 章将会谈到，当地球存在时，同一段时间间隔的真实长度不变，也就是说对于同一段时间间隔，地球存在后的刻度值 t 与无引力场时的刻度值是相同的，所以能量 e 就表示剔除掉引力场影响之后的能量。这两套能量与四维动量的第四维分量 P^T 之间的关系分别为：

$$\frac{E}{c}=Mc\ \frac{\mathrm{d}T}{\mathrm{d}\tau}=P^T$$

$$\frac{e}{c}=Mc\ \frac{\mathrm{d}t}{\mathrm{d}\tau}=Mc\ \frac{\mathrm{d}t}{\mathrm{d}T}\ \frac{\mathrm{d}T}{\mathrm{d}\tau}\approx\left(1+\frac{\phi}{c^2}\right)Mc\ \frac{\mathrm{d}T}{\mathrm{d}\tau}=\left(1+\frac{\phi}{c^2}\right)P^T$$

③ 对质量带来的影响。在第 14、15 章谈到过，我们在实际应用过程中所采用的速度是采用坐标时间 T 来度量的，比如变慢了的光速 $c(R)$ 就是这样。在第 15 章也推导过，重力场中描述麦克斯韦方程组的时间也是采用坐标时间 T 来度量的。所以如果也采用坐标时间 T 来度量这些动量就有：

$$P^T=mc，P^X=mu^X，P^Y=mu^Y，P^Z=mu^Z$$

$$P^T=mc，P^X=m\ \frac{\mathrm{d}X}{\mathrm{d}T}，P^Y=m\ \frac{\mathrm{d}Y}{\mathrm{d}T}，P^Z=m\ \frac{\mathrm{d}Z}{\mathrm{d}T}$$

那么，动量的这个定义就对重力场中物体的质量产生了影响。与采用时间 τ 度量的动量对比之后就发现，在重力场中，一个运动物体的质量需要被重建为：

$$m=\Gamma M\approx\frac{M}{\sqrt{1+\frac{2\phi}{c^2}-\frac{u^2}{c^2}}}，其中\ \Gamma=\frac{\mathrm{d}T}{\mathrm{d}\tau}\approx\frac{1}{\sqrt{1+\frac{2\phi}{c^2}-\frac{u^2}{c^2}}}$$

这个质量 m 就是静止观测者采用坐标时间 T 度量出来的大小。

这个重建结果意味着一个无比重要的结论，那就是：即使一个物体在重力场中静止，该物体的质量也会比无重力场时的质量要大。所以，重力场会让一个物体的静止质量变大，即重力场中静止物体的质量为：

$$m(R)\approx\frac{M}{\sqrt{1+\frac{2\phi}{c^2}}}\approx\left(1-\frac{\phi}{c^2}\right)M$$

这个结论背后当然蕴含着更多的物理意义，比如，一个物体越靠近地球，它的惯性质量就会变大，那么它的引力质量也就会随之变大，从而该物体受到引力就会大于按照牛顿引力公式计算出的值，所以牛顿的引力理论也需要被重建；再比如，越靠近地球，物体的惯性质量越大，那么这些增加的质量部分又来自哪里呢？这些都是非常重要的问题。正是这些问题指引着爱因斯坦继续往下探索，本书第 20 章会来讨论这些重要问题。

这个结论也表明：当地球靠近一个静止物体时，该物体的质量即惯性会增加，即一个物体的全部惯性是与它周围物质相关的。在第 6 章谈到过，马赫早在对牛顿力学的批判过程中就得出了类似的结论。爱因斯坦把马赫的这些结论上升为马赫原理，以此来支持他得到的这个新发现。为此，爱因斯坦还单独写了一篇论文来讨论：一个物体是如何影响它周围物体的质量即惯性的（第 18 章再来讨论这篇论文）。总之，爱因斯坦当时已经意识到了这个结论背后所蕴含的巨大价值了。

④ 牛顿第一定律的重建。这是整个重建过程中最为关键和最大不同之处。如果把重力视为一种外力，那么我们仍然可以使用第 12 章重建过的牛顿第一定律，即：当一个物体不受外力作用时（包括不受重力作用），该物体的四维速度将一直保持为常数，或者说四维速

度的变化率（即导数）等于零。

但是在地球引力场中，没有不受重力作用的物体，可是惯性定律描述的又是一个物体不受外力作用时的运动行为。那么如何调和它们之间矛盾呢？解决方法只有一个：不把重力视为一种外力。也就是说，在地球引力场中，一个物体如果不受其它外力作用（即只受重力作用），那么把它的运动就视为是惯性运动❶。所以这个解决方法就是第 7 章谈到过的，将重力的思想还原为重性和惯性的思想。

所以，在地球引力场中，重建之后的牛顿第一定律为：一个只受到重力作用而不受其它外力作用的物体，即一个自由运动物体，所呈现出来的运动就是惯性运动。那么这样的惯性运动具体是什么样的运动呢？下面第二套重建方案会给出详细讨论。

⑤ 对牛顿第二定律的重建。第 12 章重建过的牛顿第二定律也可以继续沿用，不过描述变化快慢的参数也要从 t 改为 τ，即有：

$$f^T+g^T=\frac{\mathrm{d}P^T}{\mathrm{d}\tau},\ f^X+g^X=\frac{\mathrm{d}P^X}{\mathrm{d}\tau},\ f^Y+g^Y=\frac{\mathrm{d}P^Y}{\mathrm{d}\tau},\ f^Z+g^Z=\frac{\mathrm{d}P^Z}{\mathrm{d}\tau}$$

其中，f^μ 是四维纯外力，g^μ 是四维重力。它们都是采用随物体一起运动的钟 τ 所度量出来的力。不过，第四个维度的力与其它三维力之间的关系需要重建为：

$$f^T+g^T\approx\frac{1}{c\left(1+\frac{2\phi}{c^2}\right)}(\vec{f}+\vec{g})\cdot\vec{u}$$

由于在重建之后的牛顿第一定律（即惯性定律）中，重力不再是外力。那么，在此惯性定律基础之上提出的牛顿第二定律之中，重力也不再属于外力，因此也需要把牛顿第二定律修改为：

$$f^T=\frac{\mathrm{d}P^T}{\mathrm{d}\tau}-g^T,\ f^X=\frac{\mathrm{d}P^X}{\mathrm{d}\tau}-g^X,\ f^Y=\frac{\mathrm{d}P^Y}{\mathrm{d}\tau}-g^Y,\ f^Z=\frac{\mathrm{d}P^Z}{\mathrm{d}\tau}-g^Z$$

同样，如果静止观测者改用坐标时间 T 来度量力的大小，那么此静止观测者测量出的力 F^μ 为：

$$F^T=\frac{\mathrm{d}P^T}{\mathrm{d}T}-G^T,\ F^X=\frac{\mathrm{d}P^X}{\mathrm{d}T}-G^X,\ F^Y=\frac{\mathrm{d}P^Y}{\mathrm{d}T}-G^Y,\ F^Z=\frac{\mathrm{d}P^Z}{\mathrm{d}T}-G^Z$$

这样度量出的力比四维力要小，它们之间的关系为：

$$f^\mu+g^\mu=\Gamma(F^\mu+G^\mu),\ \text{此处}\ \Gamma=\frac{\mathrm{d}T}{\mathrm{d}\tau}\approx\frac{1}{\sqrt{1+\frac{2\phi}{c^2}-\frac{u^2}{c^2}}}$$

其中的 $\vec{G}=(G^X,G^Y,G^Z)$ 是采用坐标时间 T 来度量出的重力。

⑥ 牛顿第三定律的重建。和第 12 章的结论一样，重建之后的牛顿第三定律仍然为：四维的作用力等于四维的反作用力。不过作用力现在只需要考虑四维纯外力，即有：$f^\mu_{\rightarrow}=-f^\mu_{\leftarrow}$。

17.2 爱因斯坦当年的重建方案

爱因斯坦重建之路的最大区别在于：从一个崭新视角对变化光速 $c(R)$ 的物理意义进行

❶ 从这里可以理解，在第 3、6 章谈到过的，把匀速直线运动视为惯性运动并不是唯一选择的观点了。

重新诠释。

首先，将时空的坐标系重建为[1]：

$$(cT,X,Y,Z)\longrightarrow(c(R)T,X,Y,Z)$$

在这种新时空 $[c(R)T,X,Y,Z]$ 中，光速是可变的。大约从 1911 年底开始，爱因斯坦就已经在研究这种新时空中的牛顿力学，到了 1912 年上半年，爱因斯坦已经发表了大量有关光速可变的理论（下面就要讨论其中一部分）。当爱因斯坦在 1912 年 8 月重新回到苏黎世之后，他有机会和他的大学同学——数学家格尔斯曼充分交流这些科研成果。在交流之后，身为数学家的格尔斯曼很快（只用了一天[2]）就看出来重力场中的这种时空 $(c(R)T,X,Y,Z)$ 就是一种弯曲的几何空间，它被称为黎曼几何。也就是从 1912 年 8 月份起，爱因斯坦开始学习黎曼几何（爱因斯坦之前只学习过高斯几何），从而让他的探索过程走上了另外一条道路。后面章节将会陆续讨论这些过程。

其次，爱因斯坦将重力场中的光速 $c(R)$ 与重力场的势函数 $\phi(R)$ 联系起来了，即爱因斯坦换了一个角度来理解下面这个结论。

$$c(R)\approx\left(1+\frac{\phi(R)}{c^2}\right)c$$

当初次得到这个结论时，我们对它的理解是空间位置 R 处的光速是由描述该位置重力场的势函数 $\phi(R)$ 决定的，即重力场决定光速。但爱因斯坦对此关系的理解方式产生了一个巨大的思想转变，那就是将此关系反过来理解，也就是认为重力场可以采用光速 $c(R)$ 来描述。爱因斯坦将描述重力场的势函数 $\phi(R)$ 替换成光速函数 $c(R)$，即做如下替换：

$$\frac{\phi(R)}{c^2}\approx\frac{c(R)}{c}-1$$

在这种替换之后，特别重要的一个结论是：引力势函数 $\phi(R)$ 的梯度正好等于光速函数 $c(R)$ 的梯度，即有：

$$\frac{1}{c}\vec{\nabla}\phi(R)\approx\vec{\nabla}c(R)\quad 或\quad \begin{cases}\dfrac{1}{c}\dfrac{\partial\phi(R)}{\partial X}\approx\dfrac{\partial c(R)}{\partial X}\\ \dfrac{1}{c}\dfrac{\partial\phi(R)}{\partial Y}\approx\dfrac{\partial c(R)}{\partial Y}\\ \dfrac{1}{c}\dfrac{\partial\phi(R)}{\partial Z}\approx\dfrac{\partial c(R)}{\partial Z}\end{cases}$$

所以，重力场中的光速函数 $c(R)$ 完全可以代换引力势函数 $\phi(R)$ 去描述引力。就这样，爱因斯坦在思想上做出了一个重要转变：描述地球引力的不再是引力势函数 $\phi(R)$ 了，而是重力场中的光速 $c(R)$。爱因斯坦大约在 1912 年的年初开始产生了这种思想转变，这个思想的转变是广义相对论探索过程中**第三个重要的转折点**。

由于在这个新时空 $[c(R)T,X,Y,Z]$ 中，光速 $c(R)$ 成为了时间坐标的一个组成部分，也就是说光速 $c(R)$ 成为了时空性质的一部分。所以这个重要的思想转变又标志着爱因斯坦已经将引力等同于时空的几何性质了。后面章节将会谈到，爱因斯坦正是从这个突破口开始，不断深入挖掘，最终找到了全部的答案，发现了一个崭新的物理世界。比如，在转变之后的思想基础上对牛顿力学进行重建过程中，爱因斯坦就有了一个重要发现：重力场中的

---

[1] 尽管爱因斯坦在论文和演讲中没有正式这样写出来，但是他的计算过程实际上已采用了这个结论。

[2] 亚伯拉罕·派斯著，《爱因斯坦传上册》，商务印书馆，2017：309。

自由物体在时空中留下的世界线是一条直线。为了看清楚这一重要发现，先利用这个转变之后的思想对牛顿力学重建如下：

① 速度的重建。根据这个新时空的坐标系 $[c(R)T, X, Y, Z]$，四维速度的概念被重建为：

$$U^T_{\text{Einstein}} = c(R)\frac{\mathrm{d}T}{\mathrm{d}\tau},\ U^X = \frac{\mathrm{d}X}{\mathrm{d}\tau},\ U^Y = \frac{\mathrm{d}Y}{\mathrm{d}\tau},\ U^Z = \frac{\mathrm{d}Z}{\mathrm{d}\tau}$$

三种时间 τ、t、T 之间的关系不用再取一阶近似，它们流逝快慢的严格关系为：

$$\Delta\tau = \Delta t\sqrt{1-\frac{u^2}{c^2(R)}},\ \Delta t = \frac{c(R)}{c}\Delta T,\quad \Delta\tau = \Delta T\,\frac{1}{c}\sqrt{c^2(R)-u^2}$$

② 动量的重建。根据新的四维速度，动量重建为[1]：

$$P^T_{\text{Einstein}} = MU^T_{\text{Einstein}},\ P^X = MU^X,\ P^Y = MU^Y,\ P^Z = MU^Z$$

$$P^T_{\text{Einstein}} = Mc(R)\frac{\mathrm{d}T}{\mathrm{d}\tau},\ P^X = M\frac{\mathrm{d}X}{\mathrm{d}\tau},\ P^Y = M\frac{\mathrm{d}Y}{\mathrm{d}\tau},\ P^Z = M\frac{\mathrm{d}Z}{\mathrm{d}\tau}$$

该静止观测者的两套能量值与四维动量的第四维分量 P^T_{Einstein} 之间的关系为：

$$\frac{E}{c} = Mc\frac{\mathrm{d}T}{\mathrm{d}\tau} = M\frac{c}{c(R)}c(R)\frac{\mathrm{d}T}{\mathrm{d}\tau} = \frac{c}{c(R)}P^T_{\text{Einstein}}$$

$$\frac{e}{c} = Mc\frac{\mathrm{d}t}{\mathrm{d}\tau} = Mc\frac{\mathrm{d}t}{\mathrm{d}T}\frac{\mathrm{d}T}{\mathrm{d}\tau} = Mc(R)\frac{\mathrm{d}T}{\mathrm{d}\tau} = P^T_{\text{Einstein}}$$

③ 对质量带来的影响。采用坐标时间 T 来度量出的质量大小为：

$$m = \Gamma M = \frac{Mc}{\sqrt{c^2(R)-u^2}},\ \text{其中}\ \Gamma = \frac{\mathrm{d}T}{\mathrm{d}\tau} = \frac{c}{\sqrt{c^2(R)-u^2}}$$

对于重力场中一个静止物体，它的质量会增加到：

$$m = \frac{c}{c(R)}M$$

④ 牛顿第一定律的重建。重建之后的牛顿第一定律是思想转变之后另外一个重大发现。不过要看清楚这一点，需要先讨论一下牛顿第二定律的重建。

⑤ 牛顿第二定律的重建。在这个新时空 $[c(R)T, X, Y, Z]$ 中，重力场中的牛顿第二定律与第 12 章重建之后的牛顿第二定律在形式上完全一样，即仍然为：

$$f^T_{\text{Einstein}} + g^T_{\text{Einstein}} = \frac{\mathrm{d}P^T_{\text{Einstein}}}{\mathrm{d}\tau},\ f^X + g^X = \frac{\mathrm{d}P^X}{\mathrm{d}\tau},\ f^Y + g^Y = \frac{\mathrm{d}P^Y}{\mathrm{d}\tau},\ f^Z + g^Z = \frac{\mathrm{d}P^Z}{\mathrm{d}\tau}$$

第四个维度的力与其它三维力之间的关系在形式上和第 12 章的重建结果一样：

$$f^T_{\text{Einstein}} + g^T_{\text{Einstein}} = \frac{1}{c(R)}(\vec{f}+\vec{g})\cdot\vec{u}$$

同样，如果静止观测者改用坐标时间 T 来度量力的大小，那么此静止观测者测量出的力 F^μ 为：

$$F^T_{\text{Einstein}} + G^T_{\text{Einstein}} = \frac{\mathrm{d}P^T_{\text{Einstein}}}{\mathrm{d}T},\ F^X + G^X = \frac{\mathrm{d}P^X}{\mathrm{d}T},\ F^Y + G^Y = \frac{\mathrm{d}P^Y}{\mathrm{d}T},\ F^Z + G^Z = \frac{\mathrm{d}P^Z}{\mathrm{d}T}$$

其中，$\vec{G} = (G^X, G^Y, G^Z)$ 也是采用坐标时间 T 度量出的重力。

---

[1] 同样，尽管爱因斯坦在论文和演讲中没有正式这样写出来，但是他的计算过程实际上已应用了这个结论。

和第一套重建方案不同的是，从这套方案的牛顿第二定律出发，我们可以推导出一个无比重要的结论。具体推导过程见下文。

17.3 重力场中自由物体的运动方程

采用第二套重建方案，一个物体如果只受到引力的作用，即重力场中一个自由运动物体所满足的牛顿第二定律为：

$$\frac{\mathrm{d}P^X}{\mathrm{d}T}=G^X，\frac{\mathrm{d}P^Y}{\mathrm{d}T}=G^Y，\frac{\mathrm{d}P^Y}{\mathrm{d}T}=G^Y$$

这里的重力 $\overrightarrow{G}=(G^X,G^Y,G^Z)$ 暂时先采用牛顿的引力公式：

$$G^X=-m\frac{\partial\phi}{\partial X}，G^Y=-m\frac{\partial\phi}{\partial Y}，G^Z=-m\frac{\partial\phi}{\partial Z}$$

不过，其中 m 是该物体在重力场中的质量，它与该物体在无重力场中的静止质量 M 之间的关系为：

$$m=\Gamma M=\frac{Mc}{\sqrt{c^2(R)-u^2}}，其中\ \Gamma=\frac{\mathrm{d}T}{\mathrm{d}\tau}=\frac{c}{\sqrt{c^2(R)-u^2}}$$

在整个计算过程中，最重要的一步是爱因斯坦采用了转变之后的思想，那就是：将引力势函数 $\phi(R)$ 替换成光速函数 $c(R)$，即做如下替换：

$$\frac{1}{c}\frac{\partial\phi(R)}{\partial X}\approx\frac{\partial c(R)}{\partial X}，\frac{1}{c}\frac{\partial\phi(R)}{\partial Y}\approx\frac{\partial c(R)}{\partial Y}，\frac{1}{c}\frac{\partial\phi(R)}{\partial Z}\approx\frac{\partial c(R)}{\partial Z}$$

那么在替换之后，引力公式变为：

$$G^X\approx-Mc^2\frac{\dfrac{\partial c(R)}{\partial X}}{\sqrt{c(R)^2-u^2}}，G^Y\approx-Mc^2\frac{\dfrac{\partial c(R)}{\partial Y}}{\sqrt{c(R)^2-u^2}}，G^Z\approx-Mc^2\frac{\dfrac{\partial c(R)}{\partial Z}}{\sqrt{c(R)^2-u^2}}$$

将这些量代入牛顿第二定律就得到该自由运动物体在引力作用下的运动方程❶：

$$\frac{\mathrm{d}\left(\dfrac{1}{\sqrt{c(R)^2-u^2}}\dfrac{\mathrm{d}X}{\mathrm{d}T}\right)}{\mathrm{d}T}\approx-\frac{c\dfrac{\partial c(R)}{\partial X}}{\sqrt{c(R)^2-u^2}}\quad 或\quad \frac{\mathrm{d}\left(\dfrac{1}{\sqrt{c(R)^2-u^2}}u^X\right)}{\mathrm{d}T}\approx-\frac{c\dfrac{\partial c(R)}{\partial X}}{\sqrt{c(R)^2-u^2}}$$

这是运动方程在 X 分量上的表达式。对于 Y 和 Z 分量，相同的方程也是成立的。

这是一个什么方程呢？该方程的每一个变量都是属于时空 $[c(R)T,X,Y,Z]$ 的，没有一个变量或参数是属于物体的，所以该方程只是一个纯几何方程。而该方程对于爱因斯坦他们那个时代来说再熟悉不过了，因为该方程与一百多年前就已经出现的欧拉-拉格朗日方程几乎是完全一样的。欧拉-拉格朗日方程的形式为：

$$\frac{\mathrm{d}\left(\dfrac{\partial L}{\partial u^X}\right)}{\mathrm{d}T}-\frac{\partial L}{\partial X}=0，其中\ L=\sqrt{c^2(R)-u^2}$$

---

❶ 推导过程中采用了关系：

$$P^X=M\frac{\mathrm{d}X}{\mathrm{d}\tau}=M\Gamma\frac{\mathrm{d}X}{\mathrm{d}T}，P^Y=M\frac{\mathrm{d}Y}{\mathrm{d}\tau}=M\Gamma\frac{\mathrm{d}Y}{\mathrm{d}T}，P^Z=M\frac{\mathrm{d}Z}{\mathrm{d}\tau}=M\Gamma\frac{\mathrm{d}Z}{\mathrm{d}T}，\Gamma=\frac{c}{\sqrt{c(R)^2-u^2}}$$

只需要将 L 代入计算一下，就可以立刻验证它们几乎是完全一样的，即有：

$$\frac{\mathrm{d}\left(\dfrac{u^X}{\sqrt{c^2(R)-u^2}}\right)}{\mathrm{d}T}=-\frac{c(R)\dfrac{\partial c(R)}{\partial X}}{\sqrt{c^2(R)-u^2}}\xrightarrow{\text{仅一处不同}}\frac{\mathrm{d}\left(\dfrac{u^X}{\sqrt{c^2(R)-u^2}}\right)}{\mathrm{d}T}\approx-\frac{c\dfrac{\partial c(R)}{\partial X}}{\sqrt{c^2(R)-u^2}}$$

这个欧拉-拉格朗日方程有什么重要作用呢？在第 5 章提到过，欧拉、拉格朗日等人在一百多年前为牛顿力学找到了第三条数学化的道路，欧拉-拉格朗日方程就是这条数学化道路中最主要的方程。这个方程的解是时空中这样一条重要的世界线，那就是：L 沿这条世界线的累积量取极值。而 L 沿一条世界线的累积量就是该世界线的时空长度 s，因为 L 的累积量按照如图 17-1 方式计算。

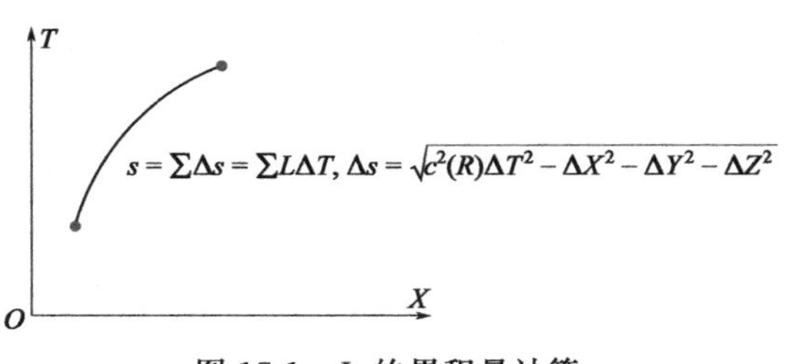

图 17-1　L 的累积量计算

图 17-1 中，L 为拉氏量，s 为作用量。让 L 的累积量取极值就是让世界线的时空长度 s 取极值，即这条世界线比周围世界线的长度都要短或都要长。满足这样要求的世界线就是时空中的直线，也称为测地线。所以欧拉-拉格朗日方程的解就是时空中的直线。

前面刚刚对比过，重力场中自由物体的运动方程与这个欧拉-拉格朗日方程几乎完全一样了，只存在一点点差别。也就是说，在重力场中，一个自由物体的运动在时空 $[c(R)T, X, Y, Z]$ 中留下来的世界线几乎接近一条直线了。而且由于这个运动方程与物体质量的大小无关，因此所有自由物体都是这样运动的，这种运动方式是所有物体都具有的一种性质。既然是所有物体都具有的性质，那它就应该划归为物体的一种内在固有属性，这就意味着一条全新的惯性定律由此诞生了。

17.4　一条全新的惯性定律——重力思想回归惯性思想

此时得到的自由物体的世界线几乎接近一条直线但又还不是严格的直线。由于越是底层的物理规律应该是越简洁的，因此这很容易让人们猜测自由物体的世界线严格按照直线来运动或许才是正确的情况，从牛顿引力推导出的这个运动方程只是近似结论。另外，经过一百多年的发展，欧拉-拉格朗日方程的重要性和影响力在当时已经很大了。这些因素都促使爱因斯坦提出了另外一个重要结论，那就是：

重力场中自由物体的运动在时空 $[c(R)T, X, Y, Z]$ 中留下的世界线是一条严格的直线，即惯性运动就是在时空中留下的世界线是直线的运动。所以重力场中自由物体的运动本质上是一种惯性运动，而不是由于地球的吸引作用而产生的运动。

这就是在重力场中再次重建之后的牛顿第一定律，一个新的惯性定律。这个结论当然是一个无比重要的思想突破，因为这个结论正是第 1～7 章通过逻辑推理论证过的结论。爱因斯坦让这个结论再次展现在世人面前。重力的思想重新回归到惯性的思想，这让我们重新认识到惯性和重性在本质上是同一种性质。就这样，被 17 世纪扭转了 180°的思想认识终于又 180°扭转回来了。

在 1912 年 2 月 26 日写出的《光速与引力场中的静力学》[1]、1912 年 3 月 23 日写出的《静引力场理论》以及它的《投稿后的追记》[2] 中，爱因斯坦就已经得到这些结论。在 1912 年 3 月 26 日给好朋友 M. Besso（贝索）的信中，爱因斯坦也谈论了这些结论[3]。在 1912 年 6 月 20 日给埃伦费斯特的信中，爱因斯坦谈论了认识这些结论之后所感到的困惑[4]。对这些困惑的思考引导着爱因斯坦产生了下一个关键的思想突破（在第 18、20 章详细讨论），而埃伦费斯特在 6 月 29 日的回信对爱因斯坦之后的思考应该是有启发的[5]。

17.5　重力回归惯性之后的牛顿第二定律

在这个全新的惯性定律中，重力不再属于外力。那么，在此惯性定律基础之上提出的牛顿第二定律之中，重力也不应该再属于外力。刚才的计算过程很容易就能让我们实现这一要求。

根据刚才的计算过程，如果自由物体在时空（$c(R)T,X,Y,Z$）中严格按照直线运动，那么只需要将运动方程做如下修改就可以了。

$$\frac{\mathrm{d}\left(\frac{u^X}{\sqrt{c^2(R)-u^2}}\right)}{\mathrm{d}T}=-\frac{c(R)\frac{\partial c(R)}{\partial X}}{\sqrt{c^2(R)-u^2}}\longleftarrow\frac{\mathrm{d}\left(\frac{u^X}{\sqrt{c^2(R)-u^2}}\right)}{\mathrm{d}T}\approx-\frac{c\frac{\partial c(R)}{\partial X}}{\sqrt{c^2(R)-u^2}}$$

这相当于将牛顿的引力修正为[6]：

$$G^X=-mc(R)\frac{\partial c(R)}{\partial X},\ G^Y=-mc(R)\frac{\partial c(R)}{\partial Y},\ G^Z=-mc(R)\frac{\partial c(R)}{\partial Z}$$

采用这个修正之后的引力公式，牛顿第二定律可以重写为：

$$F^i=\frac{\mathrm{d}P^i}{\mathrm{d}T}-G^i=\frac{\mathrm{d}P^i}{\mathrm{d}T}+Mc(R)\frac{\partial c(R)}{\partial X^i}\frac{\mathrm{d}T}{\mathrm{d}\tau}$$

改写成四维力的形式就为：

$$f^i=\frac{\mathrm{d}P^i}{\mathrm{d}\tau}-g^i=\frac{\mathrm{d}P^i}{\mathrm{d}\tau}+Mc(R)\frac{\partial c(R)}{\partial X^i}\frac{\mathrm{d}T}{\mathrm{d}\tau}\frac{\mathrm{d}T}{\mathrm{d}\tau}$$

然后利用第四个维度的力 g^T_{Einstein} 与其它三维力（g^X,g^Y,g^Z）之间的关系得到：

$$g^T_{\text{Einstein}}=\frac{1}{c(R)}\vec{g}\cdot\vec{u}=-M\left(\frac{\partial c(R)}{\partial X}\frac{\mathrm{d}X}{\mathrm{d}\tau}+\frac{\partial c(R)}{\partial Y}\frac{\mathrm{d}Y}{\mathrm{d}\tau}+\frac{\partial c(R)}{\partial Z}\frac{\mathrm{d}Z}{\mathrm{d}\tau}\right)\frac{\mathrm{d}T}{\mathrm{d}\tau}$$

最后，利用四维速度，可以把这个再次重建之后的牛顿第二定律简写为：

$$\begin{cases}f^T_{\text{Einstein}}=\dfrac{\mathrm{d}P^T_{\text{Einstein}}}{\mathrm{d}\tau}+M\dfrac{c}{c(R)}\dfrac{1}{2}\dfrac{\partial g}{\partial X^i}U^iU^T\\ f^i=\dfrac{\mathrm{d}P^i}{\mathrm{d}\tau}+M\dfrac{1}{2}\dfrac{\partial g}{\partial X^i}U^TU^T\end{cases}\quad 其中\ g=\frac{c^2(R)}{c^2}$$

---

[1]《爱因斯坦全集：第四卷》，湖南科技出版社，2009：111-122。值得注意的是，爱因斯坦在这篇论文中提出：一个匀速转动转盘上的几何不再满足欧式几何。这让科学史中流行一种观点，即：正是这个转盘让爱因斯坦开始意识到引力与非欧几何之间存在联系，这种观点非常流行以至于在今天这个转盘已经被称为爱因斯坦转盘。

[2]《爱因斯坦全集：第四卷》，湖南科技出版社，2009：115-136。

[3][4][5]《爱因斯坦全集：第五卷》，湖南科技出版社，2009：404-406，449-450，451-458。

[6] 简单推导过程：$G^X=-Mc\dfrac{c(R)\frac{\partial c(R)}{\partial X}}{\sqrt{c^2(R)-u^2}}=-mc(R)\dfrac{\partial c(R)}{\partial X}\longleftarrow m=\dfrac{Mc}{\sqrt{c^2(R)-u^2}}$

如果采用第一套重建方案，那么这个牛顿第二定律只需相应修改为：

$$\begin{cases} f^T = \dfrac{\mathrm{d}P^T}{\mathrm{d}\tau} + M\,\dfrac{1}{2}g^{-1}\,\dfrac{\partial g}{\partial X^i}U^iU^T \\ f^i = \dfrac{\mathrm{d}P^i}{\mathrm{d}\tau} + M\,\dfrac{1}{2}\,\dfrac{\partial g}{\partial X^i}U^TU^T \end{cases} \quad \text{其中 } g = \frac{c^2(R)}{c^2}$$

这个方程就是重力场中的牛顿第二定律，即在最新的惯性定律基础上重建起来的牛顿第二定律❶。

17.6 重要启示——牛顿的引力需要修正

很显然，这个重建之后的新惯性定律同样存在着一个问题。既然自由物体在时空 $(c(R)T, X, Y, Z)$ 中严格按照直线运动，而根据牛顿的引力计算出的自由物体只是近似地按照直线运动，所以牛顿的引力公式也只是近似地成立。上面已经讨论过，从严格直线运动出发推导出的牛顿引力公式需要修正为：

$$G^X = -mc(R)\frac{\partial c(R)}{\partial X},\ G^Y = -mc(R)\frac{\partial c(R)}{\partial Y},\ G^Z = -mc(R)\frac{\partial c(R)}{\partial Z}$$

它就是从这个新惯性运动如果仍然采用牛顿的惯性定律为基础而构造出来的一种力。那么牛顿当年从他的惯性定律出发构造出的引力公式就只是一个近似公式❷。也就是说牛顿的下列引力公式只是近似正确的，即：

$$G^X \approx -m\frac{\partial \phi}{\partial X},\ G^Y \approx -m\frac{\partial \phi}{\partial Y},\ G^Z \approx -m\frac{\partial \phi}{\partial Z}$$

就这样，在这些不断深入探索研究的过程中，“牛顿的引力理论需要重建”的另外一条线索就展现出来了。这些越来越多且越来越明显的线索就像兴奋剂一样刺激着爱因斯坦去探索严格而正确的引力理论，爱因斯坦对新世界的探索过程也即将进入高潮阶段。

17.7 万有引力定律的重建

现在除了万有引力定律之外，牛顿力学的其它定律都已经重建完毕。在 1912 年 4 月之前，爱因斯坦和其他人已经陆续基本完成了这些重建工作。而且就在这个重建过程中，与牛顿万有引力定律相冲突的结论已经开始出现了，比如之前得到的这些结论：

① 一个物体越靠近地球，它的质量越大，这意味着实际的引力比牛顿的引力要大；

② 如果自由物体在时空 $(c(R)T, X, Y, Z)$ 中的世界线严格按照直线运动，那么需要修改牛顿的引力；

③ 引力势能也应该具有引力质量，所以地球的引力势能也应该产生引力。

这些结论都指向同一个问题，那就是：引力理论也需要重建。这也是牛顿力学中最后一个还没被重建的重要问题。

爱因斯坦当然已经洞察到了这些重要线索，实际上就在论文《静引力场理论》中，一套

---

❶ 注意：此结论还没有包括因重力场对空间长度产生的影响而带来的改变。

❷ 牛顿的构造过程可参见第 4 章的详细讨论。

对牛顿引力进行修改重建的方案已经被提出来了[1]。这些成果当时被爱因斯坦称为光速可变的理论。也正是从 1912 年开始，对牛顿引力的修改重建成为了爱因斯坦科研的主攻方向。当爱因斯坦在 1912 年 8 月从布拉格重新回到苏黎世之后，将这些光速可变的理论和他的大学同学——数学家格尔斯曼进行了充分交流之后，身为数学家的格尔斯曼很快就看出来：爱因斯坦的这种时空（$c(R)T,X,Y,Z$）就是一种弯曲的几何空间。因为爱因斯坦在这些计算过程中已经在使用这个方式了，如图 17-2 所示。

$$\Delta s^2 = c^2(R)\Delta T^2 - \Delta X^2 - \Delta Y^2 - \Delta Z^2 = (\Delta T, \Delta X, \Delta Y, \Delta Z)\begin{pmatrix} c^2(R) & 0 & 0 & 0 \\ 0 & -1 & 0 & 0 \\ 0 & 0 & -1 & 0 \\ 0 & 0 & 0 & -1 \end{pmatrix}\begin{pmatrix} \Delta T \\ \Delta X \\ \Delta Y \\ \Delta Z \end{pmatrix}$$

$$\longrightarrow g_{\mu\nu} = \begin{pmatrix} c^2(R) & 0 & 0 & 0 \\ 0 & -1 & 0 & 0 \\ 0 & 0 & -1 & 0 \\ 0 & 0 & 0 & -1 \end{pmatrix}$$

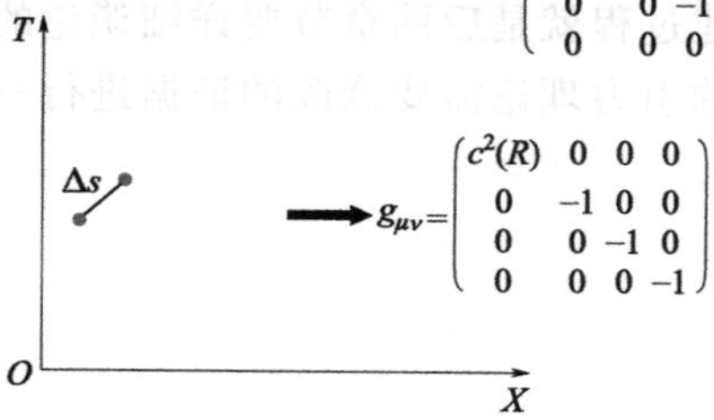

图 17-2　爱因斯坦对时空的使用方式

对 Δs 的这种使用方式就是把时空当成一个可度量的空间，而黎曼几何空间就是这种空间类型中的一种。不过，这个可度量空间的坐标系是（T,X,Y,Z），而不是 $[c(R)T,X,Y,Z]$，因为它已经把描述度量信息的量 $c^2(R)$ 都划归到矩阵 $g_{\mu\nu}$ 中去了，所以这个矩阵 $g_{\mu\nu}$ 也被称为度规。如果采用第一套重建方案的坐标系（cT,X,Y,Z），即和闵可夫斯基时空的坐标系（cT,X,Y,Z）保持一致，那么这个矩阵 $g_{\mu\nu}$ 只需要相应调整如图 17-3 所示。

$$\Delta s^2 = c^2(R)\Delta T^2 - \Delta X^2 - \Delta Y^2 - \Delta Z^2 = \frac{c^2(R)}{c^2}(c\Delta T)^2 - \Delta X^2 - \Delta Y^2 - \Delta Z^2$$

$$= (c\Delta T, \Delta X, \Delta Y, \Delta Z)\begin{pmatrix} \frac{c^2(R)}{c^2} & 0 & 0 & 0 \\ 0 & -1 & 0 & 0 \\ 0 & 0 & -1 & 0 \\ 0 & 0 & 0 & -1 \end{pmatrix}\begin{pmatrix} c\Delta T \\ \Delta X \\ \Delta Y \\ \Delta Z \end{pmatrix}$$

$$\longrightarrow g_{\mu\nu} = \begin{pmatrix} \frac{c^2(R)}{c^2} & 0 & 0 & 0 \\ 0 & -1 & 0 & 0 \\ 0 & 0 & -1 & 0 \\ 0 & 0 & 0 & -1 \end{pmatrix}$$

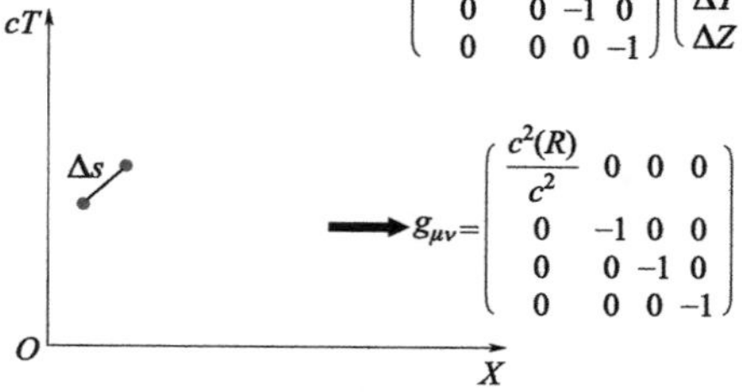

图 17-3　采用坐标系（cT,X,Y,Z）时的度规 $g_{\mu\nu}$

可以看到这个度规 $g_{\mu\nu}$ 与可变光速 $c(R)$ 是相关的，即有：

$$g_{\mu\nu} = \begin{pmatrix} \frac{c^2(R)}{c^2} & 0 & 0 & 0 \\ 0 & -1 & 0 & 0 \\ 0 & 0 & -1 & 0 \\ 0 & 0 & 0 & -1 \end{pmatrix}$$

[1] 这套修改重建方案主要是将引力势能的质量也纳入引力源中去。

而前面已经讨论过，爱因斯坦已经将可变光速 $c(R)$ 等同于重力场的引力势 ϕ 了，所以，时空的这个矩阵 $g_{\mu\nu}$ 的 g_{00} 分量就是重力场的引力势。但该结论推广到一般引力场之后会得到什么样的结论呢？第 20 章会对此展开讨论。就这样，爱因斯坦的思想认识又往前推进了一步，从而让探索研究有了新的深入方向和道路。

在此之后，黎曼空间中越来越多的几何性质与引力联系起来了，而且探索研究的整个“进攻”过程进展非常快。就在之后的 1913 年 6 月，在大学同学格尔斯曼的帮助之下，爱因斯坦和格尔斯曼共同发表了一篇极其重要的论文《广义相对论与引力理论纲要》。该论文总结了他们近一年的研究成果，提出了一套新的引力重建方案[1]。在该篇论文中，广义相对论的轮廓已经出现。这些重建过程就是后面章节要详细谈论的主要内容，不过在讨论这些重建过程之前，我们先对牛顿的引力理论需要修改的证据进行一些梳理。

[1] 除了爱因斯坦和格尔斯曼的这套方案之外，在这一年多时间里，其他人也从不同思路角度出发，尝试过好几套对牛顿引力理论进行重建的方案，比如马克思·亚伯拉罕（Max Abraham）的引力理论。

第18章 引力场对质量的影响

在第 17 章重建地球引力场中的牛顿力学的过程中，我们已经推导出：一个物体从无穷远移动到地球附近 R 处之后，该物体的静止质量即惯性会增加到：

$$m(R) \approx \left[1-\frac{\phi(R)}{c^2}\right]M$$

这又是一个旧牛顿力学中不存在的结论。面对这样一个与日常经验矛盾的结论，我们第一个好奇的问题就是：这些增加出来的质量来自哪里呢？为了回答这个问题，我们可以采用类似第 14 章的推导方法，即利用等效原理重新推导出这个结论。

同样也考虑一个匀加速参考系（ct,x,y,z）和一个静止参考系（cT,X,Y,Z）。在静止参考系的每个位置都放置一个完全相同的物体（质量当然就完全相等）。采用静止参考系（cT,X,Y,Z）中的仪器测量出这些物体的质量记为 M，而采用匀加速参考系（ct,x,y,z）中的仪器测量出这些物体的质量记为 m。和第 14 章一样，匀加速参考系（ct,x,y,z）中的仪器在 T_1 和 T_2 时刻分别测出的质量记为 m_1 和 m_2，如图 18-1 所示。根据第 12 章的结论，它们与静止参考系（cT,X,Y,Z）测出的质量 M 之间的关系分别如图 18-1 所示。

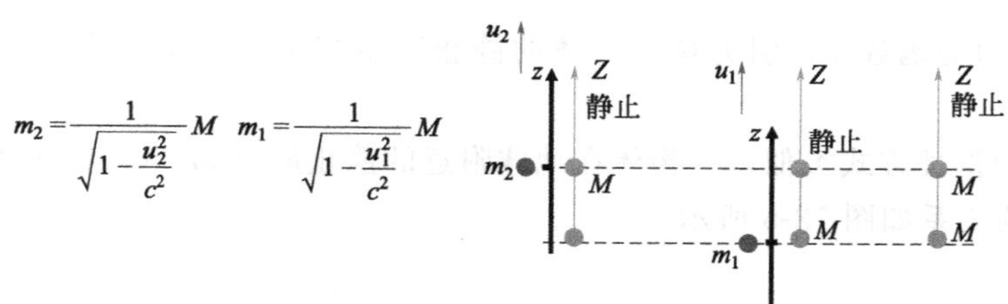

图 18-1 匀加速参考系（ct,x,y,z）中的仪器在 T_1 和 T_2 时刻分别测出的质量m_1 和m_2

由于在参考系（cT,X,Y,Z）中每个位置都放置了一个完全相同的物体（可视为同一个物体的多个拷贝），那么对处于匀加速参考系（ct,x,y,z）中同一个位置的这个静止观测者而言，他感觉这两个时刻都是在测量同一个物体。但他在这两个时刻测量出的刻度值已经发生改变，这两次测量值之间的具体关系如图 18-2 所示。

同样根据等效原理，我们可以得到如图 18-3 所示结论。

根据等效原理，图 18-3 左右两边的情况是无法区分的。也就是说，加速参系（ct,x,y,z）中的静止观测者对这两个相同物体的测量与引力场中的静止观测者对这两个相同物体的测量是等效的。由于匀加速参考系（ct,x,y,z）中静止观测者感觉这两个时刻都是在测量同一个物体，所以在等效之后，引力场中静止观测者的测量值 m_1 和 m_2 相当于是将同一个物体放置在不同高度位置处所测量的刻度值。这样一来，我们马上就得出一个重要结论：同一物体越靠近地球，它的静止质量就越大。

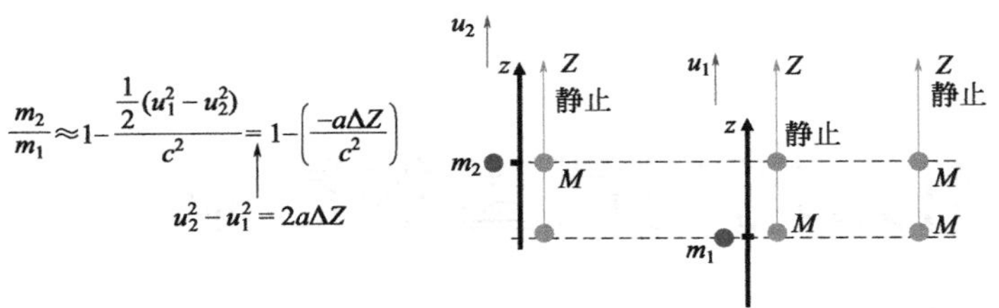

图 18-2　两次测量值之间的具体关系

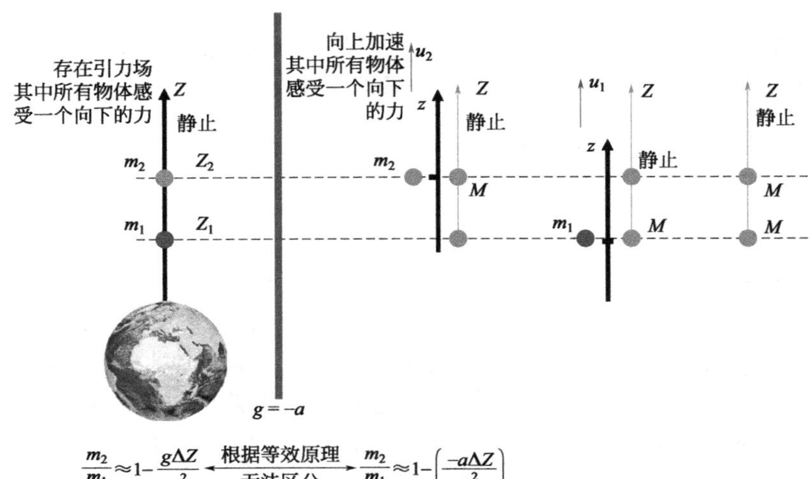

图 18-3　根据等效原理，匀加速参考系测量出的质量与重力场中测量出质量是等效的

同样根据引力势函数 ϕ，引力场中物体的静止质量与引力势函数之间的关系如图 18-4 所示。

和第 14 章的推理方式类似，一物体在地球附近的静止质量 m 与该物体在无穷远处的静止质量 M 之间的关系如图 18-5 所示。

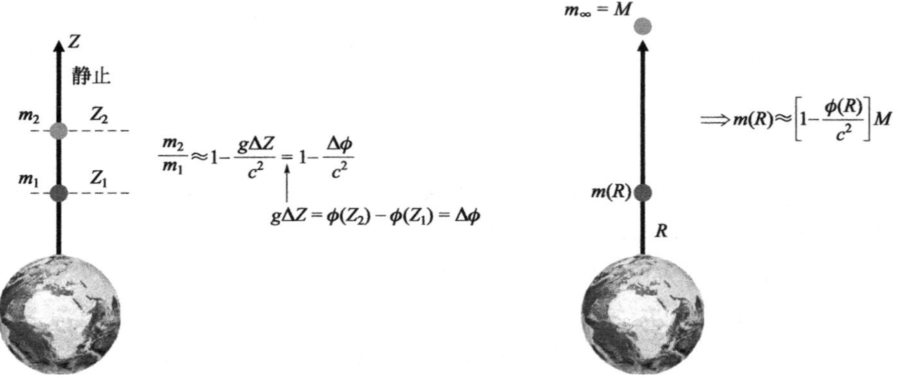

图 18-4　在引力场中，同一个物体在不同高度位置处的质量是不一样的

图 18-5　一个物体的质量在引力场中的改变情况

所以，这就推导出了与第 17 章相同的结论：一个物体越靠近地球，该物体质量就会越大。

18.1 引力场中物体的静止质量增加部分来自哪里?

在第 12 章推导过，当一个物体运动起来之后，它的质量会增加，而质量的增加量 Δm 就来自于物体运动所形成的动能，即有：

$$m(u)=\frac{1}{\sqrt{1-\frac{u^2}{c^2}}}M,\ \Delta m=m(u)-M\approx\frac{\frac{1}{2}Mu^2}{c^2}$$

从前面推导过程中可以看到，在使用等效原理之前，质量的增加量 Δm 确实也是来自于动能的改变量，即存在如图 18-6 所示结论。

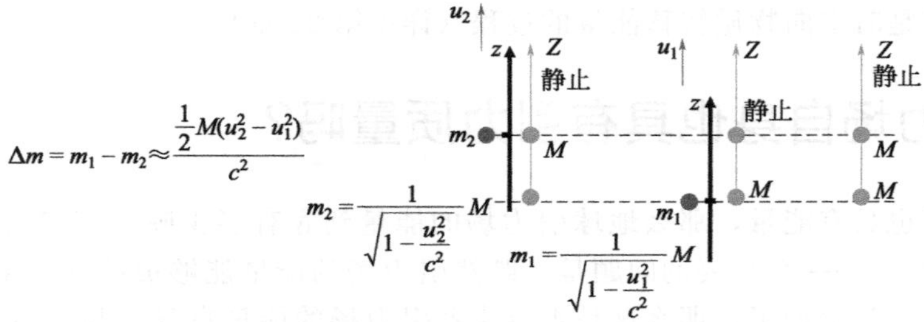

图 18-6 使用等效原理前质量的增加量

可是在使用等效原理之后，动能的这部分改变量被势能替换掉了，即存在如图 18-7 所示结论。

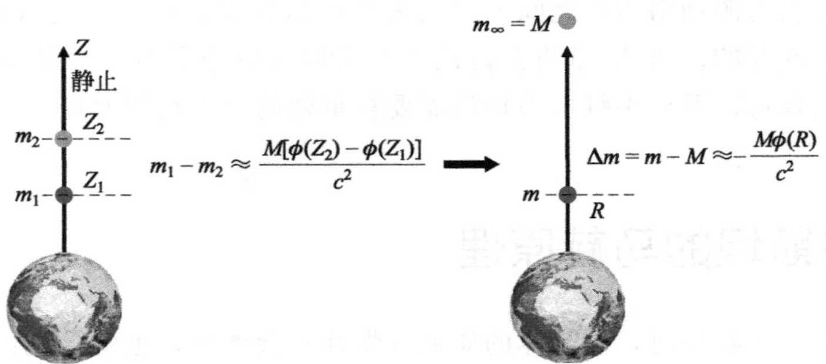

图 18-7 使用等效原理后质量的增加量

在数量上，增加量 Δm 正好等于该物体势能的负数 $-M\phi(R)/c^2$ 所对应的质量。但是很显然，“正好等于”并不意味着物体质量的增加量 Δm 就来自于势能，因为物体的势能可以通过对外做功的方式释放出去。所以该物体从无穷远处移至 R 处所释放的势能并没有聚集在该物体上成为它静止质量的增加量 Δm。

既然质量的增加量 Δm 不是来自势能本身，那么对于地球和该物体组成的这个体系，还有什么地方可以提供这些质量呢？是否来自地球的质量呢？答案也是否定的，因为如果把该物体看成引力源，地球的质量也在增加。排除这些可能性之后，现在只有一种可能，那就是：该物体和地球所增加的这部分质量来自于物体和地球周围的空间。也就是说：

物体和地球周围空间中一定还分布着一种能量，即引力场所中还分布着一种能量，它可以被称为引力场的能量。

有了这个新发现之后，我们就可以回答第 5 章无法回答的一个问题，即势能到底存储在哪里的问题。答案就是：势能存储在物体、地球，以及它们所形成的引力场中，把物体从无穷远处移至 R 处的过程会从引力场中抽取出能量，然后其中一部分以势能的形式释放出去，剩下部分聚集在物体和地球上，从而使得该物体和地球的静止质量都增加了。也就是说，势能并不是一种独立的最底层的能量形式，它只不过是其它更基本能量（即引力场的能量＋物体和地球的质能）的一种表现形式而已。后面将采用一个具体例子来说明这个过程。

这种将能量从引力场中抽取出来然后聚集在物质上的过程，在现代宇宙学的暴胀理论中非常重要。在各种暴胀模型中，都存在一个暴胀阶段，正是在这个暴胀阶段，暴胀子从引力场（即时空本身）中抽取能量，然后将这些能量聚集成物质，从而诞生了宇宙最初的物质。也就是说，你身体中的这些质量最初就是在这个暴胀阶段从引力场（即时空本身）中抽取出来的能量。引力场（即时空本身）被抽取了能量之后，时空就变得弯曲了。这表明物质产生引力场的过程就是时空向物质转移能量的过程（详见第 22 章）。

18.2 引力场自身也具有引力质量吗？

既然引力场也具有能量，那么地球引力场的能量到底有多少呢，该如何计算呢（第 19 章讨论此问题）？另外一个重要的问题是：既然引力场的能量能够被抽取出来，让物体的惯性质量和引力质量都增加了，那么这是否意味着引力场的能量自身也和电磁场的能量一样，具有惯性质量和引力质量呢？如果引力场的能量自身也有引力质量的话，那么引力场的能量自身也应该会产生引力，也就是说引力自身也会产生引力。这就是牛顿引力理论需要修改的又一个线索。所以在正确的引力理论中，引力源需要包括引力场的能量，而这会导致一个非常重要的后果，即引力源和引力场之间的界线无法严格划分。第 20 章会讨论爱因斯坦最开始是如何探索这个问题的。第 25 章将会讨论爱因斯坦最后的引力理论是如何回答这个问题的。另外从这些发现可以看到牛顿引力理论需要被重建的原因是如何在科学探索中一步步暴露出来的。

18.3 爱因斯坦的马赫原理

地球靠近一个静止物体时，该物体的质量（惯性）会增加，也就是说：一个物体的全部惯性是与周围物质相关的。这个结论引发了爱因斯坦太多的思考，其中一个思考就是后来所谓的马赫原理。在第 3、6 章谈到过，为了论证“只需要相对加速度就已经足够了”，马赫将牛顿旋转水桶例子中 B 情况的水桶壁看成是遥远恒星制造的，如图 18-8 所示。

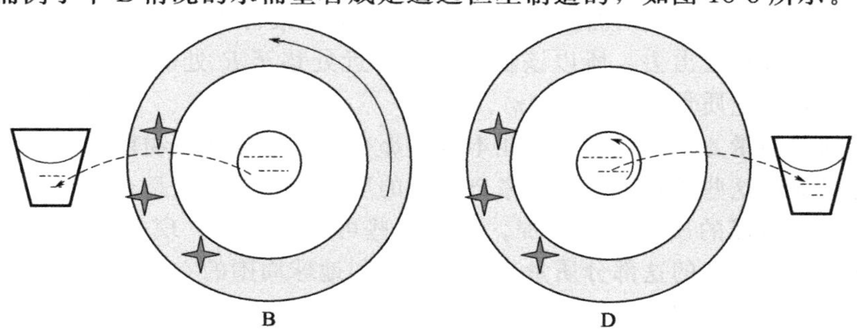

图 18-8 爱因斯坦对马赫论述的理解

但爱因斯坦却把马赫的这段论述理解为：即使B情况中的水是静止的，只要这个由恒星制造的水桶壁旋转起来，那么B情况中的水也会出现和D情况一样的凹面。并且爱因斯坦认为，让B情况中的水也出现凹面的这个力正是来自于这些由恒星制造的水桶壁旋转起来的引力，即凹面是引力运动起来所产生的一种效应。

这个观点让爱因斯坦想到另外一个非常类似的现象，那就是法拉第的电磁感应现象。比如考虑两根平行的导线A和b，其中导线A通有大小不变的电流，即导线A中形成电流的电荷是匀速运动的。所以导线A产生的磁场就是稳定不变的，因此另外一根导线b中没有感应电流产生，如图18-9左边所示。

现在让导线A中形成电流的电荷加速运动，那么导线A的电流就越来越大，所以导线A产生的磁场就越来越大（即变化的磁场），从而导线b中就会产生感应电流。这个现象也可以换一种方式来解释：导线A中加速运动的电荷，会让导线b的电荷在水平方向上受到一个力的作用，从而形成感应电流。那么这个力就可以称为感应力，如图18-9右边所示。也就是说：一个加速运动的电荷会对旁边电荷产生一种的感应力。在第9、10章讨论过，这个感应力并不是什么新类型的力，它只不过是库仑力运动起来后的一种表现而已。

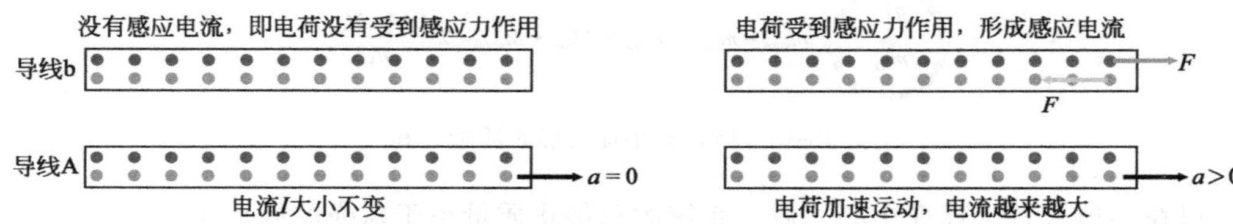

图 18-9　导线A、b电磁感应实验

异号电荷之间是吸引力，所以图18-9右边的这种感应力对异号电荷表现为一种拖拽力。这启发爱因斯坦认为马赫所说的“恒星的旋转运动（即一种加速运动）对水产生的作用力”就是这种类似的感应效应。马赫的思想给予了爱因斯坦很大勇气去探索这种之前很难想到而且大胆的观点，即加速运动的物体也会对周围其它物体产生一种感应力。对这个问题经过长时间探索之后，在1912年5月，爱因斯坦发表了一篇重要的论文《存在一个与电磁感应类似的引力效应吗》。

此论文对一种特殊场景计算了这种感应力[1]。爱因斯坦将考虑对象换成了一个球壳和一个小球。它们相距无穷远时的静止质量分别为 M_{ball} 和 M_{shell}，如图18-10所示。

根据前面推导出的结论，将该小球移到球壳中心之后，它们的静止质量分别增加为 m_{ball} 和 m_{shell}，如图18-11所示。

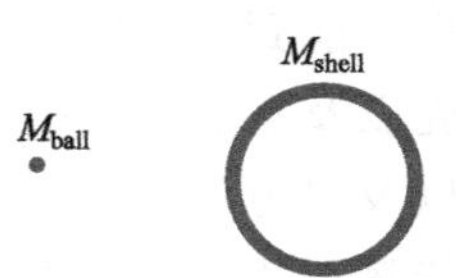

图 18-10　左边小球和右边球壳相距无穷远时的静止质量分别为 M_{ball} 和 M_{shell}

m_{shell}　R　m_{ball}

把小球移到球壳中心之后

$$m_{\text{ball}}=M_{\text{ball}}-\frac{M_{\text{ball}}\phi_{\text{shell}}(R)}{c^2}=M_{\text{ball}}+\frac{GM_{\text{ball}}M_{\text{shell}}}{Rc^2}$$

$$m_{\text{shell}}=M_{\text{shell}}-\frac{M_{\text{shell}}\phi_{\text{ball}}(R)}{c^2}=M_{\text{shell}}+\frac{GM_{\text{ball}}M_{\text{shell}}}{Rc^2}$$

图 18-11　把小球移到球壳中心后球壳和小球的静止质量

[1] 《爱因斯坦全集：第四卷》，湖南科技出版社，2009：145-148。

另外一方面，小球被移到球壳中心的过程也是对外界释放势能的过程，所以小球置于球壳中心之后，系统总能量等于它们独立存在时的总能量减去释放掉的势能。根据质能关系，把小球移到球壳中心之后，系统对外释放了势能，系统总静止质量减少的量正好等于释放出去的势能所对应的质量，如图 18-12 所示。

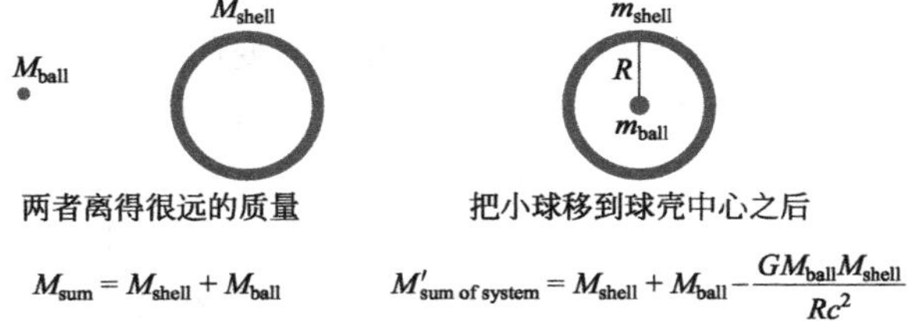

图 18-12　小球被移动到球壳中心之后，系统总静止质量会相应减少

但把小球置于球壳中心之后，球壳的静止质量和小球的静止质量之和如图 18-13 所示。

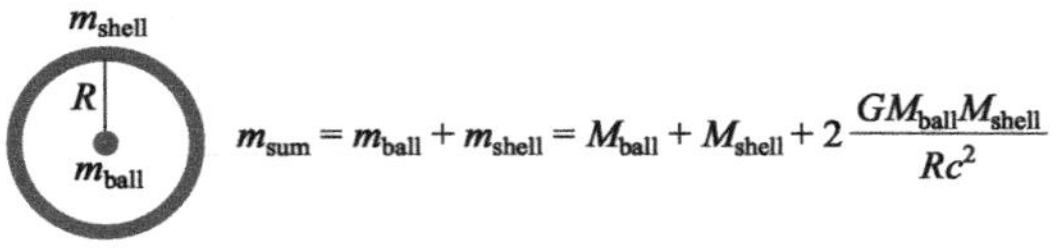

m_{shell}　R　m_{ball}

$$m_{sum}=m_{ball}+m_{shell}=M_{ball}+M_{shell}+2\frac{GM_{ball}M_{shell}}{Rc^2}$$

图 18-13　球壳和小球的静止质量之和

所以在小球被置于球壳中心之后，系统的总静止质量小于球壳的静止质量与小球的静止质量之和：

$$M'_{\text{sum of system}}<m_{\text{sum}}$$

为什么会出现这种结果呢？前面已经讨论过了，这只有一种可能性：系统的总质量有一部分存储在引力场所中。把小球移到球壳中心的过程中从引力场所中提取出的能量为：

$$\Delta E_{\text{field}}=-3\frac{GM_{\text{ball}}M_{\text{shell}}}{R}$$

其中三分之一以势能的方式释放出去；另外两个三分之一分别聚集到球壳和小球上，使得它们的质量增加了。反过来，将小球从球壳中心移向无穷远的过程，就是将外界对小球所做的功及小球和球壳损失的质能全部“填回”引力场的过程。所以如果把引力场所的能量考虑进来，那么这两者就是相等的，即有：

$$M'_{\text{sum of system}}=m_{\text{sum}}+\frac{\Delta E_{\text{field}}}{c^2}$$

这个“提取”和“填回”过程就回答了第 5 章提出的问题，即势能到底存储在什么地方的问题。答案就是：势能不是只属于小球的，而是属于小球、球壳以及它们周围引力场所组成的整个系统；或者说，势能就存储在小球和球壳的静止质量，以及引力场的能量中。所以这个例子更加形象地表明：重力势能并不是一种独立的最底层的能量形式，它只不过是其它更基本能量（即引力场的能量＋物体和地球的质能）的一种表现形式而已。

另外，这个过程也向我们展示了：不要以为爱因斯坦的质能公式 $E=mc^2$ 只有在原子弹爆炸这样剧烈的现象中才会被使用，实际上，当你把一个苹果从地面上捡起来，这个过程中爱因斯坦的质能公式就已经在发挥作用了。

所以，这又是一个旧牛顿力学中不存在的结论。在牛顿力学中，把小球从无穷远移到球壳中心之后，它们的总质量是不变的：

$$m_{\text{sum}} = M_{\text{shell}} + M_{\text{ball}}$$

而牛顿的引力理论与这个结论是保持一致的。可是现在我们已经知道这个旧结论不再成立，而是需要采用如下新结论：

$$m_{\text{sum}} = M_{\text{ball}} + M_{\text{shell}} + 2\frac{GM_{\text{ball}}M_{\text{shell}}}{Rc^2}$$

那么从这个新结论出发，当然就会推导出一些与牛顿引力不一样的结论，即推导出一种与牛顿引力不同的新引力。

比如先考虑球壳和小球以相同加速度 a 从静止状态启动，那么它们受到的合外力大小见图 18-14。

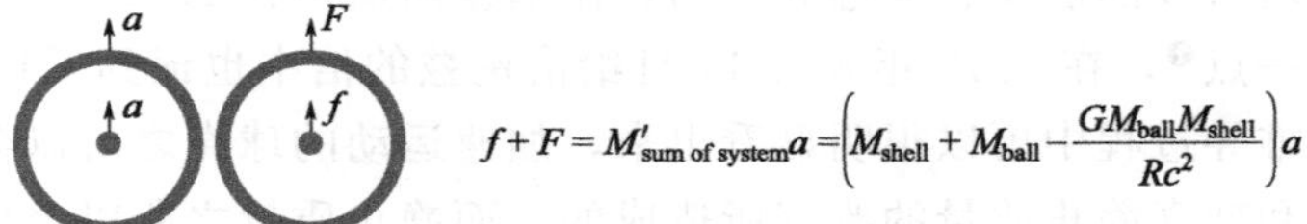

a
a
F
f
$f+F=M'_{\text{sum of system}}a=\left(M_{\text{shell}}+M_{\text{ball}}-\frac{GM_{\text{ball}}M_{\text{shell}}}{Rc^2}\right)a$

图 18-14　整个系统一起运动时，受到的合外力

如果只有球壳以加速度 a 运动，而小球静止，那么球壳受到的外力大小见图 18-15。

$$F_{\text{only}}=m_{\text{shell}}a=\left(M_{\text{shell}}+\frac{GM_{\text{ball}}M_{\text{shell}}}{Rc^2}\right)a$$

图 18-15　只有球壳运动时，受到的外力

如果只有小球以加速度 a 运动，而球壳静止，那么小球受到的外力大小见图 18-16。

$$f_{\text{only}}=m_{\text{ball}}a=\left(M_{\text{ball}}+\frac{GM_{\text{ball}}M_{\text{shell}}}{Rc^2}\right)a$$

图 18-16　只有小球运动时，受到的外力

很显然，在让小球产生同样加速度的效果下，当球壳也加速运动时小球需要的外力 f 比球壳静止时小球需要的外力 f_{only} 更小，即：

$$f < f_{\text{only}}$$

为什么小球产生的加速效果相同，但小球在这两种场景下所需要的外力却不一样呢？这意味着有一种可能的原因：当球壳也加速运动时，球壳会对小球产生一个力的作用，从而使得小球只需要更小的外力 f 就能产生同样的加速度。也就是说存在如下可能性：加速运动的球壳会对球心处的小球产生一个拖拽力 $\zeta_{\text{shell}\to\text{ball}}$，它让小球只需要更小的外力 f 就能产生同样的加速度，如图 18-17 所示。

$f<f_{\text{only}}$

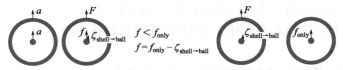

$f=f_{\text{only}}-\zeta_{\text{shell}\to\text{ball}}$

图 18-17　加速运动的球壳对中心的小球会产生一种拖拽力 $\zeta_{\text{shell}\to\text{ball}}$

这个拖拽力 $\zeta_{\text{shell}\to\text{ball}}$ 就非常类似于前面例子中加速运动电荷对旁边电荷产生的感应力，所以这个拖拽力 $\zeta_{\text{shell}\to\text{ball}}$ 也可以称为加速运动物体对旁边物体产生的感应力。这是爱因斯坦在探索过程中得到的又一个重大发现。而在牛顿的引力理论中，这种感应力是不存在的。所以这个结论再一次表明牛顿的引力理论是需要修正的。

一个加速运动的物体真的会对周围物体会产生感应力吗，这个现象在引力探测 B (Gravity Probe B) 项目中已经得到观测的验证。地球的旋转运动（一个加速运动）会对周围物体产生一种拖拽力，这种拖拽力会带动周围物体随着地球一起旋转，详细内容参见第 27 章。

这就是爱因斯坦在 1912 年得到的另外一个重要结论，此结论标志着爱因斯坦已经在开始思索运动物体产生的引力是什么样的。在这个问题上，马赫当初的观点（第 6 章谈到过）的确给予了爱因斯坦太多的启发、灵感和鼓励。比如爱因斯坦在 1912 年 6 月 25 日给马赫的信中明确表达了这一点[1]，在 1913 年 8 月 14 日给洛伦兹的信中也谈到了这一点[2]。

另外，从前面推导过程中可以很明显看出来，加速运动的球壳之所以会对小球产生感应力，完全是由小球和球壳静止质量的改变所造成的。而静止质量之所以会出现这种改变，又完全是由引力场能量的存在所造成的。所以新引力理论需要包含引力场的能量。

18.4 电磁现象给引力理论带来的启发

在电磁感应现象中，这个感应力并不是静止电荷之间的库仑力，而是库仑力在电荷运动之后的表现。至于它最后表现成什么样的力呢，第 8、9、10 章给出的答案就是它表现为电磁力。所以电磁力本质上就是"运动电荷的库仑力"，而这个运动电荷的电力所需要满足的理论就是麦克斯韦方程组。

现在爱因斯坦已经洞察到球壳所产生的这个感应力。那么这个感应力也不是静止物体之间的牛顿引力，而是牛顿引力在物体运动之后的表现。至于它最后又表现成什么样的力呢？根据与电磁力的类比，它也应该和运动物体的引力相关。而这个运动物体的引力又应该满足什么样的理论呢？麦克斯韦方程组为这个新引力理论提供了一个参考，如图 18-18 所示。

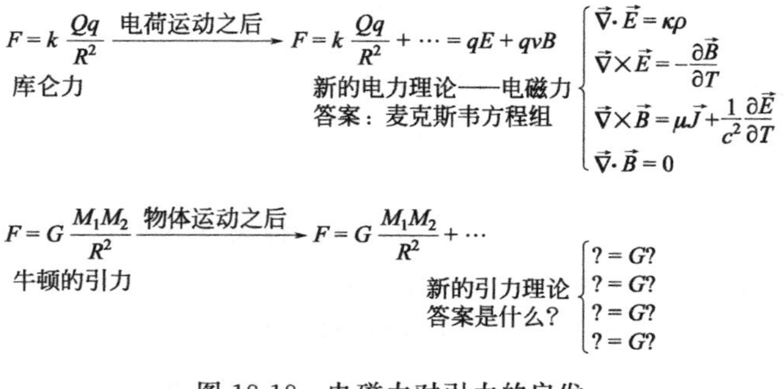

$$F = k\frac{Qq}{R^2} \xrightarrow{\text{电荷运动之后}} F = k\frac{Qq}{R^2} + \cdots = qE + qvB \quad \begin{cases} \vec{\nabla}\cdot\vec{E} = \kappa\rho \\ \vec{\nabla}\times\vec{E} = -\dfrac{\partial\vec{B}}{\partial T} \\ \vec{\nabla}\times\vec{B} = \mu\vec{J} + \dfrac{1}{c^2}\dfrac{\partial\vec{E}}{\partial T} \\ \vec{\nabla}\cdot\vec{B} = 0 \end{cases}$$

库仑力　　新的电力理论——电磁力　答案：麦克斯韦方程组

$$F = G\frac{M_1M_2}{R^2} \xrightarrow{\text{物体运动之后}} F = G\frac{M_1M_2}{R^2} + \cdots \quad \begin{cases} ? = G? \\ ? = G? \\ ? = G? \\ ? = G? \end{cases}$$

牛顿的引力　　新的引力理论　答案是什么？

图 18-18　电磁力对引力的启发

由于这个感应力是运动物体的引力的表现，所以这个新引力理论中的引力公式必然包含描述运动的时间变量，这标志着：对引力的探索阶段已经从静态引力学[3]进入了动态引力学

[1][2] 《爱因斯坦全集：第五卷》，湖南科技出版社，2009：491，507。

[3] 即引力源是静止时候所产生的引力。

的阶段了。也就是研究探索过程已经进入到质动引力学的研究阶段了（就像电磁学中的电动力学一样）。所以，这是广义相对论探索过程中**第四个重要转折点**，它标志着探索新引力理论场方程的阶段已经开启了。

所以在这个转折点之后，爱因斯坦已经不再满足于只对静态引力学进行研究了。在转折点之前不久的 2、3 月份，爱因斯坦已经发表了几篇研究静态引力的论文。这些论文主要在尝试将引力场能量和物体静止质量的增加部分都包含在引力源中，所以想要理解这些探索尝试，需要对引力场的能量有更多的认识。那么下一章就先粗略讨论一下引力场的能量具有哪些特点。

第19章 引力场的能量和动量

第 18 章已经推导出引力场所中也分布着一种能量，它可以被称为引力场的能量，那么引力场的能量该如何计算呢？这并不是一个简单的问题。对于任意情况下的引力场，直到今天我们仍然还没有一个满意的答案，不过对于静止物体周围引力场所中的能量分布，我们能够得到一个比较满意答案。

在第 8、9 章讨论过，假设一块空间区域内聚集了一堆静止电荷，那么这些静止电荷周围分布的电场能量密度的大小为：

$$\varepsilon=\frac{1}{2\kappa}\vec{E}\cdot\vec{E}\text{，其中 }\kappa=4\pi k_{\mathrm{C}}$$

这些电场能量来自哪里呢？假如这些电荷是同号电荷，当这些电荷相距无穷远时，这块区域的电场强度为零；当通过外力将这些同号电荷聚集在一起之后，这块区域的电场就出现了。根据能量守恒，这些外力在整个聚集过程中做功所消耗掉的能量就正好分布在电场中了，即成为了电场的能量。同时，整个聚集过程也是这些电荷的势能不断增加的过程，所以这些电荷的势能就存储在这些电荷产生的电场之中；或者说，这块区域的电场能量通过势能表现出来。

由于引力和库仑力在计算公式上的相似性，那么电场的这个能量密度计算公式对引力场也成立吗？或者说有什么不同吗？

第一个不同点是：引力是吸引力，而同号电荷之间的库仑力是排斥力。这样一来，将相距无穷远的物质聚集在一起时，外力在整个聚集过程中都是在做负功，即对外释放能量。那么，这些释放的能量就是从引力场中提取出来的，而不是像电荷聚集过程中外界所消耗的能量存储在电场中。所以引力场的能量密度应该是负的，即应该等于：

$$\varepsilon=-\frac{1}{2\kappa}\vec{E}_{\mathrm{N}}\cdot\vec{E}_{\mathrm{N}}\text{，其中 }\kappa=4\pi G$$

并且引力场还存在另外一个不同点。第 18 章已经推导出：当两个物体相互靠近之后，该两个物体的静止质量会增加（比如第 18 章中提到的球壳和小球），各自增加的质量正好等于各自势能改变量所对应的质量。所以这些物质在聚集过程中还会从引力场所中提取出两份势能当量的能量，然后这两份势能当量的能量聚集在这些物质上，成为了它们静止质量增加的部分。也就是说在聚集过程中，这些物质的质量密度 ρ 的增加部分满足下面数量关系：

$$\Delta\rho c^{2}=\frac{1}{2\kappa}\vec{E}_{\mathrm{N}}\cdot\vec{E}_{\mathrm{N}}\times 2=\frac{1}{4\pi G}(\vec{\nabla}\phi)^{2}$$

所以，这些物质在整个聚集过程中会从引力场中提取出三份势能当量的能量❶。这样一

❶ 作为对比，电荷的聚集过程只向电场存储了一份势能。

来，引力场的能量密度就应该改为：

$$\varepsilon=-\frac{3}{2\kappa}\vec{E}_{\mathrm{N}}\cdot\vec{E}_{\mathrm{N}}，其中\ \kappa=4\pi G$$

利用引力场强与引力势之间的关系 $\vec{E}_{\mathrm{N}}=-\vec{\nabla}\phi$，引力场的能量密度就是：

$$\varepsilon=-\frac{3}{2\kappa}(\vec{\nabla}\phi)\cdot(\vec{\nabla}\phi)=-\frac{3}{2\kappa}(\vec{\nabla}\phi)^2$$

在第 20 章还会谈到，也可以采用另外一个公式来计算引力场的能量密度，不过它们都不再像电场的能量密度公式那样是严格正确了。因为第 20、25 章将会谈到，爱因斯坦的引力已经不再满足叠加原理，即是非线性的，而上面的结论都是在满足叠加原理的前提下推导出来的。

尽管这个公式并不是完全正确，但它还是向我们展示了引力场也具有物质属性的一面，并且引力场也应该具有动量更加展示了这一面。在第 9 章谈到过，当电荷运动起来之后，它所产生的电磁场除了具有能量之外还具有动量。那么类似地，当物体运动起来之后，它所产生的引力场也应该除了具有能量之外还具有动量。第 9 章还进一步谈到过，除了能量和动量之外，还需要能量流和动量流才能完整描述电磁场物质所包含全部运动量的多少。这些全部运动量（能量、能量流、动量、动量流）组成了一个张量，它在今天被称为电磁场的能量动量张量，简称能动张量。那么当物质运动起来之后，描述引力场的全部运动量也应该组成一个能动张量，即引力场的能量动量张量。第 22、23 章将详细讨论这些内容。

尽管全面描述引力场这种物质的全部运动量也需要能量、能量流、动量和动量流，但仅仅引力场具有能量这一点就足以导致牛顿引力需要被修改了。因为根据质能关系，引力场的能量也应该具有引力质量，从而引力场的能量也会产生引力；而牛顿引力并没有包含这部分引力，所以牛顿引力需要被修改。下一章就来讨论爱因斯坦修改牛顿引力的早期尝试。

第4篇

爱因斯坦探索新引力理论的过程

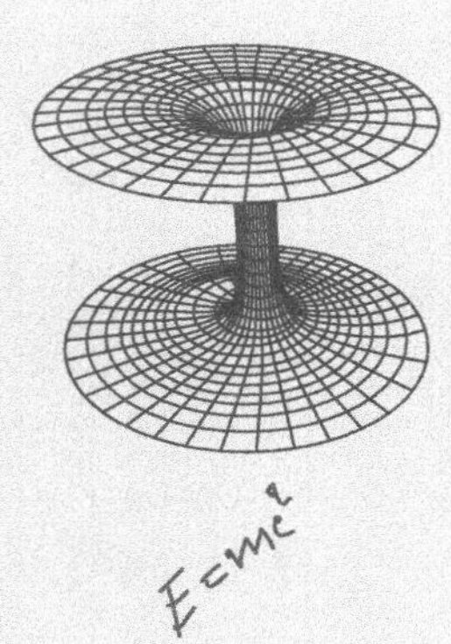

第20章 牛顿引力的问题以及早期修改尝试

假设空间中分布着质量密度为 ρ 的物质，选取其中一块球形区域。只要球足够小，该球形区域内的物质就可视为是均匀分布的。根据牛顿的引力理论，球内物质 M_{ball} 对球表面处一个物体 M_{test} 产生的引力如图 20-1 所示。

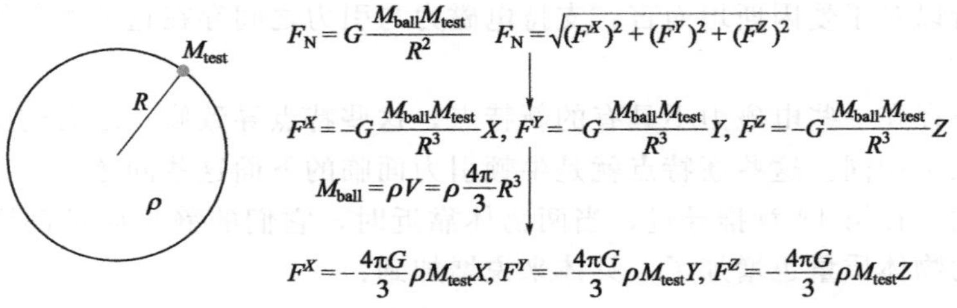

M_{test}　R　ρ

$$F_{\text{N}}=G\frac{M_{\text{ball}}M_{\text{test}}}{R^2}\quad F_{\text{N}}=\sqrt{(F^X)^2+(F^Y)^2+(F^Z)^2}$$

$$F^X=-G\frac{M_{\text{ball}}M_{\text{test}}}{R^3}X,\ F^Y=-G\frac{M_{\text{ball}}M_{\text{test}}}{R^3}Y,\ F^Z=-G\frac{M_{\text{ball}}M_{\text{test}}}{R^3}Z$$

$$M_{\text{ball}}=\rho V=\rho\frac{4\pi}{3}R^3$$

$$F^X=-\frac{4\pi G}{3}\rho M_{\text{test}}X,\ F^Y=-\frac{4\pi G}{3}\rho M_{\text{test}}Y,\ F^Z=-\frac{4\pi G}{3}\rho M_{\text{test}}Z$$

图 20-1　球内物质对球表面处物体产生的引力计算

那么球内物质在球表面处产生的引力场强如图 20-2 所示。

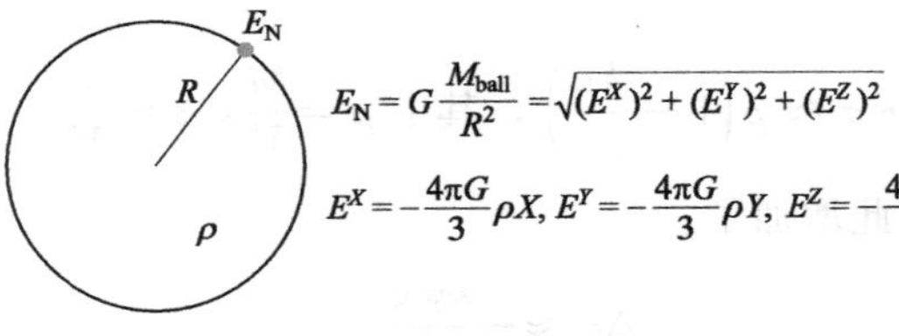

E_{N}　R　ρ

$$E_{\text{N}}=G\frac{M_{\text{ball}}}{R^2}=\sqrt{(E^X)^2+(E^Y)^2+(E^Z)^2}$$

$$E^X=-\frac{4\pi G}{3}\rho X,\ E^Y=-\frac{4\pi G}{3}\rho Y,\ E^Z=-\frac{4\pi G}{3}\rho Z$$

图 20-2　球内物质在球表面处产生的引力场强计算

所以，空间中分布着的这些物质产生的引力场强就满足下面要求：

$$\vec{\nabla}\cdot\vec{E}_{\text{N}}=\frac{\partial E^X}{\partial X}+\frac{\partial E^Y}{\partial Y}+\frac{\partial E^Z}{\partial Z}=\left(-\frac{4\pi G}{3}\rho\right)+\left(-\frac{4\pi G}{3}\rho\right)+\left(-\frac{4\pi G}{3}\rho\right)=-4\pi G\rho$$

这就是引力场强需要满足的方程，它被称为引力场方程。为了与后面的新引力进行区分，从本章开始，我们将修正之前的牛顿引力的引力势函数，记为 ϕ_{N}。那么根据引力场强与引力势之间的关系 $\vec{E}_{\text{N}}=-\vec{\nabla}\phi_{\text{N}}$，引力场方程可以改写为另外一种形式：

$$\nabla^2\phi_{\text{N}}=\frac{\partial^2\phi_{\text{N}}}{\partial X^2}+\frac{\partial^2\phi_{\text{N}}}{\partial Y^2}+\frac{\partial^2\phi_{\text{N}}}{\partial Z^2}=\kappa\rho\text{，其中 }\kappa=4\pi G$$

这两个方程早在牛顿出版《自然哲学之数学原理》差不多半个世纪以后就被人得到了。在接下来的近两百年时间里，大家并没有从这两个方程中看出牛顿引力存在什么问题。但是，当电磁场理论在 19 世纪末变得成熟时候，当爱因斯坦将相对论延伸入引力场并推导出一些重要结论之后，牛顿引力存在的问题就陆续暴露出来了。下面就来总结一下截止到 1912 年牛顿引力已经暴露出来的问题。

20.1 牛顿引力存在的问题

第一个问题：在第 8、9、10 章详细谈到过，麦克斯韦等人从库仑力出发，一步一步发展出了麦克斯韦方程组。麦克斯韦方程组是任意运动电荷之间的电力所需满足的方程，而库仑力只是其中一种特殊情况，即电荷静止时的特殊情况。所以库仑力所满足的方程只适用于电荷静止时的特殊情况。由于牛顿引力和库仑力的相似性，电磁场理论这个结论当然就意味着牛顿引力所满足的上面两个方程也只是适用于物质静止时的特殊情况。那么当物质运动起来之后，也应该存在类似于麦克斯韦方程组那样的引力方程组，来描述任意运动物体之间的引力。这个结论也以另外一种更加直接的方式表现出来，那就是：牛顿引力不满足狭义相对论。

特别是在第 18 章谈到过，爱因斯坦已经推导出加速运动的球壳对中心小球也会产生感应力的结论，所以对于爱因斯坦而言，支持电磁力与引力之间存在这种类似性的证据就变得更加坚实了。

不过引力还存在一些电磁力不具有的新特点，这些特点导致修正之后的新引力理论与电磁场理论又不完全相同。这些新特点就是牛顿引力面临的下面这些问题。

第二个问题：在第 18 章推导过，当两物体靠近时，它们的静止质量都增加。这也意味着作为引力源的物体质量也增加了，具体来说增加到：

$$M \rightarrow m \approx \left(1-\frac{\phi_{\mathrm{N}}}{c^{2}}\right) M$$

那么，增加的这部分质量也应该包含在引力源中。为此，作为引力源的质量密度就需要修改为：

$$\rho \rightarrow \sigma \approx \rho\left(1-\frac{\phi_{\mathrm{N}}}{c^{2}}\right)\text{，其中 } \rho=\frac{M}{V}\text{，}\sigma=\frac{m}{V}$$

即引力源的质量密度因此增加了：

$$\Delta \rho \approx -\frac{\rho \phi_{\mathrm{N}}}{c^{2}}$$

第三个问题：在第 19 章推导过，引力场所也分布着能量，即引力场的能量。如果引力场的能量也具有引力质量，那么它应该被纳入引力源中去，即下面这部分能量所对应的质量也应该纳入引力源中去。

$$\varepsilon=-\frac{3}{2 \kappa}(\vec{\nabla} \phi_{\mathrm{N}})^{2}$$

第四个问题：在第 16 章推导过，引力场中径向方向的空间长度的真实长度变长了，所以空间的真实体积也变大了。那么物质的质量密度会相应变小，所以引力场方程还需要考虑这个改变所带来的影响。

第五个问题：在第 17 章推导过，自由物体在重力场的时空中的运动轨迹是一条严格的直线；但根据牛顿引力推导出的结果却是自由物体在重力场的时空中的运动轨迹只是近似一条直线。所以牛顿引力只是近似正确的。

第六个问题：在第 22 章还会谈到，压强也是引力源，它也可以产生引力。

这些就是牛顿引力截止到 1912 年所暴露出来的问题。不过第二个和第三个问题在 1912 年几乎只有爱因斯坦一个人意识到了。而在 1912 年还没有人意识到第四个和第六个问题。

爱因斯坦当然不会放过这些无比重要的问题，就在 1912 年 3 月 23 日，爱因斯坦发表了一篇文章《静引力场理论》，来尝试解决第二个和第三个问题。我们这里不采用爱因斯坦在该篇论文中的推导思路，而改用一种更加自然的思路来推导出与该篇论文相同的结论。

20.2 修正引力的早期尝试

对于前面提到的第二个和第三个问题，最自然和最简单的修改方案就是把物质静质量的增加部分 $\Delta\rho$ 和引力场能量的质量 ε 都纳入引力源中去，也就是将牛顿的引力场方程修正为：

$$\nabla^2\phi_N=4\pi G\rho\rightarrow\nabla^2\phi=4\pi G\left[\rho+\Delta\rho+\frac{\varepsilon}{c^2}\right]$$

其中 ϕ_N 是修正之前牛顿引力的势函数，而修正之后的新引力的势函数记为 ϕ。将 $\Delta\rho$ 和 ε 的具体值代入之后，这个修正之后的引力场方程就是❶：

$$\nabla^2\phi\approx4\pi G\left[\rho\left(1-\frac{\phi}{c^2}\right)-\frac{1}{c^2}\frac{3}{8\pi G}(\vec{\nabla}\phi)^2\right]$$

如果将描述引力的势函数 ϕ 和描述物质的质量密度 ρ 分配在方程的两边❷，那么修正之后的引力场方程就变为：

$$\nabla^2\phi+4\pi G\rho\frac{\phi}{c^2}+\frac{3}{2}\frac{(\vec{\nabla}\phi)^2}{c^2}\approx4\pi G\rho$$

从这个修正之后的引力场方程可以明显看到：新引力不再是线性的，即两个物体共同产生的引力不再等于它们单独产生的引力之和了。而非线性就意味着新引力将会变得更加复杂。

在第 18、19 章讨论过，物质聚集在一起的整个过程会从引力场所中提取出三份势能当量的能量，其中两份能量聚集在物质上，从而让物质的质量增加了。并且在第 19 章推导过，在这个聚集过程中，这些质量增加量 $\Delta\rho$ 满足下面数量关系：

$$\Delta\rho=\frac{1}{c^2}\frac{2}{8\pi G}(\vec{\nabla}\phi_N)^2$$

另外一方面，前面刚刚推导过，引力场让这些物质静止质量增加的数量关系为：

$$\Delta\rho\approx-\frac{\rho\phi_N}{c^2}$$

利用这两个数量关系，上面修正之后的引力场方程就可以改写为❸：

$$\nabla^2\phi\approx4\pi G\left[\rho\left(1+\frac{\phi}{c^2}\right)+\frac{1}{c^2}\frac{1}{8\pi G}(\vec{\nabla}\phi)^2\right]$$

在第 17 章谈到过，爱因斯坦在论文《光速与引力场中的静力学》中做出了一个重要的

---

❶ 注意，这里还采用如下近似：

$$\Delta\rho\approx-\frac{\rho\phi_N}{c^2}\approx-\frac{\rho\phi}{c^2},\ \varepsilon=-\frac{3}{2\kappa}(\vec{\nabla}\phi_N)^2\approx-\frac{3}{2\kappa}(\vec{\nabla}\phi)^2$$

❷ 这种分配已经无法完全彻底，因为方程包含一个耦合项 $\rho\phi$，因此新的引力理论已经无法把纯物质的引力源完全分离出来了，后面章节还会讨论这个问题。

❸ 注意，这里同样采用如下近似：

$$\Delta\rho\approx-\frac{\rho\phi_N}{c^2}\approx-\frac{\rho\phi}{c^2},\ \varepsilon=-\frac{3}{2\kappa}(\vec{\nabla}\phi_N)^2\approx-\frac{3}{2\kappa}(\vec{\nabla}\phi)^2$$

思想转变：将描述引力场的势函数 $\phi_N(R)$ 替换成光速函数 $c(R)$。在这个重要的思想转变之后，除了得到第 17 章谈到过的重大发现——自由落体只不过是惯性运动之外，爱因斯坦还将引力场方程也改用光速函数 $c(R)$ 来描述了。比如将引力势函数 $\phi_N(R)$ 替换成光速函数 $c(R)$ 之后，牛顿的引力场方程变为：

$$\nabla^2\phi_N=4\pi G\rho \xrightarrow{\frac{\phi_N(R)}{c^2}\to\frac{c(R)}{c}-1} c\,\nabla^2 c(R)=4\pi G\rho$$

爱因斯坦将它重写为：

$$\nabla^2 c(R)=K\rho c\text{，其中 }K=\frac{4\pi G}{c^2}$$

那么上面修正之后的引力场方程也被重写：

$$\nabla^2 c(R)\approx K\left[\rho c(R)+\frac{1}{2K}\frac{(\vec{\nabla}c(R))^2}{c}\right]\text{，其中 }K=\frac{4\pi G}{c^2}$$

它就是爱因斯坦在 1912 年 3 月 23 日写出的《静引力场理论》中推导出的新引力场方程的形式[❶]。这是爱因斯坦第一次尝试对牛顿引力进行修改。

从这次尝试中可以看到，爱因斯坦将引力场的能量密度定义为[❷]：

$$\varepsilon_{\text{Einstein}}=\frac{1}{2K}[\vec{\nabla}c(R)]^2\approx\frac{1}{8\pi G}(\vec{\nabla}\phi)^2$$

这是一种与第 19 章不同的计算引力场能量密度的方法，即计算引力场能量密度存在两种计算方法：

$$\varepsilon\approx-\frac{3}{8\pi G}(\vec{\nabla}\phi)^2$$

$$\varepsilon_{\text{Einstein}}\approx\frac{1}{8\pi G}(\vec{\nabla}\phi)^2$$

为了看出两种定义方式的不同，把修正之后的引力方程右边写为如下形式：

$$\nabla^2 c(R)\approx K\left[\left(\rho+\frac{\rho\phi}{c^2}\right)c+\frac{1}{2K}\frac{[\vec{\nabla}c(R)]^2}{c}\right]$$

右边第一项 ρ 就是纯物质的质量密度，即不考虑引力场导致物质质量增加的部分 $\Delta\rho$。右边第二项 $\rho\phi/c^2$ 就是这些纯物质的势能密度。所以可以看到：爱因斯坦的定义相当于将纯物质质量增加的部分 $\Delta\rho$ 归入引力场的能量，而且还把势能从引力场能量中单独拿出来了，即还从引力场能量中减去 $\rho\phi/c^2$。也就是说这两种定义方式之间的关系为：

$$\varepsilon_{\text{Einstein}}\approx\varepsilon+\Delta\rho-\frac{\rho\phi}{c^2}$$

当然，引力场能量密度的这两种定义方式都是正确的。其原因就在于涉及引力场能量计算的地方，我们只需要关心引力场能量的改变值，而不需要关心引力场能量的绝对值。

20.3 修正之后的引力场方程告诉我们什么？

尽管这个修正后的引力场方程并没有解决牛顿引力存在的所有问题，但它还是告诉了我们正确的引力场方程应该具有哪些新性质。

---

❶❷ 《爱因斯坦全集：第四卷》，湖南科技出版社，2009：133-135，135。

第一个新性质：引力场与引力源之间无法划出清晰界线。在电磁场理论中，电磁场与电荷之间是可以清晰划分边界的，电荷是源，电磁场由此源产生。但从这个修正后的引力场方程中可以很明显地看到，引力场 ϕ 的能量自身也成为了引力源，即方程右边存在这一项：

$$\frac{1}{c^2}\frac{1}{8\pi G}(\vec{\nabla}\phi)^2$$

那么它到底应该算引力源还是算引力场呢，这已经无法区分清楚了。另外这个场方程中还直接存在物质源与引力场耦合的情况，即方程右边存在这一项：

$$\frac{\rho\phi}{c^2}$$

这一项更是无法拆分开了。所以这两项都表明：

引力源无法再是纯物质的，而是被引力场影响过的物质。也就是说新引力存在自我相互作用。这导致了第二个重要新性质——非线性。

第二个新性质：引力不再满足叠加原理。比如，地球和太阳共同产生的引力，不能再通过把地球和太阳单独存在时的引力分别计算出来，然后再把它们加起来得到了。因为太阳的存在会影响地球的质量，从而影响地球产生引力，它们之间引力场的能量也会影响地球产生的引力，并且地球也是这样影响太阳的。这种新性质被称为非线性。与牛顿的旧引力相比，这是新引力的一个巨大不同点。非线性会让引力变得异常复杂，这也是大多数人无法一下就看清和搞懂爱因斯坦理论的原因。

这两个新性质都是电磁场所不具有的，也正是这两个新性质成为探索引力场方程最困难的障碍。如果没有这个障碍，只需要将麦克斯韦方程组简单地套用过来就能得到新引力的场方程。

20.4 引力的修正对爱因斯坦思想带来巨大转变

第 17 章和本章的这些结论被爱因斯坦称为光速可变理论[1]。当爱因斯坦在 1912 年 8 月回到苏黎世和格尔斯曼交流之后，格尔斯曼很快就发现爱因斯坦的这些光速可变理论所采用的时空是一个度量几何空间（黎曼几何就是其中一种），即具有如下性质的几何空间。

所有度量信息都包含在这个被称为度规 $g_{\mu\nu}$ 的矩阵之中（见图 20-3），其中 g_{00} 分量为：

$$g_{00}=\frac{c^2(R)}{c^2}\approx\left(1+\frac{\phi_N}{c^2}\right)^2=1+\frac{2\phi_N}{c^2}+\frac{\phi_N^2}{c^4}$$

第 17 章谈到过，在 1912 年的上半年，爱因斯坦在思想上产生了一个重要转变，那就是他开始认为描述地球引力场的不再是引力势函数 ϕ_N，而是引力场中的可变光速 $c(R)$。现在可变光速 $c(R)$ 的平方已经进入了新时空度规的 g_{00} 分量。那么这就意味着描述地球引力场的势函数成为了时空度规的 g_{00} 分量。这些结果引导爱因斯坦开始去思索势函数与度规 $g_{\mu\nu}$ 之间的关系。

但是，这个问题的答案在当时并没有大家在今天看上去那样容易得到。后面第 24 章会详细谈到，度规 $g_{\mu\nu}$ 实际上包含有两种信息。其中一种信息是由于坐标系变换所带来的信息。比如，在没有引力场存在的闵氏时空中，存在一个从惯性坐标系（cT,X,Y,Z）到其它

[1] 它可以视为对狭义相对论推广之后的最初理论。

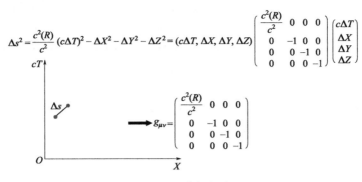

$$\Delta s^2=\frac{c^2(R)}{c^2}(c\Delta T)^2-\Delta X^2-\Delta Y^2-\Delta Z^2=(c\Delta T,\Delta X,\Delta Y,\Delta Z)\begin{pmatrix}\frac{c^2(R)}{c^2} & 0 & 0 & 0\\ 0 & -1 & 0 & 0\\ 0 & 0 & -1 & 0\\ 0 & 0 & 0 & -1\end{pmatrix}\begin{pmatrix}c\Delta T\\ \Delta X\\ \Delta Y\\ \Delta Z\end{pmatrix}$$

cT

Δs

$$\longrightarrow g_{\mu\nu}=\begin{pmatrix}\frac{c^2(R)}{c^2} & 0 & 0 & 0\\ 0 & -1 & 0 & 0\\ 0 & 0 & -1 & 0\\ 0 & 0 & 0 & -1\end{pmatrix}$$

O X

图 20-3 度规矩阵

任何坐标系（X^0,X^1,X^2,X^3）的变换，那么闵氏时空的度规 $\eta_{\mu\nu}$ 会改变为：

$$\eta_{\mu\nu}\longrightarrow g_{\alpha\beta}$$

$$(c\Delta T)^2-(\Delta X)^2-(\Delta Y)^2-(\Delta Z)^2=\Delta s^2=g_{\alpha\beta}\Delta X^\alpha\Delta X^\beta$$

$$(c\Delta T,\ \Delta X,\ \Delta Y,\ \Delta Z)\begin{pmatrix}1 & 0 & 0 & 0\\ 0 & -1 & 0 & 0\\ 0 & 0 & -1 & 0\\ 0 & 0 & 0 & -1\end{pmatrix}\begin{pmatrix}c\Delta T\\ \Delta X\\ \Delta Y\\ \Delta Z\end{pmatrix}=\Delta s^2$$

$$=(\Delta X^0,\ \Delta X^1,\ \Delta X^2,\ \Delta X^3)\begin{pmatrix}g_{00} & g_{01} & g_{02} & g_{03}\\ g_{10} & g_{11} & g_{12} & g_{13}\\ g_{20} & g_{21} & g_{22} & g_{23}\\ g_{30} & g_{31} & g_{32} & g_{33}\end{pmatrix}\begin{pmatrix}\Delta X^0\\ \Delta X^1\\ \Delta X^2\\ \Delta X^3\end{pmatrix}$$

由于没有引力场存在，当然也就没有引力势函数，所以这个度规 $g_{\alpha\beta}$ 与引力势函数又没有任何关系。前面已经得到的结论又不再成立，即度规 $g_{\alpha\beta}$ 就是势函数的结论并不成立。也就是说此例子中的度规 $g_{\alpha\beta}$ 不包含引力的相关信息，只包含与坐标系变换相关的信息。因为只要采用这个坐标系变换的逆变换就能把整个时空的度规 $g_{\alpha\beta}$ 重新变换回为 $\eta_{\mu\nu}$，从而完全消除这种信息。所以，此例子中的度规 $g_{\alpha\beta}$ 与前面地球引力场中的 $g_{\mu\nu}$ 有着本质的不同。那么关键问题就在于是什么原因导致了这个本质不同。

促使爱因斯坦最终意识到此本质不同的原因有很多。第一：为了推广狭义相对论，爱因斯坦很早之前就已经研究匀速转动参考系❶。至少在 1912 年 3 月之前❷，这个研究已经让爱因斯坦认识到匀速转动的转盘不再是一个欧式空间❸，这为他接受引力场中的时空也不再是一个闵氏时空做好了思想铺垫。第二：爱因斯坦开始意识到在重力场中，等效原理只能在局部区域才成立（它就是导致这个“本质不同”的原因）。至少在 1912 年 6 月之前，爱因斯坦

---

❶ 比如在 1909 年 9 月 29 日给索末菲的信中，他们就已经在讨论把相对论从 1907 年的匀加速参考系推广到匀速转动参考系中去，参见《爱因斯坦全集：第五卷》197 页。另外，除了爱因斯坦，其他人也对此问题感兴趣，比如埃伦费斯特早在 1909 年就写过一篇论文《论刚体匀速转动与相对论》。

❷ 比如在 1912 年 2 月 26 日的《光速与引力场的静力学》中，爱因斯坦已经明确表示，在匀速转动参考系中，欧式几何的一些定理不再成立。

❸ 注意：在爱因斯坦研究的转盘例子中，只是转盘不再是欧式空间，但整个时空仍然是闵氏的。

已经意识到了这一点[1]。不过这时候的爱因斯坦对此感到的是困惑，并没有意识它就是解开整个谜团的“钥匙”[2]。第三：大学同学兼好朋友格尔斯曼的提醒。转折点出现在 1912 年 8 月，当爱因斯坦在这个月回到苏黎世与数学家格尔斯曼交流之后，格尔斯曼在第二天就告诉他：早就已经有成熟的数学理论研究过这个本质不同。这种数学理论就是黎曼几何。在这种几何中，无论采用什么样的坐标系变换只能把局部区域的度规 $g_{\alpha\beta}$ 变换回 $\eta_{\mu\nu}$，而不是像上面例子那样把整个时空的度规 $g_{\alpha\beta}$ 都变换回 $\eta_{\mu\nu}$；并且，坐标系只能在局部区域内变换的要求正好可以用来解决等效原理局部性所带来的麻烦——这个让爱因斯坦感到困惑的问题。

格尔斯曼的提醒应该是最为关键的。它让爱因斯坦一下就醒悟过来，从而看清引力势函数与度规 $g_{\mu\nu}$ 之间在什么情况下才是有关系的。就这样，在 1912 年 8 月，爱因斯坦一下就拨开了迷雾，看到了引力探索过程中最为关键的发现：黎曼几何[3]中的度规 $g_{\alpha\beta}$ 就是引力势函数的推广。

$$\phi_N \to g_{\mu\nu} = \begin{pmatrix} g_{00} & g_{01} & g_{02} & g_{03} \\ g_{10} & g_{11} & g_{12} & g_{13} \\ g_{20} & g_{21} & g_{22} & g_{23} \\ g_{30} & g_{31} & g_{32} & g_{33} \end{pmatrix}$$

到 1912 年 10 月份的时候，这个新发现已经完全占据了爱因斯坦的大脑。他已经有了探索新引力理论的另外一套研究思路和方法，1912 年上半年写出的那些论文中的那些陈旧的研究思路和方法已经被抛弃了。爱因斯坦在 1912 年 10 月 29 日给索末菲的信中这样写道：“在数学家朋友的帮助下，我已经克服了所有困难。”[4]。

这些思想转变是广义相对论探索过程中**第五个重要转折点**。因为在转变之后，新引力理论的探索方向就变得异常清晰了，那就是探讨度规中的这 10 个引力势函数应该满足什么样的方程。这确实也是爱因斯坦接下来全力思考探索的方向。就在仅仅 10 个月之后，爱因斯坦和格尔斯曼就发表了他们的第一套关于新引力理论的答案，一篇重量级论文《广义相对论和引力理论的纲要》。后面几章会详细讨论这篇论文所提出的新引力理论。

---

[1] 比如在 1912 年 6 月 20 日给埃伦费斯特的信中写道：“在这几篇论文中（笔者注：就是指《光速与引力场的静力学》和《静引力场理论》），等效原理似乎只在无穷小区域才成立，……”

[2] 后面第 24 章会详细讨论如何解开这个谜团的。

[3] 严格讲应该是伪黎曼几何。

[4] 《爱因斯坦全集：第五卷》，湖南科技出版社，2009：467。

第21章 一般引力场对牛顿力学的重建

第 20 章谈到过，在推广到广义相对性原理之后，时空的坐标系也被推广为一般坐标系：

$$(cT, X, Y, Z) \rightarrow (X^0, X^1, X^2, X^3)$$

在推广之后，时间和空间的测量值需要坐标值 X^μ 与度规 $g_{\mu\nu}$ 一起才能确定❶。也就是说：任何一位观测者都需要同时采用坐标值 X^μ 与度规 $g_{\mu\nu}$ 进行一定计算之后才能得到他所测量出的刻度值，比如附录 4 所举的例子。所以时空的度规 $g_{\mu\nu}$ 非常重要，它起到了度量时间和空间的作用，也就是说描述时间和空间相关性质的信息就包含在度规 $g_{\mu\nu}$ 之中。

$$g_{\mu\nu} = \begin{pmatrix} g_{00} & g_{01} & g_{02} & g_{03} \\ g_{10} & g_{11} & g_{12} & g_{13} \\ g_{20} & g_{21} & g_{22} & g_{23} \\ g_{30} & g_{31} & g_{32} & g_{33} \end{pmatrix}$$

根据第 12、17 章类似的理由，当时间和空间被再一次重建之后，建立在时间和空间基础之上的整个物理学都需要被再次重建，这当然就包括牛顿力学和电磁学。不仅如此，在第 20 章还讨论过，爱因斯坦在 1912 年 10 月份已经认识到：修正之后的正确引力理论的势函数已经进入了度规 $g_{\mu\nu}$ 的 10 个分量。这就意味着引力场将全面影响时间和空间的测量值，即时间和空间是深受引力场影响的。那么在时间和空间基础上建立起来的物理学定律当然也就会深受引力场的影响。所以深受引力场影响的整个物理学也需要被再次重建，这当然也包括牛顿力学和电磁学的再次重建。这些重建过程从 1912 年萌芽开始，到 1914 年在爱因斯坦那里已经完全成熟，其标志就是 1914 年 10 月 29 日写出的《广义相对论形式基础》❷ 对这些重建过程进行的梳理和总结。本章就来详细讨论受到一般引力场影响的牛顿力学的重建过程。电磁学的再次重建在第 24 章再来讨论。

21.1 速度的重建

正如刚刚谈到过的，在一般引力场中，时空的坐标（X^0, X^1, X^2, X^3）已经不再具有测量值的意义，它们不再是某位观测者的直接测量值，即它们与观测者之间的联系减弱了，所以它们只能被称为坐标值，重建之后的速度也只能被称为坐标速度。描述变化快慢的参数仍然选取运动物体自身携带的钟测量出的时间 τ。所以在一般引力场中，速度的概念被重建为坐标速度：

---

❶ 当然还包括观测者。即时间和空间的测量值同时需要坐标值、度规和代表观测者的世界线。

❷ 《爱因斯坦全集：第六卷》，湖南科技出版社，2009：61-107。

$$U^0=\frac{\mathrm{d}X^0}{\mathrm{d}\tau},\ U^1=\frac{\mathrm{d}X^1}{\mathrm{d}\tau},\ U^2=\frac{\mathrm{d}X^2}{\mathrm{d}\tau},\ U^3=\frac{\mathrm{d}X^3}{\mathrm{d}\tau}$$

其中，时间 τ 与坐标时间 T 之间的关系为（推导过程见附录 4）：

$$\Delta\tau=\Delta T\sqrt{g_{00}\left(1+\frac{g_{0i}u^i}{cg_{00}}\right)^2-\frac{u^2}{c^2}}，其中 u=\sqrt{h_{ij}u^iu^j}，u^i=\frac{\Delta X^i}{\Delta T}，h_{ij}=\frac{g_{0i}g_{0i}}{g_{00}}-g_{ij}$$

静止观测者（指坐标速度为零的观测者）采用自己携带的钟测量出的该运动物体所经历的时间 t 与坐标时间 T 之间的关系为（推导过程见附录 4）：

$$\Delta t=\Delta T\sqrt{g_{00}\left(1+\frac{g_{0i}u^i}{cg_{00}}\right)^2}$$

21.2 动量的重建

动量的定义仍然未变，不过它们同样也只能称为坐标动量：

$$P^0=MU^0,\ P^1=MU^1,\ P^2=MU^2,\ P^3=MU^3$$

其中 M 是物体在无引力场中静止时的质量，或者说是采用时间 τ 度量出来的大小。和第 17 章一样，该静止观测者有两套时间可以用——坐标时间 T 和他自己携带的钟测量的该运动物体所经历的时间 t，那么对于静止观测者来说，能量值也同样有两套。一套是在坐标时间 T 上的运动量，记为 E，所以它被称为坐标能量；另外一套是在时间 t 上的运动量，记为 e，和第 17 章一样，能量 e 仍然称为剔除掉引力场影响之后的能量。这两套能量与四维动量的第四维分量 P^T 之间的关系分别重建为：

$$\frac{E}{c}=Mc\frac{\mathrm{d}T}{\mathrm{d}\tau}=P^T$$

$$\frac{e}{c}=Mc\frac{\mathrm{d}t}{\mathrm{d}\tau}=Mc\frac{\mathrm{d}t}{\mathrm{d}T}\frac{\mathrm{d}T}{\mathrm{d}\tau}=P^T\sqrt{g_{00}\left(1+\frac{g_{i0}u^i}{cg_{00}}\right)^2}$$

21.3 对质量带来的影响

同样，一般引力场也会对物体的质量产生影响。如果采用坐标时间 T 来度量这些动量，那么动量就是：

$$P^i=M\Gamma\frac{\mathrm{d}X^i}{\mathrm{d}T}=mu^i，其中 \Gamma=\frac{\mathrm{d}T}{\mathrm{d}\tau}=\frac{1}{\sqrt{g_{00}\left(1+\frac{g_{0i}u^i}{cg_{00}}\right)^2-\frac{u^2}{c^2}}}，u^i=\frac{\mathrm{d}X^i}{\mathrm{d}T}$$

所以在一般引力场中，一个物体也相应地具有坐标质量 m，它的大小为：

$$m=M\Gamma=\frac{M}{\sqrt{g_{00}\left(1+\frac{g_{0i}u^i}{cg_{00}}\right)^2-\frac{u^2}{c^2}}}$$

该坐标质量与坐标能量之间仍然满足：

$$E=Mc^2\frac{\mathrm{d}T}{\mathrm{d}\tau}=mc^2$$

如果物体在一般引力场中是静止的，那么该物体的坐标质量 m 为：

$$m=\frac{M}{\sqrt{g_{00}}}$$

这个结论意味着：即使一个物体在引力场中是静止的（即空间坐标保持不变），该物体的质量 m 与无引力场存在时的质量 M 也不再相等。

21.4 牛顿第一定律的重建

第 17 章已经讨论过，在地球引力场中，惯性定律已经重建为惯性运动就是物体在时空中留下的世界线是直线的运动。那么在一般引力场中，牛顿第一定律也应该是这样的，即有：

自由物体在时空中留下的世界线是一条直线，即一条测地线。所谓的惯性只不过是物体自身总是倾向于沿测地线运动的表现而已。

这个结论正是第 1～7 章详细讨论而推导出的重要结论。只不过亚里士多德将这种惯性运动称为合乎自然的运动。在 1912 年到 1913 年之间，爱因斯坦就已经重新得到了这个结论。

那么在一般引力场的时空中，一个惯性运动的物体的坐标（X^0,X^1,X^2,X^3）应该满足什么要求呢？即惯性运动的运动方程是什么呢？答案与第 17 章的结论是一样的，即运动方程就是欧拉-拉格朗日方程。

在一般引力场的时空中，一条世界线的时空长度 s 的计算方法如图 21-1 所示。

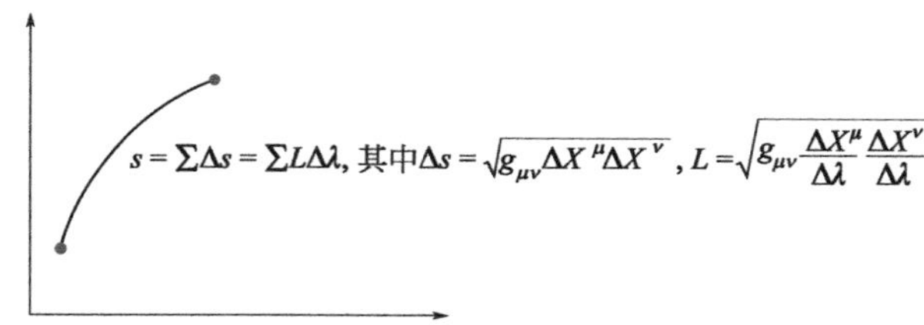

图 21-1　一般引力场中一条世界线的时空长度计算

如果这条世界线是时空中的直线，那么世界线上的坐标（X^0,X^1,X^2,X^3）需要满足欧拉-拉格朗日方程：

$$\frac{\mathrm{d}\left(\frac{\partial L}{\partial V^{\mu}}\right)}{\mathrm{d}\lambda}-\frac{\partial L}{\partial X^{\mu}}=0,\ L=\sqrt{g_{\mu\nu}V^{\mu}V^{\nu}},\ V^{\mu}=\frac{\Delta X^{\mu}}{\Delta\lambda}$$

其中 λ 是用来表示变化快慢的参数。将拉氏量 L 代入方程进行求导运算之后有：

$$\frac{\mathrm{d}\left(\frac{g_{\mu\nu}V^{\nu}}{L}\right)}{\mathrm{d}\lambda}-\frac{1}{2}\frac{\frac{\partial g_{mn}}{\partial X^{\mu}}V^mV^n}{L}=0$$

世界线的长度 s 会随着物体运动发生改变，所以 s 本身就是表示变化快慢最自然的一个参数，那么就可以选择让 $\lambda=s$，从而欧拉-拉格朗日方程简化为：

$$\frac{\mathrm{d}(g_{\mu\nu}V^{\nu})}{\mathrm{d}s}-\frac{1}{2}\frac{\partial g_{mn}}{\partial X^{\mu}}V^mV^n=0,\ V^{\mu}=\frac{\Delta X^{\mu}}{\Delta s}$$

由于世界线的长度 s 正好等于随物体运动钟所测量出的时间 τ 乘以光速 c，即有：$\Delta s=$

$c\Delta\tau$（推导过程见附录 4）。这样一来，在做了这个替换之后，欧拉-拉格朗日方程就具有了物理意义：

$$\frac{\mathrm{d}(g_{\mu\nu}U^{\nu})}{\mathrm{d}\tau}-\frac{1}{2}\frac{\partial g_{mn}}{\partial X^{\mu}}U^{m}U^{n}=0,\ U^{\mu}=\frac{\Delta X^{\mu}}{\Delta\tau}$$

只需要将方程的形式再做一下调整，我们就能一下看出它所代表的物理意义，即把第一项求导运算展开：

$$g_{\mu\nu}\frac{\mathrm{d}(U^{\nu})}{\mathrm{d}\tau}+\frac{\partial g_{\mu\nu}}{\partial X^{m}}U^{m}U^{\nu}-\frac{1}{2}\frac{\partial g_{mn}}{\partial X^{\mu}}U^{m}U^{n}=0\longleftarrow\frac{\mathrm{d}g_{\mu\nu}}{\mathrm{d}\tau}=\frac{\partial g_{\mu\nu}}{\partial X^{m}}\frac{\mathrm{d}X^{m}}{\mathrm{d}\tau}=\frac{\partial g_{\mu\nu}}{\partial X^{m}}U^{m}$$

方程两边都除以一个度规，即乘上度规的逆，这个有物理意义的方程就变为：

$$\frac{\mathrm{d}(U^{\alpha})}{\mathrm{d}\tau}+g^{\alpha\mu}\frac{\partial g_{\mu\nu}}{\partial X^{m}}U^{m}U^{\nu}-\frac{1}{2}g^{\alpha\mu}\frac{\partial g_{mn}}{\partial X^{\mu}}U^{m}U^{n}=0,\ (g^{-1})_{\alpha\mu}=g^{\alpha\mu}$$

再把质量 M 乘上之后，这个方程的物理意义就是：一般引力场中自由运动的物体所满足的牛顿第二定律。

$$\frac{\mathrm{d}(MU^{\alpha})}{\mathrm{d}\tau}=f_{G}^{\alpha},\ \text{此处}\ f_{G}^{\alpha}=-M\frac{1}{2}g^{\alpha\mu}\left(\frac{\partial g_{\mu n}}{\partial X^{m}}+\frac{\partial g_{\mu m}}{\partial X^{n}}-\frac{\partial g_{mn}}{\partial X^{\mu}}\right)U^{m}U^{n}$$

其中 f_{G}^{α} 就是该物体所受到的四维引力。它就是从最新的惯性运动如果仍然采用牛顿的惯性定律为基础而构造出的力❶。这个力 f_{G}^{α} 的核心部分被称为克利斯朵夫记号❷，记为：

$$\Gamma_{mn}^{\alpha}=\frac{1}{2}g^{\alpha\mu}\left(\frac{\partial g_{\mu n}}{\partial X^{m}}+\frac{\partial g_{\mu m}}{\partial X^{n}}-\frac{\partial g_{mn}}{\partial X^{\mu}}\right)$$

所以利用克利斯朵夫记号，自由运动的物体所满足的牛顿第二定律简化为：

$$\frac{\mathrm{d}(MU^{\alpha})}{\mathrm{d}\tau}=f_{G}^{\alpha},\ \text{其中}\ f_{G}^{\alpha}=-M\Gamma_{mn}^{\alpha}U^{m}U^{n}$$

相比于牛顿的引力公式，这个引力公式 f_{G}^{α} 还是给我们带来一些困惑，那就是：这个引力 f_{G}^{α} 所对应引力场的场强应该是多少呢。在牛顿的引力理论中，引力场强等于一个实验物体所受到的引力除以该实验物体的质量。很显然，这种定义方法对于由度规描述的这个新引力 f_{G}^{α} 不再适用，因为现在一个物体受到的引力 f_{G}^{α} 不仅仅取决于该物体的质量 M，还取决于该物体的速度 U^{m}。所以再将下面这个量定义为引力场强就不合理了。

$$e_{G}^{\alpha}=\frac{f_{G}^{\alpha}}{M}=-\Gamma_{mn}^{\alpha}U^{m}U^{n}$$

但是这个问题的答案非常重要和关键，因为引力场方程就是关于场强的方程。后面章节将会谈到，对于这个问题，爱因斯坦在很长一段时间内都在采用不正确的答案。而正是 1915 年 10 月份对这个问题的最终突破帮助爱因斯坦完成了最后一击，让新引力理论的探索过程柳暗花明。所以爱因斯坦在这个问题上的最终突破，将是广义相对论发展过程中的另外一个关键转折点，第 25 章将会谈到这一点。

21.5 牛顿第二定律的重建

牛顿第二定律仍然采用第 17 章的形式，不过将其中的动量替换成坐标动量。所以在一

---

❶ 牛顿从他的惯性定律出发构造出引力的过程可参见第 4 章的详细讨论。

❷ 克利斯朵夫记号（Christoffel）也被称为黎曼联络，它的几何意义在第 24 章再详细讨论。

般引力场中，牛顿第二定律重建为：

$$f^{\alpha}+f_{G}^{\alpha}=\frac{\mathrm{d}P^{\alpha}}{\mathrm{d}\tau}$$

其中，f_{G}^{α} 是刚刚推导出的四维引力，f^{α} 是除引力之外的四维纯外力。将引力 f_{G}^{α} 的表达式代入之后，牛顿第二定律就变为：

$$f^{\alpha}=M\left(\frac{\mathrm{d}U^{\alpha}}{\mathrm{d}\tau}+\Gamma_{mn}^{\alpha}U^{m}U^{n}\right)$$

在黎曼几何中，该方程的右边正好是对四维坐标速度矢量的微分运算，这种微分被称为绝对微分（第 24 章再详细讨论）。这种绝对微分运算一般记为：

$$\frac{\mathrm{D}U^{\alpha}}{\mathrm{d}\tau}=\frac{\mathrm{d}U^{\alpha}}{\mathrm{d}\tau}+\Gamma_{mn}^{\alpha}U^{m}U^{n}$$

所以采用绝对微分，一般引力场中的牛顿第二定律为：

$$f^{\alpha}=M\frac{\mathrm{D}U^{\alpha}}{\mathrm{d}\tau}$$

21.6 牛顿第三定律的重建

和第 17 章的结论一样，重建之后的牛顿第三定律仍然为：四维的作用力等于四维的反作用力。不过作用力仍然只需要考虑四维纯外力，不再考虑引力，即有：$f_{\rightarrow}^{\mu}=-f_{\leftarrow}^{\mu}$。

在牛顿力学中，从牛顿第三定律可以推导出动量守恒定律，即参与相互作用的两个物体的总动量是守恒的。那么这个重建之后的牛顿第三定律也应该可以推导出类似的结论。也就是说，利用四维作用力等于四维反作用力 $f_{\rightarrow}^{\mu}=-f_{\leftarrow}^{\mu}$ 应该可以推导出参与相互作用的两种物质的全部运动量是守恒的。那么这个全部运动量应该是什么呢？下一章就来深入讨论这个问题，并且这个问题的答案又将是后面探索新引力场方程的基石和出发点。

第22章 全部的运动量——能量动量张量

第 3 章谈到过，在笛卡儿之后，整个物理世界被简化为两个对象——空间和物质的运动，空间被数学化为欧几里得空间，物质的运动被数学化为动量（即物质运动的多少）。在第 5 章谈到过，莱布尼茨等人还找到了另外一种将物质运动的多少数学化的方式，那就是能量。当闵可夫斯基将时间和空间组成一个整体（即时空）之后，能量和动量也随之成为了一个整体，这个整体就是第 12、17、21 章讨论过的四维动量：

$$P^0=M\frac{\mathrm{d}X^0}{\mathrm{d}\tau},\ P^1=M\frac{\mathrm{d}X^1}{\mathrm{d}\tau},\ P^2=M\frac{\mathrm{d}X^2}{\mathrm{d}\tau},\ P^3=M\frac{\mathrm{d}X^3}{\mathrm{d}\tau}，其中\ X^0=cT$$

它们都是对物质运动的多少的描述，能量只不过是物质在时间上运动的多少的描述。当采用坐标速度 $\vec{u}$ 和坐标质量 m 之后，一块物体的运动量就变为我们熟悉的能量和动量概念：

$$P^0=mc=\frac{E}{c},\ P^1=mu^1,\ P^2=mu^2,\ P^3=mu^3$$

其中

$$u^i=\frac{\mathrm{d}X^i}{\mathrm{d}T},\ m=M\Gamma，此处\ \Gamma=\frac{\mathrm{d}T}{\mathrm{d}\tau}=\frac{1}{\sqrt{g_{00}\left(1+\frac{g_{0i}u^i}{cg_{00}}\right)^2-\frac{u^2}{c^2}}}$$

所以，笛卡儿当年提出的思想仍然还是我们的主导思想，只不过整个物理世界的简化过程被更新为两个新对象——时空和物体在时空中的运动。其中物体在时空中的运动的多少被数学化为四维动量[1]，它们就表示物体的运动量。而一个物体运动量的变化情况就是由第 21 章重建之后的牛顿第二定律来表述的：

$$f^\mu=\frac{\mathrm{D}P^\mu}{\mathrm{d}\tau}=M\frac{\mathrm{D}U^\mu}{\mathrm{d}\tau}，其中\frac{\mathrm{D}U^\mu}{\mathrm{d}\tau}=\frac{\mathrm{d}U^\mu}{\mathrm{d}\tau}+\Gamma^\mu_{mn}U^mU^n$$

在笛卡儿的思想中，一个物体被数学化为一个几何点，所以这种物体在任何时刻都只会在空间中一个点出现，而这个点所代表物体运动的多少已经有了答案，那就是能量和动量。但是，对于由无数个细小物质在空间中形成的一团物质的运动，比如第 9 章谈到过的电磁场物质，再比如流体力学中的流体物质，我们又该如何描述这些物质的运动的多少呢？即如何数学化这一团物质的全部的运动量呢？为了便于理解，我们先来讨论这些物质在闵可夫斯基时空中的情况。

22.1 闵氏时空中物质的运动量

比如考虑一团由无数个粒子组成的物质，这团物质的运动量是多少呢？其中一种方法就

[1] 在量子力学中，它们需要被重新数学化。

是先得到这团物质中每一个粒子的运动量，然后把它们加起来，这样就有无数个粒子的能量和动量数据。那么又该如何处理这些海量数据呢？对此问题的思考就诞生了统计热力学。当然，我们还发展出了另外一套方法，那就是只关注其中一小块体积内的总能量和总动量，而不关注这块体积内的每个粒子。

比如考察一小块随物质一起运动的空间方块，只要此方块足够小，方块内所有物质运动速度就可以被视为相同的，那么牛顿第二定律可变为：

$$k^{\mu}=\frac{\sum f^{\mu}}{V_0}=\frac{\sum\frac{\mathrm{d}P^{\mu}}{\mathrm{d}\tau}}{V_0}=\frac{\sum\left(M\frac{\mathrm{d}U^{\mu}}{\mathrm{d}\tau}\right)}{V_0}=\frac{(\sum M)}{V_0}\frac{\mathrm{d}U^{\mu}}{\mathrm{d}\tau}=\rho_0\frac{\mathrm{d}U^{\mu}}{\mathrm{d}\tau}$$

其中，k^{μ} 是四维力 f^{μ} 的密度，因此 k^{μ} 也被称为四维力密度。在第 12 章讨论过，四维力 f^{μ} 是采用随物质一起运动的钟所测量出的力，那么四维力密度 k^{μ} 定义中的体积，也需要使用随物质一起运动的设备所测量出的体积值 V_0，它也是此方块的固有体积。与第 12 章谈到过的固有时间 Δt 类似，此方块的固有体积 V_0 对所有观测者也都是相同的，所以固有体积 V_0 也是一个标量，那么这个四维力密度 k^{μ} 就和四维力 f^{μ} 一样，也是一个四维矢量。

假设体积 V_0 内的粒子数为 N，那么随此空间方块一起运动的设备所测量出的粒子数密度就为：

$$n_0=\frac{N}{V_0}$$

对于静止观测者 (cT,X,Y,Z) 而言，此方块是在运动的，那么它体积是洛伦兹收缩了的，即有 $V=\gamma^{-1}V_0$，所以此静止观测者所测量出的粒子数密度要大一些：

$$n=\gamma n_0=\frac{N}{V}$$

假设粒子的总数量是不变的，即粒子数是守恒的，那么它需要满足什么样的条件呢。为了得到此答案，让静止观测者 (cT,X,Y,Z) 重新考察一块相对于他是静止固定的空间方块，假设此方块的体积为 V（注意：此方块不再是上面随物质一起运动的那块空间方块了，并且此方块的体积 V 是保持不变的），那么对于这块体积而言，净流入的粒子数就是粒子的增加数（见图 22-1），即有：

$$\begin{aligned}\Delta N=&n(X,Y,Z)u^X(X,Y,Z)\Delta Y\Delta Z\Delta T-n(X+\Delta X,Y,Z)u^X(X+\Delta X,Y,Z)\Delta Y\Delta Z\Delta T+\\&n(X,Y,Z)u^Y(X,Y,Z)\Delta Z\Delta X\Delta T-n(X,Y+\Delta Y,Z)u^Y(X,Y+\Delta Y,Z)\Delta Z\Delta X\Delta T+\\&n(X,Y,Z)u^Z(X,Y,Z)\Delta X\Delta Y\Delta T-n(X,Y,Z+\Delta Z)u^Z(X,Y,Z+\Delta Z)\Delta X\Delta Y\Delta T\end{aligned}$$

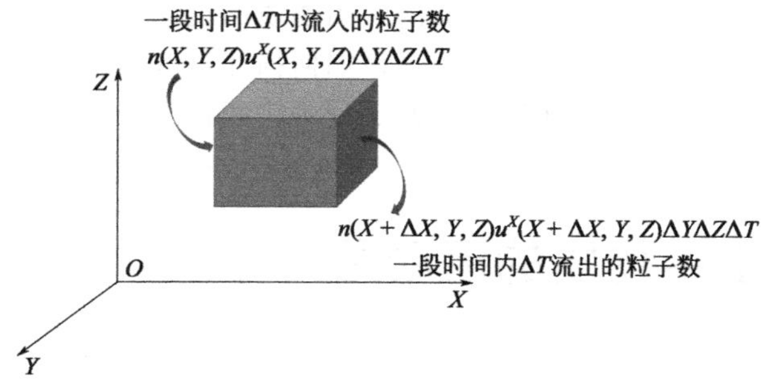

图 22-1 净流入的粒子数计算

它就是粒子数守恒的方程，这个方程可以简化为：

$$\frac{\Delta N}{V\Delta T}+\frac{\Delta(nu^X)}{\Delta X}+\frac{\Delta(nu^Y)}{\Delta Y}+\frac{\Delta(nu^Z)}{\Delta Z}\approx 0,\ V=\Delta X\Delta Y\Delta Z$$

写成更为严格的导数形式就是：

$$\frac{\partial n}{\partial T}+\frac{\partial(nu^X)}{\partial X}+\frac{\partial(nu^Y)}{\partial Y}+\frac{\partial(nu^Z)}{\partial Z}=0$$

这就是粒子数守恒需要满足的方程。如果将粒子数密度替换为随这块体积一起运动的设备所测量出的粒子数密度，那么该方程就变为：

$$\frac{\partial(n_0U^T)}{c\partial T}+\frac{\partial(n_0U^X)}{\partial X}+\frac{\partial(n_0U^Y)}{\partial Y}+\frac{\partial(n_0U^Z)}{\partial Z}=0$$

采用爱因斯坦求和计算方式，则粒子数密度守恒方程简记为：

$$\frac{\partial(n_0U^\mu)}{\partial X^\mu}=0$$

另外，再假设每个粒子的静止质量是相等的，这样每个粒子的质量都可以采用 M 来表示，那么这个粒子数密度守恒就变为：

$$\frac{\partial(\rho_0U^\mu)}{\partial X^\mu}=0,\ n_0M=\rho_0$$

这就是粒子数守恒需要满足的条件。其中，ρ_0 就是随物质一起运动的设备所测量出质量密度。

使用这个结论，我们就能得到这团物质满足的牛顿第二定律是什么样子的。上面刚刚讨论过，对于由无数个粒子组成的这团物质，我们只能采用四维力密度来表述牛顿第二定律。但是由于这团物质在空间各个位置都有分布，那么能量和动量在空间各个位置也都存在，也就是说能量密度 ϵ、动量密度 g^i 和速度 U^μ 不再仅仅是时间的函数，而且还是空间位置的函数。所以，对于这团物质而言，牛顿第二定律进一步变为：

$$k^\mu=\rho_0\frac{\mathrm{d}U^\mu}{\mathrm{d}\tau}=\rho_0\frac{\mathrm{d}X^\nu}{\mathrm{d}\tau}\frac{\partial U^\mu}{\partial X^\nu}=\rho_0U^\nu\frac{\partial U^\mu}{\partial X^\nu}+\underset{\substack{\uparrow\\ \frac{\partial(\rho_0U^\nu)}{\partial X^\nu}=0}}{\frac{\partial(\rho_0U^\nu)}{\partial X^\nu}}U^\mu=\frac{\partial(\rho_0U^\mu U^\nu)}{\partial X^\nu}$$

这才是由无数粒子组成的一团物质所满足的牛顿第二定律。方程的左边是四维力密度 k^μ，那么方程的右边就应该是这团物质运动量密度的改变量。所以方程右边括号内的这个对象非常重要，因为它才是对这团由无数粒子组成的物质的运动量的全面描述，为此采用单独的符号来标记它：

$$T^{\mu\nu}=\rho_0U^\mu U^\nu$$

这个对象被称为能量动量张量，简称能动张量，它是一个密度量。在后面将会看到，能动张量这个密度量乘以空间体积不再是一个张量了，所以从这个角度讲，能量动量张量概念比能量和动量概念更加基本。

尽管能量动量张量 $T^{\mu\nu}$ 中的 ρ_0 和 U^μ 都是采用随物质一起运动的钟测量出来的值，但

是这个能动张量 $T^{\mu\nu}$ 也是静止观测者（cT,X,Y,Z）的钟测量出来的值[1]。因为就像第 12 章中的动量只有一套测量值一样，能动张量也只有一套测量值如图 22-2 所示。也就是说，对于能量动量张量 $T^{\mu\nu}$，也是样存在类似的结果：

$$T^{\mu\nu}=\rho_0 U^\mu U^\nu=\rho_0\frac{\mathrm{d}X^\mu}{\mathrm{d}\tau}\frac{\mathrm{d}X^\nu}{\mathrm{d}\tau}=\rho_0\left(\frac{\mathrm{d}T}{\mathrm{d}\tau}\right)^2\frac{\mathrm{d}X^\mu}{\mathrm{d}T}\frac{\mathrm{d}X^\nu}{\mathrm{d}T}$$
$$=\rho_0\gamma^2\frac{\mathrm{d}X^\mu}{\mathrm{d}T}\frac{\mathrm{d}X^\nu}{\mathrm{d}T}=\rho\frac{\mathrm{d}X^\mu}{\mathrm{d}T}\frac{\mathrm{d}X^\nu}{\mathrm{d}T}=\rho u^\mu u^\nu$$

其中，ρ 是静止观测者（cT,X,Y,Z）测量出质量密度，$\rho=\rho_0\gamma^2$。因为对于静止观测者而言，物质的质量会变为原来的 γ 倍，体积会变为原来的$\dfrac{1}{\gamma}$倍，所以物质的质量密度会变为原来的 γ^2 倍。

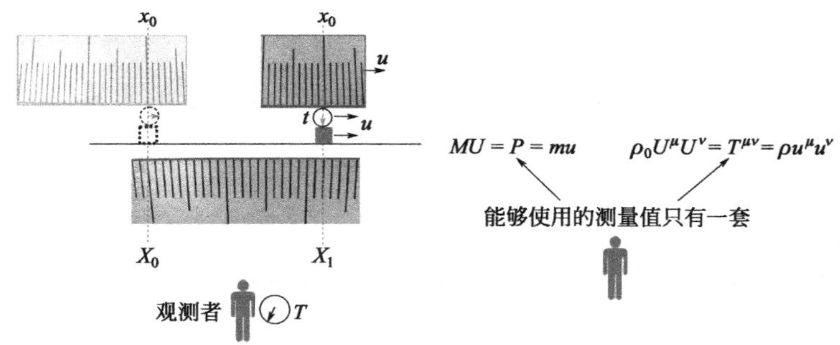

图 22-2　能动张量也只有一套测量值

22.2　在闵氏时空中，更全面的牛顿第二定律

如果采用能量动量张量 $T^{\mu\nu}$ 来全面描述这团物质的运动量，那么牛顿第二定律就简写为：

$$k^\mu=\frac{\partial T^{\mu\nu}}{\partial X^\nu}$$

所以，对于静止观测者（cT,X,Y,Z）而言，这才是更全面的、更一般情况下的牛顿第二定律：外力的力密度等于能动张量的四维梯度，即外力等于运动量的变化率。只不过这个变化率不再只是时间上的变化率，它还包括空间上的变化率，这是时间和空间的地位等同之后，以及需要满足相对性原理要求之后的必然结果。

如果没有外力的作用，即四维外力密度 k^μ 为零的情况下，这团物质的运动量是守恒的，即：

$$\frac{\partial T^{\mu\nu}}{\partial X^\nu}=k^\mu=0\Rightarrow T^{\mu\nu}=\text{const}\ (\text{表示常量})$$

所以，牛顿第三定律——即第 12 章提谈到过的四维作用力等于四维反作用力——现在就变为：参与相互作用的所有物质的总运动量是守恒的，即 $T^{\mu\nu}=\text{const}$。这是最全面的守

[1] 注意：这种不变性只是对于观测者的钟而言。如果位移也采用不同观测者来测量，那么能动张量当然不再一样了，因为它会像张量那样发生变换。

恒定律，因为它已经包括了最全面的运动量。笛卡儿当年的思想得到了最完美的实现，即整个世界运动的多少是保持不变的。

这个全面的牛顿第二定律公式其实在第 9 章电荷对电磁场物质产生作用力的计算过程中出现过。同样地，静止观测者（cT, X, Y, Z）考虑一块静止固定的空间方块，假设此方块的体积也是 V（注意：此方块不再是上面随物质一起运动的那块空间方块，并且此方块的体积 V 是保持不变的），那么这块体积内物质的运动量与外力之间的关系为：

$$k^{\mu}V=\frac{\partial T^{\mu\nu}}{\partial X^{\nu}}V\text{，其中 }V=\Delta X\Delta Y\Delta Z$$

这个方程可以拆分成两组：

$$\begin{cases} k^{0}V=\dfrac{\partial T^{0\nu}}{\partial X^{\nu}}V \\ k^{i}V=\dfrac{\partial T^{i\nu}}{\partial X^{\nu}}V \end{cases}$$

它们可以改写为第 9 章出现过的、人们更为熟悉的形式：

$$\begin{cases} (\vec{k}\cdot\vec{u})V=ck^{0}V=\dfrac{\partial(\varepsilon V)}{\partial T}+(\vec{\nabla}\cdot\vec{S})V\text{，此处 }\varepsilon=T^{00}=\rho c^{2}\text{，}\dfrac{S^{i}}{c}=T^{0i}=\rho cu^{i}\rightarrow S^{i}=\varepsilon u^{i} \\ k^{i}V=\dfrac{\partial(g^{i}V)}{\partial T}+(\vec{\nabla}\cdot\overleftrightarrow{T})V\text{，此处 }g^{i}=\dfrac{T^{0i}}{c}=\rho u^{i}\text{，}\overleftrightarrow{T}=(T^{ij})=\overrightarrow{gu} \end{cases}$$

$$\vec{\nabla}=\left(\frac{\partial}{\partial X},\ \frac{\partial}{\partial Y},\ \frac{\partial}{\partial Z}\right)$$

其中，ε 和 $\vec{g}$ 分别是静止观测者（cT, X, Y, Z）测量到的能量密度和动量密度。从这个结果可以看出，$\vec{S}$ 是能量密度的流动，所以它被称为能流密度。同样从这个结果可以看出，$\overleftrightarrow{T}$ 是动量密度的流动，所以它被称为动量流密度。而这两组方程正是第 9 章已经得到过的、电磁场物质所满足的动力学方程（即牛顿第二定律）。

所以，如果一团其它物质和电磁场物质一样也在空间中弥散分布，那么这团物质所满足的动力学方程和电磁场物质所满足的动力学方程应该是一样的[1]。也就是说，对于其它一般物质而言，全面描述这团物质运动量的能量动量张量 $T^{\mu\nu}$ 也可以表述为与电磁场物质类似的形式：

$$T^{\mu\nu}=\begin{pmatrix} \varepsilon & \dfrac{S^{i}}{c} \\ cg^{i} & \overrightarrow{gu} \end{pmatrix}$$

$$\varepsilon=\rho c^{2}\text{，}\vec{S}=\rho c^{2}\vec{u}\text{，}\vec{g}=\rho\vec{u}\text{，}\overrightarrow{gu}=\rho\overrightarrow{uu}\text{，其中 }\rho=\rho_{0}\gamma^{2}$$

那么，这个全面的牛顿第二定律公式也可以表述为类似的形式：

$$F^{\mu}=k^{\mu}V=\frac{\partial T^{\mu\nu}}{\partial X^{\nu}}V\Leftrightarrow\begin{cases} \dfrac{1}{c}\vec{F}\cdot\vec{u}=k^{0}V=\dfrac{\partial T^{0\nu}}{\partial X^{\nu}}V=\dfrac{\partial(\varepsilon V)}{\partial T}+(\vec{\nabla}\cdot\vec{S})V \\ F^{i}=k^{i}V=\dfrac{\partial T^{i\nu}}{\partial X^{\nu}}V=\dfrac{\partial(g^{i}V)}{\partial T}+(\vec{\nabla}\cdot\overleftrightarrow{T})V \end{cases}\text{，此处 }V=\Delta X\Delta Y\Delta Z$$

其中，$F^{\mu}=k^{\mu}V$ 就是静止观测者（cT, X, Y, Z）自己所携带的钟测量出的作用力，但

[1] 当然，在采用了狭义相对论之后才能得到的这样结论。

它不再是一个四维矢量，因为体积 V 并不是一个四维标量。而 $\vec{F}=\vec{k}V$ 就是静止观测者 (cT,X,Y,Z) 自己所携带的钟测量出的这团物质所受到三维外力，不过它是一个三维矢量。那么，利用这些结论，这个全面的牛顿第二定律也可以进一步改写为我们更加熟悉的形式。

① 这个全面的牛顿第二定律的第一个方程的物理意义如图 22-3 所示。

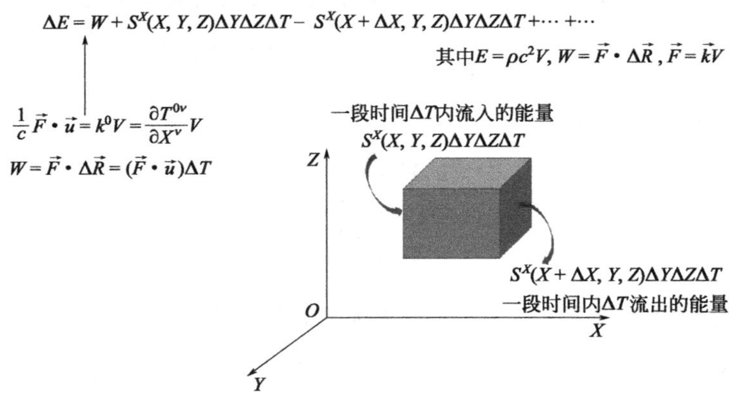

图 22-3 全面的牛顿第二定律公式第一个方程的物理意义

在一段时间 ΔT 之内，这块体积内总能量的改变量 ΔE 的来源有两个：一个来源是外力 $\vec{F}$ 对这块体积内物质所做的功 W；另外一个来源是这块体积之外的运动粒子流入这块体积所带来的能量，即通过能量流密度 $\vec{S}$ 而流入的净能量。所以第一个方程就是第 5 章谈到过的第二条数学化路径，即动能定理。

② 这个全面的牛顿第二定律的第二个方程的物理意义如图 22-4 所示。

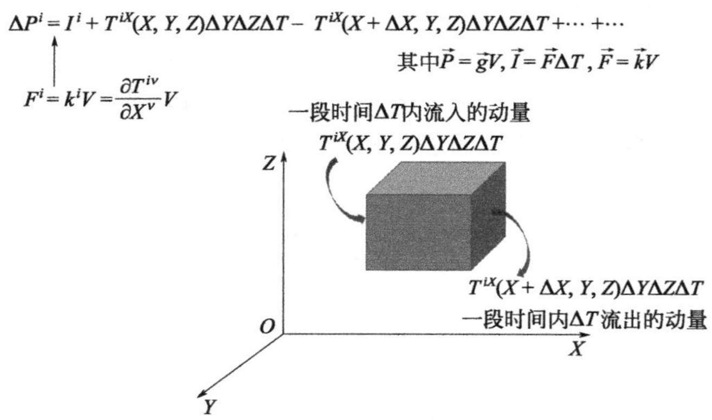

图 22-4 全面的牛顿第二定律公式第二个方程的物理意义

在一段时间 ΔT 之内，这块体积内总动量的改变量 $\Delta\vec{P}$ 的来源也有两个：一个来源是外力 $\vec{F}$ 对这块体积内物质所产生的冲量 $\vec{I}$；另外一个来源是这块体积之外的运动粒子流入这块体积所带来的动量，即由动量流密度 $\overleftrightarrow{T}$ 而流入的净动量。所以第二个方程组就是第 5 章谈到过的第一条数学化路径，即动量定理。

22.3 理想流体的能量动量张量

需要注意的是：在上面整个推导过程中，力密度 $\vec{k}$ 是表示这团物质之外的力源产生的力，并且这个外力是作用在这块体积内每一个粒子上的，比如引力、外部电场产生的电力等。但是除了外界对这块体积产生作用力之外，这团物质内部粒子之间的相互作用也会对这块体积的表面产生作用力。比如当这团物质是流体，这块体积是一个正方体时，那么流体内部的粒子会在该立方体的表面产生作用力。具体来说，流体内部的粒子在该立方体的 XY 表面、YZ 表面、ZX 表面产生的作用力分别如图 22-5、图 22-6、图 22-7 所示。

$$F^X_{\text{in}\to XY} = p^{ZX}(X, Y, Z)\Delta X\Delta Y,\ F^Y_{\text{in}\to XY} = p^{ZY}(X, Y, Z)\Delta X\Delta Y,\ F^Z_{\text{in}\to XY} = p^{ZZ}(X, Y, Z)\Delta X\Delta Y$$

这团物质对这个立方体的XY平面的作用力

$$\vec{F}_{\text{in}\to XY} = (F^X_{\text{in}\to XY}, F^Y_{\text{in}\to XY}, F^Z_{\text{in}\to XY})$$

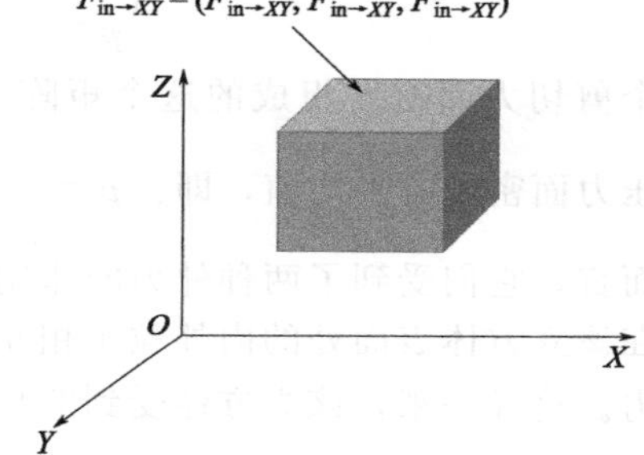

图 22-5 流体对立方体的 XY 表面产生的作用力

$$F^X_{\text{in}\to YZ} = p^{XX}(X, Y, Z)\Delta Y\Delta Z,\ F^Y_{\text{in}\to YZ} = p^{XY}(X, Y, Z)\Delta Y\Delta Z,\ F^Z_{\text{in}\to YZ} = p^{XZ}(X, Y, Z)\Delta Y\Delta Z$$

这团物质对这个立方体的YZ平面的作用力

$$\vec{F}_{\text{in}\to YZ} = (F^X_{\text{in}\to YZ}, F^Y_{\text{in}\to YZ}, F^Z_{\text{in}\to YZ})$$

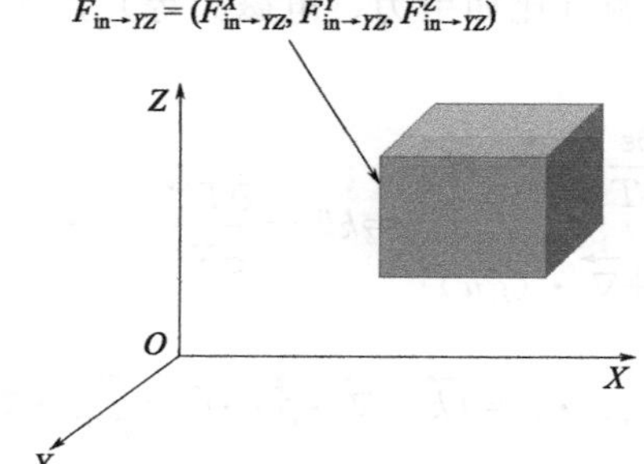

图 22-6 流体对立方体的 YZ 表面产生的作用力

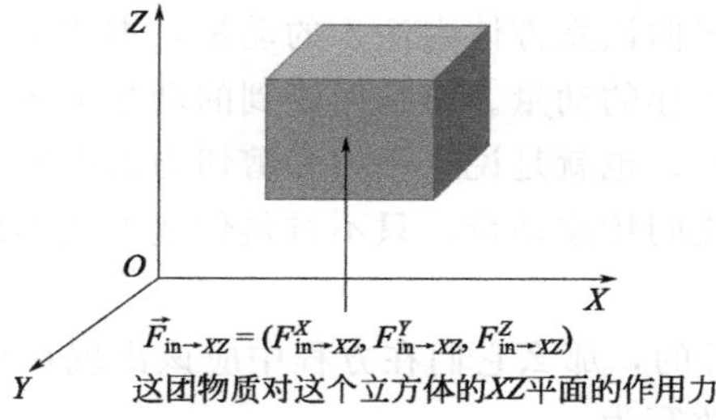

$$F^X_{\text{in}\to XZ} = p^{YX}(X, Y, Z)\Delta X\Delta Z,\ F^Y_{\text{in}\to XZ} = p^{YY}(X, Y, Z)\Delta X\Delta Z,\ F^Z_{\text{in}\to XZ} = p^{YZ}(X, Y, Z)\Delta X\Delta Z$$

图 22-7 流体对立方体的 ZX 表面产生的作用力

其中，p^{XX} 是流体从 X 方向上对该立方体的 YZ 面产生的压力面密度，这种力会让该立方体产生被压缩的倾向，所以 p^{XX} 就是 YZ 面的压强；而 p^{XY} 和 p^{XZ} 作用力的方向在 YZ 平面内，它们分别是在 YZ 面上从 Y 方向和 Z 方向对该立方体产生的拉扯力面密度，这种力会让该立方体产生扭曲变形的倾向，所以它们被称为剪切力的面密度。

那么，流体对该立方体内物质产生的总作用力就等于：

$$\begin{aligned}\vec{F}_{\text{in}} = & \vec{F}_{\text{in}\to XY}(X, Y, Z) + [-\vec{F}_{\text{in}\to XY}(X+\Delta X, Y+\Delta Y, Z+\Delta Z)] \\ & + \vec{F}_{\text{in}\to YZ}(X, Y, Z) + [-\vec{F}_{\text{in}\to YZ}(X+\Delta X, Y+\Delta Y, Z+\Delta Z)] \\ & + \vec{F}_{\text{in}\to ZX}(X, Y, Z) + [-\vec{F}_{\text{in}\to ZX}(X+\Delta X, Y+\Delta Y, Z+\Delta Z)]\end{aligned}$$

将压强和剪切力密度代入之后，这个总作用力就等于：

$$\vec{F}_{\text{in}} = (-\vec{\nabla}\cdot\vec{\vec{p}})\Delta X\Delta Y\Delta Z = (-\vec{\nabla}\cdot\vec{\vec{p}})V, \qquad \vec{\vec{p}} = \begin{pmatrix} p^{XX} & p^{XY} & p^{XZ} \\ p^{YX} & p^{YY} & p^{YZ} \\ p^{ZX} & p^{ZY} & p^{ZZ} \end{pmatrix}$$

三个方向上的压力面密度和 6 个剪切力面密度组成的这个矩阵 $\vec{\vec{p}}$ 被称为应力张量，其中压强的大小就等于三个方向上的压力面密度的平均值，即：$p = \frac{1}{3}(p^{XX} + p^{YY} + p^{ZZ})$。

所以，对于该立方体内的物质而言，它们受到了两种外力的作用。一种是像引力、外部电场力这样的外力；另一种是流体在该立方体表面处的内外粒子相互作用而产生的压力和剪切力，它们也算该立方体受到的外力。这样一来，该立方体受到的总作用力和力密度就分别等于：

$$\begin{aligned}\vec{F}_{\text{sum}} &= \vec{F} + \vec{F}_{\text{in}} = \vec{k}V + (-\vec{\nabla}\cdot\vec{\vec{p}})V \\ \vec{k}_{\text{sum}} &= \vec{k} + \vec{k}_{\text{in}} = \vec{k} + (-\vec{\nabla}\cdot\vec{\vec{p}})\end{aligned}$$

其中，$\vec{F} = \vec{k}V$ 是流体之外的力源（比如引力、电磁力等）产生的作用力。那么，前面得到的牛顿第二定律就需要扩展为：

$$\left.\begin{aligned}\vec{k}\cdot\vec{u} &= \frac{\partial\varepsilon}{\partial T} + \vec{\nabla}\cdot\vec{S} \\ \vec{k} &= \frac{\partial\vec{g}}{\partial T} + \vec{\nabla}\cdot(\vec{g}\vec{u})\end{aligned}\right\} \Leftrightarrow k^{\mu} = \frac{\partial T^{\mu\nu}}{\partial X^{\nu}} \longrightarrow$$

$$k^{\mu}_{\text{sum}} = \frac{\partial T^{\mu\nu}}{\partial X^{\nu}} \Leftrightarrow \begin{cases}\vec{k}_{\text{sum}}\cdot\vec{u} = (\vec{k} - \vec{\nabla}\cdot\vec{\vec{p}})\cdot\vec{u} = \dfrac{\partial\varepsilon}{\partial T} + \vec{\nabla}\cdot\vec{S} \\ \vec{k}_{\text{sum}} = \vec{k} - \vec{\nabla}\cdot\vec{\vec{p}} = \dfrac{\partial\vec{g}}{\partial T} + \vec{\nabla}\cdot(\vec{g}\vec{u})\end{cases}$$

压力和剪切力通过冲量方式向该立方体内注入的动量，本质上是该立方体内部物质与外部物质在边界处通过相互作用传递的动量。而前面谈到的动量流密度 $\vec{g}\vec{u}$ 是通过物质流进或流出该立方体边界来传递动量的。也就是说，压力和剪切力的面密度 $\vec{\vec{p}}$ 和动量流密度 $\vec{g}\vec{u}$ 产生的效果都是在该立方体内外之间传递动量，只不过是传递方式不同而已。所以，$\vec{\vec{p}}$ 和 $\vec{g}\vec{u}$ 的地位应该是平等的。

既然 $\vec{\vec{p}}$ 和 $\vec{g}\vec{u}$ 的地位是平等的，那么它们在方程中应该出现在相同位置，即扩展之后牛顿第二定律的第二个方程应该改写为：

$$\vec{k} - \vec{\nabla}\cdot\vec{\vec{p}} = \frac{\partial\vec{g}}{\partial T} + \vec{\nabla}\cdot(\vec{g}\vec{u}) \longrightarrow \vec{k} = \frac{\partial\vec{g}}{\partial T} + \vec{\nabla}\cdot(\vec{g}\vec{u} + \vec{\vec{p}})$$

这种改写在思想认识上带来了一个重要转变，那就是：压力和剪切力的面密度 $\overleftrightarrow{p}$ 和动量流密度 $\overrightarrow{gu}$ 一样，也被视为流体内部运动量的一部分了。也就是说，描述流体全部运动量的能动张量中的动量流密度 $\overleftrightarrow{T}$ 被扩展成如下形式：

$$\overleftrightarrow{T}=\overrightarrow{gu}\longrightarrow\overleftrightarrow{T}=\overrightarrow{gu}+\overleftrightarrow{p}$$

既然压力和剪切力在边界处通过相互作用传递的动量被纳入能动张量了，那么压力和剪切力在边界处通过相互作用传递的能量也应该纳入能动张量。所以，扩展之后牛顿第二定律的第一个方程也应该改写为如下形式：

$$(\vec{k}-\vec{\nabla}\cdot\overleftrightarrow{p})\cdot\vec{u}=\frac{\partial\varepsilon}{\partial T}+\vec{\nabla}\cdot\vec{S}\rightarrow\vec{k}\cdot\vec{u}=(\vec{\nabla}\cdot\overleftrightarrow{p})\cdot\vec{u}+\frac{\partial\varepsilon}{\partial T}+\vec{\nabla}\cdot\vec{S}\xrightarrow[\vec{S}\rightarrow\vec{S}+?]{\varepsilon\rightarrow\varepsilon+?}$$

$$\vec{k}\cdot\vec{u}=\frac{\partial(\varepsilon+?\ )}{\partial T}+\vec{\nabla}\cdot(\vec{S}+?\ )$$

这就带来一个无比重要的新结论，那就是：流体内部的这些压力和剪切力的面密度 $\overleftrightarrow{p}$ 可能会改变流体的能量密度 ε 和能量流密度 $\vec{S}$。正如前面离散物质的能动张量公式所展示的那样，能量密度 ε 的改变又会导致动量密度 $\vec{g}$ 的改变，能量流密度 $\vec{S}$ 的改变又会导致动量流密度 $\overrightarrow{gu}$ 的改变。所以，这个新结论又会进一步导致另外一个新结论，那就是：动量密度 $\vec{g}$ 和动量流密度 $\overrightarrow{gu}$ 自身也会发生相应的改变。那么前面刚刚改写之后的方程还需要再进一步改写为：

$$\vec{k}=\frac{\partial\vec{g}}{\partial T}+\vec{\nabla}\cdot\left(\overrightarrow{gu}+\overleftrightarrow{p}\right)\xrightarrow[\overrightarrow{gu}\rightarrow\overrightarrow{gu}+?]{\vec{g}\rightarrow\vec{g}+?}\vec{k}=\frac{\partial(\vec{g}+?\ )}{\partial T}+\vec{\nabla}\cdot[(\overrightarrow{gu}+?\ )+\overleftrightarrow{p}]$$

总之，对于物质内部存在压力和剪切力的流体而言，扩展之后全面的牛顿第二定律需要修改为：

$$\begin{cases}\vec{k}\cdot\vec{u}=\dfrac{\partial(\varepsilon+?\ )}{\partial T}+\vec{\nabla}\cdot(\vec{S}+?\ )\\[2ex]\vec{k}=\dfrac{\partial(\vec{g}+?\ )}{\partial T}+\vec{\nabla}\cdot[(\overrightarrow{gu}+?\ )+\overleftrightarrow{p}]\end{cases}$$

流体的能量动量张量也需要随之修改为：

$$T^{\mu\nu}_{\text{fluid}}=\begin{pmatrix}\varepsilon+? & \dfrac{S^i+?}{c}\\ c(g^i+?\ ) & (\overrightarrow{gu}+?\ )+\overleftrightarrow{p}\end{pmatrix}$$

对于一般流体而言，这个问题的答案（即这四个问号分别等于什么）比较复杂，但是对于理想流体而言，问题的答案可以得到简化。

理想流体是这样一种流体，该流体内部的这些剪切力都等于零，并且物质是均匀分布的，或者说各个方向的压强是相同的。所以对于理想流体，应力张量 $\overleftrightarrow{p}$ 可以简化为：

$$\overleftrightarrow{p}=\begin{pmatrix}p&0&0\\0&p&0\\0&0&p\end{pmatrix}=p\overleftrightarrow{\mathrm{I}}$$

先考虑随流体一起运动的观测者 (ct,x,y,z) 所观测到的情况。观测者 (ct,x,y,z) 测量出的压强，即应力张量记为：

$$\overset{\leftrightarrow}{p}_0=\begin{pmatrix}p_0 & 0 & 0\\ 0 & p_0 & 0\\ 0 & 0 & p_0\end{pmatrix}=p_0\overset{\leftrightarrow}{I}$$

观测者（ct,x,y,z）测量出的质量密度记为 ρ_0。只要该立方体体积足够小，那么立方体内物质相对于此观测者都是静止的，即速度 $\vec{u}_0=0$。由于物质是静止的，那么应力张量 $\overset{\leftrightarrow}{p}_0$ 所做的功就等于零，从而 $\overset{\leftrightarrow}{p}_0$ 对流体的能量密度 ε_0 和能量流密度 $\vec{S}_0$ 产生的改变量就为零。所以上面扩展过程中前两个问号等于零，即存在下面结果：

$$\left.\begin{aligned}&\vec{k}_0\cdot\vec{u}_0=(\vec{\nabla}\cdot\overset{\leftrightarrow}{p}_0)\cdot\vec{u}_0+\frac{\partial\varepsilon_0}{\partial t}+\vec{\nabla}\cdot\vec{S}_0\\&\vec{u}_0=0\end{aligned}\right\}\xrightarrow[\vec{S}_0\rightarrow\vec{S}_0+0]{\varepsilon_0\rightarrow\varepsilon_0+0}$$

$$\vec{k}_0\cdot\vec{u}_0=\frac{\partial(\varepsilon_0+0)}{\partial t}+\vec{\nabla}\cdot(\vec{S}_0+0)$$

$$\text{其中}\vec{\nabla}=\left(\frac{\partial}{\partial x},\ \frac{\partial}{\partial y},\ \frac{\partial}{\partial z}\right)$$

从而 $\overset{\leftrightarrow}{p}_0$ 对流体的动量密度 $\vec{g}_0$ 和动量流密度 $\vec{g}_0\vec{u}_0$ 产生的改变量也就为零。所以上面扩展过程中后两个问号也等于零，即存在下面结果：

$$\vec{k}_0=\frac{\partial\vec{g}_0}{\partial t}+\vec{\nabla}\cdot[\vec{g}_0\vec{u}_0+\overset{\leftrightarrow}{p}_0]\xrightarrow[\vec{g}_0\vec{u}_0\rightarrow\vec{g}_0\vec{u}_0+0]{\vec{g}_0\rightarrow\vec{g}_0+0}\vec{k}_0=\frac{\partial(\vec{g}_0+0)}{\partial t}+\vec{\nabla}\cdot[(\vec{g}_0\vec{u}_0+0)+\overset{\leftrightarrow}{p}_0]$$

$$\text{其中}\vec{\nabla}=\left(\frac{\partial}{\partial x},\ \frac{\partial}{\partial y},\ \frac{\partial}{\partial z}\right)$$

所以，对于随流体一起运动的观测者（ct,x,y,z）而言，扩展之后的能动张量为：

$$T_0^{\mu\nu}=\begin{pmatrix}\varepsilon_0+0 & \dfrac{S_0^i+0}{c}\\ c(g_0^i+0) & (\vec{g}_0\vec{u}_0+0)+\overset{\leftrightarrow}{p}_0\end{pmatrix}=\begin{pmatrix}\rho_0c^2+0 & 0+0\\ 0+0 & 0+\overset{\leftrightarrow}{p}_0\end{pmatrix}=\begin{pmatrix}\rho_0c^2 & 0 & 0 & 0\\ 0 & p_0 & 0 & 0\\ 0 & 0 & p_0 & 0\\ 0 & 0 & 0 & p_0\end{pmatrix}$$

$$\text{其中}\vec{u}_0=0$$

那么，对于静止观测者（cT,X,Y,Z）而言，他测量出的能动张量是什么呢？根据相对性原理，只需在两位观测者之间进行一次坐标系的洛伦兹变换就可以了。变换之后的能动张量就是观测者（cT,X,Y,Z）所测量出来的能量动量张量：

$$T^{\mu\nu}=\begin{pmatrix}\varepsilon & \dfrac{S^i}{c}\\ cg^i & \overrightarrow{gu}\end{pmatrix}+\begin{pmatrix}-p_0 & 0\\ 0 & \overset{\leftrightarrow}{p}_0\end{pmatrix}$$

$$\text{其中 }\varepsilon=\rho c^2\text{，}\vec{S}=\rho c^2\vec{u}\text{，}\vec{g}=\rho\vec{u}\text{，}\overrightarrow{gu}=\rho\overrightarrow{uu}\text{，}\rho=\left(\rho_0+\frac{p_0}{c^2}\right)\gamma^2$$

所以，这就带来另外一个无比重要的新结论，那就是：流体的压强也可以改变流体的质量密度，即存在这样的结果：

$$\rho=\left(\rho_0+\frac{p_0}{c^2}\right)\gamma^2$$

也就是说：压强也是具有惯性和惯性质量的。那么这样一来，压强也就会产生引力，所以在新的引力理论中，压强也应该是引力源。

利用四维速度的公式，静止观测者（cT,X,Y,Z）所测量出来的这个能动张量还可以改写为：

$$T^{\mu\nu}=\begin{pmatrix}\varepsilon & \dfrac{S^i}{c}\\ cg^i & \overrightarrow{g u}\end{pmatrix}+\begin{pmatrix}-p_0 & 0\\ 0 & \overleftrightarrow{p}_0\end{pmatrix}=\left(\rho_0+\frac{p_0}{c^2}\right)U^\mu U^\nu-p_0\eta^{\mu\nu}$$

其中 ρ_0 和 p_0 是随流体一起运动的观测者所测量出的值。这个公式就是现在教科书中一般采用的表达式。这个能量动量张量才是包含了理想流体全部运动量的一个物理对象，而我们熟悉的能量和动量只是这些全部运动量的一部分，而不是全部。

最后总结一下，理想流体的能动张量告诉了我们如下无比重要的结论。

① 就像为了满足狭义相对性原理，三维力矢量被扩展为四维力矢量一样，同样为了满足狭义相对性原理，三维应力张量被扩展成了四维应力张量：

$$\overleftrightarrow{p}_0=\begin{pmatrix}p_0 & 0 & 0\\ 0 & p_0 & 0\\ 0 & 0 & p_0\end{pmatrix}=p_0\delta^{ij}\longrightarrow p^{\mu\nu}=\begin{pmatrix}-p_0 & 0\\ 0 & p_0\delta^{ij}\end{pmatrix}=-p_0\eta^{\mu\nu}$$

三维应力张量 $p_0\delta^{ij}$ 的作用是向该立方体注入动量，而扩展出来的应力分量 $p^{TT}=-p_0$ 的作用是从该立方体提取出能量，它提出来的能量密度就等于 p_0。

② 当流体流动起来之后，即当速度 $\vec{u}\neq 0$ 之后，不仅物质的动能会增加物质的惯性和惯性质量，而且压强也会增加物质的惯性和惯性质量，即有：

$$\rho_0\rightarrow\left(\rho_0+\frac{p_0}{c^2}\right)\gamma^2=\rho_0\gamma^2+\frac{p_0}{c^2}\gamma^2$$

右边第一项就表示质量密度增加了。它有两个来源：一个来源是物质的动能所产生的质量；另外一个来源是由空间的洛伦兹收缩造成的。

右边第二项就是压强导致惯性质量增加的部分。不过应力 $p^{TT}=-p_0$ 又从该立方体提取出了一部分能量，所以压强对惯性质量的总贡献需要减去这部分提出来的能量所对应的惯性质量，即有下面第三个结论。

③ 压强对物质惯性质量的总贡献有：

$$\frac{p_0\gamma^2}{c^2}-\frac{p_0}{c^2}=\frac{p_0(\gamma^2-1)}{c^2}$$

所以，当流体没有流动时，压强对物质惯性质量的总贡献才为零；一旦流体流动起来，流体内部的压强就会导致流体物质的惯性质量增加。

22.4　电磁场的能量动量张量

对于电磁场物质而言，第 9 章已经推导出扩展之后的牛顿第二定律，它与上面推导出的方程在形式是完全一样的，即都是如下方程：

$$k^\mu=\frac{\partial T^{\mu\nu}}{\partial X^\nu}$$

其中，k^μ 是外界对电磁场物质的四维作用力密度。根据第 9 章推导出的结论，马上就可以写出电磁场的能量动量张量为：

$$T_{\text{em}}^{\mu\nu}=\begin{pmatrix}\varepsilon_{\text{em}} & \dfrac{S_{\text{em}}^{i}}{c}\\ cg_{\text{em}}^{i} & \overleftrightarrow{T}_{\text{em}}\end{pmatrix}$$

$$\varepsilon_{\text{em}}=\frac{1}{2}\left(\frac{1}{\kappa}\vec{E}\cdot\vec{E}+\frac{1}{\mu}\vec{B}\cdot\vec{B}\right),\ \vec{g}_{\text{em}}=\frac{1}{\kappa}\vec{E}\times\vec{B},\ \vec{S}_{\text{em}}=\vec{E}\times\frac{1}{\mu}\vec{B},$$

$$\overleftrightarrow{T}_{\text{em}}=-\frac{1}{\kappa}\vec{E}\vec{E}-\frac{1}{\mu}\vec{B}\vec{B}+\frac{1}{2}\left(\frac{1}{\kappa}\vec{E}\cdot\vec{E}+\frac{1}{\mu}\vec{B}\cdot\vec{B}\right)\overleftrightarrow{I}$$

这是采用电磁场的场强$\vec{E}=(E^1,E^2,E^3)$和$\vec{B}=(B^1,B^2,B^3)$来描述的能动张量。它的全部分量就是下面这个矩阵：

$$T_{\text{em}}^{\mu\nu}=\frac{1}{\mu}\begin{pmatrix}\frac{1}{2}\left(\frac{\vec{E}\cdot\vec{E}}{c^2}+\vec{B}\cdot\vec{B}\right) & \left(\frac{E^2}{c}B^3-\frac{E^3}{c}B^2\right) & \left(\frac{E^3}{c}B^1-\frac{E^1}{c}B^3\right) & \left(\frac{E^1}{c}B^2-\frac{E^2}{c}B^1\right)\\ \left(\frac{E^2}{c}B^3-\frac{E^3}{c}B^2\right) & -\left[\left(\frac{E^1}{c}\right)^2+(B^1)^2\right]+\frac{1}{2}\left(\frac{\vec{E}\cdot\vec{E}}{c^2}+\vec{B}\cdot\vec{B}\right) & -\frac{E^1}{c}\frac{E^2}{c}-B^1B^2 & -\frac{E^1}{c}\frac{E^3}{c}-B^1B^3\\ \left(\frac{E^3}{c}B^1-\frac{E^1}{c}B^3\right) & -\frac{E^1}{c}\frac{E^2}{c}-B^1B^2 & -\left[\left(\frac{E^2}{c}\right)^2+(B^2)^2\right]+\frac{1}{2}\left(\frac{\vec{E}\cdot\vec{E}}{c^2}+\vec{B}\cdot\vec{B}\right) & -\frac{E^2}{c}\frac{E^3}{c}-B^2B^3\\ \left(\frac{E^1}{c}B^2-\frac{E^2}{c}B^1\right) & -\frac{E^1}{c}\frac{E^3}{c}-B^1B^3 & -\frac{E^2}{c}\frac{E^3}{c}-B^2B^3 & -\left[\left(\frac{E^3}{c}\right)^2+(B^3)^2\right]+\frac{1}{2}\left(\frac{\vec{E}\cdot\vec{E}}{c^2}+\vec{B}\cdot\vec{B}\right)\end{pmatrix}$$

从此矩阵可以很容易发现，电磁场的能动张量具有一个重要特点，后面第 25 章会使用到这个特点，即有：

$$\eta_{\mu\nu}T_{\text{em}}^{\mu\nu}=0$$

从电磁场的能量、能量流、动量和动量流的公式可以看出来，它们都是场强的平方项。如果采用第 12 章讨论过的，电磁场的四维张量形式$F_{\mu\nu}$来计算场强的平方项，只有以下两种可能：

$$F^{\mu\nu}F_{\mu\nu},\ F^{\nu\alpha}F_{\alpha\beta}\eta^{\beta\mu}$$

它们的计算结果分别为：

$$F^{\mu\nu}F_{\mu\nu}=2\left(-\frac{\vec{E}\cdot\vec{E}}{c^2}+\vec{B}\cdot\vec{B}\right)$$

$$\eta^{\beta\mu}F_{\alpha\beta}F^{\nu\alpha}=\begin{bmatrix}\dfrac{\vec{E}\cdot\vec{E}}{c^{2}} & \left(\dfrac{E^{2}}{c}B^{3}-\dfrac{E^{3}}{c}B^{2}\right) & \left(\dfrac{E^{3}}{c}B^{1}-\dfrac{E^{1}}{c}B^{3}\right) & \left(\dfrac{E^{1}}{c}B^{2}-\dfrac{E^{2}}{c}B^{1}\right)\\ \left(\dfrac{E^{2}}{c}B^{3}-\dfrac{E^{3}}{c}B^{2}\right) & -\left(\dfrac{E^{1}}{c}\right)^{2}+(B^{2})^{2}+(B^{3})^{2} & -\dfrac{E^{1}}{c}\dfrac{E^{2}}{c}-B^{1}B^{2} & -\dfrac{E^{1}}{c}\dfrac{E^{3}}{c}-B^{1}B^{3}\\ \left(\dfrac{E^{3}}{c}B^{1}-\dfrac{E^{1}}{c}B^{3}\right) & -\dfrac{E^{1}}{c}\dfrac{E^{2}}{c}-B^{1}B^{2} & -\left(\dfrac{E^{2}}{c}\right)^{2}+(B^{1})^{2}+(B^{3})^{2} & -\dfrac{E^{2}}{c}\dfrac{E^{3}}{c}-B^{2}B^{3}\\ \left(\dfrac{E^{1}}{c}B^{2}-\dfrac{E^{2}}{c}B^{1}\right) & -\dfrac{E^{1}}{c}\dfrac{E^{3}}{c}-B^{1}B^{3} & -\dfrac{E^{2}}{c}\dfrac{E^{3}}{c}-B^{2}B^{3} & -\left(\dfrac{E^{3}}{c}\right)^{2}+(B^{1})^{2}+(B^{2})^{2}\end{bmatrix}$$

所以很容易就能看出来，如果将电磁场视为一个整体，即将电磁场的场强公式采用张量形式 $F^{\mu\nu}$ 来描述，那么电磁场的能动张量就可以表示为：

$$T_{\text{em}}^{\mu\nu}=\frac{1}{\mu}\left(\eta^{\beta\mu}F_{\alpha\beta}F^{\nu\alpha}+\frac{1}{4}\eta^{\mu\nu}F_{\alpha\beta}F^{\alpha\beta}\right)=-\frac{1}{\mu}\left(\eta^{\beta\mu}F_{\alpha\beta}F^{\alpha\nu}-\frac{1}{4}\eta^{\mu\nu}F_{\alpha\beta}F^{\alpha\beta}\right)$$

对于电荷全部静止的情况，即只存在静电场的时候，这些电场的能动张量就简化为：

$$T_{\text{em}}^{\mu\nu}=\frac{1}{\mu}\begin{bmatrix}\dfrac{1}{2}\left(\dfrac{\vec{E}\cdot\vec{E}}{c^{2}}\right) & 0 & 0 & 0\\ 0 & -\left(\dfrac{E^{1}}{c}\right)^{2}+\dfrac{1}{2}\left(\dfrac{\vec{E}\cdot\vec{E}}{c^{2}}\right) & -\dfrac{E^{1}}{c}\dfrac{E^{2}}{c} & -\dfrac{E^{1}}{c}\dfrac{E^{3}}{c}\\ 0 & -\dfrac{E^{1}}{c}\dfrac{E^{2}}{c} & -\left(\dfrac{E^{2}}{c}\right)^{2}+\dfrac{1}{2}\left(\dfrac{\vec{E}\cdot\vec{E}}{c^{2}}\right) & -\dfrac{E^{2}}{c}\dfrac{E^{3}}{c}\\ 0 & -\dfrac{E^{1}}{c}\dfrac{E^{3}}{c} & -\dfrac{E^{2}}{c}\dfrac{E^{3}}{c} & -\left(\dfrac{E^{3}}{c}\right)^{2}+\dfrac{1}{2}\left(\dfrac{\vec{E}\cdot\vec{E}}{c^{2}}\right)\end{bmatrix}$$

$$\longleftrightarrow T_{\text{fluid}}^{\mu\nu}=\begin{pmatrix}\rho_{0}c^{2} & 0\\ 0 & \vec{\vec{p}}\end{pmatrix}$$

由于能量流密度和动量密度都是零，所以在电荷静止分布的情况下，电场的能量也是静止的，没有流动。和流体（没有流动时）一对比，静电场物质内部产生的应力张量就是：

$$\vec{\vec{p}}=\begin{bmatrix}-\left(\dfrac{E^{1}}{c}\right)^{2}+\dfrac{1}{2}\left(\dfrac{\vec{E}\cdot\vec{E}}{c^{2}}\right) & -\dfrac{E^{1}}{c}\dfrac{E^{2}}{c} & -\dfrac{E^{1}}{c}\dfrac{E^{3}}{c}\\ -\dfrac{E^{1}}{c}\dfrac{E^{2}}{c} & -\left(\dfrac{E^{2}}{c}\right)^{2}+\dfrac{1}{2}\left(\dfrac{\vec{E}\cdot\vec{E}}{c^{2}}\right) & -\dfrac{E^{2}}{c}\dfrac{E^{3}}{c}\\ -\dfrac{E^{1}}{c}\dfrac{E^{3}}{c} & -\dfrac{E^{2}}{c}\dfrac{E^{3}}{c} & -\left(\dfrac{E^{3}}{c}\right)^{2}+\dfrac{1}{2}\left(\dfrac{\vec{E}\cdot\vec{E}}{c^{2}}\right)\end{bmatrix}$$

所以，静电场物质内部产生的压强为：

$$p=\frac{1}{3}(p^{XX}+p^{YY}+p^{ZZ})=\frac{1}{3}\left[\frac{1}{2}\left(\frac{\vec{E}\cdot\vec{E}}{c^{2}}\right)\right]=\frac{1}{3}\rho c^{2}$$

实际上，这个结论对于任何电磁场都是成立的，即电磁场的压强等于其能量密度的三分之一❶。

电荷周围的电磁场物质内部之间也具有剪切力和压力，即电磁场物质内部之间也存在相互作用，这是一个无比重要的结论。下面马上就会谈到，这个结论让我们对物质之间的相互作用有了全新的认识角度。

22.5 扩展之后的牛顿第三定律——对相互作用的一种新理解

在牛顿力学中，从牛顿第三定律可以推导出动量守恒定律。在第 12 章谈到过，狭义相对论对牛顿第三定律的重建就是将三维力扩展成四维力，即重建之后的牛顿第三定律为：四维的作用力等于四维的反作用力，即 $f^{\mu}_{\rightarrow}=-f^{\mu}_{\leftarrow}$。那么与重建之后的牛顿第三定律相关的守恒定律又是什么呢？

为了回答这个问题，我们来推导一下带电流体与电磁场物质之间的相互作用过程。假设电磁场全部是由这些带电流体产生的，而且这些带电流体除了受到这些电磁场的作用之外，不再受到其它外力的作用。前面刚刚谈到过，对于流体和电磁场这样在空间中连续分布的物质，对它们全部运动量的描述应该是能量动量张量。所以带电流体与电磁场之间的相互作用力需要采用扩展之后的牛顿第二定律，即分别满足：

$$k^{\mu}_{\text{em}\rightarrow\text{fluid}}=\frac{\partial T^{\mu\nu}_{\text{fluid}}}{\partial X^{\nu}},\quad k^{\mu}_{\text{fluid}\rightarrow\text{em}}=\frac{\partial T^{\mu\nu}_{\text{em}}}{\partial X^{\nu}}$$

另外，重建之后的牛顿第三定律也需要调整为四维的作用力密度等于四维的反作用力密度，即存在：

$$k^{\mu}_{\text{em}\rightarrow\text{fluid}}=-k^{\mu}_{\text{fluid}\rightarrow\text{em}}$$

那么，扩展之后的牛顿第二定律和重建之后的牛顿第三定律可以推导出一个重要的结论：

$$\frac{\partial(T^{\mu\nu}_{\text{fluid}}+T^{\mu\nu}_{\text{em}})}{\partial X^{\nu}}=0$$

这就是与重建之后的牛顿第三定律相对应的守恒定律，即：参与相互作用的所有物质的全部运动量之总和是守恒的。

第 2 章谈到过，对于物体之间的相互作用过程，牛顿发明了力——这个数学对象来理解它。随着牛顿力学的成功，力的思想成了人们的主导思想，而力也成为了理解相互作用过程先入为主的观点。但是第 2、4 章已经讨论过，力只是一个数学对象，它只是从某一个角度对相互作用过程进行了描述，而不是相互作用本身。所以对于相互作用过程，还有更多的理解角度等待人们去挖掘。而刚刚得到的这个守恒定律就在如何理解物质之间的相互作用过程的问题上，为我们提供了一个全新并且更深刻的认识角度，那就是：

---

❶ 暗能量的压强等于能量密度的负数。

根本就不需要力的概念就能完整描述两种物质之间的相互作用过程。所谓的相互作用过程，只不过是全部运动量在这两种物质之间交换的过程，并且在交换之后，这两种物质的全部运动量的总和是保持不变的。这个全部运动量就是指能量动量张量。

所以，如果已经能够写出这两种物质的能量动量张量公式，那么就可以直接采用下面这个方程来描述它们之间的相互作用过程了。

$$\frac{\partial(T^{\mu\nu}_{\text{fluid}}+T^{\mu\nu}_{\text{em}})}{\partial X^{\nu}}=0$$

当然，如果想知道这两种物质之间通过相互作用交换“运动量”的“快慢”，才需要采用运动量的变化率来度量，即才需要定义一个新对象：

$$k^{\mu}_{\text{em}\to\text{fluid}}=\frac{\partial T^{\mu\nu}_{\text{fluid}}}{\partial X^{\nu}},\ k^{\mu}_{\text{fluid}\to\text{em}}=\frac{\partial T^{\mu\nu}_{\text{em}}}{\partial X^{\nu}}$$

它们分别表示：电磁场向带电流体转移运动量的快慢；带电流体向电磁场转移运动量的快慢。这个描述通过相互作用交换运动量快慢的新对象就被称为四维力密度。

另外，带电流体向电磁场物质转移运动量的快慢，即下面这个方程具有更重要的物理意义。

$$k^{\mu}_{\text{fluid}\to\text{em}}=\frac{\partial T^{\mu\nu}_{\text{em}}}{\partial X^{\nu}}$$

这个更重要的物理意义就是：

带电物质向电磁场物质转移运动量的过程，就是改变电磁场的过程。所以，这个方程描述了带电物质是如何影响电磁场改变的。这个结论换一种大家更熟悉的说法就是带电物质是如何产生电磁场的。

所以，这个方程实际上就是电磁场的场方程。它已经告诉了我们带电物质是如何产生电磁场的，也就是说，只要知道了 $k^{\mu}_{\text{fluid}\to\text{em}}$ 的数学表达式，以及描述电磁场物质运动量的能动张量 $T^{\mu\nu}_{\text{em}}$ 的数学表达式，那么电磁场的场方程的数学表达式也就知道了。具体来说就是：采用下面所展示的化简过程可以将场方程改写为大家所熟悉的形式，即麦克斯韦方程组的形式。

$$k^{\mu}_{\text{em}\to\text{fluid}}=-F^{\mu}{}_{\beta}J^{\beta}$$

$$\left.\begin{aligned}k^{\mu}_{\text{fluid}\to\text{em}}&=\frac{\partial T^{\mu\nu}_{\text{em}}}{\partial X^{\nu}}\xrightarrow{k^{\mu}_{\text{em}\to\text{fluid}}=-k^{\mu}_{\text{fluid}\to\text{em}}}\frac{\partial T^{\mu\nu}_{\text{em}}}{\partial X^{\nu}}=F^{\mu}{}_{\beta}J^{\beta}\\T^{\mu\nu}_{\text{em}}&=-\frac{1}{\mu}\left(\eta^{\beta\mu}F_{\alpha\beta}F^{\alpha\nu}-\frac{1}{4}\eta^{\mu\nu}F_{\alpha\beta}F^{\alpha\beta}\right)\end{aligned}\right\}\Rightarrow\frac{\partial F^{\mu\nu}}{\partial X^{\nu}}=\mu J^{\mu}$$

其中，$k^{\mu}_{\text{em}\to\text{fluid}}$ 是第 12 章讨论过的，电磁场物质对带电物质作用力的力密度。此化简过程推导出的最右边方程组就是第 12 章讨论过的麦克斯韦方程组的形式。这个结果让我们对带电物质如何产生电磁场有了另外一个理解角度，那就是：

带电物质产生电磁场的过程可以理解为带电物质对电磁场物质产生相互作用而转移运动量的过程。这种理解方式把带电物质如何产生电磁场的问题转变成为一个动力学问题。这是理解思想上的一个重要转变。

22.6　关于物质与引力场之间关系的理解方式的重要转变

受到这种理解角度的启发，物质产生引力场的过程也可以理解为物质对引力场物质产生相互作用的过程，如第 18 章小球移至球壳中心从引力场提取能量的过程就是它们共同改变（产生）引力场的过程。所以，如果想要得到物质产生引力场的场方程，那么也只需要做两件事：第一件是写出引力场对物质作用力密度的表达式；第二件是写出引力场的能动张量的表达式。然后也采用下面所展示的化简过程，就能得到物质产生引力场的场方程。

$$k^{\mu}_{\text{gravity}\to\text{matter}}=?$$

$$\downarrow$$

$$k^{\mu}_{\text{matter}\to\text{gravity}}=\frac{\partial t^{\mu\nu}_{\text{gravity}}}{\partial X^{\nu}}\xrightarrow{k^{\mu}_{\text{gravity}\to\text{matter}}=-k^{\mu}_{\text{matter}\to\text{gravity}}}\left.\begin{matrix}\dfrac{\partial t^{\mu\nu}_{\text{gravity}}}{\partial X^{\nu}}=-?\\ t^{\mu\nu}_{\text{gravity}}=??\end{matrix}\right\}\Rightarrow???\quad=???$$

注意：为了与普通物质的能动张量相区分，引力场物质的能动张量记为 $t^{\mu\nu}_{\text{gravity}}$。

从 1912 年 8 月到 1913 年 6 月，爱因斯坦正是沿着这条思路不断尝试探索，试图找到新引力的场方程。尽管 1913 年得到的引力场方程没有完全成功，但它为爱因斯坦下一步的探索奠定了基础和指明了方向，这样才能使爱因斯坦在 1915 年 11 月取得了最后的成功。

值得提醒的是：今天大家熟悉的结论“时空的曲率等于物质的能动张量”，是爱因斯坦在沿着这条思路找到了正确引力场方程之后，才被大家意识到的一个结论。从 1912 年 8 月到 1915 年 11 月的艰难探索过程中，是没有人意识到这个结论的，更不用说用这个结论作为科研探索的指导方向。但是今天一部分教材采用这个结论作为指导思想，去讲解引力场方程是如何被推导出来的。这种讲解方式很容易让学生产生一些误解，让学生误认为这就是科研探索的思考方式，而对科学探索中真实的、无比艰难的、曲折反复的、各种不断试探的过程缺乏了解。这对有志于从事科学研究的同学带来的危害是很大的。如果能了解科学探索的真实过程是如何进展的，那他以后就能更加容易和更加快速地走上科学探索的真正道路。

所以接下来的几章将会详细地讨论一下，爱因斯坦寻找正确引力场方程的无比艰难而曲折的探索过程。为此，我们先来回答前文提到的第一件事，即：引力场对物质的作用力密度的计算公式是什么？

22.7 物质在引力场中全部的运动量和引力的力密度

第 20 章已经谈到过，爱因斯坦已经将引力场的势函数扩展成了整个度规。

$$\phi_{\text{N}}\to g_{\mu\nu}=\begin{pmatrix}g_{00}&g_{01}&g_{02}&g_{03}\\g_{10}&g_{11}&g_{12}&g_{13}\\g_{20}&g_{21}&g_{22}&g_{23}\\g_{30}&g_{31}&g_{32}&g_{33}\end{pmatrix}$$

相应的坐标系为 (cT,X^1,X^2,X^3)。同样考虑一团由无数粒子组成的物质，前面在闵氏时空中推导出的粒子数守恒的推导过程仍然是有效的，即仍然可以得到这样的守恒方程：

$$\frac{\partial n}{\partial T}+\frac{\partial(nu^1)}{\partial X^1}+\frac{\partial(nu^2)}{\partial X^2}+\frac{\partial(nu^3)}{\partial X^3}=0,\ n=\frac{N}{V},\ V=\Delta X^1\Delta X^2\Delta X^3,\ u^i=\frac{\mathrm{d}X^i}{\mathrm{d}T}$$

将这些公式代入之后，守恒方程可以改写为：

$$\frac{\partial\left(\dfrac{N}{V}\dfrac{\mathrm{d}T}{\mathrm{d}T}\right)}{\partial T}+\frac{\partial\left(\dfrac{N}{V}\dfrac{\mathrm{d}X^1}{\mathrm{d}T}\right)}{\partial X^1}+\frac{\partial\left(\dfrac{N}{V}\dfrac{\mathrm{d}X^2}{\mathrm{d}T}\right)}{\partial X^2}+\frac{\partial\left(\dfrac{N}{V}\dfrac{\mathrm{d}X^3}{\mathrm{d}T}\right)}{\partial X^3}=0$$

不过体积 V 只是三维空间的坐标体积，V 不一定等于实际体积（只有在欧氏空间的笛卡儿坐标系下，这个 V 才等于实际体积）。另外，在坐标系（cT,X^1,X^2,X^3）里，时空的四维坐标体积就是：

$$\overset{4}{V}=V(c\Delta T)=c\Delta T\Delta X^1\Delta X^2\Delta X^3$$

现在考虑在某一个时刻，有一个相对于这块体积内物质静止但处于自由下落状态的观测者（该观测者的加速度不一定等于物质的加速度），并且在下一个时刻又换上另外一个类似的观测者。根据等效原理，如果该观测者处于自由下落状态，那么他认为在周围很小范围内是没有引力场的，所以该观测者在他周围很小范围内就可以采用闵氏时空的笛卡儿坐标系（ct,x,y,z），相应的度规为：

$$\eta_{\mu\nu}=\begin{pmatrix}1 & 0 & 0 & 0\\ 0 & -1 & 0 & 0\\ 0 & 0 & -1 & 0\\ 0 & 0 & 0 & -1\end{pmatrix}$$

那么刚刚提到的那块四维坐标体积在该观测者度量出来的大小为：

$$\overset{4}{V}_0=V_0(c\Delta\tau)=c\Delta\tau\Delta x\Delta y\Delta z$$

其中 $V_0=\Delta x\Delta y\Delta z$ 是等于实际体积的。通过坐标系（cT,X^1,X^2,X^3）与坐标系（ct,x,y,z）之间的变换关系，就能得到这两个四维体积之间的关系：

$$\sqrt{-g}\,\overset{4}{V}=\sqrt{-\eta}\,\overset{4}{V}_0=\overset{4}{V}_0$$

其中 g 是度规矩阵 $g_{\mu\nu}$ 的行列式大小；η 是度规矩阵 $\eta_{\mu\nu}$ 的行列式大小。这个关系可以简化为：

$$\sqrt{-g}\,V\Delta T=V_0\Delta\tau$$

将这个结果代入前面的粒子数守恒方程，那么方程就变为：

$$\frac{\partial\left(\sqrt{-g}\,\dfrac{N}{V_0}\dfrac{\mathrm{d}T}{\mathrm{d}\tau}\right)}{\partial T}+\frac{\partial\left(\sqrt{-g}\,\dfrac{N}{V_0}\dfrac{\mathrm{d}X^1}{\mathrm{d}\tau}\right)}{\partial X^1}+\frac{\partial\left(\sqrt{-g}\,\dfrac{N}{V_0}\dfrac{\mathrm{d}X^2}{\mathrm{d}\tau}\right)}{\partial X^2}+\frac{\partial\left(\sqrt{-g}\,\dfrac{N}{V_0}\dfrac{\mathrm{d}X^3}{\mathrm{d}\tau}\right)}{\partial X^3}=0$$

当引力场不存在时，随这块体积内物质一起运动的设备所测量的粒子数密度为：

$$n_0=\frac{N}{V_0}$$

所以，粒子数守恒方程可以进一步简化为：

$$\frac{\partial\left(\sqrt{-g}\,n_0\dfrac{\mathrm{d}X^0}{\mathrm{d}\tau}\right)}{\partial X^0}+\frac{\partial\left(\sqrt{-g}\,n_0\dfrac{\mathrm{d}X^1}{\mathrm{d}\tau}\right)}{\partial X^1}+\frac{\partial\left(\sqrt{-g}\,n_0\dfrac{\mathrm{d}X^2}{\mathrm{d}\tau}\right)}{\partial X^2}+\frac{\partial\left(\sqrt{-g}\,n_0\dfrac{\mathrm{d}X^3}{\mathrm{d}\tau}\right)}{\partial X^3}=0$$

还可以更加简化为：

$$\frac{\partial(\sqrt{-g}\,n_0U^\alpha)}{\partial X^\alpha}=0,\ \text{其中}\ U^\alpha=\frac{\mathrm{d}X^\alpha}{\mathrm{d}\tau}$$

同样，再假设每个粒子在无引力场存在时的静止质量是相等的，采用 M 来表示。那么对于观测者（cT,X^1,X^2,X^3）而言，这个粒子数密度守恒就变为：

$$\frac{\partial(\sqrt{-g}\,\rho_0U^\alpha)}{\partial X^\alpha}=0,\ \rho_0=n_0M$$

其中，ρ_0 就是这团物质的固有质量密度，它等于引力场不存在时，随这块体积内物质一起运动的设备所测量到的刻度值。

接下来需要搞清楚引力场中一个自由物质粒子满足的牛顿第二定律是什么。这个问题在第 21 章已经有了答案，即一个自由物质粒子在引力作用下的运动方程为：

$$\frac{\mathrm{d}(g_{\mu\nu}U^{\nu})}{\mathrm{d}\tau}-\frac{1}{2}\frac{\partial g_{mn}}{\partial X^{\mu}}U^{m}U^{n}=0$$

采用前面闵氏时空中相同的推导过程，从这个方程出发，我们也可以推导出一团由无数个自由粒子组成的物质在引力场中的牛顿第二定律。具体推导过程如下：

首先，将密度$\sqrt{-g}\rho_0$ 乘以这个运动方程，就得到：

$$\sqrt{-g}\rho_0\frac{\mathrm{d}(g_{\mu\nu}U^{\nu})}{\mathrm{d}\tau}=\frac{1}{2}\frac{\partial g_{mn}}{\partial X^{\mu}}(\sqrt{-g}\rho_0U^{m}U^{n})$$

然后采用前面闵氏时空中推导过程类似的方式，就可以得到：

$$\sqrt{-g}\rho_0\frac{\mathrm{d}(g_{\mu\nu}U^{\nu})}{\mathrm{d}\tau}=\sqrt{-g}\rho_0\frac{\mathrm{d}X^{\alpha}}{\mathrm{d}\tau}\frac{\partial(g_{\mu\nu}U^{\nu})}{\partial X^{\alpha}}=\sqrt{-g}\rho_0U^{\alpha}\frac{\partial(g_{\mu\nu}U^{\nu})}{\partial X^{\alpha}}$$

$$=\frac{1}{2}\frac{\partial g_{mn}}{\partial X^{\mu}}(\sqrt{-g}\rho_0U^{m}U^{n})$$

再将刚刚得到的粒子数密度守恒方程代入，就可以得到：

$$\frac{\partial(\sqrt{-g}\rho_0U^{\alpha})}{\partial X^{\alpha}}g_{\mu\nu}U^{\nu}+\sqrt{-g}\rho_0U^{\alpha}\frac{\partial(g_{\mu\nu}U^{\nu})}{\partial X^{\alpha}}=\frac{1}{2}\frac{\partial g_{mn}}{\partial X^{\mu}}(\sqrt{-g}\rho_0U^{m}U^{n})$$

↑

$$\frac{\partial(\sqrt{-g}\rho_0U^{\alpha})}{\partial X^{\alpha}}=0$$

这个方程简化之后就是：

$$\frac{\partial(\sqrt{-g}\rho_0g_{\mu\nu}U^{\nu}U^{\alpha})}{\partial X^{\alpha}}=\frac{1}{2}\frac{\partial g_{mn}}{\partial X^{\mu}}(\sqrt{-g}\rho_0U^{m}U^{n})$$

如果对于这团由无数粒子组成的物质，它们全部的运动量仍然采用下面这个能量动量张量公式。

$$T^{\mu\nu}=\rho_0U^{\mu}U^{\nu}$$

那么刚刚得到的方程还可以继续简化为：

$$\frac{\partial(\sqrt{-g}g_{\mu\nu}T^{\nu\alpha})}{\partial X^{\alpha}}=\frac{1}{2}\frac{\partial g_{mn}}{\partial X^{\mu}}(\sqrt{-g}T^{mn})$$

计算到这里，这个方程的物理意义就立刻显示出来了，它似乎就是这团在引力场中的物质所满足的牛顿第二定律。方程的左边就是物质运动量的改变率，方程的右边就是引力场对这团物质产生引力的力密度，它有：

$$k_{\mu}^{\text{gravity}\rightarrow\text{matter}}=\frac{1}{2}\frac{\partial g_{mn}}{\partial X^{\mu}}(\sqrt{-g}T^{mn})$$

这个力密度公式就是 1913 年的论文《广义相对论与引力理论纲要》得到的重要结论[1]，

[1] 《爱因斯坦全集：第四卷》，湖南科技出版社，2009：266、270。

这是爱因斯坦对上面提到的第一件事情的回答❶。但要注意的是，这个力密度公式并不是一个四维矢量了。

按照前面提到的探索思路，现在第一件事情已经有了答案，即对引力场方程的推导过程就具体为：

$$k_{\mu}^{\text{gravity}\to\text{matter}}=\frac{1}{2}\frac{\partial g_{mn}}{\partial X^{\mu}}(\sqrt{-g}\,T^{mn})$$

$$\downarrow$$

$$k_{\mu}^{\text{matter}\to\text{gravity}}=\frac{\partial(\sqrt{-g}\,g_{\mu\nu}t^{\nu\alpha}_{\text{gravity}})}{\partial X^{\alpha}}\xrightarrow{k_{\mu}^{\text{gravity}\to\text{matter}}=-k_{\mu}^{\text{matter}\to\text{gravity}}}\frac{\partial(\sqrt{-g}\,g_{\mu\nu}t^{\nu\alpha}_{\text{gravity}})}{\partial X^{\alpha}}=-\frac{1}{2}\frac{\partial g_{mn}}{\partial X^{\mu}}(\sqrt{-g}\,T^{mn})$$

$$t^{\nu\alpha}_{\text{gravity}}=??$$

$$???\ =\kappa T^{mn}$$

所以，剩下的任务是找出引力场的能动张量 $t^{\nu\alpha}_{\text{gravity}}$ 的数学表达式，然后就能计算出物质产生引力场的场方程。这正是 1913 年的论文《广义相对论与引力理论纲要》的主要工作。不过这次尝试所推导出的引力场方程存在大量问题，从而导致整个研究进展遭遇了巨大困难，这让爱因斯坦非常苦恼。这次尝试之所以遭遇巨大困难，是因为爱因斯坦对引力的理解仍然受到牛顿引力形式的束缚，具体情况说明如下。

22.8 引力场强的正确公式应该是什么？

在牛顿的引力理论中，根据引力势函数计算出的引力为：

$$F^{i}=-\frac{\partial\phi_{\text{N}}}{\partial X^{i}}m$$

所以引力场对物质作用力的力密度为：

$$k^{i}=-\frac{\partial\phi_{\text{N}}}{\partial X^{i}}\rho$$

引力场的场强公式为：

$$E_{\text{N}}^{i}=-\frac{\partial\phi_{\text{N}}}{\partial X^{i}}$$

这让爱因斯坦在 1913 年错误地认为引力场强公式最自然的推广应该是：

$$E_{\text{N}}^{i}=-\frac{\partial\phi_{\text{N}}}{\partial X^{i}}\to E_{\mu mn}=\frac{1}{2}\frac{\partial g_{mn}}{\partial X^{\mu}}$$

即引力场的场强等于度规的四维梯度的一半。所以在这个推广之后，引力场对物质作用力的力密度就应该是前面得到的这个公式：

$$\begin{array}{ccc} k^{i} & =-\dfrac{\partial\phi}{\partial X^{i}} & \rho \\ \downarrow & \downarrow & \downarrow \\ k_{\mu}^{\text{gravity}\to\text{matter}} & =\dfrac{1}{2}\dfrac{\partial g_{mn}}{\partial X^{\mu}} & (\sqrt{-g}\,T^{mn}) \end{array}$$

---

❶ 但这个答案是错误的。这个错误让爱因斯坦在 1913 年没有得到正确的引力场方程，从而在接下来的两年里陷入困境。在 1915 年 10 月份，当爱因斯坦纠正这个错误之后，一下就找到了正确的引力场方程。

后面章节将会谈到，力密度的这个推广公式是错误的。大约在 1915 年 10 月份，爱因斯坦才找到引力场强的正确公式。这次之所以能够成功，或许是因为启发爱因斯坦的类比对象不再是牛顿的引力场强公式，而是电磁场的场强公式。在第 12 章已经讨论过，电磁场对带电物质的作用力密度为：

$$k^{\nu}_{\text{em}\to\text{matter}} = -F^{\nu}{}_{\mu}J^{\mu}，\ J^{\mu} = (c\rho_e, \rho_e\vec{u})$$

其中电磁场的场强公式是四维势函数的两项导数的组合，即如下形式：

$$F^{\alpha}{}_{\beta} = \eta^{\alpha\mu}F_{\mu\beta} = \eta^{\alpha\mu}\left(\frac{\partial A_{\mu}}{\partial X^{\beta}} - \frac{\partial A_{\beta}}{\partial X^{\mu}}\right)$$

所以引力场强的公式也应该具有类似的形式。那么如何推导出这个类似公式呢？这个问题在 1915 年已经可以非常容易地被解决了。

第 21 章已经推导过，引力场中单个自由粒子满足的牛顿第二定律还可以被重建为另外一种形式：

$$\frac{\mathrm{d}(MU^{\mu})}{\mathrm{d}\tau} = f^{\mu}_{G}，\ f^{\mu}_{G} = -M\Gamma^{\mu}_{mn}U^{m}U^{n}$$

同样采用与前面相同的推导过程，也可以得到如下形式的密度公式：

$$\rho_0\frac{\mathrm{d}U^{\mu}}{\mathrm{d}\tau} = -\Gamma^{\mu}_{mn}\rho_0U^{m}U^{n}$$

同样就可以得到：

$$\sqrt{-g}\rho_0\frac{\mathrm{d}U^{\mu}}{\mathrm{d}\tau} = \sqrt{-g}\rho_0\frac{\mathrm{d}X^{\alpha}}{\mathrm{d}\tau}\frac{\partial U^{\mu}}{\partial X^{\alpha}} = \sqrt{-g}\rho_0U^{\alpha}\frac{\partial U^{\mu}}{\partial X^{\alpha}} = -\Gamma^{\mu}_{mn}(\sqrt{-g}\rho_0U^{m}U^{n})$$

同样，将粒子数密度守恒方程代入之后就可以得到：

$$\underset{\substack{\uparrow \\ \frac{\partial(\sqrt{-g}\rho_0U^{\alpha})}{\partial X^{\alpha}} = 0}}{\frac{\partial(\sqrt{-g}\rho_0U^{\alpha})}{\partial X^{\alpha}}}U^{\mu} + \sqrt{-g}\rho_0U^{\alpha}\frac{\partial U^{\mu}}{\partial X^{\alpha}} = -\Gamma^{\mu}_{mn}(\sqrt{-g}\rho_0U^{m}U^{n})$$

方程在简化之后就变为：

$$\frac{\partial(\sqrt{-g}\rho_0U^{\mu}U^{\alpha})}{\partial X^{\alpha}} = -\Gamma^{\mu}_{mn}(\sqrt{-g}\rho_0U^{m}U^{n})$$

同样，如果对于这团由无数粒子组成的物质，它们全部的运动量仍然采用这个能动张量公式。

$$T^{\mu\nu} = \rho_0U^{\mu}U^{\nu}$$

那么方程可以继续简化为：

$$\frac{\partial(\sqrt{-g}T^{\mu\alpha})}{\partial X^{\alpha}} = -\Gamma^{\mu}_{mn}(\sqrt{-g}T^{mn})$$

同样，计算到这里，这个方程的物理意义也就立刻显示出来了，它就是引力场中的这团物质所满足的牛顿第二定律（也就是 $\mathrm{d}P/\mathrm{d}t = F$ 的推广）。方程的左边就是物质运动量的改变率，并且它只是物质运动量 $T^{\mu\alpha}$ 的改变率，不再像 1913 年所得出的结论那样，还包含有势函数（即度规）$g_{\mu\nu}$ 的改变率了。方程的右边就是引力场对这团物质产生引力的力密度，它有：

$$k^{\mu}_{\text{gravity}\to\text{matter}}=-\Gamma^{\mu}_{mn}(\sqrt{-g}\,T^{mn})$$

与电磁场对带电物质的作用力密度一对比，立刻就得到引力场强最自然的推广公式：

$$\left.\begin{aligned}k^{\mu}_{\text{gravity}\to\text{matter}}&=-\Gamma^{\mu}_{mn}(\sqrt{-g}\,T^{mn})\\ \updownarrow\qquad&\qquad\quad\updownarrow\qquad\updownarrow\\ k^{\mu}_{\text{em}\to\text{matter}}&=-F^{\mu}{}_{\beta}\quad J^{\beta}\end{aligned}\right\}\to E^{\mu}_{mn}=-\Gamma^{\mu}_{mn}$$

即联络的负数才是引力场强最自然的推广公式：

$$E^{\mu}_{mn}=-\Gamma^{\mu}_{mn}=\frac{1}{2}g^{\alpha\mu}\left(\frac{\partial g_{mn}}{\partial X^{\alpha}}-\frac{\partial g_{\alpha n}}{\partial X^{m}}-\frac{\partial g_{\alpha m}}{\partial X^{n}}\right)$$

第 25 章将会详细讨论，爱因斯坦在 1915 年 10 月终于完成了这个认识上的关键转变，从而在短短一个月之内就彻底解决了困扰引力场方程的所有难题。

引力场的这个场强公式是度规 $g_{\mu\nu}$（即引力势函数）的三项四维梯度的组合。与 1913 年所采用的场强公式（只是度规 $g_{\mu\nu}$ 一项四维梯度）相比，这个场强公式的确要复杂很多。这也是爱因斯坦长期以来没有意识到这个结论的原因之一，因为大家都认为应该采用最简单的公式去解决问题，用今天的话来说就是要遵循的奥卡姆剃刀原理。

不过，度规的这三项四维梯度的组合并不是一个任意的组合，而是正好等于联络。从几何角度来看，联络具有最简单的几何含义（第 24 章谈论它）。所以从几何角度来看，奥卡姆剃刀原理仍然是有效的，我们仍然是采用最简单的方式去解决问题。也是就说：虽然从势函数的角度来看，联络并不是引力场强公式最简单的推广，但从几何角度来看，联络才是引力场强公式最简单的推广。

现在，联络——这个纯几何对象也具有了重要的物理意义，即联络表示引力场的场强。由于联络具有重要的几何意义，那么这又进一步深刻地表明引力与时空的几何性质是等同的。就这样到了 1915 年，爱因斯坦通过一系列不断探索之后才终于意识到了这一点。

第23章 爱因斯坦在1913年对引力场方程的探索

从1907年到1913年，在思想上经过多次重要转变（第13～22章谈论过的那些转变）之后，在大学同学格尔斯曼的帮助下，到了1913年的上半年，爱因斯坦终于得到了第一套完整的关于新引力的理论方案。这些研究成果发表在一篇总结性的论文之中，它就是1913年6月发表的《广义相对论与引力理论纲要》。这篇论文标志着广义相对论的初步建立。这一章就来详细讨论一下，爱因斯坦是如何推导出新引力所需满足的场方程。

第22章已经谈到过，在1913年的时候，指导爱因斯坦去探索新引力需满足什么样的场方程的思路如下：

$$k_{\mu}^{\text{gravity}\to\text{matter}}=\frac{1}{2}\frac{\partial g_{mn}}{\partial X^{\mu}}(\sqrt{-g}\,T^{mn})$$

$$\downarrow$$

$$k_{\mu}^{\text{matter}\to\text{gravity}}=\frac{\partial(\sqrt{-g}\,g_{\mu\nu}t_{\text{gravity}}^{\nu\alpha})}{\partial X^{\alpha}}\xrightarrow{k_{\mu}^{\text{gravity}\to\text{matter}}=-k_{\mu}^{\text{matter}\to\text{gravity}}}\frac{\partial(\sqrt{-g}\,g_{\mu\nu}t_{\text{gravity}}^{\nu\alpha})}{\partial X^{\alpha}}=-\frac{1}{2}\frac{\partial g_{mn}}{\partial X^{\mu}}(\sqrt{-g}\,T^{mn})$$

$$t_{\text{gravity}}^{\nu\alpha}=??$$

$$???=\kappa T^{mn}$$

那么爱因斯坦剩下的任务就是搞清楚引力场的能量动量张量 $t_{\text{gravity}}^{\nu\alpha}$ 的数学公式是什么。这个问题的困难程度超出了所有人的预料，因为直到今天，这个问题都没有令人满意的答案，不过这仍然是爱因斯坦当年去探索未知世界的重要摸索路径。当时，爱因斯坦主要试图通过标量场的能动张量公式的类比，去得到引力场的能动张量公式。尽管得到的公式在后面被发现是有缺陷的，但爱因斯坦还是通过它得到了正确的引力场方程的大致轮廓。

23.1 引力场的能量动量张量公式

那么什么是标量场呢？假如物质之间存在另外一种相互作用力，并且这种相互作用力的势函数只有一个分量，或者说是一个标量，记为 φ。具有这样特点的相互作用力场就被称为标量场，比如牛顿的引力场就属于一种特殊的标量场，特殊在它的势函数 ϕ_N 不随时间变化。那么，这种标量场对物质产生作用力的力密度，以及这种标量场满足的场方程分别是什么呢？

既然牛顿的引力是这种标量场的特殊情况，那么牛顿引力的答案可以启发我们来回答这个问题。第20、22章已经讨论过，牛顿的引力对物质产生作用力的力密度和牛顿的引力满足的场方程分别为：

$$k^{i}=-\frac{\partial\phi_N}{\partial X^{i}}\rho,\ \nabla^{2}\phi_N=\frac{\partial^{2}\phi_N}{\partial X^{2}}+\frac{\partial^{2}\phi_N}{\partial Y^{2}}+\frac{\partial^{2}\phi_N}{\partial Z^{2}}=\kappa\rho,\ \kappa=4\pi G$$

如果这种新的相互作用力的势函数 φ 会随时间改变，那么这种新的相互作用力对物质产生作用力的力密度和场方程最自然的推广就是：

$$k^{\mu}_{\varphi\to\text{matter}}=\eta^{\mu\alpha}\frac{\partial\varphi}{\partial X^{\alpha}}\sigma,\ \Box\varphi=\eta^{\alpha\beta}\frac{\partial^2\varphi}{\partial X^{\alpha}\partial X^{\beta}}=\frac{\partial^2\varphi}{c^2\partial T^2}-\left(\frac{\partial^2\varphi}{\partial X^2}+\frac{\partial^2\varphi}{\partial Y^2}+\frac{\partial^2\varphi}{\partial Z^2}\right)=-\kappa\sigma,\ \kappa=4\pi k_{\varphi}$$

其中 σ 是物质的一种荷密度（不一定是电荷），它是产生标量场 φ 的场源，k_{φ} 是这种新的相互作用力的相互作用常数。由于这两个公式都是由四维矢量和四维张量组成的，所以这个推广之后的力密度和场方程都是满足狭义相对性原理的。

与引力场和电磁场一样，这个标量场 φ 也具有能量和动量，那么它的能动张量公式又是什么呢？由于已经知道了场源 σ 产生场 φ 的场方程，所以我们可以将上面提到的推导思路反过来使用，即如下思路：

$$k^{\mu}_{\varphi\to\text{matter}}\underset{\downarrow}{=}\eta^{\mu\alpha}\frac{\partial\varphi}{\partial X^{\alpha}}\sigma$$

$$\left.\begin{array}{l}k^{\mu}_{\text{matter}\to\varphi}=\dfrac{\partial T^{\mu\nu}_{\varphi}}{\partial X^{\nu}}\xrightarrow{k^{\mu}_{\varphi\to\text{matter}}=-k^{\mu}_{\text{matter}\to\varphi}}\dfrac{\partial T^{\mu\nu}_{\varphi}}{\partial X^{\nu}}=-\eta^{\mu\alpha}\dfrac{\partial\varphi}{\partial X^{\alpha}}\sigma\\ \qquad\qquad T^{\mu\nu}_{\varphi}=?????\end{array}\right\}\Leftarrow\Box^2\varphi=\eta^{\alpha\beta}\frac{\partial^2\varphi}{\partial X^{\alpha}\partial X^{\beta}}=-\kappa\sigma$$

这样就能得到这个标量场 φ 的能量动量张量公式为：

$$T^{\mu\nu}_{\varphi}=\frac{1}{\kappa}\left(\eta^{\mu\alpha}\eta^{\nu\beta}\frac{\partial\varphi}{\partial X^{\alpha}}\frac{\partial\varphi}{\partial X^{\beta}}-\frac{1}{2}\eta^{\mu\nu}\eta^{\alpha\beta}\frac{\partial\varphi}{\partial X^{\alpha}}\frac{\partial\varphi}{\partial X^{\beta}}\right),\ \kappa=4\pi k_{\varphi}$$

这是一个普遍性的结论，即此结论对所有标量场都是成立的。如果势函数还会随时间改变的话，那么由它构造的能动张量公式就应该具有这个形式，所以牛顿引力场的能动张量公式也应该具有这个形式，即也应该有：

$$T^{\mu\nu}_{\text{N}}=\frac{1}{\kappa}\left(\eta^{\mu\alpha}\eta^{\nu\beta}\frac{\partial\phi_{\text{N}}}{\partial X^{\alpha}}\frac{\partial\phi_{\text{N}}}{\partial X^{\beta}}-\frac{1}{2}\eta^{\mu\nu}\eta^{\alpha\beta}\frac{\partial\phi_{\text{N}}}{\partial X^{\alpha}}\frac{\partial\phi_{\text{N}}}{\partial X^{\beta}}\right),\ \kappa=4\pi G$$

不过第 20 章已经谈到过，爱因斯坦已经得到过一个重要思想认识，那就是将重力场的势函数从一个标量 ϕ_{N} 推广到整个度规的 10 个分量，即把势函数扩展为了一个张量。修正之后的引力场是一个张量场：

$$\phi_{\text{N}}\to g_{\mu\nu}=\begin{pmatrix}g_{00}&g_{01}&g_{02}&g_{03}\\g_{10}&g_{11}&g_{12}&g_{13}\\g_{20}&g_{21}&g_{22}&g_{23}\\g_{30}&g_{31}&g_{32}&g_{33}\end{pmatrix}$$

第 20 章还谈到过，重力场势函数 ϕ_{N} 与度规 g_{00} 分量的关系为：

$$g_{\mu\nu}=\begin{pmatrix}g_{00}&0&0&0\\0&-1&0&0\\0&0&-1&0\\0&0&0&-1\end{pmatrix},\ g_{00}=\frac{c(R)^2}{c^2}\approx1+\frac{2\phi_{\text{N}}}{c^2}$$

采用逆变分量来表示就是：

$$g^{\mu\nu}=\begin{pmatrix}g^{00}&0&0&0\\0&-1&0&0\\0&0&-1&0\\0&0&0&-1\end{pmatrix},\ g^{00}=\frac{1}{g_{00}}=\frac{c^2}{c(R)^2}\approx1-\frac{2\phi_{\text{N}}}{c^2}$$

如果换成度规的分量来表示势函数，那么重力场的能动张量的主要“部件”将会发生如下替换：

$$\frac{\partial\phi_N}{\partial X^\alpha}\frac{\partial\phi_N}{\partial X^\beta}\approx-\frac{c^4}{4}\frac{\partial g_{00}}{\partial X^\alpha}\frac{\partial g^{00}}{\partial X^\beta}$$

所以，重力场的能动张量公式整体应该替换为：

$$t_G^{\mu\nu}=-\frac{c^4}{4\kappa}\left(g^{\mu\alpha}g^{\nu\beta}\frac{\partial g_{00}}{\partial X^\alpha}\frac{\partial g^{00}}{\partial X^\beta}-\frac{1}{2}g^{\mu\nu}g^{\alpha\beta}\frac{\partial g_{00}}{\partial X^\alpha}\frac{\partial g^{00}}{\partial X^\beta}\right),\ \kappa=4\pi G$$

如果再将此结果从重力场推广到一般引力场，那么一般引力场的能量动量张量公式很自然就应该推广为：

$$t_{\text{gravity}}^{\mu\nu}=-\frac{c^4}{4\kappa}\left(g^{\mu\alpha}g^{\nu\beta}\frac{\partial g_{mn}}{\partial X^\alpha}\frac{\partial g^{mn}}{\partial X^\beta}-\frac{1}{2}g^{\mu\nu}g^{\alpha\beta}\frac{\partial g_{mn}}{\partial X^\alpha}\frac{\partial g^{mn}}{\partial X^\beta}\right),\ \kappa=4\pi G$$

这就是爱因斯坦在 1913 年通过类比标量场得到的引力场的能动张量公式。不过值得注意的是：此公式的形式只有在坐标系的线性变换之下才是不变的。第 24 章将会谈到，广义相对性原理成为了新引力理论的必需，所以这个能动张量公式并不是最后正确的答案。

23.2 新引力所需满足的场方程

在得到一般引力场的能动张量的数学公式之后，根据前面讨论过的探索思路，我们就能立刻得到物质是如何影响改变引力场的方程：

$$\frac{\partial(\sqrt{-g}\,g_{\mu\nu}t_{\text{gravity}}^{\nu\alpha})}{\partial X^\alpha}=-\frac{1}{2}\frac{\partial g_{mn}}{\partial X^\mu}(\sqrt{-g}\,T^{mn})$$

其中，$t_{\text{graviy}}^{\mu\nu}=-\frac{c^4}{4\kappa}\left(g^{\mu\alpha}g^{\nu\beta}\frac{\partial g_{mn}}{\partial X^\alpha}\frac{\partial g^{mn}}{\partial X^\beta}-\frac{1}{2}g^{\mu\nu}g^{\alpha\beta}\frac{\partial g_{mn}}{\partial X^\alpha}\frac{\partial g^{mn}}{\partial X^\beta}\right)$，$\kappa=4\pi G$

物质如何影响改变引力场的过程，换成我们熟悉的语言来说就是物质如何产生引力场的过程。所以这个方程就是物质如何产生引力场的方程，即引力场的场方程。将能动张量的数学公式 $t_{\text{gravity}}^{\nu\alpha}$ 代入此场方程，经过非常耐心地计算，这个场方程可以简化为：

$$\frac{1}{\sqrt{-g}}\frac{\partial}{\partial X^\alpha}\left(\sqrt{-g}\,g^{\alpha\beta}\frac{\partial g^{\mu\nu}}{\partial X^\beta}\right)-g_{\tau\rho}g^{\alpha\beta}\frac{\partial g^{\mu\tau}}{\partial X^\alpha}\frac{\partial g^{\nu\rho}}{\partial X^\beta}=2\frac{\kappa}{c^4}(T^{\mu\nu}+t_{\text{gravity}}^{\mu\nu}),\ \kappa=4\pi G$$

它就是爱因斯坦在 1913 年 6 月得到的引力场的场方程。它是由 10 个方程组成的方程组（电磁场的场方程是由 4 个方程组成的方程组[1]）。方程右边是引力源，即引力场和物质的总能量动量张量。方程左边第一项是四维梯度的散度计算公式的推广，即：

$$\square\phi=\frac{\partial^2\phi}{c^2\partial T^2}-\frac{\partial^2\phi}{\partial X^2}-\frac{\partial^2\phi}{\partial Y^2}-\frac{\partial^2\phi}{\partial Z^2}=\eta^{\alpha\beta}\frac{\partial^2\phi}{\partial X^\alpha\partial X^\beta}$$

$$\rightarrow\square\phi=\frac{1}{\sqrt{-g}}\frac{\partial}{\partial X^\alpha}\left(\sqrt{-g}\,g^{\alpha\beta}\frac{\partial\phi}{\partial X^\beta}\right)$$

那么，这个引力场方程就可以改写为更接近传统的形式：

---

[1] 电磁场的场方程可以改写为如下形式，它由 4 个方程组成。

$$\frac{\partial F^{\mu\nu}}{\partial X^\nu}=\mu J^\mu$$

$$\Box g^{\mu\nu}-g_{\tau\rho}g^{\alpha\beta}\frac{\partial g^{\mu\tau}}{\partial X^{\alpha}}\frac{\partial g^{\nu\rho}}{\partial X^{\beta}}=2\frac{\kappa}{c^{4}}(T^{\mu\nu}+t^{\mu\nu}_{\text{gravity}})$$

所以，引力场的这个新场方程的左边第一项，即四维梯度的散度项是一般场方程都具有的项，比如电磁场的场方程和上面提到的标量场 φ 的场方程都具有这样的项，这一项描述的物理内容是引力场被场源影响之后的改变情况。但是，方程左边第二项是这个引力场方程独有的，电磁场和标量场 φ 的场方程都没有这样的项。这个第二项是势函数梯度的平方项，根据第 19 章的讨论，这种平方项与引力场的能量密度是相似的，所以第二项更应该被视为与能量相关的项，这是新引力场方程展现出的一个重要而崭新的特点，后面会详细讨论此特点。

如果重新定义相互作用常数，那么这个新引力场方程还可以进一步简化为：

$$\prod{}^{\mu\nu}=\kappa(T^{\mu\nu}+t^{\mu\nu}_{\text{gravity}})$$

其中，$\prod{}^{\mu\nu}=\frac{1}{\sqrt{-g}}\frac{\partial}{\partial X^{\alpha}}\left(\sqrt{-g}\,g^{\alpha\beta}\frac{\partial g^{\mu\nu}}{\partial X^{\beta}}\right)-g_{\tau\rho}g^{\alpha\beta}\frac{\partial g^{\mu\tau}}{\partial X^{\alpha}}\frac{\partial g^{\nu\rho}}{\partial X^{\beta}}$，$\kappa=\frac{8\pi G}{c^{4}}$

23.3　新引力理论的自洽性

回顾第 22 章的讨论就可以看到，前面提到的探索思路的第一出发点是重建之后的牛顿第三定律，也就是引力场+物质的总运动量是守恒的，它通常被称为能量守恒[1]，即存在等式：

$$\frac{\partial}{\partial X^{\alpha}}(\sqrt{-g}\,g_{\mu\nu}T^{\nu\alpha}+\sqrt{-g}\,g_{\mu\nu}t^{\nu\alpha}_{\text{gravity}})=0$$

所以，如果整个推导过程是自洽的，那么将推导出来的场方程重新带回到这个守恒方程，就需要下面这个等式成为恒等式：

$$\frac{\partial}{\partial X^{\lambda}}(\sqrt{-g}\,g_{\mu\nu}\prod{}^{\nu\lambda})=0\longleftarrow\begin{cases}\frac{\partial}{\partial X^{\lambda}}(\sqrt{-g}\,g_{\mu\nu}T^{\nu\lambda}+\sqrt{-g}\,g_{\mu\nu}t^{\nu\lambda}_{\text{gravity}})=0\\ \prod{}^{\nu\lambda}=\kappa(T^{\nu\lambda}+t^{\nu\lambda}_{\text{gravity}})\end{cases}$$

那么，如何才能让此等式成为恒等式呢？方法就是通过坐标系的重新选择来满足此条件。所以这个恒等式相当于对坐标系选择的约束条件，即只有满足此条件的坐标系才是允许使用的坐标系[2]。也就是说，只有在这些允许使用的坐标系中，能量守恒才是成立的，这个新引力场方程才是自洽的。

这样一来，相对性原理中的坐标变换，也只能在这些允许使用的坐标系之间进行，即不能在任意坐标系之间进行变换。这个结论非常类似于在狭义相对论中，坐标系只能允许使用惯性坐标系，而洛伦兹变换只能是在这些惯性坐标系之间进行变换一样。所以，新引力场方程的这个自洽性要求使得坐标系不能进行任意地变换，即相对性原理没有实现广义的相对性，而是有约束条件的相对性。

实际上，这个新引力场方程只在坐标系线性变换之下才能保持不变（第 25 章证明这一点），而允许使用的坐标系又要满足上面这个条件。所以，新引力场方程自身的性质+能量守恒共同形成了这样的要求：只有在这些允许使用的坐标系之间的线性变换之下，引力场方

---

[1] 严格的称呼应该是：能量-动量的守恒。

[2] 在之后 1914 年 5 月 29 日发表的《引力理论的场方程在广义相对论基础上的协变性》中才明确了这个结论。参见《爱因斯坦全集》第六卷，湖南科技出版社，2009：15。

程才具有协变性。就像在狭义相对论中，只有在惯性坐标系之间的洛伦兹变换之下，方程才具有协变性一样。

从这个角度讲，在狭义相对论向更一般的相对论推广过程中，1913 年的这个引力场方程向前迈出了一步。这一步就是：坐标系已经从惯性坐标系推广到满足上面这个条件的坐标系，坐标系之间的变换也从洛伦兹变换推广到了线性变换。所以，1913 年的这个引力理论与这个推广之后的相对论不再矛盾了，牛顿的引力理论与狭义相对论之间存在矛盾的问题得到了初步解决。

但是，这个新引力场方程并不具有一般普遍的协变性，即在任意坐标系变换之下并不具有协变性。在一年之后的 1914 年 5 月，爱因斯坦在论文《引力理论的场方程在广义相对论基础上的协变性》中仔细讨论了这个问题，这让爱因斯坦后来对 1913 年的这个场方程的信心产生了动摇，因为它并不满足广义协变性的要求，而广义协变性是新引力理论的必需（第 24 章将会详细解释原因）。所以寻找满足广义协变性要求的引力场方程成为了爱因斯坦下一步的努力方向。

另外值得注意的是，第 22 章推导引力场对物质的作用力密度公式的时候，物质的能动张量是没有考虑内部压强的，即下面方程中的 T^{mn} 没有包含物质内部压强。

$$\frac{\partial(\sqrt{-g}\,g_{\mu\nu}T^{\nu\alpha})}{\partial X^{\alpha}}=\frac{1}{2}\frac{\partial g_{mn}}{\partial X^{\mu}}(\sqrt{-g}\,T^{mn})\text{，其中 }T^{mn}=\rho_0U^mU^n$$

回顾前面对新引力场方程的整个推导过程，物质都是采用这种没有考虑内部压强的情况，那么这个新引力场方程可以推广到一般物质的情况吗？比如说对于内部存在压强的物质粒子，甚至是电磁场物质，这个新引力场方程仍然成立吗？

$$\prod{}^{\mu\nu}=\kappa(T^{\mu\nu}_{\text{fluid}}+t^{\mu\nu}_{\text{gravity}})\text{，}\prod{}^{\mu\nu}=\kappa(T^{\mu\nu}_{\text{em}}+t^{\mu\nu}_{\text{gravity}})$$

$$T^{\mu\nu}_{\text{fluid}}=\left(\rho_0+\frac{p_0}{c^2}\right)U^{\mu}U^{\nu}-p_0\eta^{\mu\nu}\text{，}T^{\mu\nu}_{\text{em}}=-\frac{1}{\mu}\left(\eta^{\beta\mu}F_{\alpha\beta}F^{\alpha\nu}-\frac{1}{4}\eta^{\mu\nu}F_{\alpha\beta}F^{\alpha\beta}\right)$$

爱因斯坦认为它们仍是成立的，不过这是一个重要的推广假设，而不是推导出来的结论。

23.4 牛顿引力是新引力的近似

与牛顿引力相比，1913 年得到的这个新引力有什么改进之处呢？为了简化问题，我们可以关注物质静止分布且内部没有压强的情况。物质在此情况下的能动张量为：

$$T^{\mu\nu}=\begin{pmatrix}\rho_0U^0U^0 & 0 & 0 & 0\\ 0 & 0 & 0 & 0\\ 0 & 0 & 0 & 0\\ 0 & 0 & 0 & 0\end{pmatrix}\text{，}T^{00}=\rho_0U^0U^0=\rho_0c^2\frac{\mathrm{d}T}{\mathrm{d}\tau}\frac{\mathrm{d}T}{\mathrm{d}\tau}=\frac{1}{g_{00}}\rho_0c^2$$

当引力场不太强时，度规可以分解为如下形式：

$$g^{\alpha\beta}=\eta^{\alpha\beta}+N^{\alpha\beta}+E^{\alpha\beta}+\cdots\text{，}E^{\alpha\beta}\ll N^{\alpha\beta}\ll\eta^{\alpha\beta}$$

$$g_{\alpha\beta}=\eta_{\alpha\beta}+N_{\alpha\beta}+E_{\alpha\beta}+\cdots\text{，}N_{\alpha\beta}\approx-N^{\alpha\beta}\text{，}E_{\alpha\beta}\approx-E^{\alpha\beta}$$

其中，$N^{\alpha\beta}$ 是牛顿引力的贡献部分，$E^{\alpha\beta}$ 是爱因斯坦引力对牛顿引力的修正部分。由于物质是静止分布的，所以 $N^{\alpha\beta}$ 和 $E^{\alpha\beta}$ 都与时间无关。第 19 章已经得到过：

$$N^{00}\sim\frac{\phi_{\text{N}}}{c^2}$$

那么牛顿引力的贡献部分都应该在这个数量级，即应该也有：

$$N^{\alpha\beta} \sim \frac{\phi_N}{c^2}$$

由于光速是非常大的，那么 $N^{\alpha\beta}$ 都是非常小的量，所以在引力场方程中，它们的平方项就会更加小，即有 $N^{\alpha\beta} \cdot N^{\alpha\beta} \ll N^{\alpha\beta}$。这样一来，忽略掉修正项 $E^{\alpha\beta}$ 和 $N^{\alpha\beta}$ 的平方项这些更加小的量，爱因斯坦的引力场方程的左边近似有：

$$\prod{}^{\mu\nu} \approx \eta^{\alpha\beta} \frac{\partial^2 N^{\mu\nu}}{\partial X^\alpha \partial X^\beta} = -\frac{\partial^2 N^{\mu\nu}}{\partial X^2} - \frac{\partial^2 N^{\mu\nu}}{\partial Y^2} - \frac{\partial^2 N^{\mu\nu}}{\partial Z^2} = -\nabla^2 N^{\mu\nu}$$

而物质的能动张量近似为纯物质的能动张量，即把引力场导致物质静质量增加的那部分质量都给忽略掉，那么物质的能动张量近似为：

$$T^{\mu\nu} \approx \begin{pmatrix} \rho_0 c^2 & 0 & 0 & 0 \\ 0 & 0 & 0 & 0 \\ 0 & 0 & 0 & 0 \\ 0 & 0 & 0 & 0 \end{pmatrix}$$

相对于物质的能动张量，引力场自身的能动张量也是小到可以忽略，即可以取：

$$t^{\mu\nu}_{\text{gravity}} \approx 0$$

在这些近似之下，爱因斯坦的引力场方程近似为：

$$-\nabla^2 N^{00} = \kappa(\rho_0 c^2 + 0),\quad -\nabla^2 N^{ij} = \kappa(0+0),\quad -\nabla^2 N^{0i} = \kappa(0+0)$$

所以，N^{00} 分量满足的引力场方程就变为牛顿的引力场方程：

$$\nabla^2 \phi_N = 4\pi G\rho_0,\quad N^{00} = -\frac{2\phi_N}{c^2}$$

而其它分量全部等于零，即牛顿引力对度规的贡献为：

$$N^{\alpha\beta} = \begin{pmatrix} -\frac{2\phi_N}{c^2} & 0 & 0 & 0 \\ 0 & 0 & 0 & 0 \\ 0 & 0 & 0 & 0 \\ 0 & 0 & 0 & 0 \end{pmatrix}$$

所以，只考虑牛顿引力的贡献部分，度规可以近似为：

$$g^{\alpha\beta} \approx \eta^{\alpha\beta} + N^{\alpha\beta} = \begin{pmatrix} 1-\frac{2\phi_N}{c^2} & 0 & 0 & 0 \\ 0 & -1 & 0 & 0 \\ 0 & 0 & -1 & 0 \\ 0 & 0 & 0 & -1 \end{pmatrix} \Rightarrow g_{\alpha\beta} \approx \begin{pmatrix} 1+\frac{2\phi_N}{c^2} & 0 & 0 & 0 \\ 0 & -1 & 0 & 0 \\ 0 & 0 & -1 & 0 \\ 0 & 0 & 0 & -1 \end{pmatrix}$$

且
$$\sqrt{-g} = \sqrt{-\det(g_{\alpha\beta})} = \sqrt{1+\frac{2\phi_N}{c^2}} \approx 1 + \frac{\phi_N}{c^2}$$

这个结论与第 20 章推导出的结论是保持一致的，即引力场中时间的快慢会发生改变。但是根据爱因斯坦的这个新引力场方程，引力场中空间的真实长度并没有发生改变，这与第 16 章推导出的结论是不一致的，这也导致这个新引力场方程无法完全解释水星近日点进动的原因，但是这个新引力场方程当然包含了牛顿引力，所以这个反过来说明牛顿引力并不是来自于纯空间的弯曲，而是来自于由时间变慢所导致的弯曲（详见第 27 章）。

23.5 新引力理论面临的困境

从上面的讨论中可以看到，爱因斯坦在1913年得到的引力场方程存在两个致命问题。第一个致命问题是根据该引力理论计算出的水星近日点进动与观测数据严重不符；第二个致命问题是这个新引力场方程不满足广义协变性，即只有在坐标系线性变换下，方程的形式才是保持不变的，在一般坐标系变换下并不能保持不变。

对于第一个致命问题，从1913年下半年到1915年，爱因斯坦与好朋友M. Besso一起合作对此问题进行了大量的计算❶，但计算结果却是❷：进动的修正值为每100年进动17″，而观测数据是每100年进动43″，这让爱因斯坦非常沮丧。在第27章将会谈到，纯空间的弯曲对水星近日点进动会产生贡献，但上面刚刚计算出的结果表明引力场中空间的真实长度并没有发生改变，即纯空间没有弯曲。所以1913年的这个引力场方程当然无法解释水星近日点的全部进动。

对于第二个致命问题，从1913年下半年到1915年10月份，爱因斯坦的思想认识都是处于反复纠结和摇摆不定的状态，思考探索一直都在痛苦的挣扎中展开。首先，爱因斯坦在《广义相对论与引力理论纲要》中指出：“*研究引力场方程满足广义相对性原理还为时尚早，也还没有什么依据*。”随后，在1913年8月14日给洛伦兹的信中，他认为引力场方程只具有线性变换协变性是一种不幸，是和等效原理相矛盾的❸。但不久之后，在11月7日和11月底给埃伦费斯特的两封信中他却认为由于能量守恒的要求，具有广义协变性的引力场方程是不可能存在的（前面刚刚论证过这一点），并且他对这个只具有线性变换协变性的引力场方程已经非常满意了❹。在12月底给马赫的信中，爱因斯坦继续认为，能量守恒的要求导致引力场方程只能具有线性变换协变性❺。在1914年1月24日写出的论文《广义相对论与引力论的基础》中，他对同行们认为“引力场方程不具有广义协变性是一个致命缺陷”的观点进行了反驳❻。到了1914年3月份，在给埃伦费斯特和H. Zangger的两封信中，爱因斯坦又回过头来，认为由于等效原理的要求，广义协变性是需要被满足的，并且声称这个问题已经把他弄得筋疲力尽❼。这些纠结让爱因斯坦在5月29日又写了一篇讨论该问题的论文《引力理论的场方程在广义相对论基础上的协变性》，而该论文又再次认为：在能量守恒的要求下，引力场方程无法具有广义协变性。并且爱因斯坦在此论文中还提出一个空腔例子来论证：为了从引力场方程中求解出度规 $g_{\mu\nu}$ 的确切值，引力场方程也不能具有广义协变性❽（第25章还会谈到这一点）。

但是，爱因斯坦理论最核心的部分——等效原理想要发挥作用（就像以前章节讨论的那样），那么在空间的局部，允许任意的坐标系变换（即加速参考系之间的变换）就成为了必需。特别是当他意识到“在引力场中，等效原理只在空间局部才成立”成为不可避免的情况时，“广义协变性是必需”的结论也就不可避免了（第24章将会详细解释这一点）。这让爱因斯坦对此问题又仔细研究了一遍，在1914年10月9日写出了《广义相对论的形式基础》，一个被他称为“是以汗流浃背为代价换来的理论”❾。经过这一次非常仔细的研究，爱因斯

---

❶❷❻ 计算手稿可参见《爱因斯坦全集：第四卷》，湖南科技出版社，2009：296-423，297，527-530。

❸❹❺❼ 《爱因斯坦全集：第五卷》，湖南科技出版社，2009：506，521、525，540，556。

❽ 《爱因斯坦全集：第六卷》，湖南科技出版社，2009：13-15。这个空腔例子后来非常有名，它常常用来展示广义协变性背后所蕴含的更深层次含义。

❾ 《爱因斯坦全集：第八卷上》，湖南科技出版社，2009：97。

坦在 12 月底给埃伦费斯特的信中承认，之前在《引力理论的场方程在广义相对论基础上的协变性》中得出的结论“并没有完全搞好”[1]。这一结果让爱因斯坦陷入了痛苦的两难境地，在 1915 年的前 10 个月，爱因斯坦都没有找到破解这个困境的方法。从 1915 年 3 月 15 日到 5 月 5 日，在给列维-奇维塔的 10 封书信中，爱因斯坦与列维-奇维塔对《广义相对论的形式基础》中推导引力场方程的一个关键环节进行了持续争论[2]。这个关键环节涉及的本质就是：如何正确地从变分原理推导出引力场方程。不过这场争论并没有给爱因斯坦带来最终正确的答案，并且这个关键环节还引起了“数学界的亚历山大”——希尔伯特的注意，让爱因斯坦有了无比强劲的竞争对手。但这场争论也让爱因斯坦在接下来的几个月不断深入思考这个问题，比如在 7 月 12 日给索末菲的信中他写道：“迄今为止阐述的广义相对论都是不全面的……”[3]而且从 10 月 12 日给洛伦兹的信中可以看到[4]，直到这个时候，爱因斯坦仍然没有找到解决这个关键环节的钥匙（即变分原理中拉氏量的正确表达式）。但是转折点就出现在这个 10 月份，似乎在换了一个思考角度之后，一次顿悟就让爱因斯坦在短短一个月之内就走出了“泥塘”，完美地解决了所有相关难题。第 25 章将会详细讨论这次转折和解决过程。

刚刚谈到，第二个致命问题必须得到解决是由于等效原理的局域性让广义协变性成为了必需，所以，这个结论非常关键和重要。那么下一章就先来详细讨论一下等效原理与广义相对性原理之间的关系。

[1][2][3][4] 《爱因斯坦全集：第八卷上》，湖南科技出版社，2009：65、97、103、105、110、114，118-124，146，183。

第24章 广义相对性原理是新引力理论的必需

24.1 洛伦兹变换的特殊之处

第 11 章已经讨论过，狭义相对性原理是指：对于相互之间匀速运动的惯性参考系 A 和 B 而言，描述同一个物理现象的物理定律应该是相同的。换成数学语言来讲就是：从坐标系 A 变换到坐标系 B 之后，描述物理定律的数学方程的形式应该保持不变，即物理方程保持协变性。为了让麦克斯韦方程组的形式保持不变，惯性坐标系 A 与 B 之间变换关系只能为：

$$\begin{cases} t=\gamma\left(T-\dfrac{u}{c^2}X\right) \\ x=\gamma(X-uT) \end{cases}，\gamma=\frac{1}{\sqrt{1-u^2/c^2}}$$

所以电磁学的定律是满足狭义相对性原理的。在第 12 章讨论过，重建之后的牛顿定律也是满足狭义相对性原理的，即下面的方程也是具有狭义协变性的。

$$U^\mu=\frac{\mathrm{d}X^\mu}{\mathrm{d}\tau}，P^\mu=MU^\mu，f^\mu=\frac{\mathrm{d}P^\mu}{\mathrm{d}\tau}$$

即这三组方程在此坐标系变换之后，方程的形式也是保持不变的。

在时空的局部区域（之所以说是局部，是因为只取了一小段坐标值），坐标系变换关系还可以用另外一种方式来表示：

$$\begin{cases} \mathrm{d}x^0=\gamma\left(\mathrm{d}X^0-\dfrac{u}{c}\mathrm{d}X\right) \\ \mathrm{d}x=\gamma\left(\mathrm{d}X-\dfrac{u}{c}\mathrm{d}X^0\right) \end{cases}，X^0=cT，x^0=ct$$

还可以采用一个变换矩阵来统一表示这个变换关系，即有：

$$\mathrm{d}x^\alpha=\mathrm{d}X^\mu(B^{-1})^\alpha_\mu，(B^{-1})^\alpha_\mu=\begin{pmatrix} \gamma & -\gamma\dfrac{u}{c} & 0 & 0 \\ -\gamma\dfrac{u}{c} & \gamma & 0 & 0 \\ 0 & 0 & 1 & 0 \\ 0 & 0 & 0 & 1 \end{pmatrix}=\begin{pmatrix} (B^{-1})^0_0 & (B^{-1})^1_0 & (B^{-1})^2_0 & (B^{-1})^3_0 \\ (B^{-1})^0_1 & (B^{-1})^1_1 & (B^{-1})^2_1 & (B^{-1})^3_1 \\ (B^{-1})^0_2 & (B^{-1})^1_2 & (B^{-1})^2_2 & (B^{-1})^3_2 \\ (B^{-1})^0_3 & (B^{-1})^1_3 & (B^{-1})^2_3 & (B^{-1})^3_3 \end{pmatrix}$$

$$\mathrm{d}X^\mu=(\mathrm{d}X^0，\mathrm{d}X^1，\mathrm{d}X^2，\mathrm{d}X^3)$$

由于时空中的长度 Δs 是与坐标系无关的，也就是说长度 Δs 在坐标系变换之下是不变的。所以可以推导出：用来度量时空长度 Δs 的度规在此坐标系变换之下的变换关系：

$$\eta_{\alpha\beta}(x)\mathrm{d}x^\alpha\mathrm{d}x^\beta=\Delta s^2=\eta_{\mu\nu}(X)\mathrm{d}X^\mu\mathrm{d}X^\nu\longrightarrow\eta_{\alpha\beta}(x)=B^\mu_\alpha B^\nu_\beta\eta_{\mu\nu}(X)$$

在狭义相对性的坐标系变换之下，度规是没有改变的，即有：

$$\eta_{\mu\nu}(X^0,X^i)=\begin{pmatrix}1&0&0&0\\0&-1&0&0\\0&0&-1&0\\0&0&0&-1\end{pmatrix}\longrightarrow\eta_{\alpha\beta}(x^0,x^i)=\begin{pmatrix}1&0&0&0\\0&-1&0&0\\0&0&-1&0\\0&0&0&-1\end{pmatrix}$$

那么，对于相互之间加速运动的观测者 A 和 B 而言，相对性原理还满足吗？对于这个问题，我们首先需要搞清楚：在一般的坐标系变换之下，描述物理定律的方程还具有协变性吗？

24.1.1 一般坐标系变换之下的协变性

假设坐标系 X^μ 和坐标系 x^μ 之间的一般变换关系为：

$$x^\alpha=x^\alpha(X)\quad 或\quad \mathrm{d}x^\alpha=\frac{\partial x^\alpha}{\partial X^\mu}\mathrm{d}X^\mu$$

再假设坐标系 X^μ 是四维笛卡儿坐标系。坐标系的这个变换以及逆变换可以采用变换矩阵表示为：

$$\mathrm{d}X^\mu=B^\mu_\alpha\mathrm{d}x^\alpha\longleftrightarrow\mathrm{d}x^\alpha=(B^{-1})^\alpha_\mu\mathrm{d}X^\mu$$

$$B^\mu_\alpha=\frac{\partial X^\mu}{\partial x^\alpha}=\begin{pmatrix}\frac{\partial X^0}{\partial x^0}&\frac{\partial X^1}{\partial x^0}&\frac{\partial X^2}{\partial x^0}&\frac{\partial X^3}{\partial x^0}\\\frac{\partial X^0}{\partial x^1}&\frac{\partial X^1}{\partial x^1}&\frac{\partial X^2}{\partial x^1}&\frac{\partial X^3}{\partial x^1}\\\frac{\partial X^0}{\partial x^2}&\frac{\partial X^1}{\partial x^2}&\frac{\partial X^2}{\partial x^2}&\frac{\partial X^3}{\partial x^2}\\\frac{\partial X^0}{\partial x^3}&\frac{\partial X^1}{\partial x^3}&\frac{\partial X^2}{\partial x^3}&\frac{\partial X^3}{\partial x^3}\end{pmatrix}\longleftrightarrow(B^{-1})^\alpha_\mu=\frac{\partial x^\alpha}{\partial X^\mu}=\begin{pmatrix}\frac{\partial x^0}{\partial X^0}&\frac{\partial x^1}{\partial X^0}&\frac{\partial x^2}{\partial X^0}&\frac{\partial x^3}{\partial X^0}\\\frac{\partial x^0}{\partial X^1}&\frac{\partial x^1}{\partial X^1}&\frac{\partial x^2}{\partial X^1}&\frac{\partial x^3}{\partial X^1}\\\frac{\partial x^0}{\partial X^2}&\frac{\partial x^1}{\partial X^2}&\frac{\partial x^2}{\partial X^2}&\frac{\partial x^3}{\partial X^2}\\\frac{\partial x^0}{\partial X^3}&\frac{\partial x^1}{\partial X^3}&\frac{\partial x^2}{\partial X^3}&\frac{\partial x^3}{\partial X^3}\end{pmatrix}$$

并且变换矩阵 B^μ_α 与逆变换矩阵$(B^{-1})^\alpha_\mu$ 相乘正好是等于单位矩阵的，即有：

$$(B^{-1})^\alpha_\nu B^\mu_\alpha=\frac{\partial x^\alpha}{\partial X^\nu}\frac{\partial X^\mu}{\partial x^\alpha}=\frac{\partial X^\mu}{\partial X^\nu}=\begin{pmatrix}1&0&0&0\\0&1&0&0\\0&0&1&0\\0&0&0&1\end{pmatrix}=\delta^\mu_\nu$$

导数运算在两个坐标系之间的变换就为：

$$\frac{\partial}{\partial X^\mu}=\frac{\partial x^\alpha}{\partial X^\mu}\frac{\partial}{\partial x^\alpha}=(B^{-1})^\alpha_\mu\frac{\partial}{\partial x^\alpha},\quad\frac{\partial}{\partial x^\alpha}=\frac{\partial X^\mu}{\partial x^\alpha}\frac{\partial}{\partial X^\mu}=B^\mu_\alpha\frac{\partial}{\partial X^\mu},\quad\frac{\partial}{\partial X^\mu}=\begin{pmatrix}\frac{\partial}{\partial X^0}\\\frac{\partial}{\partial X^1}\\\frac{\partial}{\partial X^2}\\\frac{\partial}{\partial X^3}\end{pmatrix}$$

尽管矢量、张量以及时空中的长度 Δs 都是坐标系变换之下的不变量，但它们的分量却会随之发生相应的变换，即存在：

$$F^\alpha(x)=(B^{-1})^\alpha_\mu F^\mu(X),\quad F^\mu(X)=B^\mu_\alpha F^\alpha(x),\quad g_{\alpha\beta}(x)=B^\mu_\alpha B^\nu_\beta\eta_{\mu\nu}(X)$$

矢量和张量的分量随之发生的这些变换就是上面提到的协变性。所以为了满足相对性原理，物理量都需要采用矢量和张量来描述。

那么，先来看一下牛顿力学的定律是否满足协变性。第 12 章已经推导过，在坐标系 X^μ 中，牛顿第二定律的方程是：

$$M\frac{\mathrm{d}U^\mu(X)}{\mathrm{d}\tau}=f^\mu(X),\ U^\mu(X)=\frac{\mathrm{d}X^\mu}{\mathrm{d}\tau}$$

由于四维力和四维速度都是矢量，所以它们是具有协变性的，即存在：

$$f^\mu(X)=B^\mu_\alpha f^\alpha(x),\ U^\mu(X)=\frac{\mathrm{d}X^\mu}{\mathrm{d}\tau}=B^\mu_\alpha\frac{\mathrm{d}x^\alpha}{\mathrm{d}\tau}=B^\mu_\alpha U^\alpha(x)$$

将这些变换代入坐标系 X^μ 中的牛顿第二定律，就得到坐标系 x^μ 中的牛顿第二定律。所以在坐标系 x^μ 中，牛顿第二定律的形式变换为：

$$M\frac{\mathrm{d}[B^\mu_\alpha U^\alpha(x)]}{\mathrm{d}\tau}=B^\mu_\alpha f^\alpha(x)$$

将方程左边的导数计算展开之后，这个牛顿第二定律的形式就变为：

$$MB^\mu_\alpha\frac{\mathrm{d}U^\alpha(x)}{\mathrm{d}\tau}+M\frac{\partial B^\mu_\alpha}{\partial x^\beta}\frac{\mathrm{d}x^\beta}{\mathrm{d}\tau}U^\alpha(x)=B^\mu_\alpha f^\alpha(x)$$

方程两边都乘以变换矩阵的逆 $(B^{-1})^\alpha_\mu$，那么坐标系 x^μ 中的牛顿第二定律的形式进一步变为：

$$M\frac{\mathrm{d}U^\alpha(x)}{\mathrm{d}\tau}+M\Gamma^\alpha_{\lambda\delta}U^\lambda(x)U^\delta(x)=f^\alpha(x),\ \text{其中}\ \Gamma^\alpha_{\lambda\delta}=(B^{-1})^\alpha_\mu\frac{\partial B^\mu_\lambda}{\partial x^\delta}=\frac{\partial x^\alpha}{\partial X^\mu}\frac{\partial^2X^\mu}{\partial x^\delta\partial x^\lambda}$$

与坐标系 X^μ 中的牛顿第二定律相比，坐标系 x^μ 中的牛顿第二定律的方程形式已经不再相同，因为坐标系 x^μ 中的牛顿第二定律多出了中间一项：

$$X\rightarrow M\frac{\mathrm{d}U^\mu(X)}{\mathrm{d}\tau}=f^\mu(X)$$

$$x\rightarrow M\frac{\mathrm{d}U^\alpha(x)}{\mathrm{d}\tau}+M\Gamma^\alpha_{\lambda\delta}U^\lambda(x)U^\delta(x)=f^\alpha(x)$$

所以，在一般坐标系变换之下，牛顿第二定律的形式并没有保持不变，即不具有协变性。

再来看一下电磁学的定律是否满足协变性。第 20 章谈到过，麦克斯韦方程组写成四维矢量和张量的形式为：

$$\frac{\partial F^{\mu\nu}(X)}{\partial X^\nu}=\mu J^\mu(X)$$

其中电磁场 $F^{\mu\nu}$ 和电荷流 J^μ 分别是张量和矢量，所以它们是具有协变性的，即：

$$F^{\mu\nu}(X)=B^\mu_\alpha B^\nu_\beta F^{\alpha\beta}(x),\ J^\mu(X)=B^\mu_\alpha J^\alpha(x)$$

同样，将这些变换代入坐标系 X^μ 中的麦克斯韦方程组之后有：

$$\frac{\partial[B^\mu_\alpha B^\nu_\beta F^{\alpha\beta}(x)]}{\partial X^\nu}=\mu B^\mu_\alpha J^\alpha(x)$$

但它还不是坐标系 x^μ 中的方程组，因为方程左边的求导计算还是对坐标系 X^μ 进行的，所以还需要进一步的变换，即变换为：

$$\frac{\partial[B^\mu_\alpha B^\nu_\beta F^{\alpha\beta}(x)]}{\partial X^\nu}=\mu B^\mu_\alpha J^\alpha(x)\longrightarrow\frac{\partial x^\lambda}{\partial X^\nu}\frac{\partial[B^\mu_\alpha B^\nu_\beta F^{\alpha\beta}(x)]}{\partial x^\lambda}=\mu B^\mu_\alpha J^\alpha(x)$$

$$\Rightarrow (B^{-1})^{\lambda}_{\nu}\frac{\partial[B^{\mu}_{\alpha}B^{\nu}_{\beta}F^{\alpha\beta}(x)]}{\partial x^{\lambda}}=\mu B^{\mu}_{\alpha}J^{\alpha}(x)$$

这个方程才是坐标系 x^{μ} 中的麦克斯韦方程组的形式。同样，将方程左边的导数计算展开，并且两边都乘以变换矩阵的逆 $(B^{-1})^{\alpha}_{\mu}$ 之后，方程组的形式变为：

$$(B^{-1})^{\lambda}_{\nu}B^{\nu}_{\beta}\frac{\partial F^{\alpha\beta}(x)}{\partial x^{\lambda}}+(B^{-1})^{\alpha}_{\mu}(B^{-1})^{\lambda}_{\nu}\frac{\partial B^{\mu}_{\delta}}{\partial x^{\lambda}}B^{\nu}_{\beta}F^{\delta\beta}(x)+(B^{-1})^{\lambda}_{\nu}\frac{\partial B^{\nu}_{\beta}}{\partial x^{\lambda}}F^{\alpha\beta}(x)=\mu J^{\alpha}(x)$$

将其中变换矩阵和变换逆矩阵的乘法计算之后，方程组的形式进一步变为：

$$\frac{\partial F^{\alpha\lambda}(x)}{\partial x^{\lambda}}+(B^{-1})^{\alpha}_{\mu}\frac{\partial B^{\mu}_{\delta}}{\partial x^{\lambda}}F^{\delta\lambda}(x)+(B^{-1})^{\lambda}_{\nu}\frac{\partial B^{\nu}_{\beta}}{\partial x^{\lambda}}F^{\alpha\beta}(x)=\mu J^{\alpha}(x)$$

利用上面采用过的记号，坐标系 x^{μ} 中的麦克斯韦方程组的形式也可以简写为：

$$\frac{\partial F^{\alpha\lambda}(x)}{\partial x^{\lambda}}+\Gamma^{\alpha}_{\lambda\delta}F^{\delta\lambda}(x)+\Gamma^{\mu}_{\mu\beta}F^{\alpha\beta}(x)=\mu J^{\alpha}(x),$$

$$\text{其中 }\Gamma^{\alpha}_{\lambda\delta}=(B^{-1})^{\alpha}_{\mu}\frac{\partial B^{\mu}_{\lambda}}{\partial x^{\delta}}=\frac{\partial x^{\alpha}}{\partial X^{\mu}}\frac{\partial^2 X^{\mu}}{\partial x^{\delta}\partial x^{\lambda}}$$

与坐标系 X^{μ} 中的麦克斯韦方程组相比，坐标系 x^{μ} 中的麦克斯韦方程组的形式也已经不再相同，而是多出了中间的两项：

$$X\rightarrow\frac{\partial F^{\mu\nu}(X)}{\partial X^{\nu}}=\mu J^{\mu}(X)$$

$$x\rightarrow\frac{\partial F^{\alpha\lambda}(x)}{\partial x^{\lambda}}+\Gamma^{\alpha}_{\delta\lambda}F^{\delta\lambda}(x)+\Gamma^{\mu}_{\mu\beta}F^{\alpha\beta}(x)=\mu J^{\alpha}(x)$$

所以，在一般坐标系变换之下，麦克斯韦方程组的形式并没有保持不变，即不具有协变性。

24.1.2 具有协变性的条件

尽管牛顿第二定律和麦克斯韦方程组在一般坐标系变换之下不具有协变性，但是它们还是呈现出了一个共同特点：只要方程中存在求导计算，那么变换之后的方程就会多出一部分来。具体来说就是：存在矢量的求导就会多出一项来，存在张量的求导就会多出两项来。所以当采用矢量或张量来描述物理对象时，造成物理方程不满足协变性的根源来自方程中的导数计算上。因为在一般坐标系变换之下，矢量或张量的导数计算的变换为：

$$\frac{\partial A^{\mu}(X)}{\partial X^{\nu}}=B^{\mu}_{\alpha}(B^{-1})^{\beta}_{\nu}\left[\frac{\partial A^{\alpha}(x)}{\partial x^{\beta}}+\Gamma^{\alpha}_{\beta\lambda}A^{\lambda}(x)\right]$$

$$\frac{\partial A^{\mu\lambda}(X)}{\partial X^{\nu}}=B^{\mu}_{\alpha}B^{\lambda}_{\delta}(B^{-1})^{\beta}_{\nu}\left[\frac{\partial A^{\alpha\delta}(x)}{\partial x^{\beta}}+\Gamma^{\alpha}_{\beta\lambda}A^{\lambda\delta}(x)+\Gamma^{\delta}_{\beta\lambda}A^{\alpha\lambda}(x)\right]$$

并且这些多出来的项都与一个新对象相关，这个新对象就是：

$$\Gamma^{\alpha}_{\lambda\delta}=\frac{\partial x^{\alpha}}{\partial X^{\mu}}\frac{\partial^2 X^{\mu}}{\partial x^{\delta}\partial x^{\lambda}}$$

所以，牛顿第二定律和麦克斯韦方程组，以及其它物理学方程的形式，如果想要在坐标系变换之后保持不变，那么就需要这个新对象等于零，即需要满足：

$$\Gamma^{\alpha}_{\lambda\delta}=\frac{\partial x^{\alpha}}{\partial X^{\mu}}\frac{\partial^2 X^{\mu}}{\partial x^{\delta}\partial x^{\lambda}}=0\rightarrow\frac{\partial^2 X^{\mu}}{\partial x^{\delta}\partial x^{\lambda}}=0\rightarrow\frac{\partial X^{\mu}}{\partial x^{\lambda}}=\text{const}$$

也就是说：只有在坐标系变换矩阵等于常数，即 $B_{\alpha}^{\mu}=\mathrm{const}$ 的情况下，物理方程才具有协变性。而满足 $B_{\alpha}^{\mu}=\mathrm{const}$ 条件的变换就是线性变换。很显然洛伦兹变换就正好是满足这个条件的。

那么，现在可以很清楚地看到：能够让物理方程保持协变性的变换有很多种，只要它是线性变换就可以。而洛伦兹变换只是让物理方程满足协变性的所有坐标系变换（即所有线性变换）之中的一个特殊变换而已，这种特殊的相对性就称为"special relativity"。所以，洛伦兹变换并不是唯一能够满足协变性的变换，因为在稍微一般点的坐标系变换（只要满足线性变换就行）之下，甚至在伽利略变换之下，物理方程也是具有协变性的。那么这是否意味着伽利略变换也满足相对性原理呢？这就涉及到一个从狭义相对论到广义相对论推广过程中需要跨越的关键问题，即相对性原理的标准是什么。

24.2 什么是相对性原理?

相对性原理指的是：对于不同观测者而言，物理规律应该是相同的。物理规律由两大部分组成：物理对象以及物理对象之间的关系。物理对象采用矢量或张量来描述，比如四维动量、能量动量张量、电磁场的场强张量等；物理对象之间的关系就采用方程来描述。那么，怎么样叫物理规律相同呢？这才是相对性原理的核心问题。既然物理规律由这两大部分组成，那么物理规律是否相同就取决于两个判断标准：

① 如何判断对物理对象的描述是相同的。

② 如何判断描述物理对象之间关系的方程是相同的。

对这两个问题采用不同标准就得到不同的相对性原理。我们先来看一下狭义相对论所采用的标准，然后再来看一下为什么伽利略变换当初不能满足狭义相对论。

24.2.1 洛伦兹变换的相对性原理

狭义相对性原理的判断标准是什么呢？对第一个判断所采用的标准是：描述物理对象的矢量或张量的每个分量值所代表的物理含义是相同的，是没有改变的。比如，对于观测者 A 来说，四维动量的第一个分量表示能量，其它三个分量表示动量，那么对于观测者 B 来说也应该是这样，即四维动量的第一个分量仍然表示能量，其它三个分量仍然表示动量；再比如，对于观测者 A 来说，电磁场的场强张量的 F^{01} 分量表示电场强度，那么对于观测者 B 来说，电磁场的场强张量的 F'^{01} 分量仍然表示电场强度。对第二个判断所采用的标准是：物理方程的形式在坐标系变换前后是相同的，即物理方程的形式具有协变性。

那么，观测者 A 与 B 之间以什么样的方式进行相对运动，或者说坐标系如何变换才能同时满足狭义相对性原理的这两个标准呢？前面已经计算过，坐标系的任何线性变换都能满足第二个判断的标准，而第一个判断的标准等价于在坐标系变换之后，每个坐标仍然保持相同的物理意义。比如观测者 A 的坐标系 X^{μ} 的第一个坐标 X^{0} 代表观测者 A 所携带时钟测量出的刻度值，观测者 B 的坐标系 x^{α} 的第一个坐标 x^{0} 也代表观测者 B 所携带时钟测量出的刻度值，那么坐标 x^{0} 就仍然保持着相同的物理意义。坐标仍然保持相同物理意义的这个标准不妨称为坐标的物理意义的协变性。那么如何能满足这个标准呢？答案很简单：坐标系只要选择为惯性坐标系就能满足此标准。这等价于要求度规在坐标系变换之后仍然等于 $\eta_{\alpha\beta}$，即有：

$$\eta_{\alpha\beta}(x^0, x^i)=\begin{pmatrix}1&0&0&0\\0&-1&0&0\\0&0&-1&0\\0&0&0&-1\end{pmatrix}\longleftarrow \eta_{\mu\nu}(X^0, X^i)=\begin{pmatrix}1&0&0&0\\0&-1&0&0\\0&0&-1&0\\0&0&0&-1\end{pmatrix}$$

这也等价于要求光速在坐标系变换之后是保持不变的，因为有：

$$\begin{aligned}c^2\mathrm{d}t^2-\mathrm{d}x^2-\mathrm{d}y^2-\mathrm{d}z^2&=\eta_{\alpha\beta}(x)\mathrm{d}x^\alpha\mathrm{d}x^\beta=0=\eta_{\mu\nu}(X)\mathrm{d}X^\mu\mathrm{d}X^\nu\\&=c^2\mathrm{d}T^2-\mathrm{d}X^2-\mathrm{d}Y^2-\mathrm{d}Z^2\end{aligned}$$

这还等价于坐标系变换矩阵的行列式等于1，即要求满足[1]：$\det(B^\mu_\alpha)=1$。

在所有线性变换之中，能满足此要求的坐标系变换就只剩下洛伦兹变换，所以，能同时满足狭义相对性原理两大标准的坐标系变换只有一种，它就是洛伦兹变换。

24.2.2　伽利略变换的相对性原理

伽利略变换并不满足狭义相对性原理对第一个判断所采用的标准。伽利略变换可以简写为如下：

$$\begin{cases}\mathrm{d}x^0_{\text{Galileo}}=\mathrm{d}X^0\\ \mathrm{d}x^1_{\text{Galileo}}=\mathrm{d}X^1-\dfrac{u}{c}\mathrm{d}X^0\end{cases}\longrightarrow \mathrm{d}x^\alpha_{\text{Galileo}}=\mathrm{d}X^\mu(B^{-1})^\alpha_\mu,$$

$$\text{其中}(B^{-1})^\alpha_\mu=\begin{pmatrix}1&-\dfrac{u}{c}&0&0\\0&1&0&0\\0&0&1&0\\0&0&0&1\end{pmatrix},\ B^\mu_\alpha=\begin{pmatrix}1&\dfrac{u}{c}&0&0\\0&1&0&0\\0&0&1&0\\0&0&0&1\end{pmatrix}$$

那么在伽利略变换之下，包含时间和空间度量信息的度规的变换关系为：

$$g_{\alpha\beta}(x_{\text{Galileo}})=B^\mu_\alpha B^\nu_\beta\eta_{\mu\nu}(X)=\begin{pmatrix}1-\dfrac{u^2}{c^2}&-\dfrac{u}{c}&0&0\\-\dfrac{u}{c}&-1&0&0\\0&0&-1&0\\0&0&0&-1\end{pmatrix}\neq\begin{pmatrix}1&0&0&0\\0&-1&0&0\\0&0&-1&0\\0&0&0&-1\end{pmatrix}$$

这个变换关系也可以更加容易地采用下列方式得到：

$$\begin{cases}\mathrm{d}T=\mathrm{d}t\\ \mathrm{d}X=\mathrm{d}x+u\,\mathrm{d}t\end{cases}$$

$$\mathrm{d}s^2=c^2\mathrm{d}T^2-\mathrm{d}X^2-\mathrm{d}Y^2-\mathrm{d}Z^2=\left(1-\frac{u^2}{c^2}\right)c^2\mathrm{d}t^2-\mathrm{d}x^2-2\frac{u}{c}\mathrm{d}x\,c\,\mathrm{d}t-\mathrm{d}y^2-\mathrm{d}z^2$$

可以明显看到：变换之后的坐标系 $x^\alpha_{\text{Galileo}}$ 不再是四维笛卡儿坐标系，即坐标的物理意义没有保持协变性。所以，如果采用伽利略变换，那么 t_{Galileo} 和 x_{Galileo} 就不再是以速度 $\vec{u}$ 运动的观测者所测量出的刻度值了。实际上，伽利略变换之后的坐标系 $x^\alpha_{\text{Galileo}}$ 已经是对时

---

[1] 简单推导过程：

$-1=\det[\eta_{\mu\nu}(x)]=\det(B^\mu_\alpha)\det(B^\nu_\beta)\det[\eta_{\alpha\beta}(X)]=\det(B^\mu_\alpha)\det(B^\nu_\beta)\times(-1)$

空的 3+1 非正交分解[1]，即时间轴 t_{Galileo} 和空间 x_{Galileo} 不再垂直了。

另外，电磁场的变换关系为：

$$F_{\mu\nu}(X) \longrightarrow F_{\alpha\beta}(x_{\text{Galileo}}) = B^{\mu}_{\alpha}B^{\nu}_{\beta}F_{\mu\nu}(X)$$

$$F_{\mu\nu}(X)=\begin{pmatrix} 0 & -\frac{E^1}{c} & -\frac{E^2}{c} & -\frac{E^3}{c} \\ \frac{E^1}{c} & 0 & B^3 & -B^2 \\ \frac{E^2}{c} & -B^3 & 0 & B^1 \\ \frac{E^3}{c} & B^2 & -B^1 & 0 \end{pmatrix} \rightarrow$$

$$F_{\alpha\beta}(x_{\text{Galileo}})=\begin{pmatrix} 0 & -\frac{E^1}{c} & -\left(\frac{E^2}{c}-\frac{u}{c}B^3\right) & -\left(\frac{E^3}{c}+\frac{u}{c}B^2\right) \\ \frac{E^1}{c} & 0 & B^3 & -B^2 \\ \frac{E^2}{c}-\frac{u}{c}B^3 & -B^3 & 0 & B^1 \\ \frac{E^3}{c}+\frac{u}{c}B^2 & B^2 & -B^1 & 0 \end{pmatrix}$$

在时空这个整体被分解成时间和空间之后，分解出的时间轴 t_{Galileo} 和空间轴 x_{Galileo} 不再垂直，那么电磁场这个整体 $F_{\mu\nu}$ 被分解为电场和磁场之后，分解出的 $F_{0i}(x^{\alpha}_{\text{Galileo}})$ 就不再表示电场强度，也就是说此分量不再代表相同的物理含义了。这个结论也可以从另外一个角度看出来。第 10 章已经推导过，在洛伦兹变换之下，电场和磁场的变换关系为：

$$\begin{cases} \vec{e}_{\perp}=\gamma(\vec{E}+\vec{u}\times\vec{B})_{\perp}, \ \vec{e}_{\parallel}=(\vec{E}+\vec{u}\times\vec{B})_{\parallel} \\ \vec{b}_{\perp}=\gamma\left(\vec{B}-\frac{1}{c^2}\vec{u}\times\vec{E}\right)_{\perp}, \ \vec{b}_{\parallel}=\left(\vec{B}-\frac{1}{c^2}\vec{u}\times\vec{E}\right)_{\parallel} \end{cases}$$

其中，$\vec{e}$ 就是以速度 $\vec{u}$ 运动的观测者所测量出的电场强度。那么分量 $F_{0i}(x^{\alpha}_{\text{Galileo}})$ 很显然就不是以速度 $\vec{u}$ 运动的观测者所测量出的电场强度，即 $F_{0i}(x^{\alpha}_{\text{Galileo}})$ 不再和 $F_{0i}(X^{\mu})$ 代表相同的物理含义。所以，在伽利略变换之下，坐标的物理意义没有保持协变性。

不过，伽利略变换却满足狭义相对性原理对第二个判断所采用的标准，即麦克斯韦方程组在伽利略变换之下仍然具有协变性。只是麦克斯韦方程组不能再采用大家熟悉的如下形式了。

$$\begin{cases} \vec{\nabla}\cdot\vec{E}=\kappa\rho \\ \vec{\nabla}\times\vec{E}=-\frac{\partial\vec{B}}{\partial T} \\ \vec{\nabla}\times\vec{B}=\mu\vec{J}+\frac{1}{c^2}\frac{\partial\vec{E}}{\partial T} \\ \vec{\nabla}\cdot\vec{B}=0 \end{cases}$$

[1] 3+1 非正交分解的讨论在第 11 章。

因为只有在对时空 3+1 正交分解的坐标系之下，电磁场这个整体 $F_{\mu\nu}$ 被分解出的电场和磁场所满足的方程才会正好表现为如上形式。而伽利略变换之后的坐标系 $x^{\alpha}_{\text{Galileo}}$ 是非正交的，那么在坐标系 $x^{\alpha}_{\text{Galileo}}$ 之下，麦克斯韦方程组不能再分解为如下形式。

$$\left.\begin{matrix}\dfrac{\partial F^{\alpha\lambda}}{\partial x^{\lambda}_{\text{Galileo}}}=\mu J^{\alpha}\\[2ex] \dfrac{\partial F_{\alpha\beta}}{\partial x^{\lambda}_{\text{Galileo}}}+\dfrac{\partial F_{\lambda\alpha}}{\partial x^{\beta}_{\text{Galileo}}}+\dfrac{\partial F_{\beta\lambda}}{\partial x^{\alpha}_{\text{Galileo}}}\equiv 0\end{matrix}\right\}\not\to\begin{cases}\vec{\nabla}_{\text{Galileo}}\cdot\vec{e}_{\text{Galileo}}=\kappa\rho_{\text{Galileo}}\\ \vec{\nabla}_{\text{Galileo}}\times\vec{e}_{\text{Galileo}}=-\dfrac{\partial\vec{b}_{\text{Galileo}}}{\partial t_{\text{Galileo}}}\\ \vec{\nabla}_{\text{Galileo}}\times\vec{b}_{\text{Galileo}}=\mu\vec{j}_{\text{Galileo}}+\dfrac{1}{c^{2}}\dfrac{\partial\vec{e}_{\text{Galileo}}}{\partial t_{\text{Galileo}}}\\ \vec{\nabla}_{\text{Galileo}}\cdot\vec{b}_{\text{Galileo}}=0\end{cases}$$

所以，对于电磁场这个整体 $F_{\mu\nu}$ 所满足的方程组一般采用：

$$\begin{cases}\dfrac{\partial F^{\alpha\lambda}}{\partial x^{\lambda}_{\text{Galileo}}}=\mu J^{\alpha}\\[2ex] \dfrac{\partial F_{\alpha\beta}}{\partial x^{\lambda}_{\text{Galileo}}}+\dfrac{\partial F_{\lambda\alpha}}{\partial x^{\beta}_{\text{Galileo}}}+\dfrac{\partial F_{\beta\lambda}}{\partial x^{\alpha}_{\text{Galileo}}}\equiv 0\end{cases}$$

在第 12 章提到过，这个方程组才是麦克斯韦方程组的最原始形式，因为很显然，它就是一般坐标系之下的麦克斯韦方程组。而这个麦克斯韦方程的形式在伽利略变换之后仍然能保持协变，即仍然具有如下相同形式：

$$X\to\frac{\partial F^{\mu\nu}(X)}{\partial X^{\nu}}=\mu J^{\mu}(X)$$

$$x_{\text{Galileo}}\to\frac{\partial F^{\alpha\lambda}(x_{\text{Galieo}})}{\partial x^{\lambda}_{\text{Galileo}}}=\mu J^{\alpha}(x_{\text{Galileo}})$$

因此，即使在伽利略变换之下，麦克斯韦方程组仍然满足协变性的要求，只是它已经不再满足坐标的物理意义的协变性了。

所以，如果要让伽利略变换也满足相对性原理，我们必须要放弃狭义相对性原理对第一个判断所采用的标准——坐标的物理意义也同时保持协变性。当然，放弃这个标准实际上就是对狭义相对性原理进行了推广，得到了一个更加广泛的相对性原理。

那么，从伽利略变换这个例子可以看到：在将相对性原理从狭义相对性原理推广到一般情况的过程中，如何调整这两个判断所采用的标准，以及调整到什么程度就成为了核心问题。在推广狭义相对论的早期阶段，爱因斯坦并不知道这个问题的答案是什么，而是一直处于摸索和尝试的过程中。

24.2.3　相对性原理的推广

在经过第 20 章谈到的第 5 个转折点之后，到了 1913 年，爱因斯坦已经能够把相对性原理推广最一般的情况[❶]。对第一个判断所采用的标准是：只要是采用矢量或张量来描述物理对象就够了，任何坐标系都是允许的，即完全放弃坐标物理意义的协变性。对第二个判断所采用的标准是：在坐标系任意变换下都具有协变性，即所谓的广义协变性。这两个标准中的“任何”和“任意”已经是最大程度的推广，所以满足这两个标准的相对性原理就被称为广

❶　1913 年 6 月的论文《广义相对论与引力理论纲要》对这个推广过程已经做了初步总结。

义相对性原理。这表明爱因斯坦在1913年已经将牛顿力学和电磁学改造得满足广义相对性原理了。

但是，引力理论还不满足广义相对性原理，这是因为1913年的引力场方程只在坐标系线性变换下才具有协变性。所以1913年的引力场方程让两个判断标准必须再倒退回去。第一个判断的标准要调整为：满足下面条件的坐标系才是可以采用的（原因在第23章谈到过）。

$$\frac{\partial}{\partial X^{\lambda}}(\sqrt{-g}\,g_{\mu\nu}\prod{}^{\nu\lambda})=0$$

第二个判断的标准退化为：方程在坐标系线性变换下具有协变性。很显然，这是一种介于狭义相对性原理与广义相对性原理之间的相对性原理。爱因斯坦在《广义相对论与引力理论纲要》中明确表示"需要退回到旧的相对论"[1]。

可是，等效原理的局域性对这两个判断标准都产生了更本质的影响，从而导致如果只采用这种倒退回去的相对性原理，等效原理与相对性原理就会产生不可避免的矛盾冲突，而只有采用广义相对性原理才能避免冲突。这样一来，广义相对性原理就成为了新引力理论的必需。在讨论完克利斯朵夫记号之后，后面会详细解释这背后的原因。

24.3 克利斯朵夫记号

前面已经计算过，对于更一般的坐标系变换，物理方程的协变性不再被满足的根源在于：导数在变换之后会多出一些与下面这个公式相关的项。

$$\Gamma^{\alpha}_{\lambda\delta}=\frac{\partial x^{\alpha}}{\partial X^{\mu}}\frac{\partial^{2}X^{\mu}}{\partial x^{\delta}\partial x^{\lambda}}$$

它被称为克利斯朵夫记号。由于它在变换之后总是会出现，所以这个公式的重要性就凸显出来了，接下来就仔细研究一下这个对象。前面已经计算过，在一般坐标系变换之后，度规和克利斯朵夫记号分别有：

$$g_{\alpha\beta}(x)=B^{\mu}_{\alpha}B^{\nu}_{\beta}\eta_{\mu\nu}$$

$$g^{\alpha\beta}(x)=(B^{-1})^{\alpha}_{\mu}(B^{-1})^{\beta}_{\nu}\eta^{\mu\nu}$$

$$\Gamma^{\alpha}_{\lambda\delta}(x)=(B^{-1})^{\alpha}_{\mu}\frac{\partial B^{\mu}_{\lambda}}{\partial x^{\delta}}$$

它们类似于一组参数方程，变换矩阵 B^{μ}_{α} 就类似于参数。所以度规和克利斯朵夫记号并不是独立的，消去变换矩阵 B^{μ}_{α}（类似于消去参数）就能得到度规和克利斯朵夫记号之间的关系，即有：

$$\left.\begin{aligned}\frac{\partial g_{\lambda\beta}(x)}{\partial x^{\delta}}&=\frac{\partial B^{\mu}_{\lambda}}{\partial x^{\delta}}B^{\nu}_{\beta}\eta_{\mu\nu}+B^{\mu}_{\lambda}\frac{\partial B^{\nu}_{\beta}}{\partial x^{\delta}}\eta_{\mu\nu}\\\frac{\partial g_{\delta\beta}(x)}{\partial x^{\lambda}}&=\frac{\partial B^{\mu}_{\delta}}{\partial x^{\lambda}}B^{\nu}_{\beta}\eta_{\mu\nu}+B^{\mu}_{\delta}\frac{\partial B^{\nu}_{\beta}}{\partial x^{\lambda}}\eta_{\mu\nu}\\\frac{\partial g_{\lambda\delta}(x)}{\partial x^{\beta}}&=\frac{\partial B^{\mu}_{\lambda}}{\partial x^{\beta}}B^{\nu}_{\delta}\eta_{\mu\nu}+B^{\mu}_{\lambda}\frac{\partial B^{\nu}_{\delta}}{\partial x^{\beta}}\eta_{\mu\nu}\end{aligned}\right\}\Rightarrow\frac{\partial g_{\lambda\beta}(x)}{\partial x^{\delta}}+\frac{\partial g_{\delta\beta}(x)}{\partial x^{\lambda}}-\frac{\partial g_{\lambda\delta}(x)}{\partial x^{\beta}}=2\frac{\partial B^{\mu}_{\lambda}}{\partial x^{\delta}}B^{\nu}_{\beta}\eta_{\mu\nu}$$

---

[1] 《爱因斯坦全集》第四卷，湖南科技出版社，2009：268。

$$\Rightarrow g^{\alpha\beta}(x)\left(\frac{\partial g_{\lambda\beta}(x)}{\partial x^{\delta}}+\frac{\partial g_{\delta\beta}(x)}{\partial x^{\lambda}}-\frac{\partial g_{\lambda\delta}(x)}{\partial x^{\beta}}\right)=2(B^{-1})^{\alpha}_{\ \mu}\frac{\partial B^{\mu}_{\lambda}}{\partial x^{\delta}}$$

$$\Rightarrow \Gamma^{\alpha}_{\lambda\delta}(x)=\frac{1}{2}g^{\alpha\beta}\left(\frac{\partial g_{\lambda\beta}}{\partial x^{\delta}}+\frac{\partial g_{\delta\beta}}{\partial x^{\lambda}}-\frac{\partial g_{\lambda\delta}}{\partial x^{\beta}}\right)$$

克利斯朵夫记号与度规之间的这个关系意味着：即使我们不知道坐标系变换的具体表达式，而仅仅知道变换之后度规的表达式，也可以计算出克利斯朵夫记号，从而也就可以写出物理方程在坐标系变换之后的形式。具体方法就是把物理方程中与导数相关部分做如下替换就可以了❶。

$$\frac{\partial A^{\mu}(X)}{\partial X^{\nu}}\rightarrow\frac{\partial A^{\alpha}(x)}{\partial x^{\beta}}+\Gamma^{\alpha}_{\beta\lambda}A^{\lambda}(x)$$

$$\frac{\partial A^{\mu\lambda}(X)}{\partial X^{\nu}}\rightarrow\frac{\partial A^{\alpha\delta}(x)}{\partial x^{\beta}}+\Gamma^{\alpha}_{\beta\lambda}A^{\lambda\delta}(x)+\Gamma^{\delta}_{\beta\lambda}A^{\alpha\lambda}(x)$$

所以在坐标系变换过程中，我们不必关心变换的具体表达式是什么（它们类似于参数方程的中参数，已经被消去了），只需关心变换之后度规的具体表达式是什么就足够了。不管是牛顿力学的定律，是电磁学的麦克斯韦方程组，还是其它的物体定律所对应的方程，都可以使用这个结论。后面在讨论等效原理的局域性带来改变的时候，这一点是非常重要的。

24.4 等效原理的局域性带来的改变

在重力场中，每个高度位置的重力加速度并不是相等的，所以我们只能在局部区域使用等效原理。考查空间中 o 点附近的一块局部区域，只要此区域足够的小，那么该区域内的重力加速度就可以视为是常数，记为 g_o。假设该区域存在两个观测者，一个观测者 (ct,z) 处于静止状态，另外一个观测者 $(c\tau,\xi)$ 处于自由下落的状态❷。并且在初始时刻，观测者 $(c\tau,\xi)$ 的初速度为零，即在初始时刻，这两个观测者都是静止的，如图 24-1 所示。

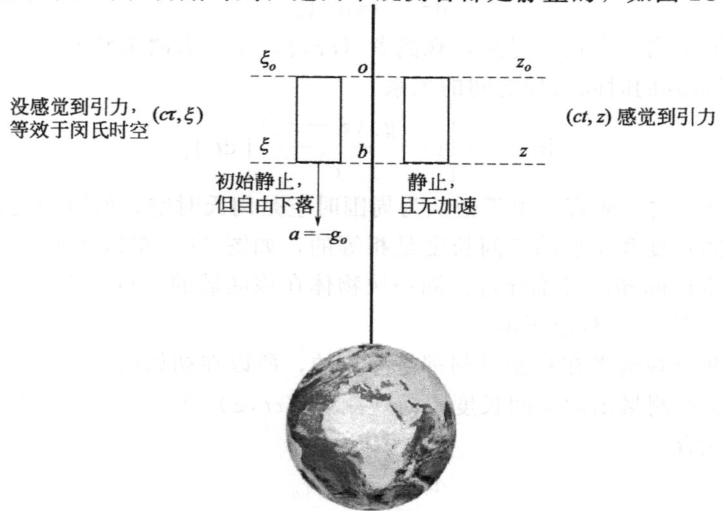

图 24-1　在 o 点附近一块局部区域使用等效原理

❶ 比如采用此方法，很容易就能写出物理方程在球极坐标系中的形式。

❷ 这里的空间坐标只标记了径向方向的一维。

根据等效原理，观测者（$c\tau,\xi$）得出的结论是：他周围不存在重力场，所以此观测者（$c\tau,\xi$）认为该区域是一块闵氏时空，即他采用的时空度规是 $\eta_{\mu\nu}$。但是观测者（ct,z）得出的结论是他周围存在着重力场。那么此观测者（ct,z）采用的时空度规 $g_{\alpha\beta}$ 是什么样子呢？

度规是对度量（即对时间快慢的度量或空间长度的度量）的描述。对于观测者（$c\tau,\xi$）而言，由于他认为周围时空是闵氏时空，所以他得出的结论是：该区域的 o 点时间的快慢和 b 点时间的快慢是相等的，如图 24-2 左边所示。对于观测者（ct,z）而言，第 14 章已经推导过：该区域内 o 点时间的快慢和 b 点时间的快慢之间的关系如图 24-2 右边所示。

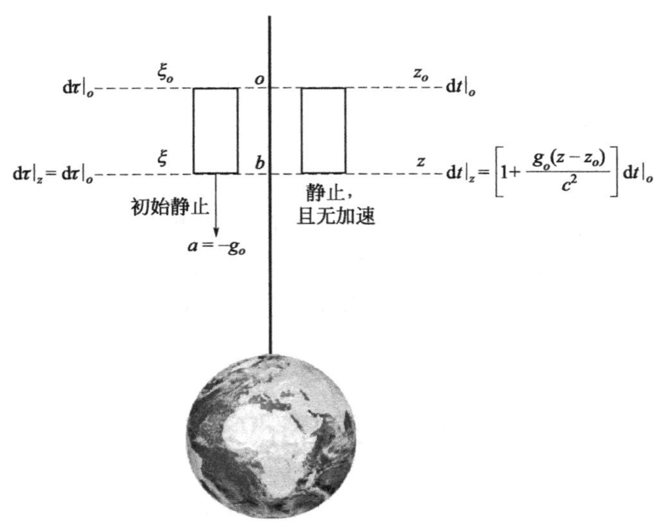

图 24-2 对于两个观测者而言，o 点时间的快慢和 b 点时间的快慢之间的关系

由于两位观测者在初始时刻都是静止的，所以在初始时刻，观测者（$c\tau,\xi$）在 o 点测量到的时间快慢，与观测者（ct,z）在 o 点测量到的时间快慢是相同的，即在初始时刻存在：

$$\mathrm{d}\tau\ |_o=\mathrm{d}t\ |_o$$

这样我们就能得到：在初始时刻，观测者（$c\tau,\xi$）在 b 点测量到的时间快慢，与观测者（ct,z）在 b 点测量到的时间快慢之间的关系。

$$\mathrm{d}\tau\ |_z=\left[1-\frac{g_o(z-z_o)}{c^2}\right]\mathrm{d}t\ |_z$$

对于观测者（$c\tau,\xi$）而言，由于他认为周围时空是闵氏时空，所以他得出的结论是：该区域的 o 点的空间长度和 b 点的空间长度是相等的，如图 24-3 左边所示。对于观测者（ct,z）而言，第 16 章也同样已经推导过：同一块物体在该区域的 o 点的空间长度和 b 点的空间长度之间的关系如图 24-3 右边所示。

同样，由于两位观测者在初始时刻都是静止的，所以在初始时刻，对于同一块物体，观测者（$c\tau,\xi$）在 o 点测量出的空间长度，与观测者（ct,z）在 o 点测量出的空间长度是相等的，即在初始时刻存在：

$$\mathrm{d}\xi\ |_o=\mathrm{d}z\ |_o$$

这样我们也就能得到：在初始时刻，观测者（$c\tau,\xi$）在 b 点测量出的空间长度，与观测者（ct,z）在 b 点测量出的空间长度之间的关系。

$$\mathrm{d}\xi\ |_z=\left[1+\frac{g_o(z-z_o)}{c^2}\right]\mathrm{d}z\ |_z$$

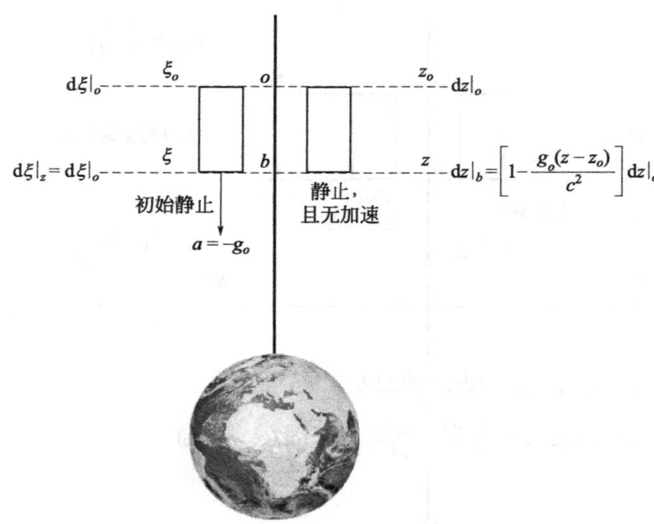

图 24-3　对于两个观测者而言，o 点的空间长度和 b 点的空间长度之间的关系

所以在初始时刻，对时间快慢的度量和空间长度的度量，在观测者 $(c\tau,\xi)$ 和观测者 (ct,z) 之间的变换关系已经确定了，那么这两个坐标系之间的变换矩阵也就确定了，它们在初始时刻分别有：

$$\left.\frac{\partial\tau}{\partial t}\right|_z=\left[1-\frac{g_o(z-z_o)}{c^2}\right],\quad \left.\frac{\partial\tau}{\partial z}\right|_z=0$$

$$\left.\frac{\partial\xi}{\partial t}\right|_z=0,\qquad \left.\frac{\partial\xi}{\partial z}\right|_z=\left[1+\frac{g_o(z-z_o)}{c^2}\right]$$

那么，自由下落坐标系 $(c\tau,\xi)$ 和静止坐标系 (ct,z) 之间的变换关系也就确定了。在忽略掉高阶小量之后，这个坐标系变换具体如图 24-4 所示。❶

这就是一个自由下落观测者（初始速度为零，加速度为 $-g$ 的加速参考系）与一个静止观测者之间的坐标系变换。如果这个变换中的重力加速度 g 被替换成引力势函数 ϕ，那么这个变换关系，即度规的具体表达式还可以表述如图 24-5 所示。

但是，这个坐标系变换关系只在加速度是常数的情况下才是成立的，然而在不同高度，此变换关系中的加速度 g 会取不同的值，这就意味着：在重力场的不同空间区域，需要不同的坐标系变换才能将对应区域都变换回到闵氏时空。换句话说，在重力场中，不可能只存在一个坐标系变换，就能够把整个时空一起变换回闵氏时空。这是引力场通过等效原理对相对性原理带来的最深刻改变。

不过，此结论在刚开始一直让爱因斯坦感到困惑，因为在刚开始使用等效原理的过程中，一直都是在计算重力加速度是常数的情况，而对于加速度不是常数的情况，并不知道如

---

❶ 推导过程：

$$\tau\approx\tau_0+(t-t_0)-\frac{g_o(z-z_o)(t-t_0)}{c^2}\Leftarrow \mathrm{d}\tau\,|_z=\left[1-\frac{g_o(z-z_o)}{c^2}\right]\mathrm{d}t\,|_z$$

$$\xi\approx\xi_o+(z-z_o)+\frac{1}{2}\frac{g_o(z-z_o)(z-z_o)}{c^2}+\frac{1}{2}g_o(t-t_0)(t-t_0)\Leftarrow \mathrm{d}\xi\,|_z=\left[1+\frac{g_o(z-z_o)}{c^2}\right]\mathrm{d}z\,|_z,\ \left.\frac{\mathrm{d}^2z}{\mathrm{d}t^2}\right|_o=-g_o,$$

$$\left.\frac{\mathrm{d}z}{\mathrm{d}t}\right|_{t=t_0}=0$$

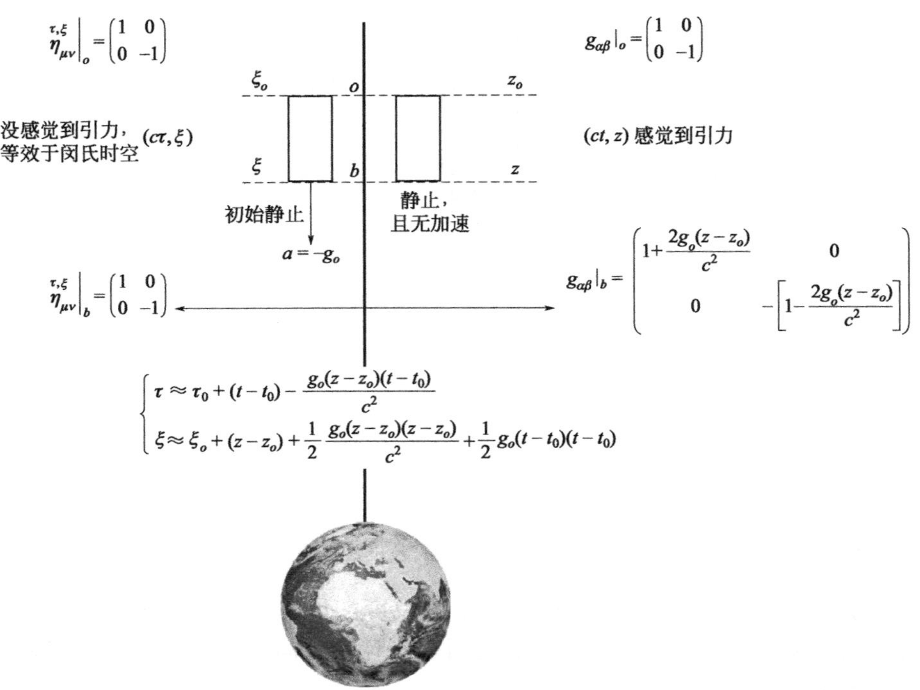

图 24-4 观测者（$c\tau,\xi$）和观测者（ct,z）在 o 点和 b 点所使用的度规

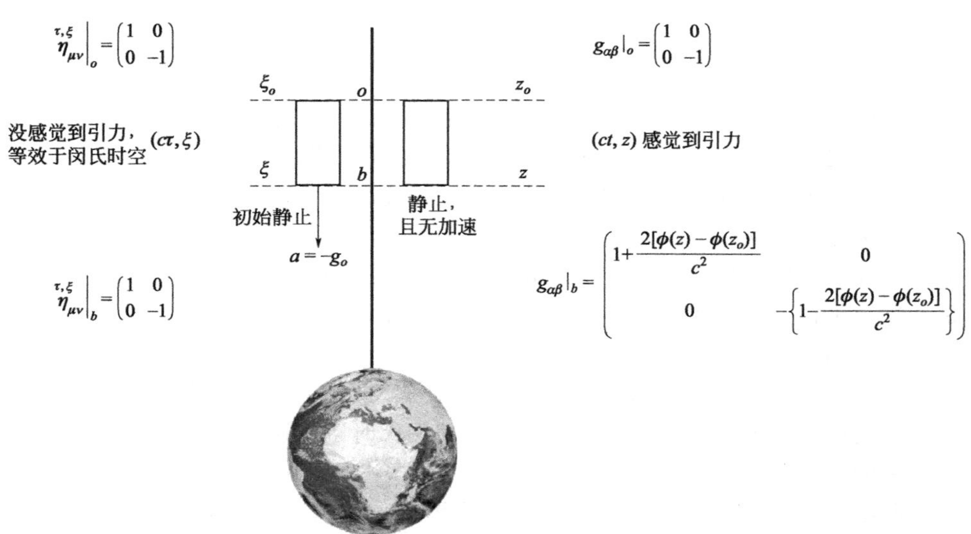

图 24-5 采用引力势函数之后，度规的表达式

何计算。他大约在 1912 年 2、3 月份写作论文《光速与引力场的静力学》和《静引力场理论》的时期意识到了这一点❶，当思想认识发生了第 20 章谈到的重要转折之后，爱因斯坦找到了如何计算这个问题的方法。

❶ 参见 1912 年 6 月 29 日写给埃伦费斯特的信。《爱因斯坦全集：第五卷》，湖南科技出版社，2009：450。

所以在重力场中，不同区域需要不同的坐标系变换才能将时空从闵氏时空变换成静止观测者 (ct,z) 所测量到的时空，即在不同区域，需要不同的坐标系变换才能将闵氏度规变换成静止观测者所使用的度规，如图 24-6 所示。

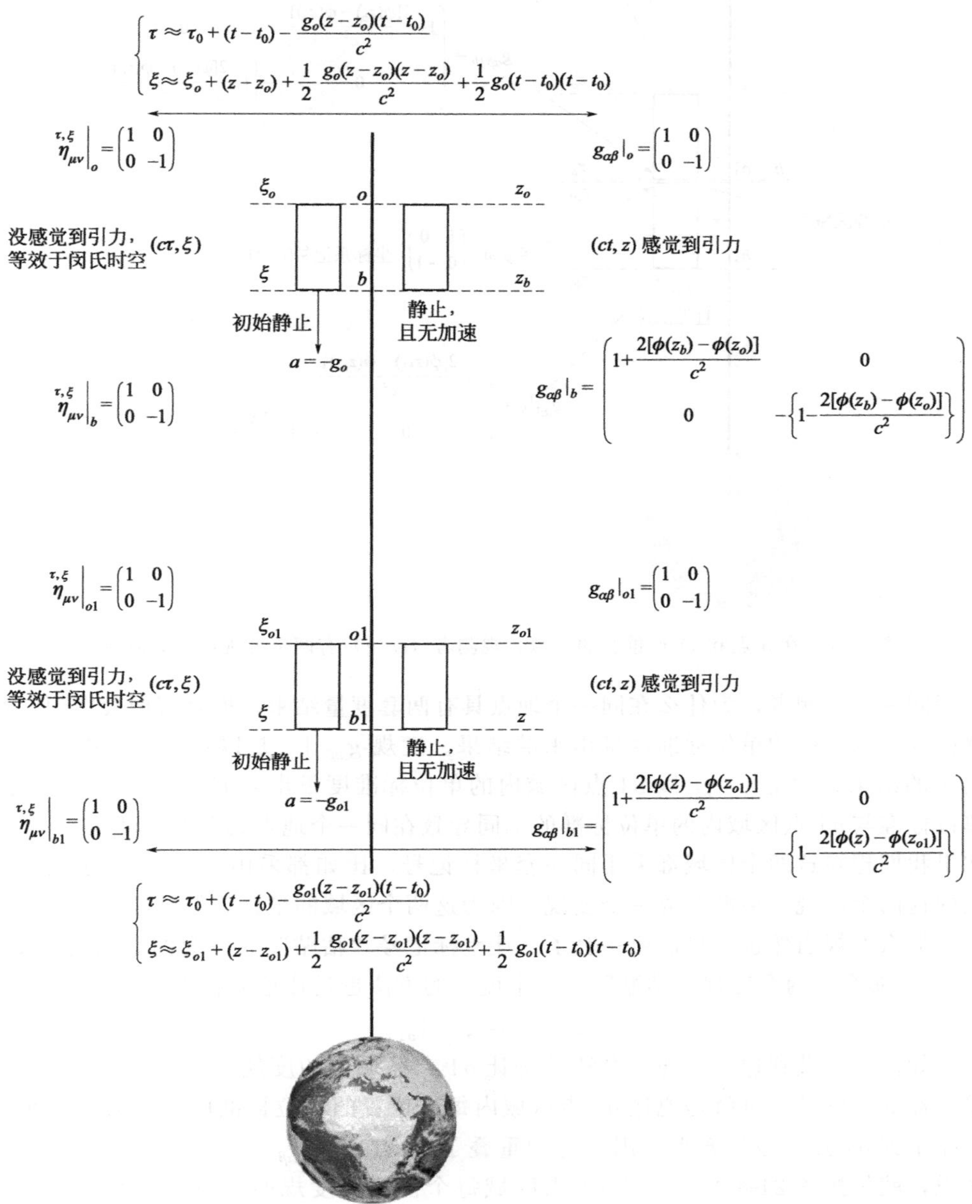

图 24-6　在重力场中的两个不同区域，观测者 (ct,z) 在 o 点和 $o1$ 点两个不同区域所使用度规是不同的

假设存在 o 点和 $o1$ 点两个不同区域，通过两个不同的坐标系变换之后，这两个区域的静止观测者 (ct,z) 所使用的度规分别如图 24-6 所示。既然坐标系变换和度规在 o 点和 $o1$ 点两个不同区域是不同的，这当然就会产生一个问题，那就是如果这两块区域存在重叠部分，那么对于该重叠区域内的静止观测者 (ct,z) 而言，他就有两个度规可以使用，即存在如图 24-7 所示情况。

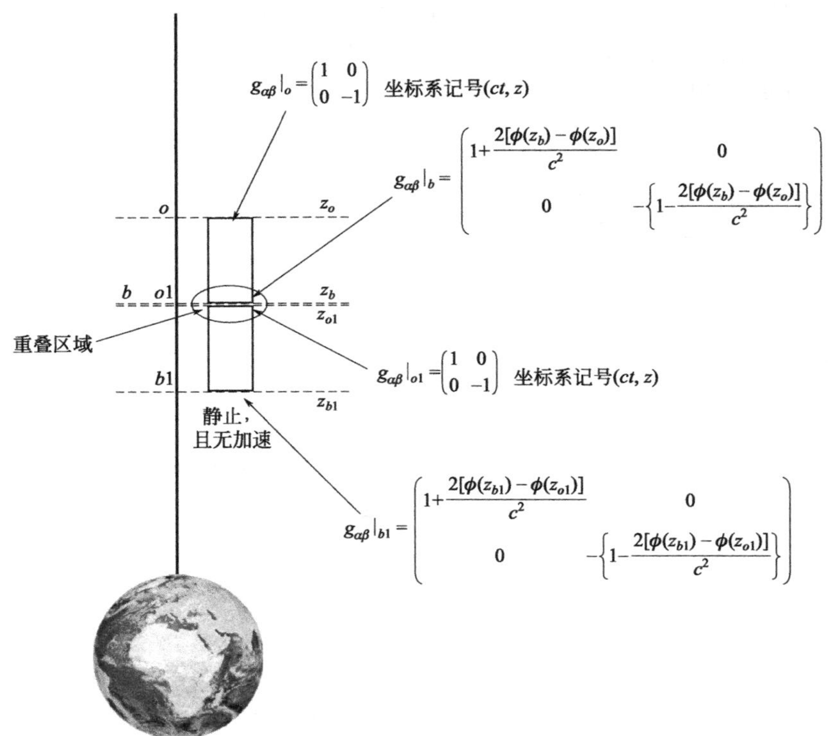

图 24-7 在 o 点和 $o1$ 点重叠的区域，观测者（ct，z）有两个度规可以同时使用

对于同一个观测者，为什么在同一个地点具有两套度量结果，即具有两套度规？这是因为两套度规是以不同的单位标准度量出来的结果。度规 $g_{\alpha\beta}|_b$ 是以 o 点区域内的单位标准度量出来的结果；而 $g_{\alpha\beta}|_{o1}$ 以 $o1$ 点区域内的单位标准度量出来的结果。所以，o 点区域内的单位标准与 $o1$ 点区域内的单位标准的不同导致在同一个地点具有两套度规。

如果我们想在这两个区域都采用同一套坐标记号，比如都采用（ct，z），这就需要将重叠区域的这两个度规“粘贴”成一个度规。因为这两个区域的坐标记号已经“粘贴”合并成一套了，那么度规当然也就只需要一套了。让坐标记号“粘贴”成一套的方法是让 $z_b=z_{o1}$ 和 $t_b=t_{o1}$，那么让两个度规“粘贴”成一个度规的方法也是让他们相等，即让：

$$g_{\alpha\beta}|_b=g_{\alpha\beta}|_{o1}$$

但是如何能够做到这一点呢？办法就是让 $o1$ 点区域内的度规 $g_{\alpha\beta}|_{o1}$ 也采用 o 点区域内的单位标准来度量，也就是说让 $o1$ 点区域内每个位置的单位标准同时放大或缩小，一直放大或缩小到 $o1$ 点（也是 b 点，因为它们重叠了）的度规 $g_{\alpha\beta}|_{o1}$ 正好等于 $g_{\alpha\beta}|_b$ 为止。具体来说，就是按图 24-8 的方式让 $o1$ 点区域每个位置的度规的分量 g_{00} 都乘以缩小的倍数，度规的分量 g_{11} 都乘以放大的倍数。

这样一来，在 o 点和 $o1$ 点连起来的更大的区域内，度量使用的单位标准都是相同的了。在忽略掉高阶小量之后，度规的这个“粘贴”过程就可以简化为如图 24-9 所示。

不同区域度规之间的这种“粘贴”过程可以一直持续下去，从而将时空中更广范围内不同区域的度规[1]“粘贴”成为一个整体，从而形成一个统一的度规 $g_{\alpha\beta}$。比如上面例子中的

[1] 它们都是每个位置通过不同坐标系变换得到的度规。

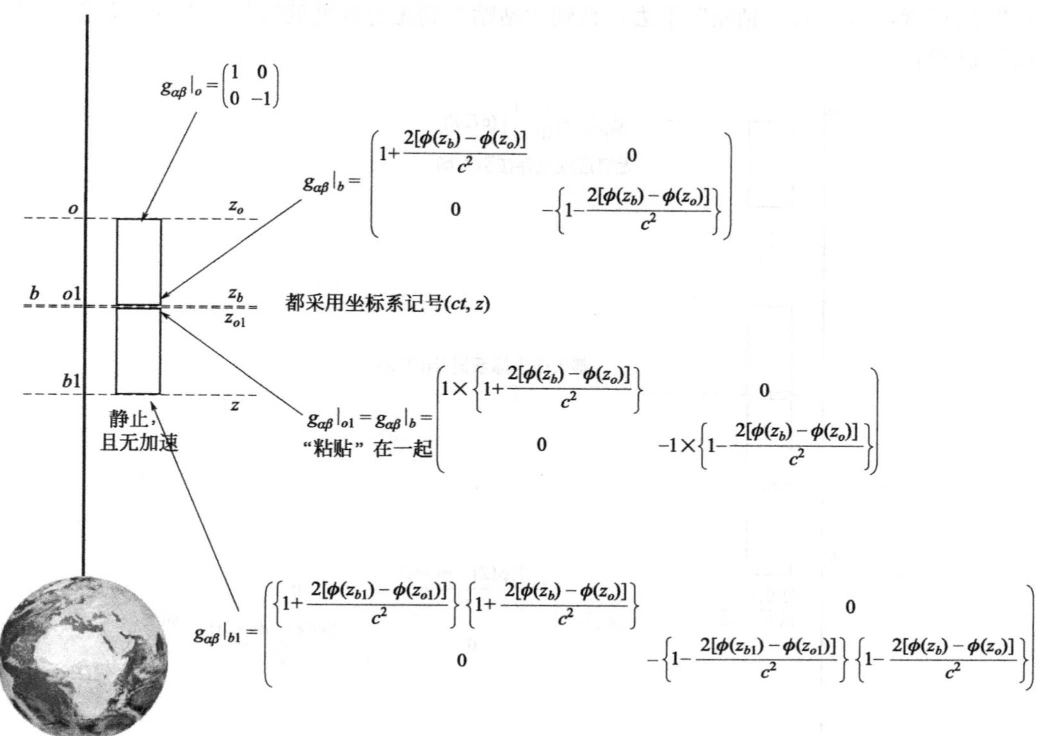

图 24-8　将 $o1$ 点区域内每个位置的单位标准同时放大或缩小，即让该区域每个位置的度规同时乘以 $g_{\alpha\beta}|_b$

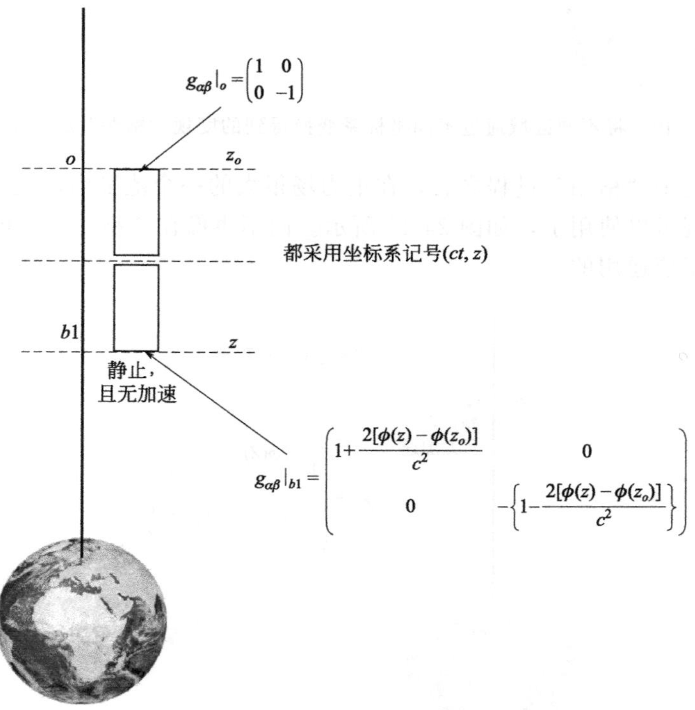

图 24-9　将 $o1$ 点和 b 点的度规"粘贴"在一起之后的结果

“粘贴”过程就可以一直“粘贴”下去，直到“粘贴”到无穷远处的区域，即存在如图 24-10 的“粘贴”过程：

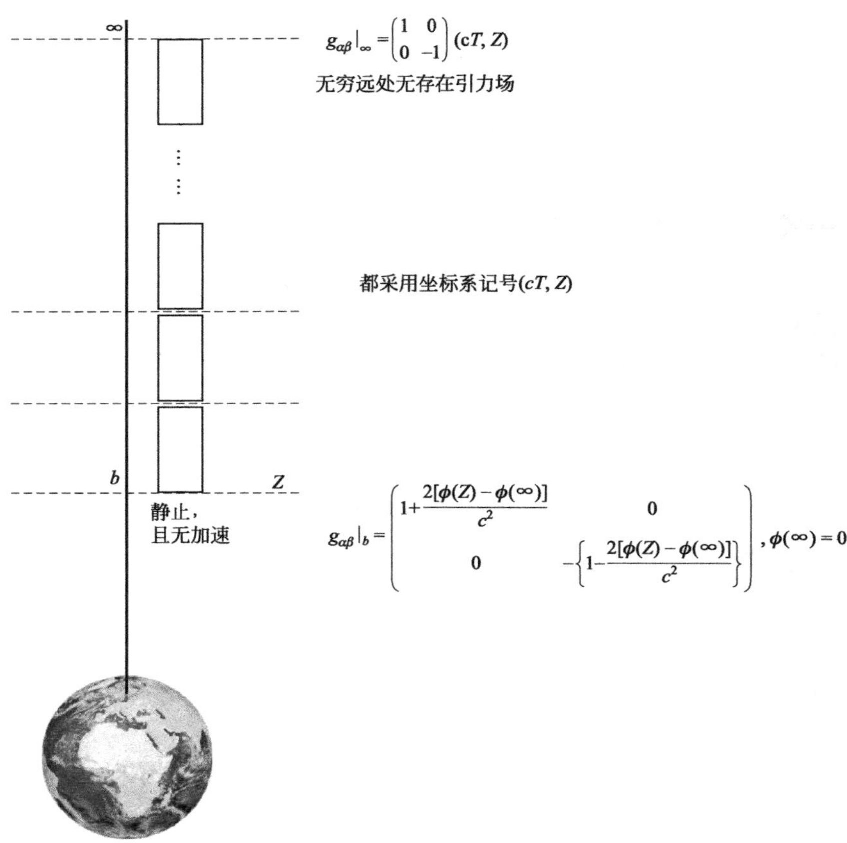

图 24-10 将不同区域通过不同坐标系变换得到的度规“粘贴”成一个整体

那么，通过这个“粘贴”过程之后，在重力场很大的一个范围内，就有一个统一的坐标记号和统一的度规可以使用了，如图 24-11 所示。而不再像在“粘贴”之前，不同区域的坐标和度规之间是不能通用的。

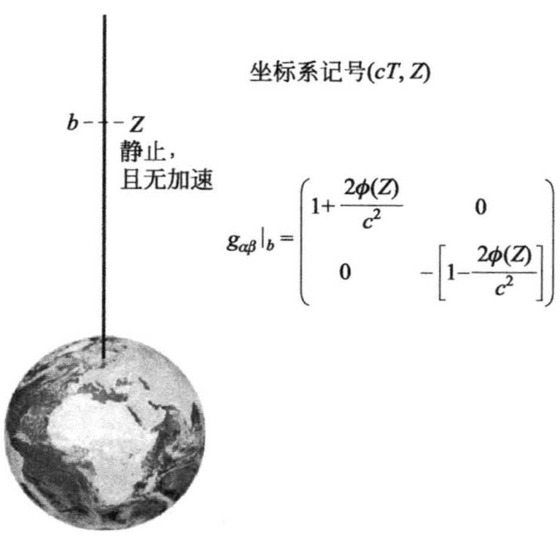

图 24-11 通过“粘贴”，整个重力场共同使用一套坐标和度规

其中，坐标 T 和 Z 是无穷远处观测者采用他的单位标准测量出的刻度值，这个结论与第 14、16 章推导出的结论是一致的。

所以，在引力场中，如何得到描述大范围内时空度量信息的度规呢？想要得到此问题的答案，不得不同时采用等效原理＋广义相对性原理。等效原理的作用是：让引力场中某局部区域内自由下落观测者的度规正好是闵氏时空的度规 $\eta_{\mu\nu}$。广义相对性原理起到的作用是：通过此自由下落观测者与该局部区域内静止观测者之间的坐标系变换，得到此局部区域内静止观测者所测量出的度规。

由于只能对引力场的局部区域使用等效原理，那么在每个局部区域，从自由下落观测者（他的度规是 $\eta_{\mu\nu}$）到静止观测者之间的坐标系变换关系是不相同的，所以每个局域区域的度规分别是通过不同的坐标系变换得到的，那么这些不同区域的不同度规在交界处需要“粘贴”在一起，才能成为一个描述整个时空的统一度规 $g_{\alpha\beta}$。

那么反过来，也无法只通过一个坐标系变换就能将引力场中整个时空的度规 $g_{\alpha\beta}$ 全部变换成度规 $\eta_{\mu\nu}$。也就是说，无论什么样的坐标系变换只能将某个局部区域的度规 $g_{\alpha\beta}$ 变换成度规 $\eta_{\mu\nu}$。所以这个结果就不可避免地意味着一个令人无比震惊的结论[1]：引力场中的时空不再是一个闵氏时空，而是一个弯曲时空。

所以，在引力场中无论采用什么坐标系，总会存在一些区域的度规不再是 $\eta_{\mu\nu}$ 而是 $g_{\alpha\beta}$。这就意味着，在描述引力场中物理规律的方程中，度规 $g_{\alpha\beta}$ 将会不可避免地出现。

总结一下，等效原理的局域性带来的改变为：

第一，在引力场中，度规 $g_{\alpha\beta}$ 进入描述物理规律的方程中已经无法避免，不可能再选择一个特殊的坐标系，能够让物理方程中不出现度规 $g_{\alpha\beta}$。也就是说，不能再像没有引力场存在时候那样，只需要选择四维笛卡儿坐标系，物理方程中就不出现 $g_{\alpha\beta}$ 了。

第二，等效原理还让描述引力场的势函数 ϕ 进入了度规 $g_{\alpha\beta}$，从而进入到描述物理规律的方程中。换句话说，引力场是通过度规 $g_{\alpha\beta}$ 来影响物理规律的，这样也导致一个无法避免的结论，即如果要把引力场对物理现象的影响考虑进来，那么描述此物理现象的方程中也将不得不出现度规 $g_{\alpha\beta}$。

总之，等效原理的局域性带来的改变就是：在引力场中，描述物理规律的方程中将无法避免度规 $g_{\alpha\beta}$ 的出现。而这个结果又会带来另外一个重要的改变，那就是：广义相对性原理成为了新引力理论的必需，详细说明如下。

24.5　等效原理的局域性让广义相对性原理成为了必需

等效原理的局域性从两个方面让广义相对性原理成为了必需。首先，从上文推导中可以看到，在使用等效原理的过程中，坐标系 $(c\tau,\xi)$ 和坐标系 (ct,z) 之间的变换不再是线性变换。特别是在更一般的引力场中，坐标系 $(c\tau,\xi)$ 和坐标系 (ct,z) 之间的变换就是更加任意的变换，即广义协变性的要求已经无法避免。这是等效原理让广义协变性成为必需的第一个方面。

在闵式时空中，变换关系 $x^{\alpha}=x^{\alpha}(X)$ 是对整个时空进行变换的。前面已经讨论过，描述物理规律的物理方程中的导数在此变换之后需要做如下替换。

---

[1] 因为如果是闵氏时空的话，就存在一个坐标系变换就能将整个空间的度规 $g_{\alpha\beta}$ 变换回 $\eta_{\mu\nu}$。

$$\frac{\partial A^{\mu}(X)}{\partial X^{\nu}} \to \frac{\partial A^{\alpha}(x)}{\partial x^{\beta}} + \Gamma^{\alpha}_{\beta\lambda} A^{\lambda}(x)$$

$$\frac{\partial A^{\mu\lambda}(X)}{\partial X^{\nu}} \to \frac{\partial A^{\alpha\delta}(x)}{\partial x^{\beta}} + \Gamma^{\alpha}_{\beta\lambda} A^{\lambda\delta}(x) + \Gamma^{\delta}_{\beta\lambda} A^{\alpha\lambda}(x)$$

其中，$\Gamma^{\alpha}_{\lambda\delta}(x) = \frac{1}{2} g^{\alpha\beta}\left(\frac{\partial g_{\lambda\beta}}{\partial x^{\delta}} + \frac{\partial g_{\delta\beta}}{\partial x^{\lambda}} - \frac{\partial g_{\lambda\delta}}{\partial x^{\beta}}\right)$

所以在新坐标系 x^{α} 下，度规 $g_{\alpha\beta}$ 会进入物理方程，从而克利斯朵夫记号 $\Gamma^{\alpha}_{\lambda\delta}$ 也将进入物理方程。但度规 $g_{\alpha\beta}$ 的进入并没有对物理规律产生实质性的影响和改变，它只是相当于换了一个观测者而已，因为可以通过此变换的逆变换，把方程中的度规 $g_{\alpha\beta}$ 全部去掉。但是等效原理的局域性却改变了这个结果，说明如下。

在引力场中，等效原理让度规 $g_{\alpha\beta}$ 与引力场的势函数等价起来了，那么度规 $g_{\alpha\beta}$ 进入描述物理规律的方程也就等价于引力场对物理规律产生了实质性的影响❶，这是与闵式时空中的情况有着本质不同的地方。所以在引力场中，度规 $g_{\alpha\beta}$ 已经包含了两种信息：第一种信息是由于坐标系变换所带来的信息，它对物理规律不会产生实质性的影响和改变；第二种信息是引力场所带来的信息，它会对物理规律产生实质性的影响和改变。

当不存在引力场时，度规 $g_{\alpha\beta}$ 只包含第一种信息，并且通过坐标系变换可以将这些信息全部去掉，即存在一个坐标系变换能把整个时空的度规变换回 $\eta_{\alpha\beta}$。但是在引力场中，通过坐标系变换只能把第一种信息消除掉，无法把第二种信息消除掉，即：不存在这样的坐标系变换，能够把整个时空的度规都变换回 $\eta_{\alpha\beta}$。这就是等效原理的局域性带来的本质改变。所以，如果没有等效原理的局域性，广义相对性原理并不会带来什么新的物理内容❷。

等效原理局域性的这个本质改变就意味着：在引力场中，描述物理定律的方程中将不可避免包含有 $g_{\alpha\beta}$。由于这种不可避免，下列描述物理定律的方程的形式，即方程中的导数采用协变导数（本章最后将讨论是什么协变导数），才是它们本来应该具有的形式。

$$M\frac{\mathrm{d}U^{\alpha}(x)}{\mathrm{d}\tau} + M\Gamma^{\alpha}_{\lambda\delta}U^{\lambda}(x)U^{\delta}(x) = f^{\alpha}(x)$$

$$\frac{\partial F^{\alpha\lambda}(x)}{\partial x^{\lambda}} + \Gamma^{\alpha}_{\delta\lambda}F^{\delta\lambda}(x) + \Gamma^{\mu}_{\mu\beta}F^{\alpha\beta}(x) = \mu J^{\alpha}(x)$$

第一个方程正好就是第 21 章重建之后的牛顿第二定律，第二个方程也正好回答了第 21 章剩下的一个问题：一般引力场中，电磁学应该如何重建。现在已经得到答案：将麦克斯韦方程组中的导数改为协变导数就重建完毕。

这个结论又意味着另外一个更重要的结论，描述物理规律的方程的这种形式，在任何坐标系变换之下都能保持协变性了，即能满足广义协变性了，而不再局限于线性变换协变性。这些就是等效原理的局域性让广义协变性成为必需的第二个方面。

24.6 爱因斯坦的思想斗争过程——广义相对性原理的最终形成

上面已经讨论过，等效原理的局域性对相对性原理的第二个判断标准带来的影响就是：方程的协变性必须要具有广义协变性。但是对于相对性原理的第一个判断标准应该如何被调

---

❶ 比如第 15 章谈到过的它对电磁场的改变。

❷ 狭义相对性原理之所以会带来新物理内容是由于第一个判断标准的要求也在发挥作用。

整，爱因斯坦却经历一个长期的思想斗争过程。

前面也讨论过，狭义相对性原理的第一个判断标准是：要求坐标系只能是惯性坐标系。它等价于要求坐标系变换矩阵满足 $\det(B^{\mu}_{\alpha})=1$。根据这个标准，从所有线性变换中只能挑选出一个坐标变换，即洛伦兹变换。所以狭义相对性原理就是指在所有惯性坐标系之间的洛伦兹变换之下保持不变。那么当物理方程的协变性从线性变换协变性推广到最普遍的广义协变性之后，相对性原理的第一个判断标准应该如何调整呢？

在 1913 年，爱因斯坦采用的标准是：只能选择满足下列条件的坐标系。即将坐标系的选择从惯性坐标系推广到满足此条件的坐标系。

$$\frac{\partial}{\partial X^{\lambda}}(\sqrt{-g}\,g_{\mu\nu}\prod{}^{\nu\lambda})=0$$

但是 1913 年的引力场方程只具有线性变换协变性。到了 1915 年 11 月，当爱因斯坦得到具有广义协变性的引力场方程之后，他将判断标准调整为与狭义相对性原理相同的条件，即只选择坐标系变换能满足 $\det(B^{\mu}_{\alpha})=1$ 条件的坐标系[1]。在 1915 年 11 月 4 日提交的论文《关于广义相对论》中他这样写道[2]：

“就像狭义相对论基于它的方程必须在线性正交变换（笔者注：即满足条件 $B^{\mu}_{\alpha}=\text{const}$ 且 $\det(B^{\mu}_{\alpha})=1$）下保持协变性的公设那样，这里指出的理论（笔者注：即新的引力理论）基于如下公设：所有方程都在变换矩阵 $\det(B^{\mu}_{\alpha})=1$ 的变换下保持协变性。”

这就是爱因斯坦在 1915 年 11 月 4 日得到的广义相对性原理，即在满足条件 $\det(B^{\mu}_{\alpha})=1$ 的任意变换之下，物理规律保持不变。而狭义相对性原理是：在满足条件 $\det(B^{\mu}_{\alpha})=1$ 的任意线性变换之下[3]，物理规律保持不变。

不过，在一个星期之后提交的论文《关于广义相对论（补遗）》中，爱因斯坦又把第一个判断标准调整为[4]：

$$\sqrt{-g}=\sqrt{-\det(g_{\alpha\beta})}=1$$

所以爱因斯坦在 1915 年 11 月 11 日得到的广义相对性原理是：在满足条件 $\sqrt{-g}=1$ 的任意变换之下，物理规律保持不变。就这样，在相对性原理的推广过程中，爱因斯坦几乎已经取得了全面的胜利。这是广义相对论探索过程中**第七个重要转折点**，它标志着广义相对论已经被完全建立起来了，不再有任何遗留问题。

即使在 1916 年 3 月 20 日发表的总结性论文《广义相对论基础》中，爱因斯坦的广义相对性原理仍然是这样的。后来大家才发现条件 $\sqrt{-g}=1$ 也是可以去掉的，即第一个判断标准只需要保留“物理对象采用矢量或张量来描述”就足够了[5]。就这样经过一步步的探索发展，广义相对性原理才成为我们今天大家熟悉的那个结论“在任意坐标系变换之下，物理规律都保持不变”。

爱因斯坦在思想上无法完全冲破最后这一小步，是由于受到了狭义相对论形式的影响。在狭义相对性原理中，坐标系都是具有物理意义的。第一个判断标准的要求从条件 $\det(B^{\mu}_{\alpha})=1$

---

[1] 在第 25 章会讨论爱因斯坦这样选择的原因。

[2] 《爱因斯坦全集：第六卷》，湖南科技出版社，2009：178。

[3] 前面解释过，满足这样要求的变换只剩下洛伦兹变换。

[4] 第 25 章会讨论爱因斯坦这样选择的原因。

[5] 第 25 章会详细讨论这一点。

调整为条件$\sqrt{-g}=1$，再调整到不需要条件的过程，实际上就是一个逐步放弃坐标系需要具有物理意义的过程。

这是思想上需要克服的一个巨大障碍。从我们思想认识形成的固有习惯上来说，放弃坐标具有物理意义是一个很难接受的结论。因为放弃之后，你不能再随便指着一个坐标说这个坐标表示时间的快慢，那个坐标表示空间的长度或角度了，因为时空的坐标不再表示某个时间和空间测量仪器所测量出的刻度值了。可是，当初笛卡儿发明直角坐标系的时候，坐标就是具有物理意义的，这让大家错认为具有物理意义应该是坐标的天然属性。并且在笛卡儿之后的两百多年里，大家都已经习惯坐标都是有明确物理意义的，从而这让此观点成为了固有认识。

24.7 等效原理的局域性带来的另外一个改变——矢量平移的重建

第 16 章已经计算过，在重力场中，同一块物体从一个位置移动到另外一个位置后，它的真实长度已经发生了改变。这就意味着一个我们之前从未想到过的重要结论：空间长度不再具有平移不变性。并且在时空中，即使一块物体在空间中静止不动，随着时间的流逝，它在时空中仍然会从一个世界点移动到另外一个世界点，也就是在时空中进行了移动。那么这种移动是否也不再具有不变性了呢？比如昨天的一把直尺放到今天，它的真实长度还是一样的吗？并且更为根本的问题是：一样还是不一样的判断标准是什么？这是必须先要回答的问题。为了回答这些问题，我们需要对存在引力场的时空中的平移概念进行重新定义。

平移是指矢量的平行移动，不过在时空中，矢量已经被扩展为四维矢量了（广义协变性要求使用四维矢量）。与欧式空间的笛卡儿坐标系下的矢量平移一样，在闵氏时空的四维笛卡儿坐标系 X^μ 中，矢量的分量大小在矢量平移之后也是不变的。比如一个矢量从 a 点移动到 b 点，平移之后该矢量的分量值是不变的，即存在：

$$A^\mu(X_a)\rightarrow A'^\mu(X_b)=A^\mu(X_a)$$

但是在一般的坐标系下，矢量的分量大小在平移之后就不再是不变的了。比如像本章最开始那样对整个闵氏时空进行一次坐标系变换，那么在新坐标系 x^μ 下，矢量的分量大小在平移之后为：

$$A^\alpha(x_a)\rightarrow A'^\alpha(x_b)=(B^{-1})^\alpha_\mu\,|_b A'^\mu(X_b)\neq A^\alpha(x_a)\text{，其中 }A^\alpha(x_a)=(B^{-1})^\alpha_\mu\,|_a A^\mu(X_a)$$

那么在新坐标系 x^μ 下，当矢量从 a 点平移到 b 点之后，它的分量大小究竟等于多少呢？这是可以非常容易直接计算出来的。利用坐标系变换关系，它的分量大小就有：

$$A^\alpha(x_a)\rightarrow A'^\alpha(x_b)=(B^{-1})^\alpha_\mu\,|_b A'^\mu(X_b)=(B^{-1})^\alpha_\mu\,|_b A^\mu(X_a)=(B^{-1})^\alpha_\mu\,|_b B^\mu_\beta\,|_a A^\beta(x_a)$$

可以明显看到，在新坐标系 x^μ 下，矢量从 a 点平移到 b 点之后，矢量的分量值在平移之后确实不再是不变的，而是发生了改变。那么矢量的分量值在平移之后的改变量就是：

$$A'^\alpha(x_b)-A^\alpha(x_a)=[(B^{-1})^\alpha_\mu\,|_b B^\mu_\beta\,|_a-\delta^\alpha_\beta]A^\beta(x_a)$$

很容易就能计算出这个改变量的近似结果，即利用泰勒展开可取近似值：

$$(B^{-1})^\alpha_\mu\,|_b\approx(B^{-1})^\alpha_\mu\,|_a+\left.\frac{\partial(B^{-1})^\alpha_\mu}{\partial x^\delta}\right|_a\Delta x^\delta\text{，}\Delta x^\delta=x^\delta_b-x^\delta_a$$

所以在新坐标系 x^μ 下，矢量的分量值在平移之后的改变量可近似为：

$$A'^{\alpha}(x_b)-A^{\alpha}(x_a)\approx\left[(B^{-1})^{\alpha}_{\mu}\left|_a\frac{\partial B^{\mu}_{\beta}}{\partial x^{\delta}}\right|_a\right]A^{\beta}(x_a)\Delta x^{\delta}$$

另外，利用变换矩阵与逆变换矩阵之间的关系可以得到：

$$B^{\mu}_{\beta}(B^{-1})^{\alpha}_{\mu}=\delta^{\alpha}_{\beta}$$

$$\Rightarrow\frac{\partial B^{\mu}_{\beta}}{\partial x^{\delta}}(B^{-1})^{\alpha}_{\mu}+B^{\mu}_{\beta}\frac{\partial(B^{-1})^{\alpha}_{\mu}}{\partial x^{\delta}}=0\Rightarrow(B^{-1})^{\alpha}_{\mu}\left|_a\frac{\partial B^{\mu}_{\beta}}{\partial x^{\delta}}\right|_a=-B^{\mu}_{\beta}\,|_a\left.\frac{\partial(B^{-1})^{\alpha}_{\mu}}{\partial x^{\delta}}\right|_a=-\Gamma^{\alpha}_{\beta\delta}\,|_a$$

将此结论代入上面的公式之后就得到：在新坐标系 x^{μ} 下，矢量的分量值在平移之后的改变量为：

$$A'^{\alpha}(x_b)-A^{\alpha}(x_a)\approx-\Gamma^{\alpha}_{\beta\delta}\,|_a A^{\beta}(x_a)\Delta x^{\delta}$$

所以，在一般的坐标系 x^{μ} 之下，矢量的分量值在平移之后将会发生变化，而这个变化的改变量就是由克利斯朵夫记号来反映的。这样一来，第 21、22 章出现过的克利斯朵夫记号现在有了明确的几何意义，那就是：它将一个矢量在平移之前的分量值与平移之后的分量值联系起来了。由于这个原因，克利斯朵夫记号也被称为联络。

换句话说，如果已经知道了联络的取值，那么我们就直接知道了一个矢量的分量在平移之后具体等于多少，即有：

$$A^{\alpha}(x_a)\rightarrow A'^{\alpha}(x_b)=A^{\alpha}(x_a)-\Gamma^{\alpha}_{\beta\delta}(x_a)A^{\beta}(x_a)\Delta x^{\delta},\ \Delta x^{\delta}=x^{\delta}_b-x^{\delta}_a$$

这个重新定义之后的平移概念被称为列维-奇维塔平移。

有了这个认识之后，那么一个矢量在时空中变化率的定义就需要被重建了。两个矢量只有在它们端点重合的时候，才能进行加减运算。所以为了能让 a、b 两点的两个矢量相减，需要先将 a 点的矢量平行移动到 b 点，使得两个矢量的端点重合，从而完成 a、b 两点的这两个矢量相减，即 a、b 两点的这两个矢量的差为：

$$\mathrm{D}A^{\mu}=A^{\mu}(X_b)-A'^{\mu}(X_b)$$

只不过在笛卡儿坐标系 X^{μ} 之下，矢量的分量值从 a 点平行到 b 点之后是保持不变的，所以 a、b 两点的这两个矢量的差就等于：

$$\mathrm{D}A^{\mu}=A^{\mu}(X_b)-A'^{\mu}(X_b)=A^{\mu}(X_b)-A^{\mu}(X_a)$$

即等于矢量在 a、b 两点的分量值直接相减。

但是，现在我们已经很清楚地看到，这个结论在一般坐标系 x^{μ} 之下是不一定成立的。根据刚刚得到的结论，在一般坐标系 x^{μ} 之下，a、b 两点的这两个矢量的差应该等于：

$$\mathrm{D}A^{\alpha}=A^{\alpha}(x_b)-A'^{\alpha}(x_b)=A^{\alpha}(x_b)-A^{\alpha}(x_a)+\Gamma^{\alpha}_{\beta\delta}(x_a)A^{\beta}(x_a)\Delta x^{\delta}$$

所以在一般坐标系 x^{μ} 之下，矢量在时空中变化率的正确计算公式应该是：

$$\frac{\mathrm{D}A^{\alpha}}{\partial x^{\delta}}=\frac{\partial A^{\alpha}}{\partial x^{\delta}}+\Gamma^{\alpha}_{\beta\delta}A^{\beta}$$

它才是矢量导数的正确计算公式。采用完全相同的计算方法，我们也可以得到张量在时空中变化率的计算公式，应该为：

$$\frac{\mathrm{D}F^{\alpha\lambda}}{\partial x^{\lambda}}=\frac{\partial F^{\alpha\lambda}}{\partial x^{\lambda}}+\Gamma^{\alpha}_{\delta\lambda}F^{\delta\lambda}+\Gamma^{\mu}_{\mu\beta}F^{\alpha\beta}$$

有了这个认识之后，我们立即醒悟过来了。在前面推导牛顿定律和电磁学定律在一般坐标系 x^{μ} 之下的方程形式时，我们曾经认为方程的协变性遭到了破坏，但现在有了矢量导数的这个正确认识之后，我们立即发现：之前看上去违背了协变性的方程，在采用新导数计算公式之后，反而正好满足协变性了，即下面的方程正好是满足协变性的：

$$M\frac{\mathrm{d}U^{\alpha}}{\mathrm{d}\tau}+M\Gamma^{\alpha}_{\lambda\delta}U^{\lambda}U^{\delta}=f^{\alpha}\longleftrightarrow M\frac{\mathrm{D}U^{\alpha}}{\mathrm{d}\tau}=f^{\alpha}$$

$$\frac{\partial F^{\alpha\lambda}}{\partial x^{\lambda}}+\Gamma^{\alpha}_{\delta\lambda}F^{\delta\lambda}+\Gamma^{\mu}_{\mu\beta}F^{\alpha\beta}=J^{\alpha}\longleftrightarrow\frac{\mathrm{D}F^{\alpha\lambda}}{\partial x^{\lambda}}=J^{\alpha}$$

另外，我们在前面已经谈到过，这些方程都是具有广义协变性的。那么矢量和张量导数的这个计算方法也是具有广义协变性的，所以导数的这个新计算方法也称为协变导数。

这样一来，关于物理方程的广义协变性问题，我们已经有了清晰的答案：只要物理量采用矢量和张量来表示，导数采用协变导数进行计算，那么这样方程就一定满足广义协变性。因此，广义协变性的问题就得到了彻底地解决，在格尔斯曼的帮助下，爱因斯坦在 1914 年 10 月 29 日写出的论文《广义相对论的形式基础》已经搞清楚了这些结论，不过他们那时把协变导数称为绝对微分学。

下面来看看引力场的出现对矢量的平移带来的影响。上面已经推导过，引力场中整个时空的度规是由每个局部区域的度规“粘贴”起来的。这个“粘贴”过程也把每个局部区域的联络“粘贴”起来，得到了整个时空统一的一个联络，并且在“粘贴”之后，联络与度规之间的关系没有改变❶。这个“粘贴”过程就导致无论通过什么样的坐标系变换都无法让每个局部区域的度规变换回 $\eta_{\alpha\beta}$，同样也导致无法让每个局部区域的联络都变换回零，即对整个时空进行如下变换是做不到的❷。

$$\Gamma^{\alpha}_{\lambda\delta}=\frac{1}{2}g^{\alpha\beta}\left(\frac{\partial g_{\lambda\beta}}{\partial X^{\delta}}+\frac{\partial g_{\delta\beta}}{\partial X^{\lambda}}-\frac{\partial g_{\lambda\delta}}{\partial X^{\beta}}\right)\xrightarrow{x^{\mu}=x^{\mu}(X)}0=\widetilde{\Gamma}^{\alpha}_{\lambda\delta}=\frac{1}{2}\eta^{\alpha\beta}\left(\frac{\partial\eta_{\lambda\beta}}{\partial x^{\delta}}+\frac{\partial\eta_{\delta\beta}}{\partial x^{\lambda}}-\frac{\partial\eta_{\lambda\delta}}{\partial x^{\beta}}\right)$$

这就意味着一个不可避免而又无比重要的结论：在引力场中的时空里，一个矢量只要从一个局部区域平移到另外一个局部区域，那么它的分量值必将发生改变。因为无论采用什么样的坐标系，平移过程中都将不可避免地会遇上联络不等于零的区域，从而造成矢量的分量值在平移前后不再相等了。

一个矢量在平移前后不再相等又意味着另外一个重要结论，那就是时空发生了弯曲。因为当时空发生弯曲之后，矢量的平移正好就会出现这种情况（后面第 27、28 章再来讨论为什么是这样的）。

所以，等效原理的局域性带来的另外一个重要改变就是：矢量在平移之后，矢量的分量值必将发生改变，或者说引力场中的时空是弯曲的。

---

❶ 因为前面推导此关系的方法是通过“消去坐标系变换矩阵这个参数”得到的，所以此结论与“参数”的选择无关，即与坐标系的选择无关。

❷ 注意这里坐标系符号的区别：前面已经推导过，通过“粘贴”之后，引力场中时空的很大范围内的坐标系可以统一为 X^{μ}，而在这里，x^{μ} 表示自由下落观测者的坐标系。但在本章闵氏时空中，坐标系 X^{μ} 表示“四维笛卡儿坐标系”，x^{μ} 表示其它所有可能的坐标系。

第25章 爱因斯坦在1915年对引力场方程的探索

第 23 章谈到过，爱因斯坦在 1913 年探索出的引力场方程为：

$$\Pi^{\mu\nu}=\kappa\ (T^{\mu\nu}+t^{\mu\nu}_{\text{gravity}})$$

其中$\Pi^{\mu\nu}=\dfrac{1}{\sqrt{-g}}\dfrac{\partial}{\partial X^{\alpha}}\left(\sqrt{-g}\,g^{\alpha\beta}\dfrac{\partial g^{\mu\nu}}{\partial X^{\beta}}\right)-g_{\tau\rho}g^{\alpha\beta}\dfrac{\partial g^{\mu\tau}}{\partial X^{\alpha}}\dfrac{\partial g^{\nu\rho}}{\partial X^{\beta}}$，

$$t^{\mu\nu}_{\text{gravity}}=-\frac{c^4}{4\kappa}\left(g^{\mu\alpha}g^{\nu\beta}\frac{\partial g_{mn}}{\partial X^{\alpha}}\frac{\partial g^{mn}}{\partial X^{\beta}}-\frac{1}{2}g^{\mu\nu}g^{\alpha\beta}\frac{\partial g_{mn}}{\partial X^{\alpha}}\frac{\partial g^{mn}}{\partial X^{\beta}}\right),\ \kappa=\frac{8\pi G}{c^4}$$

这个场方程只有在坐标系的线性变换之下才是保持协变的，证明过程如下。如果坐标系变换是线性变换，那么变换矩阵就有：

$$B^{\mu}_{\alpha}=\frac{\partial X^{\mu}}{\partial x^{\alpha}}=\text{const}\Rightarrow\frac{\partial B^{\mu}_{\alpha}}{\partial x^{\delta}}=0$$

首先，度规的导数在线性变换之下是保持协变的，即存在❶：

$$\frac{\partial g^{\mu\nu}(X)}{\partial X^{\sigma}}\rightarrow\frac{\partial g^{\alpha\beta}(x)}{\partial x^{\lambda}}$$

即在坐标系线性变换之下，度规的导数仍然是一个张量。两个张量相乘之后仍然是线性变换之下的张量，即下面这些量在线性变换之下仍然是保持协变的：

$$g^{\alpha\beta}(X)\frac{\partial g^{\nu\lambda}(X)}{\partial X^{\beta}}\rightarrow g^{\alpha\beta}(x)\frac{\partial g^{\nu\lambda}(x)}{\partial x^{\beta}},$$

$$g_{\tau\rho}(X)g^{\alpha\beta}(X)\frac{\partial g^{\mu\tau}(X)}{\partial X^{\alpha}}\frac{\partial g^{\nu\rho}(X)}{\partial X^{\beta}}\rightarrow g_{\tau\rho}(x)g^{\alpha\beta}(x)\frac{\partial g^{\mu\tau}(x)}{\partial x^{\alpha}}\frac{\partial g^{\nu\rho}(x)}{\partial x^{\beta}}$$

另外，度规的行列式在坐标系线性变换之下的变换为❷：

$$g(x)=\det(B^{\mu}_{\alpha})\det(B^{\nu}_{\beta})g(X)$$

由于线性变换矩阵都是常数，即 $B^{\mu}_{\alpha}=\text{const}$，那么 $\det(B^{\mu}_{\alpha})$ 也是常数，所以它们可以

---

❶ 计算过程

$$g^{\mu\nu}(X)=B^{\mu}_{\alpha}B^{\nu}_{\beta}g^{\alpha\beta}(x)$$

$$\frac{\partial g^{\mu\nu}(X)}{\partial X^{\sigma}}=\frac{\partial[B^{\mu}_{\alpha}B^{\nu}_{\beta}g^{\alpha\beta}(x)]}{\partial X^{\sigma}}=\frac{\partial x^{\lambda}}{\partial X^{\sigma}}\frac{\partial[B^{\mu}_{\alpha}B^{\nu}_{\beta}g^{\alpha\beta}(x)]}{\partial x^{\lambda}}=(B^{-1})^{\lambda}_{\sigma}\frac{\partial[B^{\mu}_{\alpha}B^{\nu}_{\beta}g^{\alpha\beta}(x)]}{\partial x^{\lambda}}$$

$$=(B^{-1})^{\lambda}_{\sigma}B^{\mu}_{\alpha}B^{\nu}_{\beta}\frac{\partial g^{\alpha\beta}(x)}{\partial x^{\lambda}}+(B^{-1})^{\lambda}_{\sigma}\frac{\partial B^{\mu}_{\alpha}}{\partial x^{\lambda}}B^{\nu}_{\beta}g^{\alpha\beta}(x)+(B^{-1})^{\lambda}_{\sigma}\frac{\partial B^{\nu}_{\beta}}{\partial x^{\lambda}}B^{\mu}_{\alpha}g^{\alpha\beta}(x)$$

$$=(B^{-1})^{\lambda}_{\sigma}B^{\mu}_{\alpha}B^{\nu}_{\beta}\frac{\partial g^{\alpha\beta}(x)}{\partial x^{\lambda}}+0+0$$

❷ 计算过程

$$g(x)=\det[g_{\alpha\beta}(x)]=\det[B^{\mu}_{\alpha}B^{\nu}_{\beta}g_{\mu\nu}(X)]=\det[(B^{\mu}_{\alpha})\det(B^{\nu}_{\beta})\det[g_{\mu\nu}(X)]=\det(B^{\mu}_{\alpha})\det(B^{\nu}_{\beta})g(X)$$

直接提到导数计算的外边来。这样一来，由于引力场方程左边第一项的分子和分母中都有一个$\sqrt{-g}$因子，那么分子和分母上的因子$\sqrt{-g}$在变换之后多出来的 $\det(B^{\mu}_{\alpha})$ 部分正好相互约掉。所以就存在如下协变性：

$$\frac{1}{\sqrt{-g(X)}}\frac{\partial}{\partial X^{\alpha}}\left[\sqrt{-g(X)}\,g^{\alpha\beta}(X)\frac{\partial g^{\nu\lambda}(X)}{\partial X^{\beta}}\right]\rightarrow$$
$$\frac{1}{\sqrt{-g(x)}}\frac{\partial}{\partial x^{\alpha}}\left[\sqrt{-g(x)}\,g^{\alpha\beta}(x)\frac{\partial g^{\nu\lambda}(x)}{\partial x^{\beta}}\right]$$

所以，引力场方程的每一项在线性变换之下都保持协变性，那么引力场方程在线性变换之下当然也保持协变性。不过，无法证明该引力场方程在更加普遍的坐标系变换下仍然能保持协变性。

但是第 24 章已经论证过，由于等效原理的局域性，广义协变性成为了新引力理论的必需。到了 1914 年，爱因斯坦对此已经有了清晰的认识，他在 1914 年 10 月 29 日提交的论文《广义相对论的形式基础》中对此做了深刻的总结。但 1913 年的引力场方程并不具有广义协变性，所以这个引力场方程必定不是正确的场方程[❶]。这种矛盾冲突在爱因斯坦的思想认识中变得越来越清晰了。

第 23 章已经讨论过，从 1913 年提出这个方程开始，到 1915 年 10 月份，爱因斯坦都被这个问题所困扰。而就在 1915 年的 10 月份，爱因斯坦一下就顿悟了，在短短一个月时间内就完美地解决了所有问题。成功突破这个问题的关键点就在于：爱因斯坦对于引力场强的正确公式应该是什么的问题，在 10 月份那段时期产生了巨大转变。

25.1 引力场的场强公式是什么？

牛顿的引力公式和场强公式分别为：

$$\vec{F}_{\mathrm{N}}=-\frac{GM_{\mathrm{earth}}M_{\mathrm{partical}}}{R^{3}}\vec{R},\ \vec{E}_{\mathrm{N}}=-\frac{GM_{\mathrm{earth}}\vec{R}}{R^{3}}$$

场强公式写成分量的形式为：

$$E^{i}_{\mathrm{N}}=-\frac{GM_{\mathrm{earth}}}{R^{2}}\frac{X^{i}}{R}$$

如果改用引力势函数 ϕ_{N} 来描述，引力场的场强公式变为：

$$E^{X}_{\mathrm{N}}=-\frac{\partial\phi_{\mathrm{N}}}{\partial X},\ E^{Y}_{\mathrm{N}}=-\frac{\partial\phi_{\mathrm{N}}}{\partial Y},\ E^{Z}_{\mathrm{N}}=-\frac{\partial\phi_{\mathrm{N}}}{\partial Z}\quad 或\quad E^{i}_{\mathrm{N}}=-\frac{\partial\phi_{\mathrm{N}}}{\partial X^{i}},\ 其中\ \phi_{\mathrm{N}}=-\frac{GM_{\mathrm{earth}}}{R}$$

牛顿第二定律以另外一种方式展示了引力场强公式的作用：

$$\frac{\mathrm{d}(M_{\mathrm{partical}}u^{i})}{\mathrm{d}T}=E^{i}_{\mathrm{N}}M_{\mathrm{partical}}$$

从此公式可以看出：引力场会导致物体动量，即物体的运动量发生改变，引力场越强，这个改变就越剧烈。所以引力场的场强公式 E_{N} 就是在描述引力场导致物体动量发生改变的剧烈程度，具体来说，场强就是物体的运动量的改变率与物质的量之间的比例系数。

---

❶ 第 23 章还论证过该方程存在的其它错误之处，比如计算结果与水星近日点现象不符合、引力场对空间长度没有影响等问题。

那么在新的引力理论中，引力场的场强公式所起到的作用应该仍然是一样的，只不过就像第 22 章讨论过的那样，动量和质量都已经成为了能量动量张量的分量，所以物质的运动量和物质的量的定义都需要扩展为物质的能量动量张量，即扩展为：

$$\frac{d(M_{\text{partical}}u^i)}{dT}=E_{N}^{i}M_{\text{partical}}$$
$$\downarrow$$
$$\frac{\partial(\sqrt{-g}\,g_{\mu\nu}T^{\nu\alpha})}{\partial X^{\alpha}}=+\frac{1}{2}\frac{\partial g_{mn}}{\partial X^{\mu}}(\sqrt{-g}\,T^{mn})$$

方程左边就是描述物质的运动量的改变率。为了让方程右边的能动张量公式的形式与左边相同，方程需要改写为：

$$\frac{d(M_{\text{partical}}u^i)}{dT}=E_{N}^{i}M_{\text{partical}}$$
$$\downarrow$$
$$\frac{\partial(\sqrt{-g}\,T_{\mu}^{\alpha})}{\partial X^{\alpha}}=\frac{1}{2}g^{\nu m}\frac{\partial g_{mn}}{\partial X^{\mu}}(\sqrt{-g}\,T_{\nu}^{n})\text{，其中 }T_{\mu}^{\alpha}=g_{\mu\nu}T^{\nu\alpha}$$

所以在类比之下，其中的比例系数就应该视为新引力场的场强公式，即：

$$E_{N}^{i}=-\frac{\partial\phi_{N}}{\partial X^{i}}\longrightarrow E_{n\mu}^{\nu}=\frac{1}{2}g^{\nu m}\frac{\partial g_{mn}}{\partial X^{\mu}}$$

这就是爱因斯坦在 1915 年 10 月之前所采用的结论。在 1915 年 11 月 4 日的论文《关于广义相对论》中，爱因斯坦承认这个结论是一个致命的错误，他在论文中这样写道❶：

“能量守恒方程❷让我曾经将此公式视为是引力场的场强公式的自然表达式，……，这个观点是一个致命的偏见。”

联络的出现让爱因斯坦扭转了这种偏见。第 22 章还推导过，物质的运动量的改变率还可以改写为：

$$\frac{\partial(\sqrt{-g}\,T^{\mu\alpha})}{\partial X^{\alpha}}=-\Gamma_{mn}^{\mu}(\sqrt{-g}\,T^{mn})$$

所以，这个方程中的比例系数才应该视为引力场的场强公式，即：

$$E_{mn}^{\mu}=-\Gamma_{mn}^{\mu}=\frac{1}{2}g^{\alpha\mu}\left(\frac{\partial g_{mn}}{\partial X^{\alpha}}-\frac{\partial g_{\alpha n}}{\partial X^{m}}-\frac{\partial g_{\alpha m}}{\partial X^{n}}\right)$$

第 22 章还谈到过，与电磁场的类比也让爱因斯坦开始意识到这个公式或许才是引力场的场强公式。

尽管相比于之前的场强公式，这个公式看上去好像更复杂，不应该被采用。但到了 1915 年的时候，在对联络有了更深入的认识之后，爱因斯坦的思想开始慢慢发生转变，其中主要包括：

① 在矢量的平移被重新定义为列维-奇维塔平移之后，发现这个表面上更复杂的公式具有更简单且非常清晰的含义，即联络的负数。所以从这个角度来讲，这个公式反而更简单。

② 第 21 章推导过，一个无外力作用的物体在引力场中自由运动的方程是：

---

❶ 《爱因斯坦全集：第六卷》，湖南科技出版社，2009：181。

❷ 指的就是这个方程

$$\frac{\partial(\sqrt{-g}\,g_{\mu\nu}T^{\nu\alpha})}{\partial X^{\alpha}}=+\frac{1}{2}\frac{\partial g_{mn}}{\partial X^{\mu}}(\sqrt{-g}\,T^{mn})$$

$$M_{partical}\frac{dU^{\mu}}{d\tau}=-M_{partical}\Gamma^{\mu}_{mn}U^{m}U^{n}, \quad \Gamma^{\mu}_{mn}=\frac{1}{2}g^{\alpha\mu}\left(\frac{\partial g_{mn}}{\partial X^{\alpha}}-\frac{\partial g_{\alpha n}}{\partial X^{m}}-\frac{\partial g_{\alpha m}}{\partial X^{n}}\right)$$

把它和牛顿重力场中物体自由下落的方程对比一下：

$$M_{partical}\frac{du^{i}}{dT}=M_{partical}E^{i}_{g}, \quad E^{i}_{g}=-\frac{\partial\phi_{N}}{\partial X^{i}}$$

可以很明显看出：联络的负数才是引力场强度公式更自然的推广。

尽管爱因斯坦很早之前就相继得到了这两个结论，从 1914 年 10 月 29 日的论文《广义相对论的形式基础》中可以看出这一点。但是在一年之后的 1915 年 10 月份，这两个结论背后所蕴含的重要物理意义才引起爱因斯坦的注意，让他最终决定将引力场的场强公式修改为联络的负数。从此过程中也可以体会到，科学探索要想取得进展是多么困难。

25.2 采用引力场强公式表述引力场方程

在 1914 年 10 月 29 日的论文《广义相对论的形式基础》中，爱因斯坦仍然认为引力场的场强公式应该是：

$$E^{\nu}_{n\mu}=\frac{1}{2}g^{\nu m}\frac{\partial g_{mn}}{\partial X^{\mu}}$$

但在此论文中，他利用此场强公式重新表述了 1913 年推导出的引力场方程，即将场方程改写为：

$$\frac{1}{\sqrt{-g}}\frac{\partial}{\partial X^{\alpha}}(\sqrt{-g}\,g^{\alpha\beta}E^{\nu}_{\sigma\beta})=-\kappa(T^{\nu}_{\sigma}+t^{\nu}_{\sigma})$$

$$\text{其中 } t^{\nu}_{\sigma}=\frac{1}{\kappa}\left(g^{\nu\tau}E^{\rho}_{\mu\sigma}E^{\mu}_{\rho\tau}-\frac{1}{2}\delta^{\nu}_{\sigma}g^{\lambda\tau}E^{\rho}_{\mu\lambda}E^{\mu}_{\rho\tau}\right), \quad T^{\nu}_{\sigma}=g_{\mu\sigma}T^{\mu\nu}, \quad \kappa=\frac{8\pi G}{c^{4}}$$

这只是对 1913 年的场方程进行了重新表述，并没有给方程带来本质改变。这个重新表述的场方程仍然只在线性变换之下才具有协变性。不过这个新形式却给爱因斯坦在 1915 年 10 月份的突破带来了重大启示，具体说明如下。

将与场强相关的项都移动到方程的左边之后，这个场方程变为：

$$\frac{1}{\sqrt{-g}}\frac{\partial}{\partial X^{\alpha}}(\sqrt{-g}\,g^{\alpha\beta}E^{\nu}_{\sigma\beta})+g^{\nu\tau}E^{\rho}_{\mu\sigma}E^{\mu}_{\rho\tau}-\frac{1}{2}\delta^{\nu}_{\sigma}g^{\lambda\tau}E^{\rho}_{\mu\lambda}E^{\mu}_{\rho\tau}=-\kappa T^{\nu}_{\sigma}$$

方程的右边是物质的能动张量，那么它在任意变换之下都具有协变性。所以，引力场方程只具有线性变换协变性的根源来自于方程的左边。

第 24 章已经论证过，广义协变性是新引力理论的必需。这就要求：必须将引力场方程的左边从只具有线性变换协变性修改成具有广义协变性。这是爱因斯坦需要解决的最后一个难题。经过两年多的探索之后，让爱因斯坦柳暗花明的关键就在于对引力场强公式的重新认识，也就是上面刚刚提到的结论，即联络的负数才应该是引力场的场强公式：

$$E^{\mu}_{mn}=-\Gamma^{\mu}_{mn}=\frac{1}{2}g^{\alpha\mu}\left(\frac{\partial g_{mn}}{\partial X^{\alpha}}-\frac{\partial g_{\alpha n}}{\partial X^{m}}-\frac{\partial g_{\alpha m}}{\partial X^{n}}\right)$$

采用此新场强公式替代引力场方程中的旧场强公式，那么引力场方程就变为：

$$\frac{1}{\sqrt{-g}}\frac{\partial}{\partial X^{\alpha}}(\sqrt{-g}\,g^{\alpha\beta}\Gamma^{\nu}_{\sigma\beta})-g^{\nu\tau}\Gamma^{\rho}_{\mu\sigma}\Gamma^{\mu}_{\rho\tau}+\frac{1}{2}\delta^{\nu}_{\sigma}g^{\lambda\tau}\Gamma^{\rho}_{\mu\lambda}\Gamma^{\mu}_{\rho\tau}=\kappa T^{\nu}_{\sigma} \tag{25-1}$$

这样替换之后，方程的左边都是与联络相关的项。不过，这个替换之后的引力场方程的左边仍然只具有线性变换的协变性，因为联络具有线性变换的协变性。即使是这样，这个替换之后的引力场方程还是为爱因斯坦打开了解决难题的大门，因为这让爱因斯坦的思考对象已经转变为如何利用两个联络的乘积和联络的一阶导数构造出具有广义协变性的数学对象，而不是再去思考如何采用度规的导数来构造具有广义协变性的数学对象。这是广义相对论探索过程中**第六个关键转折点**。

这是思考方向上的一个关键而重要的转变，并且最为重要的是：满足这样条件的数学对象早在 1913 年 6 月的论文《广义相对论与引力理论纲要》中，就已经被爱因斯坦和格尔斯曼论述过了。

25.3 利用两个联络的乘积和联络的一阶导数构造具有广义协变性的数学对象

第 24 章推导过，任何一个矢量 A^α 的协变导数都是一个张量，比如下面这个量是一个张量：

$$H_\delta^\alpha=\frac{\mathrm{D}A^\alpha}{\partial X^\delta}=\frac{\partial A^\alpha}{\partial X^\delta}+\Gamma_{\beta\delta}^\alpha A^\beta$$

对它再进行一次协变导数的计算结果仍然是张量，即下面这个量仍然是张量：

$$Y_{\delta\lambda}^\alpha=\frac{\mathrm{D}H_\delta^\alpha}{\partial X^\lambda}=\frac{\partial H_\delta^\alpha}{\partial X^\lambda}+\Gamma_{\beta\lambda}^\alpha H_\delta^\beta-\Gamma_{\lambda\delta}^\rho H_\rho^\alpha$$

可以很容易看到，将 H_δ^α 代入之后，联络的一阶导数和两个联络的乘积都会出现在这个张量 $Y_{\delta\lambda}^\alpha$ 之中了，即有：

$$Y_{\delta\lambda}^\alpha=\frac{\partial^2 A^\alpha}{\partial X^\lambda\partial X^\delta}+\frac{\partial\Gamma_{\sigma\delta}^\alpha}{\partial X^\lambda}A^\sigma+\Gamma_{\sigma\delta}^\alpha\frac{\partial A^\sigma}{\partial X^\lambda}+\Gamma_{\beta\lambda}^\alpha\left(\frac{\partial A^\beta}{\partial X^\delta}+\Gamma_{\sigma\delta}^\beta A^\sigma\right)-\Gamma_{\lambda\delta}^\rho H_\rho^\alpha$$

张量 $Y_{\delta\lambda}^\alpha$ 是矢量的协变导数的协变导数，但是它的值与两次协变导数的顺序却是相关的。也就是说，如果将第一次和第二次协变导数的计算顺序对换一下，计算出的结果将不一定相等，因为顺序对换之后的计算结果有：

$$K_{\lambda\delta}^\alpha=\frac{\partial^2 A^\alpha}{\partial X^\delta\partial X^\lambda}+\frac{\partial\Gamma_{\sigma\lambda}^\alpha}{\partial X^\delta}A^\sigma+\Gamma_{\sigma\lambda}^\alpha\frac{\partial A^\sigma}{\partial X^\delta}+\Gamma_{\beta\delta}^\alpha\left(\frac{\partial A^\beta}{\partial X^\lambda}+\Gamma_{\sigma\lambda}^\beta A^\sigma\right)-\Gamma_{\delta\lambda}^\rho H_\rho^\alpha$$

当然，按照这个次序计算的结果 $K_{\delta\lambda}^\alpha$ 仍然是一个张量。那么这两个张量相减之后的计算结果仍然还是张量，即下面这个量仍然是一个张量：

$$S_{\delta\lambda}^\alpha=Y_{\delta\lambda}^\alpha-K_{\lambda\delta}^\alpha=\left(\frac{\partial\Gamma_{\sigma\delta}^\alpha}{\partial X^\lambda}+\Gamma_{\beta\lambda}^\alpha\Gamma_{\sigma\delta}^\beta-\frac{\partial\Gamma_{\sigma\lambda}^\alpha}{\partial X^\delta}-\Gamma_{\beta\delta}^\alpha\Gamma_{\sigma\lambda}^\beta\right)A^\sigma$$

由于矢量 A^σ 需要与一个张量相乘才能成为张量 $S_{\delta\lambda}^\alpha$，所以上面公式右边括号内的部分就是一个张量，这个张量一般记为：

$$-R_{\sigma\lambda\delta}^\alpha=\frac{\partial\Gamma_{\sigma\delta}^\alpha}{\partial X^\lambda}+\Gamma_{\beta\lambda}^\alpha\Gamma_{\sigma\delta}^\beta-\frac{\partial\Gamma_{\sigma\lambda}^\alpha}{\partial X^\delta}-\Gamma_{\beta\delta}^\alpha\Gamma_{\sigma\lambda}^\beta$$

所以，张量 $R_{\sigma\lambda\delta}^\alpha$ 就是利用两个联络的乘积和联络的一阶导数构造出的满足广义协变性要求的数学对象。早在 1913 年的论文《广义相对论与引力理论纲要》中，爱因斯坦和格尔斯曼就已经提及这个张量，因为它在当时就已经是非常有名的黎曼-克利斯朵夫张量。但他们当时受到标量场推导方式的惯性思维影响（第 23 章讨论过），没有意识到这个数学对象的重要性。

不过，张量 $R^{\alpha}_{\sigma\lambda\delta}$ 是一个四阶张量，而引力场方程是二阶的，所以需要对张量 $R^{\alpha}_{\sigma\lambda\delta}$ 的其中两个指标进行求和❶。由于四个张量相加之后仍然还是张量，所以求和之后的计算结果仍然是张量，即下面这个量仍然是一个张量：

$$-R_{\sigma\delta}=-\sum_{\lambda}R^{\lambda}_{\sigma\lambda\delta}=\frac{\partial\Gamma^{\lambda}_{\sigma\delta}}{\partial X^{\lambda}}+\Gamma^{\lambda}_{\beta\lambda}\Gamma^{\beta}_{\sigma\delta}-\frac{\partial\Gamma^{\lambda}_{\sigma\lambda}}{\partial X^{\delta}}-\Gamma^{\lambda}_{\beta\delta}\Gamma^{\beta}_{\sigma\lambda}$$

但是在前面引力场方程中，场强（联络）的导数只有一项，而这个张量 $R_{\sigma\delta}$ 却包含有两项联络的导数，所以需要想办法去掉一项❷。为此，爱因斯坦将这个张量 $R_{\sigma\delta}$ 分为两组：

$$-R_{\sigma\delta}=\left(\frac{\partial\Gamma^{\lambda}_{\sigma\delta}}{\partial X^{\lambda}}-\Gamma^{\lambda}_{\beta\delta}\Gamma^{\beta}_{\sigma\lambda}\right)-\left(\frac{\partial\Gamma^{\lambda}_{\sigma\lambda}}{\partial X^{\delta}}-\Gamma^{\beta}_{\sigma\delta}\Gamma^{\lambda}_{\beta\lambda}\right)$$

其中第二组中的联络等于：

$$\Gamma^{\lambda}_{\sigma\lambda}=\frac{1}{2}g^{\rho\lambda}\left(\frac{\partial g_{\rho\lambda}}{\partial X^{\sigma}}+\frac{\partial g_{\rho\sigma}}{\partial X^{\lambda}}-\frac{\partial g_{\sigma\lambda}}{\partial X^{\rho}}\right)=\frac{1}{2}g^{\rho\lambda}\frac{\partial g_{\rho\lambda}}{\partial X^{\sigma}}=\frac{\partial\ln\sqrt{-g}}{\partial X^{\sigma}}$$

这让爱因斯坦找到了一个重要发现，那就是如果采用第 24 章提到过的一个对坐标系进行选择的约束条件，这个联络就是一个矢量。这个条件就是：要求坐标系变换的变换矩阵行列式等于 1，即要求 $\det(B^{\mu}_{\alpha})=1$。此条件等价于度规的行列式在坐标系变换前后是不变的，即有：

$$g(x)=\det[g_{\alpha\beta}(x)]=\det(B^{\mu}_{\alpha})\det(B^{\nu}_{\beta})g(X)=1\times1\times g(X)=g(X)$$

那么在满足 $\det(B^{\mu}_{\alpha})=1$ 条件的坐标系变换之下，就存在如下变换：

$$\frac{\partial\ln\sqrt{-g(X)}}{\partial X^{\sigma}}=\frac{\partial x^{\beta}}{\partial X^{\sigma}}\frac{\partial\ln\sqrt{-g(x)}}{\partial x^{\beta}}$$

所以在满足 $\det(B^{\mu}_{\alpha})=1$ 条件的坐标系变换之下，下面这个量就是一个矢量。

$$Q_{\sigma}=\Gamma^{\lambda}_{\sigma\lambda}=\frac{\partial\ln\sqrt{-g}}{\partial X^{\sigma}}$$

而上面分组中的第二组正好是这个矢量的协变导数，即有：

$$\frac{\partial\Gamma^{\lambda}_{\sigma\lambda}}{\partial X^{\delta}}-\Gamma^{\beta}_{\sigma\delta}\Gamma^{\lambda}_{\beta\lambda}=\frac{\partial Q_{\sigma}}{\partial X^{\delta}}-\Gamma^{\beta}_{\sigma\delta}Q_{\beta}=\frac{\mathrm{D}Q_{\sigma}}{\partial X^{\delta}}$$

所以第二个分组作为一个整体，在满足 $\det(B^{\mu}_{\alpha})=1$ 条件的坐标系变换之下是一个张量。由于两个张量相加之后的结果仍是张量，那么下面这个量在满足 $\det(B^{\mu}_{\alpha})=1$ 条件的坐标系变换之下也是一个张量：

$$-R_{\sigma\delta}+\frac{\mathrm{D}Q_{\sigma}}{\partial X^{\delta}}=\frac{\partial\Gamma^{\lambda}_{\sigma\delta}}{\partial X^{\lambda}}-\Gamma^{\lambda}_{\beta\delta}\Gamma^{\beta}_{\sigma\lambda}\tag{25-2}$$

就这样，爱因斯坦构造出了一个在满足 $\det(B^{\mu}_{\alpha})=1$ 条件的坐标系任意变换之下都是张量的对象，并且它正好同时包含有两个联络的乘积和联络的一阶导数。它就是爱因斯坦努力寻找的具有广义协变性的数学对象，不过这个广义协变性是有前提条件的，即要先满足条件 $\det(B^{\mu}_{\alpha})=1$。

---

❶ 这种求和计算也被称为张量的缩并计算。

❷ 这种思想是受电磁场的场方程和标量场的场方程形式的惯性思维影响，因为在这些场方程中，场强的导数都只有一项。

非常值得注意的是：爱因斯坦找寻这个数学对象的过程与一部分教科书推导引力场方程的过程是不一样的。

25.4　广义相对论的最终确立

25.4.1　在 1915 年 11 月 4 日写出论文《关于广义相对论》

式（25-2）的右边部分就是爱因斯坦千辛万苦所要寻找的张量对象，将这个张量对象替换式（25-1）引力场方程的左边，就得到一个新的引力场方程：

$$\frac{\partial \Gamma^{\lambda}_{\sigma\delta}}{\partial X^{\lambda}}-\Gamma^{\lambda}_{\beta\delta}\Gamma^{\beta}_{\sigma\lambda}=\kappa T_{\sigma\delta}$$

现在，这个引力场方程的协变性已经从线性变换推广为满足 $\det(B^{\mu}_{\alpha})=1$ 条件的任意变换。第 23 章谈到过的，从 1913 年下半年到 1915 年 10 月份一直困扰着爱因斯坦、将他弄得筋疲力尽的问题终于得到了解决。

就这样，爱因斯坦终于克服了把狭义相对论扩展成广义相对论的最后一道难关，即让引力场方程也具有了广义协变性。广义相对论就此得以最终确立。“变换矩阵满足 $\det(B^{\mu}_{\alpha})=1$”的这个条件和这个新的引力场方程，就是论文《关于广义相对论》的主要内容。

25.4.2　在 1915 年 11 月 11 日写出论文《关于广义相对论（补遗）》

在《关于广义相对论（补遗）》中，爱因斯坦把 $\det(B^{\mu}_{\alpha})=1$ 的条件改成了条件 $\sqrt{-g}=1$。而此条件可以视为对坐标系的约束条件，即要求满足 $\sqrt{-g}=1$ 条件的坐标系才是可以采用的坐标系❶。那么改用这个约束条件，引力场方程就再次修改为：

$$\begin{cases}\dfrac{\partial \Gamma^{\lambda}_{\sigma\delta}}{\partial X^{\lambda}}-\Gamma^{\lambda}_{\beta\delta}\Gamma^{\beta}_{\sigma\lambda}=\kappa T_{\sigma\delta}\\ \sqrt{-g}=1\end{cases}$$

不过该论文还做了另外一个更重要的修改。因为约束条件 $\sqrt{-g}=1$ 会导致如下结论：

$$\left.\begin{matrix}Q_{\sigma}=\Gamma^{\lambda}_{\sigma\lambda}=\dfrac{\partial \ln\sqrt{-g}}{\partial X^{\sigma}}=0\\ \sqrt{-g}=1\end{matrix}\right\}\Rightarrow\left(\frac{\partial \Gamma^{\lambda}_{\sigma\lambda}}{\partial X^{\delta}}-\Gamma^{\beta}_{\sigma\delta}\Gamma^{\lambda}_{\beta\lambda}\right)=\frac{\partial Q_{\sigma}}{\partial X^{\delta}}-\Gamma^{\beta}_{\sigma\delta}Q_{\sigma}=\frac{DQ_{\sigma}}{\partial X^{\delta}}=0$$

所以再次修改过的引力场方程又进一步被修改为：

$$\begin{cases}-R_{\sigma\delta}=\left(\dfrac{\partial \Gamma^{\lambda}_{\sigma\delta}}{\partial X^{\lambda}}-\Gamma^{\lambda}_{\beta\delta}\Gamma^{\beta}_{\sigma\lambda}\right)-\left(\dfrac{\partial \Gamma^{\lambda}_{\sigma\lambda}}{\partial X^{\delta}}-\Gamma^{\beta}_{\sigma\delta}\Gamma^{\lambda}_{\beta\lambda}\right)=\kappa T_{\sigma\delta}\\ \sqrt{-g}=1\end{cases}$$

这就是《关于广义相对论（补遗）》的主要结论。

---

❶ 因为有关系：

$$-1=g(x)=\det[g_{\alpha\beta}(x)]=\det(B^{\mu}_{\alpha})\det(B^{\nu}_{\beta})\det[g_{\mu\nu}(X)]=g(X)=-1\Rightarrow\det(B^{\mu}_{\alpha})=1$$

不过需要注意，条件 $\sqrt{-g}=1$ 可以推导出要求 $\det(B^{\mu}_{\alpha})=1$，但反过来却不一定。所以修改之后的条件 $\sqrt{-g}=1$ 实际上更加严格。

25.5 最后的扫尾工作

25.5.1 论文《关于广义相对论》所遗留问题

这个最新得到的引力场方程就是最后正确的答案吗？判断标准有两个。第一个判断标准是引力场方程要与其它物理定律（特别是能量守恒定律）不产生矛盾，即理论是自洽的；第二个判断标准是从这个引力场方程计算出的结论要与实验观测结果保持一致。

关于第二个判断标准，在一个星期之后的 18 日，爱因斯坦就提交了论文《关于广义相对论解释水星近日点的进动》，这次的计算出结果与观测结果高度吻合，人类理性的光芒达到前所未有的高度。

关于第一个判断标准，主要问题就是：这个引力场方程能否保证能量是守恒的。因为在第 22、23 章都详细谈到过，所谓的引力场方程实际上是物质向引力场传递运动量的方程。那么通过这个最新得到的引力场方程，物质向引力场传递了运动量之后，物质+引力场的总运动量是否还能保持不变？即物质+引力场的总能量动量张量是否满足守恒方程呢？

要解决这个问题，首先需要回答：引力场的能动张量公式应该被修改成什么样子。论文《关于广义相对论》采用这个最新得到的引力场方程，反过来得到了变分原理中的关键对象——拉氏量[1]，然后再从此拉氏量出发推导出引力场的能动张量公式为：

$$t_{\mu}^{\alpha}=g_{\mu\nu}t_{\text{gravity}}^{\nu\alpha}=-\frac{1}{\kappa}\left(+g^{\lambda\tau}\Gamma_{\lambda\mu}^{\rho}\Gamma_{\rho\tau}^{\alpha}-\frac{1}{2}\delta_{\mu}^{\alpha}g^{\lambda\tau}\Gamma_{\gamma\lambda}^{\rho}\Gamma_{\rho\tau}^{\gamma}\right)$$

有了描述引力场的能动张量公式，我们就可以来回答物质+引力场的总运动量是否保持守恒。根据第 22 章谈到过的对相互作用的新理解方式，这个问题有两种回答方式。第一种回答方式就是：下面这个守恒方程还成立吗？

$$\frac{\partial}{\partial X^{\alpha}}(\sqrt{-g}\,g_{\mu\nu}T^{\nu\alpha}+\sqrt{-g}\,g_{\mu\nu}t_{\text{gravity}}^{\nu\alpha})=0$$

第二种回答方式就是：引力场方程从物质中提取出运动量的快慢是否仍然按照下面这个方程进行？

$$\frac{\partial(\sqrt{-g}\,g_{\mu\nu}T^{\nu\alpha})}{\partial X^{\alpha}}=k_{\mu}^{\text{gravity}\to\text{matter}}=\frac{1}{2}\frac{\partial g_{mn}}{\partial X^{\mu}}(\sqrt{-g}\,T^{mn})$$

因为该方程就表示物质全部的运动量损失得快慢。也就是说，只要按照这个快慢程度提取出运动量，那么引力场方程在从物质中提取出运动量并传递给引力场的过程中就不会有能量被丢失。

如果采用第一种回答方式，在$\sqrt{-g}=-1$ 的前提条件下，上面这个守恒方程就变为：

$$\frac{\partial}{\partial X^{\alpha}}(T_{\mu}^{\alpha}+t_{\mu}^{\alpha})=0\text{，其中 }T_{\mu}^{\alpha}=g_{\mu\nu}T^{\nu\alpha}\text{，}t_{\mu}^{\alpha}=g_{\mu\nu}t^{\nu\alpha}$$

只要把物质和引力场的能动张量公式代入此方程就能验证是否守恒了。验证发现：能量

---

[1] 在第 23 章谈到过，爱因斯坦与列维-奇维塔在 1915 年 3 月至 5 月份一直讨论的问题就是有关这个拉氏量正确表达式是什么的问题。因为一旦知道了这个拉氏量的正确表达式，只需要利用第 5 章提到过的动力学数学化的第三条路径——分析力学中的变分原理，就能推导出正确的引力场方程。现在爱因斯坦利用这个正确的引力场方程反过来就得到这个拉氏量的正确表达式了，然后再用这个拉氏量表达式利用第三条路径就可以推导出引力场的能动张量。

守恒还需要下面条件作为前提（推导过程参见附录 5）。

$$\frac{\partial}{\partial X^{\alpha}}(T_{\mu}^{\alpha}+t_{\mu}^{\alpha})=0 \Rightarrow \frac{\partial}{\partial X^{\alpha}}\left[\frac{\partial}{\partial X^{\lambda}}(g^{\alpha\delta}\Gamma_{\mu\delta}^{\lambda})+\frac{1}{2}\delta_{\mu}^{\alpha}\kappa t\right]=0\text{，其中 } t=t_{\mu}^{\mu}=\frac{1}{\kappa}g^{\lambda\tau}\Gamma_{\lambda\mu}^{\rho}\Gamma_{\rho\tau}^{\mu}$$

这个前提条件化简之后就是（推导过程参见附录 5）：

$$\frac{\partial g^{\alpha\lambda}}{\partial X^{\alpha}\partial X^{\lambda}}-\kappa t=0$$

与 1913 年的类似结论对比，这个前提条件已经大大简化了。因为采用 1913 年的引力场方程从物质中提取出运动量并传递给引力场之后，物质＋引力场的总运动量仍然保持不变的前提条件是 $\frac{\partial}{\partial X^{\lambda}}(\sqrt{-g}\,g_{\mu\nu}\,\Pi^{\nu\lambda})=0$，并且爱因斯坦当时还将此条件作为选择坐标系的条件。所以刚刚得到的这个前提条件似乎也应该作为选择坐标系的条件。

但是注意：这个前提条件包含的是度规的二阶导数。就像在牛顿第二定律之中，包含位置坐标的二阶导数（即加速度）的方程应该被视为动力学方程，而包含位置坐标的一阶导数（即速度）或位置坐标的等式条件才应该被视为初始条件一样，上面这个前提条件也应该被视为引力场方程本身，而不应该被视为像初始条件这样的约束条件，即不能作为选择坐标系的条件。也就是说：只有包含度规的一阶导数或者度规本身的等式条件才应该被视为初始条件，即作为选择坐标系的条件。

既然这个前提条件应该被视为引力场方程，这样一来就有两个引力场方程，那么它们之间是否冲突呢？由于这个前提条件是一个标量方程，那么对引力场方程进行缩并计算也能得到一个标量方程，对比这两个标量方程就能知道答案。其中引力场方程的缩并计算过程如下（推导过程参见附录 5）：

$$g^{\sigma\delta}\left(\frac{\partial\Gamma_{\sigma\delta}^{\lambda}}{\partial X^{\lambda}}-\Gamma_{\beta\delta}^{\lambda}\Gamma_{\sigma\lambda}^{\beta}\right)=\kappa g^{\sigma\delta}T_{\sigma\delta} \Rightarrow \frac{\partial^{2}g^{\nu k}}{\partial X^{k}\partial X^{\nu}}-\kappa t+\frac{\partial}{\partial X^{k}}\left(g^{k\mu}\frac{\partial\ln(\sqrt{-g})}{\partial X^{\mu}}\right)=-\kappa T_{\delta}^{\delta}$$

对比之后发现：这个前提条件与引力场方程不冲突还需要满足如下额外条件：

$$0=\frac{\partial}{\partial X^{k}}\left(g^{k\mu}\frac{\partial\ln(\sqrt{-g})}{\partial X^{\mu}}\right)=-\kappa T_{\delta}^{\delta} \Leftarrow \begin{cases}\dfrac{\partial g^{\alpha\lambda}}{\partial X^{\alpha}\partial X^{\lambda}}-\kappa t=0\\ \dfrac{\partial^{2}g^{\nu k}}{\partial X^{k}\partial X^{\nu}}-\kappa t+\dfrac{\partial}{\partial X^{k}}\left(g^{k\mu}\dfrac{\partial\ln(\sqrt{-g})}{\partial X^{\mu}}\right)=-\kappa T_{\delta}^{\delta}\\ \sqrt{-g}=-1\end{cases}$$

这个额外条件在一般情况下当然是不成立的，因为它要求物质的能动张量的缩并 $T_{\delta}^{\delta}=0$。除了电磁场物质[1]和真空之外，其它物质都不满足这个条件。所以 11 月 4 日得到的引力场方程是不自洽的。这个不自洽意味着：最新得到的这个引力场方程、引力场的这个能动张量公式、物质＋引力场的总运动量守恒，这三者中至少有一个是错误的。

这就是 4 日的论文《关于广义相对论》所遗留的问题。一个星期之后，爱因斯坦在 11 日又写了一篇论文《关于广义相对论（补遗）》，试图对此遗留问题进行修补说明。

25.5.2　论文《关于广义相对论（补遗）》的重要改进

对于这个遗留问题，爱因斯坦在此论文中的辩解思路却是：假设物质的能动张量的缩并

---

[1] 关于电磁场物质满足这一条件的说明在第 22 章。

$T^{\delta}_{\delta}=0$ 总是成立的[1]，即假设所有物质都满足

$$g^{\sigma\delta}T_{\sigma\delta}=T^{\sigma}_{\sigma}=0$$

这当然是一个错误假设，因为除了电磁场只有真空区域才满足此假设条件。

不过，爱因斯坦在该论文中的另外一个修改却是正确的，并且是有益的。第 24 章提到过，在狭义相对论中，四维笛卡儿坐标系的度规满足$\sqrt{-\eta}=1$。所以爱因斯坦认为在广义相对论中，也只有度规满足$\sqrt{-g}=1$的坐标系才是应该采用的坐标系，并因此把选择坐标系的条件从 $\det(B^{\mu}_{\alpha})=1$ 修改为$\sqrt{-g}=1$。前面刚刚谈到过，这个修改可以让引力场方程进一步修改为：

$$\begin{cases}R_{\sigma\delta}=-\kappa T_{\sigma\delta}\\ \sqrt{-g}=1\end{cases}$$

就这样，试图修补遗留问题的论文《关于广义相对论（补遗）》并没有解决遗留的问题，但却让引力场方程向最后正确的形式又推进了一步。实际上，在真空区域内，这个场方程已经是最后正确的引力场方程了。所以爱因斯坦在 18 日采用此方程去计算水星近日进动才能获得成功。

25.5.3 论文《引力场方程》——最后一击

在对水星近日点进动问题进行计算之后的一个星期，爱因斯坦对这个遗留问题再次进行了考虑，在 1915 年 11 月 25 日写出了论文《引力场方程》。前面提到过，引力场方程公式、引力场的这个能动张量公式、物质＋引力场的总运动量守恒，这三者中至少有一个是错误的。爱因斯坦这次试图再一次修改引力场方程，而认为另外两者都是正确的。

可是，如何修改引力场方程正好可以消除这个矛盾呢？即消除物质的能动张量的缩并 $T^{\delta}_{\delta}=0$ 的结论。4 日的引力场方程等价于：

$$\frac{\partial\Gamma^{\lambda}_{\sigma\delta}}{\partial X^{\lambda}}-\Gamma^{\lambda}_{\beta\delta}\Gamma^{\beta}_{\sigma\lambda}=\kappa T_{\sigma\delta}\Rightarrow\frac{\partial}{\partial X^{\lambda}}(g^{m\delta}\Gamma^{\lambda}_{\sigma\delta})-g^{bd}\Gamma^{\lambda}_{\sigma d}\Gamma^{m}_{\lambda b}=\kappa T^{m}_{\sigma}$$

引力场的能动张量公式可以改写为：

$$t^{m}_{\sigma}=-\frac{1}{\kappa}\left[g^{bd}\Gamma^{\lambda}_{\sigma d}\Gamma^{m}_{\lambda b}-\frac{1}{2}\delta^{m}_{\sigma}(\kappa t^{\mu}_{\mu})\right]$$

那么，4 日的引力场方程就可以改写为物理意义更加明显的形式，即有：

$$\frac{\partial}{\partial X^{\lambda}}(g^{m\delta}\Gamma^{\lambda}_{\sigma\delta})=\kappa\left(T^{m}_{\sigma}+t^{m}_{\sigma}-\frac{1}{2}\delta^{m}_{\sigma}t\right)，其中\ t=t^{\mu}_{\mu}$$

和电磁场的场方程一对比，就可以清晰地看出此形式的场方程各项的物理意义。

$$\frac{\partial}{\partial X^{\lambda}}(g^{m\delta}\Gamma^{\lambda}_{\sigma\delta})=\kappa\left(T^{m}_{\sigma}+t^{m}_{\sigma}-\frac{1}{2}\delta^{m}_{\sigma}t\right)$$

$$\frac{\partial}{\partial X^{\lambda}}F^{m\lambda}=\mu J^{m}$$

方程的左边都是场强的变化率，方程的右边都是场源。不过引力场的场源有两个：一个是物质；另一个是引力场自身。既然物质和引力场都是场源，那么它们产生引力的方式应该是一样的。所以正确的引力场方程应该需要再次被修改为如下形式：

---

[1] 《爱因斯坦全集：第六卷》，湖南科技出版社，2009：187。

$$\frac{\partial}{\partial X^{\lambda}}(g^{m\delta}\Gamma^{\lambda}_{\sigma\delta})=\kappa\left(T^{m}_{\sigma}-\frac{1}{2}\delta^{m}_{\sigma}T+t^{m}_{\sigma}-\frac{1}{2}\delta^{m}_{\sigma}t\right)，其中\ T=T^{\mu}_{\mu}，t=t^{\mu}_{\mu}$$

在这个方程中可以很明显地看到，物质和引力场的能动张量产生引力的方式就是一样的。这种修改等价于将 11 日的场方程修改为：

$$\begin{cases}R_{\sigma\delta}=-\kappa\left(T_{\sigma\delta}-\dfrac{1}{2}g_{\sigma\delta}T\right)\\ \sqrt{-g}=1\end{cases}$$

并且这样修改之后，困扰能量守恒的问题也不存在了，因为能量守恒需要满足的那个前提条件也相应被修改为：

$$\frac{\partial}{\partial X^{\alpha}}(T^{\alpha}_{\mu}+t^{\alpha}_{\mu})\Rightarrow\frac{\partial g^{\alpha\lambda}}{\partial X^{\alpha}\partial X^{\lambda}}-\kappa t=0\longrightarrow\frac{\partial}{\partial X^{\alpha}}(T^{\alpha}_{\mu}+t^{\alpha}_{\mu})\Rightarrow\frac{\partial g^{\alpha\lambda}}{\partial X^{\alpha}\partial X^{\lambda}}-\kappa(T+t)=0$$

另外一方面，25 日的这个新引力场方程缩并之后也改变为：

$$g^{\sigma\delta}\left(\frac{\partial\Gamma^{\lambda}_{\sigma\delta}}{\partial X^{\lambda}}-\Gamma^{\lambda}_{\beta\delta}\Gamma^{\beta}_{\sigma\lambda}\right)=\kappa g^{\sigma\delta}\left(T_{\sigma\delta}-\frac{1}{2}g_{\sigma\delta}T\right)\Rightarrow$$

$$\frac{\partial^{2}g^{\nu k}}{\partial X^{k}\partial X^{\nu}}-\kappa t+\frac{\partial}{\partial X^{k}}\left[g^{k\mu}\frac{\partial\ln(\sqrt{-g})}{\partial X^{\mu}}\right]=-\kappa(T-2T)$$

可以很明显看到，如果要求这两个方程之间自洽而不矛盾，只需要满足条件：

$$\frac{\partial}{\partial X^{k}}\left[g^{k\mu}\frac{\partial\ln(\sqrt{-g})}{\partial X^{\mu}}\right]=0$$

而引力场方程中的条件$\sqrt{-g}=1$正好满足这一点。所以在满足$\sqrt{-g}=1$的条件之下，再次修改之后这个引力场方程与能量守恒不再矛盾了。4 日论文中出现的结论——物质的能动张量的缩并 $T^{\delta}_{\delta}=0$ 也不存在了。

就这样，论文《引力场方程》解决了引力场方程的自洽性问题，即 25 日的这个引力场方程是能够保持能量守恒的，尽管这是在前提条件$\sqrt{-g}=1$成立的情况下满足的❶。

前面谈到过，能量是否守恒有两种回答方式。11 月 25 日对能量守恒的证明是采用了第一种回答方式。既然能量守恒现在已经被证明，那么能量是否守恒的第二种回答方式当然也就是成立的，即存在：

$$\frac{\partial}{\partial X^{\alpha}}(\sqrt{-g}\,g_{\mu\nu}T^{\nu\alpha}+\sqrt{-g}\,g_{\mu\nu}t^{\nu\alpha}_{\text{gravity}})=0\rightarrow\frac{\partial(\sqrt{-g}\,g_{\mu\nu}T^{\nu\alpha})}{\partial X^{\alpha}}=k^{\text{gravity}\rightarrow\text{matter}}_{\mu}$$

$$=\frac{1}{2}\frac{\partial g_{mn}}{\partial X^{\mu}}(\sqrt{-g}\,T^{mn})$$

如果把它改写成如下形式：

$$k^{\text{gravity}\rightarrow\text{matter}}_{\mu}=\frac{\partial(\sqrt{-g}\,g_{\mu\nu}T^{\nu\alpha})}{\partial X^{\alpha}}=\frac{1}{2}\frac{\partial g_{mn}}{\partial X^{\mu}}(\sqrt{-g}\,T^{mn})$$

那么它正是第 22 章已经推导出来的方程。根据其推导过程可知，这个方程等价于粒子在引力场中的运动方程。不过该推导只是对由粒子组成的一团物质进行的，那么这个方程对其它物质（比如电磁场物质）也成立吗？第 22 章的推导并不能证明这个结论，但这里证明

❶ 但实际上，没有前提条件$\sqrt{-g}=1$，这个新的引力场方程也是能够保持能量守恒的，后面马上就会讨论这一点。

了能量守恒，也就证明了这个结论。

就这样，经历了三年的艰难尝试和积累，在最后几个星期的“爆发”之后[1]，随着引力场方程广义协变性问题得到解决，广义相对论被正式确立起来了。这个确立起来的广义相对论的相关结论就是：

① 描述物理量的对象采用时空中的张量；

② 将物理方程中的导数扩展为协变导数；

③ 描述时空背景的度规需要满足 11 月 25 日最新得到引力场方程。

在 1916 年 3 月 20 日，爱因斯坦对这些结论做了一个系统性的总结梳理，写出了《广义相对论基础》。凭借这些成果，爱因斯坦已经站在了世界之巅，可以与牛顿媲美了。接下来通过后人对爱因斯坦的理论进行解读和发展，就像牛顿之后的人们对牛顿的理论进行解读和发展一样，一个新的时代开启了。

25.6 引力场方程的广义协变性

在总结性论文《广义相对论基础》中，爱因斯坦给出的引力场方程仍然是：

$$\begin{cases} R_{\sigma\delta} = -\kappa\left(T_{\sigma\delta} - \dfrac{1}{2}g_{\sigma\delta}T\right) \\ \sqrt{-g} = 1 \end{cases}$$

方程的左边是里奇张量，方程的右边也是张量。所以这个引力场方程具有最一般的广义协变性，即在无约束条件的任意变换之下，方程都会保持协变性。

但在 11 月 4 日和 11 日的论文中，爱因斯坦之所以要采用$\sqrt{-g}=1$作为约束条件，一个主要原因[2]是他当时正在试图寻找一个能包含有两个联络的乘积和联络的一阶导数且具有协变性的数学对象。在$\sqrt{-g}=1$条件下，他找到的数学对象就是：

$$R_{\sigma\delta} = -\frac{\partial\Gamma^{\lambda}_{\sigma\delta}}{\partial x^{\lambda}} + \Gamma^{\lambda}_{\beta\delta}\Gamma^{\beta}_{\sigma\lambda} + 0 - 0$$

可是如果去掉约束条件$\sqrt{-g}=1$，那么引力场方程左边的项为：

$$R_{\sigma\delta} = -\frac{\partial\Gamma^{\lambda}_{\sigma\delta}}{\partial x^{\lambda}} + \Gamma^{\lambda}_{\beta\delta}\Gamma^{\beta}_{\sigma\lambda} + \frac{\partial\Gamma^{\lambda}_{\sigma\lambda}}{\partial x^{\delta}} - \Gamma^{\lambda}_{\beta\lambda}\Gamma^{\beta}_{\sigma\delta}$$

它本身就是一个张量，本身就具有最一般的协变性了。只不过该张量 $R_{\sigma\delta}$ 对引力场强的求导计算存在两项。如果与电磁场的场方程以及其它场方程进行对比（这些场方程左边对场强的求导只存在一项[3]），这个结果在当时似乎有点怪异而难以让人接受。

但是如果为了获取方程最一般的协变性，选择转变思想认识，也就是去接受并承认方程左边对场强的求导存在两项不是怪异而是正常的，那么约束条件$\sqrt{-g}=1$就没有存在必要了。

---

[1] 爱因斯坦称：“这是我人生中最激动、最紧张的时期。”参见 11 月 28 日爱因斯坦给索末菲的信，《爱因斯坦全集：第八卷上》，湖南科技出版社，2009：208。

[2] 当然还有其它原因，比如爱因斯坦认为如果不加上此条件，就无法只通过求解场方程就能确定度规的取值；再比如爱因斯坦认为条件 $\sqrt{-g}=1$ 是狭义相对论中条件 $\sqrt{-\eta}=1$ 的自然推广。

[3] 电磁场的场方程中，方程左边对场强的求导计算只存在一项：$\dfrac{\partial F^{\alpha\beta}}{\partial X^{\beta}} = \mu J^{\alpha}$

那么，是否就可以去掉约束条件$\sqrt{-g}=1$了呢？问题并没有这么简单，还有很多其它因素需要考虑，思想还需要经过几个转变才行。

25 日的论文《引力场方程》是在约束条件$\sqrt{-g}=1$下证明了引力场方程与能量守恒是自洽而不矛盾的，所以我们还需要回答：去掉约束条件$\sqrt{-g}=1$之后，引力场方程与能量守恒还是自洽而不矛盾的吗？答案是否定的，除非我们对引力场的能动张量公式重新定义，从而让能量守恒再次得到满足。也就是说：去掉条件$\sqrt{-g}=1$之后，还需要对之前得到的如下公式进行重新定义：

$$t_{\sigma}^{m}=-\frac{1}{\kappa}\left[g^{bd}\Gamma_{\sigma d}^{\lambda}\Gamma_{\lambda b}^{m}-\frac{1}{2}\delta_{\sigma}^{m}(\kappa t_{\mu}^{\mu})\right]$$

但实际上，一个正确而自洽的引力场能动张量公式直到今天都还没有被找到，这算是广义相对论的一个老大难问题。所以再从这条道路来证明能量守恒会遇到非常大的困难障碍。

不过还好我们可以从另外一个角度来回答这个问题，也就是前面讨论过的，能量是否守恒的第二种回答方式，即：引力场方程从物质中提取出运动量的快慢是否仍然按照下面这个方程进行：

$$\frac{\partial(\sqrt{-g}\,g_{\mu\nu}T^{\nu\alpha})}{\partial X^{\alpha}}=k_{\mu}^{\text{gravity}\rightarrow\text{matter}}=\frac{1}{2}\frac{\partial g_{mn}}{\partial X^{\mu}}(\sqrt{-g}\,T^{mn})$$

它可以被称为：采用四维力描述的能量守恒方程。这个方程是否成立正好等价于物质的能动张量的协变导数是否等于零：

$$\frac{\partial(\sqrt{-g}\,g_{\mu\nu}T^{\nu\alpha})}{\partial X^{\alpha}}=\frac{1}{2}\frac{\partial g_{mn}}{\partial X^{\mu}}(\sqrt{-g}\,T^{mn})\Leftrightarrow\frac{\mathrm{D}T_{\mu}^{\sigma}}{\partial X^{\sigma}}=0$$

很容易就能验证，去掉条件$\sqrt{-g}=1$之后的引力场方程和这个要求是不矛盾的，因为正好存在如下恒等式：

$$\frac{\mathrm{D}\left(R_{\mu}^{\sigma}-\frac{1}{2}\delta_{\mu}^{\sigma}R\right)}{\partial X^{\sigma}}\equiv 0$$

恒等于零指的是：无论度规等于多少，这个等式都是成立的。所以能量守恒与引力场方程之间的自洽性可以更加明显地展现出来了，即这两个方程之间是自洽而不矛盾的：

$$\frac{\mathrm{D}T_{\mu}^{\sigma}}{\partial X^{\sigma}}=0\xleftarrow{\frac{\mathrm{D}\left(R_{\mu}^{\sigma}-\frac{1}{2}\delta_{\mu}^{\sigma}R\right)}{\partial X^{\sigma}}\equiv 0}R_{\mu}^{\sigma}-\frac{1}{2}\delta_{\mu}^{\sigma}R=-\kappa T_{\mu}^{\sigma}$$

那么，现在可以去掉约束条件$\sqrt{-g}=1$了吗？问题还没有结束。前面提到，条件$\sqrt{-g}=1$对坐标系的选择进行了约束，去掉条件$\sqrt{-g}=1$就意味着任何坐标系都是可以采用的。第 24 章分析过，这要求我们必须接受一个代价非常大的后果，即：不具有任何物理意义的坐标也是可以采用的。在这种坐标系中，坐标值不再是任意测量仪器的刻度值了。如果我们能够克服思想障碍，接受这一后果，那么约束条件$\sqrt{-g}=1$确实就是多余的了。

最后还剩下一个问题，即去掉约束条件$\sqrt{-g}=1$会不会导致计算结果与实验观测结果不一致。前面谈到过，爱因斯坦采用 11 日的引力场方程，在$\sqrt{-g}=1$的条件下成功计算出了水星近日点的进动值，那么采用下面这个引力场方程也能成功计算出结果吗？

$$R_{\sigma\delta}=-\kappa\left(T_{\sigma\delta}-\frac{1}{2}g_{\sigma\delta}T\right)$$

这就涉及另外一个问题，即我们是如何求解这个方程的。方程的未知数是度规的 10 个分量，而度规的取值是与坐标系相关的。比如场方程在坐标系 X^{μ} 下的解为 $g_{\alpha\beta}$，由于方程具有广义协变性，那么 $g_{\alpha\beta}$ 在经过一个坐标系变换之后的另外一套值 $\bar{g}_{\mu\nu}$ 也是方程的解。这样一来，欲求解方程得到度规的确切值，就需要先确定选择的坐标系。所以 11 日论文中的条件 $\sqrt{-g}=1$ 实际上是在求解方程时才使用的，因为这个条件就是在帮助我们选择坐标系。这才是条件 $\sqrt{-g}=1$ 所起到的真正作用。

实际上，这也正是 1914～1915 年的爱因斯坦把条件 $\sqrt{-g}=1$（或其等价条件）作为引力场方程组成部分的一个原因，即：仅仅只靠引力场方程无法完全确定度规的取值。爱因斯坦在 1914 年 5 月 29 日的论文《引力理论的场方程在广义相对论基础上的协变性》中，通过一个空腔例子详细地论证了这一点。但是现在思想认识已经转变了，条件 $\sqrt{-g}=1$ 不再是引力场方程的组成部分，而只不过是求解引力场方程时所使用的初始条件。

所以，在经过了这么多思想认识的转变之后，人们才开始接受下面这个方程就是引力场方程的全部，它不再需要任何附加条件就是成立的。

$$R_{\sigma\delta}=-\kappa\left(T_{\sigma\delta}-\frac{1}{2}g_{\sigma\delta}T\right)$$

这个方程就是今天大家在教科书里看到的形式，一个已经经历了无数次修改和提炼之后的方程❶。不过今天大多数读者已经不太清楚这些修改和提炼过程了，教科书也不太关注这些过程了。

所以，就在 1915 年 11 月 4 日到 25 日短短的几个星期之内，爱因斯坦就像顿悟了一样，一下全部解决了困扰新引力理论的所有问题。并且解决过程和解决之后的结果如此之完美，几乎没有再留下任何瑕疵，就像完成拼图游戏中最后一块拼图一样。这当然不是一蹴而就的成就，而是爱因斯坦从 1912 年就开始不断思考、不断尝试之后的总爆发。非常值得注意的是，在这几年的整个思考探索过程中，时空弯曲这个词几乎没有在他论文中出现过❷，更不用提什么“时空弯曲的曲率由物质决定”这样的观点。所以在爱因斯坦的思想发展过程中，“时空弯曲由物质决定”的观点并不是为他思考探索指引方向的思想，这个观点是在爱因斯坦成功找到引力场方程之后，大家再回过头来看爱因斯坦理论的时候才发现的结论。不过，今天大部分教材都是采用“时空弯曲由物质决定”的观点作为指引去推导引力场方程。但必须注意的是，这种思考方式并不是科学家探索未知世界的真实方式❸。因为没有一个人能够在最开始，就可以一下子洞察出事物表象背后的深层本质，这不符合大脑认识事物的规律。真相都是被一层层剥离出来的。

所以，从这些思想发展过程中可以感悟到，今天写在教科书中的物理方程并不是一蹴而就的❹，都是经过了不断尝试、不断修复、不断完善才能得到的。并且这些数学公式的每一步演变、每一步修改的背后都是有很具体的物理意义来作为思想指导和指引方向的。可是大多数同学在学习物理的时候，并没有留意到这些，而把注意力主要集中在数学公式自身的计

---

❶ 两年之后，为了解决宇宙学的问题，爱因斯坦对它还修改过一次，增加了一项，即著名的宇宙学常数项。

❷ 微分几何这个词偶尔出现过。

❸ 牛顿得到引力公式的实际探索过程也是如此，第 4 章有讨论过。

❹ 比如第 4 章谈到的牛顿引力是如此；第 8、9、10 章谈到的麦克斯韦方程组也是如此。

算推演上去了。这就导致多数同学不是在学习物理，而只是在做数学的应用题而已。

25.7 对一种流行观点的讨论

当选择上面这个方程作为引力场的场方程时，它就引出一个惊天的结论。因为该方程的左边不是别的，它正好是描述时空弯曲的曲率公式，而方程的右边是描述物质的量，这就意味着：时空被物质弯曲了。之所以是“惊天的结论”，就在于这个结果为何是如此地巧合。

这种惊天的结论也让一种观点在今天比较流行，这种观点认为：即使没有爱因斯坦，狭义相对论也能很快被其他人建立起来，但如果没有爱因斯坦，广义相对论则要等很久之后才能被发现。这种观点是我们在割裂地去看待历史时常常会得出的结论[❶]。这种观点在不了解本书第 13～25 章谈到的这一系列探索过程和思想发展过程的情况下是很具有说服力的，因为不经过这些循序渐进的探索过程就一下子能想到物质能让时空发生弯曲的结论当然是几乎不可能的。这种“几乎不可能”让大家认为如果不是爱因斯坦的天才想法就很难有人来完成。但是只要你仔细阅读思考这一系列探索过程和思想发展过程就不难看出，这一系列循序渐进的突破过程即使没有被爱因斯坦完成，也很快就会被其他人完成，因为这是当狭义相对论在得到普遍接受和深入研究之后必然出现的演化结果。

---

❶ 类似的结论还有：牛顿是被一颗苹果砸中，激发了灵感而提出了万有引力定律。

新引力理论的新特征

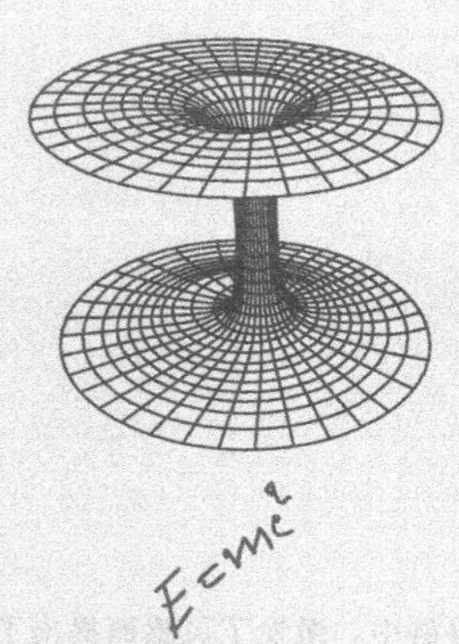

第26章 新引力理论的修正之处

26.1 爱因斯坦引力场方程的特点

$$R_{\sigma\delta}=-\kappa\left(T_{\sigma\delta}-\frac{1}{2}g_{\sigma\delta}T\right)\quad 或\quad R^{\sigma\delta}=-\kappa\left(T^{\sigma\delta}-\frac{1}{2}g^{\sigma\delta}T\right)$$

新引力场方程是由 10 个方程组成。如果要与能量守恒保持自洽不矛盾，这 10 个方程不是独立的，因为从这 10 个方程出发可以推导出 4 个恒等式。

$$\frac{\mathrm{D}\left(R^{\sigma}_{\mu}-\frac{1}{2}\delta^{\sigma}_{\mu}R\right)}{\partial X^{\sigma}}\equiv 0$$

所以 10 个方程中真正独立的只有 6 个方程。就像下面这个方程组真正独立的方程只有 2 个一样，因为从这 3 个方程出发可以推导出 1 个恒等式，从而真正独立的方程只有 2 个。

$$\begin{cases}-x=-3y+z\\ -x=y-z\\ 2x=2y\end{cases}\Rightarrow 2x-2x\equiv 2y-2y$$

但引力场方程的未知数即度规 $g_{\alpha\beta}$ 的分量有 10 个，所以只求解引力场方程是不能完全确定这个 10 个未知数的。这当然是由于引力场方程具有广义协变性造成的，比如引力场方程在坐标系 X^{μ} 下的解为 $g_{\alpha\beta}$，由于方程具有协变性，那么 $g_{\alpha\beta}$ 在经过坐标系变换之后的另外一套值 $\overline{g}_{\mu\sigma}$ 也是方程的解❶。

度规 $g_{\alpha\beta}$ 的分量就是引力场势函数 ϕ_{N} 的推广，但现在只求解引力场方程却无法完全确定引力场势函数（即度规 $g_{\alpha\beta}$ 的分量）的值。而牛顿的引力场方程则不存在这样的问题，即求解牛顿的引力场方程就可以唯一确定引力场势函数 ϕ_{N}，这是因为牛顿的引力场方程是默认在笛卡儿坐标系下写出来的。但现在对于同一个引力场，当坐标系不同时度规的取值也不同，即度规的取值不仅由引力场决定，还与坐标系相关。这个结果在探索引力场方程的过程中困扰过爱因斯坦很长一段时间，这就是他为什么要在引力场方程中加入条件$\sqrt{-g}=1$ 的原因之一。

正如第 24 章谈到过的，度规包含两种信息：第一种信息是由于坐标系变换所带来的信息，它对引力现象不会产生实质性的影响和改变；第二种信息才是引力场所带来的信息。而描述引力场的场方程的 6 个独立方程当然只提供第二种信息，不提供与坐标系相关的信息，所以第一种信息需要我们自己来提供，即由我们自己来决定采用什么坐标系，由我们自己来提供度规 $g_{\alpha\beta}$ 与坐标系 X^{μ} 之间需要满足的关系。

---

❶ 这反过来也说明：能量的守恒条件等价于允许引力场方程的各套解之间存在坐标系变换。

在无引力场存在时，我们采用的坐标系都是惯性坐标系 X^μ，特别是四维笛卡儿坐标系。在无引力场存在时，与此坐标系 X^μ 相联系的度规就是：

$$\eta_{\alpha\beta}=\begin{pmatrix}1 & 0 & 0 & 0\\ 0 & -1 & 0 & 0\\ 0 & 0 & -1 & 0\\ 0 & 0 & 0 & -1\end{pmatrix},\ \sqrt{-\eta}=\sqrt{-\det(\eta_{\alpha\beta})}=1$$

这个度规与坐标系 X^μ 之间满足什么关系呢？答案就是满足下面 4 个方程组。

$$\begin{cases}\eta_{\alpha\beta}\dfrac{\partial^2 X^0}{\partial X^\alpha \partial X^\beta}=0\\ \eta_{\alpha\beta}\dfrac{\partial^2 X^1}{\partial X^\alpha \partial X^\beta}=0\\ \eta_{\alpha\beta}\dfrac{\partial^2 X^2}{\partial X^\alpha \partial X^\beta}=0\\ \eta_{\alpha\beta}\dfrac{\partial^2 X^3}{\partial X^\alpha \partial X^\beta}=0\end{cases}\leftrightarrow \eta_{\alpha\beta}\frac{\partial^2 X^\mu}{\partial X^\alpha \partial X^\beta}=0$$

若把四维笛卡儿坐标系 X^μ 推广到引力场存在时的情况，那么度规 $g_{\alpha\beta}$ 与坐标系 X^μ 之间也需要满足类似的方程。不过根据第 25 章谈到的广义相对论的相关要求，这个方程中的导数需要替换成协变导数：

$$g_{\alpha\beta}\frac{\mathrm{D}^2 X^\mu}{\partial X^\alpha \partial X^\beta}=0$$

这样推广之后的坐标系是一种类笛卡儿坐标系，它被称为谐和坐标系。利用协变导数的计算方法，这 4 个方程组等价于：

$$g^{\alpha\beta}\Gamma^\mu_{\alpha\beta}=\frac{\partial(\sqrt{-g}\,g^{\alpha\mu})}{\partial X^\alpha}=0$$

如果选择这种类笛卡儿坐标系，度规 $g_{\alpha\beta}$ 还需要满足这 4 个方程组。或者说，满足这 4 个方程组的度规 $g_{\alpha\beta}$ 就不再包含第一种信息，而只包含与引力场相关的信息，即只包含第二种信息了。所以，完全确定度规中与引力相关的取值所需要的方程组是：

$$\begin{cases}R_{\sigma\delta}=-\kappa\left(T_{\sigma\delta}-\dfrac{1}{2}g_{\sigma\delta}T\right)\\ \dfrac{\partial(\sqrt{-g}\,g^{\alpha\mu})}{\partial X^\alpha}=0\end{cases}$$

26.2 在牛顿引力基础上，新引力的修正之处

与牛顿引力相比，爱因斯坦在 1915 年得到的这个新引力有什么改进之处呢。为了简化问题，和第 23 章类似，我们只关注物质静止分布（即 $U^i=0$）但内部存在压强 p_0 的情况，并且只关注 $p_0\ll\rho_0 c^2$ 的情况。那么物质的能动张量为：

$$T^{\mu\nu}=\left(\rho_0+\frac{p_0}{c^2}\right)U^\mu U^\nu-p_0 g^{\mu\nu}$$

它的协变形式为：

$$T_{\sigma\delta}=g_{\sigma\mu}g_{\delta\nu}T^{\mu\nu}=\left(\rho_0+\frac{p_0}{c^2}\right)(g_{\sigma\mu}U^{\mu})(g_{\delta\nu}U^{\nu})-p_0g_{\sigma\delta}$$

它的缩并为：

$$T=g_{\mu\nu}T^{\mu\nu}=\left(\rho_0+\frac{p_0}{c^2}\right)g_{\mu\nu}U^{\mu}U^{\nu}-p_0g_{\mu\nu}g^{\mu\nu}=(\rho_0c^2+p_0)-4p_0=\rho_0c^2-3p_0$$

同样，当引力场不太强时，度规可以分解为如下形式：

$$g^{\alpha\beta}=\eta^{\alpha\beta}+N^{\alpha\beta}+E^{\alpha\beta}+\cdots,\ E^{\alpha\beta}\ll N^{\alpha\beta}\ll\eta^{\alpha\beta}$$

$$g_{\alpha\beta}=\eta_{\alpha\beta}+N_{\alpha\beta}+E_{\alpha\beta}+\cdots,\ N_{\alpha\beta}\approx-N^{\alpha\beta},\ E_{\alpha\beta}\approx-E^{\alpha\beta}$$

其中，$\eta_{\alpha\beta}$ 是无引力场时的基础部分，$N_{\alpha\beta}$ 是牛顿引力的贡献部分，$E_{\alpha\beta}$ 是爱因斯坦引力对牛顿引力的一阶修正项部分。由于物质是静止分布的，所以 $N_{\alpha\beta}$ 和 $E_{\alpha\beta}$ 都是与时间无关的。当引力场不太强时，牛顿的理论已经足够成功，那么修正必定很微弱的，即 $E_{\alpha\beta}$ 会比 $N_{\alpha\beta}$ 小多个数量级。由于能动张量 $T_{\alpha\beta}$ 中包含有度规，所以 $T_{\alpha\beta}$ 也会相应地分解为数量级相差很多的两部分，即有[1]：

$$T_{\sigma\delta}=\begin{pmatrix}\rho_0c^2&0&0&0\\0&0&0&0\\0&0&0&0\\0&0&0&0\end{pmatrix}+\begin{pmatrix}N_{00}\rho_0c^2&N_{01}\rho_0c^2&N_{02}\rho_0c^2&N_{03}\rho_0c^2\\N_{01}\rho_0c^2&p_0&0&0\\N_{02}\rho_0c^2&0&p_0&0\\N_{03}\rho_0c^2&0&0&p_0\end{pmatrix}+\cdots$$

那么，场方程右边的项也会相应地分解为数量级相差很多的两部分[2]：

$$T_{\sigma\delta}-\frac{1}{2}g_{\sigma\delta}T=M_{\sigma\delta}+B_{\sigma\delta}+\cdots=\frac{1}{2}\begin{pmatrix}\rho_0c^2&0&0&0\\0&\rho_0c^2&0&0\\0&0&\rho_0c^2&0\\0&0&0&\rho_0c^2\end{pmatrix}+$$

---

[1] 计算过程：

$$T_{00}=\left(\rho_0+\frac{p_0}{c^2}\right)(g_{00}U^0)(g_{00}U^0)+\left(\rho_0+\frac{p_0}{c^2}\right)(g_{0i}U^i)(g_{0i}U^i)-p_0g_{00}=(\rho_0c^2+p_0)(g_{00})^2\frac{\mathrm{d}T}{\mathrm{d}\tau}\frac{\mathrm{d}T}{\mathrm{d}\tau}-p_0g_{00}+0$$

$$=(\rho_0c^2+p_0)g_{00}-p_0g_{00}=\rho_0c^2g_{00}=\rho_0c^2+N_{00}\rho_0c^2+\cdots$$

$$T_{ij}=\left(\rho_0+\frac{p_0}{c^2}\right)(g_{i\mu}U^{\mu})(g_{j\nu}U^{\nu})-p_0g_{ij}=\left(\rho_0+\frac{p_0}{c^2}\right)(g_{i0}U^0)(g_{j0}U^0)-p_0g_{ij}$$

$$=p_0\delta_{ij}+\left[\left(\rho_0+\frac{p_0}{c^2}\right)N_{i0}N_{j0}(U^0)^2-p_0N_{ij}\right]+\cdots$$

$$=p_0\delta_{ij}+\left[(\rho_0c^2+p_0)N_{i0}N_{j0}\frac{1}{g_{00}}-p_0N_{ij}\right]+\cdots=p_0\delta_{ij}+[(\rho_0c^2+p_0)N_{i0}N_{j0}-p_0N_{ij}]+\cdots$$

$$T_{i0}=\left(\rho_0+\frac{p_0}{c^2}\right)(g_{i\mu}U^{\mu})(g_{0\nu}U^{\nu})-p_0g_{i0}=\left(\rho_0+\frac{p_0}{c^2}\right)(g_{i0}U^0)(g_{00}U^0)-p_0g_{i0}=(\rho_0c^2+p_0)g_{i0}-p_0g_{i0}=\rho_0c^2g_{i0}$$

$$=0+N_{i0}\rho_0c^2+\cdots$$

[2] 计算过程：

$$T_{\sigma\delta}-\frac{1}{2}g_{\sigma\delta}T=T_{\sigma\delta}-\frac{1}{2}g_{\sigma\delta}(\rho_0c^2-3p_0)=T_{\sigma\delta}-\frac{1}{2}\eta_{\sigma\delta}\rho_0c^2-\frac{1}{2}N_{\sigma\delta}\rho_0c^2+\frac{3}{2}\eta_{\sigma\delta}p_0+\cdots$$

$$\frac{1}{2}\begin{pmatrix} N_{00}\rho_0 c^2+3p_0 & N_{01}\rho_0 c^2 & N_{02}\rho_0 c^2 & N_{03}\rho_0 c^2 \\ N_{01}\rho_0 c^2 & -N_{11}\rho_0 c^2-p_0 & -N_{12}\rho_0 c^2 & -N_{13}\rho_0 c^2 \\ N_{02}\rho_0 c^2 & -N_{12}\rho_0 c^2 & -N_{22}\rho_0 c^2-p_0 & -N_{23}\rho_0 c^2 \\ N_{03}\rho_0 c^2 & -N_{13}\rho_0 c^2 & -N_{23}\rho_0 c^2 & -N_{33}\rho_0 c^2-p_0 \end{pmatrix}+\cdots$$

其中，$M_{\alpha\beta}$ 是与“纯物质”相关的部分，$B_{\alpha\beta}$ 是压强以及引力场导致物质的质量增加的部分。

在使用挑选坐标系的条件$\frac{\partial\ (\sqrt{-g}\,g^{\mu\alpha})}{\partial X^\alpha}=1$之后，引力场方程的左边部分也可以分解为数量级相差很多的两部分：

$$R_{\sigma\delta}=\Phi_{\sigma\delta}+\Psi_{\sigma\delta}+\cdots$$

其中 $\Psi_{\sigma\delta}\ll\Phi_{\sigma\delta}$，$\Phi_{\sigma\delta}=-\frac{1}{2}\left(\frac{\partial^2 N_{\sigma\delta}}{\partial X^2}+\frac{\partial^2 N_{\sigma\delta}}{\partial Y^2}+\frac{\partial^2 N_{\sigma\delta}}{\partial Z^2}\right)$

这样引力场方程就相应地分解为：

$$\Phi_{\sigma\delta}+\Psi_{\sigma\delta}+\cdots=-\kappa(M_{\sigma\delta}+B_{\sigma\delta}+\cdots)\text{，其中 }\Psi_{\sigma\delta}\ll\Phi_{\sigma\delta}\text{，}B_{\sigma\delta}\ll M_{\sigma\delta}$$

从数量级上来讲，相比于 $M_{\sigma\delta}$ 对 $\Phi_{\sigma\delta}$ 产生的影响，低数量级的 $B_{\sigma\delta}$ 对引力势 $\Phi_{\sigma\delta}$ 产生的影响微弱到可以忽略。所以整个引力场方程按照数量级就可以分解为：

$$\Phi_{\sigma\delta}=-\kappa M_{\sigma\delta}\text{，}\Psi_{\sigma\delta}=-\kappa B_{\sigma\delta}$$

那么分解出的第一个方程就牛顿引力的贡献部分 $N_{\sigma\delta}$ 所满足的方程：

$$\frac{\partial^2 N}{\partial X^2}+\frac{\partial^2 N}{\partial Y^2}+\frac{\partial^2 N}{\partial Z^2}=\kappa\rho_0 c^2\text{，}N_{\sigma\delta}=N\begin{pmatrix}1&0&0&0\\0&1&0&0\\0&0&1&0\\0&0&0&1\end{pmatrix}$$

其结果与牛顿的引力理论是保持一致的，即有❶：

$$\nabla^2\phi_{\mathrm{N}}=\frac{\partial^2\phi_{\mathrm{N}}}{\partial X^2}+\frac{\partial^2\phi_{\mathrm{N}}}{\partial Y^2}+\frac{\partial^2\phi_{\mathrm{N}}}{\partial Z^2}=4\pi G\rho_0\text{，}N=\frac{2\phi_{\mathrm{N}}}{c^2}$$

所以牛顿的引力对度规的贡献部分 $N_{\sigma\delta}$ 为：

$$N_{\sigma\delta}=\begin{pmatrix}\frac{2\phi_{\mathrm{N}}}{c^2}&0&0&0\\0&\frac{2\phi_{\mathrm{N}}}{c^2}&0&0\\0&0&\frac{2\phi_{\mathrm{N}}}{c^2}&0\\0&0&0&\frac{2\phi_{\mathrm{N}}}{c^2}\end{pmatrix}$$

与爱因斯坦在 1913 年推导出的引力场方程所计算出的结果相对比，1915 年的引力场方程所计算出的结果是：牛顿引力对时间的快慢和空间的长度都会产生影响。这与第 14、16 章的

❶ 注意：这里的牛顿引力势函数 ϕ_{N} 是一般情况下的势函数，不一定 $\phi_{\mathrm{N}}=-\frac{GM}{R}$。

推导结论也是一致的。而 1913 年的引力场方程计算结果是：牛顿引力只对时间的快慢产生影响。

将此计算结果带回到物质的能动张量，爱因斯坦场方程右边项具体变为：

$$T_{\sigma\delta}-\frac{1}{2}g_{\sigma\delta}T=M_{\sigma\delta}+B_{\sigma\delta}$$

$$=\frac{1}{2}\begin{pmatrix}\rho_0c^2 & 0 & 0 & 0\\ 0 & \rho_0c^2 & 0 & 0\\ 0 & 0 & \rho_0c^2 & 0\\ 0 & 0 & 0 & \rho_0c^2\end{pmatrix}+$$

$$\frac{1}{2}\begin{pmatrix}2\rho_0\phi_N+3p_0 & 0 & 0 & 0\\ 0 & -2\rho_0\phi_N-p_0 & 0 & 0\\ 0 & 0 & -2\rho_0\phi_N-p_0 & 0\\ 0 & 0 & 0 & -2\rho_0\phi_N-p_0\end{pmatrix}+\cdots$$

对于分解出的第二组方程

$$\Psi_{\sigma\delta}=-\kappa B_{\sigma\delta}$$

由于修正部分 $\Psi_{\sigma\delta}$ 的表达式已经开始变得比较复杂，这里只对其中 Ψ_{00} 分量进行计算。不过即使只计算这个分量，我们就已经能从中看到爱因斯坦引力理论所具有的新特点。同样在使用挑选坐标系的条件 $\frac{\partial(\sqrt{-g}g^{\mu\alpha})}{\partial X^\alpha}=1$ 之后，修正部分 Ψ_{00} 分量等于：

$$\Psi_{00}=-\frac{1}{2}\nabla^2E_{00}-\frac{1}{2}N\nabla^2N+\frac{1}{2}(\vec{\nabla}N)^2=-\frac{1}{2}\nabla^2E_{00}-\frac{2}{c^4}\phi_N\nabla^2\phi_N+\frac{2}{c^4}(\vec{\nabla}\phi_N)^2$$

将这些结果代入分解出的第二组方程之后就得到修正部分 E_{00} 需要满足的方程：

$$-\frac{1}{2}\nabla^2E_{00}-\frac{2}{c^4}\phi_N\nabla^2\phi_N+\frac{2}{c^4}(\vec{\nabla}\phi_N)^2=-\kappa\left[\frac{1}{2}(2\rho_0\phi_N+3p_0)\right]$$

很明显可以看到 E_{00} 非常之小，它的数量级已经小到光速的负 4 次方。为了让它恢复到通常的数量级，可以做如下替换：

$$\nabla^2\Psi+2\phi_N\nabla^2\phi_N-2(\vec{\nabla}\phi_N)^2=4\pi G(2\rho_0\phi_N+3p_0),\quad E_{00}=\frac{2\Psi}{c^4}\tag{26-1}$$

从这个方程中，我们来领略一下新引力理论向我们传达的之前想都不敢想象的结论[1]，那就是：纯物质与引力场之间已经无法完全分离。

① 式 (26-1) 的右边项是我们传统所认为的引力源。右边第一项是由于引力场的存在导致物质静质量的增加部分（第 18 章已经推导过此结论），它是由纯物质的质量密度与牛顿引力势函数共同组成的。所以牛顿引力势函数 ϕ_N 既在描述引力场，又在描述引力源。那么引力势函数 ϕ_N 到底是属于引力源还是引力场呢？这已经很难区分，也就是说引力场与引力源之间已经完全无法分离开了。但在牛顿引力理论中，它们是可以被清晰、完全地区分开的。所以爱因斯坦的引力场方程的右边项并不是纯物质的，这就意味着一个无比重要的结论：引力源（即物质性的一面）和引力场已经无法完全分离开，它们已经成为了一个整体，成为一个全新的对象[2]。

---

[1] 这些结论在第 20 章最初修正牛顿引力的方程中已经初现端倪。

[2] 有点类似于当初时间和空间无法完全分离，成为了一个新对象一样，这个新对象现在被称为时空。

② 式（26-1）的左边项是我们传统所认为的描述引力场变化率的项。在传统认识中，方程左边的项是纯势函数的，可是现在它也不再是“纯”的了。因为利用牛顿引力场方程，上面这个方程左边第二项可改写为：

$$\nabla^2\Psi+2\phi_N 4\pi G\rho_0-2(\vec{\nabla}\phi_N)^2=4\pi G(2\rho_0\phi_N+3p_0)$$

所以式（26-1）的左边项也既包含引力场，又包含引力源。而在其它场方程（比如电磁场的场方程）中，场方程的左边项只与场是相关的，与源是无关的。这再一次暗示：引力源和引力场已经成为了一个整体，它们之间是完全无法分开的。

所以，对于爱因斯坦的引力场方程

$$R_{\sigma\delta}=-\kappa\left(T_{\sigma\delta}-\frac{1}{2}g_{\sigma\delta}T\right)$$

如果把场方程的右边称为对物质的描述，把场方程的左边称为对引力场的描述，这个观点已经不再准确了。就像刚刚看到的那样，场方程的右边也包含引力场，而场方程左边也包含物质源。总之，纯物质与引力场已经深度地融合在一起，我们已经无法把纯物质移到方程的一边，把纯势函数移到方程的另一边。

③ 式（26-1）左边第三项是与引力场的能量密度相关项（第 19 章推导过引力场的能量密度公式）。那么同样面临的问题就是，这一项无法分清是对引力场的描述，还是对引力源的描述。这再一次表明：引力源和引力场之间的界限是模糊的。实际上，第 18 章谈到过的例子已经表明，引力场的能量与物质的质量之间甚至是可以相互转化的。而在广义相对论中，引力场就是时空的弯曲，因此，这就表明：时空的弯曲与物质是可以相互转化的。

既然引力源和引力场之间已经完全无法分离，那么方程中的有些项既可以放在方程的左边（传统认为与引力场相关的项），也可以放在方程的右边（传统认为与引力源相关的项）。比如把式（26-1）左边第二、三项都移动到等式的右边去，那么式（26-1）也可以改写为❶：

$$\nabla^2\Psi=4\pi G\left[4\frac{(\vec{\nabla}\phi_N)^2}{8\pi G}+3p_0\right]$$

那么修正部分 Ψ 的值到底等于多少呢？即这个方程的解是多少呢？为了得到这个问题的答案，可以把方程改写为：

$$\nabla^2\Psi-2\phi_N\nabla^2\phi_N-2(\vec{\nabla}\phi_N)^2=4\pi G(-2\rho_0\phi_N+3p_0)$$

然后可以进一步改写为❷：

$$\nabla^2[\Psi-(\phi_N)^2]=4\pi G(-2\rho_0\phi_N+3p_0)$$

所以，方程的解就是：

$$\Psi=\phi_N^2+2\chi_1+3\chi_2，其中\begin{cases}\nabla^2\chi_1=4\pi G(-\rho_0\phi_N)\\\nabla^2\chi_2=4\pi Gp_0\end{cases}$$

这样就能清晰地看出修正部分 Ψ 的来源有三个：牛顿引力势函数的平方；引力场导致物质增加的静质量所产生的引力；物质内部的压强所产生的引力。这些是牛顿引力理论所不具有的结论。

总结，度规的 g_{00} 分量，即引力势函数被修正为：

---

❶ 注意：改写之后的这个方程与第 20 章谈到的爱因斯坦在早期摸索时候得到的方程还是有很大区别的。

❷ 其中采用关系式：

$2\phi_N\nabla^2\phi_N+2(\vec{\nabla}\phi_N)^2=\nabla^2(\phi_N)^2$

$$g_{00}=1+\frac{2\phi_N}{c^2}+\frac{2\phi_N^2}{c^4}+\frac{4\chi_1}{c^4}+\frac{6\chi_2}{c^4}+\cdots$$

这个计算结果就是所谓的 PPN 近似值❶。

26.3 对于太阳产生的引力，新引力理论的修正之处

当然，最能直观地看出爱因斯坦的引力对牛顿的引力修正了多少的方法，是看一下太阳产生的引力被修正为多少。牛顿的引力公式和场强公式分别为：

$$\vec{F}_N=-\frac{GM_{sun}M_{partical}}{R^3}\vec{R},\ \vec{E}_N=-\frac{GM_{sun}}{R^3}\vec{R}$$

场强公式写成分量的形式为：

$$E_N^i=-\frac{GM_{sun}}{R^2}\frac{X^i}{R}$$

场强的大小——也就是单位质量物体受到的牛顿引力大小为：

$$E_N=\sqrt{(E_N^X)^2+(E_N^Y)^2+(E_N^Z)^2}=\sqrt{\delta_{ij}E_N^iE_N^i}=\sqrt{-\eta_{ij}E_N^iE_N^i}=\frac{GM_{sun}}{R^2}$$

在牛顿引力作用之下，一个自由物体的运动方程为：

$$M_{partical}\frac{du^i}{dT}=F_N^i=M_{partical}E_N^i,\ E_N^i=-\frac{GM_{sun}}{R^2}\frac{X^i}{R}$$

为了对比，我们将爱因斯坦的引力理论中一个自由物体的运动方程也改写为这种形式。第 21 章已经推导过，引力场中一个自由物体运动方程为：

$$M_{partical}\frac{dU^\alpha}{d\tau}=f_E^\alpha=-M_{partical}\Gamma_{\mu\nu}^\alpha U^\mu U^\nu$$

其中，f_E^α 就是物体所受到引力的公式。不过 f_E^α 是四维力，即采用运动物体所携带的钟度量出的引力。第 14 章谈到过，时间 T 是无穷远观测者所测量出的时间，时间 T 也是牛顿的引力所采用的时间。所以为了对比，我们也需要采用时间 T 来度量这个自由物体的运动过程。下面先来计算自由物体在初始时刻静止的情况。

26.3.1 静止物体所受到的引力

如果采用无穷远观测者来测量引力，观测者携带的钟测量出的时间是坐标时间 T，那么物体的质量采用坐标质量 m。由于静止的物体有 $U^i=0$，所以物体受到的引力 F_E^i（三维力，因为它是采用时间 T 度量出来的力）和运动方程是❷：

$$M_{partical}\frac{dU^\alpha}{d\tau}=f_E^\alpha=-M_{partical}\Gamma_{\mu\nu}^\alpha U^\mu U^\nu\xrightarrow{\begin{cases}U^0=\frac{dX^0}{d\tau}=c\frac{dT}{d\tau}=\frac{c}{\sqrt{g_{00}}}\\u^i=\frac{dX^i}{dT}\\m_{partical}=\frac{M_{partical}}{\sqrt{g_{00}}}\end{cases}}m_{partical}\frac{du^i}{dT}=F_E^i=-m_{partical}\Gamma_{00}^ic^2+0$$

---

❶ PPN 指 parameterized post-Newtonian，后牛顿近似。有关 PPN 的更多详细计算可参见 C. M. Will，Theory and experiment in gravitational physics，Cambridge University Press，1993：86-104。

❷ 由于太阳是静止的，所以度规不随时间改变，即 $g_{\mu\nu}$ 的自变量中不包含时间 T。

和牛顿引力理论中的运动方程对比可以看到，单位质量物体受到的爱因斯坦引力的分量就等于：

$$E_{\mathrm{E}}^{i}=-\Gamma_{00}^{i}c^{2}$$

那么，单位质量物体受到的爱因斯坦引力的大小就为：

$$E_{\mathrm{E}}=\sqrt{h_{ij}E_{\mathrm{E}}^{i}E_{\mathrm{E}}^{j}}=\sqrt{-g_{ij}E_{\mathrm{E}}^{i}E_{\mathrm{E}}^{j}}=\sqrt{-g_{ij}\Gamma_{00}^{i}\Gamma_{00}^{j}c^{4}}$$

这样一来，对于静止的物体，为了与牛顿引力大小进行对比，只需关注联络的这 3 个分量 Γ_{00}^{i} 就可以了。

既然爱因斯坦的引力是在牛顿引力基础上进行的修正，那么这两个引力公式之间必然有如下关系：

$$E_{\mathrm{E}}^{i}=E_{\mathrm{N}}^{i}+\cdots$$
$$\Rightarrow\Gamma_{00}^{i}c^{2}=\frac{GM_{\mathrm{sun}}}{R^{2}}\frac{X^{i}}{R}+\cdots$$

在牛顿的引力理论中，根据引力场强与引力势函数之间的关系，在已知引力场强公式的情况下，可以反过来计算出引力势函数，即：

$$E_{\mathrm{N}}^{i}=-\delta^{ij}\frac{\partial\phi_{\mathrm{N}}}{\partial X^{j}}\rightarrow\phi_{\mathrm{N}}=-\frac{GM_{\mathrm{sum}}}{R}$$

那么同样，在爱因斯坦的引力理论中，根据引力场强（联络）与引力势函数（度规）之间的关系，在已知引力场强（联络）公式的情况下，也可以反过来计算出引力势函数（度规）的取值，即：

$$\delta^{ij}\frac{\partial\phi_{\mathrm{N}}}{\partial X^{j}}+\cdots=\Gamma_{00}^{i}c^{2}=\frac{1}{2}g^{i\mu}\left(\frac{\partial g_{\mu0}}{\partial X^{0}}+\frac{\partial g_{\mu0}}{\partial X^{0}}-\frac{\partial g_{00}}{\partial X^{\mu}}\right)c^{2}=-\frac{1}{2}g^{ij}\frac{\partial g_{00}}{\partial X^{j}}c^{2}\rightarrow\begin{cases}g_{00}=1+\dfrac{2\phi_{\mathrm{N}}}{c^{2}}+\cdots\\g_{ij}=-\delta_{ij}+\cdots\\g_{i0}=0\end{cases}$$

所以如果只需产生牛顿引力大小的效果，度规取这个近似值就足够了。由于在一阶近似下，牛顿的引力场方程和爱因斯坦的引力场方程是等价的，那么在一阶近似下，这个度规也一定就是爱因斯坦的引力场方程的解。

注意在此计算过程中已经使用这些假定条件：①假设太阳静止的，这样度规就不是时间的函数；②选择满足度规的分量 $g_{i0}=0$ 的坐标系，即度规的 4 个自由度去掉了 3 个，只需要 1 个约束条件来完全确定坐标系。为了使引力场方程得到简化，可以采用爱因斯坦在 1915 年 11 月 18 日采用过的约束条件，即要求 $\sqrt{-g}=1$。所以为了满足这个约束条件，度规需要补充成如下形式：

$$\begin{cases}g_{00}=1+\dfrac{2\phi_{\mathrm{N}}}{c^{2}}+\cdots\\g_{ij}=-\delta_{ij}-H_{ij}+\cdots,\text{ 其中 }H_{ij}\sim\dfrac{\phi_{\mathrm{N}}}{c^{2}}\\g_{i0}=0\end{cases}$$

由于太阳产生的引力场是球对称的，即将空间做一个转动之后，引力场与转动之前的引力场应该是完全一样的。所以在转动前后，空间部分的度规的函数形式应该完全一样的，采用数学语言来说就是：

$$\mathrm{d}L^{2}=g_{ij}(X,Y,Z)\mathrm{d}X^{i}\mathrm{d}X^{j}=g'_{ij}(X',Y',Z')\mathrm{d}X'^{i}\mathrm{d}X'^{j}$$

且存在

$$g_{ij}(X,Y,Z)=g'_{ij}(X,Y,Z)$$

其中，(X,Y,Z) 是转动之前的坐标[1]，(X',Y',Z') 是转动之后的坐标。什么样的函数具有这样的性质呢？最常见的一个对象就是极坐标 R 函数，即：

$$X^2+Y^2+Z^2=R^2=X'^2+Y'^2+Z'^2$$

从这个函数还可以推导出另外两个函数也满足这样的要求，即：

$$X\mathrm{d}X+Y\mathrm{d}Y+Z\mathrm{d}Z=R\mathrm{d}R=X'\mathrm{d}X'+Y'\mathrm{d}Y'+Z'\mathrm{d}Z'$$

$$(\mathrm{d}X)^2+(\mathrm{d}Y)^2+(\mathrm{d}Z)^2=(\mathrm{d}X')^2+(\mathrm{d}Y')^2+(\mathrm{d}Z')^2$$

所以空间部分的度规的函数形式应该由它们构成，那么最一般的构造形式为：

$$\mathrm{d}L^2=g_{ij}(X)\mathrm{d}X^i\mathrm{d}X^j=A(R)(X\mathrm{d}X+Y\mathrm{d}Y+Z\mathrm{d}Z)^2+B(R)[(\mathrm{d}X)^2+(\mathrm{d}Y)^2+(\mathrm{d}Z)^2]$$

其中 $A(R),B(R)$ 是两个待确定的函数。可以很明显看出来，当空间转动之后，这个度规的函数形式仍然是这个样子的。所以空间部分的度规满足球对称要求的最一般形式是：

$$g_{ij}=B(R)\delta_{ij}+A(R)X^iX^j$$

和前面的结论一对比就可以确定 $B(R)=-1$。所以太阳周围的度规应该具有如下形式：

$$\begin{cases}g_{00}=1+\dfrac{2\phi_{\mathrm{N}}}{c^2}+\cdots\\ g_{ij}=-\delta_{ij}+A(R)X^iX^j+\cdots\\ g_{i0}=0\end{cases}$$

再使用坐标系的最后一个约束条件 $\sqrt{-g}=1$，度规就进一步被确定为：

$$\begin{cases}g_{00}=1+\dfrac{2\phi_{\mathrm{N}}}{c^2}+\cdots\\ g_{ij}=-\delta_{ij}+\dfrac{2\phi_{\mathrm{N}}}{c^2}\dfrac{X^iX^j}{R^2}+\cdots\\ g_{i0}=0\end{cases},\quad\begin{cases}B(R)=-1\\ A(R)=\dfrac{2\phi_{\mathrm{N}}}{c^2R^2}+\cdots\end{cases}$$

可以验证，在一阶近似下，这个度规确实满足太阳周围空间中的引力场方程，即满足场方程：

$$\begin{cases}\dfrac{\partial\Gamma^{\lambda}_{\sigma\delta}}{\partial X^{\lambda}}-\Gamma^{\lambda}_{\beta\delta}\Gamma^{\beta}_{\sigma\lambda}=0\\ \sqrt{-g}=1\end{cases}$$

验证过程是非常直接的，即计算出联络中不等于零的各分量的一阶近似值：

$$\Gamma^i_{jk}=\frac{2GM_{\mathrm{sun}}}{c^2R^2}\left(\delta_{jk}\frac{X^i}{R}-\frac{3}{2}\delta_{jl}\delta_{ks}\frac{X^iX^lX^s}{R^3}\right)+\cdots,\ \Gamma^i_{00}=\Gamma^0_{0i}=\frac{GM_{\mathrm{sun}}}{c^2R^2}\frac{X^i}{R}+\cdots$$

然后将它们代入引力场方程，在忽略掉二阶以上小量之后，引力场方程确实是成立的。

注意：在以上整个计算过程中，都只计算了联络 Γ^i_{00} 的一阶近似值。而一阶近似值主要负责牛顿的引力部分。想要计算爱因斯坦的引力理论对牛顿引力的修正部分，就需要计算联络 Γ^i_{00} 的二阶近似值。假设联络 Γ^i_{00} 的二阶近似值为：

$$\Gamma^i_{00}c^2=\frac{GM_{\mathrm{sun}}}{R^2}\frac{X^i}{R}+c^2\Gamma^i_{\mathrm{modify}}+\cdots$$

---

[1] 值得指出的是，与这个度规相对应的坐标系并不满足谐和坐标系的要求，即这个坐标系 (cT,X,Y,Z) 不是前面提到的谐和坐标系。

此修正项等于多少当然是由引力场方程决定的。在计算这个二阶修正项的时候，引力场方程中的二阶小量就不能忽略了。所以在包含了二阶小量之后，引力场方程变为：

$$\frac{\partial \Gamma^i_{00}}{\partial X^i}-\Gamma^\lambda_{\beta 0}\Gamma^\beta_{0\lambda}=0 \to \frac{\partial \Gamma^i_{\text{modify}}}{\partial X^i}=\frac{2G^2M^2_{\text{sun}}}{c^4R^4}$$

方程的解为：

$$\Gamma^i_{\text{modify}}=-\frac{2G^2M^2_{\text{sun}}}{c^4R^3}\frac{X^i}{R}$$

那么，对于引力场中静止的单位质量物体，它所受到引力的分量就被修正为：

$$E^i_{\text{E}}=-\Gamma^i_{00}c^2=-\frac{GM_{\text{sun}}}{R^2}\frac{X^i}{R}+\frac{2G^2M^2_{\text{sun}}}{c^2R^3}\frac{X^i}{R}+\cdots=-\frac{GM_{\text{sun}}}{R^2}\frac{X^i}{R}\left(1-\frac{2GM_{\text{sun}}}{c^2R}\right)+\cdots$$

单位质量物体所受到引力的大小就被修正为：

$$E_{\text{E}}=\sqrt{-g_{ij}E^i_{\text{E}}E^j_{\text{E}}}=\frac{GM_{\text{sun}}}{R^2}+\left(-\frac{G^2M^2_{\text{sun}}}{c^2R^3}\right)+\cdots=E_{\text{N}}+\left(-\frac{G^2M^2_{\text{sun}}}{c^2R^3}\right)+\cdots$$

所以对于引力场中静止的单位质量物体，它所受到引力的大小在二阶近似之下会多出一个修正项出来，该修正项就是：

$$E_{\text{modify}}=-\frac{G^2M^2_{\text{sun}}}{c^2R^3}$$

它就是爱因斯坦的引力理论对牛顿引力的修正值。

因此，最后结论为：在无穷远静止观测者看来，对于质量相同的物体，相比于牛顿引力，爱因斯坦引力变小了。实际上在位于 $R=\frac{2GM}{c^2}$ 的地方，爱因斯坦的引力已经变小为零。

但是，对于站在物体旁边的静止观测者而言结论是不一样的。他携带的钟测量出的时间也是物体上钟测量出的时间 τ[1]，那么物体的质量应该采用固有质量 M。在第 16 章谈到过，重力场中静止观测者所携带直尺对空间的测量值仍然是（X,Y,Z）。那么该观测者测量出该物体受到的引力 f^α_{E}（四维力，因为它是采用时间 τ 度量出来的力）和运动方程是：

$$M_{\text{partical}}\frac{\mathrm{d}^2X^i}{\mathrm{d}\tau^2}=f^i_{\text{E}}=-M_{\text{partical}}\Gamma^i_{00}U^0\underset{\uparrow}{U^0}=-M_{\text{partical}}\Gamma^i_{00}\frac{c^2}{g_{00}}$$

$$U^0=\frac{\mathrm{d}X^0}{\mathrm{d}\tau}=c\frac{\mathrm{d}T}{\mathrm{d}\tau}=\frac{c}{\sqrt{g_{00}}}$$

同样，单位质量物体受到的爱因斯坦引力的分量就等于：

$$e^i_{\text{E}}=-\frac{\Gamma^i_{00}c^2}{g_{00}}=\frac{E^i_{\text{E}}}{g_{00}}=\frac{GM_{\text{sun}}}{R^2}\frac{X^i}{R}+\cdots$$

站在物体旁边的静止观测者所测量到引力大小被修正为：

$$e_{\text{E}}=\sqrt{-g_{ij}e^i_{\text{E}}e^j_{\text{E}}}=\frac{E_{\text{E}}}{g_{00}}=\frac{GM_{\text{sun}}}{R^2}+\frac{G^2M^2_{\text{sun}}}{c^2R^3}+\cdots=E_{\text{N}}+\frac{G^2M^2_{\text{sun}}}{c^2R^3}+\cdots$$

因此，最后结论还可以是：在站在物体旁边的静止观测者看来，对于质量相同的物体，

[1] 因为观测者和物体是相对静止的。

相比于牛顿引力，爱因斯坦的引力变大了。实际上在位于 $R=\dfrac{2GM}{c^2}$ 的地方，爱因斯坦的引力已经变大到无穷大。

这就是爱因斯坦的理论所带来的奇妙结论。这种奇妙性在 $R=\dfrac{2GM}{c^2}$ 的地方达到极端。对于无穷远静止观测者而言，这个地方的引力是零；但对位于 $R=\dfrac{2GM}{c^2}$ 处的静止观测者而言，这个地方的引力又是无穷大的，若在此观测会被引力形成的潮汐力撕得粉碎。最奇妙的就是这两位观测者的结论都是正确的。这是广义相对论中一个展示结论是相对的最引人注目的例子。

26.3.2 运动物体所受到的引力

以上结论都是物体静止时所受到引力的计算，而运动起来的物体所受到引力还将进一步发生改变。因为当物体运动起来之后，引力场强（即联络）的其它分量将会发生作用了。不过对于运动物体，这里只关注爱因斯坦的引力对运动轨迹所产生的改变，比如对水星运动轨道的改变，所以无论采用坐标时间 T 还是采用水星携带的钟测量出的时间 τ，对结论都没有任何影响。

那么对于静止观测者而言，在采用时间 τ 的情况下，单位质量的物体所受到引力的分量和运动方程为：

$$\begin{cases}\dfrac{\mathrm{d}^2X^i}{\mathrm{d}\tau^2}=e^i_{\mathrm{E}}=-c^2\Gamma^i_{00}\dfrac{\mathrm{d}T}{\mathrm{d}\tau}\dfrac{\mathrm{d}T}{\mathrm{d}\tau}-\Gamma^i_{jk}\dfrac{\mathrm{d}X^k}{\mathrm{d}\tau}\dfrac{\mathrm{d}X^j}{\mathrm{d}\tau}\\[2ex]\dfrac{\mathrm{d}^2T}{\mathrm{d}\tau^2}=-2\Gamma^0_{0j}\dfrac{\mathrm{d}T}{\mathrm{d}\tau}\dfrac{\mathrm{d}X^j}{\mathrm{d}\tau}\end{cases}$$

可以明显看到：物体的运动速度（即方程右边最后一项）也对该物体所受到的引力产生了影响[❶]。

不过为了计算方便，需要将坐标系 (X,Y,Z) 变换到极坐标系 (R,θ,φ)：

$$X=R\sin\theta\cos\varphi,\ Y=R\sin\theta\sin\varphi,\ Z=R\cos\theta$$

上面的运动方程也需要相应地变换为：

$$\begin{cases}\dfrac{\mathrm{d}^2R}{\mathrm{d}\tau^2}=-\Gamma^R_{TT}c^2\left(\dfrac{\mathrm{d}T}{\mathrm{d}\tau}\right)^2-\Gamma^R_{RR}\left(\dfrac{\mathrm{d}R}{\mathrm{d}\tau}\right)^2-\Gamma^R_{\varphi\varphi}\left(\dfrac{\mathrm{d}\varphi}{\mathrm{d}\tau}\right)^2\\[2ex]\dfrac{\mathrm{d}^2\varphi}{\mathrm{d}\tau^2}=-2\Gamma^\varphi_{\varphi R}\dfrac{\mathrm{d}R}{\mathrm{d}\tau}\dfrac{\mathrm{d}\varphi}{\mathrm{d}\tau}\end{cases}$$

其中，$\dfrac{\mathrm{d}^2T}{\mathrm{d}\tau^2}=-2\Gamma^T_{RT}\dfrac{\mathrm{d}R}{\mathrm{d}\tau}\dfrac{\mathrm{d}T}{\mathrm{d}\tau}$。

根据前面的讨论，为了保持球对称性，空间部分的度规一般构造为：

$$\mathrm{d}L^2=g_{ij}(X)\mathrm{d}X^i\mathrm{d}X^j=A(R)(R\mathrm{d}R)^2+B(R)(\mathrm{d}R^2+R^2\mathrm{d}\theta^2+R^2\sin^2\theta\mathrm{d}\varphi^2)$$

将前面得到的 $A(R)$ 和 $B(R)$ 的值代入之后，就得到极坐标系之下的度规为：

$$c^2\mathrm{d}\tau^2=\left(1+\frac{2\phi_{\mathrm{N}}}{c^2}+\cdots\right)c^2\mathrm{d}T^2-\left(1-\frac{2\phi_{\mathrm{N}}}{c^2}+\cdots\right)\mathrm{d}R^2-R^2\mathrm{d}\theta^2-R^2\sin^2\theta\mathrm{d}\varphi^2$$

---

❶ 这和磁力非常类似：当电荷运动起来之后，电荷之间相互作用力也会发生改变，而这个改变的部分被称为磁力。

写出矩阵的形式，度规就是：

$$g_{\mu\nu}(R)=\begin{pmatrix}1+\frac{2\phi_{\mathrm{N}}}{c^2}+\cdots & 0 & 0 & 0\\ 0 & -1+\frac{2\phi_{\mathrm{N}}}{c^2}+\cdots & 0 & 0\\ 0 & 0 & -R^2 & 0\\ 0 & 0 & & -R^2\sin^2\theta\end{pmatrix}$$

$$=\begin{pmatrix}1-\frac{2GM_{\mathrm{sun}}}{c^2R^2}+\cdots & 0 & 0 & 0\\ 0 & -\frac{1}{1-\frac{2GM_{\mathrm{sun}}}{c^2R^2}+\cdots} & 0 & 0\\ 0 & 0 & -R^2 & 0\\ 0 & 0 & 0 & -R^2\sin^2\theta\end{pmatrix}$$

在一阶近似下，这个度规就是引力场方程在极坐标系之下的解，需要注意的是其中 M_{sun} 是太阳的纯质量。史瓦西早在1915年就已经得到太阳周围引力场方程的严格解[1]，而这个度规就是史瓦西的严格解的一阶近似。如果把二阶以上的所有修正项都考虑进去，这个度规的形式不需要改变，只需要将其中太阳的纯质量 M_{sun} 替换为这个系统的总质量 M 即可[2]。这个 M 包括：太阳的纯质量、引力场使太阳物质增加的质量、太阳内部粒子动能对应的质量、太阳内部压强对应的质量、引力场能量对应的质量等。

$$g_{\mu\nu}(R)=\begin{pmatrix}1+\frac{2\phi}{c^2} & 0 & 0 & 0\\ 0 & -\frac{1}{1+\frac{2\phi}{c^2}} & 0 & 0\\ 0 & 0 & -R^2 & 0\\ 0 & 0 & 0 & -R^2\sin^2\theta\end{pmatrix}=\begin{pmatrix}1-\frac{2GM}{c^2R^2} & 0 & 0 & \\ 0 & -\frac{1}{1-\frac{2GM}{c^2R^2}} & 0 & \\ 0 & 0 & -R^2 & 0\\ 0 & 0 & 0 & -R^2\sin^2\theta\end{pmatrix}$$

这个度规就是太阳周围引力场方程的严格解。其中 M 是这个系统的总质量，其中势函数也相应改变为：

$$\phi=-\frac{GM}{R}$$

采用这个度规计算出引力场强（即联络）的各分量为：

$$\Gamma^R_{TT}=\frac{GM}{c^2R^2}\left(1+\frac{2\phi}{c^2}\right),\ \Gamma^R_{RR}=-\frac{GM}{c^2R^2}\left(1+\frac{2\phi}{c^2}\right)^{-1},$$

$$\Gamma^R_{\theta\theta}=-R\left(1+\frac{2\phi}{c^2}\right),\ \Gamma^R_{\varphi\varphi}=-R\sin^2\theta\left(1+\frac{2\phi}{c^2}\right)$$

---

[1] 在1915年12月22日给爱因斯坦的信中，史瓦西就已经将这个结果告诉了爱因斯坦，史瓦西在1916年发表了这一成果。参见《爱因斯坦全集》第八卷上，湖南科技出版社，2009：226，241。

[2] H. C. 瓦尼安、R. 鲁菲尼著，《引力与时空》，科学出版社，2006：302。温伯格著，《引力与宇宙学》，高等教育出版社，2018：212-214。

$$\Gamma^{T}_{TR}=\frac{GM}{c^2R^2}\left(1+\frac{2\phi}{c^2}\right)^{-1}$$

$$\Gamma^{\theta}_{\theta R}=\Gamma^{\varphi}_{\varphi R}=\frac{1}{R},\ \Gamma^{\theta}_{\varphi\varphi}=-\sin\theta\cos\theta,\ \Gamma^{\varphi}_{\varphi\theta}=\cot\theta$$

接下来就可以计算出物体在爱因斯坦的引力作用下所需满足的运动方程。为了简化计算，这里只考虑在太阳赤道面上的运动，即要求有：

$$\theta=\frac{\pi}{2},\ \frac{d\theta}{d\tau}=0$$

所以在赤道面上，物体在爱因斯坦的引力作用下所需满足的运动方程就是：

$$\Rightarrow\begin{cases}\dfrac{d^2R}{d\tau^2}=-\dfrac{GM}{R^2}\left(1+\dfrac{2\phi}{c^2}\right)\left(\dfrac{dT}{d\tau}\right)^2+\dfrac{GM}{c^2R^2}\left(1+\dfrac{2\phi}{c^2}\right)^{-1}\left(\dfrac{dR}{d\tau}\right)^2+R\left(1+\dfrac{2\phi}{c^2}\right)\left(\dfrac{d\varphi}{d\tau}\right)^2\\ \dfrac{d^2\varphi}{d\tau^2}=-\dfrac{2}{R}\dfrac{dR}{d\tau}\dfrac{d\varphi}{d\tau}\\ \text{其中}\dfrac{d^2T}{d\tau^2}=-\dfrac{2GM}{c^2R^2}\left(1+\dfrac{2\phi}{c^2}\right)^{-1}\dfrac{dR}{d\tau}\dfrac{dT}{d\tau}\end{cases}$$

① 求解其中第二个方程，可得到：

$$\frac{dU^{\varphi}}{d\tau}=-\frac{2}{R}\frac{dR}{d\tau}U^{\varphi}\Rightarrow U^{\varphi}=\frac{J}{R^2}\Rightarrow R^2U^{\varphi}=J\text{，此处 }U^{\varphi}=\frac{d\varphi}{d\tau}$$

其中，J 是积分常数，U^{φ} 就是角速度。很容易看出来，在近日点和远日点，积分常数 J 正好等于单位质量物体角动量的大小。既然 J 是常数，这就说明水星的角动量是守恒的，所以这个方程就是开普勒第二定律在广义相对论中的推广。

② 求解其中第三个方程，可得到：

$$U^{T}=\frac{dT}{d\tau}=C_1\left(1+\frac{2\phi}{c^2}\right)^{-1}\Leftarrow\frac{dU^{T}}{d\tau}=-\frac{2GM}{c^2R^2}\left(1+\frac{2\phi}{c^2}\right)^{-1}U^{T}\frac{dR}{d\tau}\text{，此处 }U^{T}=\frac{dT}{d\tau}$$

其中，C_1 是积分常数。那么这个积分常数 C_1 又具有什么样的物理意义以及应该等于多少呢？第 17 章已经推导过，四维动量的时间分量表示物体的能量，即：

$$\frac{E}{c}=M_{\text{partical}}U^{T}=M_{\text{partical}}c\frac{dT}{d\tau}\Rightarrow\frac{dT}{d\tau}=\frac{E}{M_{\text{partical}}c^2}\text{，此处 }E=m_{\text{partical}}c^2$$

所以积分常数 C_1 就等于：

$$C_1=\left(1+\frac{2\phi}{c^2}\right)\frac{E}{M_{\text{partical}}c^2}\Leftarrow\begin{cases}\dfrac{dT}{d\tau}=C_1\left(1+\dfrac{2\phi}{c^2}\right)^{-1}\\ \dfrac{dT}{d\tau}=\dfrac{E}{M_{\text{partical}}c^2}\end{cases}$$

由于 C_1 是积分常数，即它在每个位置的值都是相等的。如果自由物体处于无穷远处时，势函数 ϕ 为零，那么 C_1 就等于：

$$C_1=\frac{E}{M_{\text{partical}}c^2}$$

其中，能量 E 也退化为纯物质的能量。所以在无穷远处，C_1 的物理意义就是单位静质量的纯物质所具有能量（即静质能＋动能），记为 E_{pure}。因此可以把积分常数 C_1 表示为：

$$\frac{E_{\text{pure}}}{1\times c^2}=C_1=\frac{E}{M_{\text{partical}}c^2}$$

由于 C_1 是常数，那么 E_{pure} 在物体运动过程中也是不变的，即 E_{pure} 是守恒的，所以第三个方程的解就变为：

$$\frac{\mathrm{d}T}{\mathrm{d}\tau}=\frac{E_{\text{pure}}}{1c^2}\left(1+\frac{2\phi}{c^2}\right)^{-1}$$

不过，当物体不在无穷远处的时候，E_{pure} 能量组成变为：纯物质的静质能＋动能＋势能。

③ 将第二个运动方程和第三个运动方程的解代入第一个运动方程之后，就得到：

$$\frac{\mathrm{d}U^R}{\mathrm{d}\tau}=-\frac{GM}{R^2}\left(1+\frac{2\phi}{c^2}\right)^{-1}\left(\frac{E_{\text{pure}}}{1c^2}\right)^2+\frac{GM}{c^2R^2}\left(1+\frac{2\phi}{c^2}\right)^{-1}(U^R)^2+R\left(1+\frac{2\phi}{c^2}\right)\left(\frac{J}{R^2}\right)^2,$$

$$\text{其中 } U^R=\frac{\mathrm{d}R}{\mathrm{d}\tau}$$

对这个方程进行一次积分就得到（推导过程见附录 6）：

$$\left(\frac{\mathrm{d}R}{\mathrm{d}\tau}\right)^2=\left(\frac{E_{\text{pure}}}{1c^2}\right)^2c^2-\left(\frac{J^2}{R^2}+C_2\right)\left(1+\frac{2\phi}{c^2}\right)$$

其中，C_2 也是一个积分常数，那么它又具有什么样的物理意义以及应该等于多少呢？当自由物体在无穷远区域还处于静止状态时，就存在

$$0=\left(\frac{E_{\text{pure}}}{1c^2}\right)^2c^2-C_2$$

由于物体还处于静止状态，那么物体此时还没有动能。所以 E_{pure} 就等于单位静质量的纯物质的静能量，即有：

$$E_{\text{pure}}=1c^2\Rightarrow C_2=c^2$$

由于积分常数 C_2 和 E_{pure} 在运动过程中都是常数，这样一来，第一个运动方程就成为了一个与能量相关的守恒方程，即有：

$$\left[\left(\frac{E_{\text{pure}}}{1c^2}\right)^2-1\right]c^2=2\phi+\left[\left(\frac{\mathrm{d}R}{\mathrm{d}\tau}\right)^2+\frac{J^2}{R^2}\left(1+\frac{2\phi}{c^2}\right)\right]$$

这个守恒方程的左边就是一个守恒的能量，那么这是一个什么样的能量呢？只要和牛顿的引力理论一对比就能很明显地看出答案。将势函数的值代入之后，这个方程就变为：

$$\frac{1}{2}\left[\left(\frac{E_{\text{pure}}}{1c^2}\right)^2-1\right]c^2=-\frac{GM}{R}-\frac{J^2}{R^2}\frac{GM}{c^2R}+\frac{1}{2}[(U^R)^2+(RU^\varphi)^2]$$

$$\text{其中 } U^R=\frac{\mathrm{d}R}{\mathrm{d}\tau},\ U^\varphi=\frac{\mathrm{d}\varphi}{\mathrm{d}\tau},\ (RU^\varphi)^2=\frac{J^2}{R^2}$$

方程右边第一项和第二项就是单位质量物体的势能[❶]；右边第三项和第四项就是单位质量物体的动能。如果只采用牛顿引力来进行计算，那么相应的方程是：

$$E_{k+p}=-\frac{GM_{\text{sun}}}{R}+\frac{1}{2}[(u^R)^2+(Ru^\varphi)^2],\ \text{其中 } u^R=\frac{\mathrm{d}R}{\mathrm{d}T},\ u^\varphi=\frac{\mathrm{d}\varphi}{\mathrm{d}T},\ (Ru^\varphi)^2=\frac{J^2}{R^2}$$

在牛顿的理论中，这个守恒方程就是表示单位质量物体的动能＋势能是守恒的。所以，在爱因斯坦修正之后的这个守恒方程中，守恒方程的左边项，即下面这个量就是表示单位静质量的纯物质的动能＋势能，也就是机械能。

---

❶ 注意：这个势能和牛顿引力势能并不严格相等。因为这里质量 M 是这个系统的总质量，而牛顿引力势能中的质量只是太阳的纯质量。

$$E_{\text{mechanical}}=\frac{1}{2}\left[\left(\frac{E_{\text{pure}}}{1c^2}\right)^2-1\right]c^2$$

当然，也可以从此公式直接看出它的物理意义来。由于 E_{pure} 表示在无穷远处单位静质量的纯物质所具有能量（静质能＋动能），所以有：

$$E_{\text{pure}}=1\gamma c^2\Rightarrow\left(\frac{E_{\text{pure}}}{1c^2}\right)^2=\gamma^2=\frac{1}{1-\dfrac{u^2}{c^2}}\approx 1+\frac{u^2}{c^2}\Rightarrow E_{\text{mechanical}}\approx\frac{1}{2}u^2$$

所以，$E_{\text{mechanical}}$ 就等于单位静质量的纯物质在无穷远处时的动能。从这个结论还可以反过来看出前面的积分常数 C_2 的物理意义，它就是表示单位质量的纯物质在无穷远处静止时的能量。

所谓纯物质就是指把引力场导致物质静质量增加的部分去除掉。之所以需要去除掉，主要是因为在第 18 章讨论过，引力场导致物体静质量增加的质量是从引力场中提取出来的。如果把提取出来的这部分能量也包含进来，运动物体的总能量（即包含静质量增加部分）在运动过程中就不守恒了。因为运动物体、引力场、太阳的总能量之和才是守恒的，而它们单独分别不是守恒的。

总之，在赤道面上，自由物体在爱因斯坦的引力作用下所需满足的运动方程就是两个守恒方程：一个是角动量守恒方程，另一个是机械能守恒方程。

$$\begin{cases}J=R^2U^{\varphi}\\ E_{\text{mechanical}}=-\dfrac{GM}{R}-\dfrac{J^2}{R^2}\dfrac{GM}{c^2R}+\dfrac{1}{2}[(U^R)^2+(RU^{\varphi})^2]\end{cases}，\text{其中 } U^R=\frac{\mathrm{d}R}{\mathrm{d}\tau},\ U^{\varphi}=\frac{\mathrm{d}\varphi}{\mathrm{d}\tau}$$

为了对比，在赤道面上，自由物体在牛顿的引力作用下的运动仍然需满足这两个守恒方程：

$$\begin{cases}J=R^2u^{\varphi}\\ E_{\text{mechanical}}=-\dfrac{GM_{\text{sun}}}{R}+\dfrac{1}{2}[(u^R)^2+(Ru^{\varphi})^2]\end{cases}，\text{其中 } u^R=\frac{\mathrm{d}R}{\mathrm{d}T},\ u^{\varphi}=\frac{\mathrm{d}\varphi}{\mathrm{d}T}$$

④ 对比之下可以看到，对于运动物体而言，爱因斯坦的引力对牛顿的引力在三个方面进行了修正：

a. 度量径向速度和角速度的时间并不是同一个时间。牛顿引力采用了无穷远钟测量的时间 T，而爱因斯坦引力采用了随物体运动钟测量的时间 τ。

b. 引力源太阳的质量从纯质量修正为这个系统的总质量。

c. 运动物体的势能会多出一项修正项，即：

$$-\frac{J^2}{R^2}\frac{GM}{c^2R}$$

爱因斯坦在 1915 年 11 月 18 日的论文《用广义相对论解释水星近日点的运动》中，主要计算了第一个和第三个修正方面对水星运动轨迹的影响（详见本书 27.4.2）。

26.4　爱因斯坦的引力对水星近日点进动的修正

26.4.1　牛顿的引力对水星近日点的计算

如果想要知道爱因斯坦的引力对水星轨迹的修正，就需要对运动方程再做一次积分。先来看一下在牛顿的引力中这个积分是如何完成的，也就是在不考虑这个修正项的时候是如何积分的。此时水星轨道方程就是径向距离 R 与转角 φ 之间所需满足的方程，为此需要利用第一个和第二个运动方程来消去时间参数 T，即：

$$\left.\begin{aligned} &J = R^2 \frac{\mathrm{d}\varphi}{\mathrm{d}T} \\ &E_{\text{mechanical}} = -\frac{GM_{\text{sun}}}{R} + \frac{1}{2}\left[\left(\frac{\mathrm{d}R}{\mathrm{d}T}\right)^2 + \frac{J^2}{R^2}\right] \end{aligned}\right\} \Rightarrow \frac{E_{\text{mechanical}}}{\left(\frac{J}{R^2}\right)^2} = -\frac{GM_{\text{sun}}}{R\left(\frac{J}{R^2}\right)^2} + \frac{1}{2}\left(\frac{\mathrm{d}R}{\mathrm{d}\varphi}\right)^2 + \frac{J^2}{2R^2\left(\frac{J}{R^2}\right)^2}$$

这个轨道方程可以化简为：

$$\frac{E_{\text{mechanical}}}{J^2} = -\frac{GM_{\text{sun}}}{J^2}\,\mho + \frac{1}{2}\left(\frac{\mathrm{d}\,\mho}{\mathrm{d}\varphi}\right)^2 + \frac{1}{2}\,\mho^2\text{，其中 }\mho = \frac{1}{R}$$

为了解决导数平方的问题，可以对方程再求一次导数，即得到：

$$0 = -\frac{GM_{\text{sun}}}{J^2} + \frac{\mathrm{d}^2\,\mho}{\mathrm{d}\varphi^2} + \mho$$

而此方程的解正好就是一个椭圆，即得到开普勒第一定律：

$$\frac{1}{R} = \frac{GM_{\text{sun}}}{J^2}(1 + e\cos\varphi)$$

26.4.2 爱因斯坦的引力对水星近日点的计算

在爱因斯坦的引力作用下，利用相同计算方法可得到水星轨道满足方程：

$$\frac{\mathrm{d}\varphi}{\mathrm{d}\tau} = \frac{J}{R^2}$$

$$E_{\text{mechanical}} = -\frac{GM}{R} + \left\{\frac{1}{2}\left[\left(\frac{\mathrm{d}R}{\mathrm{d}\tau}\right)^2 + \frac{J^2}{R^2}\right] - \frac{J^2}{R^2}\frac{GM}{c^2R}\right\}$$

$$\Rightarrow \frac{E_{\text{mechanical}}}{\left(\frac{J}{R^2}\right)^2} = -\frac{GM}{R\left(\frac{J}{R^2}\right)^2} + \frac{1}{2}\left(\frac{\mathrm{d}R}{\mathrm{d}\varphi}\right)^2 + \frac{J^2}{2R^2\left(\frac{J}{R^2}\right)^2} - \frac{J^2}{R^2\left(\frac{J}{R^2}\right)^2}\frac{GM}{c^2R}$$

同样，这个轨道方程可以化简为：

$$\frac{E_{\text{mechanical}}}{J^2} = -\frac{GM}{J^2}\,\mho + \frac{1}{2}\left(\frac{\mathrm{d}\,\mho}{\mathrm{d}\varphi}\right)^2 + \frac{1}{2}\,\mho^2 - \frac{GM}{c^2}\,\mho^3\text{，其中 }\mho = \frac{1}{R}$$

同样，为了解决导数平方的问题，可以对方程再求一次导数，即得到：

$$0 = -\frac{GM}{J^2} + \frac{\mathrm{d}^2\,\mho}{\mathrm{d}\varphi^2} + \mho - \frac{3GM}{c^2}\,\mho^2$$

和牛顿引力之下的轨道方程的对比如下：

$$0 = -\frac{GM}{J^2} + \frac{\mathrm{d}^2\,\mho}{\mathrm{d}\varphi^2} + \mho - \frac{3GM}{c^2}\,\mho^2\text{，爱因斯坦}$$

$$0 = -\frac{GM_{\text{sun}}}{J^2} + \frac{\mathrm{d}^2\,\mho}{\mathrm{d}\varphi^2} + \mho\text{，牛顿}$$

可以看到爱因斯坦的引力对水星轨道的影响主要有两个来源：一个来源是太阳的质量需要被修正；另一个来源是多出的修正项。由于我们是根据引力反过来测量太阳质量的，所以牛顿的理论已经包含第一个修正来源，因此太阳的质量可以使用同一个，即有：

$$0=-\frac{GM}{J^2}+\frac{\mathrm{d}^2\mho}{\mathrm{d}\varphi^2}+\mho-\frac{3GM}{c^2}\mho^2，\text{爱因斯坦}$$

$$0=-\frac{GM}{J^2}+\frac{\mathrm{d}^2\mho}{\mathrm{d}\varphi^2}+\mho，\text{牛顿}$$

所以，对观测结果产生影响的主要是第二个来源的修正项。但在数量级上可以看到这个修正项是非常小的，即：

$$0=-\frac{GM}{J^2}+\frac{\mathrm{d}^2\mho}{\mathrm{d}\varphi^2}+\mho(1-\Delta)，\Delta=\frac{3GM}{c^2R}\approx10^{-6}，\text{爱因斯坦}$$

$$0=-\frac{GM}{J^2}+\frac{\mathrm{d}^2\mho}{\mathrm{d}\varphi^2}+\mho\quad\text{牛顿}$$

如此微小的改变只会对水星轨道产生微弱的影响，具体来说会对水星椭圆轨道的长轴和近日点位置产生微弱影响，假设影响如下：

$$\mho=\frac{1}{R}=(1+\Delta_1)\frac{GM}{J^2}\{1+e\cos[(1+\Delta_2)\varphi]\}，\Delta_1\ll1，\Delta_2\ll1$$

代入微分方程之后，就可以得到这些影响在各自数量级上需要满足[1]：

$$\begin{cases}0=\Delta_2\dfrac{GM}{J^2}(2e\cos\varphi-e\varphi\sin\varphi)+\Delta_2\dfrac{GM}{J^2}e\varphi\sin\varphi+3\dfrac{GM}{c^2}\dfrac{G^2M^2}{J^4}(2e\cos\varphi+\cdots)\\0=-\dfrac{GM}{J^2}-(1+\Delta_1)\dfrac{GM}{J^2}e\cos\varphi+(1+\Delta_1)\dfrac{GM}{J^2}(1+e\cos\varphi)-3\dfrac{GM}{c^2}\dfrac{G^2M^2}{J^4}+\cdots\end{cases}$$

那么，修正参数等于：

$$\begin{cases}\Delta_1=+3\dfrac{G^2M^2}{c^2J^2}\\\Delta_2=-3\dfrac{G^2M^2}{c^2J^2}\end{cases}$$

即修正之后的轨道方程为：

$$\frac{1}{R}=\left(1+3\frac{G^2M^2}{c^2J^2}\right)\frac{GM}{J^2}\left\{1+e\cos\left[\left(1-3\frac{G^2M^2}{c^2J^2}\right)\varphi\right]\right\}$$

所以，爱因斯坦的引力对牛顿引力的修正给水星轨道带来两个影响：一是水星的轨道半径变大了一点点；二是水星近日点的位置在不断发生改变。水星近日点就是水星离太阳最近的位置，也就是 R 取最小时候的位置，也就是 cos 函数等于最大值 1 时候的位置。所以在近日点时水星的角度要求满足：

$$\left(1-3\frac{G^2M^2}{c^2J^2}\right)\varphi_{\min}(k)=2k\pi，k=1，2，3$$

很明显，水星绕太阳转一圈之后重新处于近日点时，水星的角度不再是之前的角度。那么绕太阳转一圈的角度改变量为：

$$\Delta\varphi=\varphi_{\min}(k+1)-\varphi_{\min}(k)=6\pi\frac{G^2M^2}{c^2J^2}$$

---

[1] 计算过程：

$$\mho=\frac{1}{R}=(1+\Delta_1)\frac{GM}{J^2}\{1+e\cos[(1+\Delta_2)\varphi]\}=(1+\Delta_1)\frac{GM}{J^2}(1+e\cos\varphi)-\Delta_2\frac{GM}{J^2}e\varphi\sin\varphi+\cdots，\varepsilon\ll1，\Delta_1\ll1$$

$$(\varphi\sin\varphi)''=(\sin\varphi+\varphi\cos\varphi)'=2\cos\varphi-\varphi\sin\varphi$$

如图 26-1 所示，将相关数据代入后的计算结果为：在牛顿引力的基础上，爱因斯坦引力对进动的修正值是每 100 年进动 43″。在 1915 年 11 月 18 日，爱因斯坦提交的论文《关于广义相对论解释水星近日点的进动》给出了这个计算结果，从而成功地解释了天文学遗留的一个老大难问题。

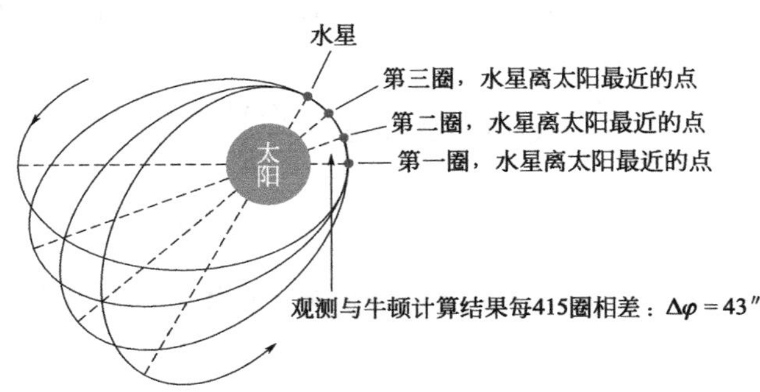

图 26-1　水星在近日点的进动

需要值得注意的是：43″只是爱因斯坦的引力与牛顿的引力之间的差值，并不是水星总的近日点进动数据。水星近日点的总进动是每 100 年 5600″，其中有 5025″是由观测所使用的天文坐标系的旋转造成的，另外 532″是由除太阳之外的其它行星的引力造成的。所以采用牛顿的引力理论已经可以计算出其中的 5557″，这也表明牛顿的引力理论已经非常优秀了。但是在爱因斯坦的引力出现之前，人们无论如何也无法完美计算出剩下的 43″。这个差距只有总观测值的百分之一都不到，所以任何非常微小的因素都可能造成这个数量级的影响。但是爱因斯坦引力的计算结果却能正好精确地等于 43″，所以这是一个更成功的理论。

另外值得注意的是：进动的角度与水星轨道的偏心率 e 的依赖程度很小。所以即使水星的轨道是一个正圆，这个进动也会出现，并且进动的大小几乎不会发生改变。在轨道是正圆的时候，角动量可以很容易被计算出来，所以这个进动量可以改写为：

$$\Delta\varphi = 6\pi\frac{G^2M^2}{c^2J^2} = 6\pi\frac{GM}{c^2R} \leftarrow J = vR = \sqrt{GMR} \leftarrow \frac{v^2}{R} = \frac{GM}{R^2}$$

26.5　爱因斯坦的引力对光线弯曲的修正

爱因斯坦的引力对水星近日点进动的成功解释还是在解决老问题，这是一个成功理论的必要条件。但是一个新理论要想取得成功和认可，它还需要给出之前从不知道现象的预言，且这些预言在之后能被观测验证。爱因斯坦的引力理论就需要这样的预言，而其中最重要的预言就是太阳对光线的弯曲作用。第 13、15 章都谈到过，爱因斯坦在 1911 年已经计算出其中的一半。在《关于广义相对论解释水星近日点的进动》论文中，爱因斯坦纠正了这个结论，预言光线偏转角度应该是 1911 年计算结果的两倍，而纠正的另一半偏转正是由于空间的弯曲所造成的。

对于光子而言有 $d\tau=0$，那么固有时间 τ 就不能再作为描述光子运动变化的参数。所以我们必须换一个描述变化的参数，比如选择参数 λ，那么光子的四维速度和运动方程就需要分别调整为：

$$U^\mu = \frac{dX^\mu}{d\lambda}$$

$$\begin{cases}\dfrac{d^2R}{d\lambda^2}=-\dfrac{GM}{R^2}\left(1+\dfrac{2\phi}{c^2}\right)\left(\dfrac{dT}{d\lambda}\right)^2+\dfrac{GM}{c^2R^2}\left(1+\dfrac{2\phi}{c^2}\right)^{-1}\left(\dfrac{dR}{d\lambda}\right)^2+R\left(1+\dfrac{2\phi}{c^2}\right)\left(\dfrac{d\varphi}{d\lambda}\right)^2\\ \dfrac{d^2\varphi}{d\lambda^2}=-\dfrac{2}{R}\dfrac{dR}{d\lambda}\dfrac{d\varphi}{d\lambda}\\ \text{其中}\dfrac{d^2T}{d\lambda^2}=-\dfrac{2GM}{c^2R^2}\left(1+\dfrac{2\phi}{c^2}\right)^{-1}\dfrac{dR}{d\lambda}\dfrac{dT}{d\lambda}\end{cases}$$

① 同样，求解其中第二个方程，可得到角动量守恒：

$$\frac{dU^\varphi}{d\lambda}=-\frac{2}{R}\frac{dR}{d\lambda}U^\varphi\Rightarrow U^\varphi=\frac{J}{R^2}\Rightarrow R^2U^\varphi=J,\ U^\varphi=\frac{d\varphi}{d\lambda}$$

② 同样，求解其中第三个方程，可得到：

$$U^T=\frac{dT}{d\lambda}=C_1\left(1+\frac{2\phi}{c^2}\right)^{-1}\Leftarrow\frac{dU^T}{d\lambda}=-\frac{2GM}{c^2R^2}\left(1+\frac{2\phi}{c^2}\right)^{-1}U^T\frac{dR}{d\lambda},\ U^T=\frac{dT}{d\lambda}$$

那么对于光子，这个积分常数 C_1 又具有什么样的物理意义以及应该等于多少呢？在无穷远没有引力场的区域（势函数 $\phi=0$），这个光子就没有受到引力场的影响，那么该光子的能量也可以被称为纯光子的能量，记为 E_{pure}。在无穷远没有引力场的区域，光子的能量和动量满足关系：

$$E_{pure}^2-P^2c^2=0\leftrightarrow\eta_{\alpha\beta}P^\alpha P^\beta=0\leftrightarrow\left(\frac{dT}{d\lambda}\right)^2c^2-\delta_{ij}P^iP^j=0$$

所以，我们可以通过调整参数 λ 的取值（λ 的量纲为 $[T][M^{-1}]$），从而让无穷远没有引力场的区域里面的这个纯光子的能量等于：

$$E_{pure}=\frac{dT}{d\lambda}c^2$$

所以积分常数 C_1 就等于：

$$C_1=\frac{E_{pure}}{c^2}\Leftarrow\begin{cases}\dfrac{dT}{d\lambda}=C_1\left(1+\dfrac{2\phi}{c^2}\right)^{-1}=C_1\left(1+\dfrac{0}{c^2}\right)^{-1}\\ E_{pure}=\dfrac{dT}{d\lambda}c^2\end{cases}$$

由于 C_1 是常数，那么 E_{pure} 在这个光子运动过程中也是不变的，即 E_{pure} 也是守恒的。所以第三个方程的解就变为：

$$\frac{dT}{d\lambda}=\frac{E_{pure}}{c^2}\left(1+\frac{2\phi}{c^2}\right)^{-1}$$

③ 将第二个运动方程和第三个运动方程的解代入第一个运动方程之后，就得到：

$$\frac{dU^R}{d\lambda}=-\frac{GM}{R^2}\left(1+\frac{2\phi}{c^2}\right)^{-1}\left(\frac{E_{pure}}{c^2}\right)^2+\frac{GM}{c^2R^2}\left(1+\frac{2\phi}{c^2}\right)^{-1}(U^R)^2+R\left(1+\frac{2\phi}{c^2}\right)\left(\frac{J}{R^2}\right)^2,$$

$$\text{其中 } U^R=\frac{dR}{d\lambda}$$

对这个方程进行一次积分同样就得到：

$$\left(\frac{dR}{d\lambda}\right)^2=\left(\frac{E_{pure}}{c^2}\right)^2c^2-\left(\frac{J^2}{R^2}+C_2\right)\left(1+\frac{2\phi}{c^2}\right)$$

其中，C_2 也是一个积分常数，那么它又具有什么样的物理意义以及应该等于多少呢？在无穷远没有引力场的区域（势函数 $\phi=0$），假设光子在做径向运动（即角动量 J 等于零，

速度只有 U^R），那么该方程就退化为：

$$\left(\frac{\mathrm{d}R}{\mathrm{d}\lambda}\right)^2=\left(\frac{E_{\text{pure}}}{c^2}\right)^2c^2-C_2$$

在无穷远没有引力场的区域，根据光子的能量和动量需要的满足关系就得到：

$$C_2=0\Leftarrow\begin{cases}C_2c^2=E_{\text{pure}}^2-\left(\dfrac{\mathrm{d}R}{\mathrm{d}\lambda}\right)^2c^2\Leftarrow\left(\dfrac{\mathrm{d}R}{\mathrm{d}\lambda}\right)^2=\left(\dfrac{E_{\text{pure}}}{c^2}\right)^2c^2-C_2\\E_{\text{pure}}^2-P^2c^2=0\text{，其中 }P^2=\left(\dfrac{\mathrm{d}R}{\mathrm{d}\lambda}\right)^2\end{cases}$$

所以，$C_2=0$ 的物理意义对应于光子的静质量为零。这样一来，第一个运动方程也成为了一个与光子的能量相关的守恒方程，即有：

$$\left(\frac{E_{\text{pure}}}{c^2}\right)^2c^2=\left(\frac{\mathrm{d}R}{\mathrm{d}\lambda}\right)^2+\frac{J^2}{R^2}\left(1+\frac{2\phi}{c^2}\right)$$

同样，消去表示运动变化的参数 λ 之后，得到径向距离 R 与转角 φ 之间所需满足的轨道方程为：

$$\left.\begin{aligned}&\frac{E_{\text{pure}}^2}{c^2}=\left(\frac{\mathrm{d}R}{\mathrm{d}\lambda}\right)^2+\frac{J^2}{R^2}-\frac{J^2}{R^2}\frac{2GM}{c^2R}\\&\frac{\mathrm{d}\varphi}{\mathrm{d}\lambda}=\frac{J}{R^2}\end{aligned}\right\}\Rightarrow\frac{\dfrac{E_{\text{pure}}^2}{c^2}}{\left(\dfrac{J}{R^2}\right)^2}=\left(\frac{\mathrm{d}R}{\mathrm{d}\varphi}\right)^2+\frac{J^2}{R^2\left(\dfrac{J}{R^2}\right)^2}-\frac{J^2}{R^2\left(\dfrac{J}{R^2}\right)^2}\frac{2GM}{c^2R}$$

同样，这个轨道方程可以化简为：

$$\frac{\dfrac{E_{\text{pure}}^2}{c^2}}{J^2}=\left(\frac{\mathrm{d}\,\mho}{\mathrm{d}\varphi}\right)^2+\mho^2-\frac{2GM}{c^2}\mho^3,\quad \mho=\frac{1}{R}$$

同样，为了解决导数平方的问题，可以对方程再求一次导数，即得到：

$$0=\frac{\mathrm{d}^2\,\mho}{\mathrm{d}\varphi^2}+\mho-\frac{3GM}{c^2}\mho^2,\quad \mho=\frac{1}{R}$$

方程右边的第三项就是爱因斯坦的理论所带来的修正项。

如果不考虑爱因斯坦的相对论所带来的修正，即没有质能公式，就不用考虑光子的惯性质量和引力质量，那么方程只剩下前面两项，即：

$$0=\frac{\mathrm{d}^2\,\mho}{\mathrm{d}\varphi^2}+\mho,\quad \mho=\frac{1}{R}$$

方程的解为：

$$\mho=\frac{1}{R}=\frac{1}{R_0}\cos\varphi$$

这个解正好是一条直线，该直线离太阳最近距离等于 R_0，如图 26-2 所示。

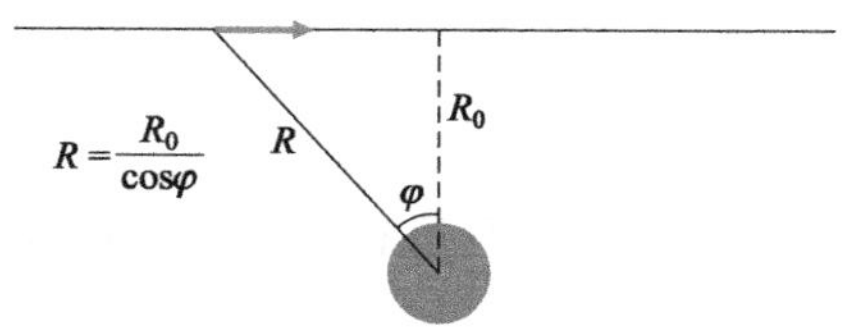

图 26-2 光线没有弯曲的情况

所以如果不考虑爱因斯坦的相对论，光线就是一条直线。在左边无穷远处的入射角为 $\varphi=\dfrac{\pi}{2}$；在右边无穷远处的出射角为 $\varphi=-\dfrac{\pi}{2}$。

如果加上爱因斯坦的理论所带来的修正，即加入方程右边的第三项，方程的近似解为[1]：

$$U=\frac{1}{R}\approx\frac{1}{R_0}\cos\varphi+\frac{GM}{c^2R_0^2}(1+\sin^2\varphi)$$

很显然，光线的轨迹不再是一条直线，而是发生了弯曲，如图 26-3 所示。

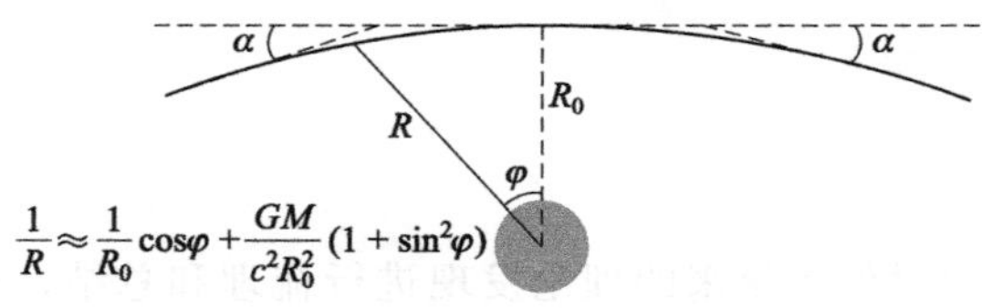

图 26-3 光线弯曲的情况

左边无穷远处的入射角为 $\varphi=\frac{\pi}{2}+\alpha$；右边无穷远处的出射角为 $\varphi=-\frac{\pi}{2}-\alpha$，所以偏转角 α 满足方程：

$$0\approx-\sin\alpha+\frac{GM}{c^2R_0}(1+\cos^2\alpha)$$

方程的近似解为：

$$\alpha\approx\frac{2GM}{c^2R_0}$$

那么光线总的偏转角度就等于：

$$2\alpha\approx\frac{4GM}{c^2R_0}\approx 1.7''$$

1919 年的观测验证了这个预言，这也证明爱因斯坦的理论取得了巨大的成功，他的名字也开始被越来越多的人所知道，到了今天，这已经是一个家喻户晓的名字了。

[1] 因为有：

$(1+\sin^2\varphi)''=(2\sin\varphi\cos\varphi)'=(\sin2\varphi)'=2\cos2\varphi=2(\cos^2\varphi-\sin^2\varphi)$

$(1+\sin^2\varphi)''+(1+\sin^2\varphi)=1+2\cos^2\varphi-\sin^2\varphi=3\cos^2\varphi$

第27章 地球对时空的弯曲

在 1916 年，爱因斯坦对他多年来的理论发现进行梳理和总结，写出了《广义相对论的基础》，其中的引力场方程是：

$$\begin{cases} R_{\sigma\delta} = -\kappa\left(T_{\sigma\delta} - \dfrac{1}{2} g_{\sigma\delta} T\right) \\ \sqrt{-g} = 1 \end{cases}$$

即使在这篇总结性论文中，除了在论文最开始提及该理论的数学工具是非欧几何中的张量和协变导数之外，论文并没有讨论时空弯曲的内容，更没有使用过物质让时空弯曲这样的结论。但是这个物理方程背后却包含有重要的几何意义，特别在发现方程中的条件$\sqrt{-g}=1$完全可以去掉之后，这个几何意义就非常直接明显地展示出来了，那就是：方程的左边是时空弯曲的曲率，方程的右边是描述物质的量。

随着之后不断研究，大家才逐渐开始认识到时空弯曲与物质之间这个关系背后所蕴含的丰富内容。不过这个研究课题并不简单，因为爱因斯坦的引力场方程是一个高度复杂的非线性方程，即使到今天为止，我们也只是对少数特殊情况有了清楚的认识，而更一般情况下的答案仍然可以作为今天科研的申报课题。所以这里先来讨论一下其中最简单，也是人们最熟悉的情况，那就是：地球或太阳是如何让时空弯曲的。

27.1 地球周围空间的弯曲

第 16 章已经推导过，在径向方向上，空间的真实长度 l^{real} 相比于地球不存在时的长度 L^{gauge} 变得更长了，如图 27-1 所示。

不过第 16 章的结论只是近似值，现在通过求解爱因斯坦的引力场方程可以得到这个关系的严格值。第 26 章已经推导过，地球周围的度规是：

$$c^2\mathrm{d}\tau^2 = \left(1 - \frac{2GM}{c^2R^2}\right)\mathrm{d}T^2 - \left(1 - \frac{2GM}{c^2R^2}\right)^{-1}\mathrm{d}R^2 - R^2\mathrm{d}\theta^2 - R^2\sin^2\theta\mathrm{d}\varphi^2$$

同样，其中的质量 M 是地球这个系统的总质量。那么利用度规计算出在径向方向上一根细棒的真实长度严格等于：

$$\Delta r = \sqrt{-g_{RR}}\,\Delta R = \frac{1}{\sqrt{1 - \dfrac{2GM}{c^2R^2}}}\Delta R$$

其中 Δr 就是这根细棒的真实长度或标准长度，它的数值等于与细棒站在一起的观测者，采用无穷远处的刻度标准测量出的数据；而 ΔR 称为细棒的坐标长度，它是地球不存在时测量出的刻度值❶。

由于细棒旁边直尺的长度会与细棒一起等比例地变长，所以采用这把直尺去测量这根细棒所测出的刻度值是没有改变的，如图 27-1 右边所示。那么在测量者看来，这个细棒的长度是没有变化的，因为测量出的刻度值并没有改变❷，所以这个刻度值也可以称为看上去的长度，它就等于坐标长度 ΔR。不过这根细棒的真实长度 Δr 已经变长了，这样一来，这根细棒就存在两种长度值。为了能够采用坐标长度 ΔR 作为标准，把对应的真实长度 Δr 在同一张图里展现出来，一种辅助工具被制造出来了，它就是等距嵌入图，如图 27-2 所示。

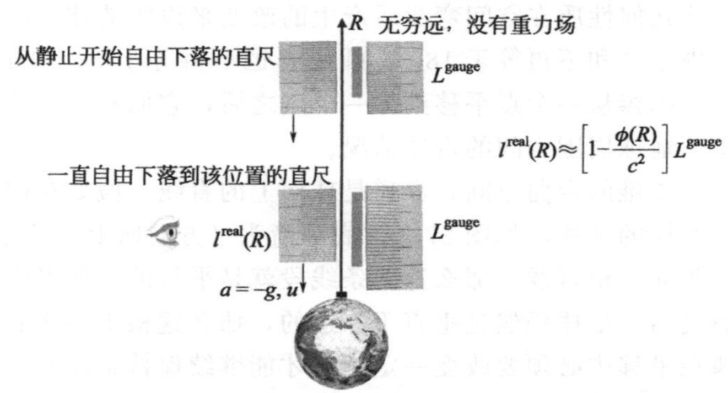

图 27-1　从无穷远处自由下落的直尺测量出的刻度值就是真实长度 l^{real}

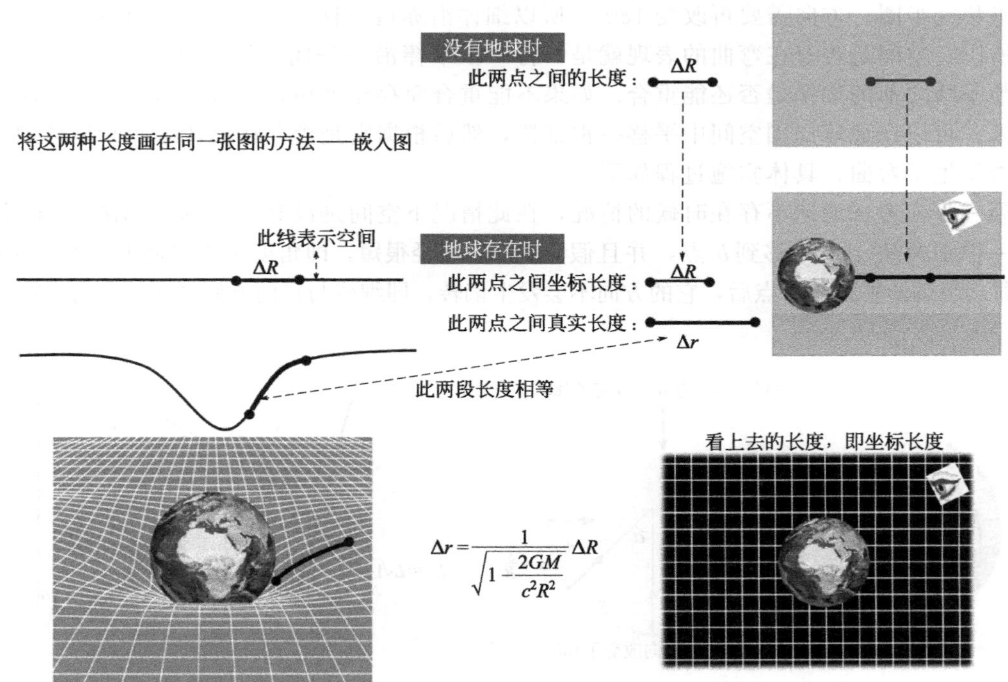

图 27-2　把一根细棒的两种长度值在一张图里同时画出来

---

❶ 通过这个严格关系，可以看到一个匪夷所思的结论，那就是：在位于 $R=\frac{2GM}{c^2}$ 的空间区域处，细棒的真实长度变得“无限长”，而这个区域就是黑洞的表面了。

❷ 在日常生活中，大家对这种结论已经习以为常了。但这个刻度值并不是细棒的真实长度，而只是度量长度。日常生活中的人们很少有人能洞察到这个区别，可是正如在第 3 章谈到过的，牛顿早在《自然哲学之数学原理》就已经十分清楚这种区别了，并对此还做了专门提醒。

需要注意的是：这张嵌入图不是指地球周围三维空间弯曲的样子，它是为了直观展示细棒真实长度的一个辅助工具。或者说，只有当地球周围空间是二维的时候，空间才是如图 27-2 这样弯曲的，可是地球周围空间并不是二维的，而是三维的。所以三维空间的弯曲形状并不是这张嵌入图所展现的那样，三维空间需要嵌入到六维空间中才能展示出其弯曲形状来。因为三维空间有三个独立的面（XY 面，YZ 面，ZX 面），每个面都需要多一个维度去展示它的弯曲，所以需要多出三个维度才能完全展示地球周围空间的弯曲形状。

由于人类视觉系统无法直观呈现六维空间，所以我们无法直观感受到地球周围空间弯曲的形状，只能通过一些几何性质在空间弯曲后产生的改变来说明地球周围空间的确发生了弯曲。比如说三角形的内角之和不再等于 180°；圆周率也不再等于 π；两条平行线可能相交；沿两条不同路径将一根细棒从一个点平移到另一个点之后，它们不再能够重合。这里主要采用最后一个性质来说明地球周围空间的弯曲情况。

比如球面就是一个二维的弯曲空间，赤道是球面上的直线。假如在起始点存在一根与赤道垂直的、方向指向北极的细棒，如图 27-3 中底部箭头（方向向上）所示。在几何定理中，如果两条线段都垂直于同一根直线，那么这两条线段就是平行的。所以将这根细棒沿赤道这根直线平移一段距离之后，细棒仍然是垂直于赤道的，那么这根平移之后的细棒就仍然是指向北极的。但该细棒在平移中必须要改变一定角度才能继续保持指向北极点，这就是球面的弯曲所造成的结果。细棒沿赤道平移完半圈，方向需要改变 180°才能继续指向北极点；再继续平移完半圈，方向需要再改变 180°。所以细棒沿赤道平移完一圈，方向改变了 360°。

所以，空间是否存在弯曲的表现就是：将一根细棒沿一条闭合回路平移之后回到起点，看它与平移之前的细棒是否还能重合。如果不能重合而存在夹角，那么空间就存在弯曲。这样一来，可以在地球周围空间中平移一根细棒，然后根据它是否存在偏转来判断地球周围空间是否发生了弯曲，具体实施过程如下。

第一步，考虑地球不存在时候的情况，在此情况下空间是没有弯曲的。如图 27-4 所示，假设一根细棒从 a 点平移到 b 点，并且假设平移的路径很短，即角度 θ 非常之小。由于空间没有弯曲，当细棒平移到 b 点后，它的方向不会发生偏转，即细棒与径向方向之间的夹角仍然为 θ。

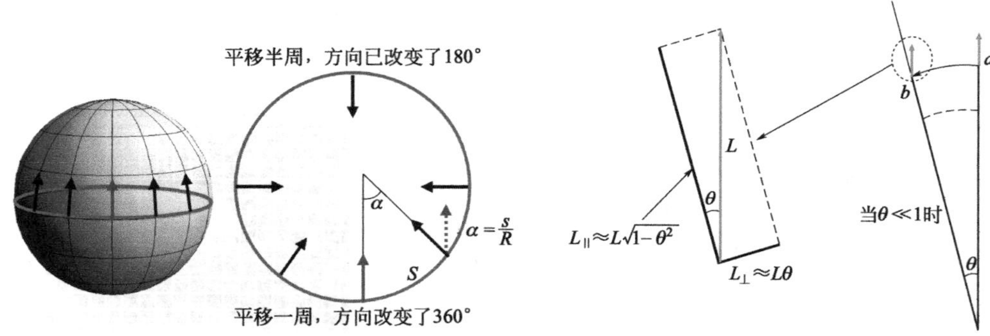

图 27-3　如何表明球面是一个弯曲的二维曲面　　图 27-4　地球不存在时候的平移过程

由于角度 θ 非常之小，很容易就能计算出这根细棒的长度 L 在径向方向的投影长度 $L_{\parallel}$，以及在水平方向上的投影长度 $L_{\perp}$。

$$L_{\perp}\approx L\theta$$

$$L_{\parallel}\approx L\sqrt{1-\theta^2}$$

第二步，接下来看看地球的出现会带来什么改变。上面刚刚谈到过，地球的存在会导致径向方向上的空间长度变长，而水平方向上的空间长度不受影响，即有如图 27-5 所示结果。

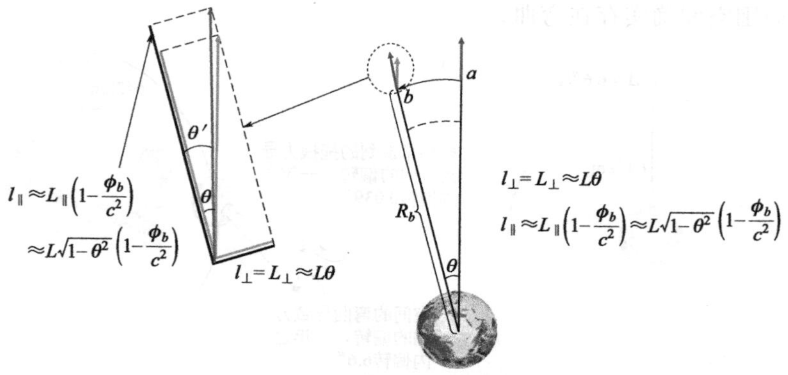

图 27-5　地球存在时候的平移过程

而在径向方向上投影长度 $l_{\parallel}$ 的这种改变，就会导致细棒与径向方向之间的夹角发生改变，即改变为：

$$\theta' \approx \frac{l_{\perp}}{l_{\parallel}} \approx \frac{L\theta}{L\sqrt{1-\theta^2}\left(1-\frac{\phi_b}{c^2}\right)} \approx \frac{\theta}{1-\frac{\phi_b}{c^2}} \approx \theta\left(1+\frac{\phi_b}{c^2}\right)$$

所以当地球存在时，将一根细棒从 a 点平行移动到 b 点之后，该细棒的方向会发生一点点偏转，这个偏转的角度（见图 27-6）等于：

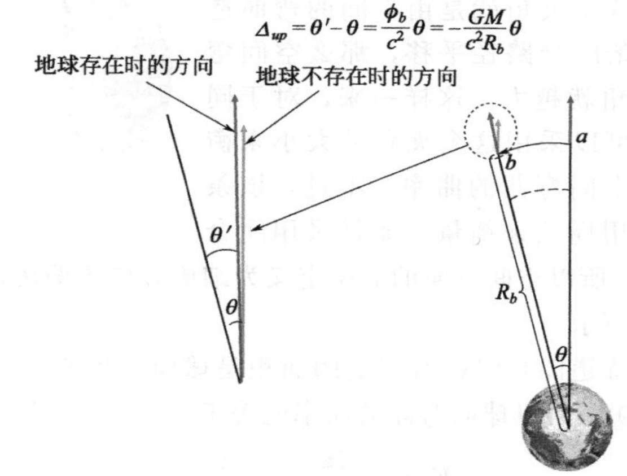

图 27-6　当地球存在时，细棒平移之后的方向会出现一点点偏转

这个偏转就表明地球周围的空间存在着弯曲。而该计算过程也表明，这个偏转是地球让径向方向的空间长度变长之后造成的，所以径向方向空间长度的变长就是空间弯曲的一种表现。如果现在再来问地球周围空间是如何弯曲的，我们就可以这样来回答了：让一根细棒在空间中平行移动，移动完一段距离之后，该细棒的方向会发生偏转。

这个偏转角度当然是非常小的。引力探测 B（Gravity Probe B）项目让一个旋转陀螺的指向（代替细棒方向）在 642km 的轨道上平行移动，然后测量该指向的偏转角度。该项目在 2011 年宣布测量结果是：细棒方向在一年之内只偏转了（6606×10^{-3}）″，即约 6.6″[❶]

---

❶ Everitt，et al，Gravity Probe B：Final Results of a Space Experiment to Test General Relativity，Physical Review Letters，106（22）：221101。

（见图 27-7）。这个结果与爱因斯坦引力理论计算结果是高度一致的，所以这个探测项目直接证实了地球周围空间确实存在弯曲。

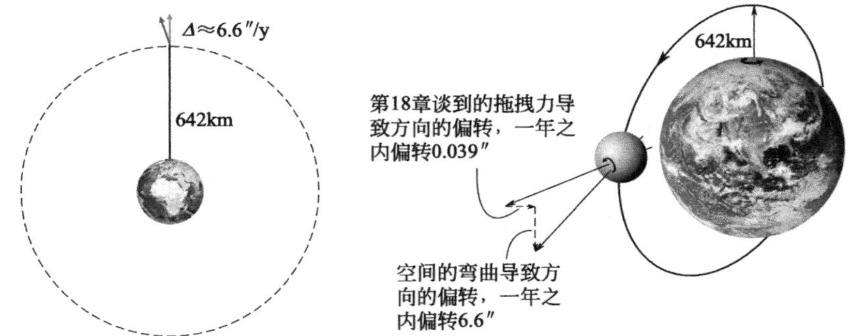

图 27-7　引力探测 B 项目直接证实了地球周围空间的弯曲❶

围绕地球平移 1 年才有 6.6″的偏转也说明空间弯曲的曲率是非常非常小的。接下来就具体计算一下地球周围空间弯曲的曲率等于多少。

27.2 地球周围空间弯曲的曲率

细棒沿一条闭合路径平移回到起点之后，与平移之前细棒方向所产生的这个夹角就是由空间的弯曲造成的。所以如果沿同一条闭合路径平移，那么空间弯曲得越厉害时，这个夹角就越大。这样一来，对于同一条闭合路径，我们就可以采用这个夹角的大小来衡量空间弯曲的强弱——空间弯曲的曲率。不过，该条闭合路径的大小不是采用周长来衡量，而是采用闭合路径围成的面积来衡量。所以空间弯曲的曲率定义为细棒方向的偏转角度 α 除以闭合路径围成的面积 S，如图 27-8 所示。

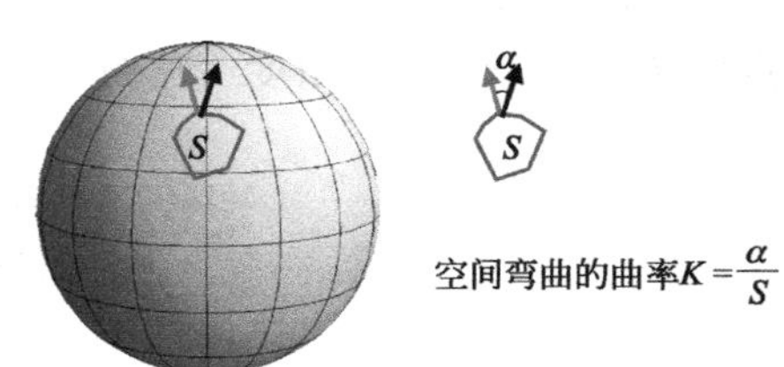

图 27-8　空间弯曲的曲率的定义

比如图 27-3 例子中赤道闭合路径所围成的面积是球面面积的一半，细棒方向沿赤道平移一圈的偏转角度为 360°，所以球面弯曲的曲率就等于：

$$K=\frac{2\pi}{4\pi R^2/2}=\frac{1}{R^2}$$

由于球面是均匀弯曲的，即每个位置的曲率都是一样的，所以可以采用像赤道这样比较大的闭合路径来进行计算。但如果空间弯曲是不均匀的，即每个位置的曲率可能是不相同的，那么为了更精确地计算每个位置的曲率，就应该选择尽量短的闭合路径，也就是让闭合路径所围成的面积尽量小。

选取方法如下：先选取一个将地球劈成两半的剖面，比如让极坐标 φ 等于常数而 R 和 θ 可以取任意值时所形成的一个剖面，它被称为 $R\theta$ 截面。然后在这个剖面上选取闭合回路 $abcda$，即让细棒沿 $abcda$ 平移之后回到 a 点，如图 27-9 所示。

---

❶ 另外的 0.039 弧秒偏转角度是由于地球自转（即地球的加速运动）所产生的“感应力”导致的。这种“感应力”就是类似于爱因斯坦计算过的那种“感应力”（第 18 章谈到过这种“感应力”）。

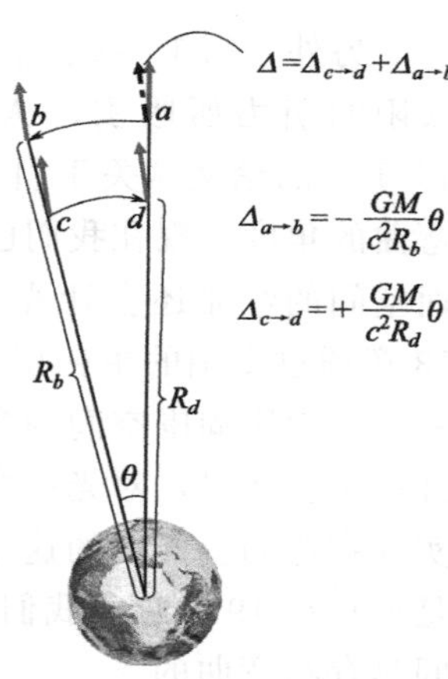

图 27-9　选择 $abcda$ 的闭合路径来计算空间弯曲的曲率

图 27-9 中，在细棒从 b 点平移到 c 点、从 d 点平移到 a 点的过程中，细棒方向是没有发生偏转的，所以沿这个闭合回路平移之后，细棒方向总的偏转角度为：

$$\Delta=-\frac{GM}{c^2R_b}\theta+\frac{GM}{c^2R_d}\theta=-\frac{GM(R_d-R_b)}{c^2R_bR_d}\theta\approx-\frac{GM}{c^2R_d^2}\theta\Delta R,$$

其中 $\Delta R=R_d-R_b$

而这条 $abcda$ 闭合回路围成的面积为：

$$S\approx(R_d\theta)\left[\Delta R\left(1-\frac{\phi_b}{c^2}\right)\right]\approx R_d\theta\Delta R$$

所以，$R\theta$ 截面在这个位置弯曲的曲率等于：

$$K_d=\frac{\Delta}{S}=-\frac{GM}{c^2R_d}\frac{1}{R_d^2}$$

从这个计算结果中可以非常清楚地看到，$R\theta$ 截面弯曲的曲率与地球的质量成正比，即质量越大弯曲就越强烈；这个结果也让我们直观地看到物质的量与空间弯曲曲率之间的依赖关系。

需要注意的是，这个曲率只是将地球劈成两半的 $R\theta$ 截面上的曲率，所以该曲率被称 $R\theta$ 截面的曲率，记为：

$$K_{R\theta}=-\frac{GM}{c^2R}\frac{1}{R^2}$$

由于球对称性，$R\varphi$ 截面和 $R\theta$ 截面的弯曲是相同的，所以 $R\varphi$ 截面的曲率也是：

$$K_{R\varphi}=-\frac{GM}{c^2R}\frac{1}{R^2}$$

它们的曲率都是负的，而三维欧式空间中的伪球面就是一个曲率为负常数的曲面，如图 27-10（b）所示。所以 $R\varphi$ 截面和 $R\theta$ 截面的弯曲方式与伪球面的弯曲方式是类似的，如图 27-10（a）所示，弯曲的形状也是大家在各种科普材料中常常看到的那样。

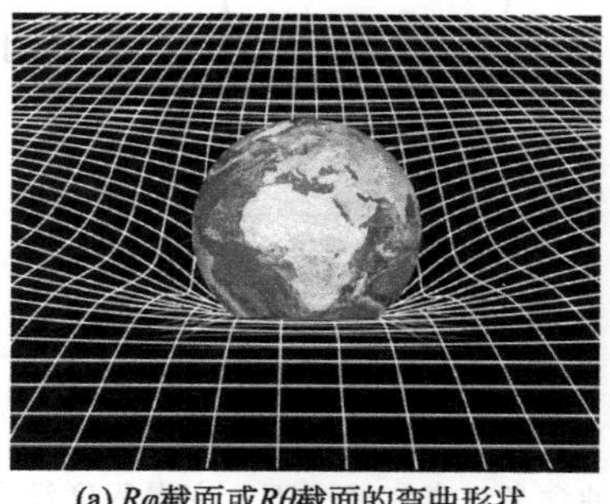
(a) $R\varphi$截面或$R\theta$截面的弯曲形状

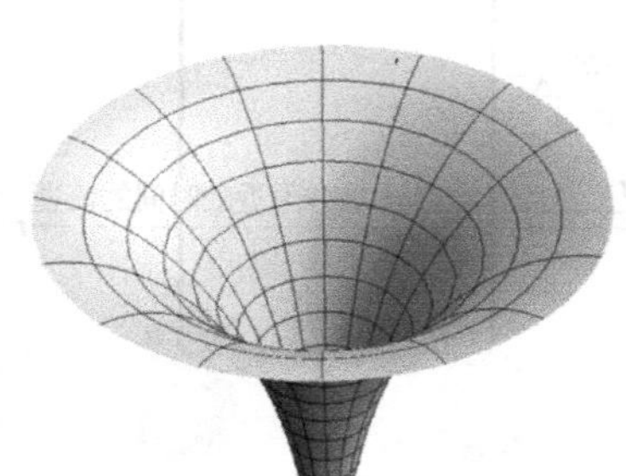
(b) 三维欧式空间中伪球面的一部分

图 27-10　$R\varphi$ 截面和 $R\theta$ 截面与伪球面弯曲方式类似

不过需要强调是，图 27-10 中 $R\varphi$ 截面是在朝我们所感知三维空间之外的不可感知的第四维空间上发生弯曲的，千万不要误会成 $R\varphi$ 截面是像图中那样在朝我们所感知空间的第三个维度上发生的弯曲。这是大家误解最多的地方。我们的视觉系统是感知不出 $R\varphi$ 截面的这个弯曲形状的，但我们可以通过平移细棒来反映出这种弯曲，另外也可以通过测量一个三角形的内角和小于 180°来反映出这种弯曲，如图 27-11 所示。

另外，第 13 章已经计算过，由于光子具有引力质量，会被太阳的引力所吸引，从而导致光线发生弯曲，爱因斯坦早在 1911 年的论文《关于引力对光传播的影响》中已经计算出这个弯曲的角度。现在我们已经知道地球周围的空间是存在弯曲的，而空间的弯曲还会让光线进一步发生弯曲。具体来说就是：第 13 章通过太阳的牛顿引力计算出的光线弯曲只占光线总弯曲的一半，太阳周围空间的弯曲导致的光线的弯曲占光线总弯曲的另外一半。所以，对光线弯曲的测量结果也能证明太阳周围空间确实存在弯曲。光线的这个弯曲早在 1919 年就被测量到了，也就是说早在 1919 年，我们就已经通过实验间接证实了太阳周围空间是存在弯曲的。

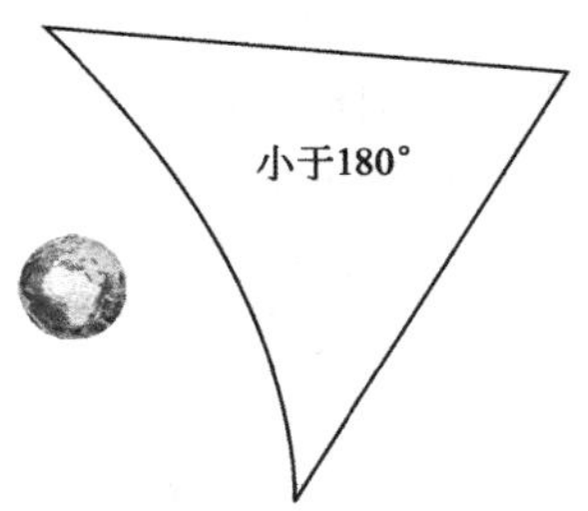

图 27-11 地球周围空间中三角形的内角和小于 180°，这也地球周围空间弯曲的表现

27.3 RT 截面弯曲的形状

接下来讨论另外一种截面的弯曲。让 φ 和 θ 等于常数，但 R 和 T 取任意值所形成的截面被称为 RT 截面。在地球不存在的情况下，即时空没弯曲情况下的 RT 截面如图 27-12 所示。

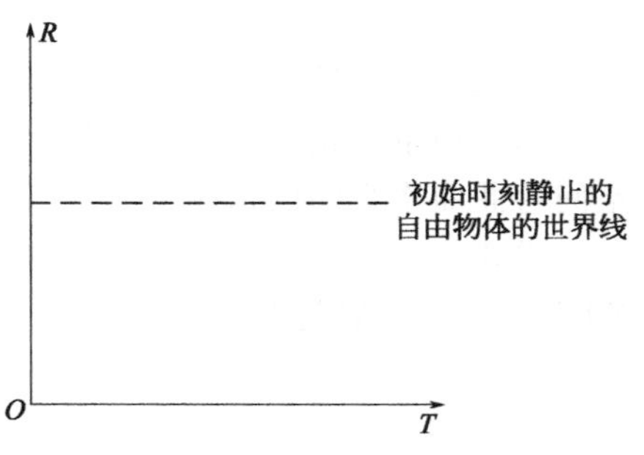

图 27-12 时空没有弯曲时，RT 截面中的一条直线

那么当地球存在之后，这个 RT 截面将会发生什么的弯曲呢？在第 14 章已经讨论过，越靠近地球，时间流逝得越慢，这将同一段时间分离成了两种含义：同一段时间间隔是指开始于相同事件（或相同时空点），也结束于相同事件（或相同时空点）；同一段时间流逝是指开始于相同时刻，也结束于相同时刻，如图 27-13 所示。

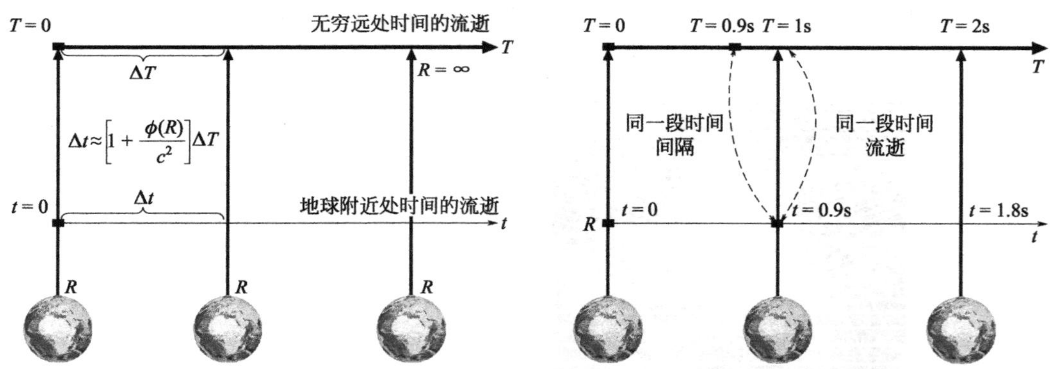

图 27-13 时间流逝变慢让同一段时间分离出两种含义（真实情况下，变慢程度没有这么多）

同样，第 14 章的结论只是近似值。现在通过求解爱因斯坦的引力场方程可以得到这个关系的严格值，即：

$$\Delta t=\sqrt{1-\frac{2GM}{c^{2}R}}\,\Delta T$$

其中，T 是无穷远处钟的刻度值。如果采用 T 去人为标记高度位置 R 处的时间，那么它可以视为 R 处的坐标时间，如图 14-17 所示。而 R 处静止钟的刻度值 t 称为 R 处的真实时间。对于 R 处，同一个运动过程，比如静止钟从 0 刻度走到 0.9 刻度过程所代表的一段时间间隔，当引力场不存在时，R 处 t 的值等于无穷远钟的刻度值 T，即 $t=T=0.9\text{s}$。当引力场存在之后，钟指向 0 和 0.9 刻度的两个事件不会被引力场改变，所以 t 的值不会被引力场改变，仍然为 $t=0.9\text{s}$，即此过程的历史跨度不变。不与其它位置的时间相比较，钟旁边观测者无法体验到此过程变快或变慢，即无论引力场存在与否，他对这 0.9s 的体验完全相同。所以真实长度 $t=0.9\text{s}$ 也称为此段时间间隔的体验长度，其数值等于此过程在引力场不存在时耗费的时间流逝量。由于此长度不会被引力场改变，所以它就等于历史跨度，也称为固有长度，其大小是绝对的。但是，此段时间的流逝量却是相对的，采用不同标准会不同的流逝量。

同样，为了能够以无引力场的时间流逝速度为标准把真实时间 t 的流逝量展示出来，也需要一个等距图作为辅助工具。与其它位置时间相比较，此运动过程的快慢就体现出来了，比如采用无穷远时间流逝速度为标准，那么 R 处的时间流逝相对变慢了。所以此运动过程需要消耗更多的时间流逝量才能跨越，即流逝量等于历史跨度除以流逝快慢，而度规 00 分量的作用就是描述此相对流逝快慢。由此标准度量出的流逝量称为此段时间间隔的标准长度，其数值等于无穷远同一段时间流逝的长度，比如图 27-13 中的 $T=1\text{s}$。那么，标准长度也等于坐标长度。因此，相比于无引力场时的流逝量，引力场将同一段时间间隔的流逝量变大了，具体情况大致如图 27-14 所示。时间间隔标准长度的这种改变就是时间的弯曲。

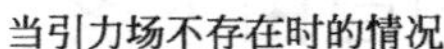

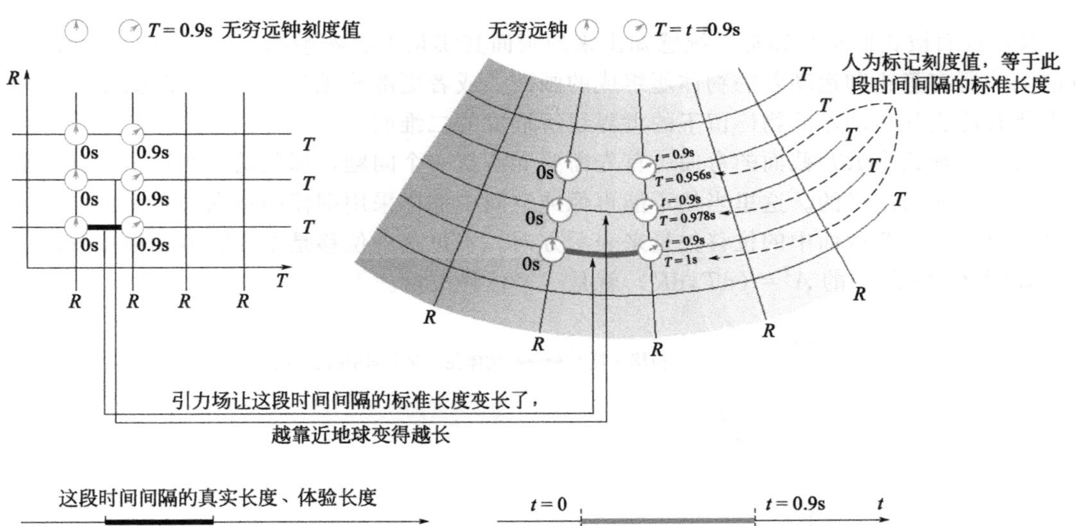

图 27-14　以无引力场的时间快慢为标准，把引力场中时间的流逝量展现出来

再把 R 轴方向上空间的坐标长度和真实长度也画进去，那么这个等距图将进一步弯曲成如图 27-15 所示。这样就得到了 RT 截面弯曲的大致形状（注意这只是大致形状，不是 RT 截面的严格形状）。

不过，RT 截面是由一维空间和一维时间组成的，而时间在我们的视觉系统中无法像空间那样被感知出来，所以 RT 截面的这个形状无法只用视觉系统直观地感知出来。那么 RT 截面这个弯曲形状被我们整个知觉系统感知出来后应该是什么样的画面呢？

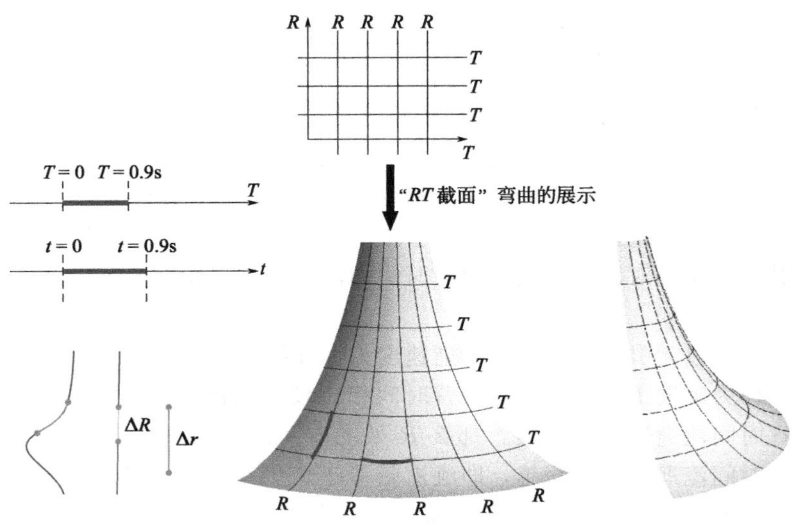

图 27-15　*RT* 截面弯曲的展示

27.4　*RT* 截面弯曲的表现方式——物体的自由下落

RT 截面被我们整个知觉系统感知出来的画面其实是无比熟悉的，那就是在地球的径向方向上，所有静止和运动着的物体所组成的画面。或者更准确地说，*RT* 截面就是在径向方向上所有静止和运动着的物体留下的世界线所形成的二维面。

为了表现这个 *RT* 截面的弯曲，首先需要弄清楚一个问题，那就是：在这个特殊的截面上，方向是如何定义的。这里当然不能再像纯空间中那样采用细棒的指向来表示方向了，但还是可以采用 *RT* 截面中的位移矢量来表示方向。不过这个位移是指 *RT* 截面中位置的改变量，如图 27-16 所示的 $A^l=(\mathrm{d}T,\mathrm{d}R)$ 就是一个位移矢量。

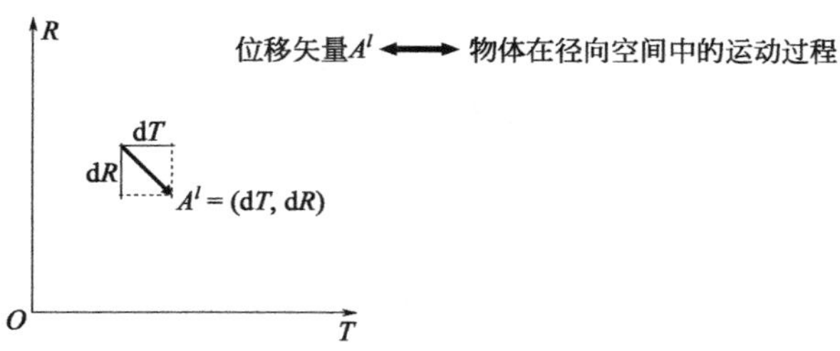

图 27-16　*RT* 截面中的位移矢量的方向

RT 截面中位移矢量 A^l 的第一个分量 $\mathrm{d}T$ 就是运动物体流逝的时间长度，第二个分量就是该运动物体在这段时间 $\mathrm{d}T$ 内移动的空间长度 $\mathrm{d}R$。所以，在 *RT* 截面这个特殊的曲面上，一个位移矢量 A^l 与一个物体在径向空间中的运动过程代表同一个对象。这是一个非常重要的结论，因为这意味着：在 *RT* 截面上，一个与位移矢量相关的几何结论，也就是一个与物体在径向空间中的运动过程相关的物理结论，两者之间是等价的。

接下来需要弄清楚的第二个问题就是在这个特殊的 RT 截面上，该如何判断两个矢量方向是平行的，从而说明矢量是如何被平移的。这并不是一个简单的问题。假设在闵氏时空中存在相对运动速度为 u 的观测者（R,T）和观测者（ξ,t），根据第 11 章在狭义相对论中的计算结果，其中一个观测者的坐标系旋转一个角度就成为另外一个观测者的坐标系，如图 27-17 所示。

所以对于同一个物体的运动过程，它所对应位移矢量的分量在两个观测者看来是不一样的，即如图 27-18 所示。尽管对于运动观测者（R,T）而言，这个位移矢量也相应旋转了相同角度，并且旋转的角度与观测者（R,T）运动的速度 u 成正比。但这两位观测者都是在对同一个位移矢量进行描述，所以这两位观测者所看到的这两个矢量方向实际上是同一个方向。

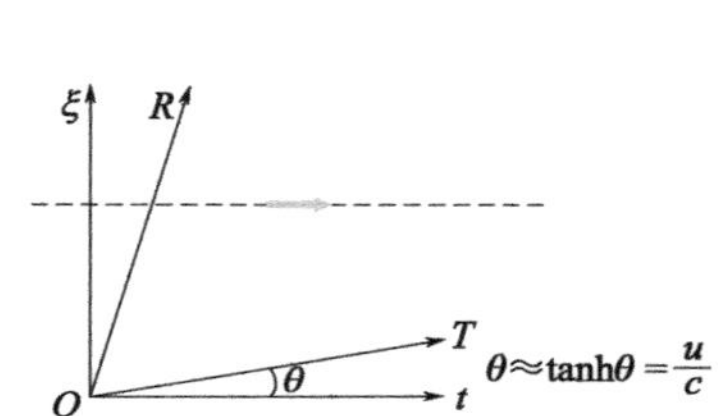

图 27-17　相对运动速度为 u 的两个观测者（R,T）和（ξ,t）所采用的坐标系

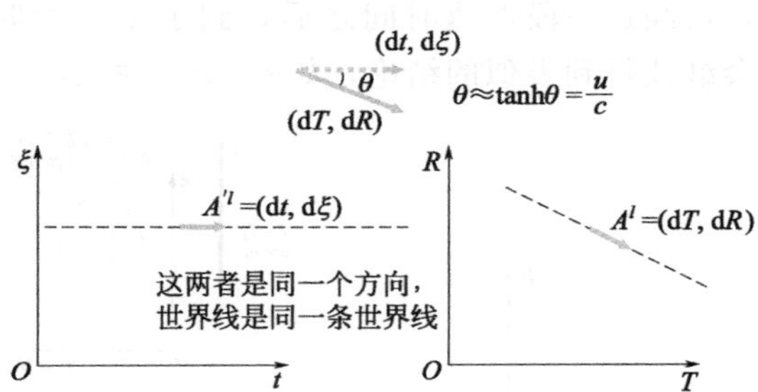

图 27-18　同一个位移矢量被两个观测者（R,T）和（ξ,t）所观测到的分量

考虑一个对于观测者（ξ,t）而言是静止的物体，即没有受到外力作用的自由物体，那么该物体在每个时刻留下的位移矢量方向是平行的。也就是说，第二个时刻的矢量是第一个时刻的矢量平移过来的，如图 27-19 所示。

如果观测者（R,T）相对于观测者（ξ,t）正在向上加速运动，假设在第一个时刻 T_1，观测者（R,T）的初速度还为零。那么对观测者（R,T）而言，这个物体的运动过程（静止是特殊的运动）所对应的位移矢量还不需要被旋转，如图 27-20 所示。

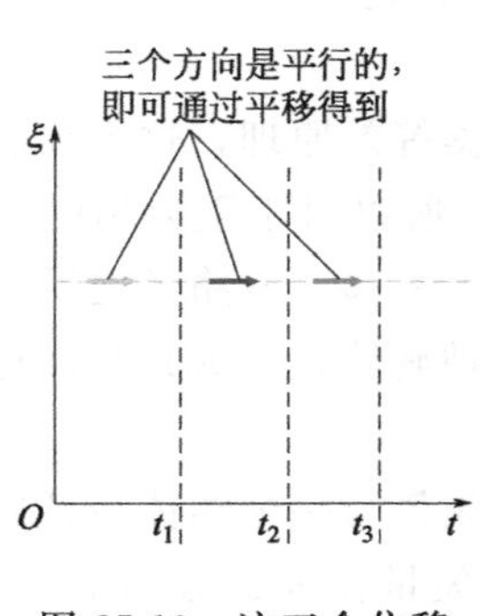

图 27-19　这三个位移矢量是平行的

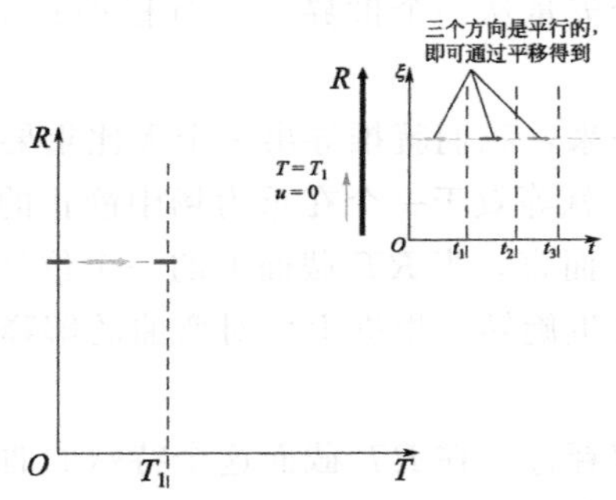

图 27-20　向上加速运动的观测者（R,T）在第一个时刻 T_1 所观测到的位移矢量

经过一段时间的加速之后，到了第二个时刻 T_2，观测者（R,T）的速度不再为零。所以根据上面讨论过的结论，对观测者（R,T）而言，该物体在第二个时刻 T_2 的运动过程所对应的位移矢量就会旋转一个角度，如图 27-21 所示。

同样根据上面讨论过的结论，在第二个时刻 T_2，观测者（R,T）和观测者（ξ,t）描述的是同一个位移矢量。既然对于观测者（ξ,t）而言，他所看到的第一个时刻的位移矢量和第二个时刻的位移矢量是平行的，那么对于观测者（R,T）而言，他所看到的第一个时刻 T_1 的位移矢量和第二个时刻 T_2 的位移矢量也应该是平行的。也就是说：对于一个加速运动的观测者（R,T）而言，一个矢量移动一段路径之后，需要旋转一个角度才能保持与移动之前的矢量是平行的。或者说，对于加速运动的观测者（R,T）而言，在平行移动一个矢量过程中，这个矢量的角度需要发生旋转。当然，再经过一段加速时间之后，到了第三个时刻 T_3，我们还会继续得到类似的结论，如图 27-22 所示。

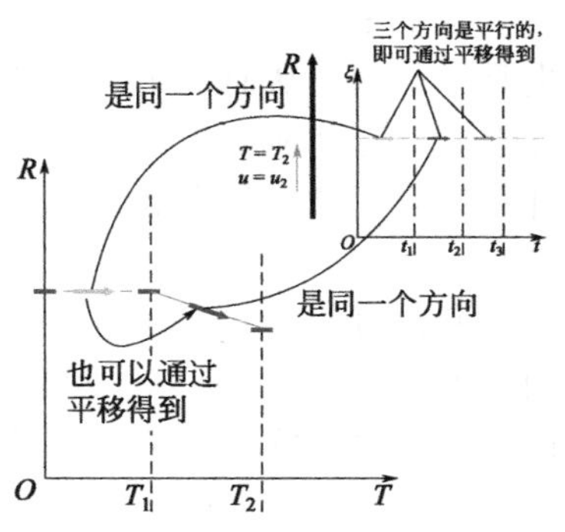

图 27-21 向上加速运动的观测者（R,T）分别在时刻 T_1 和 T_2 所观测到的位移矢量

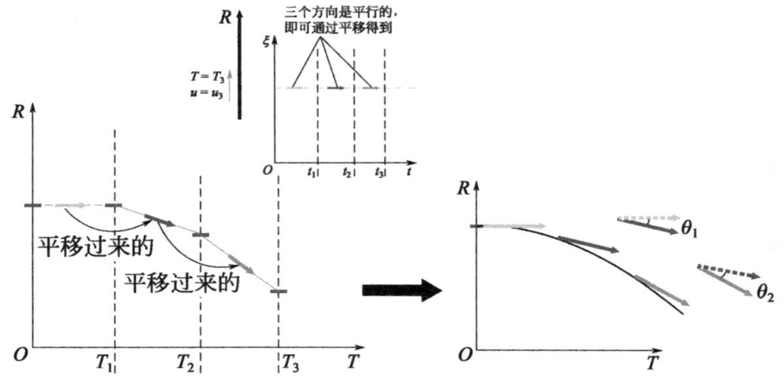

图 27-22 对于向上加速运动的观测者（R,T）而言，在平行移动矢量过程中，该矢量的角度需要发生旋转

所以，如果观测者（R,T）一直在不断加速运动，那么观测者（R,T）会看到该物体的运动过程所对应的位移矢量也在不断地旋转。也就是说：对加速运动的观测者（R,T）而言，一个矢量从一个世界点平行移动到下一个世界点之后，这个矢量的角度会不断发生旋转。

这样一来，我们就推导出一个无比重要的结论。因为根据等效原理，这个加速运动观测者（R,T）就等效于一个在重力场中静止的观测者（R,T），所以对于重力场中静止的观测者（R,T）而言，当 RT 截面上的一个位移矢量在 RT 截面上平移一段路径之后，该矢量的方向也会发生旋转。根据上面对弯曲的解释，矢量方向的这种旋转正是 RT 截面存在弯曲的表现。

前文解释过，在 RT 截面这个特殊的曲面上，一个位移矢量与一个物体在径向空间中的运动过程代表同一个对象，而时间流逝的过程，就是该位移矢量在 RT 截面上移动的过程，当然也是对应物体在空间中运动的过程。如果该物体是一个不受外力作用的自由物体，那么该位移矢量在 RT 截面上的移动就是平行移动，而这个物体在空间中的运动就是自由落体运动。根据上面讨论过的结论，位移矢量旋转角度与运动速度是成正比的，那么 RT 截面上该位移矢量在平行移动之后会不断旋转角度就对应于：物体运动的速度会不断增加，即物体在不断做加速运动。

27.4.1 苹果自由下落的本质原因

这样一来，我们就豁然开朗，有了一个全新的视角。一个困扰我们几千年的问题有了一种崭新的理解方式，即一颗苹果为什么会加速落向地球现在有了一套全新的解释答案，那就是：一颗苹果会加速落向地球只不过是由于时间＋空间组成的 RT 截面弯曲的自然表现而已。反过来，地球周围的时空存在弯曲最简单直接的证据就是一颗苹果会加速落向地球（见图 27-23）。

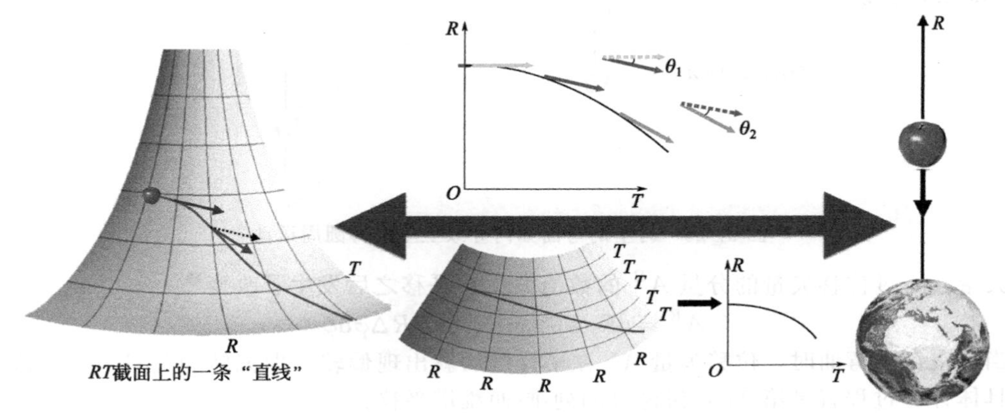

图 27-23 苹果的自由加速下落，只不过是 RT 截面弯曲的自然表现而已

自由下落物体对应的位移矢量在 RT 截面上的移动就是平行移动，那么一个自由下落物体的世界线上每个位置的切线方向都是平行的。在几何学中，满足这个条件的曲线被称为测地线。而 RT 截面上两点之间的直线就是测地线，如图 27-24 所示。所以这个结论与第 17、21 章推导出的结论是一致的，即苹果的自由下落只不过是苹果的世界点在 RT 截面上沿直线移动的表现而已。

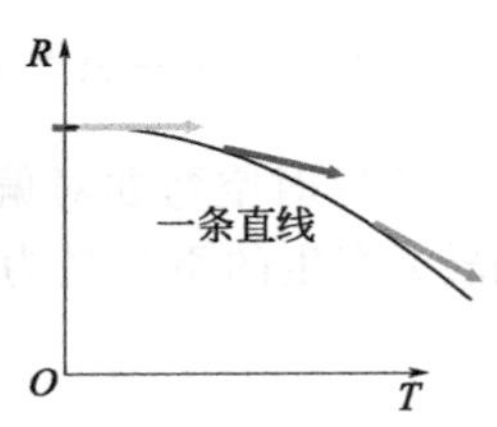

图 27-24 在被地球弯曲之后，RT 截面中的一条直线

27.4.2 天体圆周运动的本质原因

尽管上面的推导只是在 RT 截面上进行的，但是在整个四维时空中，这些结论也是成立的。比如一颗人造卫星的运动也是如此，即人造卫星在四维时空中的世界线上每个位置的切线方向都是平行的。卫星的运动过程也对应于卫星在四维时空中的位移矢量在平行移动之后会偏转一定角度的过程。这个偏转当然就是四维时空弯曲的表现。只不过卫星在四维时空中的位移矢量的偏转，同时包含卫星运动速度大小的改变和卫星运动的空间方向的改变。为了简化理解，这里假设卫星是匀速圆周运动。卫星的世界线如图 27-25 左边所示。这里假设卫星的轨道是正圆，所以有 $dR=0$。

当时空不存在弯曲时，位移矢量 A^μ 在平移之后没有出现偏转，如图 27-25 中虚线所表

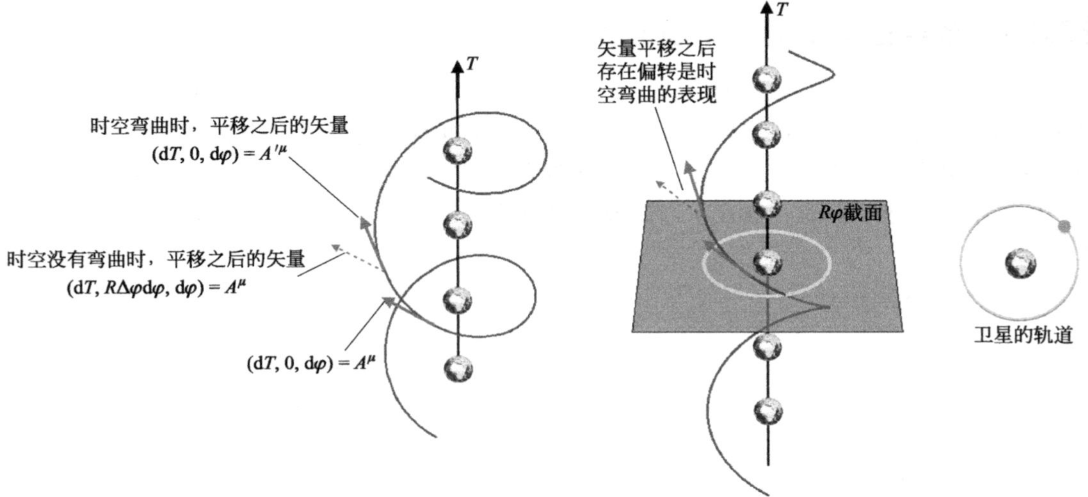

图 27-25　时空的弯曲如何导致卫星进行圆周运动

示的矢量。不过位移矢量的分量 A^R 的数值大小在平移之后发生了改变❶：

$$A^R = \mathrm{d}R = 0 \longrightarrow A^R = R\Delta\varphi\mathrm{d}\varphi$$

当时空存在弯曲时，位移矢量 A^μ 在平移之后就出现偏转，即偏转为矢量 A'^μ。这个偏转的具体计算过程就是第 24 章讨论过的列维-西维塔平移：

$$A^\mu \longrightarrow A'^\mu = A^\mu - \Gamma^\mu_{\lambda\sigma}A^\sigma\Delta X^\lambda$$

那么在偏转之后，位移矢量的分量 A^R 的数值大小改变为：

$$A^R = \mathrm{d}R = 0 \longrightarrow A'^R = 0 - c^2\Gamma^R_{TT}\Delta T\mathrm{d}T - \Gamma^R_{\varphi\varphi}\Delta\varphi\mathrm{d}\varphi = 0 - c^2\Gamma^R_{TT}\Delta T\mathrm{d}T + R\frac{2\phi}{c^2}\Delta\varphi\mathrm{d}\varphi + R\Delta\varphi\mathrm{d}\varphi$$

所以时空弯曲对偏转（对于匀速圆周运动，正好等于 A^u 在空间上投影出的位移矢量的偏转）产生的贡献量为：

$$\Delta = -c^2\Gamma^R_{TT}\Delta T\mathrm{d}T + R\frac{2\phi}{c^2}\Delta\varphi\mathrm{d}\varphi$$

从这个贡献量可以看到：第一项是 RT 截面的弯曲所产生的贡献，非常值得注意的是这一项被乘以了 c^2；第二项是 $R\varphi$ 截面的弯曲所产生的贡献。不过对于卫星而言，由于卫星的

❶ 推导过程：

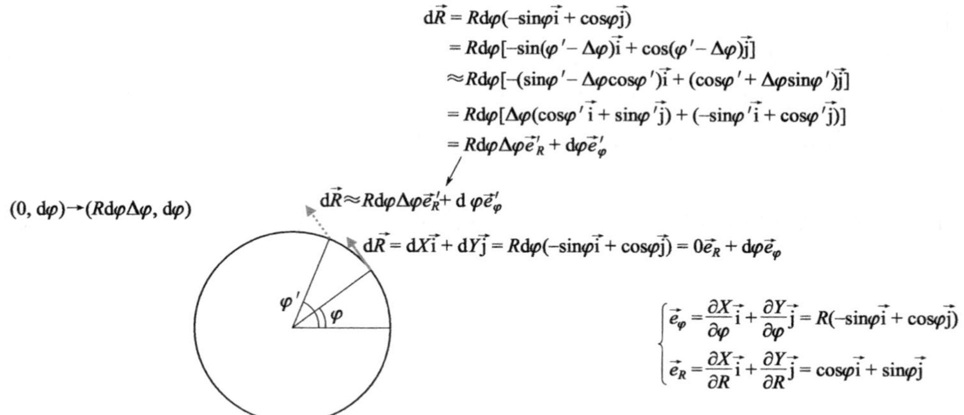

运动速度远小于光速，所以第一项的贡献远远大于第二项的贡献。将联络的具体数值代入此公式就能明显地看出这一结论。

$$\Delta=-\frac{GM}{R^2}\left(1+\frac{2\phi}{c^2}\right)\Delta T\mathrm{d}T+R\,\frac{2\phi}{c^2}\Delta\varphi\mathrm{d}\varphi=\left[-\frac{GM}{R^2}-\frac{2\phi}{c^2}\,\frac{GM}{R^2}-\frac{2(Ru^{\varphi})^2}{c^2}\,\frac{GM}{R^2}\right]\Delta T\mathrm{d}T \tag{27-1}$$

因子 $1/c^2$ 的存在让式（27-1）右边第三项引力修正在卫星运动速度远小于光速时变得很微小，此项来自 $R\varphi$ 截面的弯曲。式（27-1）右边第二项引力修正是一种排斥力，在靠近视界附近，它才变得不再微小，此项来自 RT 截面的空间弯曲，但它又等效于采用无穷远处钟测量牛顿引力所产生的效果。而式（27-1）右边第一项正是牛顿引力，它来自于 RT 截面的时间弯曲。

所以，对于卫星为什么会出现匀速圆周运动，苹果为什么会自由下落的问题，RT 截面的时间弯曲是其主要根源。这些现象并不是由 $R\varphi$ 截面的弯曲所导致的，即不是由纯空间的弯曲所导致的。但在多数科普书和资料中，常常采用 $R\varphi$ 截面的弯曲来说明卫星运动的根源，这种解释是不准确的。也就是说，采用图 27-26 的左图所示来演示时空的弯曲如何让苹果自由下落和卫星的轨道运动是不准确的，因为对于低速运动的物体而言，纯空间的弯曲产生的贡献是很微小的。准确来说应该采用图 27-26 的右图所示来演示时空的弯曲如何让苹果自由下落和卫星的轨道运动。

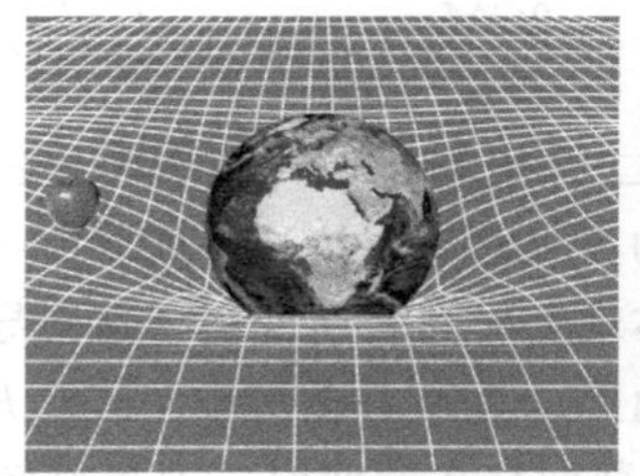

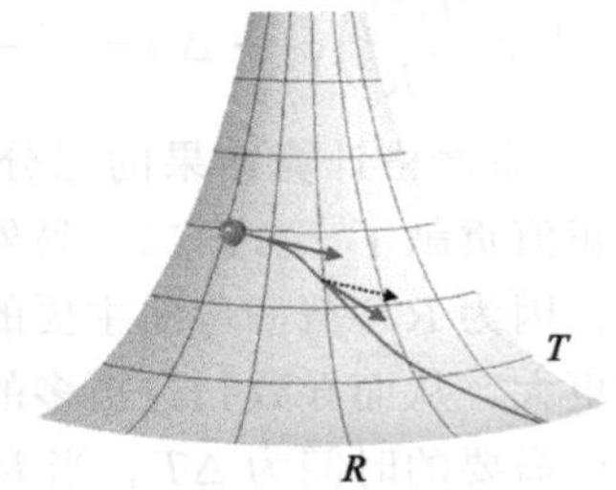

图 27-26　左图的弯曲对苹果自由下落的贡献非常小，
而类似右图的弯曲才苹果自由下落的主要原因

不过对于快速运动的物体，比如光子，图 27-26 的左图所示的纯空间的弯曲所产生的贡献就不再是微小的了。所以“弯曲时空告诉粒子如何运动”这句话的准确含义值得澄清。

27.4.3　正确理解“弯曲时空告诉粒子如何运动”这句话

总之，地球周围的时空弯曲的曲率是非常非常小的，纯空间的弯曲程度是非常非常小的，RT 截面的弯曲程度也是非常非常小的。但是，RT 截面弯曲所带来的效应会被放大 c^2 倍（上面“偏转”贡献量第一项的联络被乘以了光速的平方）。这样一来，RT 截面弯曲所带来的效应就被放大约 10^{17} 倍，从而变得非常明显。这个非常明显的效应就表现为物体的自由下落。而纯空间 $R\varphi$ 截面的弯曲所带来的效应没有被放大，所以它们仍然是非常非常小的，小到在日常生活中根本感知不到，只有当物体速度非常快时，它们才变得明显。所以，我们在日常生活中看到的引力现象几乎都是由 RT 截面弯曲导致的。不过 $R\varphi$ 截面弯曲所导致的非常非常小的效应还是可以表现出来的，比如水星近日点的进动。

对于水星近日点的进动而言，式（27-1）中的第三项引力，即纯空间 $R\varphi$ 截面的弯曲会对其产生一部分贡献，这个贡献过程如图 27-27 所示。为了便于理解，图中假设轨道为正圆，并且图 27-27 展示的是地球对卫星进动的贡献情况，但太阳对水星进动贡献的原理是完全一样的。

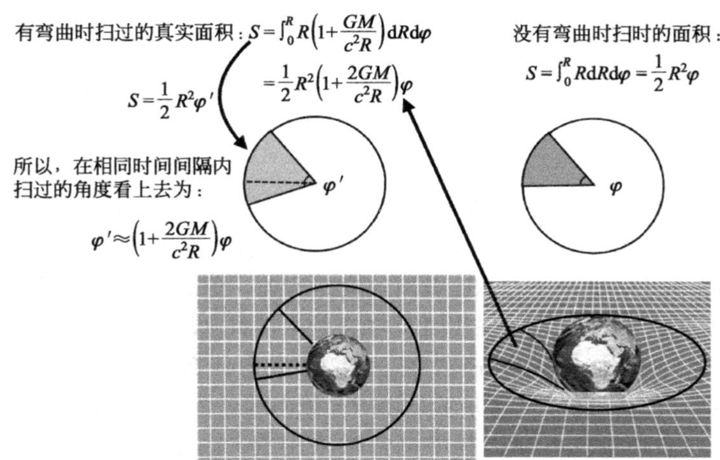

有弯曲时扫过的真实面积：$S=\int_0^R R\left(1+\frac{GM}{c^2R}\right)\mathrm{d}R\mathrm{d}\varphi$
$=\frac{1}{2}R^2\left(1+\frac{2GM}{c^2R}\right)\varphi$
$S=\frac{1}{2}R^2\varphi'$
所以，在相同时间间隔内
扫过的角度看上去为：
$\varphi'\approx\left(1+\frac{2GM}{c^2R}\right)\varphi$
φ'
没有弯曲时扫时的面积：
$S=\int_0^R R\mathrm{d}R\mathrm{d}\varphi=\frac{1}{2}R^2\varphi$
φ

图 27-27　纯空间 $R\varphi$ 截面的弯曲对卫星进动的贡献

从图 27-27 中可以看出：卫星旋转一圈，即 $\varphi=2\pi$ 时，纯空间 $R\varphi$ 截面的弯曲对进动的贡献量为：

$$\varphi'\approx\left(1+\frac{2GM}{c^2R}\right)\varphi\rightarrow\Delta\varphi=\varphi'-\varphi\approx\frac{2GM}{c^2R}\varphi\rightarrow\Delta\varphi\approx\frac{2GM}{c^2R}\times2\pi$$

这个结果是第 26 章严格计算结果的三分之二。也就是说，纯空间 $R\varphi$ 截面的弯曲对水星近日点进动的修正值贡献了三分之二。另外的三分之一当然是由式（27-1）右边第二项和时间弯曲所贡献的。因为 RT 截面弯曲主要的体现是时间流逝变慢，这会导致卫星旋转一圈所消耗时间流逝量更大，从而导致扫过更多的角度。具体来说就是：假设 RT 截面没有弯曲时，卫星旋转一圈所需要的时间为 ΔT。当 RT 截面存在弯曲时，卫星旋转一圈所需要的时间为 Δt。根据前面对同一段时间的定义，这两段时间就是同一段时间间隔❶，即有 $\Delta T=\Delta t$，但是，当 RT 截面存在弯曲时，卫星旋转一圈所需时间的标准长度会变长为 $\Delta T'$。

$$\Delta T'\approx\left(1+\frac{GM}{c^2R}\right)\Delta T\longleftarrow\Delta T=\Delta t\approx\left(1-\frac{GM}{c^2R}\right)\Delta T'$$

这会导致卫星看上去会扫过更多的角度，即扫过的角度会增加到：

$$\varphi''\approx\left(1+\frac{GM}{c^2R}\right)\varphi'$$

所以 RT 截面的弯曲对卫星的进动还会贡献另外的三分之一。

$$\Delta\varphi'=\varphi''-\varphi'\approx\frac{GM}{c^2R}\varphi'\rightarrow\Delta\varphi'\approx\frac{GM}{c^2R}\times2\pi$$

当然，这个贡献只是 RT 截面弯曲的次要表现，因为 RT 截面弯曲的最主要表现是让卫星围绕地球旋转。所以，爱因斯坦采用 1913 的引力场方程不管怎么样计算，结果都只有 17″是因为在 1913 引力场方程的一阶近似下，纯空间 $R\varphi$ 截面是没有弯曲的，只有 RT 截面存在弯曲。

但对于光的运动而言，由于光的速度非常大，这样式（27-1）中右边第三项引力的贡献就变得非常大，即纯空间 $R\varphi$ 截面的弯曲所产生的贡献不再是次要的了。比如在太阳对光线

---

❶ 可以把卫星旋转一周的过程看成钟表的秒针旋转一周的过程。在这两种不同的情况下，它们在数值上都等于刻度值 12。

的偏折过程中，RT 截面弯曲产生的贡献与纯空间 $R\varphi$ 截面的弯曲产生的贡献各自占一半。RT 截面的弯曲主要表现为牛顿引力对光子的吸引作用。纯空间 $R\varphi$ 截面的弯曲产生的贡献部分如图 27-28 所示。不过此图展示的是地球对遥远恒星发出光线产生的弯曲，而太阳对光线弯曲的原理是相同的。

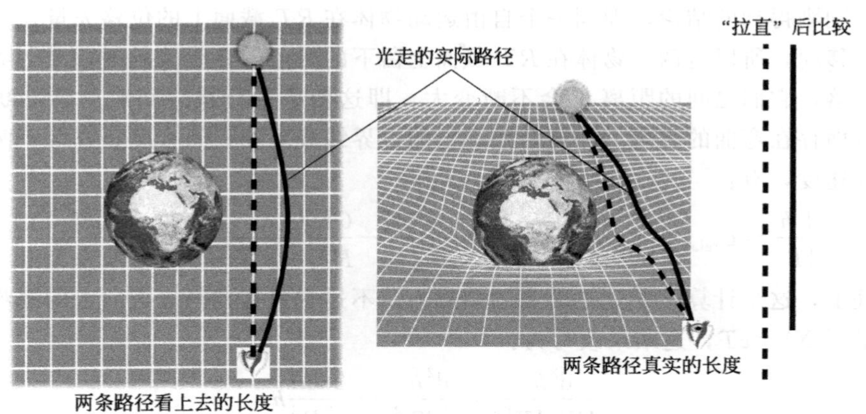

图 27-28 纯空间 $R\varphi$ 截面的弯曲对光线造成的弯曲

所以，在大家最熟悉的一句话"时空的弯曲告诉了物体应该如何运动"中，对于日常生活中的一般物体而言，最主要贡献是来自于 RT 截面的时间弯曲，而不是来自于纯空间的弯曲。这是一个值得澄清的结论。

27.5 RT 截面弯曲的曲率

由于时间是不可逆的，所以在 RT 截面上不存在一条闭合的回路（这意味着时间的倒流），那么上面用来计算曲率的方法在 RT 截面上就无法实现了。并且 RT 截面是一维时间和一维空间组成的二维面，它与二维纯空间是有巨大区别的，比如在 RT 截面中，矢量长度的平方可以等于零甚至小于零。这样一来，我们就需要选择新的方法来计算 RT 截面的曲率。

当没有弯曲存在时，两条平行线之间的距离在每个位置都是相等的，如图 27-29 所示。

ξ_0　　$\xi=\xi_0$　　s　　$\dfrac{d^2\xi}{ds^2}=0\xi$

图 27-29 在平坦空间中，两条平行线之间的距离是不变的

但如果存在弯曲时，结果就不再是这样的了。比如球面上相邻的两条经线就是平行线，但是它们之间的距离却是在不断变化的，如图 27-30 所示[1]。

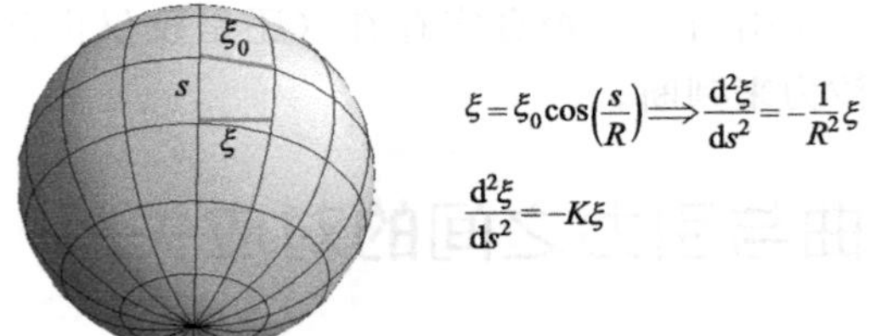

ξ_0
s
ξ
$\xi=\xi_0\cos\left(\frac{s}{R}\right)\Longrightarrow\frac{d^2\xi}{ds^2}=-\frac{1}{R^2}\xi$
$\frac{d^2\xi}{ds^2}=-K\xi$

图 27-30 在弯曲的曲面上，两条平行线之间的距离是不断改变的

[1] 参见 Misner、Thorne 和 Wheeler 的巨著《gravitation》。

所以曲率也可以用来衡量两条平行线靠拢或分离的强烈程度。那么采用此方法，我们就可以计算出 RT 截面的曲率。考虑两个在初始时刻静止的自由物体，它们之间的距离为 h_0，如图 27-31 所示。

由于它们在初始时刻都是静止的，所以它们在 RT 截面上的位移矢量在初始时刻就是平行的。根据刚刚得到的结论，即同一个自由运动物体在 RT 截面上的位移矢量在运动过程中都是在平行移动，所以这两个物体在 RT 截面上留下的两条世界线就是平行线。随着两个物体的不断下落，它们之间的距离 h 会不断变大，即这两条平行线之间距离会不断变大，这就是 RT 截面存在弯曲的表现。而这两条平行的世界线分离的强烈程度正好等于两个物体之间的相对加速度，有：

$$\frac{\mathrm{d}^2 h}{\mathrm{d}T^2}=g_{\text{relative}}=g_{\text{down}}-g_{\text{up}}=\frac{GM}{R_{\text{down}}^2}-\frac{GM}{R_{\text{up}}^2}\approx\frac{2GM}{R_{\text{up}}^3}\Delta R=\frac{2GM}{R_{\text{up}}^3}h$$

在物理上，这个计算结果就是著名的潮汐力，不过它只是在径向方向上的潮汐力。如果采用时空坐标 $X^0=cT$，这结果改写为：

$$\frac{\mathrm{d}^2 h}{\mathrm{d}X^0\mathrm{d}X^0}=\frac{\mathrm{d}^2 h}{c^2\mathrm{d}T^2}\approx\frac{2GM}{c^2R^3}h$$

它就表示 RT 截面上两条平行线分离的强烈程度，所以 RT 截面的曲率就为：

$$K_{RT}=-\frac{2GM}{c^2R}\frac{1}{R^2}$$

同样，根据水平方向上的潮汐力可以计算出 φT 和 θT 截面的曲率都如图 27-32 所示。

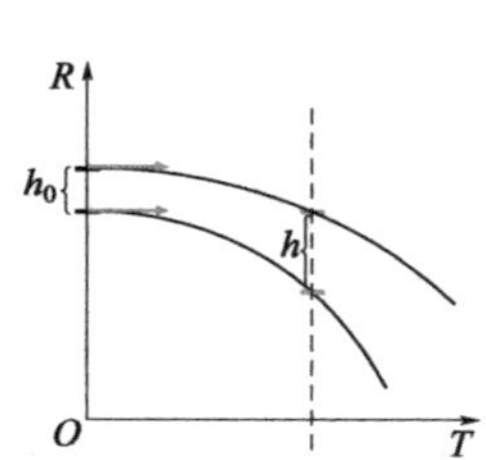

图 27-31　两个自由下落物体的世界线，它们是两条平行线

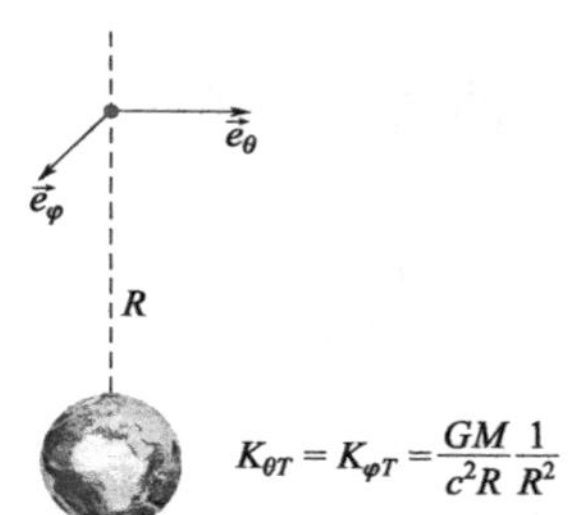

图 27-32　φT 和 θT 截面的曲率

另外，这些计算结果也意味着另外一个非常重要的结论，那就是：RT 截面、θT 截面、φT 截面的曲率——这些纯几何对象也有了物理意义，即这些曲率表示潮汐力。潮汐力就是一个自由下落观测者在其周围测量到的引力。由于曲率张量是否等于零可以被用来判断时空是否真的存在弯曲，那么一个引力场是否真实存在（还是仅仅由观测者加速运动带来的效应）就可以用是否存在潮汐力来判断。

27.6　时空的弯曲与引力之间的对应关系

从这些计算结论中可以看到，弯曲时空几何中的三个主要几何对象现在都具有了物理意义，那就是：

① 度规是引力势函数；

② 联络是引力场强度；

③ 曲率是潮汐力场强度。

截面的曲率有了明确的物理意义，值得我们仔细地研究一下。四维时空的 6 个截面中，现在已经计算出 5 个截面的曲率，还只剩下最后一个截面的曲率。所以下一章就来谈论截面的曲率在一般情况下是如何计算的。

第28章 如何计算时空的弯曲程度？

28.1 高斯曲率

在第 27 章讨论过，如果曲面是弯曲的，一个矢量（代替细棒的指向）沿一条闭合路径平移回到起点之后，该矢量与平移之前的矢量不再重合，而是存在夹角 α。这个夹角的大小由两个因素决定：一个因素是闭合路径的大小；另外一个因素就是曲面的弯曲程度。其中闭合路径的大小用闭合路径围成的面积来衡量，那么曲面的弯曲程度，即曲率 K 等于：

$$K=\frac{\alpha}{S}$$

曲率 $K=0$ 表示没有弯曲（后面还会解释其它类型的曲率，比如里奇曲率，这些曲率等于零时并不表示没有弯曲）；$K>0$ 时的弯曲与球面的弯曲类似；$K<0$ 时的弯曲与伪球面的弯曲类似。那么二维伪球面是什么形状呢？这可以通过将伪球面等距嵌入三维欧式空间表现出来，如图 28-1 所示。

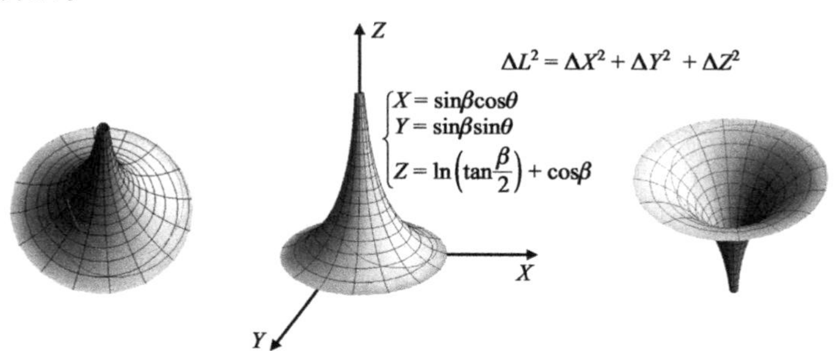

图 28-1　三维欧式空间中伪球面（$K=-1$）的弯曲形状

非常值得注意的是，我们也可以把伪球面等距嵌入三维闵氏空间中[1]。那么在三维闵氏空间中，伪球面又会以另外一个形状表现出来，如图 28-2 所示。

但是，图 28-1 和图 28-2 的这两个曲面的曲率都是 $K=-1$，所以这两个曲面上的几何是完全一样的，它们就是罗巴切夫斯基几何。这个结果表明了一个重要结论：伪球面上的几何是一种内蕴属性，这些内蕴几何性质与将伪球面到底嵌入在什么样的高维空间中是没有关系的[2]。这个结论被高斯称为绝妙定理。

另外，值得注意的是，大多数教材和科普资料会采用马鞍面的弯曲形状来展示曲率 $K=-1$ 的弯曲形状，如图 28-3 所示，但这是不准确的，因为马鞍面的曲率只是 $K<0$，却不是一个负常数。

---

[1] 温伯格著，《引力与宇宙学》，高等教育出版社，2018：370。

[2] 第 11 章讨论过闵氏时空中圆的形状，它与欧式空间中圆的形状也是不相同的。

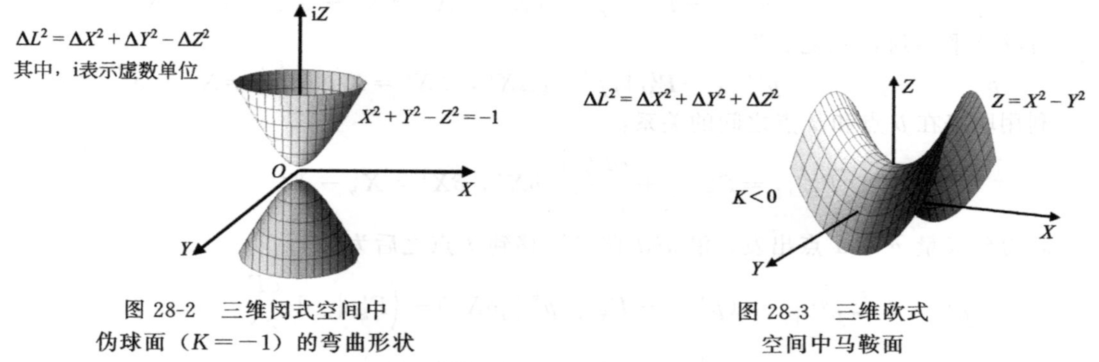

图 28-2　三维闵式空间中伪球面（$K=-1$）的弯曲形状

图 28-3　三维欧式空间中马鞍面

可以证明这样定义的曲率 $K=\dfrac{\alpha}{S}$ 正好等于高斯曲率，不过，采用这种方式定义的曲率更容易向高维空间推广；另外，被高斯称为绝妙定理的这种内蕴几何性质也可以推广到高维情况。在 1854 年，黎曼在演讲《论作为几何学基础的假设》中首次公开发表了这种推广，这种推广之后的几何后来被称为黎曼几何。当然，黎曼推广之后的相关结论还可以进一步推广到包含时间的弯曲时空的情况，这种推广之后的几何后来被称为广义黎曼几何或伪黎曼几何，但它通常简称为黎曼几何，比如第 27 章谈到过的地球附近时空的 RT 截面的弯曲形状就属于广义黎曼几何。

28.2　黎曼截面曲率

先来看看如何计算三维空间的弯曲程度。上面定义的这个公式 $K=\dfrac{\alpha}{S}$ 是在二维曲面上进行计算的，所以对于三维空间，首先要在空间中截取出一个二维剖面，在该剖面上才能采用这个公式进行计算。截取出一个二维剖面的方法就是选择两个位移矢量场 $\vec{p}$ 和 $\vec{q}$，如图 28-4 所示。在没有挠率的三维空间中，这两个矢量可以围成一个平行四边形，这个平行四边形就围出一个二维面，这个二维面就称为由矢量 $\vec{p}$ 和 $\vec{q}$ 所确定的二维截面。

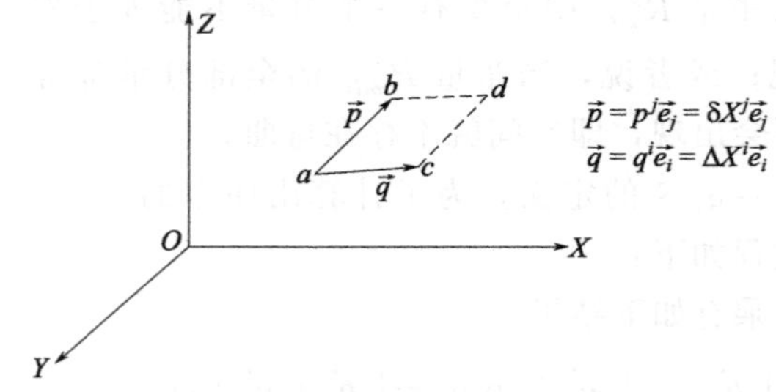

图 28-4　由位移矢量场 $\vec{p}$ 和 $\vec{q}$ 展开所形成的二维截面

为了计算这个二维截面的曲率，首先需要将一个矢量在这个二维截面上沿一条闭合回路移动。这个矢量可以选择 $\vec{p}$ 矢量，而这条闭合回路可以选择这个平行四边形的边界，并且矢量 $\vec{p}$ 沿平行四边形的边界移动一圈之后所出现的夹角，等于矢量 $\vec{p}$ 分别沿 abd 路径和 acd 路径平移到 d 点之后所形成的夹角。而让矢量 $\vec{p}$ 分别沿 abd 路径和 acd 路径平移到 d 点的计算方法在第 24 章已经讨论过，比如将矢量 $\vec{p}$ 从 a 点平移到 b 点之后为：

$$p^j|_a \to p'^j|_b = p^j|_a - \Gamma^j_{kl}|_a p^k|_a \delta X^l,\ \delta X^l = X^l_b - X^l_a = X^l_d - X^l_c$$

再继续平移到 d 点之后为：

$$p'^j|_b \to p''^j|_d = p'^j|_b - \Gamma^j_{kl}|_b p'^k|_b \Delta X^l,\ \Delta X^l = X^l_d - X^l_b = X^l_c - X^l_a$$

利用联络在 b 点和 d 点之间的关系：

$$\Gamma^j_{kl}|_b = \Gamma^j_{kl}|_a + \left.\frac{\partial \Gamma^j_{kl}}{\partial X^i}\right|_a \delta X^i,\ \delta X^i = X^i_b - X^i_a$$

就得到矢量 $\vec{p}$ 从 a 点出发，沿 abd 路径平移到 d 点之后为：

$$p^j|_a \xrightarrow{abd} p''^j\Big|_d = (p^j|_a - \Gamma^j_{kl}|_a p^k|_a \delta X^l) - \left(\Gamma^j_{kl}|_a + \left.\frac{\partial \Gamma^j_{kl}}{\partial X^i}\right|_a \delta X^i\right)$$
$$(p^k|_a - \Gamma^k_{mn}|_a p^m|_a \delta X^n)\Delta X^l$$

采用相同的计算，矢量 $\vec{p}$ 从 a 出发，沿 acd 路径平移到 d 点之后为：

$$p^j|_a \xrightarrow{acd} p''^j\Big|_d = (p^j|_a - \Gamma^j_{kl}|_a p^k|_a \Delta X^l) - \left(\Gamma^j_{kl}|_a + \left.\frac{\partial \Gamma^j_{kl}}{\partial X^i}\right|_a \Delta X^i\right)$$
$$(p^k|_a - \Gamma^k_{mn}|_a p^m|_a \Delta X^n)\delta X^l$$

那么，矢量 $\vec{p}$ 分别沿 abd 和 acd 路径平移到 d 点之后的差异量为：

$$\Delta p''^j|_d = \left[\left.\frac{\partial \Gamma^j_{ml}}{\partial X^i}\right|_a - \Gamma^j_{kl}|_a \Gamma^k_{mi}|_a - \left(\left.\frac{\partial \Gamma^j_{mi}}{\partial X^l}\right|_a - \Gamma^j_{ki}|_a \Gamma^k_{ml}|_a\right)\right] p^m\Big|_a \Delta X^l \delta X^i$$

略去标记位置 a 点的下标，并采用第 25 章所使用过的记号，那么这个差异量为：

$$\Delta p''^j|_d = R^j_{mli} p^m \Delta X^l \delta X^i = R^j_{mli} \delta X^m \Delta X^l \delta X^i$$

$$\text{其中 } R^j_{mli} = \frac{\partial \Gamma^j_{ml}}{\partial X^i} - \Gamma^j_{kl}\Gamma^k_{mi} - \left(\frac{\partial \Gamma^j_{mi}}{\partial X^l} - \Gamma^j_{ki}\Gamma^k_{ml}\right)$$

这个差异量也是矢量 $\vec{p}$ 沿回路 $acdba$ 平移之后回到 a 点的改变量，所以矢量 $\vec{p}$ 沿 $acdba$ 回路平移回来之后与平移之前存在一个夹角 α，即如图 28-5 所示。

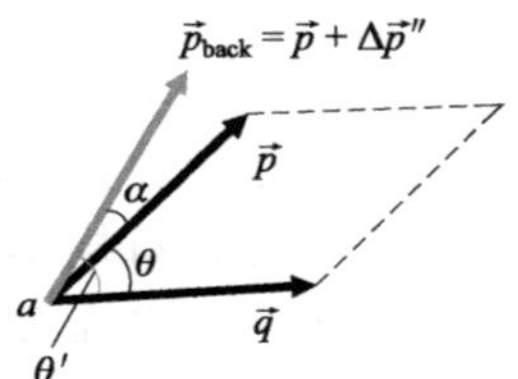

图 28-5 矢量 $\vec{p}$ 沿 $acdba$ 回路平移回来之后与平移之前存在一个夹角 α

这个夹角 α 的出现正是由于空间存在弯曲造成的，而根据刚才的计算结果，我们就可以得出这样一个非常重要的结论，那就是：如果空间存在弯曲，那么张量 R^j_{mli} 中至少有一个分量不能等于零才能使这个夹角 α 的出现；或者说，当张量 R^j_{mli} 的全部分量都等于零时，这个夹角 α 就不会出现，即空间就不存在弯曲。

根据曲率计算公式 $K=\alpha/S$ 的定义，为了计算出曲率的大小，第一步需要计算出这个夹角 α 的值，它的计算过程如下：

第一步，根据矢量点乘有如下结果：

$$g_{ij}p^i_{\text{back}}q^j - g_{ij}p^iq^j = |\vec{p}_{\text{back}}||\vec{q}|\cos\theta' - |\vec{p}||\vec{q}|\cos\theta \approx |\vec{p}||\vec{q}|(\cos\theta' - \cos\theta)$$
$$= -|\vec{p}||\vec{q}|2\sin\left(\frac{\theta'-\theta}{2}\right)\sin\left(\frac{\theta'+\theta}{2}\right) \approx -|\vec{p}||\vec{q}|\alpha\sin\theta$$

当两个矢量长度趋于零时，上面公式中的约等号就趋于严格相等。将平移回来之后的矢量 $\vec{p}_{\text{back}}$ 代入之后就得到：

$$\alpha|\vec{p}||\vec{q}|\sin\theta \approx -(g_{ij}p^i_{\text{back}}q^j - g_{ij}p^iq^j) = -g_{ij}(\Delta p''^i)q^j = -g_{ij}R^i_{mlk}p^m\Delta X^l\delta X^kq^j$$
$$= -R_{jmlk}\Delta X^j\delta X^m\Delta X^l\delta X^k$$

所以，在矢量 $\vec{p}$ 沿回路 $acdba$ 平移之后，矢量方向产生的偏转角度 α 就等于：

$$\alpha \approx \frac{-R_{jmlk}\Delta X^j \delta X^m \Delta X^l \delta X^k}{|\overrightarrow{\delta X}\|\overrightarrow{\Delta X}|\sin\theta}$$

其中分母的表达式正是由矢量 $\vec{p}$ 和 $\vec{q}$ 围成平行四边形的面积，也就是这条闭合回路的面积。所以，根据曲率计算公式 $K=\frac{\alpha}{S}$ 的定义，由位置矢量 $\vec{p}$ 和 $\vec{q}$ 所确定的这个二维截面的曲率就等于：

$$K(\vec{p},\vec{q})=\frac{\alpha}{S}=\frac{\alpha}{|\overrightarrow{\delta X}\|\overrightarrow{\Delta X}|\sin\theta}\approx\frac{-R_{jmlk}\Delta X^j \delta X^m \Delta X^l \delta X^k}{(|\overrightarrow{\delta X}\|\overrightarrow{\Delta X}|\sin\theta)^2}$$

第二步，再来计算由矢量 $\vec{p}$ 和 $\vec{q}$ 所围成平行四边形的面积。根据矢量叉乘计算公式可知，此平行四边形的面积正好等于矢量叉乘 $\vec{p}\times\vec{q}$ 的大小，如图 28-6 所示的。

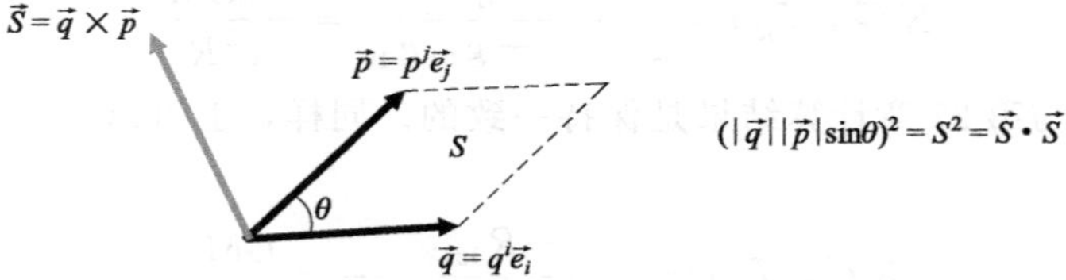

图 28-6　计算由矢量 $\vec{p}$ 和 $\vec{q}$ 所围成平行四边形的面积

采用分量来表示，两个矢量的叉乘为：

$$\begin{aligned}\vec{S}=\vec{q}\times\vec{p}&=(q^ip^j-q^jp^i)(\vec{e}_i\times\vec{e}_j)=S^{ij}(\vec{e}_i\times\vec{e}_j)\\&=S^{12}(\vec{e}_1\times\vec{e}_2)+S^{23}(\vec{e}_2\times\vec{e}_3)+S^{31}(\vec{e}_3\times\vec{e}_1)\end{aligned}$$

$$\text{其中 } S^{ij}=q^ip^j-q^jp^i$$

所以，两个矢量 $\vec{p}$ 和 $\vec{q}$ 叉乘结果 $\vec{S}$ 的分量是一个反对称矩阵 S^{ij}。很容易验证，这个公式的形式在坐标系变换之后是不变的，所以 $\vec{S}$ 实际上是一个二阶张量，它的分量就是 S^{ij}。那么如何采用分量 S^{ij} 来计算这块面积的大小呢？在没有弯曲的三维欧式空间中，这个计算结果很简单，它就等于：

$$\begin{aligned}S^2=\vec{S}\cdot\vec{S}&=(S^{12})^2+(S^{23})^2+(S^{31})^2=\frac{1}{2}g_{ik}g_{jl}S^{ij}S^{kl}\\&=(g_{ik}g_{jl}-g_{jk}g_{il})p^iq^jp^kq^l,\ g_{ik}=\delta_{ik}\end{aligned}$$

对于弯曲了的三维空间，这个计算方法仍然是成立的，即仍然有：

$$S^2=\frac{1}{2}g_{ik}g_{jl}S^{ij}S^{kl}=(g_{ik}g_{jl}-g_{jk}g_{il})p^iq^jp^kq^l$$

所以，两个位移矢量 $\vec{p}$ 和 $\vec{q}$ 所围成平行四边形的面积由这个计算公式替换之后，$\vec{p}$ 和 $\vec{q}$ 所确定的这个二维截面的曲率就等于：

$$K(p,q)=\frac{\alpha}{S}=\frac{-R_{jmlk}\Delta X^j\delta X^m\Delta X^l\delta X^k}{(g_{jl}g_{mk}-g_{jk}g_{ml})\Delta X^j\delta X^m\Delta X^l\delta X^k}\tag{28-1}$$

这个曲率公式就被称为黎曼截面曲率。可以看到，这个计算结果与矢量 $\vec{p}$ 和 $\vec{q}$ 的长度是无关的，也就是说矢量 $\vec{p}$ 和 $\vec{q}$ 的长度即使趋于零，这个计算结果仍然不变，而当 $\vec{p}$ 和 $\vec{q}$ 的长度趋于零时，上面取的近似等号就趋于严格相等。

所以，只要将黎曼曲率张量 $R^{\mu}_{\nu\lambda\sigma}$ 计算出来，那么任何二维截面的黎曼截面曲率也就可以计算出来了，这就是张量 $R^{\mu}_{\nu\lambda\sigma}$ 被称为曲率张量的原因。另外，这个黎曼截面曲率公式还可以直接推广到更高维度空间中二维截面的情况，当然也可以推广到四维时空中二维截面的情况。不过需要注意的是，四维时空和四维纯空间还是存在本质的区别，比如在四维时空中，两点之间的距离的平方可以大于零、小于零或等于零，但在四维纯空间中，两点之间的距离却总是大于零；或者采用严格的数学定义来讲，四维纯空间是黎曼空间，而四维时空是伪黎曼空间。

这样一来，四维时空中一个二维截面上的黎曼截面曲率也可以采用这个公式直接计算了，比如在第 27 章计算过的 RT 截面上的曲率，RT 截面是由下面两个矢量围成的：

$$\vec{e}_T=(1,0,0,0),\vec{e}_R=(0,1,0,0)$$

代入上面的计算公式（28-1），就得到 RT 截面的黎曼截面曲率：

$$K(\vec{e}_T,\vec{e}_R)=\frac{-R_{0101}}{g_{00}g_{11}-g_{01}g_{10}}=-\frac{2GM}{c^2R^3}$$

这个计算结果与第 27 章计算结果是保持一致的。同样，也可以计算出 $R\theta$ 截面的黎曼截面曲率为：

$$K(\vec{e}_R,\vec{e}_\theta)=\frac{-R_{1212}}{g_{11}g_{22}-g_{12}g_{12}}=\frac{GM}{c^2R^3}$$

不过，此结果是第 27 章计算结果 $K_{R\theta}$ 的负数，原因在于第 27 章计算的 $R\theta$ 截面上的度规是：

$$g_{ij}=\begin{pmatrix}\dfrac{1}{1-\dfrac{2GM}{c^2R^2}} & 0\\ 0 & R^2\end{pmatrix}$$

而这里计算过程采用了四维时空中的度规

$$g_{\mu\nu}=\begin{pmatrix}1-\dfrac{2GM}{c^2R^2} & 0 & 0 & 0\\ 0 & -\dfrac{1}{1-\dfrac{2GM}{c^2R^2}} & 0 & 0\\ 0 & 0 & -R^2 & 0\\ 0 & 0 & 0 & -R^2\sin^2\theta\end{pmatrix}$$

其中负责 $R\theta$ 截面部分的度规是负的。

利用这个公式，还可以计算出空间中与 R 垂直的 $\theta\varphi$ 截面上的黎曼截面曲率：

$$K(\vec{e}_\theta,\vec{e}_\varphi)=\frac{-R_{2323}}{g_{22}g_{33}-g_{23}g_{23}}=-\frac{2GM}{c^2R^3}$$

所以，如图 28-7 所示地球周围时空的 6 个独立截面的黎曼截面曲率分别为：

$$K(\vec{e}_R,\vec{e}_\theta)=\frac{-R_{1212}}{g_{11}g_{22}}=\frac{GM}{c^2R^3},K(\vec{e}_R,\vec{e}_\varphi)=\frac{-R_{1313}}{g_{11}g_{33}}=\frac{GM}{c^2R^3},K(\vec{e}_\theta,\vec{e}_\varphi)=\frac{-R_{2323}}{g_{22}g_{33}}=-\frac{2GM}{c^2R^3}$$

$$K(\vec{e}_T,\vec{e}_R)=\frac{-R_{0101}}{g_{00}g_{11}}=-\frac{2GM}{c^2R^3},K(\vec{e}_T,\vec{e}_\theta)=\frac{-R_{0202}}{g_{00}g_{22}}=\frac{GM}{c^2R^3},K(\vec{e}_T,\vec{e}_\varphi)=\frac{-R_{0303}}{g_{00}g_{33}}=\frac{GM}{c^2R^3}$$

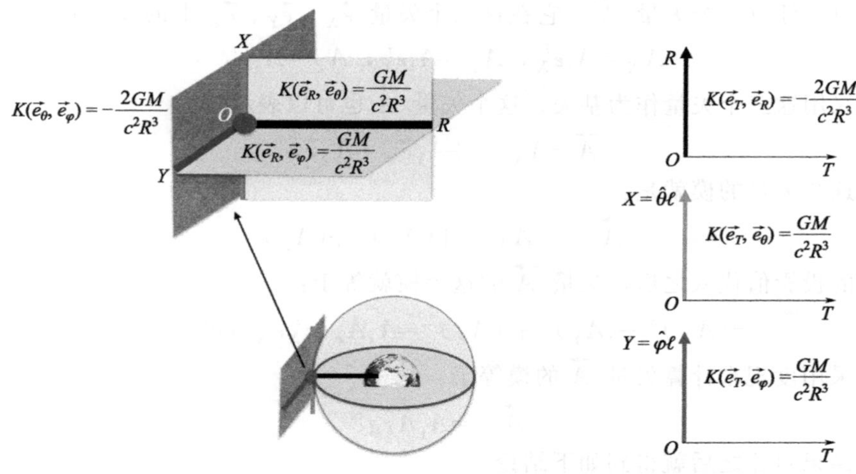

图 28-7　四维时空中 6 个独立二维截面的黎曼截面曲率

28.3　里奇曲率

通过黎曼的推广，在四维时空中，我们已经得到计算任何一个二维截面的曲率的方法，但是一个四维时空可以存在无穷多个二维截面，那么这些二维截面的曲率之间是否存在相互联系呢？答案是肯定的，即这无穷多个二维截面的曲率不是相互独立的，而是存在相互关联的。描述这种关联关系的对象是另外三种曲率：里奇（Ricc）曲率、数量曲率和爱因斯坦曲率。

为了便于理解这三种曲率的含义，下面先以三维弯曲空间作为例子来说明，但相关结论可以直接推广到四维时空。在三维空间中任何一个局部区域，都可以存在三个相互垂直的单位矢量，记为 $\vec{e}_X,\vec{e}_Y,\vec{e}_Z$。其中的“相互垂直”和“单位矢量”的意思是指分别满足：

$$g_{ij}e^j_Xe^j_Y=g_{ij}e^i_Ye^j_Z=g_{ij}e^i_Ze^j_X=0,\quad e^i_X=\frac{p^i_X}{|\vec{p}_X|},\quad e^i_Y=\frac{p^i_Y}{|\vec{p}_Y|},\quad e^i_Z=\frac{p^i_Z}{|\vec{p}_Z|}$$

这三个相互垂直的矢量方向总共可以确定三个截面，即 XY 截面、YZ 截面、ZX 截面，所以这三个截面也是相互垂直的，它们的黎曼截面曲率分别是：

$$K(\vec{e}_X,\vec{e}_Y)=-R_{ijkl}e^i_Xe^j_Ye^k_Xe^l_Y,$$
$$K(\vec{e}_Y,\vec{e}_Z)=-R_{ijkl}e^i_Ye^j_Ze^k_Ye^l_Z,$$
$$K(\vec{e}_Z,\vec{e}_X)=-R_{ijkl}e^i_Ze^j_Xe^k_Ze^l_X$$

另外，利用黎曼曲率张量的反对称性，还可以得到下列结论：

$$K(\vec{e}_X,\vec{e}_X)=K(\vec{e}_Y,\vec{e}_Y)=K(\vec{e}_Z,\vec{e}_Z)=0$$

由矢量方向 $\vec{e}_Z$ 决定的相互垂直的 YZ 截面与 ZX 截面的黎曼截面曲率之和等于：

$$K(\vec{e}_Z)=K(\vec{e}_Z,\vec{e}_X)+K(\vec{e}_Z,\vec{e}_Y)=-R_{ijkl}e^i_Xe^j_Ze^k_Xe^l_Z-R_{ijkl}e^i_Ye^j_Ze^k_Ye^l_Z$$

利用 $K(\vec{e}_Z,\vec{e}_Z)=0$，这个结果可以改写为：

$$\begin{aligned}K(\vec{e}_Z)&=K(\vec{e}_Z,\vec{e}_X)+K(\vec{e}_Z,\vec{e}_Y)+K(\vec{e}_Z,\vec{e}_Z)\\&=-R_{ijkl}e^i_Xe^j_Ze^k_Xe^l_Z-R_{ijkl}e^i_Ye^j_Ze^k_Ye^l_Z-R_{ijkl}e^i_Ze^j_Ze^k_Ze^l_Z\\&=-R_{ijkl}e^j_Ze^l_Z(e^i_Xe^k_X+e^i_Ye^k_Y+e^i_Ze^k_Z)\end{aligned}$$

另外，对于任意一个矢量 $\vec{A}$，它在这三个矢量 $\vec{e}_X$、$\vec{e}_Y$、$\vec{e}_Z$ 上的投影值分别为：

$$A_X = A_i e^i_X, \quad A_Y = A_i e^i_Y, \quad A_Z = A_i e^i_Z$$

所以，采用这三个矢量作为基矢，这个矢量 $\vec{A}$ 也可以表示：

$$\vec{A} = A_X \vec{e}_X + A_Y \vec{e}_Y + A_Z \vec{e}_Z$$

那么，这个矢量的模就是：

$$|\vec{A}|^2 = (A_X)^2 + (A_Y)^2 + (A_Z)^2$$

将上面的投影值代入之后，矢量 $\vec{A}$ 的这个模就等于：

$$|\vec{A}|^2 = (A_X)^2 + (A_Y)^2 + (A_Z)^2 = A_i A_k (e^i_X e^k_X + e^i_Y e^k_Y + e^i_Z e^k_Z)$$

另外，采用度规来计算矢量 $\vec{A}$ 的模等于：

$$|\vec{A}|^2 = A_i A_k g^{ik}$$

这两个结果对比之后就得到如下结论：

$$e^i_X e^k_X + e^i_Y e^k_Y + e^i_Z e^k_Z = g^{ik}$$

利用这个结论，上面由矢量方向 $\vec{e}_Z$ 决定的两个相互垂直的 YZ 截面、ZX 截面的黎曼截面曲率之和就等于：

$$K(\vec{e}_Z) = -g^{ik} R_{ijkl} e^j_Z e^l_Z = -R_{jl} e^j_Z e^l_Z$$

这个由矢量方向 $\vec{e}_Z$ 决定的曲率之和被称为里奇曲率，其中 R_{ij} 就称为里奇曲率张量[1]。如果不采用单位矢量来计算，这个结论变为：

$$K(\vec{e}_Z) = -R_{jl} e^j_Z e^l_Z = -R_{jl} \frac{p^j_Z}{|\vec{p}_Z|} \frac{p^l_Z}{|\vec{p}_Z|} = -\frac{R_{jl} p^j_Z p^l_Z}{g_{jl} p^j_Z p^l_Z}$$

从这个计算结果可以发现一个重要的结论，那就是：这个由矢量方向 $\vec{e}_Z$ 决定的里奇曲率公式中没有出现任何与 YZ 截面和 ZX 截面相关的信息，换句话说，如果选择另外两个由矢量方向 $\vec{e}_Z$ 决定的相互垂直的截面来进行计算，得到的里奇曲率仍然是这个值，比如选择 $X'Z$ 截面和 $Y'Z$ 截面，它们也是两个相互垂直的截面，如图 28-8 所示。

通过这两个截面计算出的由矢量方向 $\vec{e}_Z$ 决定的里奇曲率仍然等于：

$$K(\vec{e}_Z) = K(\vec{e}_Z, \vec{e}_{X'}) + K(\vec{e}_Z, \vec{e}_{Y'}) = -R_{jl} e^j_Z e^l_Z$$

所以，由矢量方向 $\vec{e}_Z$ 决定的任意两个相互垂直的截面的黎曼截面曲率并不是独立的，它们的曲率之和总是等于里奇曲率，也就是说，里奇曲率给予它们约束条件，这也是里奇曲率的几何意义之一。

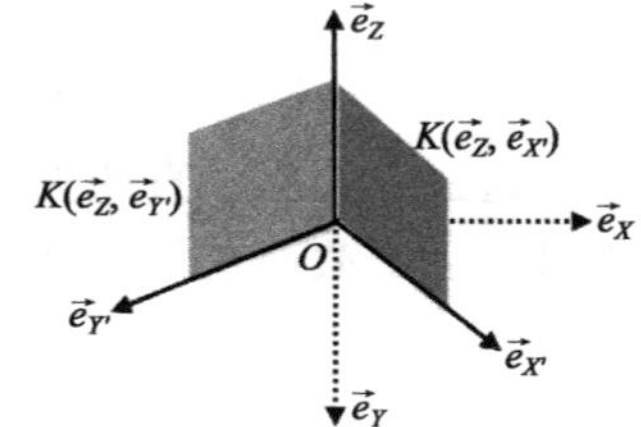

图 28-8 选取另外两个由矢量方向 $\vec{e}_Z$ 确定的相互垂直的截面，即 $X'Z$ 截面和 $Y'Z$ 截面

这些结论可以直接推广到四维时空，比如对于地球周围的时空，由矢量 e_R 可以决定三个相互垂直的截面，这三个相互垂直的截面可以被选择为 $R\theta$ 截面、$R\varphi$ 截面和 RT 截面。由前面计算过的结论可以得到：

$$K(\vec{e}_R) = K(\vec{e}_R, \vec{e}_T) + K(\vec{e}_R, \vec{e}_\theta) + K(\vec{e}_R, \vec{e}_\varphi) = 0$$

另外，由矢量 $\vec{e}_R$ 决定的里奇曲率的计算公式仍然是：

$$K(\vec{e}_R) = -R_{\mu\nu} e^\mu_R e^\nu_R = 0$$

---

[1] 注意：数学书上里奇曲率张量是这个张量的负数。

这和爱因斯坦方程的结论是一致的，即地球周围的里奇曲率张量 $R_{\mu\nu}=0$。所以，由矢量 $\vec{e}_R$ 决定的任意三个相互垂直的截面的黎曼截面曲率之和都满足这个约束条件，即这三个截面的黎曼截面曲率之间并不是没有关联的。

同样，我们还可以得到，由矢量 $\vec{e}_T$ 决定的任意三个相互垂直的截面、由矢量 $\vec{e}_\theta$ 决定的任意三个相互垂直的截面、由矢量 $\vec{e}_\varphi$ 决定的任意三个相互垂直的截面的曲率之和也都满足同样的约束条件，即总共可以得到 4 个约束条件：

$$\begin{cases} K(\vec{e}_T)=K(\vec{e}_T,\vec{e}_R)+K(\vec{e}_T,\vec{e}_\theta)+K(\vec{e}_T,\vec{e}_\varphi)=0 \\ K(\vec{e}_R)=K(\vec{e}_R,\vec{e}_T)+K(\vec{e}_R,\vec{e}_\theta)+K(\vec{e}_R,\vec{e}_\varphi)=0 \\ K(\vec{e}_\theta)=K(\vec{e}_T,\vec{e}_\theta)+K(\vec{e}_R,\vec{e}_\theta)+K(\vec{e}_\varphi,\vec{e}_\theta)=0 \\ K(\vec{e}_\varphi)=K(\vec{e}_R,\vec{e}_\varphi)+K(\vec{e}_T,\vec{e}_\varphi)+K(\vec{e}_\theta,\vec{e}_\varphi)=0 \end{cases}$$

实际上，由于爱因斯坦方程已经告诉我们地球周围的时空的 $R_{\mu\nu}=0$，因此要求任何一个矢量 $\vec{p}$ 所决定的任意三个相互垂直截面的曲率之和都需要等于零，如图 28-9 所示。

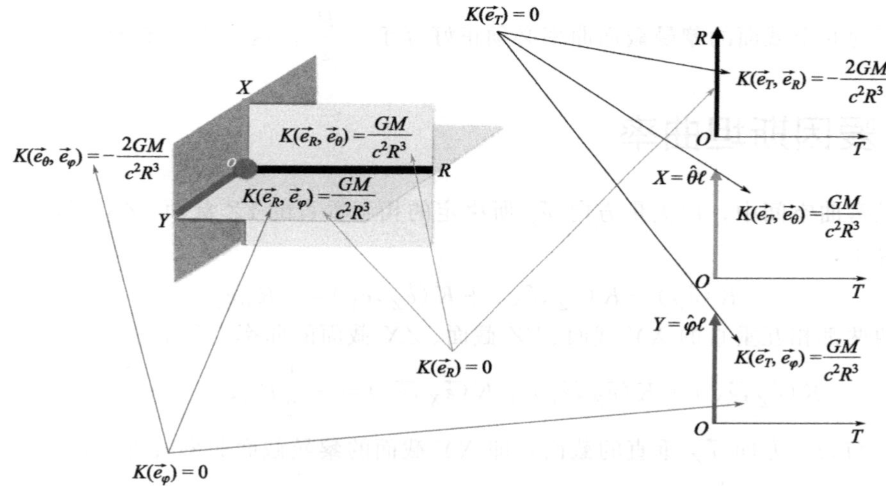

图 28-9　各个方向的里奇曲率

28.4　数量曲率

里奇曲率是描述由一个矢量所决定的任意三个相互垂直截面的曲率所需满足的约束条件，即这三个相互垂直的截面的曲率并不是相互独立的。除此之外，四维时空中所有二维截面的曲率之间还需要满足一个更全面的约束条件：比如对于三维空间的局部区域，在所有二维截面中，最多只有三个截面能同时满足两两相互垂直；比如上面提到的 XY 截面、YZ 截面、ZX 截面，把它们的黎曼截面曲率都加起来的结果为：

$$K(\vec{e}_Z,\vec{e}_X)+K(\vec{e}_Z,\vec{e}_Y)+K(\vec{e}_X,\vec{e}_Y)$$

采用里奇曲率来计算的话，这个结果的 2 倍就有：

$$\begin{aligned} 2[K(\vec{e}_Z,\vec{e}_X)+K(\vec{e}_Z,\vec{e}_Y)+K(\vec{e}_X,\vec{e}_Y)] &= K(\vec{e}_Z)+K(\vec{e}_Y)+K(\vec{e}_X) = -R_{jl}(e_X^j e_X^l+e_Y^j e_Y^l+e_Z^j e_Z^l) \\ &= -R_{jl}g^{jl}=-R \end{aligned}$$

同样可以看到，这个计算结果的公式中没有包含有任何与 XY 截面、YZ 截面、ZX 截面相关的信息，所以，如果再选择另外三个两两相互垂直的截面，比如 $X'Y'$ 截面、$X'Z'$ 截面、$Z'Y'$ 截面，那么计算结果仍然是一样的，即仍然有：

$$2[K(\vec{e}_{Z'},\vec{e}_{X'})+K(\vec{e}_{Z'},\vec{e}_{Y'})+K(\vec{e}_{X'},\vec{e}_{Y'})]=-R_{jl}g^{jl}=-R$$

所以，这个计算结果同样意味着一个重要的结论，那就是在三维空间中，任何两两相互垂直的 3 个截面的黎曼截面曲率并不是独立的，它们的曲率之和需要满足约束条件。这个结论也可以推广到四维时空，对应的结论就是：任何两两相互垂直的 6 个截面的黎曼截面曲率并不是独立的，它们的曲率之和需要满足约束条件。比如说，如果选择 $R\theta$ 、$R\varphi$ 、RT 、$T\theta$ 、$T\varphi$ 、$\theta\varphi$ 这 6 个截面，它们的曲率之和有：

$$K(\vec{e}_R,\vec{e}_T)+K(\vec{e}_R,\vec{e}_\theta)+K(\vec{e}_R,\vec{e}_\varphi)+K(\vec{e}_T,\vec{e}_\theta)+K(\vec{e}_T,\vec{e}_\varphi)+K(\vec{e}_\theta,\vec{e}_\varphi)=-\frac{1}{2}R_{\mu\nu}g^{\mu\nu}$$

$$=-\frac{1}{2}R$$

如果选取另外一组两两相互垂直的 6 个截面，那么它们的曲率之和仍然等于这个值。所以曲率张量的两次缩并之后得到的值 R 具有明确的几何意义，那就是：时空中任何一组两两相互垂直的 6 个截面的黎曼截面曲率必须正好等于 $-\dfrac{R}{2}$ 。这个 R 就被称为数量曲率。

28.5 爱因斯坦曲率

在三维弯曲空间中，由矢量方向 $\vec{e}_Z$ 所决定的相互垂直的 YZ 截面、ZX 截面的黎曼截面曲率之和等于：

$$K(\vec{e}_Z)=K(\vec{e}_Z,\vec{e}_X)+K(\vec{e}_Z,\vec{e}_Y)=-R_{jl}e^j_Ze^l_Z$$

三个两两都相互垂直的 XY 截面、YZ 截面、ZX 截面的曲率之和等于：

$$K(\vec{e}_Z,\vec{e}_X)+K(\vec{e}_Z,\vec{e}_Y)+K(\vec{e}_X,\vec{e}_Y)=-\frac{1}{2}R_{jl}g^{jl}=-\frac{1}{2}R$$

所以，与矢量方向 $\vec{e}_Z$ 垂直的截面，即 XY 截面的黎曼截面曲率就等于：

$$K(\vec{e}_X,\vec{e}_Y)=-\frac{1}{2}R-(-R_{jl}e^j_Ze^l_Z)=(R_{jl}-\frac{1}{2}Rg_{jl})e^j_Ze^l_Z=G_{jl}e^j_Ze^l_Z=G(\vec{e}_Z)$$

这个结果同样可以推广到四维时空。比如与矢量 $\vec{e}_T$ 垂直的二维截面中，$R\theta$ 截面、$R\varphi$ 截面、$\theta\varphi$ 截面是两两相互垂直的，它们的曲率之和等于：

$$K(\vec{e}_R,\vec{e}_\theta)+K(\vec{e}_R,\vec{e}_\varphi)+K(\vec{e}_\theta,\vec{e}_\varphi)=-\frac{1}{2}R-(-R_{\mu\nu}e^\mu_Te^\nu_T)=G_{\mu\nu}e^\mu_Te^\nu_T=G(\vec{e}_T)$$

由矢量 e_T 所决定的这个曲率之和被称为爱因斯坦曲率，如图 28-10 所示。

同样，从这个计算结果可以看出，由矢量 $\vec{e}_T$ 所决定的爱因斯坦曲率只与矢量 $\vec{e}_T$ 有关，与到底选取哪 3 个两两相互垂直的截面是没有关系的，只要这些选择的截面都垂直于矢量 $\vec{e}_T$。

物质的能量动量张量在矢量 $\vec{e}_T$ 上的投影就是物质的能量，即下面这个量就是代表物质的能量密度：

$$\rho c^2=T_{\mu\nu}e^\mu_Te^\nu_T$$

根据爱因斯坦引力场方程有：

$$K(\vec{e}_R,\vec{e}_\theta)+K(\vec{e}_R,\vec{e}_\varphi)+K(\vec{e}_\theta,\vec{e}_\varphi)=G_{\mu\nu}e^\mu_Te^\nu_T=-\kappa\rho c^2$$

所以，物质的能量密度为纯空间的黎曼截面曲率提供的一个约束条件。

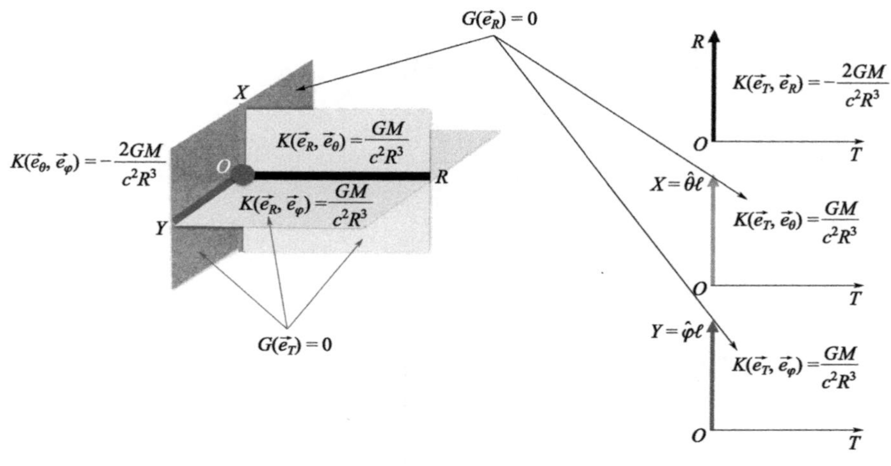

图 28-10　爱因斯坦曲率

28.6　二维截面曲率的非独立性

在四维时空中，任意选一组两两相互垂直的 4 个矢量，这 4 个矢量可以确定 6 个二维截面，那么这些二维截面也是两两相互垂直的。但是这 6 个二维截面的黎曼截面曲率并不是独立的，即不能每个截面的曲率都取任意的值，而是要满足 4 个约束条件，即 3 个独立里奇曲率约束条件加 1 个数量曲率约束条件。所以这 6 个截面中只要其中 2 个截面的曲率确定了，另外 4 个截面的曲率也就确定了，比如在地球周围，$R\theta$ 、$R\varphi$ 、RT 、$T\theta$ 、$T\varphi$ 、$\theta\varphi$ 这 6 个截面的黎曼截面曲率需要满足下面 4 个约束条件：

$$\begin{cases}K(\vec{e}_R,\vec{e}_T)+K(\vec{e}_R,\vec{e}_\theta)+K(\vec{e}_R,\vec{e}_\varphi)+K(\vec{e}_T,\vec{e}_\theta)+K(\vec{e}_T,\vec{e}_\varphi)+K(\vec{e}_\theta,\vec{e}_\varphi)=0\\K(\vec{e}_R,\vec{e}_T)+K(\vec{e}_R,\vec{e}_\theta)+K(\vec{e}_R,\vec{e}_\varphi)=0\\K(\vec{e}_T,\vec{e}_R)+K(\vec{e}_T,\vec{e}_\varphi)+K(\vec{e}_T,\vec{e}_\theta)=0\\K(\vec{e}_T,\vec{e}_\theta)+K(\vec{e}_R,\vec{e}_\theta)+K(\vec{e}_\theta,\vec{e}_\varphi)=0\end{cases}$$

总之，里奇曲率和数量曲率 R 告诉我们，尽管四维时空中存在无数个二维截面，但这些二维截面的黎曼截面曲率之间是相互关联的，而不是独立的。或者说，这些二维截面的黎曼截面曲率的取值并不是随意的，它们之间是需要满足一些约束条件的，而爱因斯坦场方程正好明确规定了这些约束条件的具体值等于多少，这就是爱因斯坦场方程的几何意义。

附　录

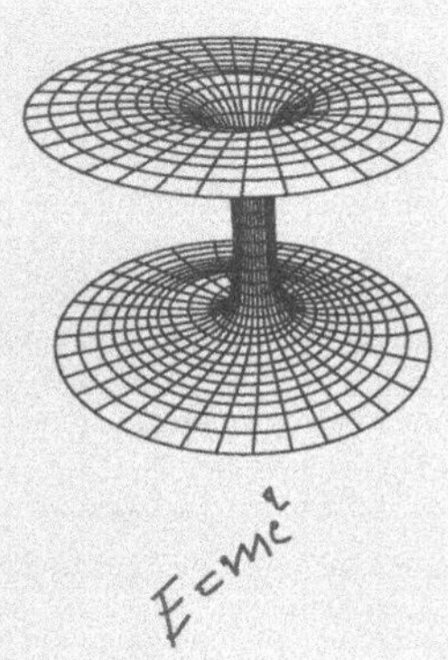

附录 1 牛顿的伟大计算

在牛顿与胡克的竞争过程中，牛顿能取胜的关键在于计算能力上技高一筹，即牛顿有能力在数学上证明椭圆轨道上的行星受到的引力正好与距离的平方成反比。下面将牛顿后来在《自然哲学之数学原理》中证明过程梳理如下。

和伽利略的《关于两门新科学的对话》的后半部分一样，《自然哲学之数学原理》的写作风格依然还在模仿一千多年前的《几何原本》，即从几个公理出发，然后推导出定理、命题和推论。在给出质量、动量、各种力的定义，以及论证了绝对空间的存在之后，牛顿挑选出的三条公理就是大名鼎鼎的牛顿三大定律：

公理一 物体会保持匀速直线运动，除非外力迫使它改变

公理二 在单位时间内，物体运动的改变量正比于外力的大小

→ **推论1**[1] 物体从静止开始运动：
时间一定时，外力大小正比于运动的距离
距离一定时，外力大小反比于时间的平方

公理三 作用力等于反作用力

牛顿所采用的关键技术是微积分的思想[2]（见图 1）。

这实际上是一个古老的思想：当圆的内接正多边形的边数越来越多时，这个多边形的边就越来越接近于圆的弧长。牛顿在计算过程中反复采用了这种思想。实际上，在《自然哲学之数学原理》中，牛顿只采用这样最初级的微积分思想进行了计算。这些计算与我们今天在高等数学课本上所看到那些微积分运算还离得很远。而牛顿自己所创建的流数术（即微积分）在《自然哲学之数学原理》中并没有被采用。所以《自然哲学之数学原理》仍然几乎是完全靠欧几里得几何进行计算的，即仍然在采用最陈旧的技术去解决最新进的问题。这才是科学探索的真实面貌，采用科恩的范式观点来说就是：在革命过程中，我们只能采用旧范式来进行探索思考，新范式是革命成功之后才慢慢形成的。

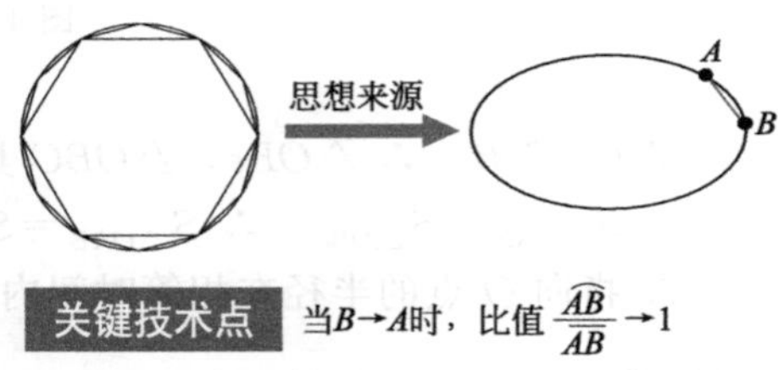

图 1 关键技术是微积分的思想

定理 1[3]——等面积定理：行星在相同时间内扫过的面积相等（见图 2）

证明：

① 不受外力时：

∵ 根据公理一：物体保持匀速直线运动。在相等时间间隔内，走过路径相等（见图 3）

∴ $AB=BC$

∵ $\triangle OAB$，$\triangle OBC$ 两个三角形的高相等

∴ $S_{\triangle OAB}=S_{\triangle OBC}$

---

❶ 推论 1 位于《自然哲学之数学原理》书中的引理 10 之推论Ⅳ。

❷ 《自然哲学之数学原理》书中的引理 1～9 都在论述这个思想。

❸ 定理 1 位于《自然哲学之数学原理》书中的命题 1 定理 1、命题 2 定理 2、命题 3 定理 3。

∴ 指向 O 点的半径在相等时间内扫过面积相等

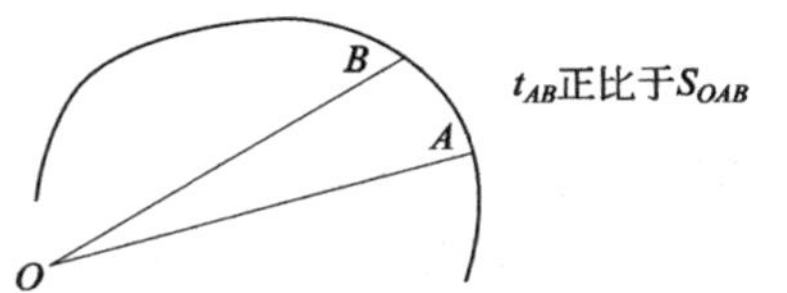

图 2 等面积定理

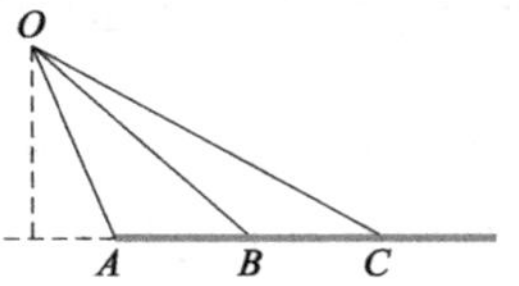

图 3 匀速直线运动下走过的路径相等

② 受引力时：将运动过程划分为一系列相等时间间隔内的运动（见图 4）

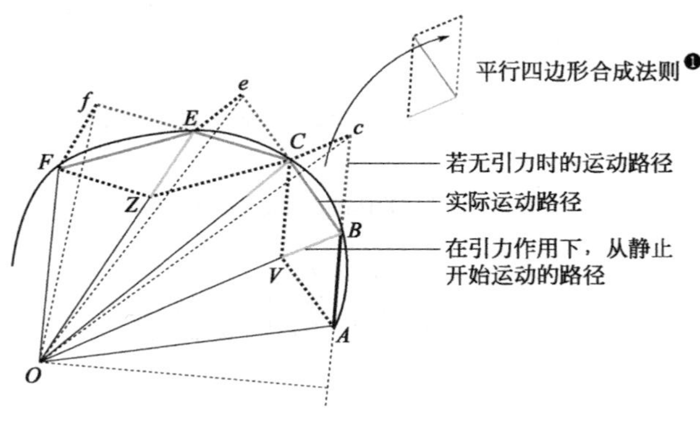

图 4 受引力时的运动过程

∵ $Cc /\!/ VB$ ∴ $\triangle OBc$，$\triangle OBC$ 具有相同的高 ∴ $S_{\triangle OBc}=S_{\triangle OBC}$

∵ $S_{\triangle OAB}=S_{\triangle OBc}$ ∴ $S_{\triangle OAB}=S_{\Delta OBC}$

∴ 指向 O 点的半径在相等时间内扫过的面积相等

命题 1❷——引力大小有：$F_{力}$ 正比于$\dfrac{BV}{S_{OBC}^{2}}$

证明：

BV 是在引力作用下，行星从静止开始下落的距离（见图 5）

∵ 推论 1

∴ $F_{力}\propto BV$，$F_{力}\propto\dfrac{1}{t_{AB}^{2}}$ ∴ $F_{力}\propto\dfrac{BV}{t_{AB}^{2}}$

∵ 定理 1

∴ $F_{力}\propto\dfrac{BV}{S_{OBC}^{2}}$

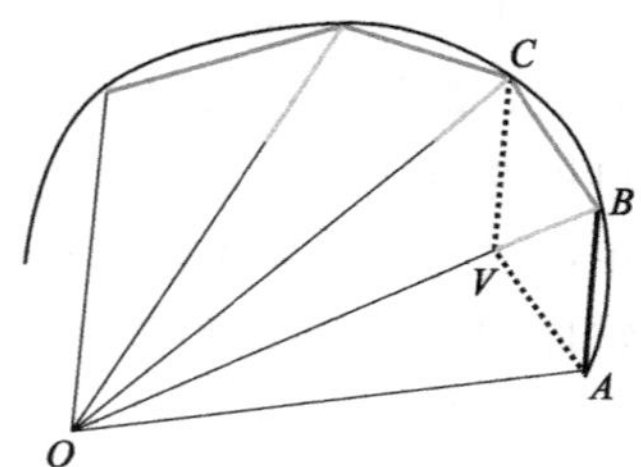

图 5 受引力时求引力大小

推论 2❸——引力大小还有：

---

❶ 平行四边形合成法则位于《自然哲学之数学原理》最开篇的推论 1。

❷ 命题 1 位于《自然哲学之数学原理》书中的命题 6 定理 5。牛顿这里相当于采用距离 BV 和扫过的面积这些几何对象代替引力的大小，即将引力的大小几何化为线段和面积的组合。

❸ 推论 2 位于《自然哲学之数学原理》书中的命题 6 定理 5 之推论 1。Bx 是牛顿特别强调的一个量，因为 Bx 正好是 BV 的一半，它被牛顿称为正矢。可以看到引力的大小与距离 OB 的平方已经成反比了，但这还需要证明 Bx 与 CT 平方之比等于常数。只需要利用椭圆自身的一些几何性质就能够证明这一点。

$F_{力}$ 正比于$\frac{Bx}{OB^2 \times CT^2}$

证明（见图 6）：

$\because BV=2Bx$，$S_{OBC}=\frac{1}{2}OB \times CT$

$\therefore \frac{BV}{S_{OBC}^2}=8\frac{Bx}{OB^2 \times CT^2}$

$\because$ 命题 1

$\therefore F_{力} \propto \frac{Bx}{OB^2 \times CT^2}$

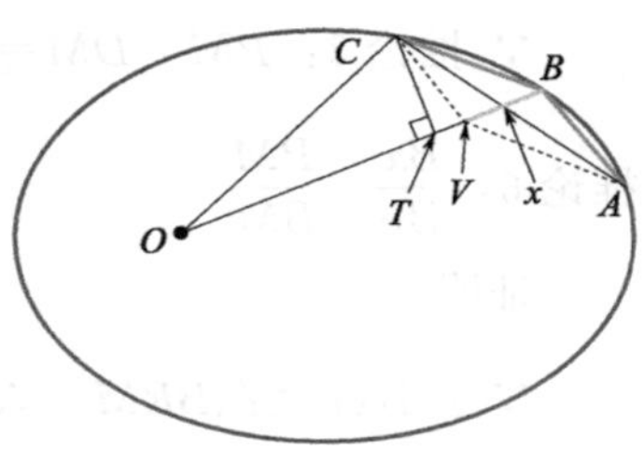

图 6 证明推论 2

引理 1[1]——椭圆共轭直径的外切平行四边形面积都相等，即两个框的面积都相等（见图 7）

推论 3：$PM \times DM=EM \times BJ$

证明：$\because S_{\square FDPH}=S_{\square BEGK} \Rightarrow PF \times DH=2EK \times BJ$

$\therefore PM \times DM=EM \times BJ$

推论 4[2]：$BR=PM$

证明（见图 8）：

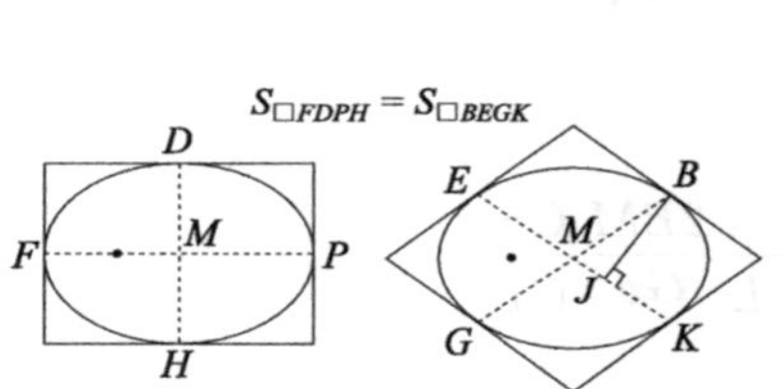

图 7 引理 1

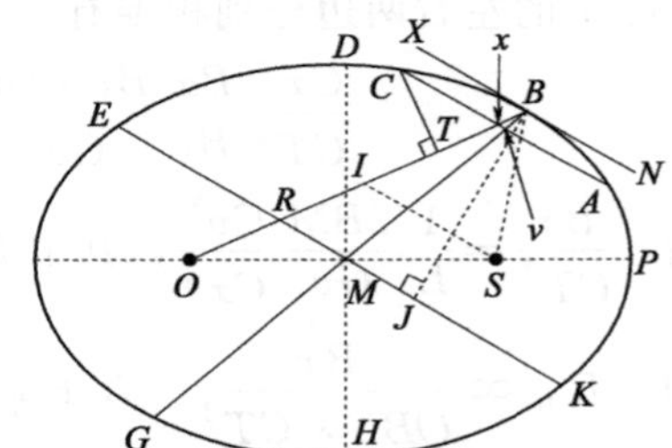

O, S是椭圆焦点，EK和BG是共轭直径，存在EK // IS // AC // XN

图 8 证明推论 4

$\because OM=MS$，$\therefore OR=RI$

$\therefore BR=\frac{1}{2}(BO+BI)$

$\because \angle XBI=\angle NBS$，$XN /\!/ SI$

$\therefore IB=BS$

$\therefore BR=\frac{1}{2}(BO+BI)=\frac{1}{2}(BO+BS)=\frac{1}{2}(2PM)=PM$

推论 5：$\frac{Cx^2}{CT^2}=\frac{ME^2}{DM^2}$

证明：

$\because \triangle CTx \cong \triangle BJR$ $\therefore \frac{Cx}{CT}=\frac{BR}{BJ}$，

---

[1] 引理 1 位于《自然哲学之数学原理》书中的引理 12。

[2] 推论 4、5、6 的证明位于《自然哲学之数学原理》书中的命题 11 中。

∵ 推论 4：$BR=PM$ ∴ $\frac{Cx}{CT}=\frac{PM}{BJ}$

∵ 推论 3：$PM\times DM=EM\times BJ$ ∴ $\frac{Cx}{CT}=\frac{ME}{DM}$

推论 6：$\frac{Bx}{Bv}=\frac{PM}{BM}$

证明：

∵ $\triangle Bxv\cong\triangle BRM$ ∴ $\frac{Bx}{Bv}=\frac{BR}{BM}$

∵ 推论 4 $BR=PM$ ∴ $\frac{Bx}{Bv}=\frac{PM}{BM}$

推论 7[❶]：$\frac{Bv\times Gv}{Cv^2}=\frac{BM^2}{ME^2}$

命题 2[❷]——引力大小修改为：

$F_{力}$ 正比于$\left(\frac{1}{OB^2\cdot L}\frac{2BM}{Gv}\frac{Cv^2}{Cx^2}\right)$

证明：

推论 5、6、7 的左右两边分别相乘有：

$$\frac{Cx^2}{CT^2}\frac{Bx}{Bv}\frac{Bv\cdot Gv}{Cv^2}=\frac{ME^2}{DM^2}\frac{PM}{BM}\frac{BM^2}{ME^2}$$

化简之后：$\frac{Bx}{CT^2}=\frac{1}{L}\frac{2BM}{Gv}\frac{Cv^2}{Cx^2}$，其中 $L\ \frac{2DM^2}{PM}$

∵ 命题 1 $F_{力}\propto\frac{Bx}{OB^2\times CT^2}$ ∴ $F_{力}\propto\frac{1}{OB^2\times L}\frac{2BM}{Gv}\frac{Cv^2}{Cx^2}$

命题 2 证毕

然后，利用有关键技术的作用（见图 9）

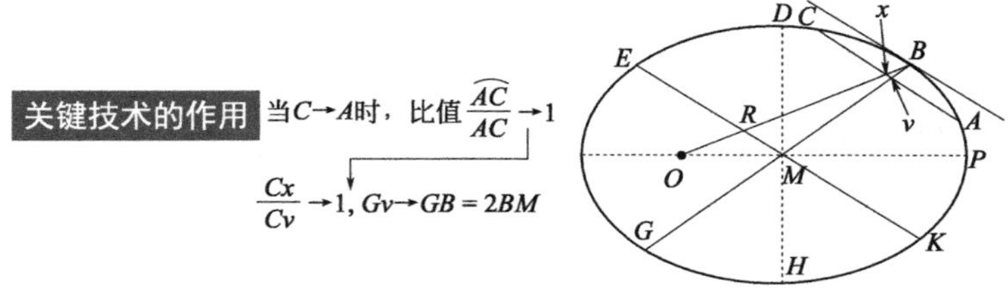

图 9 关键技术的作用

所以有：

$$F_{力}\propto\frac{1}{OB^2\times L}\frac{2BM}{Gv}\frac{Cv^2}{Cx^2}\longrightarrow F_{力}\propto\frac{1}{OB^2\times L}\quad 其中\ L=\frac{2DM^2}{PM}$$

最后，利用开普勒第三定律有：

---

❶ 推论 7 位于《自然哲学之数学原理》书中的命题 10 中。牛顿只是说根据圆锥曲线的性质可以得到此推论，并没有给出相关证明过程，感兴趣的读者可以尝试证明一下。

❷ 命题 2 位于《自然哲学之数学原理》书中的命题 11 中，所以命题 11 是整个证明过程中最重要的一个命题。

$$k=\frac{PM^3}{T^2_{周期}}\propto\frac{PM^3}{S^2_{椭圆面积}}=\frac{PM^3}{(\pi PM\times DM)^2}=\frac{PM}{\pi^2 DM^2}=\frac{1}{2\pi^2 L}$$

就这样，经过一系列欧几里得几何的证明过程，采用了微分思想的关键技术，再利用开普勒第三定律，如图 10 所示，牛顿终于证明了那个伟大的结论：引力大小与距离平方成反比。

在椭圆轨道上，引力与到椭圆焦点的距离的平方成反比

$F_{力}$正比于$2\pi^2k\frac{1}{OB^2}$

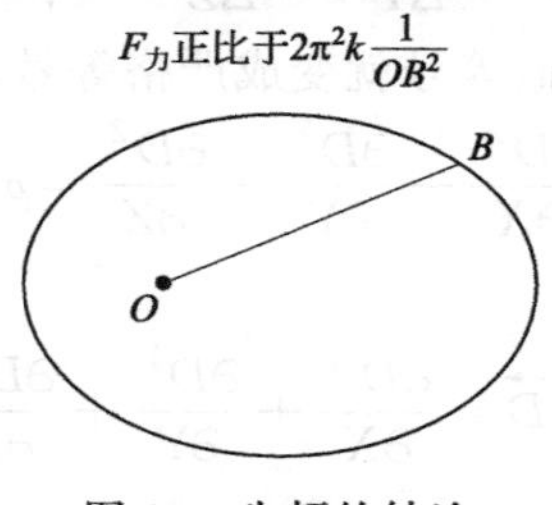

图 10　牛顿的结论

附录 2　高斯定理

如果先不考虑一个球面，而是考虑一个非常小的正方体的表面，并且假设麦克斯韦得到的下面这个方程对该正方体表面也是成立的。

$$\oint_S \vec{D}\cdot d\vec{S}=Q$$

方程左边部分就表示电力线穿过该正方体表面的通量。当该正方体非常小时，该通量可以按图 11 的方式近似计算。

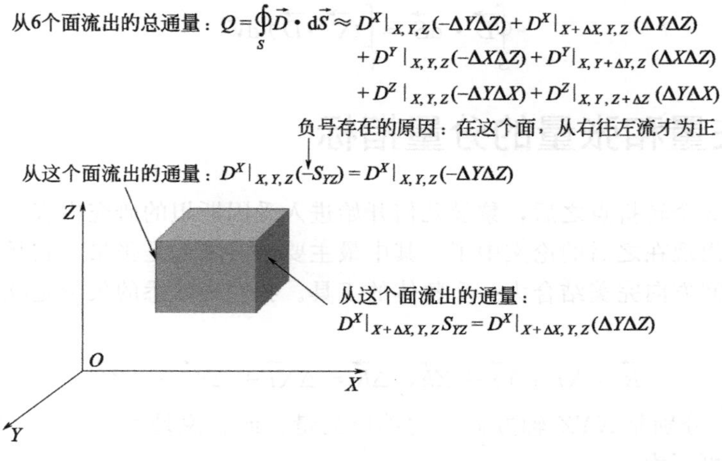

从6个面流出的总通量：$Q=\oint_S \vec{D}\cdot d\vec{S}\approx D^X|_{X,Y,Z}(-\Delta Y\Delta Z)+D^X|_{X+\Delta X,Y,Z}(\Delta Y\Delta Z)$
$+D^Y|_{X,Y,Z}(-\Delta X\Delta Z)+D^Y|_{X,Y+\Delta Y,Z}(\Delta X\Delta Z)$
$+D^Z|_{X,Y,Z}(-\Delta Y\Delta X)+D^Z|_{X,Y,Z+\Delta Z}(\Delta Y\Delta X)$

负号存在的原因：在这个面，从右往左流才为正

从这个面流出的通量：$D^X|_{X,Y,Z}(-S_{YZ})=D^X|_{X,Y,Z}(-\Delta Y\Delta Z)$

从这个面流出的通量：
$D^X|_{X+\Delta X,Y,Z}S_{YZ}=D^X|_{X+\Delta X,Y,Z}(\Delta Y\Delta Z)$

Z O X Y

图 11　对于一个小方块计算通量

这个计算结果就可以化简为：

$$Q=\oint_S \vec{D}\cdot d\vec{S}\approx(D^X|_{X+\Delta X,Y,Z}-D^X|_{X,Y,Z})\Delta Y\Delta Z+(D^Y|_{X,Y+\Delta Y,Z}-D^Y|_{X,Y,Z})\Delta Z\Delta X$$
$$+(D^Z|_{X,Y,Z+\Delta Z}-D^Z|_{X,Y,Z})\Delta Y\Delta X$$
$$=\Delta D^X\Delta Y\Delta Z+\Delta D^Y\Delta Z\Delta X+\Delta D^Z\Delta Y\Delta X$$

$$=\left(\frac{\Delta D^X}{\Delta X}+\frac{\Delta D^Y}{\Delta Y}+\frac{\Delta D^Z}{\Delta Z}\right)\Delta X\Delta Y\Delta Z$$
$$=\left(\frac{\Delta D^X}{\Delta X}+\frac{\Delta D^Y}{\Delta Y}+\frac{\Delta D^Z}{\Delta Z}\right)V$$

从而就得到：

$$\frac{\Delta D^X}{\Delta X}+\frac{\Delta D^Y}{\Delta Y}+\frac{\Delta D^Z}{\Delta Z}\approx\frac{Q}{V}=\rho$$

当该正方体足够小时，这个近似等号就变成严格等号，即有：

$$\frac{\partial D^X}{\partial X}+\frac{\partial D^Y}{\partial Y}+\frac{\partial D^Z}{\partial Z}=\rho$$

这个公式一般可以缩写为：

$$\vec{\nabla}\cdot\vec{D}=\frac{\partial D^X}{\partial X}+\frac{\partial D^Y}{\partial Y}+\frac{\partial D^Z}{\partial Z}$$

缩写符号 $\vec{\nabla}\cdot\vec{D}$ 被称为散度。它表示在单位体积空间里从内向外流出来的通量的大小，因为从上面计算过程可以得到如下结果：

$$\vec{\nabla}\cdot\vec{D}\approx\frac{\Delta D^X}{\Delta X}+\frac{\Delta D^Y}{\Delta Y}+\frac{\Delta D^Z}{\Delta Z}=\frac{\oint\vec{D}\cdot\mathrm{d}\vec{S}}{V}$$

另外，这个结果还可以写为空间体积分的形式，即有：

$$\oint_S\vec{D}\cdot\mathrm{d}\vec{S}\approx\left(\frac{\partial D^X}{\partial X}+\frac{\partial D^Y}{\partial Y}+\frac{\partial D^Z}{\partial Z}\right)\cdot V$$
$$\approx\int_V\left(\frac{\partial D^X}{\partial X}+\frac{\partial D^Y}{\partial Y}+\frac{\partial D^Z}{\partial Z}\right)\mathrm{d}V=\int_V(\vec{\nabla}\cdot\vec{D})\,\mathrm{d}V$$

实际上，这个结论是严格成立的。它被称为高斯定理或散度定理，简写为：

$$\oint_S\vec{D}\cdot\mathrm{d}\vec{S}=\int_V(\vec{\nabla}\cdot\vec{D})\,\mathrm{d}V$$

附录 3　矢量和张量的分量指标

在思想的第 5 个转折点之后，黎曼几何开始进入爱因斯坦的研究内容，与黎曼几何相关的数学对象也就出现在之后的论文中了。其中最主要的对象就是张量，它是矢量的推广。矢量是将大小和空间方向完美结合为一个整体的工具。我们最熟悉的矢量是欧式空间中的位置矢量和位移：

$$\vec{R}=X\vec{i}+Y\vec{j}+Z\vec{k}，\Delta\vec{R}=\Delta X\vec{i}+\Delta Y\vec{j}+\Delta Z\vec{k}$$

其中，$\vec{i}$，$\vec{j}$，$\vec{k}$ 分别是 XYZ 轴方向上的单位矢量，或者说是度量单位。采用爱因斯坦求和，这两个矢量可写为：

$$\vec{R}=X^i\vec{e}_i，\Delta\vec{R}=\Delta X^i\vec{e}_i，\text{其中}\quad\vec{e}_1=\vec{i}，\vec{e}_2=\vec{j}，\vec{e}_3=\vec{k}$$

所以我们平时所使用的矢量 $X^i=(X^1,X^2,X^3)$ 只是矢量 $\vec{R}$ 的分量值，而不是矢量 $\vec{R}$ 本身。因为只要选择另外一套度量单位，这些分量值 X^i 就改变了，但矢量 $\vec{R}$ 本身却是不变的。比如将度量单位变换为另外一套度量单位 $\vec{e}'_i$：

$$\vec{e}'_i=B^k_i\vec{e}_k$$

其中，B_i^k 是两套度量单位之间的变换矩阵。矢量 $\vec{R}$ 在此变换之下是不变的，即有：

$$X^i\vec{e}_i=\vec{R}=X'^k\vec{e}'_k$$

但矢量 $\vec{R}$ 被度量单位 $\vec{e}'_i$ 度量出来的分量值 X'^k 已经不再相同，而是改变为：

$$X'^k=X^i(B^{-1})_i^k\longleftarrow X^i=X'^kB_k^i\longleftarrow X^i\vec{e}_i=\vec{R}=X'^k\vec{e}'_k=X'^kB_k^i\vec{e}_i$$

由于 X^i 是按照逆矩阵 $(B^{-1})_i^k$ 来进行变换的，即 X^i 的变换方式与度量单位 $\vec{e}_k$ 的变换方式正好相反，所以分量值 X^i 也称为逆变矢量（注意："分量"两个字被省略了）。

矢量在闵氏时空中被扩展为四维，但这些结论仍然是成立的，即仍然有：

$$\vec{e}'_\alpha=B_\alpha^\mu\vec{e}_\mu,\ X^\mu\vec{e}_\mu=\vec{\Re}=X'^\alpha\vec{e}'_\alpha，其中\ X^\mu=(cT,X,Y,Z)$$

$$X'^\alpha=(B^{-1})_\mu^\alpha X^\mu\leftarrow X^\mu=X'^\alpha B_\alpha^\mu\leftarrow X^\mu\vec{e}_\mu=\vec{\Re}=X'^\alpha\vec{e}'_\alpha=X'^\alpha B_\alpha^\mu\vec{e}_\mu$$

当时空具有度规之后，度量单位就可以同时存在两套。另外一套度量单位 $\vec{e}^\nu$ 可以选择为：

$$\vec{e}^\nu=\eta^{\nu\mu}\vec{e}_\mu,\ \eta^{\nu\mu}=(\eta_{\nu\mu})^{-1}=\begin{pmatrix}1&0&0&0\\0&-1&0&0\\0&0&-1&0\\0&0&0&-1\end{pmatrix}$$

这两套度量单位 $\vec{e}^\nu$ 和 $\vec{e}_\mu$ 是可以同时存在的，所以同一个矢量就存在两套度量值：

$$\vec{\Re}=X^\mu\vec{e}_\mu,\ \vec{\Re}=X_\nu\vec{e}^\nu$$

并且分量 X_ν 的变换方式与第一套度量单位 $\vec{e}_\mu$ 的变换方式是一样的：

$$\vec{e}'_\alpha=B_\alpha^\mu\vec{e}_\mu$$

$$X'_\alpha=B_\alpha^\mu X_\mu$$

所以分量值 X_ν 被称为协变矢量（注意："分量"两个字也被省略了）。它的分量指标在右下角。

所以，度规的存在给矢量带来了一个巨大的不同，即同一个矢量具有两套分量值 X_ν 和 X^μ。这两套分量值当然就可以通过度规来转换，即升降分量指标：

$$X^\mu=X_\nu\eta^{\nu\mu}\leftarrow X^\mu\vec{e}_\mu=\vec{R}=X_\nu\vec{e}^\nu=X_\nu\eta^{\nu\mu}\vec{e}_\mu$$

需要注意的是：即使对于同一矢量，它的逆变分量值和协变分量值不一定相等，即可能有 $X^\mu\neq X_\mu$。

那么张量有什么不同呢？

对于一个矢量，采用度量单位 $\vec{e}_\mu$ 度量出来的分量值是一个数值。但如果有一个量，采用度量单位 $\vec{e}_\mu$ 度量出来的分量值仍然是一个矢量，那么这个量就被称为张量。比如：

$$\vec{\vec{T}}=\vec{T}^\mu\vec{e}_\mu$$

张量 $\vec{\vec{T}}$ 被度量单位 $\vec{e}_\mu$ 度量出的分量值 $\vec{T}^\mu$ 仍然是一个矢量。采用度量单位 $\vec{e}_\mu$ 对 $\vec{\vec{T}}$ 再度量一次就是：

$$\vec{T}^\mu=T^{\mu\nu}\vec{e}_\nu$$

两次度量合在一起可以写为：

$$\vec{\vec{T}}=T^{\mu\nu}\vec{e}_\nu\vec{e}_\mu$$

所以张量 $\vec{\vec{T}}$ 被度量单位 $\vec{e}_\mu$ 度量出来的分量值是一个矩阵：

$$T^{\mu\nu}=\begin{pmatrix} T^{01} & T^{01} & T^{02} & T^{03} \\ T^{11} & T^{11} & T^{12} & T^{13} \\ T^{21} & T^{21} & T^{22} & T^{23} \\ T^{31} & T^{31} & T^{32} & T^{33} \end{pmatrix}$$

同样，分量值 $T^{\mu\nu}$ 的变换方式与度量单位 $\vec{e}_\mu$ 的变换方式正好相反，所以分量值 $T^{\mu\nu}$ 也被称为逆变张量（注意："分量"两个字也被省略了）。但它并不是张量本身，只是张量的分量值而已。

采用第二套度量单位 $\vec{e}^\nu$ 对张量 $\vec{\vec{T}}$ 度量出的分量值为：

$$\vec{\vec{T}}=T_{\nu\mu}\vec{e}^\mu\vec{e}^\nu$$

分量值 $T^{\mu\nu}$ 的变换方式与度量单位 $\vec{e}_\mu$ 的变换方式正好相同，这个矩阵就被称为协变张量（注意："分量"两个字也被省略了）。

两次分别采用不同度量单位对张量 $\vec{\vec{T}}$ 度量出的分量值为：

$$\vec{\vec{T}}=T^\nu{}_\mu\vec{e}^\mu\vec{e}_\nu \quad 或 \quad \vec{\vec{T}}=T_\mu{}^\nu\vec{e}_\nu\vec{e}^\mu$$

这样度量出来的分量值 $T^\nu{}_\mu$ 或 $T_\mu{}^\nu$ 被称为混合张量（注意："分量"两个字也被省略了）。

在坐标系变换下，矢量和张量都是不变的，发生改变的只是它们的分量值。这就是为什么满足相对性原理的物理对象必须采用张量来描述的原因。

附录 4　静止观测者如何测量时间、空间

假设有一个运动的物体，它的四维速度为 U^α。当运动到某一个位置时，在运动物体旁边站着一位静止观测者。观测者静止就是指该观测者的四维速度 V^α 的分量 $V^1=V^2=V^3=0$。该观测者和该运动物体在时空中的关系如图 12 所示。

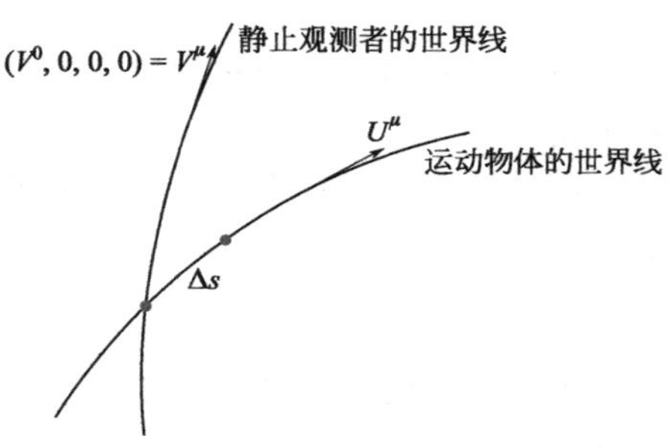

图 12　静止观测者与运动物体的世界线

运动物体在一段时间内会移动了一段距离，从而在时空中留下一段时空间隔 Δs。那么该静止观测者采用自己所携带的钟和标准直尺来测量这段时间和距离所得到的刻度值分别是多少呢？为此我们需要进行如图 13 所示的 3+1 正交分解。

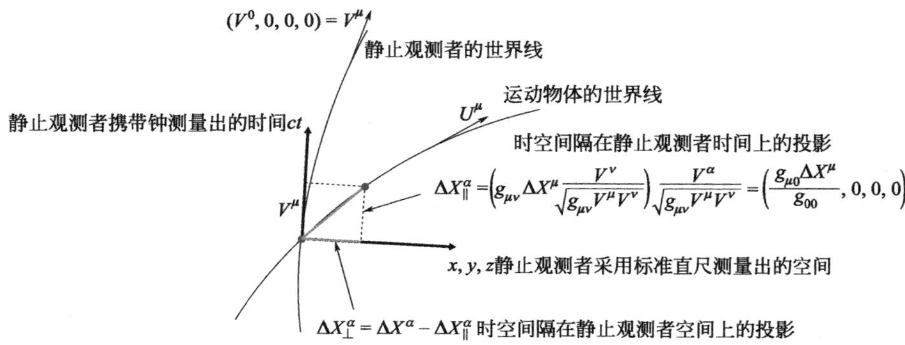

图 13　静止观测者采用自己所携带的钟和标准直尺进行测量

这段时空间隔 Δs 就可以 3+1 正交分解为：

$$\Delta s^2 = g_{\alpha\beta}\Delta X^\alpha \Delta X^\beta = g_{\alpha\beta}(\Delta X^\alpha_\parallel + \Delta X^\alpha_\perp)(\Delta X^\beta_\parallel + \Delta X^\beta_\perp) = g_{\alpha\beta}\Delta X^\alpha_\parallel \Delta X^\beta_\parallel + g_{\alpha\beta}\Delta X^\alpha_\perp \Delta X^\beta_\perp$$

另外一方面，采用静止观测者自己所测量出的时间 t 和空间 (x, y, z) 作为坐标系，这段时空间隔 Δs 就等于：

$$\Delta s^2 = (c\Delta t)^2 - (\Delta x)^2 - (\Delta y)^2 - (\Delta z)^2 = (c\Delta t)^2 - \Delta l^2$$

那么在此 3+1 正交分解之下，时空间隔就分解为物理意义十分明确的两部分，如图 14 所示。

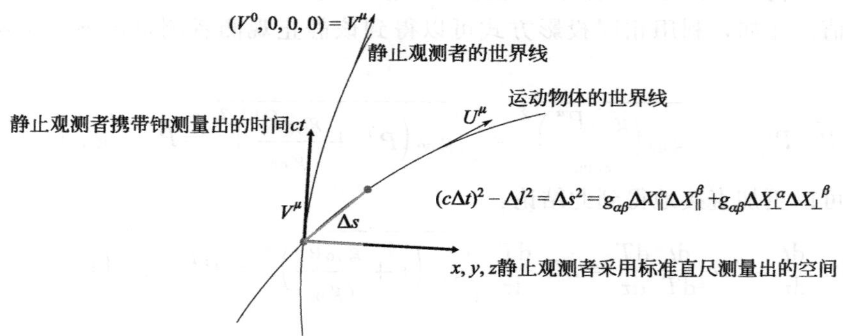

图 14 静止观测者对时空的 3+1 正交分解

所以，此静止观测者采用其携带的钟和标准直尺测量出的刻度值分别为：

$$\begin{cases} c\Delta t = \sqrt{g_{\alpha\beta}\Delta X^\alpha_\parallel \Delta X^\beta_\parallel} = \sqrt{g_{00}\left(\dfrac{g_{\alpha 0}\Delta X^\alpha}{g_{00}}\right)^2} = \sqrt{g_{00}\left(c\Delta T + \dfrac{g_{i0}\Delta X^i}{g_{00}}\right)^2} \\ \Delta l = \sqrt{-g_{\alpha\beta}\Delta X^\alpha_\perp \Delta X^\beta_\perp} = \sqrt{h_{ij}\Delta X^i \Delta X^j}\text{，其中 } h_{ij} = \left(\dfrac{g_{0i}g_{0j}}{g_{00}} - g_{ij}\right) \end{cases}$$

因此就得到：对于运动物体所经历的这段时间，静止观测者携带的钟测量出的刻度值 t 与坐标时间 T 之间的关系为：

$$\Delta t = \Delta T\sqrt{g_{00}\left(1 + \frac{g_{0i}u^i}{cg_{00}}\right)^2}\text{，其中 } u^i = \frac{\Delta X^i}{\Delta T}$$

而运动物体携带的钟测量出刻度值是 τ 。对于站在运动物体上的观测者来说，物体是静止的，即他测量出该物体空间位置改变量为零，所以采用站在运动物体上的观测者所测量出的刻度值作为坐标，那么这段时空间隔就是 $(c\Delta\tau, 0, 0, 0)$，其长度 Δs 就有：

$$\Delta s^2 = (c\Delta\tau)^2$$

同样，它也可以被静止观测者 3+1 分解为如图 15 所示。

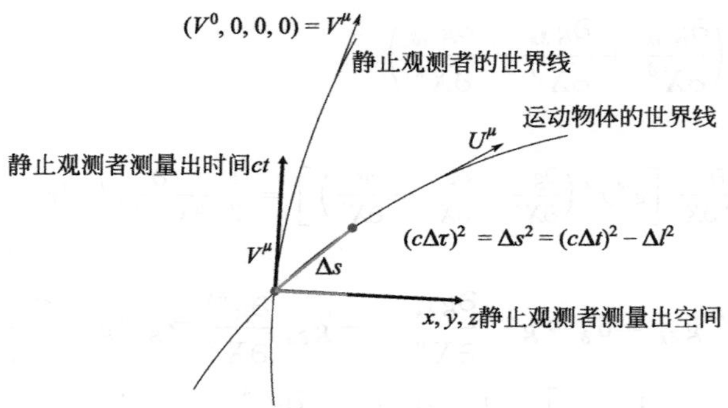

图 15 静止观测者对时空的 3+1 正交分解

因此就得到三种时间 τ、t、T 之间的流逝快慢关系为：

$$\frac{\Delta\tau}{\Delta t}=\sqrt{\left(\frac{\Delta t}{\Delta t}\right)^2-\left(\frac{\Delta l}{c\,\Delta t}\right)^2}=\sqrt{1-\frac{w^2}{c^2}}\text{，其中 } w=\sqrt{h_{ij}w^i w^j}\text{，}w^i=\frac{\Delta X^i}{\Delta t}$$

$$\frac{\Delta\tau}{\Delta T}=\sqrt{\left(\frac{\Delta t}{\Delta T}\right)^2-\left(\frac{\Delta l}{c\,\Delta T}\right)^2}=\sqrt{g_{00}\left(1+\frac{g_{0i}u^i}{cg_{00}}\right)^2-\frac{u^2}{c^2}}\text{，其中 } u=\sqrt{h_{ij}u^i u^j}\text{，}u^i=\frac{\Delta X^i}{\Delta T}$$

实际上，任何一个四维矢量按照以上投影方法得到的结果都是该静止观测者采用标准刻度测量出的值。比如，利用相同投影方式可以得到该静止观测者测量出该运动物体的 e 能量为：

$$\frac{e}{c}=\sqrt{g_{\alpha\beta}P^\alpha_\parallel P^\beta_\parallel}=\sqrt{g_{00}\left(\frac{g_{\alpha0}P^\alpha}{g_{00}}\right)^2}=\sqrt{g_{00}\left(P^T+\frac{g_{i0}P^i}{g_{00}}\right)^2}=P^T\sqrt{g_{00}\left(1+\frac{g_{i0}u^i}{cg_{00}}\right)^2}$$

当然也可以更加直接地得到此结论：

$$\frac{e}{c}=Mc\frac{\mathrm{d}t}{\mathrm{d}\tau}=Mc\frac{\mathrm{d}t}{\mathrm{d}T}\frac{\mathrm{d}T}{\mathrm{d}\tau}=Mc\frac{\mathrm{d}T}{\mathrm{d}\tau}\sqrt{g_{00}\left(1+\frac{g_{i0}u^i}{cg_{00}}\right)^2}=P^T\sqrt{g_{00}\left(1+\frac{g_{i0}u^i}{cg_{00}}\right)^2}$$

附录 5　《关于广义相对论》中验证能量守恒的计算过程

（1）《关于广义相对论》中验证能量守恒的计算过程之一

$$\Gamma^\nu_{\alpha\beta}=\frac{1}{2}g^{\nu k}\left(\frac{\partial g_{\alpha k}}{\partial X^\beta}+\frac{\partial g_{\beta k}}{\partial X^\alpha}-\frac{\partial g_{\alpha\beta}}{\partial X^k}\right)\Rightarrow\frac{\partial g^{\alpha\delta}}{\partial X^\lambda}=-g^{\alpha b}\Gamma^\delta_{\lambda b}-g^{\delta b}\Gamma^\alpha_{\lambda b}$$

$$\frac{\partial}{\partial X^\lambda}(g^{\alpha\delta}\Gamma^\lambda_{\mu\delta})=\frac{\partial g^{\alpha\delta}}{\partial X^\lambda}\Gamma^\lambda_{\mu\delta}+g^{\alpha\delta}\frac{\partial\Gamma^\lambda_{\mu\delta}}{\partial X^\lambda}=-g^{\alpha b}\Gamma^\alpha_{\lambda b}\Gamma^\lambda_{\mu\delta}-g^{\delta b}\Gamma^\alpha_{\lambda b}\Gamma^\lambda_{\mu\delta}+g^{\alpha\delta}\frac{\partial\Gamma^\lambda_{\mu\delta}}{\partial X^\lambda}=-g^{\alpha b}\Gamma^\delta_{\lambda b}\Gamma^\lambda_{\mu\delta}-g^{\delta b}\Gamma^\alpha_{\lambda b}\Gamma^\lambda_{\mu\delta}+g^{\alpha\delta}\Gamma^\lambda_{\beta\delta}\Gamma^\beta_{\mu\lambda}+g^{\alpha\delta}\kappa T_{\mu\delta}=-g^{db}\Gamma^\alpha_{\lambda b}\Gamma^\lambda_{\mu d}+\kappa T^\alpha_\mu$$

↑　　　　↑

$$\frac{\partial g^{\alpha\delta}}{\partial X^\lambda}=-g^{\alpha b}\Gamma^\delta_{\lambda b}-g^{\delta b}\Gamma^\alpha_{\lambda b}\qquad\qquad\frac{\partial\Gamma^\lambda_{\mu\delta}}{\partial X^\lambda}-\Gamma^\lambda_{\beta\delta}\Gamma^\beta_{\mu\lambda}=\kappa T_{\mu\delta}$$

$$\Rightarrow\frac{\partial}{\partial X^\lambda}(g^{\alpha\delta}\Gamma^\lambda_{\mu\delta})+g^{db}\Gamma^\alpha_{\lambda b}\Gamma^\lambda_{\mu d}=\kappa T^\alpha_\mu$$

$$\left.\begin{aligned}&\frac{\partial}{\partial X^\lambda}(g^{\alpha\delta}\Gamma^\lambda_{\mu\delta})+g^{bd}\Gamma^\lambda_{\mu d}\Gamma^\alpha_{\lambda b}=\kappa T^\alpha_\mu\\&t^\alpha_\mu=-\frac{1}{\kappa}\left(g^{bd}\Gamma^\lambda_{\mu d}\Gamma^\alpha_{\lambda b}-\frac{1}{2}\delta^\alpha_\mu\kappa t\right)\end{aligned}\right\}\Rightarrow\kappa(T^\alpha_\mu+t^\alpha_\mu)=\frac{\partial}{\partial X^\lambda}(g^{\alpha\delta}\Gamma^\lambda_{\mu\delta})+\frac{1}{2}\delta^\alpha_\mu\kappa t$$

（2）《关于广义相对论》中验证能量守恒的计算过程之二

$$\Gamma^\lambda_{\mu\delta}=\frac{1}{2}g^{\lambda k}\left(\frac{\partial g_{\mu k}}{\partial X^\delta}+\frac{\partial g_{\delta k}}{\partial X^\mu}-\frac{\partial g_{\mu\delta}}{\partial X^k}\right)$$

↓

$$\frac{\partial}{\partial X^\alpha\partial X^\lambda}(g^{\alpha\delta}\Gamma^\lambda_{\mu\delta})=\frac{1}{2}\frac{\partial}{\partial X^\alpha\partial X^\lambda}\left[g^{\alpha\delta}g^{\lambda k}\left(\frac{\partial g_{\mu k}}{\partial X^\delta}+\frac{\partial g_{\delta k}}{\partial X^\mu}-\frac{\partial g_{\mu\delta}}{\partial X^k}\right)\right]=\frac{1}{2}\frac{\partial}{\partial X^\alpha\partial X^\lambda}\left(g^{\alpha\delta}g^{\lambda k}\frac{\partial g_{\delta k}}{\partial X^\mu}\right)=-\frac{1}{2}\frac{\partial g^{\alpha\lambda}}{\partial X^\mu\partial X^\alpha\partial X^\lambda}$$

↑

$$g^{\lambda k}g_{\delta k}=\delta^\lambda_\delta\Rightarrow g^{\lambda k}\frac{\partial g_{\delta k}}{\partial X^\mu}=-g_{\delta\alpha}\frac{\partial g^{\alpha\lambda}}{\partial X^\mu}\Rightarrow g^{\alpha\delta}g^{\lambda k}\frac{\partial g_{\delta k}}{\partial X^\mu}=-\frac{\partial g^{\alpha\lambda}}{\partial X^\mu}$$

$$\frac{\partial}{\partial X^\alpha}\left[\frac{\partial}{\partial X^\lambda}(g^{\alpha\delta}\Gamma^\lambda_{\mu\delta})+\frac{1}{2}\delta^\alpha_\mu\kappa t\right]=\frac{1}{2}\frac{\partial}{\partial X^\mu}\left(-\frac{\partial g^{\alpha\lambda}}{\partial X^\alpha\partial X^\lambda}+\kappa t\right)=0\Rightarrow\frac{\partial g^{\alpha\lambda}}{\partial X^\alpha\partial X^\lambda}-\kappa t=0$$

(3)《关于广义相对论》中验证能量守恒的计算过程之三

第一步：

$$\Gamma^{\nu}_{\alpha\beta}=\frac{1}{2}g^{\nu k}\left(\frac{\partial g_{\alpha k}}{\partial x^{\beta}}+\frac{\partial g_{\beta k}}{\partial x^{\alpha}}-\frac{\partial g_{\alpha\beta}}{\partial x^{k}}\right)=-\frac{1}{2}\left(g_{\alpha k}\frac{\partial g^{\nu k}}{\partial x^{\beta}}+g_{\beta k}\frac{\partial g^{\nu k}}{\partial x^{\alpha}}+g^{\nu k}\frac{\partial g_{\alpha\beta}}{\partial x^{k}}\right)$$

$$\begin{aligned}g^{\alpha\beta}\frac{\partial\Gamma^{\nu}_{\alpha\beta}}{\partial x^{\nu}}&=-\frac{1}{2}g^{\alpha\beta}\left(g_{\alpha k}\frac{\partial g^{\nu k}}{\partial x^{\beta}\partial x^{\nu}}+g_{\beta k}\frac{\partial g^{\nu k}}{\partial x^{\alpha}\partial x^{\nu}}+g^{\nu k}\frac{\partial g_{\alpha\beta}}{\partial x^{k}\partial x^{\nu}}\right)\\&\quad-\frac{1}{2}g^{\alpha\beta}\left(\frac{\partial g_{\alpha k}}{\partial x^{\nu}}\frac{\partial g^{\nu k}}{\partial x^{\beta}}+\frac{\partial g_{\beta k}}{\partial x^{\nu}}\frac{\partial g^{\nu k}}{\partial x^{\alpha}}+\frac{\partial g^{\nu k}}{\partial x^{\nu}}\frac{\partial g_{\alpha\beta}}{\partial x^{k}}\right)\\&=-\frac{1}{2}\left(\delta^{\beta}_{k}\frac{\partial g^{\nu k}}{\partial x^{\beta}\partial x^{\nu}}+\delta^{\alpha}_{k}\frac{\partial g^{\nu k}}{\partial x^{\alpha}\partial x^{\nu}}+g^{\nu k}g^{\alpha\beta}\frac{\partial g_{\alpha\beta}}{\partial x^{k}\partial x^{\nu}}\right)\\&\quad-\frac{1}{2}g^{\alpha\beta}\left(\frac{\partial g_{\alpha k}}{\partial x^{\nu}}\frac{\partial g^{\nu k}}{\partial x^{\beta}}+\frac{\partial g_{\beta k}}{\partial x^{\nu}}\frac{\partial g^{\nu k}}{\partial x^{\alpha}}+\frac{\partial g^{\nu k}}{\partial x^{\nu}}\frac{\partial g_{\alpha\beta}}{\partial x^{k}}\right)\\&=-\frac{\partial^{2}g^{\nu k}}{\partial x^{k}\partial x^{\nu}}-\frac{1}{2}g^{\nu k}g^{\alpha\beta}\frac{\partial g_{\alpha\beta}}{\partial x^{k}\partial x^{\nu}}\\&\quad-\frac{1}{2}g^{\alpha\beta}\left(\frac{\partial g_{\alpha k}}{\partial x^{\nu}}\frac{\partial g^{\nu k}}{\partial x^{\beta}}+\frac{\partial g_{\beta k}}{\partial x^{\nu}}\frac{\partial g^{\nu k}}{\partial x^{\alpha}}+\frac{\partial g^{\nu k}}{\partial x^{\nu}}\frac{\partial g_{\alpha\beta}}{\partial x^{k}}\right)\end{aligned}$$

第二步：

$$\begin{aligned}4g^{\alpha\beta}\Gamma^{\mu}_{\alpha\lambda}\Gamma^{\lambda}_{\mu\beta}&=g^{\alpha\beta}g^{\mu k}g^{\lambda r}\left(\frac{\partial g_{\alpha k}}{\partial x^{\lambda}}+\frac{\partial g_{\lambda k}}{\partial x^{\alpha}}-\frac{\partial g_{\alpha\lambda}}{\partial x^{k}}\right)\left(\frac{\partial g_{\mu r}}{\partial x^{\beta}}+\frac{\partial g_{\beta r}}{\partial x^{\mu}}-\frac{\partial g_{\mu\beta}}{\partial x^{r}}\right)\\&=g^{\alpha\beta}g^{\mu k}g^{\lambda r}\frac{\partial g_{\alpha k}}{\partial x^{\lambda}}\frac{\partial g_{\mu r}}{\partial x^{\beta}}+g^{\alpha\beta}g^{\mu k}g^{\lambda r}\frac{\partial g_{\alpha k}}{\partial x^{\lambda}}\frac{\partial g_{\beta r}}{\partial x^{\mu}}-g^{\alpha\beta}g^{\mu k}g^{\lambda r}\frac{\partial g_{\alpha k}}{\partial x^{\lambda}}\frac{\partial g_{\mu\beta}}{\partial x^{r}}\\&\quad+g^{\alpha\beta}g^{\mu k}g^{\lambda r}\frac{\partial g_{\lambda k}}{\partial x^{\alpha}}\frac{\partial g_{\mu r}}{\partial x^{\beta}}+g^{\alpha\beta}g^{\mu k}g^{\lambda r}\frac{\partial g_{\lambda k}}{\partial x^{\alpha}}\frac{\partial g_{\beta r}}{\partial x^{\mu}}-g^{\alpha\beta}g^{\mu k}g^{\lambda r}\frac{\partial g_{\lambda k}}{\partial x^{\alpha}}\frac{\partial g_{\mu\beta}}{\partial x^{r}}\\&\quad-g^{\alpha\beta}g^{\mu k}g^{\lambda r}\frac{\partial g_{\alpha\lambda}}{\partial x^{k}}\frac{\partial g_{\mu r}}{\partial x^{\beta}}-g^{\alpha\beta}g^{\mu k}g^{\lambda r}\frac{\partial g_{\alpha\lambda}}{\partial x^{k}}\frac{\partial g_{\beta r}}{\partial x^{\mu}}+g^{\alpha\beta}g^{\mu k}g^{\lambda r}\frac{\partial g_{\alpha\lambda}}{\partial x^{k}}\frac{\partial g_{\mu\beta}}{\partial x^{r}}\\&=-g^{\lambda r}\frac{\partial g^{\alpha\beta}}{\partial x^{\lambda}}\frac{\partial g_{\alpha r}}{\partial x^{\beta}}-g^{\lambda r}\frac{\partial g^{\alpha\beta}}{\partial x^{\lambda}}\frac{\partial g_{\beta r}}{\partial x^{\alpha}}+g^{\lambda r}\frac{\partial g^{\alpha\beta}}{\partial x^{\lambda}}\frac{\partial g_{\alpha\beta}}{\partial x^{r}}\\&\quad-g^{\alpha\beta}\frac{\partial g^{\mu k}}{\partial x^{\alpha}}\frac{\partial g_{\mu k}}{\partial x^{\beta}}-g^{\alpha\beta}\frac{\partial g^{\mu k}}{\partial x^{\alpha}}\frac{\partial g_{\beta k}}{\partial x^{\mu}}+g^{\alpha\beta}\frac{\partial g^{\mu k}}{\partial x^{\alpha}}\frac{\partial g_{\mu\beta}}{\partial x^{k}}\\&\quad+g^{\mu k}\frac{\partial g^{\beta r}}{\partial x^{k}}\frac{\partial g_{\mu r}}{\partial x^{\beta}}+g^{\mu k}\frac{\partial g^{\beta r}}{\partial x^{k}}\frac{\partial g_{\beta r}}{\partial x^{\mu}}-g^{\mu k}\frac{\partial g^{\beta r}}{\partial x^{k}}\frac{\partial g_{\mu\beta}}{\partial x^{r}}\\&=-g^{\alpha\beta}\frac{\partial g^{\mu k}}{\partial x^{\alpha}}\frac{\partial g_{\beta k}}{\partial x^{\mu}}-g^{\mu k}\frac{\partial g^{\beta r}}{\partial x^{k}}\frac{\partial g_{\mu\beta}}{\partial x^{r}}+g^{\lambda r}\frac{\partial g^{\alpha\beta}}{\partial x^{\lambda}}\frac{\partial g_{\alpha\beta}}{\partial x^{r}}\end{aligned}$$

第三步：

$$\left.\begin{aligned}&\frac{\partial}{\partial x^{k}}\left[g^{k\mu}\frac{\partial\ln(\sqrt{-g})}{\partial x^{\mu}}\right]=\frac{1}{2}g^{\alpha\beta}\frac{\partial g_{\alpha\beta}}{\partial x^{\mu}}\frac{\partial g^{k\mu}}{\partial x^{k}}+\frac{1}{2}g^{k\mu}\frac{\partial g^{\alpha\beta}}{\partial x^{\mu}}\frac{\partial g_{\alpha\beta}}{\partial x^{k}}+\frac{1}{2}g^{k\mu}g^{\alpha\beta}\frac{\partial g_{\alpha\beta}}{\partial x^{k}\partial x^{\mu}}\\&g^{\alpha\beta}\frac{\partial\Gamma^{\nu}_{\alpha\beta}}{\partial x^{\nu}}=-\frac{\partial^{2}g^{\nu k}}{\partial x^{k}\partial x^{\nu}}-\frac{1}{2}g^{\nu k}g^{\alpha\beta}\frac{\partial g_{\alpha\beta}}{\partial x^{k}\partial x^{\nu}}-\frac{1}{2}g^{\alpha\beta}\left(\frac{\partial g_{\alpha k}}{\partial x^{\nu}}\frac{\partial g^{\nu k}}{\partial x^{\beta}}+\frac{\partial g_{\beta k}}{\partial x^{\nu}}\frac{\partial g^{\nu k}}{\partial x^{\alpha}}+\frac{\partial g^{\nu k}}{\partial x^{\nu}}\frac{\partial g_{\alpha\beta}}{\partial x^{k}}\right)\end{aligned}\right\}$$

$$\Rightarrow g^{\alpha\beta}\frac{\partial\Gamma^{\nu}_{\alpha\beta}}{\partial x^{\nu}}=-\frac{\partial^{2}g^{\nu k}}{\partial x^{k}\partial x^{\nu}}-\frac{\partial}{\partial x^{k}}\left[g^{k\mu}\frac{\partial\ln(\sqrt{-g})}{\partial x^{\mu}}\right]+\frac{1}{2}g^{k\mu}\frac{\partial g^{\alpha\beta}}{\partial x^{\mu}}\frac{\partial g_{\alpha\beta}}{\partial x^{k}}$$

$$-\frac{1}{2}g^{\alpha\beta}\left(\frac{\partial g_{\alpha k}}{\partial x^{\nu}}\frac{\partial g^{\nu k}}{\partial x^{\beta}}+\frac{\partial g_{\beta k}}{\partial x^{\nu}}\frac{\partial g^{\nu k}}{\partial x^{\alpha}}\right)$$

第四步：

$$\Rightarrow -g^{\alpha\beta}\frac{\partial \Gamma^{\nu}_{\alpha\beta}}{\partial x^{\nu}}+2g^{\alpha\beta}\Gamma^{\mu}_{\alpha\lambda}\Gamma^{\lambda}_{\mu\beta}=\frac{\partial^2 g^{\nu k}}{\partial x^{k}\partial x^{\nu}}+\frac{\partial}{\partial x^{k}}\left[g^{k\mu}\frac{\partial \ln(\sqrt{-g})}{\partial x^{\mu}}\right]$$

$$\Rightarrow -g^{\alpha\beta}\frac{\partial \Gamma^{\nu}_{\alpha\beta}}{\partial x^{\nu}}+g^{\alpha\beta}\Gamma^{\mu}_{\alpha\lambda}\Gamma^{\lambda}_{\mu\beta}=\frac{\partial^2 g^{\nu k}}{\partial x^{k}\partial x^{\nu}}+\frac{\partial}{\partial x^{k}}\left[g^{k\mu}\frac{\partial \ln(\sqrt{-g})}{\partial x^{\mu}}\right]-g^{\alpha\beta}\Gamma^{\mu}_{\alpha\lambda}\Gamma^{\lambda}_{\mu\beta}$$

第五步：

$$\Rightarrow -g^{\alpha\beta}\frac{\partial \Gamma^{\nu}_{\alpha\beta}}{\partial x^{\nu}}+g^{\alpha\beta}\Gamma^{\mu}_{\alpha\lambda}\Gamma^{\lambda}_{\mu\beta}=\frac{\partial^2 g^{\nu k}}{\partial x^{k}\partial x^{\nu}}+\frac{\partial}{\partial x^{k}}\left[g^{k\mu}\frac{\partial \ln(\sqrt{-g})}{\partial x^{\mu}}\right]-\kappa t,$$

其中 $\kappa t=\kappa t^{\mu}_{\mu}=g^{\alpha\beta}\Gamma^{\mu}_{\alpha\lambda}\Gamma^{\lambda}_{\mu\beta}$

附录 6　爱因斯坦的引力作用下第三个运动方程积分的中间计算过程

$$\frac{dU^R}{d\tau}=-\frac{GM}{R^2}\left(1+\frac{2\phi}{c^2}\right)^{-1}\left(\frac{E_{\text{pure}}}{c^2}\right)^2+\frac{GM}{c^2R^2}\left(1+\frac{2\phi}{c^2}\right)^{-1}(U^R)^2+R\left(1+\frac{2\phi}{c^2}\right)\left(\frac{J}{R^2}\right)^2$$

$$\Rightarrow\left(1+\frac{2\phi}{c^2}\right)^{-1}\frac{dU^R}{d\tau}=(U^R)^2\left(1+\frac{2\phi}{c^2}\right)^{-2}\frac{GM}{c^2R^2}-\left(1+\frac{2\phi}{c^2}\right)^{-2}\left(\frac{E_{\text{pure}}}{c^2}\right)^2\frac{GM}{R^2}+R\left(\frac{J}{R^2}\right)^2$$

$$\Rightarrow\left(1+\frac{2\phi}{c^2}\right)^{-1}U^R\frac{dU^R}{d\tau}=(U^R)^2\left(1+\frac{2\phi}{c^2}\right)^{-2}\frac{GM}{c^2R^2}U^R-\left(1+\frac{2\phi}{c^2}\right)^{-2}\left(\frac{E_{\text{pure}}}{c^2}\right)^2\frac{GM}{R^2}U^R+\frac{J^2}{R^3}U^R$$

$$\Rightarrow\left(1+\frac{2\phi}{c^2}\right)^{-1}\frac{d(U^R)^2}{d\tau}=(U^R)^2\left(1+\frac{2\phi}{c^2}\right)^{-2}\frac{2GM}{c^2R^2}\frac{dR}{\tau}-\left(1+\frac{2\phi}{c^2}\right)^{-2}\left(\frac{E_{\text{pure}}}{c^2}\right)^2\frac{2GM}{R^2}\frac{dR}{d\tau}+2\frac{J^2}{R^3}\frac{dR}{d\tau}$$

$$\Rightarrow\left(1+\frac{2\phi}{c^2}\right)^{-1}\frac{d(U^R)^2}{d\tau}=(U^R)^2\left(1+\frac{2\phi}{c^2}\right)^{-2}\frac{d\left(1+\frac{2\phi}{c^2}\right)}{d\tau}-\left(1+\frac{2\phi}{c^2}\right)^{-2}\left(\frac{E_{\text{pure}}}{c^2}\right)^2c^2\frac{d\left(1+\frac{2\phi}{c^2}\right)}{d\tau}-\frac{d\left(\frac{J^2}{R^2}\right)}{d\tau}$$

$$\Rightarrow\left(1+\frac{2\phi}{c^2}\right)^{-1}\frac{d(U^R)^2}{d\tau}+(U^R)^2\frac{d\left(1+\frac{2\phi}{c^2}\right)^{-1}}{d\tau}=\left(\frac{E_{\text{pure}}}{c^2}\right)^2c^2\frac{d\left(1+\frac{2\phi}{c^2}\right)}{d\tau}-\frac{d\left(\frac{J^2}{R^2}\right)}{d\tau}$$

$$\Rightarrow\frac{d}{d\tau}\left[\left(1+\frac{2\phi}{c^2}\right)^{-1}(U^R)^2\right]=\frac{d}{d\tau}\left[\left(\frac{E_{\text{pure}}}{c^2}\right)^2c^2\left(1+\frac{2\phi}{c^2}\right)^{-1}-\frac{J^2}{R^2}\right]$$

$$\Rightarrow\left(1+\frac{2\phi}{c^2}\right)^{-1}(U^R)^2=\left(\frac{E_{\text{pure}}}{c^2}\right)^2c^2\left(1+\frac{2\phi}{c^2}\right)^{-1}-\frac{J^2}{R^2}-C_2$$

$$\Rightarrow\left(1+\frac{2\phi}{c^2}\right)^{-1}\left(\frac{dR}{d\tau}\right)^2=\left(\frac{E_{\text{pure}}}{c^2}\right)^2c^2\left(1+\frac{2\phi}{c^2}\right)^{-1}-\frac{J^2}{R^2}-C_2$$